数学Ⅲ+C
上級問題精講

改訂版

長崎憲一　著

Advanced Exercises in Mathematics Ⅲ+C

旺文社

はじめに

本書は，学習指導要領改訂に伴う『数学Ⅲ上級問題精講』の改訂版であり，その編集方針は以下の通りで変わりません。

数学的に内容のある良問を演習することによって，難関大学受験に対応できる数学Ⅲ，数学Cの実力を養成することを目的としています。

これらの大学の入試では，微分積分については微分計算を正確に処理でき，積分の標準的な計算法をマスターしていて，ベクトル，平面上の曲線および複素数平面ではそれらの図形的な意味を理解していることに加えて，大学において数学およびそれに関連する科目を学ぶのに十分な能力を持った人を選抜するのに適した出題がなされます。したがって，どこかで覚えた解法をそのまま適用して単純な計算をすると解けるような問題などは少なくて，逆に，いくつかの分野に関連した事項を適切に組み合わせたり，高校数学に現れる考え方を少しだけ発展させたりして，その場で解法を自分の頭で構成することによってはじめて解決するような問題が主流だということです。同時に，必要とされる計算の質も高校数学としては高度なものです。

このレベルの問題に対処するには，日頃の問題演習において個々の解法を丸暗記するのではなく，問題解決の基礎となっている考え方は何かを確認して自分のものとするとともに，正確かつ高度な計算力を養うことが大切です。本書では，そのような学習に役立つように，過去の入試問題を中心に目を通した多数の問題のなかから，特に，

考えるのに適した問題，質の高い計算力が身につく問題

を精選しましたので，実際に紙と鉛筆を用意してじっくり考え，計算を最後まで確実に実行してください。問題文からだけではなかなか解法および計算が思いつかないときには，解答の前にある精講をヒントにしてください。また，解答においては，

高校数学から見て標準的で，自然な考えに基づく解答

を取り上げて，それぞれの問題で身に付けてほしい考え方と計算法をわかりやすく示すと同時に，論証が必要な部分では，同種の問題に対して自力で論述するときの参考になるように丁寧な記述を心掛けました。

最後に，受験数学などという特別な数学はありません。本書によって，

高校数学をまともに学び，そこから考える楽しみを味わう

ことができる受験生が増えるならば，著者の喜びとするところです。

長崎　憲一

本書の特長とアイコン説明

時間をかけてじっくり考える価値のある問題を精選しています。

問題編では扱われている問題を把握しやすいように一覧として並べています。

解答編では，一部の問題については出題大学名を表示しています。なお，出題された問題を学習効果の面から改題した場合には*の印をつけています。

また，難易度の参考として，特に難しいと思われる問題には☆をつけました。

精講　問題を解くための考え方を示し，必要に応じて基本事項の確認や重要事項の解説などを加えています。

解答　標準的で，自然な考え方に基づく解答を取り上げました。読者が自力で解き，解答としてまとめるときの助けになるように丁寧な記述による説明を心掛けています。

注　解答における計算上の注意，説明の補足などを行います。

参考　解答の途中の別な処理法および別な方針による解答，問題の掘り下げた解説，解答と関連した入試における必須事項などを示しています。

研究　問題・解答と関連した，数学的に興味を持てるような発展的な事項を扱っています。

類　題　主に，分野は関連しているが考え方が異なるような問題を選んでいます。力試しのつもりで取り組んでください。

著者紹介

長崎憲一（ながさき・けんいち）　先生は，函館で過ごした高校生時代に数学の問題を解くのが楽しかったという単純な思いのままに，東京大学理学部数学科に進学したそうです。東京大学理学系大学院修士・博士課程を終えられたあと，千葉工業大学に勤められて非線形関数解析の研究（理学博士）と数学基礎教育に携わっていらっしゃいました。また，大学院生時代から長年にわたり駿台予備学校において大学受験生のための数学指導を続けていらっしゃいました。

著書には，大学受験参考書としては，『数学Ⅰ＋A＋Ⅱ＋B 上級問題精講』，『数学Ⅲ 上級問題精講』（旺文社），『大学への数学ニューアプローチ』シリーズ（研文書院・共著），大学教科書としては，『明解微分方程式』，『明解微分積分』，『明解複素解析』，『明解線形代数』（培風館・共著）があります。

目　次

問題編

解答編

第6章　積分法とその応用

第７章　面積・体積と曲線の長さ

逆引き索引

大学入試において頻出する次のような事項をまとめて勉強したいというときに便利なように，それらの事項と関連する問題番号を一覧にして示しておきます。

	問題番号
■ベクトル	101～107，511，513，522，625，706，714，716，721
■接線・法線	202，203，204，206，505，506，616，703
■分数関数・無理関数（微分）	204，211，504，505，507，510，522，620，626
■分数関数・無理関数（積分）	602，603，607，608，620，702，704，710，716，720
■三角関数（微分）	205，502，511，512，513，516，523，609
■三角関数（積分）	601，602，604，605，606，608，609，610，622，628，705，706，709，718，719，720
■指数関数・対数関数（微分）	503，509，514，515，517，518，621，626
■指数関数・対数関数（積分）	601，602，606，611，612，615，621，624，703
■積分の評価	611，612，613，616，617，618，619
■はさみうちの原理	402，403，404，405，406，410，517，613，616，628
■平均値の定理	403，520，613，614
■グラフの凸性	404，515，523，524，616，617，618，619，703
■極座標・極方程式	209，210，707，720
■数学的帰納法	403，404，521，524
■論証	107，307，312，313，410，513，521，524，525，611，613，614，619

問題編

第1章 ベクトル

101 →解答 p.60

三角形OABにおいて，頂点A，Bにおけるそれぞれの外角の二等分線の交点をCとする。$\overrightarrow{\mathrm{OA}}=\vec{a}$，$\overrightarrow{\mathrm{OB}}=\vec{b}$ とするとき，次の問いに答えよ。

(1)　点Pが∠AOBの二等分線上にあるとき，$\overrightarrow{\mathrm{OP}}=t\left(\dfrac{\vec{a}}{|\vec{a}|}+\dfrac{\vec{b}}{|\vec{b}|}\right)$ となる実数 t が存在することを示せ。

(2)　$|\vec{a}|=7$，$|\vec{b}|=5$，$\vec{a}\cdot\vec{b}=5$ のとき，$\overrightarrow{\mathrm{OC}}$ を $\vec{a}$，$\vec{b}$ を用いて表せ。

102 →解答 p.63

平面上に△ABCがある。実数 x，y に対して，点Pが

$$3\overrightarrow{\mathrm{PA}}+4\overrightarrow{\mathrm{PB}}+5\overrightarrow{\mathrm{PC}}=x\overrightarrow{\mathrm{AB}}+y\overrightarrow{\mathrm{AC}}$$

を満たすものとする。

(1)　$x=y=0$ のとき，△PAB，△PBC，△PCAの面積比を求めよ。

(2)　点Pが△ABCの周および内部にあるとき，点 $(x,\ y)$ が存在する範囲を xy 平面上に図示せよ。

(3)　(2)を満たす点 $(x,\ y)$ のうち，△PAB，△PBC，△PCAの面積比が1：2：3となる点 $(x,\ y)$ を求めよ。

103 →解答 p.66

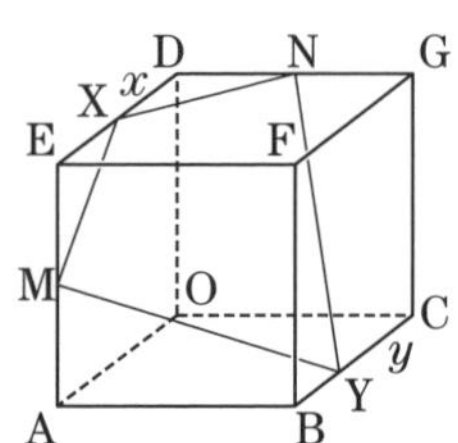

右図のような1辺の長さが1の立方体OABC-DEFGを考える。辺AEの中点をM，辺DGの中点をNとする。Xを辺DE上の点，Yを辺BC上の点とし，DXの長さを x，CYの長さを y とする。このとき，次の問に答えよ。

(1)　4点X，M，Y，Nが同一平面上にあるための必要十分条件を x と y を用いて表せ。

(2)　x，y が(1)の条件を満たしながら動くとき，三角形XMYの面積の最小値と最大値を求めよ。また，そのときの x，y の組をすべて求めよ。

104 →解答 p.69

k を正の実数とする。座標空間において，原点Oを中心とする半径1の球面上の4点A，B，C，Dが次の関係式を満たしている。

$$\overrightarrow{OA}\cdot\overrightarrow{OB}=\overrightarrow{OC}\cdot\overrightarrow{OD}=\frac{1}{2},$$

$$\overrightarrow{OA}\cdot\overrightarrow{OC}=\overrightarrow{OB}\cdot\overrightarrow{OC}=-\frac{\sqrt{6}}{4},$$

$$\overrightarrow{OA}\cdot\overrightarrow{OD}=\overrightarrow{OB}\cdot\overrightarrow{OD}=k$$

このとき，k の値を求めよ。ただし，座標空間の点X，Yに対して，$\overrightarrow{OX}\cdot\overrightarrow{OY}$ は，$\overrightarrow{OX}$ と $\overrightarrow{OY}$ の内積を表す。

105 →解答 p.72

座標空間内に点A(5，4，2)を中心とする半径7の球面 S がある。原点Oからベクトル $\vec{u}=(1,\ 1,\ -2)$ の向きに出た光線が球面 S 上の点Bで反射され，球面 S 上の点Cに達した。点Bでの反射により，点Cは直線OBと直線ABで作られる平面上にあり，直線ABは∠OBCを2等分することになる。

(1) Bの座標を求めよ。

(2) Bで反射した光線の方向ベクトルを1つ示せ。

(3) Cの座標を求めよ。

106 → 解答 p.74

座標空間において，3 点 A(6, 6, 3)，B(4, 0, 6)，C(0, 6, 6) を通る平面を α とする。

(1) α に垂直で大きさが 1 のベクトルをすべて求めよ。

(2) 中心が点 P$(a,\ b,\ c)$ で半径が r の球が平面 α，xy 平面，yz 平面，zx 平面のすべてに接し，かつ $a \geqq 0$，$b \geqq 0$ が満たされている。このような点 P と r の組をすべて求めよ。

107 → 解答 p.77

(1) 平面上に $|\overrightarrow{\mathrm{OP}}|=|\overrightarrow{\mathrm{OQ}}|=|\overrightarrow{\mathrm{OR}}|=1$ を満たす相異なる 4 点 O，P，Q，R がある。このとき，$|\overrightarrow{\mathrm{OP}}+\overrightarrow{\mathrm{OQ}}+\overrightarrow{\mathrm{OR}}|=0$ ならば，三角形 PQR は正三角形であることを示せ。

☆(2) 空間内に $|\overrightarrow{\mathrm{OA}}|=|\overrightarrow{\mathrm{OB}}|=|\overrightarrow{\mathrm{OC}}|=|\overrightarrow{\mathrm{OD}}|=1$ を満たす相異なる 5 点 O，A，B，C，D がある。また，O から A，B，C を含む平面に下ろした垂線の足を H とする。このとき，次の 2 つの命題を示せ。

命題(i) $|\overrightarrow{\mathrm{OA}}+\overrightarrow{\mathrm{OB}}+\overrightarrow{\mathrm{OC}}|=3|\overrightarrow{\mathrm{OH}}|$ ならば，三角形 ABC は正三角形である。

命題(ii) $|\overrightarrow{\mathrm{OA}}+\overrightarrow{\mathrm{OB}}+\overrightarrow{\mathrm{OC}}+\overrightarrow{\mathrm{OD}}|=0$ かつ $|\overrightarrow{\mathrm{OH}}|=\dfrac{1}{3}$ ならば，四面体 ABCD は正四面体である。

第２章　平面上の曲線

201

→解答 p.80

xy 平面上に原点Oを中心とする半径5の円 C_1 と点 A(3, 0) がある。A を通り C_1 に内接する円 C_2 を考える。C_2 の中心を M とし，点 P を AP が C_2 の直径になるようにとる。C_2 がAを通り C_1 に内接しながら動くとき，次の問いに答えよ。

(1)　M の軌跡を求めよ。

(2)　P の軌跡を求めよ。

202

→解答 p.82

(I)　p を正の定数とし，点 F(p, 0) を焦点にもち，$x=-p$ を準線とする放物線を C とする。C 上の原点O以外の点Pを考え，点PとFを通る直線を l_1，点Pを通り放物線 C の軸に平行な直線を l_2 とする。このとき，点Pにおける C の接線 l は，l_1 と l_2 のなす角を2等分することを示せ。

(II)　楕円 C_1：$\dfrac{x^2}{\alpha^2}+\dfrac{y^2}{\beta^2}=1$ と双曲線 C_2：$\dfrac{x^2}{a^2}-\dfrac{y^2}{b^2}=1$ を考える。C_1 と C_2 の焦点が一致しているならば，C_1 と C_2 の交点でそれぞれの接線は直交することを示せ。

203 →解答 p.85

(I) 楕円 $\dfrac{x^2}{a^2}+\dfrac{y^2}{b^2}=1$ の 2 つの焦点を F，F′ とし，楕円上の動点を P とする。線分 PF，PF′ の長さの積 PF･PF′ の値の範囲を求めよ。ただし，$a>b>0$ である。

(II) 双曲線 $C：\dfrac{x^2}{16}-\dfrac{y^2}{9}=1$ 上に点 $\mathrm{A}\left(\dfrac{4}{\cos\theta},\ 3\tan\theta\right)$，B(4，0) をとる。ただし，$0<\theta<\dfrac{\pi}{2}$ とする。A における C の接線と B における C の接線との交点を D とし，C の焦点のうち x 座標が正であるものを F とおく。

(1) A における C の接線と x 軸との交点を E とするとき，E の座標を求めよ。

(2) 直線 DF は ∠AFB を 2 等分することを証明せよ。

204 →解答 p.88

a，b を異なる正の実数とし，xy 平面上の楕円 $\dfrac{x^2}{a^2}+\dfrac{y^2}{b^2}=1$ に 4 点で外接する長方形を考える。

(1) このような長方形の対角線の長さ L は，長方形の取り方によらず一定であることを証明せよ。また，L を a，b を用いて表せ。

(2) このような長方形の面積 S の最大値，最小値を a，b を用いて表せ。

205 →解答 p.92

楕円 $\dfrac{x^2}{a^2}+\dfrac{y^2}{b^2}=1$ $(a>0,\ b>0)$ に内接する三角形の面積の最大値を求めよ。

問題編

206 →解答 p.94

xy 平面上の点Pから放物線 $y=x^2$ に2本の接線を引くことができ，それらの接点をA，Bとするとき，$\angle\mathrm{APB}=\dfrac{\pi}{4}$ である。このような点Pの軌跡を求めよ。

207 →解答 p.97

直線 $l:x=-2$ に接し，定円 $C:x^2+y^2=1$ に外接する円 S と，直線 l に接し，円 C が内接する円 T を考える。

(1) 円 S の中心の軌跡の方程式を求め，概形を描け。また，円 T の中心の軌跡の方程式を求め，概形を描け。

(2) 円 C 上の点 $(\cos\theta,\ \sin\theta)$ を，円 S と円 T が通っているとする。そのときの，円 S の中心Pと円 T の中心Qを求めよ。ただし，θ は $0<\theta<\pi$ とする。

(3) $0<\theta<\pi$ とするとき，(2)の点Pと点Qの間の距離の最小値を求めよ。

208 →解答 p.99

点 $\mathrm{A}(0,\ 1,\ 3)$ を通り，球面 $S:x^2+y^2+(z-1)^2=1$ と接する直線の全体を考える。

(1) 直線と球の接点の全体は円になることを示し，その半径を求めよ。

(2) これらの直線が xy 平面と交わる点Pの全体は，xy 平面上の曲線となる。この曲線を図示せよ。

209 → 解答 p.101

平面上で長軸の長さが $2a$，短軸の長さが $2b$ である楕円を C とする。L_1，L_2 を C の中心で直交する 2 直線とする。L_1 と C の 2 つの交点の間の距離を l_1 とし，L_2 と C の 2 つの交点の間の距離を l_2 とするとき，$\dfrac{1}{{l_1}^2}+\dfrac{1}{{l_2}^2}$ は L_1，L_2 の選び方によらずに一定であることを証明せよ。

210 → 解答 p.103

e を正の定数とし，F(1，0) とする。点 F からの距離と y 軸からの距離の比が $e:1$ であるような点 P の軌跡を C とする。

(1) P$(x,\ y)$ とするとき，x，y の満たすべき式を求めよ。

(2) $e=1$ のとき，C はどのような図形か。

(3) $0<e<1$ のとき，C はどのような図形か。

(4) $e>1$ のとき，C はどのような図形か。

211 → 解答 p.105

xy 平面において，長さが 1 である線分 AB が，A を x 軸上に，B を y 軸上に置いて，動けるところすべてを動くものとする。

(1) t を $0<t<1$ なる定数とする。線分 AB を $(1-t):t$ に内分する点 P の軌跡を求めよ。

(2) 線分 AB (両端を含む) が通過する領域を求め，図示せよ。

第3章 複素数平面

301

→ 解答 p.108

(I) 絶対値が1である複素数α, β, γについて,

$$S=|\alpha-\beta|^2+|\beta-\gamma|^2+|\gamma-\alpha|^2+\frac{(\alpha+\beta)(\beta+\gamma)(\gamma+\alpha)}{\alpha\beta\gamma}$$

とするとき, Sの値を求めよ。

(II) 絶対値が1より小さい複素数α, βに対して不等式 $\left|\dfrac{\alpha-\beta}{1-\overline{\alpha}\beta}\right|<1$ が成り立つことを示せ。

302

→ 解答 p.110

nを自然数, $0<\theta<\pi$, $z=\cos\theta+i\sin\theta$ とする。

(1) $1-z=-2i\sin\dfrac{\theta}{2}\left(\cos\dfrac{\theta}{2}+i\sin\dfrac{\theta}{2}\right)$ を示せ。

(2) 次の各式を証明せよ。

$$1+\cos\theta+\cos2\theta+\cdots+\cos n\theta=\frac{\sin\dfrac{n+1}{2}\theta\cos\dfrac{n}{2}\theta}{\sin\dfrac{\theta}{2}},$$

$$\sin\theta+\sin2\theta+\cdots+\sin n\theta=\frac{\sin\dfrac{n+1}{2}\theta\sin\dfrac{n}{2}\theta}{\sin\dfrac{\theta}{2}}$$

303 →解答 p.113

次の方程式の解 z を求めよ。

(1) $z^4+4=0$

(2) $z^6-\sqrt{2}z^3+1=0$

304 →解答 p.115

正の整数 n に対し，$f(z)=z^{2n}+z^n+1$ とする。

(1) $f(z)$ を z^2+z+1 で割ったときの余りを求めよ。

(2) $f(z)$ を z^2-z+1 で割ったときの余りを求めよ。

305 →解答 p.117

複素数平面上の 5 点 A_0，A_1，A_2，A_3，A_4 が，原点を中心とする半径 1 の円 C の周上に反時計回りにこの順番で並び，正五角形を形成していて，A_0 を表す複素数は 1 である。

(1) 点 A_k を表す複素数を α_k $(k=0,\ 1,\ 2,\ 3,\ 4)$ とするとき，α_k $(k=1,\ 2,\ 3,\ 4)$ を三角関数を用いない形で求めよ。

(2) 円 C の周上を動く点 P と点 A_k を結ぶ線分の長さを PA_k と表すとき，積 $L=\mathrm{PA}_0\cdot\mathrm{PA}_1\cdot\mathrm{PA}_2\cdot\mathrm{PA}_3\cdot\mathrm{PA}_4$ の最大値を求めよ。

(3) L が最大値をとるとき，点 P は円 C の周上のどのような位置にあるか。

306 →解答 p.120

n を 3 以上の自然数とするとき，次を示せ。

ただし，$\alpha=\cos\dfrac{2\pi}{n}+i\sin\dfrac{2\pi}{n}$ とし，i を虚数単位とする。

(1) $\alpha^k+\overline{\alpha}^k=2\cos\dfrac{2k\pi}{n}$

ただし，k は自然数とし，$\overline{\alpha}$ は α に共役な複素数とする。

(2) $n=(1-\alpha)(1-\alpha^2)\cdot\cdots\cdot(1-\alpha^{n-1})$

(3) $\dfrac{n}{2^{n-1}}=\sin\dfrac{\pi}{n}\sin\dfrac{2\pi}{n}\cdot\cdots\cdot\sin\dfrac{(n-1)\pi}{n}$

☆307 →解答 p.122

n を自然数とする。0 でない複素数からなる集合 M が次の条件(I)，(II)，(III)を満たしている。

(I) 集合 M は n 個の要素からなる。

(II) 集合 M の要素 z に対して，$\dfrac{1}{z}$ と $-z$ はともに集合 M の要素である。

(III) 集合 M の要素 z，w に対して，その積 zw は集合 M の要素である。
ただし，$z=w$ の場合も含める。

(1) 1 および -1 は集合 M の要素であることを示せ。

(2) n は偶数であることを示せ。

(3) $n=4$ のとき，集合 M は一通りに定まることを示し，その要素をすべて求めよ。

(4) $n=6$ のとき，集合 M は一通りに定まることを示し，その要素をすべて求めよ。

308 →解答 p.126

実数を係数とする 3 次方程式 $x^3+px^2+qx+r=0$ は，相異なる虚数解 α，β と実数解 γ をもつとする。

(1) $\beta=\overline{\alpha}$ が成り立つことを証明せよ。ここで，$\overline{\alpha}$ は α と共役な複素数を表す。

(2) α，β，γ が等式 $\alpha\beta+\beta\gamma+\gamma\alpha=3$ を満たし，さらに複素数平面上で α，β，γ を表す 3 点は 1 辺の長さが $\sqrt{3}$ の正三角形をなすものとする。このとき，実数の組 $(p,\ q,\ r)$ をすべて求めよ。

309 →解答 p.128

(I) (1) 複素数平面上の 3 点 α，β，γ が同一直線上にあるための必要十分条件は $\dfrac{\gamma-\alpha}{\beta-\alpha}$ が実数であることを示せ。

(2) 3 個の複素数 -1，iz，z^2 が同一直線上にあるための条件を求めよ。

(II) (1) α，β，γ，δ を互いに異なる複素数とし，複素数平面上でこれらに対応する点をそれぞれ A, B, C, D とする。このとき AB と CD が垂直となるための必要十分条件は，$\dfrac{\delta-\gamma}{\beta-\alpha}$ が純虚数となることである。これを示せ。

(2) O を複素数平面上の原点とする。3 点 O，A，B が三角形をなすとき，△OAB の頂点 A，B よりその対辺 OB および OA に下ろしてできる 2 つの垂線の交点を P とする。このとき，OP と AB が垂直であることを，(1) を使って示せ。ただし，△OAB は直角三角形ではないとする。

310 →解答 p.131

図のように，複素数平面上に四角形 ABCD があり，4点 A，B，C，D を表す複素数をそれぞれ z_1，z_2，z_3，z_4 とする。各辺を1辺とする4つの正方形 BAPQ，CBRS，DCTU，ADVW を四角形 ABCD の外側に作り，正方形 BAPQ，CBRS，DCTU，ADVW の中心をそれぞれ K，L，M，N とおく。

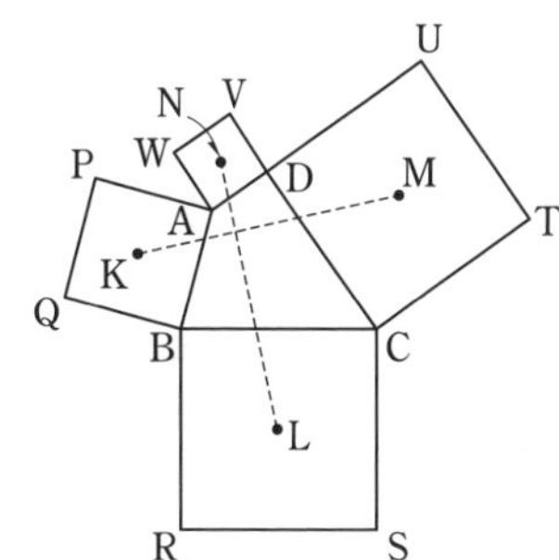

(1) 点 K を表す複素数 w_1 を z_1 と z_2 で表せ。

(2) KM＝LN，KM⊥LN を証明せよ。

(3) 線分 KM と線分 LN の中点が一致するのは四角形 ABCD がどのような図形のときか。

311 →解答 p.133

複素数平面上で，複素数 α，β，γ を表す点をそれぞれ A，B，C とする。

(1) A，B，C が正三角形の3頂点であるとき，
$\alpha^2+\beta^2+\gamma^2-\alpha\beta-\beta\gamma-\gamma\alpha=0$ ……(＊) が成立することを示せ。

(2) 逆に，この関係式(＊)が成立するとき，A＝B＝C となるか，または，A，B，C が正三角形の3頂点となることを示せ。

312 → 解答 p.135

恒等式 $(\beta-\alpha)(\delta-\gamma)+(\delta-\alpha)(\gamma-\beta)=(\gamma-\alpha)(\delta-\beta)$ を用いて，次の問いに答えよ。

(1) 四角形 ABCD において，次の不等式が成り立つことを証明せよ。

$$AB\cdot CD+AD\cdot BC \geqq AC\cdot BD$$

☆(2) (1)において等号が成立するための必要十分条件は，四角形 ABCD が円に内接することであることを証明せよ。

☆313 → 解答 p.137

複素数平面上の原点以外の相異なる 2 点 $P(\alpha)$，$Q(\beta)$ を考える。$P(\alpha)$，$Q(\beta)$ を通る直線を l，原点から l に引いた垂線と l の交点を $R(w)$ とする。ただし，複素数 γ が表す点Cを $C(\gamma)$ と書く。このとき，次のことを示せ。

「$w=\alpha\beta$ であるための必要十分条件は，$P(\alpha)$，$Q(\beta)$ が中心 $A\left(\dfrac{1}{2}\right)$，半径 $\dfrac{1}{2}$ の円周上にあることである。」

314 → 解答 p.140

次の問いに答えよ。

(1) 複素数平面上で方程式 $|z-3i|=2|z|$ が表す図形を求め，図示せよ。

(2) 複素数 z が(1)で求めた図形の上を動くとき，複素数 $w=(-1+i)z$ が表す点の軌跡を求め，図示せよ。

(3) 複素数 z が(1)で求めた図形から $z=i$ を除いた部分を動くとき，複素数 $w=\dfrac{z+i}{z-i}$ で表される点の軌跡を求め，図示せよ。

☆315 →解答 p.143

3つの複素数 $z_1=\frac{1}{2}+\frac{\sqrt{3}}{2}i$, $z_2=\frac{1}{2}-\frac{\sqrt{3}}{2}i$, $z_3=-1$ の表す複素数平面上の点をそれぞれ $A(z_1)$, $B(z_2)$, $C(z_3)$ とする。0でない複素数 z に対し,

$w=\frac{1}{z}$ によって w を定める。z, w が表す複素数平面上の点をそれぞれ $P(z)$, $Q(w)$ とする。

(1) Pが線分 AB 上を動くとき，Qの描く曲線を複素数平面上に図示せよ。

(2) Pが三角形 ABC の3辺上を動くとき，Qの描く曲線を複素数平面上に図示せよ。

316 →解答 p.146

α を複素数とする。複素数 z の方程式

$$z^2-\alpha z+2i=0 \qquad \cdots\cdots(*)$$

について，次の問いに答えよ。ただし，i は虚数単位である。

(1) 方程式(*)が実数解をもつように α が動くとき，点 α が複素数平面上に描く図形を図示せよ。

(2) 方程式(*)が絶対値1の複素数を解にもつように α が動くとする。原点を中心に α を $\frac{\pi}{4}$ 回転させた点を表す複素数を β とするとき，点 β が複素数平面上に描く図形を図示せよ。

第4章 数列の極限と関数の極限

401 → 解答 p.148

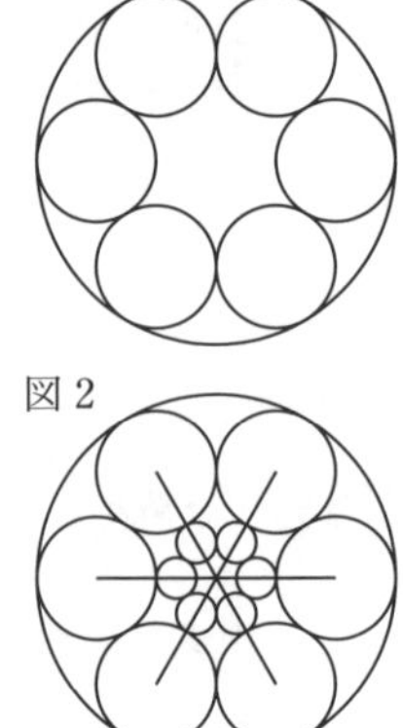

(1) 半径1の円に内接する6個の半径の等しい円を図1のように描く。さらに図2のように6個の小さな半径の等しい円を描く。この操作を無限に繰り返したとき，6個ずつ次々に描かれる円の面積の総和 S_2 と，それらの円の円周の長さの総和 C_2 を求めよ。

(2) (1)で6個の円を次々に描いていった。一般に，自然数 $n \geqq 2$ に対して $3n$ 個の円を用いて同様の操作を行うとき，描かれる円の面積の総和 S_n と，それらの円の円周の長さの総和 C_n を求めよ。

(3) 数列 S_2，S_3，S_4，… の極限値を求めよ。

402 → 解答 p.151

数列 $\{a_m\}$（ただし $a_m=m$ とする）に対し $b_n=\sum_{m=1}^{n} a_m$ とおく。

(1) $0<r<1$ とするとき，$\lim_{n\to\infty} nr^n=0$ および $\lim_{n\to\infty} n^2r^n=0$ となることを証明せよ。

(2) $S_m=a_1r+a_2r^2+\cdots+a_mr^m$，$T_n=b_1r+b_2r^2+\cdots+b_nr^n$ とおくとき，$\lim_{m\to\infty} S_m$ および $\lim_{n\to\infty} T_n$ を求めよ。

403 →解答 p.155

数列 $\{a_n\}$ を $a_1=1$，$a_{n+1}=\sqrt{\dfrac{3a_n+4}{2a_n+3}}$ $(n=1,\ 2,\ 3,\ \cdots)$ で定める。

(1) $n\geqq 2$ のとき，$a_n>1$ となることを示せ。

(2) $\alpha^2=\dfrac{3\alpha+4}{2\alpha+3}$ を満たす正の実数 α を求めよ。

(3) すべての自然数 n に対して $a_n<\alpha$ となることを示せ。

(4) $0<r<1$ を満たすある実数 r に対して，不等式 $\dfrac{\alpha-a_{n+1}}{\alpha-a_n}\leqq r$ $(n=1,\ 2,\ 3,\ \cdots)$ が成り立つことを示せ。さらに，極限 $\lim\limits_{n\to\infty}a_n$ を求めよ。

☆404 →解答 p.158

α を $0<\alpha<1$ を満たす実数とし，$f(x)=\sin\dfrac{\pi x}{2}$ とする。数列 $\{a_n\}$ が

$$a_1=\alpha,\quad a_{n+1}=f(a_n)\ (n=1,\ 2,\ \cdots)$$

で定義されるとき，次の問いに答えよ。

(1) すべての自然数 n に対して，$0<a_n<1$ かつ $a_{n+1}>a_n$ が成り立つことを示せ。

(2) $b_n=\dfrac{1-a_{n+1}}{1-a_n}$ とおくとき，すべての自然数 n に対して，$b_{n+1}<b_n$ が成り立つことを示せ。

(3) $\lim\limits_{n\to\infty}a_n$ および(2)で定めた $\{b_n\}$ に対して $\lim\limits_{n\to\infty}b_n$ を求めよ。

405 →解答 p.161

a を実数とし，数列 $\{x_n\}$ を次の漸化式によって定める。

$$x_1=a,\ x_{n+1}=x_n+x_n^2\ (n=1,\ 2,\ 3,\ \cdots)$$

(1) $a>0$ のとき，数列 $\{x_n\}$ が発散することを示せ。

(2) $-1<a<0$ のとき，すべての正の整数 n に対して $-1<x_n<0$ が成り立つことを示せ。

☆(3) $-1<a<0$ のとき，数列 $\{x_n\}$ の極限を調べよ。

406 →解答 p.163

実数 x に対して，$l\leqq x<l+1$ を満たす整数 l を $[x]$ と表す。数列 $\{a_n\}$ を $a_n=\dfrac{n}{[\sqrt{n}\,]}$ $(n=1,\ 2,\ 3,\ \cdots)$ で定め，$S_n=\sum\limits_{k=1}^{n}a_k$ とおく。

(1) S_3，S_8 を求めよ。

(2) S_{m^2-1} $(m=2,\ 3,\ 4,\ \cdots)$ を m の式で表せ。

(3) 数列 $\left\{\dfrac{S_n}{n^{\frac{3}{2}}}\right\}$ が収束することを示し，その極限値を求めよ。

407 →解答 p.165

$0<a<1$ とする。座標平面上で原点 A_0 から出発して x 軸の正の方向に a だけ進んだ点を A_1 とする。次に，A_1 で進行方向を反時計回りに 120° 回転し a^2 だけ進んだ点を A_2 とする。以後同様に A_{n-1} で反時計回りに 120° 回転して a^n だけ進んだ点を A_n とする。このとき，点列 A_0，A_1，A_2，$\cdots$ の極限の座標を求めよ。

408 → 解答 p.168

n を自然数とする。つぼの中に，1 の数字を書いた玉が 1 個，2 の数字を書いた玉が 1 個，3 の数字を書いた玉が 1 個，…，n の数字を書いた玉が 1 個，合計 n 個の玉が入っている。つぼから無作為に玉を 1 個とり出し，書かれた数字を見て，もとに戻す試行を n 回行う。

(1) 試行を n 回行ったとき，k の数字が書かれた玉をちょうど k 回とり出す確率を p_k とする。p_k を k の式で表せ。ただし，$k=1,\ 2,\ 3,\ \cdots,\ n$ とする。

(2) (1)で求めた $p_1,\ p_2,\ p_3,\ \cdots,\ p_n$ について，

$$q_n=2p_1+2^2p_2+2^3p_3+\cdots+2^np_n$$

とおく。この q_n について，極限 $\lim_{n\to\infty} q_n$ の値を求めよ。

409 → 解答 p.170

さいころを投げるという試行を繰り返し行う。ただし，2 回連続して 5 以上の目が出た場合は，それ以降の試行は行わないものとする。

n 回目の試行が行われ，かつ n 回目に出た目が 4 以下になる確率を p_n とする。また，n 回目の試行が行われ，かつ n 回目に出た目が 5 以上になる確率を q_n とする。

(1) p_{n+2} を p_{n+1}，p_n を用いて表せ。それを利用して，p_n を求めよ。

(2) q_{n+2} を p_{n+1}，p_n を用いて表せ。

(3) $\sum_{n=1}^{\infty} q_n$ を求めよ。

☆410 →解答 p.174

aを正の実数，nを自然数とするとき，$x^n=a$ となる正の数xがただ1つ定まる。これを$a^{\frac{1}{n}}$と書く。さらに，任意の実数pに対してa^pが定義できて，$a>b>0$，$p>0$ ならば，$a^p>b^p$ が成立する。また，$a^{-p}=\left(\dfrac{1}{a}\right)^p=\dfrac{1}{a^p}$ である。これらのことを知って，次の問いに答えよ。

(1) $a>1$ のとき，$a^{\frac{1}{n}}=1+h_n$，$h_n>0$ とおける。このとき，$h_n<\dfrac{a}{n}$ を示せ。

(2) $\displaystyle\lim_{n\to\infty}n^{\frac{1}{n}}=1$ を証明せよ。

(3) $\displaystyle\lim_{x\to+0}x^x=1$ であることを証明せよ。ただし，必要なら，$0<x<1$ のとき $\dfrac{1}{n+1}<x\leqq\dfrac{1}{n}$ となる自然数nが存在することを用いてよい。(注：$x\to+0$ はxが0に正の方向から近づくことを示す)

411 →解答 p.176

実数xに対し，x以上の最小の整数を$f(x)$とする。a，bを正の実数とするとき，極限$\displaystyle\lim_{x\to\infty}x^c\left\{\frac{1}{f(ax-7)}-\frac{1}{f(bx+3)}\right\}$が収束するような実数$c$の最大値と，そのときの極限値を求めよ。

第5章 微分法とその応用

501 →解答 p.178

(I) a を実数とする。すべての実数 x で定義された関数 $f(x)=|x|(e^{2x}+a)$ は $x=0$ で微分可能であるとする。

(1) a および $f'(0)$ の値を求めよ。

(2) 導関数 $f'(x)$ は $x=0$ で連続であることを示せ。

(3) 右側極限 $\displaystyle\lim_{x\to+0}\frac{f'(x)}{x}$ を求めよ。さらに，$f'(x)$ は $x=0$ で微分可能でないことを示せ。

(II) $f(x)$ はすべての実数 x において微分可能な関数で，関係式 $f(2x)=(e^x+1)f(x)$ を満たしているとする。

(1) $f(0)=0$ を示せ。

(2) $x\neq0$ に対して $\dfrac{f(x)}{e^x-1}=\dfrac{f\left(\dfrac{x}{2}\right)}{e^{\frac{x}{2}}-1}$ が成り立つことを示せ。

(3) 微分係数の定義を用いて $f'(0)=\displaystyle\lim_{h\to0}\frac{f(h)}{e^h-1}$ を示せ。

(4) $f(x)=(e^x-1)f'(0)$ が成り立つことを示せ。

502 →解答 p.181

$f(x)=\sin x+\cos x$ とする。各自然数 n に対して関数 $g_n(x)$ は x の n 次式で表され，

$$g_n(0)=f(0),\ g_n{}'(0)=f'(0),\ g_n{}''(0)=f''(0),\ \cdots,\ g_n{}^{(n)}(0)=f^{(n)}(0)$$

を満たすものとする。このとき，$|g_{n+1}(1)-g_n(1)|<\dfrac{1}{2013}$ となる最小の自然数 n を求めよ。

503 →解答 p.183

$x \geqq 0$ で定義される関数 $f(x)=xe^{\frac{x}{2}}$ について，次の問いに答えよ。ただし，e は自然対数の底とする。

(1) $f(x)$ の第 1 次導関数を $f'(x)$，第 2 次導関数を $f''(x)$ とする。$f'(2)$，$f''(2)$ を求めよ。

(2) $f(x)$ の逆関数を $g(x)$，$g(x)$ の第 1 次導関数を $g'(x)$，第 2 次導関数を $g''(x)$ とする。$g'(2e)$，$g''(2e)$ を求めよ。

504 →解答 p.185

$f(x)=\dfrac{x^3-x^2}{x^2-2}$ とする。

(1) $f(x)$ の増減を調べ，極値を求めよ。

(2) 曲線 $y=f(x)$ の漸近線を求めよ。

(3) 曲線 $y=f(x)$ の概形を描け。

505 →解答 p.187

x 軸上の点 $\mathrm{A}(a,\ 0)$ から，関数 $y=f(x)=\dfrac{x+3}{\sqrt{x+1}}$ のグラフに異なる 2 本の接線が引けるとき，定数 a の範囲を求めよ。

506 →解答 p.189

xy 平面上に曲線 $C : y=x^2$ がある。C 上にない点Aと C 上の点Pに対し，Pにおける C の接線と2点A，Pを通る直線が垂直であるとき，線分APをAから C に下ろした垂線という。次の問いに答えよ。

(1) C に異なる3本の垂線を下ろすことができる点Aの範囲を図示せよ。

(2) Aが(1)の範囲にあるとする。少なくとも2本の垂線の長さが等しくなるAの範囲を図示せよ。

507 →解答 p.192

n を正の整数，a を実数とする。すべての整数 m に対して

$$m^2-(a-1)m+\frac{n^2}{2n+1}a>0$$

が成り立つような a の範囲を n を用いて表せ。

508 →解答 p.194

正の実数 a に対して，座標平面上で次の放物線を考える。

$$C : y=ax^2+\frac{1-4a^2}{4a}$$

a が正の実数全体を動くとき，C の通過する領域を図示せよ。

509 →解答 p.196

定数aに対して，次の式で定義されるxy平面の曲線をC_aとする。

$$C_a : y=(a-x)\{\log(x-a)-2\}$$

(1) $a=0$ のときの曲線C_aのグラフをかけ。ただし，$\lim_{x\to\infty} xe^{-x}=0$ を用いてもよい。

(2) aを $a\geqq 0$ の範囲で動かすとき，曲線C_aが通る部分を図示せよ。

510 →解答 p.198

xy平面上に，原点を中心とする半径1の円C，点A$(a,\ 0)$ $(0<a<1)$，点B$(-1,\ 0)$が与えられている。点Pが円C上を動くとき，距離APと距離BPの和の最大値をaを用いて表せ。

511 →解答 p.200

2つの円 $C : (x-1)^2+y^2=1$ と $D : (x+2)^2+y^2=7^2$ を考える。また原点をO$(0,\ 0)$とする。

(1) 円C上に，y座標が正であるような点Pをとり，x軸の正の部分と線分OPのなす角をθとする。このとき，点Pの座標と線分OPの長さをθを用いて表せ。

(2) (1)でとった点Pを固定したまま，点Qが円D上を動くとき，△OPQの面積が最大になるときのQの座標をθを用いて表せ。

(3) 点Pが円C上を動き，点Qが円D上を動くとき，△OPQの面積の最大値を求めよ。

ただし，(2)，(3)においては，3点O，P，Qが同一直線上にあるときは，△OPQの面積は0であるとする。

512 →解答 p.202

次の連立不等式で定まる座標平面上の領域Dを考える。

$$x^2+(y-1)^2 \leqq 1,\ \ x \geqq \frac{\sqrt{2}}{3}$$

直線lは原点を通り，Dとの共通部分が線分となるものとする。その線分の長さLの最大値を求めよ。また，Lが最大値をとるとき，x軸とlのなす角$\theta\left(0<\theta<\frac{\pi}{2}\right)$の余弦$\cos\theta$を求めよ。

☆513 →解答 p.204

平面上を半径1の3個の円板が下記の条件(a)と(b)を満たしながら動くとき，これら3個の円板の和集合の面積Sの最大値を求めよ。

(a)　3個の円板の中心はいずれも定点Pを中心とする半径1の円周上にある。

(b)　3個の円板すべてが共有する点はPのみである。

514 →解答 p.206

関数 $f(x)=x^x$ $(x>0)$ と正の実数aについて，以下の問いに答えよ。

(1)　$\frac{1}{4} \leqq x \leqq \frac{3}{4}$ における $f(x)f(1-x)$ の最大値および最小値を求めよ。

(2)　$\frac{1}{4} \leqq x \leqq \frac{3}{4}$ における $\dfrac{f(x)f(1-x)f(a)}{f(ax)f(a(1-x))}$ の最小値を求めよ。

515 → 解答 p.208

x，y，z が $x>0$，$y>0$，$z>0$，$x+y+z=1$ を満たしながら動くとき，関数 $x\log x+y\log y+z\log z$ の最小値を求めよ。

☆516 → 解答 p.210

a は $0<a<\pi$ を満たす定数とする。$n=0$，1，2，… に対し，
$n\pi<x<(n+1)\pi$ の範囲に $\sin(x+a)=x\sin x$ を満たす x がただ1つ存在するので，この x の値を x_n とする。

(1) 極限値 $\displaystyle\lim_{n\to\infty}(x_n-n\pi)$ を求めよ。

(2) 極限値 $\displaystyle\lim_{n\to\infty}n(x_n-n\pi)$ を求めよ。

517 → 解答 p.212

$a>1$ に対して，方程式 $2xe^{ax}=e^{ax}-e^{-ax}$ を考える。

(1) この方程式は正の解をただ1つもつことを示せ。

(2) その解を $m(a)$ とかくとき，$1<a_1<a_2$ ならば $m(a_1)<m(a_2)$ であることを示せ。

(3) $\displaystyle\lim_{a\to\infty}m(a)$ を求めよ。

518 →解答 p.214

(1) $0<a<1$ とする。このとき $x>0$ で定義された関数 $f(x)=(1+a^x)^{\frac{1}{x}}$ は単調な関数(増加関数または減少関数)であることを示せ。

(2) 次の4つの数の中から最小の数を選べ。

$$(2005^{17}+2006^{17})^{\frac{1}{17}},\ (2005^{18}+2006^{18})^{\frac{1}{18}}$$

$$(2005^{\frac{1}{17}}+2006^{\frac{1}{17}})^{17},\ (2005^{\frac{1}{18}}+2006^{\frac{1}{18}})^{18}$$

(3) n は1より大きい整数，p_1，p_2，…，p_n はすべて正の数とし，$0<\alpha<\beta$ とする。

このとき，$(p_1{}^{\alpha}+p_2{}^{\alpha}+\cdots+p_n{}^{\alpha})^{\frac{1}{\alpha}}$ と $(p_1{}^{\beta}+p_2{}^{\beta}+\cdots+p_n{}^{\beta})^{\frac{1}{\beta}}$ の大小を判定せよ。

519 →解答 p.217

n は自然数とする。$x\geqq 0$ のとき，次の不等式を示せ。

(1) $0\leqq e^x-(1+x)\leqq \dfrac{1}{2}x^2e^x$

(2) $0\leqq e^x-\left(1+\dfrac{x}{n}\right)^n\leqq \dfrac{1}{2n}x^2e^x$

520 → 解答 p.220

実数aに対して $k \leqq a < k+1$ を満たす整数kを$[a]$で表す。nを正の整数として，

$$f(x)=\frac{x^2(2\cdot3^3\cdot n-x)}{2^5\cdot3^3\cdot n^2}$$

とおく。$36n+1$ 個の整数

$$[f(0)],\ [f(1)],\ [f(2)],\ \cdots,\ [f(36n)]$$

のうち相異なるものの個数をnを用いて表せ。

☆521 → 解答 p.222

nは自然数とする。

(1) すべての実数θに対し $\cos n\theta=f_n(\cos\theta)$，$\sin n\theta=g_n(\cos\theta)\sin\theta$ を満たし，係数がともにすべて整数であるn次式$f_n(x)$と$n-1$次式$g_n(x)$が存在することを示せ。

(2) $f_n'(x)=ng_n(x)$ であることを示せ。

(3) pを3以上の素数とするとき，$f_p(x)$の$p-1$次以下の係数はすべてpで割り切れることを示せ。

522 →解答 p.224

曲線 $y=x^2$ の上を動く点 $\mathrm{P}(x,\ y)$ がある。この動点の速度ベクトルの大きさが一定 C のとき，次の問いに答えよ。ただし，動点 $\mathrm{P}(x,\ y)$ は時刻 t に対して x が増加するように動くとする。

(1) $\mathrm{P}(x,\ y)$ の速度ベクトル $\vec{v}=\left(\dfrac{dx}{dt},\ \dfrac{dy}{dt}\right)$ を x で表せ。

(2) $\mathrm{P}(x,\ y)$ の加速度ベクトル $\vec{\alpha}=\left(\dfrac{d^2x}{dt^2},\ \dfrac{d^2y}{dt^2}\right)$ を x で表せ。

(3) 半径 r の円 $x^2+(y-r)^2=r^2$ 上を，速度ベクトルの大きさが一定 C で動く点Qがあるとき，この加速度ベクトルの大きさを求めよ。

(4) 動点PとQの原点 $(0,\ 0)$ での加速度ベクトルの大きさが等しくなるときの，半径 r を求めよ。

523 →解答 p.228

実数 $a,\ b\left(0\leqq a<\dfrac{\pi}{4},\ 0\leqq b<\dfrac{\pi}{4}\right)$ に対し次の不等式が成り立つことを示せ。

$$\sqrt{\tan a\tan b}\leqq\tan\frac{a+b}{2}\leqq\frac{1}{2}(\tan a+\tan b)$$

☆524 → 解答 p.232

$\log x$ を自然対数，n を自然数として，次の各不等式を証明せよ。ただし，等号成立条件には言及しなくてよい。

(1) $0<a<b$，$a \leqq x \leqq b$ のとき，$\log x \geqq \log a + \dfrac{x-a}{b-a}(\log b - \log a)$

(2) a_1，$a_2>0$ とし，p_1，$p_2 \geqq 0$，$p_1+p_2=1$ のとき，

$$\log(p_1a_1+p_2a_2) \geqq p_1\log a_1 + p_2\log a_2$$

(3) a_1，a_2，$\cdots$，$a_n>0$ とし，p_1，p_2，$\cdots$，$p_n \geqq 0$，$p_1+p_2+\cdots+p_n=1$ のとき，

$$\log\left(\sum_{i=1}^{n} p_ia_i\right) \geqq \sum_{i=1}^{n} p_i\log a_i$$

(4) a_1，a_2，$\cdots$，$a_n>0$ のとき，$\dfrac{a_1+a_2+\cdots+a_n}{n} \geqq \sqrt[n]{a_1a_2\cdot\cdots\cdot a_n}$

525 → 解答 p.236

すべての実数で定義され何回でも微分できる関数 $f(x)$ が $f(0)=0$，$f'(0)=1$ を満たし，さらに任意の実数 a，b に対して $1+f(a)f(b) \neq 0$ であって

$$f(a+b)=\frac{f(a)+f(b)}{1+f(a)f(b)}$$

を満たしている。

(1) 任意の実数 a に対して，$-1<f(a)<1$ であることを証明せよ。

(2) $y=f(x)$ のグラフは $x>0$ で上に凸であることを証明せよ。

第6章 積分法とその応用

601

→解答 p.240

(I) 次の不定積分を求めよ。

(1) $I=\int e^{2x+e^x}dx$

(2) $J=\int \log(1+\sqrt{x})dx$

(3) $K=\int \frac{1}{\sin^4 x}dx$

(II) (1) $\tan\frac{x}{2}=t$ とするとき，$\sin x$，$\cos x$ を t で表せ。

(2) 不定積分 $L=\int \frac{5}{3\sin x+4\cos x}dx$ を求めよ。

602

→解答 p.243

次の定積分の値を求めよ。

(1) $I=\int_1^{\sqrt{3}} \frac{1}{x^2}\log\sqrt{1+x^2}\,dx$

(2) $J=\int_0^1 \{x(1-x)\}^{\frac{3}{2}}dx$

(3) $K=\int_0^{\pi} e^x \sin x\,dx$ および $L=\int_0^{\pi} e^x\cos x\,dx$

(4) $M=\int_0^{\pi} xe^x\sin x\,dx$ および $N=\int_0^{\pi} xe^x\cos x\,dx$

603 → 解答 p.247

(1) 次の式が成り立つように，定数 A，B，C，D を定めよ。

$$\frac{8}{x^4+4}=\frac{Ax+B}{x^2+2x+2}+\frac{Cx+D}{x^2-2x+2}$$

(2) $\tan\frac{\pi}{8}$，$\tan\frac{3}{8}\pi$ の値を求めよ。

(3) 次の定積分の値を求めよ。

$$\int_{-\sqrt{2}}^{\sqrt{2}}\frac{8}{x^4+4}dx$$

604 → 解答 p.250

(1) $-\pi\leqq x\leqq\pi$ のとき，$\sqrt{3}\cos x-\sin x>0$ を満たす x の範囲を求めよ。

(2) $\displaystyle\int_{-\frac{\pi}{3}}^{\frac{\pi}{6}}\left|\frac{4\sin x}{\sqrt{3}\cos x-\sin x}\right|dx$ を求めよ。

605 → 解答 p.252

a_k $(k=1,\ 2,\ \cdots,\ n)$ を実数とし，関数 $f(x)$ を

$$f(x)=\sum_{k=1}^{n}a_k\sin kx \quad (0\leqq x\leqq\pi)$$

で定義する。

(1) 自然数 k，l に対して，$\displaystyle\int_0^{\pi}\sin kx\sin lx\,dx=\begin{cases}\dfrac{\pi}{2} & (k=l)\\ 0 & (k\neq l)\end{cases}$

が成り立つことを示せ。

(2) 等式 $\displaystyle\int_0^{\pi}\{f(x)\}^2dx=\frac{\pi}{2}\sum_{k=1}^{n}a_k{}^2$ が成り立つことを示せ。

(3) $n=3$ とする。定積分 $\displaystyle\int_0^{\pi}\left\{f(x)-\frac{\pi}{2}\right\}^2dx$ の値が最小となるように，a_1，a_2，a_3 の値を定めよ。

606 →解答 p.254

(I) 区間 $\left[0,\ \frac{\pi}{2}\right]$ で連続な関数 $f(x)$ に対し，等式

$\int_0^{\frac{\pi}{2}} f(x)\,dx = \int_0^{\frac{\pi}{2}} f\left(\frac{\pi}{2} - x\right)dx$ が成り立つことを証明せよ。さらに，それを

利用して定積分 $\int_0^{\frac{\pi}{2}} \frac{\sin 3x}{\sin x + \cos x}\,dx$ の値を求めよ。

(II) 定積分 $\int_{-1}^{1} \frac{x^2}{1+e^x}\,dx$ の値を求めよ。

607 →解答 p.256

定積分 $I = \int_0^1 \sqrt{x^2+1}\,dx$，$J = \int_0^1 \frac{1}{\sqrt{x^2+1}}\,dx$ の値を，置換積分

$x = \frac{1}{2}(e^t - e^{-t})$ によって求めよ。

608 →解答 p.258

定積分 $I_n = \int_0^{\frac{\pi}{4}} \frac{dx}{(\cos x)^n}$ $(n=0,\ \pm1,\ \pm2,\ \cdots)$ について次の問いに答えよ。

(1) I_0，I_{-1}，I_2 を求めよ。

(2) I_1 を求めよ。

(3) 整数 n に対して，$nI_n - (n+1)I_{n+2} + (\sqrt{2})^n = 0$ が成り立つことを示せ。

(4) 定積分 $\int_0^1 \sqrt{x^2+1}\,dx$ および $\int_0^1 \frac{dx}{(x^2+1)^3}$ を求めよ。

609 →解答 p.260

実数aに対し，積分

$$f(a)=\int_0^{\frac{\pi}{4}}|\sin x-a\cos x|dx$$

を考える。$f(a)$の最小値を求めよ。

610 →解答 p.262

自然数nに対して

$$I_n=\int_0^1 x^2|\sin n\pi x|dx$$

とおく。極限値$\lim_{n\to\infty}I_n$を求めよ。

611 →解答 p.264

自然数nに対して，関数 $f_n(x)=x^ne^{1-x}$ と，その定積分 $a_n=\int_0^1 f_n(x)dx$ を考える。ただし，eは自然対数の底である。次の問いに答えよ。

(1) 区間 $0\leqq x\leqq 1$ 上で $0\leqq f_n(x)\leqq 1$ であることを示し，さらに $0<a_n<1$ が成り立つことを示せ。

(2) a_1を求めよ。$n>1$ に対してa_nとa_{n-1}の間の漸化式を求めよ。

(3) 自然数nに対して，等式 $\dfrac{a_n}{n!}=e-\left(1+\dfrac{1}{1!}+\dfrac{1}{2!}+\cdots\cdots+\dfrac{1}{n!}\right)$ が成り立つことを証明せよ。

(4) いかなる自然数nに対しても，$n!e$は整数とならないことを示せ。

612 →解答 p.266

e を自然対数の底とし，数列 $\{a_n\}$ を次式で定義する。

$$a_n=\int_1^e (\log x)^n\,dx\ \ (n=1,\ 2,\ \cdots)$$

(1) $n\geqq 3$ のとき，次の漸化式を示せ。

$$a_n=(n-1)(a_{n-2}-a_{n-1})$$

(2) $n\geqq 1$ に対し $a_n>a_{n+1}>0$ となることを示せ。

(3) $n\geqq 2$ のとき，以下の不等式が成立することを示せ。

$$a_{2n}<\frac{3\cdot5\cdot\cdots\cdot(2n-1)}{4\cdot6\cdot\cdots\cdot(2n)}(e-2)$$

☆613 →解答 p.268

n を自然数とする。

(1) 次の極限を求めよ。

$$\lim_{n\to\infty}\frac{1}{\log n}\left(1+\frac{1}{2}+\frac{1}{3}+\cdots+\frac{1}{n}\right)$$

(2) 関数 $y=x(x-1)(x-2)\cdot\cdots\cdot(x-n)$ の極値を与える x の最小値を x_n とする。このとき

$$\frac{1}{x_n}=\frac{1}{1-x_n}+\frac{1}{2-x_n}+\cdots+\frac{1}{n-x_n}$$

および $0<x_n\leqq\dfrac{1}{2}$ を示せ。

(3) (2)の x_n に対して，極限 $\displaystyle\lim_{n\to\infty}x_n\log n$ を求めよ。

☆614 →解答 p.271

実数を係数とする多項式 $f(x)$ に対して次の問いに答えよ。

(1) $f(x)$ が $\int_{-1}^{1} f(x)\,dx=0$ を満たせば，$f(x)=0$ となる x が区間 $(-1,\ 1)$ に存在することを示せ。

(2) $f(x)$ が $\int_{-1}^{1} f(x)\,dx=0$, $\int_{-1}^{1} xf(x)\,dx=0$ を満たせば，$f(x)=0$ となる x が区間 $(-1,\ 1)$ に2個以上存在することを示せ。

615 →解答 p.274

次の極限値を求めよ。

(1) $L_1=\lim_{n\to\infty}\dfrac{(n+1)^a+(n+2)^a+\cdots+(n+n)^a}{1^a+2^a+\cdots+n^a}$　$(a>0)$

(2) $L_2=\lim_{n\to\infty}\dfrac{1}{n^2}\sqrt[n]{{}_{4n}\mathrm{P}_{2n}}$

616 →解答 p.276

(1) $S_n=\dfrac{1}{n+1}+\dfrac{1}{n+2}+\cdots+\dfrac{1}{n+n}$ とおくとき，$\lim_{n\to\infty} S_n$ を求めよ。

(2) $T_n=\dfrac{n}{(n+1)^2}+\dfrac{n}{(n+2)^2}+\cdots+\dfrac{n}{(n+n)^2}$ とおくとき，$\lim_{n\to\infty} T_n$ を求めよ。

☆(3) $\lim_{n\to\infty} n(\log 2-S_n)=\dfrac{1}{4}$ を示せ。

617 →解答 p.278

不等式

$$\pi(e-1)<\int_0^{\pi} e^{|\cos 4x|}dx<2(e^{\frac{\pi}{2}}-1)$$

が成り立つことを示せ。

618 →解答 p.280

$f(x)=\dfrac{1}{1+x^2}$ とし，曲線 $y=f(x)$ $(x>0)$ の変曲点を $(a,\ f(a))$ とする。

(1) a の値を求めよ。

(2) $I=\int_a^1 f(x)dx$ の値と，4 点 $(a,\ f(a))$，$(a,\ 0)$，$(1,\ 0)$，$(1,\ f(1))$ を頂点とする台形の面積 S を求めよ。

(3) 円周率 π は 3.17 より小さいことを証明せよ。必要ならば，$\sqrt{3}=1.732\cdots\cdots$ を用いてよい。

(4) $b=\tan\dfrac{\pi}{12}$ の値を求めよ。

(5) $J=\int_0^b f(x)dx$ の値と，4 点 $(0,\ f(0))$，$(0,\ 0)$，$(b,\ 0)$，$(b,\ f(b))$ を頂点とする台形の面積 T を求めよ。

(6) 円周率 π は 3.10 より大きいことを証明せよ。必要ならば，$\sqrt{3}=1.732\cdots\cdots$ を用いてよい。

619 →解答 p.282

⑴ $0<x<a$ を満たす実数 x，a に対し，次を示せ。

$$\frac{2x}{a}<\int_{a-x}^{a+x}\frac{1}{t}\,dt<x\left(\frac{1}{a+x}+\frac{1}{a-x}\right)$$

⑵ ⑴を利用して，$0.68<\log 2<0.71$ を示せ。ただし，$\log 2$ は 2 の自然対数を表す。

620 →解答 p.286

実数 x に対して，$f(x)=\int_0^x \frac{1}{t^2+1}\,dt$ とおく。

⑴ $|x|<1$，$|y|<1$ のとき，$f\left(\frac{x+y}{1-xy}\right)=f(x)+f(y)$ が成り立つことを示せ。

⑵ $x>0$ のとき，$f(x)+f\left(\frac{1}{x}\right)$ の値を求めよ。

⑶ 極限 $\lim_{x\to\infty} f(x)$ を求めよ。

⑷ ⑶の極限値を c とするとき，極限 $\lim_{x\to\infty} x\{c-f(x)\}$ を求めよ。

621 →解答 p.290

$x>0$ を定義域とする関数 $f(x)=\frac{12(e^{3x}-3e^{x})}{e^{2x}-1}$ について，以下の問いに答えよ。

⑴ 関数 $y=f(x)$ $(x>0)$ は，実数全体を定義域とする逆関数を持つことを示せ。すなわち，任意の実数 a に対して，$f(x)=a$ となる $x>0$ がただ1つ存在することを示せ。

⑵ 前問⑴で定められた逆関数を $y=g(x)$ $(-\infty<x<\infty)$ とする。このとき，定積分 $\int_8^{27} g(x)\,dx$ を求めよ。

622 → 解答 p.292

閉区間 $\left[-\dfrac{\pi}{2},\ \dfrac{\pi}{2}\right]$ で定義された関数 $f(x)$ が

$$f(x)+\int_{-\frac{\pi}{2}}^{\frac{\pi}{2}}\sin(x-y)f(y)\,dy=x+1\ \left(-\frac{\pi}{2}\leqq x\leqq\frac{\pi}{2}\right)$$

を満たしている。$f(x)$ を求めよ。

(注意)　$\sin(x-y)f(y)$ は $\sin(x-y)$ と $f(y)$ の積の意味である。

623 → 解答 p.294

連続な関数 $y=y(x)$ が $y(x)=\sin x-2\int_0^x y(t)\cos(x-t)\,dt\ (-\infty<x<\infty)$ を満たすとする。

(1)　y'' を y, y' を用いて表せ。

(2)　$z(x)=e^x y(x)$ とおくとき，z'' を求めよ。

(3)　y を求めよ。

624 → 解答 p.296

次の等式が $1\leqq x\leqq 2$ で成り立つような関数 $f(x)$ と 定数 A, B を求めよ。

$$\int_{\frac{1}{x}}^{\frac{2}{x}}|\log y|f(xy)\,dy=3x(\log x-1)+A+\frac{B}{x}$$

ただし，$f(x)$ は $1\leqq x\leqq 2$ に対して定義される連続関数とする。

625 →解答 p.298

xy 平面において，曲線 $y=\dfrac{x^3}{6}+\dfrac{1}{2x}$ 上の点 $\left(1,\ \dfrac{2}{3}\right)$ を出発し，この曲線上を進む点Pがある。出発してから t 秒後のPの速度 $\vec{v}$ の大きさは $\dfrac{t}{2}$ に等しく，$\vec{v}$ の x 成分はつねに正または0であるとする。

(1) 出発してから t 秒後のPの位置を $(x,\ y)$ として，x と t の間の関係式を求めよ。

(2) $\vec{v}$ がベクトル $(8,\ 15)$ と平行になるのは出発してから何秒後か。

626 →解答 p.300

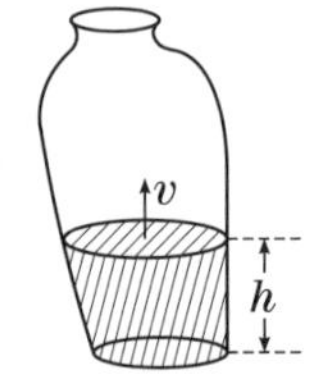

図のような容器を考える。空の状態から始めて，単位時間あたり一定の割合で水を注入し，底から測った水面の高さ h が10になるまで続ける。水面の上昇する速さ v は，水面の高さ h の関数として

$$v=\frac{\sqrt{2+h}}{\log(2+h)} \quad (0 \leqq h \leqq 10)$$

で与えられるものとする。水面の上昇が始まってから水面の面積が最大となるまでの時間を求めよ。

問題編

627

→ 解答 p.302

$H>0$, $R>0$ とする。座標空間内において，原点Oと点P$(R,\ 0,\ H)$を結ぶ線分を，z軸の周りに回転させてできる容器がある。この容器に水を満たし，原点から水面までの高さがhのとき単位時間あたりの排水量が，$\sqrt{h}$ となるように水を排出する。すなわち，時刻tまでに排出された水の総量を$V(t)$とおくとき，$\dfrac{dV}{dt}=\sqrt{h}$ が成り立つ。このとき，すべての水を排出するのに要する時間を求めよ。

628

→ 解答 p.304

(1) aを実数の定数，$f(x)$をすべての点で微分可能な関数とする。このとき次の等式を示せ。

$$f'(x)+af(x)=e^{-ax}\{e^{ax}f(x)\}'$$

(2) (1)の等式を利用して，次の式を満たす関数$f(x)$で，$f(0)=0$ となるものを求めよ。

$$f'(x)+2f(x)=\cos x$$

(3) (2)で求めた関数$f(x)$に対して，数列$\{|f(n\pi)|\}$ $(n=1,\ 2,\ 3,\ \cdots)$の極限値 $\lim\limits_{n\to\infty}|f(n\pi)|$ を求めよ。

第7章 面積・体積と曲線の長さ

701 →解答 p.306

n を3以上の自然数とする。点Oを中心とする半径1の円において，円周を n 等分する点 P_0, P_1, $\cdots$, P_{n-1} を時計回りにとる。各 $i=1,\ 2,\ \cdots,\ n$ に対して，直線 OP_{i-1}, OP_i とそれぞれ点 P_{i-1}, P_i で接するような放物線を C_i とする。ただし，$\mathrm{P}_n=\mathrm{P}_0$ とする。放物線 C_1, C_2, $\cdots$, C_n によって囲まれる部分の面積を S_n とするとき，$\displaystyle\lim_{n\to\infty}S_n$ を求めよ。

702 →解答 p.308

$0\leqq t\leqq 2$ の範囲にある t に対し，方程式 $x^4-2x^2-1+t=0$ の実数解のうち最大のものを $g_1(t)$，最小のものを $g_2(t)$ とおく。$\displaystyle\int_0^2\{g_1(t)-g_2(t)\}dt$ を求めよ。

703 →解答 p.310

$f(x)=\log\dfrac{x^2+1}{2}$ とおく。xy 平面上の円 C と曲線 $D:y=f(x)$ は D のすべての変曲点で接しているとする。ただし，2つの曲線がある点で接するとはその点で共通の接線をもつことをいう。

(1) C の方程式を求めよ。

(2) C と D の共有点は D の変曲点のみであることを証明せよ。

(3) C と D で囲まれた部分の面積を求めよ。

704 → 解答 p.312

x, y は t を媒介変数として，次のように表示されているものとする。

$$x=\frac{3t-t^2}{t+1},\quad y=\frac{3t^2-t^3}{t+1}$$

変数 t が $0 \leqq t \leqq 3$ を動くとき，x と y の動く範囲をそれぞれ求めよ。さらに，この $(x,\ y)$ が描くグラフが囲む図形と領域 $y \geqq x$ の共通部分の面積を求めよ。

☆705 → 解答 p.314

座標平面において，媒介変数 t を用いて $\begin{cases} x=\cos 2t \\ y=t\sin t \end{cases}$ $(0 \leqq t \leqq 2\pi)$ と表される曲線が囲む領域の面積を求めよ。

706 → 解答 p.317

半径 10 の円 C がある。半径 3 の円板 D を，円 C に内接させながら，円 C の円周に沿って滑ることなく転がす。円板 D の周上の一点を P とする。点 P が，円 C の円周に接してから再び円 C の円周に接するまでに描く曲線は，円 C を 2 つの部分に分ける。それぞれの面積を求めよ。

707 →解答 p.319

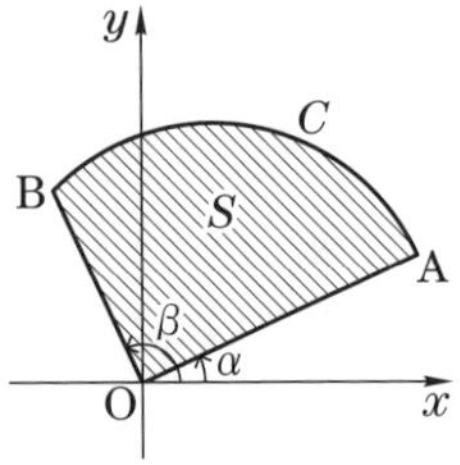

(1) 極方程式 $r=f(\theta)$ $(\alpha \leqq \theta \leqq \beta)$ で表される曲線をCとし，極座標 $(f(\alpha),\ \alpha)$，$(f(\beta),\ \beta)$ で表される点をA，Bとするとき，曲線Cと2つの線分OA，OBによって囲まれる部分の面積Sは

$$S=\frac{1}{2}\int_{\alpha}^{\beta}\{f(\theta)\}^2 d\theta$$

であることを示せ。

(2) xy 平面の第1象限内の動点Pは次の条件(C)を満たす。

条件(C) 原点OとPを結ぶ線分OPの垂直二等分線と x 軸，y 軸によって囲まれる部分の面積が $2\sqrt{3}$ である。

このとき，Pの描く曲線によって囲まれる図形の面積Tを求めよ。

☆708 →解答 p.322

xyz 空間において，z 軸までの距離が2以下である点の全体をTとする。すなわち，Tは z 軸を中心軸とし，半径が2である（無限に長い）円柱の側面および内部である。また，原点 $(0,\ 0,\ 0)$ を中心とする半径1の球面をSとし，点 $(1,\ 0,\ 0)$ を中心とする半径1の球面を S' とする。

(1) 半径1の球面Kが，2条件

(A) KとSは共有点をもたない

(B) KはTに含まれ，Tの側面に接する

を満たして動くとき，Tの側面の「Kが接することができない部分」の面積を求めよ。

(2) 半径1の球面Kが，条件

(A)′ Kと S' は共有点をもたない

および，(1)の条件(B)を満たして動くとする。

(ア) Kの中心の座標を $(t\cos\theta,\ t\sin\theta,\ s)$（ただし，$t \geqq 0$，$-\pi < \theta \leqq \pi$）とおくとき，$t$，$s$，$\theta$ が満たすべき条件を求めよ。

(イ) (ア)において，KがTの側面に接する点の座標を s，θ を用いて表せ。

(ウ) Tの側面の「Kが接することができない部分」の面積を求めよ。

709 →解答 p.325

a を $0 \leqq a < \dfrac{\pi}{2}$ の範囲にある実数とする。2つの直線 $x=0$，$x=\dfrac{\pi}{2}$ および 2つの曲線 $y=\cos(x-a)$，$y=-\cos x$ によって囲まれる図形を G とする。

(1) 図形 G の面積を S とする。S を最大にするような a の値と，そのときの S の値を求めよ。

(2) 図形 G を x 軸の周りに1回転させてできる立体の体積を V とする。V を最大とするような a の値と，そのときの V の値を求めよ。

710 →解答 p.327

xy 平面において，放物線 $y=x^2$ と直線 $y=x$ によって囲まれた図形を直線 $y=x$ の周りに回転させてできる回転体の体積を求めよ。

711 →解答 p.330

線分 $l : y=\dfrac{2}{\pi}x \left(0 \leqq x \leqq \dfrac{\pi}{2}\right)$ と曲線 $C : y=\sin x \left(0 \leqq x \leqq \dfrac{\pi}{2}\right)$ とで囲まれた図形を，y 軸を中心に1回転してできる立体の体積 V の値を求めよ。

712 → 解答 p.332

a は与えられた実数で，$0<a\leqq 1$ を満たすものとする。xyz 空間内に 1 辺の長さ $2a$ の正三角形 △PQR を考える。辺 PQ は xy 平面上にあり，△PQR を含む平面は xy 平面と垂直で，さらに点 R の z 座標は正であるとする。

(1) 辺 PQ が xy 平面の単位円の内部 (周を含む) を自由に動くとき，
△PQR (内部を含む) が動いてできる立体の体積 V を求めよ。

(2) a が $0<a\leqq 1$ の範囲を動くとき，体積 V の最大値を求めよ。

713 → 解答 p.334

x，y，z を座標とする空間において，xz 平面内の曲線

$$z=\sqrt{\log(1+x)}\quad (0\leqq x\leqq 1)$$

を z 軸の周りに 1 回転させるとき，この曲線が通過した部分よりなる図形を S とする。この S をさらに x 軸の周りに 1 回転させるとき，S が通過した部分よりなる立体を V とする。このとき，V の体積を求めよ。

714 →解答 p.336

(1) 正八面体の1つの面を下にして水平な台の上に置く。この八面体を真上から見た図(平面図)を描け。

(2) 正八面体の互いに平行な2つの面をとり，それぞれの面の重心をG_1，G_2とする。G_1，G_2を通る直線を軸としてこの八面体を1回転させてできる立体の体積を求めよ。ただし八面体は内部も含むものとし，各辺の長さは1とする。

715 →解答 p.340

次の式で与えられる底面の半径が2，高さが1の円柱Cを考える。

$$C=\{(x,\ y,\ z)\,|\,x^2+y^2\leqq 4,\ 0\leqq z\leqq 1\}$$

xy平面上の直線 $y=1$ を含み，xy平面と45°の角をなす平面のうち，点A$(0,\ 2,\ 1)$を通るものをHとする。円柱Cを平面Hで2つに分けるとき，点B$(0,\ 2,\ 0)$を含む方をDとする。

(1) Dの体積Vを求めよ。

(2) Dの側面(円柱面の一部)の面積Sを求めよ。

716 →解答 p.342

中心O，半径aの円を底面とし，高さがaの直円錐がある。点Oを通り，底面と45°の角度で交わる平面をPとする。

(1) この円錐をPで切るとき，その切り口の面積を求めよ。

(2) Pはこの円錐を2つの部分に分けるが，そのうちの小さい方の体積を求めよ。

717 →解答 p.344

座標空間において，xy平面上の原点を中心とする半径1の円を考える。この円を底面とし，点(0, 0, 2)を頂点とする円錐(内部を含む)をSとする。また，点A(1, 0, 2)を考える。

(1) 点PがSの底面を動くとき，線分APが通過する部分をTとする。平面$z=1$によるSの切り口および，平面$z=1$によるTの切り口を同一平面上に図示せよ。

(2) 点PがSを動くとき，線分APが通過する部分の体積を求めよ。

718 →解答 p.346

xyz 空間において，平面 $z=0$ 上の原点を中心とする半径 2 の円を底面とし，点 $(0,\ 0,\ 1)$ を頂点とする円錐を A とする。

次に，平面 $z=0$ 上の点 $(1,\ 0,\ 0)$ を中心とする半径 1 の円を H，平面 $z=1$ 上の点 $(1,\ 0,\ 1)$ を中心とする半径 1 の円を K とする。H と K を 2 つの底面とする円柱を B とする。

円錐 A と円柱 B の共通部分を C とする。

$0 \leqq t \leqq 1$ を満たす実数 t に対し，平面 $z=t$ による C の切り口の面積を $S(t)$ とおく。

(1) $0 \leqq \theta \leqq \dfrac{\pi}{2}$ とする。$t=1-\cos\theta$ のとき，$S(t)$ を θ で表せ。

(2) C の体積 $\displaystyle\int_0^1 S(t)\,dt$ を求めよ。

☆719 →解答 p.348

xyz 空間に 4 点 $\mathrm{P}(0,\ 0,\ 2)$，$\mathrm{A}(0,\ 2,\ 0)$，$\mathrm{B}(\sqrt{3},\ -1,\ 0)$，$\mathrm{C}(-\sqrt{3},\ -1,\ 0)$ をとる。四面体 PABC の $x^2+y^2 \geqq 1$ を満たす部分の体積を求めよ。

720 →解答 p.352

(I) (1) $x \geqq 0$ で定義された関数 $f(x)=\log(x+\sqrt{1+x^2})$ について，導関数 $f'(x)$ を求めよ。

(2) 極方程式 $r=\theta$ $(\theta \geqq 0)$ で定義される曲線の，$0 \leqq \theta \leqq \pi$ の部分の長さを求めよ。

(II) 曲線 C：$y=\log(2\sin x)$ $(0<x<\pi)$ の $y \geqq 0$ の部分の長さLを求めよ。

721 →解答 p.354

$f(x)=-\dfrac{e^x+e^{-x}}{2}$ とおき，曲線 C：$y=f(x)$ を考える。一辺の長さ a の正三角形PQRは最初，辺QRの中点Mが曲線C上の点$(0,\ f(0))$ に一致し，QRがCに接し，さらにPが $y>f(x)$ の範囲にあるようにおかれている。ついで，△PQRが曲線Cに接しながら滑ることなく右に傾いてゆく。最初の状態から，点Rが初めて曲線C上にくるまでの間，点Pの y 座標が一定であるように，a を定めよ。

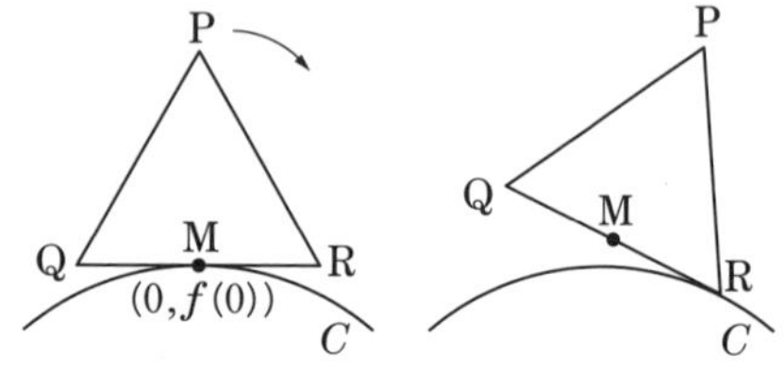

解答編

101 平面上のベクトルの1次独立

三角形OABにおいて，頂点A，Bにおけるそれぞれの外角の二等分線の交点をCとする。$\overrightarrow{OA}=\vec{a}$，$\overrightarrow{OB}=\vec{b}$ とするとき，次の問いに答えよ。

(1) 点Pが∠AOBの二等分線上にあるとき，$\overrightarrow{OP}=t\left(\dfrac{\vec{a}}{|\vec{a}|}+\dfrac{\vec{b}}{|\vec{b}|}\right)$ となる実数 t が存在することを示せ。

(2) $|\vec{a}|=7$，$|\vec{b}|=5$，$\vec{a}\cdot\vec{b}=5$ のとき，$\overrightarrow{OC}$ を $\vec{a}$，$\vec{b}$ を用いて表せ。 (静岡大)

精講 (1) 三角形の内角の二等分線に関して，次のことを思い出しましょう。

△ABCの∠Aの二等分線と辺BCとの交点をDとするとき，

$$BD:DC=AB:AC \quad \cdots\cdots(*)$$

が成り立つ。

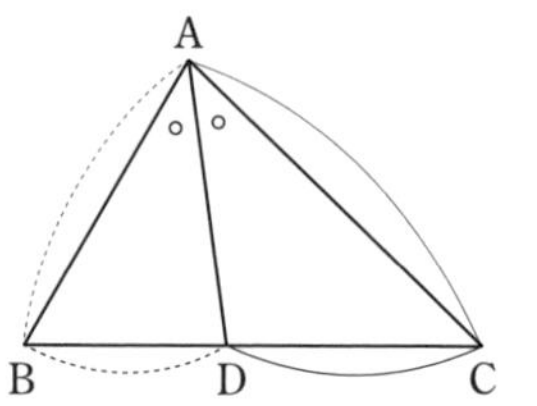

高さが等しい三角形の面積は底辺の長さに比例することから，

$$\triangle ABD:\triangle ACD=BD:DC \quad \cdots\cdots ㋐$$

である。また，

$$\triangle ABD:\triangle ACD=\frac{1}{2}AB\cdot AD\sin\frac{A}{2}:\frac{1}{2}AC\cdot AD\sin\frac{A}{2}$$
$$=AB:AC \quad \cdots\cdots ㋑$$

である。㋐，㋑から(＊)が成り立つ。

なお，(1)はひし形の対角線の性質を利用して答えることもできます。

(2) Cが頂点A，Bの外角の二等分線上にあることから，$\overrightarrow{OC}$ を2通りに表現したあと，次の事実を用いることになります。

平面上の $\vec{0}$ でない2つのベクトル $\vec{a}$，$\vec{b}$ が平行でないとき，

(i) 実数 α，β，α'，β' に対して，次が成り立つ。

$$\alpha\vec{a}+\beta\vec{b}=\vec{0} \implies \alpha=\beta=0$$
$$\alpha\vec{a}+\beta\vec{b}=\alpha'\vec{a}+\beta'\vec{b} \implies \alpha=\alpha',\ \beta=\beta'$$

(ii) 平面上の任意のベクトル $\vec{u}$ に対して,

$$\vec{u}=p\vec{a}+q\vec{b}$$

となる実数 p, q が存在する。ここで, p, q は $\vec{u}$ によってただ1通りに定まる。

このとき, 2つのベクトル $\vec{a}$, $\vec{b}$ は1次独立であるという。

(1) △OAB において, ∠AOB の二等分線と辺 AB との交点をDとすると,

$$\mathrm{AD}:\mathrm{DB}=\mathrm{OA}:\mathrm{OB}=|\vec{a}|:|\vec{b}|$$

であるから,

$$\overrightarrow{\mathrm{OD}}=\frac{|\vec{b}|\vec{a}+|\vec{a}|\vec{b}}{|\vec{a}|+|\vec{b}|}=\frac{|\vec{a}||\vec{b}|}{|\vec{a}|+|\vec{b}|}\left(\frac{\vec{a}}{|\vec{a}|}+\frac{\vec{b}}{|\vec{b}|}\right) \quad \cdots\cdots①$$

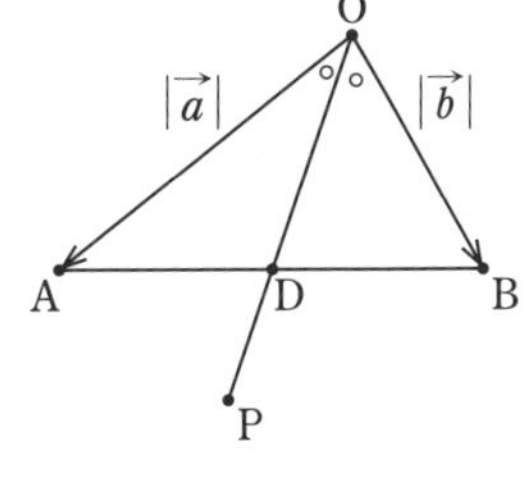

である。点Pが ∠AOB の二等分線上にあるとき, $\overrightarrow{\mathrm{OP}}$ と $\overrightarrow{\mathrm{OD}}$ は平行である。したがって, ①より

$$\overrightarrow{\mathrm{OP}}=t\left(\frac{\vec{a}}{|\vec{a}|}+\frac{\vec{b}}{|\vec{b}|}\right)$$

⬅ $\overrightarrow{\mathrm{OP}} /\!/ \overrightarrow{\mathrm{OD}} /\!/ \dfrac{\vec{a}}{|\vec{a}|}+\dfrac{\vec{b}}{|\vec{b}|}$

となる実数 t が存在する。　(証明おわり)

別解 (1) 半直線 OA, OB 上にそれぞれ A′, B′ を OA′=OB′=1 であるようにとると, $\overrightarrow{\mathrm{OA'}}$, $\overrightarrow{\mathrm{OB'}}$ はそれぞれ $\overrightarrow{\mathrm{OA}}=\vec{a}$, $\overrightarrow{\mathrm{OB}}=\vec{b}$ と同じ向きの単位ベクトルであるから, $\overrightarrow{\mathrm{OA'}}=\dfrac{\vec{a}}{|\vec{a}|}$, $\overrightarrow{\mathrm{OB'}}=\dfrac{\vec{b}}{|\vec{b}|}$ である。

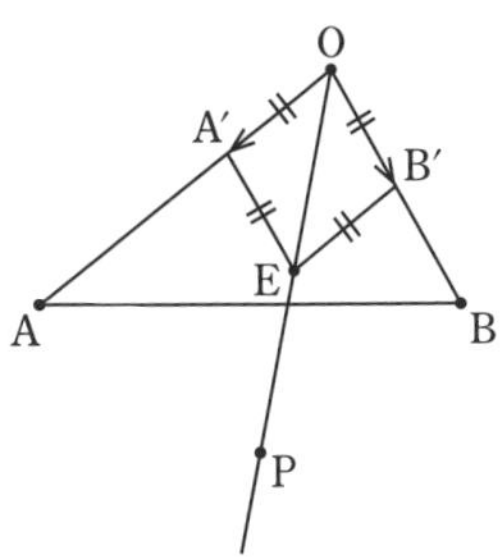

このとき,

$$\overrightarrow{\mathrm{OE}}=\overrightarrow{\mathrm{OA'}}+\overrightarrow{\mathrm{OB'}}$$

となる点Eをとると, 四角形 OA′EB′ はひし形であるから, その対角線 OE は ∠A′OB′, つまり, ∠AOB を二等分する。

⬅ 平行四辺形 OA′EB′ の4辺の長さはいずれも1である。

したがって, P は直線 OE 上にあるので,

$$\overrightarrow{\mathrm{OP}}=t\overrightarrow{\mathrm{OE}}=t(\overrightarrow{\mathrm{OA'}}+\overrightarrow{\mathrm{OB'}})=t\left(\frac{\vec{a}}{|\vec{a}|}+\frac{\vec{b}}{|\vec{b}|}\right)$$

となる実数 t が存在する。　(証明おわり)

(2)　$\mathrm{OA}=|\vec{a}|=7$, $\mathrm{OB}=|\vec{b}|=5$, $\vec{a}\cdot\vec{b}=5$ のとき,

$$|\overrightarrow{\mathrm{AB}}|^2=|\vec{b}-\vec{a}|^2=|\vec{b}|^2-2\vec{a}\cdot\vec{b}+|\vec{a}|^2$$
$$=5^2-2\cdot5+7^2=64$$

$$\therefore\quad \mathrm{AB}=|\vec{b}-\vec{a}|=8$$

である。

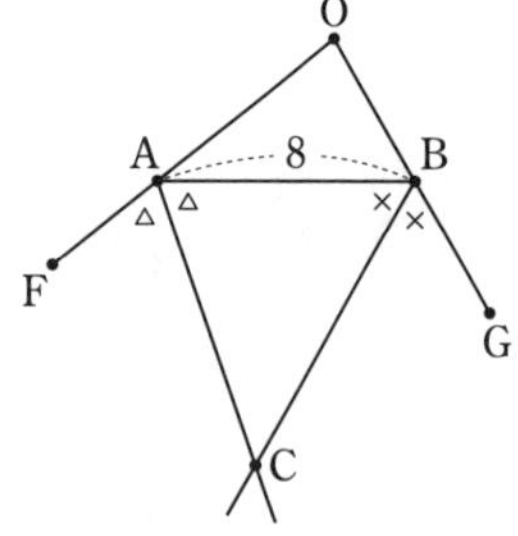

右図のように辺 OA, OB の延長上にそれぞれ点 F, G をとる。$\overrightarrow{\mathrm{AF}}$, $\overrightarrow{\mathrm{AB}}$ と同じ向きの単位ベクトルはそれぞれ $\dfrac{\vec{a}}{|\vec{a}|}=\dfrac{\vec{a}}{7}$, $\dfrac{\vec{b}-\vec{a}}{|\vec{b}-\vec{a}|}=\dfrac{\vec{b}-\vec{a}}{8}$ であり，点 C は ∠FAB の二等分線上にあるから，(1)で示したことから

$$\overrightarrow{\mathrm{AC}}=t\left(\frac{\vec{a}}{7}+\frac{\vec{b}-\vec{a}}{8}\right)=\frac{t}{56}\vec{a}+\frac{t}{8}\vec{b}$$

と表され,

$$\overrightarrow{\mathrm{OC}}=\overrightarrow{\mathrm{OA}}+\overrightarrow{\mathrm{AC}}=\left(1+\frac{t}{56}\right)\vec{a}+\frac{t}{8}\vec{b}\qquad\cdots\cdots②$$

である。同様に，$\overrightarrow{\mathrm{BA}}$, $\overrightarrow{\mathrm{BG}}$ と同じ向きの単位ベクトルはそれぞれ $\dfrac{\vec{a}-\vec{b}}{8}$, $\dfrac{\vec{b}}{5}$ であり，点 C は ∠GBA の二等分線上にあるから,

$$\overrightarrow{\mathrm{BC}}=s\left(\frac{\vec{a}-\vec{b}}{8}+\frac{\vec{b}}{5}\right)=\frac{s}{8}\vec{a}+\frac{3s}{40}\vec{b}$$

と表され,

$$\overrightarrow{\mathrm{OC}}=\overrightarrow{\mathrm{OB}}+\overrightarrow{\mathrm{BC}}=\frac{s}{8}\vec{a}+\left(1+\frac{3s}{40}\right)\vec{b}\qquad\cdots\cdots③$$

である。$\vec{a}$, $\vec{b}$ は平行でないから，②，③が一致することより,

$$1+\frac{t}{56}=\frac{s}{8}\ \text{かつ}\ \frac{t}{8}=1+\frac{3s}{40}$$

である。2 式から，s, t を求めると,

$$s=10,\ t=14$$

であるから，③より

$$\overrightarrow{\mathrm{OC}}=\boldsymbol{\frac{5}{4}\vec{a}+\frac{7}{4}\vec{b}}$$

である。

102 三角形内の点のベクトル表示と面積比

平面上に△ABCがある。実数x, yに対して，点Pが

$$3\overrightarrow{PA}+4\overrightarrow{PB}+5\overrightarrow{PC}=x\overrightarrow{AB}+y\overrightarrow{AC}$$

を満たすものとする。

(1) $x=y=0$ のとき，△PAB，△PBC，△PCAの面積比を求めよ。

(2) 点Pが△ABCの周および内部にあるとき，点(x, y)が存在する範囲をxy平面上に図示せよ。

(3) (2)を満たす点(x, y)のうち，△PAB，△PBC，△PCAの面積比が1：2：3となる点(x, y)を求めよ。　(静岡大)

精講　(2)では，次のことを利用することになります。試験においては，時間が許せば，その証明も示しておいた方がよいでしょう。

△OABがあり，実数s, tに対して，点Pを

$$\overrightarrow{OP}=s\overrightarrow{OA}+t\overrightarrow{OB} \quad \cdots\cdots㋐$$

によって定める。このとき，s, tが満たす条件と点Pの存在範囲に関して次の関係が成り立つ。

(i) $s\geqq 0$, $t\geqq 0$　かつ　$s+t=1$ のとき　線分AB

(ii) $s\geqq 0$, $t\geqq 0$　かつ　$s+t\leqq 1$ のとき　△OABの内部と周

(i), (ii)について簡単に説明すると，以下のようになります。

(i) $s=1-t$ を用いて，sを消去すると，

$$\overrightarrow{OP}=(1-t)\overrightarrow{OA}+t\overrightarrow{OB}=\overrightarrow{OA}+t\overrightarrow{AB},\ 0\leqq t\leqq 1$$

となることからわかります。

(ii) $s+t=0$ のとき，$s=t=0$ より P=O である。

$s+t=k$ $(0<k\leqq 1 \cdots\cdots㋑)$ のとき，$s=ks'$, $t=kt'$ とおき，

$$\overrightarrow{OA_k}=k\overrightarrow{OA},\ \overrightarrow{OB_k}=k\overrightarrow{OB}$$

となる点A_k, B_k(A_k, B_kはそれぞれOA，OBを$k:1-k$に内分する点)をとると，㋐より

$$\overrightarrow{OP}=ks'\overrightarrow{OA}+kt'\overrightarrow{OB}=s'\overrightarrow{OA_k}+t'\overrightarrow{OB_k}$$

$$s'\geqq 0,\ t'\geqq 0,\ s'+t'=1$$

となるので，(i)より，Pは辺ABに平行な線分A_kB_k上を動く。

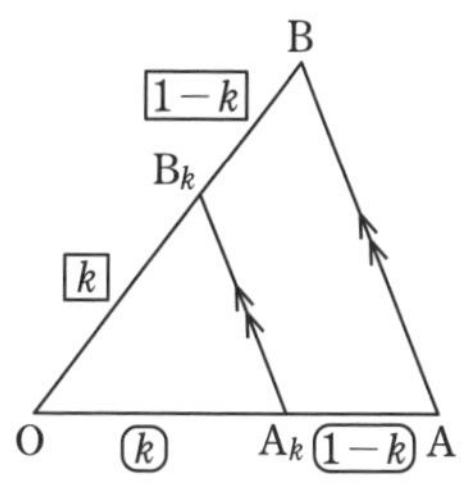

また，k が㋑の範囲で変化すると，線分 A_kB_k は △OAB から点Oを除いた部分すべてを覆う。

結果として，点Pは △OAB 全体を動くことがわかります。

解答 (1) $3\overrightarrow{PA}+4\overrightarrow{PB}+5\overrightarrow{PC}$

$$=x\overrightarrow{AB}+y\overrightarrow{AC} \quad \cdots\cdots ①$$

において，$x=y=0$ のとき，

$$3\overrightarrow{PA}+4\overrightarrow{PB}+5\overrightarrow{PC}=\vec{0} \quad \cdots\cdots ②$$

$$\therefore \quad -3\overrightarrow{AP}+4(\overrightarrow{AB}-\overrightarrow{AP})+5(\overrightarrow{AC}-\overrightarrow{AP})=\vec{0}$$

⬅ベクトルの始点をAに統一する。

より

$$\overrightarrow{AP}=\frac{4\overrightarrow{AB}+5\overrightarrow{AC}}{12}=\frac{3}{4}\cdot\frac{4\overrightarrow{AB}+5\overrightarrow{AC}}{9} \quad \cdots\cdots ③$$

⬅ベクトルの分点公式 $\dfrac{n\vec{a}+m\vec{b}}{m+n}$ を思い出して，変形する。

である。ここで，BC を 5：4 に内分する点Dをとると，③より，

$$\overrightarrow{AP}=\frac{3}{4}\cdot\frac{4\overrightarrow{AB}+5\overrightarrow{AC}}{9}=\frac{3}{4}\overrightarrow{AD}$$

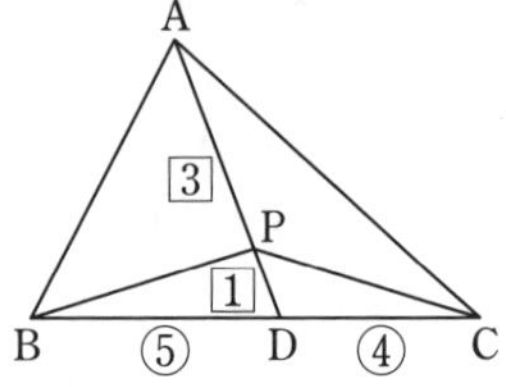

であるから，P は AD を 3：1 に内分する点である。

したがって，△ABC の面積を S とすると，

$$\triangle PAB=\frac{3}{4}\triangle ABD=\frac{3}{4}\cdot\frac{5}{9}\triangle ABC=\frac{5}{12}S$$

⬅(高さが等しい三角形の面積比)＝(底辺の長さの比)

$$\triangle PBC=\frac{1}{4}\triangle ABC=\frac{1}{4}S$$

⬅(底辺の長さが等しい三角形の面積比)＝(高さの比)

$$\triangle PCA=\frac{3}{4}\triangle ACD=\frac{3}{4}\cdot\frac{4}{9}\triangle ABC=\frac{1}{3}S$$

であるから，

$$\triangle PAB : \triangle PBC : \triangle PCA$$

$$=\frac{5}{12}S:\frac{1}{4}S:\frac{1}{3}S=\mathbf{5:3:4}$$

である。

(2) ②から③を導いたのと同様に，①より

$$-3\overrightarrow{AP}+4(\overrightarrow{AB}-\overrightarrow{AP})+5(\overrightarrow{AC}-\overrightarrow{AP})$$

$$=x\overrightarrow{AB}+y\overrightarrow{AC}$$

$$\therefore \quad \overrightarrow{AP}=\frac{4-x}{12}\overrightarrow{AB}+\frac{5-y}{12}\overrightarrow{AC} \quad \cdots\cdots ④$$

である。これより，P が △ABC の周および内部にあるための条件は

⬅**精講** 参照。

$$\frac{4-x}{12} \geqq 0 \text{ かつ } \frac{5-y}{12} \geqq 0$$

$$\text{かつ } \frac{4-x}{12}+\frac{5-y}{12} \leqq 1$$

$\therefore \quad x \leqq 4$ かつ $y \leqq 5$ かつ $x+y \geqq -3$

である。したがって，点$(x,\ y)$の存在範囲は右図の斜線部分(境界を含む)である。

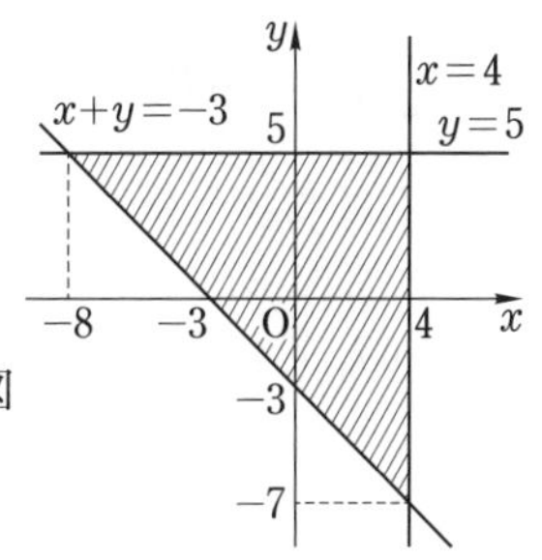

(3)　△ABC の面積を S とおく。

$$\triangle \mathrm{PAB} : \triangle \mathrm{PBC} : \triangle \mathrm{PCA} = 1:2:3 \quad \cdots\cdots ⑤$$

のとき，直線 AP と辺 BC の交点をQとおく。

⑤より，$\triangle \mathrm{PBC}=\frac{1}{3}S$ であるから，

$$\mathrm{AQ} : \mathrm{PQ} = 3:1 \quad \therefore \quad \mathrm{AP} : \mathrm{PQ} = 2:1 \quad \cdots\cdots ⑥$$

である。したがって，⑤より

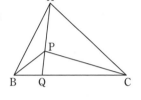

$$\triangle \mathrm{ABQ} : \triangle \mathrm{ACQ}$$
$$=\frac{3}{2}\triangle \mathrm{PAB} : \frac{3}{2}\triangle \mathrm{PCA}$$
$$=\triangle \mathrm{PAB} : \triangle \mathrm{PCA} = 1:3$$

であるから，

$$\mathrm{BQ} : \mathrm{QC} = 1:3 \quad \cdots\cdots ⑦$$

である。

⑥，⑦より

$$\overrightarrow{\mathrm{AP}}=\frac{2}{3}\overrightarrow{\mathrm{AQ}}=\frac{2}{3}\cdot\frac{3\overrightarrow{\mathrm{AB}}+\overrightarrow{\mathrm{AC}}}{4}$$

$$=\frac{1}{2}\overrightarrow{\mathrm{AB}}+\frac{1}{6}\overrightarrow{\mathrm{AC}} \quad \cdots\cdots ⑧$$

である。

$\overrightarrow{\mathrm{AB}}$, $\overrightarrow{\mathrm{AC}}$ は平行でないから，④と⑧が一致することから

←101 精講 参照。

$$\frac{4-x}{12}=\frac{1}{2} \text{ かつ } \frac{5-y}{12}=\frac{1}{6}$$

より

$$(x,\ y)=(-2,\ 3)$$

である。

103 空間内のベクトルの１次独立

右図のような１辺の長さが１の立方体 OABC-DEFG を考える。辺 AE の中点をM，辺 DG の中点をNとする。Xを辺 DE 上の点，Yを辺 BC 上の点とし，DX の長さを x，CY の長さを y とする。このとき，次の問に答えよ。

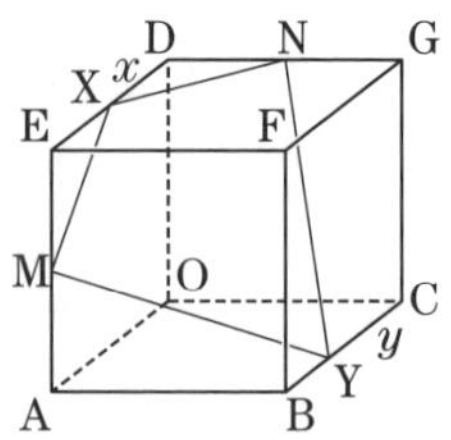

(1)　4点 X，M，Y，N が同一平面上にあるための必要十分条件を x と y を用いて表せ。

(2)　x，y が(1)の条件を満たしながら動くとき，三角形 XMY の面積の最小値と最大値を求めよ。また，そのときの x，y の組をすべて求めよ。　（九州大）

精講　(1)　Xが辺 DE 上に，Yが辺 BC 上にあることから，$\overrightarrow{XY}$ を $\overrightarrow{OA}$，$\overrightarrow{OC}$，$\overrightarrow{OD}$ を用いて表します。次に，Yが平面 XMN 上にあることから，$\overrightarrow{XY}$ を $\overrightarrow{XM}$，$\overrightarrow{XN}$ を用いて表したあと，さらに，$\overrightarrow{OA}$，$\overrightarrow{OC}$，$\overrightarrow{OD}$ を用いて表します。得られた $\overrightarrow{XY}$ を表す２つの式において，次の事実を用いて，x，y の満たすべき関係を導くことになります。

空間内の３つのベクトル $\vec{a}$，$\vec{b}$，$\vec{c}$ が同一平面上におけない，つまり，$\overrightarrow{OA}=\vec{a}$，$\overrightarrow{OB}=\vec{b}$，$\overrightarrow{OC}=\vec{c}$ となる四面体 OABC が存在するとき，

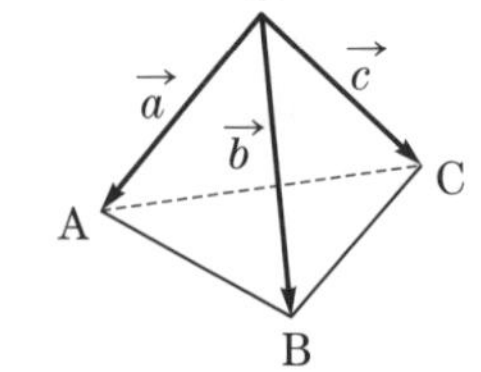

(i)　実数 α，β，γ，α'，β'，γ' に対して

$$\alpha\vec{a}+\beta\vec{b}+\gamma\vec{c}=\vec{0} \Longrightarrow \alpha=\beta=\gamma=0$$

$$\alpha\vec{a}+\beta\vec{b}+\gamma\vec{c}=\alpha'\vec{a}+\beta'\vec{b}+\gamma'\vec{c} \Longrightarrow \alpha=\alpha',\ \beta=\beta',\ \gamma=\gamma'$$

が成り立つ。

(ii)　空間内の任意のベクトル $\vec{u}$ に対して

$$\vec{u}=p\vec{a}+q\vec{b}+r\vec{c}$$

となる実数 p，q，r が存在する。ここで p，q，r は $\vec{u}$ によってただ１通りに定まる。

このとき，３つのベクトル $\vec{a}$，$\vec{b}$，$\vec{c}$ は１次独立であるという。

(2)　次の面積公式を利用します。

△OAB において，$\overrightarrow{OA}=\vec{a}$，$\overrightarrow{OB}=\vec{b}$ とするとき △OAB の面積 S は

$$S=\frac{1}{2}\sqrt{|\vec{a}|^2|\vec{b}|^2-(\vec{a}\cdot\vec{b})^2}$$

である。

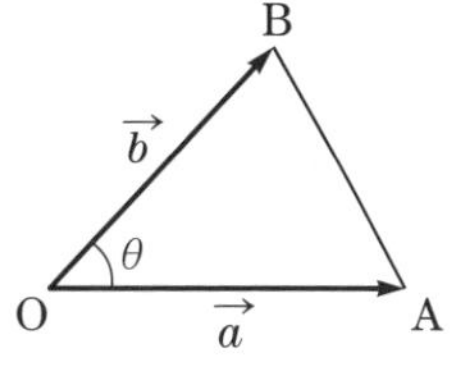

$\angle AOB=\theta$ とおくと，

$$S^2=\left(\frac{1}{2}OA\cdot OB\cdot\sin\theta\right)^2=\frac{1}{4}|\vec{a}|^2|\vec{b}|^2(1-\cos^2\theta)$$

$$=\frac{1}{4}\{|\vec{a}|^2|\vec{b}|^2-(\vec{a}\cdot\vec{b})^2\}$$

となることから導かれます。

解答　(1)　$\overrightarrow{OA}=\vec{a}$，$\overrightarrow{OC}=\vec{b}$，$\overrightarrow{OD}=\vec{c}$ とおくと，

$$\overrightarrow{OM}=\vec{a}+\frac{1}{2}\vec{c},\ \overrightarrow{ON}=\frac{1}{2}\vec{b}+\vec{c}$$

$$\overrightarrow{OX}=x\vec{a}+\vec{c},\ \overrightarrow{OY}=y\vec{a}+\vec{b}$$

⬅たとえば，$\overrightarrow{OM}=\overrightarrow{OA}+\overrightarrow{AM}$ と考える。

であるから，

$$\overrightarrow{XM}=\overrightarrow{OM}-\overrightarrow{OX}=(1-x)\vec{a}-\frac{1}{2}\vec{c}\quad\cdots\cdots①$$

$$\overrightarrow{XN}=\overrightarrow{ON}-\overrightarrow{OX}=-x\vec{a}+\frac{1}{2}\vec{b}\quad\cdots\cdots②$$

$$\overrightarrow{XY}=\overrightarrow{OY}-\overrightarrow{OX}=(y-x)\vec{a}+\vec{b}-\vec{c}\quad\cdots\cdots③$$

となる。

$\overrightarrow{XM}$，$\overrightarrow{XN}$ は平行でないから，Y が平面 XMN 上にあるための必要十分条件は

⬅△XMN ができているから，$\overrightarrow{XM}\nparallel\overrightarrow{XN}$。

$$\overrightarrow{XY}=s\overrightarrow{XM}+t\overrightarrow{XN}\quad\cdots\cdots④$$

となる実数 s，t が存在する　……(☆)　ことである。

④に①，②を代入して整理すると

$$\overrightarrow{XY}=\{s(1-x)-tx\}\vec{a}+\frac{t}{2}\vec{b}-\frac{s}{2}\vec{c}\quad\cdots\cdots⑤$$

となる。3 つのベクトル $\vec{a}$，$\vec{b}$，$\vec{c}$ は同一平面上におけないので，③，⑤が一致する条件は

⬅“$\vec{a}$，$\vec{b}$，$\vec{c}$ は 1 次独立であるから” と書いてもよい。

$$s(1-x)-tx=y-x\ \text{かつ}\ \frac{t}{2}=1\ \text{かつ}\ -\frac{s}{2}=-1$$

である。右 2 式より $s=t=2$ であるから，(☆)の

ための必要十分条件は，

$$2(1-x)-2x=y-x$$

$$\therefore\quad \boldsymbol{y+3x=2} \qquad \cdots\cdots⑥$$

が成り立つことである。

(2) $$|\vec{a}|=|\vec{b}|=|\vec{c}|=1,\ \vec{a}\cdot\vec{b}=\vec{b}\cdot\vec{c}=\vec{c}\cdot\vec{a}=0$$

であるから，

$$|\overrightarrow{\mathrm{XM}}|^2=\left|(1-x)\vec{a}-\frac{1}{2}\vec{c}\right|^2=(1-x)^2+\frac{1}{4}$$

である。$y=2-3x$ ……⑥′ を③に代入すると

$$\overrightarrow{\mathrm{XY}}=(2-4x)\vec{a}+\vec{b}-\vec{c}$$

となるから，同様に計算して

$$|\overrightarrow{\mathrm{XY}}|^2=(2-4x)^2+2$$

$$\overrightarrow{\mathrm{XM}}\cdot\overrightarrow{\mathrm{XY}}=(1-x)(2-4x)+\frac{1}{2}$$

である。したがって，

$$|\overrightarrow{\mathrm{XM}}|^2|\overrightarrow{\mathrm{XY}}|^2-(\overrightarrow{\mathrm{XM}}\cdot\overrightarrow{\mathrm{XY}})^2$$

$$=\left\{(1-x)^2+\frac{1}{4}\right\}\{(2-4x)^2+2\}-\left\{(1-x)(2-4x)+\frac{1}{2}\right\}^2$$

$$=2x^2-2x+\frac{5}{4}=2\left(x-\frac{1}{2}\right)^2+\frac{3}{4}$$

である。これより，

$$\triangle\mathrm{XMY}=\frac{1}{2}\sqrt{|\overrightarrow{\mathrm{XM}}|^2|\overrightarrow{\mathrm{XY}}|^2-(\overrightarrow{\mathrm{XM}}\cdot\overrightarrow{\mathrm{XY}})^2}$$

$$=\frac{1}{2}\sqrt{2\left(x-\frac{1}{2}\right)^2+\frac{3}{4}}$$

である。ここで，$0\leqq x\leqq 1$，$0\leqq y\leqq 1$ であり，さらに⑥′を考え合わせると，x の変域は

$$\frac{1}{3}\leqq x\leqq\frac{2}{3}$$

であるから，△XMY の面積は

$$\begin{cases}(x,\ y)=\left(\frac{1}{2},\ \frac{1}{2}\right) \text{ のとき} & \text{最小値 } \frac{\sqrt{3}}{4}\\ (x,\ y)=\left(\frac{1}{3},\ 1\right),\ \left(\frac{2}{3},\ 0\right) \text{ のとき} & \text{最大値 } \frac{\sqrt{29}}{12}\end{cases}$$

をとる。

⬅ $\left|(1-x)\vec{a}-\frac{1}{2}\vec{c}\right|^2$
$=(1-x)^2|\vec{a}|^2$
$\quad-(1-x)\vec{a}\cdot\vec{c}+\frac{1}{4}|\vec{c}|^2$
以下も同様。

⬅ $|(2-4x)\vec{a}+\vec{b}-\vec{c}|^2$
$=(2-4x)^2+1+1$

⬅ $\left\{(1-x)\vec{a}-\frac{1}{2}\vec{c}\right\}$
$\cdot\{(2-4x)\vec{a}+\vec{b}-\vec{c}\}$
$=(1-x)(2-4x)+\frac{1}{2}$

⬅ $x=\mathrm{DX}\leqq\mathrm{DE}=1$
$y=\mathrm{CY}\leqq\mathrm{CB}=1$

⬅ ⑥′より，$0\leqq y\leqq 1$ は
$0\leqq 2-3x\leqq 1$
となる。

104 単位球面上の4点に関する内積

k を正の実数とする。座標空間において，原点Oを中心とする半径1の球面上の4点 A，B，C，D が次の関係式を満たしている。

$$\overrightarrow{OA}\cdot\overrightarrow{OB}=\overrightarrow{OC}\cdot\overrightarrow{OD}=\frac{1}{2},$$

$$\overrightarrow{OA}\cdot\overrightarrow{OC}=\overrightarrow{OB}\cdot\overrightarrow{OC}=-\frac{\sqrt{6}}{4},$$

$$\overrightarrow{OA}\cdot\overrightarrow{OD}=\overrightarrow{OB}\cdot\overrightarrow{OD}=k$$

このとき，k の値を求めよ。ただし，座標空間の点 X，Y に対して，$\overrightarrow{OX}\cdot\overrightarrow{OY}$ は，$\overrightarrow{OX}$ と $\overrightarrow{OY}$ の内積を表す。 （京都大）

精講 $|\overrightarrow{OA}|=|\overrightarrow{OB}|=1$，$\overrightarrow{OA}\cdot\overrightarrow{OB}=\frac{1}{2}$ から，△OAB は1辺の長さ1の正三角形であることがわかります。△OCD についても同様ですから，A と B，または，C とDの座標を具体的に設定できますが，どちらがよいかは，残りの条件から判断するとよいでしょう。

解答

$$|\overrightarrow{OA}|=|\overrightarrow{OB}|=|\overrightarrow{OC}|=|\overrightarrow{OD}|=1 \quad \cdots\cdots①$$

$$\overrightarrow{OA}\cdot\overrightarrow{OB}=\overrightarrow{OC}\cdot\overrightarrow{OD}=\frac{1}{2} \quad \cdots\cdots②$$

$$\overrightarrow{OA}\cdot\overrightarrow{OC}=\overrightarrow{OB}\cdot\overrightarrow{OC}=-\frac{\sqrt{6}}{4} \quad \cdots\cdots③$$

$$\overrightarrow{OA}\cdot\overrightarrow{OD}=\overrightarrow{OB}\cdot\overrightarrow{OD}=k \quad \cdots\cdots④$$

である。

⇐ A，B，C，D は原点Oを中心とする半径1の球面(単位球面)上にある。

①，②より

$$|\overrightarrow{AB}|^2=|\overrightarrow{OB}-\overrightarrow{OA}|^2=1 \quad \therefore \quad |\overrightarrow{AB}|=1$$

であり，△OAB は1辺の長さ1の正三角形である。

⇐ $|\overrightarrow{OB}-\overrightarrow{OA}|^2$
$=|\overrightarrow{OB}|^2-2\overrightarrow{OA}\cdot\overrightarrow{OB}+|\overrightarrow{OA}|^2$
$=1-2\cdot\frac{1}{2}+1=1$

原点Oを中心として単位球面を回転しても，A，B，C，D の位置関係，つまり，①～④は変わらないので，

$$O(0,\ 0,\ 0),\ A\left(\frac{\sqrt{3}}{2},\ \frac{1}{2},\ 0\right),\ B\left(\frac{\sqrt{3}}{2},\ -\frac{1}{2},\ 0\right)$$

としてもよい。

⇐ ②の $\overrightarrow{OA}\cdot\overrightarrow{OB}=\frac{1}{2}$ も満たす。

このとき，C$(a,\ b,\ c)$ とすると，①，③より

$$\begin{cases} a^2+b^2+c^2=1 \\ \dfrac{\sqrt{3}}{2}a+\dfrac{1}{2}b=\dfrac{\sqrt{3}}{2}a-\dfrac{1}{2}b=-\dfrac{\sqrt{6}}{4} \end{cases}$$

⬅これより，$b=0$，$a=-\dfrac{\sqrt{2}}{2}$。

であり，これを解くと

$$a=-\frac{\sqrt{2}}{2},\ b=0,\ c=\pm\frac{\sqrt{2}}{2}$$

⬅$c^2=1-(a^2+b^2)$
$=1-\left(-\dfrac{\sqrt{2}}{2}\right)^2$
$=\dfrac{1}{2}$ より。

となるから，$\mathrm{C}\left(-\dfrac{\sqrt{2}}{2},\ 0,\ \pm\dfrac{\sqrt{2}}{2}\right)$である。

D$(d,\ e,\ f)$とおく。①，②，④より

$$\begin{cases} d^2+e^2+f^2=1 & \cdots\cdots⑤ \\ -\dfrac{\sqrt{2}}{2}d\pm\dfrac{\sqrt{2}}{2}f=\dfrac{1}{2} & \cdots\cdots⑥ \\ \dfrac{\sqrt{3}}{2}d+\dfrac{1}{2}e=\dfrac{\sqrt{3}}{2}d-\dfrac{1}{2}e & \cdots\cdots⑦ \end{cases}$$

⬅（⑥）これより，$\pm f=d+\dfrac{1}{\sqrt{2}}$

⬅（⑦）これより，$e=0$

であるから，⑥，⑦を整理して得られる

$$e=0,\ f=\pm\left(d+\frac{1}{\sqrt{2}}\right) \quad \cdots\cdots⑧$$

⬅ここまでは複号同順である。

を⑤に代入して整理すると，

$$4d^2+2\sqrt{2}\,d-1=0$$

⬅$d^2+0^2+\left(d+\dfrac{1}{\sqrt{2}}\right)^2=1$ より。

$$\therefore\quad d=\frac{-\sqrt{2}\pm\sqrt{6}}{4} \quad \cdots\cdots⑨$$

である。ここで，④，⑧より

$$k=\overrightarrow{\mathrm{OA}}\cdot\overrightarrow{\mathrm{OD}}=\frac{\sqrt{3}}{2}d+\frac{1}{2}e=\frac{\sqrt{3}}{2}d$$

⬅$k=\overrightarrow{\mathrm{OB}}\cdot\overrightarrow{\mathrm{OD}}=\dfrac{\sqrt{3}}{2}d-\dfrac{1}{2}e$
$=\dfrac{\sqrt{3}}{2}d$
も成り立つ。

であり，$k>0$ より $d>0$ に注意すると，⑨より

$$k=\frac{\sqrt{3}}{2}\cdot\frac{-\sqrt{2}+\sqrt{6}}{4}=\boldsymbol{\frac{3\sqrt{2}-\sqrt{6}}{8}}$$

である。

参考

A，B，C，D の位置関係を考えて処理することもできる。

解答 に示したように，①，②から $|\overrightarrow{\mathrm{AB}}|=|\overrightarrow{\mathrm{CD}}|=1$ であり，△OAB，△OCD は 1 辺の長さ 1 の正三角形である。また，①，③から，

$$|\overrightarrow{\mathrm{AC}}|^2=|\overrightarrow{\mathrm{OC}}-\overrightarrow{\mathrm{OA}}|^2=2+\frac{\sqrt{6}}{2},\ |\overrightarrow{\mathrm{BC}}|^2=|\overrightarrow{\mathrm{OC}}-\overrightarrow{\mathrm{OB}}|^2=2+\frac{\sqrt{6}}{2}$$

であるから，$|\overrightarrow{\mathrm{AC}}|=|\overrightarrow{\mathrm{BC}}|$ であり，①，④から，$|\overrightarrow{\mathrm{AD}}|=|\overrightarrow{\mathrm{BD}}|$ である。よって，

ABの中点をMとすると，点O，C，D，Mそれぞれは2点A，Bまでの距離が等しいので，これら4点はいずれも線分ABの垂直二等分面α上にある。

これより，$\overrightarrow{OC}$，$\overrightarrow{OD}$は$\overrightarrow{AB}$と垂直であるから，$\overrightarrow{MA}$，$\overrightarrow{MB}$と垂直である。したがって，

$$\overrightarrow{OA}\cdot\overrightarrow{OC}=(\overrightarrow{OM}+\overrightarrow{MA})\cdot\overrightarrow{OC}=\overrightarrow{OM}\cdot\overrightarrow{OC} \quad \cdots\cdots⑩$$

$$\overrightarrow{OA}\cdot\overrightarrow{OD}=(\overrightarrow{OM}+\overrightarrow{MA})\cdot\overrightarrow{OD}=\overrightarrow{OM}\cdot\overrightarrow{OD} \quad \cdots\cdots⑪$$

である。

C
D
$\theta-60°$
B
θ
M
O
A

ここで，$\overrightarrow{OC}$と$\overrightarrow{OM}$のなす角を$\theta\,(0°\leqq\theta\leqq180°)$とおくと，$OM=\frac{\sqrt{3}}{2}AB=\frac{\sqrt{3}}{2}$であるから，

$$\overrightarrow{OM}\cdot\overrightarrow{OC}=|\overrightarrow{OM}|\cdot|\overrightarrow{OC}|\cos\theta=\frac{\sqrt{3}}{2}\cdot1\cdot\cos\theta=\frac{\sqrt{3}}{2}\cos\theta$$

である。よって，③，⑩より，

$$-\frac{\sqrt{6}}{4}=\frac{\sqrt{3}}{2}\cos\theta \quad \therefore \quad \cos\theta=-\frac{\sqrt{2}}{2},\ \sin\theta=\frac{\sqrt{2}}{2} \quad (\theta=135°)$$

が得られる。④と⑪より，$\overrightarrow{OM}\cdot\overrightarrow{OD}=k>0$であるから，$\overrightarrow{OM}$と$\overrightarrow{OD}$のなす角は鋭角であり，$\angle COD=60°$と合わせると，その角は$\theta-60°$である。したがって，

$$k=\overrightarrow{OM}\cdot\overrightarrow{OD}=|\overrightarrow{OM}|\cdot|\overrightarrow{OD}|\cos(\theta-60°)$$

$$=\frac{\sqrt{3}}{2}\cdot1\cdot\left(\frac{1}{2}\cos\theta+\frac{\sqrt{3}}{2}\sin\theta\right)=\frac{3\sqrt{2}-\sqrt{6}}{8}$$

である。

類題 1 →解答 p.356

Sを，座標空間内の原点Oを中心とする半径1の球面とする。S上を動く点A，B，C，Dに対して

$$F=2(AB^2+BC^2+CA^2)-3(AD^2+BD^2+CD^2)$$

とおく。

(1) $\overrightarrow{OA}=\vec{a}$，$\overrightarrow{OB}=\vec{b}$，$\overrightarrow{OC}=\vec{c}$，$\overrightarrow{OD}=\vec{d}$とするとき，$\vec{a}$，$\vec{b}$，$\vec{c}$，$\vec{d}$によらない定数$k$によって

$$F=k(\vec{a}+\vec{b}+\vec{c})\cdot(\vec{a}+\vec{b}+\vec{c}-3\vec{d})$$

と書けることを示し，定数kを求めよ。

(2) 点A，B，C，Dが球面S上を動くときの，Fの最大値Mを求めよ。

(3) 点Cの座標が$\left(-\frac{1}{4},\ \frac{\sqrt{15}}{4},\ 0\right)$，点Dの座標が$(1,\ 0,\ 0)$であるとき，$F=M$となる$S$上の点A，Bの組をすべて求めよ。 (東京工大)

105 球面における反射

座標空間内に点 A(5, 4, 2) を中心とする半径 7 の球面 S がある。原点Oからベクトル $\vec{u}=(1,\ 1,\ -2)$ の向きに出た光線が球面 S 上の点Bで反射され，球面 S 上の点Cに達した。点Bでの反射により，点Cは直線 OB と直線 AB で作られる平面上にあり，直線 AB は ∠OBC を 2 等分することになる。

(1) Bの座標を求めよ。

(2) Bで反射した光線の方向ベクトルを 1 つ示せ。

(3) Cの座標を求めよ。　(兵庫医大*)

精講　(2) Bでの反射は球面 S のBにおける接平面（Bを通り，半径 AB に垂直な平面）による反射ですから，直線 OB と直線 BC は直線 AB に関して対称です。したがって，直線 AB に関してOと対称な点を直線 BC は通ります。

解答　(1) $\overrightarrow{OB}=t\vec{u}=(t,\ t,\ -2t)$　$(t>0$　……①)

と表される。また，Bが球面 S :

$$(x-5)^2+(y-4)^2+(z-2)^2=49 \quad \cdots\cdots ②$$

上にあることより，

$$(t-5)^2+(t-4)^2+(2t+2)^2=49$$

$$\therefore \quad (3t+1)(t-2)=0$$

となるが，①より $t=2$ であり

B(2, 2, −4)

である。

(2) 平面 OAB 上で，AB に関してOと対称な点をDとし，OD の中点をMとする。M は直線 AB 上にあるから，

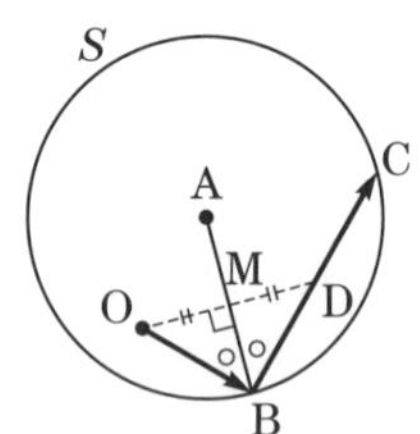

(平面 OAB による断面図)

$$\overrightarrow{OM}=\overrightarrow{OA}+r\overrightarrow{AB}=(5-3r,\ 4-2r,\ 2-6r)$$

と表され，$\overrightarrow{OM}\perp\overrightarrow{AB}$ より

$$\overrightarrow{OM}\cdot\overrightarrow{AB}=0$$

$$\therefore \quad -3(5-3r)-2(4-2r)-6(2-6r)=0$$

$$\therefore \quad r=\frac{5}{7}$$

となるので，

$$\overrightarrow{OD}=2\overrightarrow{OM}=\left(\frac{40}{7},\ \frac{36}{7},\ -\frac{32}{7}\right)$$

⬅ $\overrightarrow{OM}=\left(\frac{20}{7},\ \frac{18}{7},\ -\frac{16}{7}\right)$

である。よって，反射光線の方向ベクトルの１つは

$$\overrightarrow{BD}=\left(\frac{26}{7},\ \frac{22}{7},\ -\frac{4}{7}\right)=\boldsymbol{\frac{2}{7}(13,\ 11,\ -2)}$$

である。

⬅ これより，反射光線の方向ベクトルは，$s(13,\ 11,\ -2)\ (s>0)$ である。参考 参照。

(3)　CはBを通り，方向ベクトル$(13,\ 11,\ -2)$の直線（反射光線）上にあるから，

$$\overrightarrow{OC}=\overrightarrow{OB}+s(13,\ 11,\ -2)$$
$$=(2+13s,\ 2+11s,\ -4-2s)$$

と表される。CはS上にもあるから，②より

$$(13s-3)^2+(11s-2)^2+(2s+6)^2=49$$

$$\therefore\ 294s\left(s-\frac{1}{3}\right)=0 \qquad \therefore\ s=0,\ \frac{1}{3}$$

となる。$s=0$ はBに対応するので，Cは $s=\frac{1}{3}$ に対応する点であり，$\mathbf{C}\left(\boldsymbol{\frac{19}{3},\ \frac{17}{3},\ -\frac{14}{3}}\right)$である。

参考

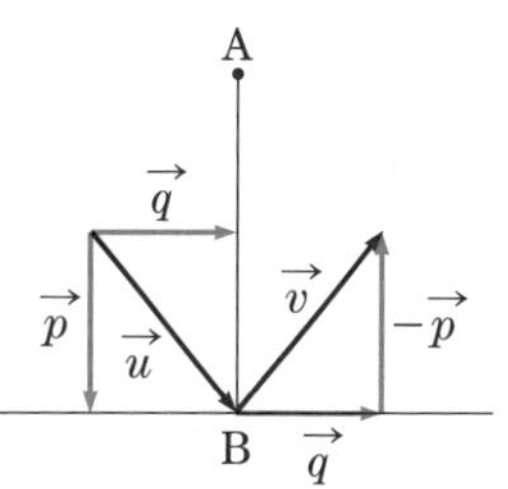

(2)において，ベクトル$\vec{u}$を$\overrightarrow{AB}$に平行なベクトル$\vec{p}$と$\overrightarrow{AB}$に垂直なベクトル$\vec{q}$に分けて

$$\vec{u}=\vec{p}+\vec{q}$$

と表すことを考える。$\vec{p}=k\overrightarrow{AB}$ と表せるから，

$$\vec{q}=\vec{u}-k\overrightarrow{AB}$$

となる。$\vec{q}$は$\overrightarrow{AB}=(-3,\ -2,\ -6)$と垂直であるから，

$$\vec{q}\cdot\overrightarrow{AB}=0 \qquad \therefore\ (\vec{u}-k\overrightarrow{AB})\cdot\overrightarrow{AB}=0$$

$$\therefore\ k=\frac{\vec{u}\cdot\overrightarrow{AB}}{|\overrightarrow{AB}|^2}=\frac{7}{49}=\frac{1}{7}$$

となり，これより

$$\vec{p}=\frac{1}{7}\overrightarrow{AB}=\left(-\frac{3}{7},\ -\frac{2}{7},\ -\frac{6}{7}\right),\ \vec{q}=\vec{u}-\vec{p}=\left(\frac{10}{7},\ \frac{9}{7},\ -\frac{8}{7}\right)$$

となる。反射光線の方向ベクトルを$\vec{v}$とすると，右上図より

$$\vec{v}=-\vec{p}+\vec{q}=\left(\frac{13}{7},\ \frac{11}{7},\ -\frac{2}{7}\right)=\frac{1}{7}(13,\ 11,\ -2)$$

であることがわかる。

106 球が平面に接する条件

座標空間において，3点 A(6, 6, 3)，B(4, 0, 6)，C(0, 6, 6) を通る平面を α とする。

(1) α に垂直で大きさが1のベクトルをすべて求めよ。

(2) 中心が点 $\mathrm{P}(a,\ b,\ c)$ で半径が r の球が平面 α，xy 平面，yz 平面，zx 平面のすべてに接し，かつ $a \geqq 0$，$b \geqq 0$ が満たされている。このような点Pと r の組をすべて求めよ。 (東北大)

精講 (1) 一般に，空間において，「ベクトル $\vec{n}\ (\neq \vec{0})$ が平面 α と垂直である」ことと，「$\vec{n}$ が α 上の2つの平行でないベクトルと垂直である」ことが同値です。

(2) この球が平面 α と接する条件は，中心Pから平面 α までの距離が r に等しい，つまり，Pから α に垂線PHを下ろしたとき，$|\overrightarrow{\mathrm{PH}}|=r$ が成り立つことです。このことから，$\overrightarrow{\mathrm{PH}}$ は(1)で求めたベクトルと r を用いて表され，さらに，Hの座標が r で表されます。このあと，Hが平面 α 上にあることから r の値を求めるときには，次の一般論が役に立ちます。

点 $\mathrm{A}(x_0,\ y_0,\ z_0)$ を通り，ベクトル $\vec{n}=(a,\ b,\ c)$ に垂直な平面を α とするとき，

点 $\mathrm{P}(x,\ y,\ z)$ が α 上にある

$\Longleftrightarrow$ $\mathrm{P}=\mathrm{A}$ または $\overrightarrow{\mathrm{AP}} \perp \vec{n}$

$\Longleftrightarrow$ $\vec{n}\cdot\overrightarrow{\mathrm{AP}}=0$，つまり，$a(x-x_0)+b(y-y_0)+c(z-z_0)=0$ ……(＊)

が成り立つ。

(＊)が平面 α の方程式であり，$\vec{n}$ を α の法線ベクトルという。

さらに，次のことも成り立ちます。

a，b，c，d $((a,\ b,\ c)\neq(0,\ 0,\ 0))$ を定数とするとき，

$$ax+by+cz+d=0$$

を満たす点 $(x,\ y,\ z)$ の全体はベクトル $\vec{n}=(a,\ b,\ c)$ に垂直な1つの平面である。

(1)　求めるベクトルを $\vec{n}=(s,\ t,\ u)$ とおく。$|\vec{n}|=1$ より

$$s^2+t^2+u^2=1 \qquad \cdots\cdots①$$

である。$\vec{n}$ は平面 α と垂直であるから，$\vec{n}$ は $\overrightarrow{AB}=(-2,\ -6,\ 3)$，$\overrightarrow{AC}=(-6,\ 0,\ 3)$ と垂直である。したがって，

← $\vec{n}\perp\alpha$
$\Longleftrightarrow \vec{n}\perp\overrightarrow{AB}$ かつ $\vec{n}\perp\overrightarrow{AC}$

$$\begin{cases} \vec{n}\cdot\overrightarrow{AB}=-2s-6t+3u=0 \\ \vec{n}\cdot\overrightarrow{AC}=-6s\qquad\ \ +3u=0 \end{cases}$$

である。これら2式から，$t=\dfrac{2}{3}s$，$u=2s$ であり，①に代入すると，

$$\left\{1+\left(\frac{2}{3}\right)^2+2^2\right\}s^2=1 \quad より \quad s=\pm\frac{3}{7}$$

であるから，

$$\vec{n}=\left(s,\ \frac{2}{3}s,\ 2s\right)=\pm\left(\boldsymbol{\frac{3}{7}},\ \boldsymbol{\frac{2}{7}},\ \boldsymbol{\frac{6}{7}}\right)$$

である。

(2)　まず，平面 α の方程式を求めておく。

←
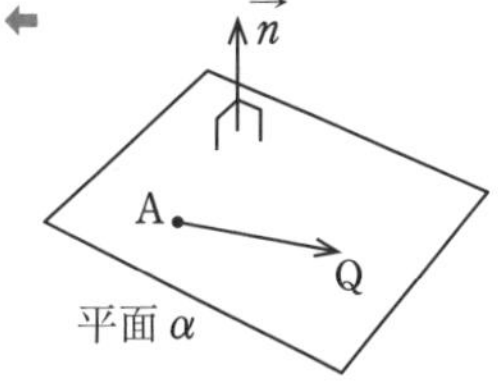

以下，$\vec{n}=\left(\dfrac{3}{7},\ \dfrac{2}{7},\ \dfrac{6}{7}\right)$ とする。

点 $Q(x,\ y,\ z)$ が平面 α 上にある
$\Longleftrightarrow$ Q=A　または　$\overrightarrow{AQ}$ は $\vec{n}$ と垂直である
$\Longleftrightarrow$ $\vec{n}\cdot\overrightarrow{AQ}=0$

より

$$\frac{3}{7}(x-6)+\frac{2}{7}(y-6)+\frac{6}{7}(z-3)=0$$

$$\therefore\quad 3x+2y+6z=48 \qquad \cdots\cdots②$$

であるから，②が α の方程式である。

中心が $P(a,\ b,\ c)$ で半径が r の球 S が xy 平面，yz 平面，zx 平面に接していて，$a\geqq0$，$b\geqq0$ であるから，$P(r,\ r,\ r)$ または $P(r,\ r,\ -r)$ のいずれかである。

(i)　$P(r,\ r,\ r)$ のとき，P から平面 α に垂線 PH を下ろす。球 S が α に接することから，$|\overrightarrow{PH}|=r$ であり，$\overrightarrow{PH}$ は α と垂直，したがって，$\vec{n}$ と平行

であるから，$\overrightarrow{PH}=\pm r\vec{n}$ である。よって，

$$\overrightarrow{OH}=\overrightarrow{OP}+\overrightarrow{PH}=(r,\ r,\ r)\pm r\left(\frac{3}{7},\ \frac{2}{7},\ \frac{6}{7}\right)$$

$$\begin{cases} =\left(\dfrac{10}{7}r,\ \dfrac{9}{7}r,\ \dfrac{13}{7}r\right) & \cdots\cdots③ \\ =\left(\dfrac{4}{7}r,\ \dfrac{5}{7}r,\ \dfrac{1}{7}r\right) & \cdots\cdots④ \end{cases}$$

であり，H は②を満たすことから，③のときは

$$3\cdot\frac{10}{7}r+2\cdot\frac{9}{7}r+6\cdot\frac{13}{7}r=48 \text{ より } r=\frac{8}{3}$$

であり，④のときは $r=12$ である。

⬅ $3\cdot\frac{4}{7}r+2\cdot\frac{5}{7}r+6\cdot\frac{1}{7}r=48$ より $r=12$

(ii) $P(r,\ r,\ -r)$ のとき，(i)と同様に考えると，

$$\overrightarrow{OH}=(r,\ r,\ -r)\pm r\left(\frac{3}{7},\ \frac{2}{7},\ \frac{6}{7}\right)$$

$$\begin{cases} =\left(\dfrac{10}{7}r,\ \dfrac{9}{7}r,\ -\dfrac{1}{7}r\right) & \cdots\cdots⑤ \\ =\left(\dfrac{4}{7}r,\ \dfrac{5}{7}r,\ -\dfrac{13}{7}r\right) & \cdots\cdots⑥ \end{cases}$$

であり，H が②を満たすことから，⑤のときは $r=8$ であるが，⑥のときは $r=-6$ (<0) となるので適さない。

⬅ 半径 r は正の実数である。

(i)，(ii)より，点 P と r の組は，

$P\left(\frac{8}{3},\ \frac{8}{3},\ \frac{8}{3}\right)$，$r=\frac{8}{3}$

$P(12,\ 12,\ 12)$，$r=12$

$P(8,\ 8,\ -8)$，$r=8$

である。

類題 2 → 解答 p.357

座標空間内の 4 点 O(0, 0, 0)，A(1, 0, 0)，B(0, 1, 0)，C(0, 0, 2) を考える。

(1) 四面体 OABC に内接する球の中心の座標を求めよ。

(2) 中心の x 座標，y 座標，z 座標がすべて正の実数であり，xy 平面，yz 平面，zx 平面のすべてと接する球を考える。この球が平面 ABC と交わるとき，その交わりとしてできる円の面積の最大値を求めよ。 (九州大)

107 ベクトル方程式からの形状決定

(1) 平面上に $|\overrightarrow{OP}|=|\overrightarrow{OQ}|=|\overrightarrow{OR}|=1$ を満たす相異なる4点O，P，Q，Rがある。このとき，$|\overrightarrow{OP}+\overrightarrow{OQ}+\overrightarrow{OR}|=0$ ならば，三角形PQRは正三角形であることを示せ。

☆(2) 空間内に $|\overrightarrow{OA}|=|\overrightarrow{OB}|=|\overrightarrow{OC}|=|\overrightarrow{OD}|=1$ を満たす相異なる5点O，A，B，C，Dがある。また，OからA，B，Cを含む平面に下ろした垂線の足をHとする。このとき，次の2つの命題を示せ。

命題(i) $|\overrightarrow{OA}+\overrightarrow{OB}+\overrightarrow{OC}|=3|\overrightarrow{OH}|$ ならば，三角形ABCは正三角形である。

命題(ii) $|\overrightarrow{OA}+\overrightarrow{OB}+\overrightarrow{OC}+\overrightarrow{OD}|=0$ かつ $|\overrightarrow{OH}|=\dfrac{1}{3}$ ならば，四面体ABCDは正四面体である。　（名古屋大 2020）

精講 (2) (i) $\overrightarrow{HA}$，$\overrightarrow{HB}$，$\overrightarrow{HC}$ が $\overrightarrow{OH}$ と垂直であることに着目すると，(1)を利用できます。(ii) まず，(i)の仮定が満たされることを確かめましょう。色々な考え方ができますので，ゆっくり考えてください。

解答 (1) $|\overrightarrow{OP}|=|\overrightarrow{OQ}|=|\overrightarrow{OR}|=1$ ……①

$|\overrightarrow{OP}+\overrightarrow{OQ}+\overrightarrow{OR}|=0$ ……②

のとき，②より $\overrightarrow{OP}+\overrightarrow{OQ}+\overrightarrow{OR}=\vec{0}$ であるから，

$|\overrightarrow{OP}+\overrightarrow{OQ}|^2=|-\overrightarrow{OR}|^2$ より

$$\overrightarrow{OP}\cdot\overrightarrow{OQ}=-\frac{1}{2} \quad\text{……③}$$

← $|\overrightarrow{OP}|^2+2\overrightarrow{OP}\cdot\overrightarrow{OQ}+|\overrightarrow{OQ}|^2=|\overrightarrow{OR}|^2$　∴ $1+2\overrightarrow{OP}\cdot\overrightarrow{OQ}+1=1$

である。①，③より

$$|\overrightarrow{PQ}|^2=|\overrightarrow{OQ}-\overrightarrow{OP}|^2=2-2\overrightarrow{OP}\cdot\overrightarrow{OQ}=3$$

であるから，$|\overrightarrow{PQ}|=\sqrt{3}$ である。

同様に，$|\overrightarrow{QR}|=\sqrt{3}$，$|\overrightarrow{RP}|=\sqrt{3}$ であるから，△PQRは正三角形である。　（証明おわり）

← ①，③より，∠POQ＝120° である。同様に ∠QOR＝∠ROP＝120° であるから，△PQRは正三角形であると考えてもよい。

(2) 中心O，半径1の球面を E，平面ABCを α とし，E と α の交わりの円（△ABCの外接円）を S とおくと，Oから α に下ろした垂線の足Hは円 S の中心である。また，4点A，B，C，Dは球面 E 上にある。

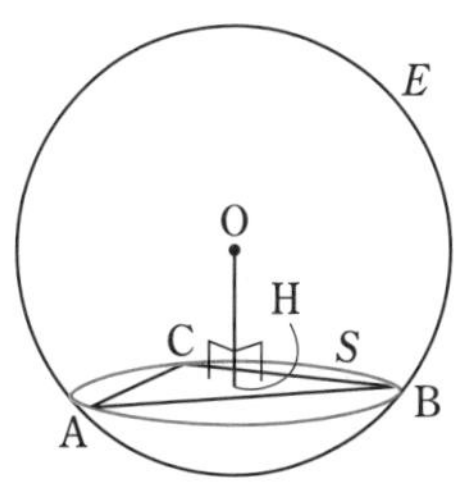

(i) $\overrightarrow{OH}$ は平面 α と垂直であるから，$\overrightarrow{HA}$，$\overrightarrow{HB}$，$\overrightarrow{HC}$ のいずれとも垂直である。したがって，

$$\overrightarrow{OH}\cdot\overrightarrow{HA}=\overrightarrow{OH}\cdot\overrightarrow{HB}=\overrightarrow{OH}\cdot\overrightarrow{HC}=0 \qquad \cdots\cdots④$$

である。

$$|\overrightarrow{OA}+\overrightarrow{OB}+\overrightarrow{OC}|=3|\overrightarrow{OH}|$$

ならば,

$$|\overrightarrow{HA}+\overrightarrow{HB}+\overrightarrow{HC}+3\overrightarrow{OH}|^2=(3|\overrightarrow{OH}|)^2$$

⬅ $\overrightarrow{OA}=\overrightarrow{OH}+\overrightarrow{HA}$ などから。

$$\therefore\ |\overrightarrow{HA}+\overrightarrow{HB}+\overrightarrow{HC}|^2+6(\overrightarrow{HA}+\overrightarrow{HB}+\overrightarrow{HC})\cdot\overrightarrow{OH}+9|\overrightarrow{OH}|^2=9|\overrightarrow{OH}|^2$$

であるから，④より

$$|\overrightarrow{HA}+\overrightarrow{HB}+\overrightarrow{HC}|=0 \qquad \cdots\cdots⑤$$

⬅ (1)では中心がOの円周上にあるP，Q，Rが②を満たしていたが，ここでは中心がHである円周 S 上にあるA，B，Cが⑤を満たしていることを利用する。

となる。また,

$$|\overrightarrow{HA}|=|\overrightarrow{HB}|=|\overrightarrow{HC}|=(\text{円}\,S\,\text{の半径}) \qquad \cdots\cdots⑥$$

である。⑤，⑥より，(1)と同様に，△ABC は正三角形である。　(証明おわり)

(ii)　$|\overrightarrow{OA}+\overrightarrow{OB}+\overrightarrow{OC}+\overrightarrow{OD}|=0$

ならば,

$$\overrightarrow{OA}+\overrightarrow{OB}+\overrightarrow{OC}+\overrightarrow{OD}=\vec{0} \qquad \cdots\cdots⑦$$

であり，もう一つの仮定と合わせると

$$|\overrightarrow{OA}+\overrightarrow{OB}+\overrightarrow{OC}|=|-\overrightarrow{OD}|=1=3|\overrightarrow{OH}|$$

⬅ $|\overrightarrow{OH}|=\frac{1}{3}$ であるから。

であるから，(i)より，△ABC は正三角形である。

また，⑦より

$$|\overrightarrow{OA}+\overrightarrow{OB}|^2=|-(\overrightarrow{OC}+\overrightarrow{OD})|^2$$

$$\therefore\ \overrightarrow{OA}\cdot\overrightarrow{OB}=\overrightarrow{OC}\cdot\overrightarrow{OD}$$

⬅ $|\overrightarrow{OA}+\overrightarrow{OB}|^2$
$=|\overrightarrow{OA}|^2+2\overrightarrow{OA}\cdot\overrightarrow{OB}+|\overrightarrow{OB}|^2$
$=2+2\overrightarrow{OA}\cdot\overrightarrow{OB}$,
$|\overrightarrow{OC}+\overrightarrow{OD}|^2$
$=2+2\overrightarrow{OC}\cdot\overrightarrow{OD}$

であるから,

$$|\overrightarrow{AB}|^2-|\overrightarrow{CD}|^2=|\overrightarrow{OB}-\overrightarrow{OA}|^2-|\overrightarrow{OD}-\overrightarrow{OC}|^2$$
$$=2-2\overrightarrow{OA}\cdot\overrightarrow{OB}-(2-2\overrightarrow{OC}\cdot\overrightarrow{OD})=0$$

である。したがって，AB＝CD であり，同様に AC＝BD，AD＝BC である。

⬅ $|\overrightarrow{OA}+\overrightarrow{OC}|^2=|-(\overrightarrow{OB}+\overrightarrow{OD})|^2$,
$|\overrightarrow{OA}+\overrightarrow{OD}|^2=|-(\overrightarrow{OB}+\overrightarrow{OC})|^2$
から導かれる。

△ABC が正三角形であることと合わせると，四面体 ABCD は正四面体である。(証明おわり)

別解　(1)　$|\overrightarrow{OP}|=|\overrightarrow{OQ}|=|\overrightarrow{OR}|$ より，△PQR の外心はOである。また,

⬅ この証明では外接円の半径が1であることは用いない。

$$|\overrightarrow{OP}+\overrightarrow{OQ}+\overrightarrow{OR}|=0 \text{ より } \frac{\overrightarrow{OP}+\overrightarrow{OQ}+\overrightarrow{OR}}{3}=\vec{0}$$

であるから，△PQR の重心はOである。

△PQR において，外心と重心が一致するから，△PQR は正三角形である。

⬅辺 QR の中点を M とおくと，O は外心であるから，OM⊥QR であり，O は重心なので中線 PM 上にある。よって，中線 PM が対辺 QR と垂直であるから，PQ＝PR である。同様に，QP＝QR である。

(2) 球面 E，平面 α，円 S は 解答 と同じとする。

(i) E の中心Oから α に下ろした垂線の足Hは S の中心であるから，△ABC の外心である。

△ABC の重心をGとする。

$$|\overrightarrow{OA}+\overrightarrow{OB}+\overrightarrow{OC}|=3|\overrightarrow{OH}| \quad \cdots\cdots⑧$$

のとき，両辺を 3 で割ると

$$|\overrightarrow{OG}|=|\overrightarrow{OH}| \quad \cdots\cdots⑨$$

⬅$\overrightarrow{OG}=\dfrac{\overrightarrow{OA}+\overrightarrow{OB}+\overrightarrow{OC}}{3}$

である。⑨はOから α 上の点Gまでの距離 OG がOから α までの距離 OH に等しいことを表す。

よって，GとHは同じ点であり，H(＝G)は△ABC の重心であり，外心でもあるので，△ABC は正三角形である。　　　（証明おわり）

⬅α 上でOからの距離が最小である点は，Oから α に下ろした垂線の足Hに限るので，GはHと一致する。

(ii) $$|\overrightarrow{OA}+\overrightarrow{OB}+\overrightarrow{OC}+\overrightarrow{OD}|=0$$

のとき，

⬅$\overrightarrow{OA}+\overrightarrow{OB}+\overrightarrow{OC}+\overrightarrow{OD}=\vec{0}$

$$|\overrightarrow{OA}+\overrightarrow{OB}+\overrightarrow{OC}|=|-\overrightarrow{OD}|=1=3|\overrightarrow{OH}| \quad \cdots\cdots⑩$$

となり，⑧が満たされるので，(i)より△ABC は正三角形である。その外接円 S の半径は AH であり，

$$AH=\sqrt{OA^2-OH^2}=\frac{2\sqrt{2}}{3},\ AB=\frac{2\sqrt{6}}{3}$$

⬅正三角形 ABC の外心がHであるから，$AB=\sqrt{3}\,AH$

である。⑩より，Hは△ABC の重心であり，

⬅(i)で示したことから。

$$\overrightarrow{OD}=-(\overrightarrow{OA}+\overrightarrow{OB}+\overrightarrow{OC})=-3\overrightarrow{OH}$$

が成り立つので，3点 D，O，H は一直線上にあって，$DH=DO+OH=1+\dfrac{1}{3}=\dfrac{4}{3}$ である。直線 DH，つまり，直線 OH は α と垂直であるから，

$$DA=\sqrt{AH^2+DH^2}=\sqrt{\left(\frac{2\sqrt{2}}{3}\right)^2+\left(\frac{4}{3}\right)^2}=\frac{2\sqrt{6}}{3}$$

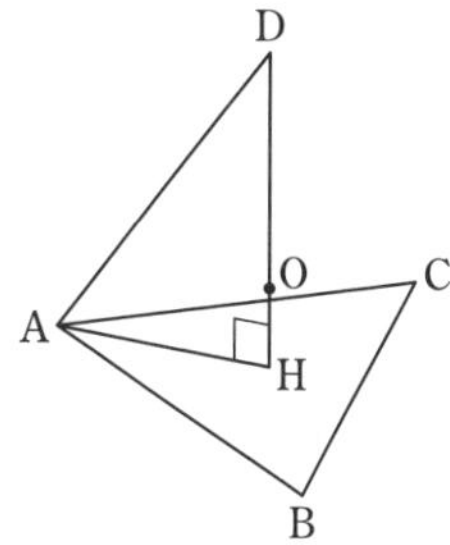

である。DB，DC も同様である。

以上より，四面体 ABCD の6辺の長さはすべて $\dfrac{2\sqrt{6}}{3}$ であるから，正四面体である。(証明おわり)

201 楕円の定義

xy 平面上に原点Oを中心とする半径5の円 C_1 と点 A(3, 0) がある。Aを通り C_1 に内接する円 C_2 を考える。C_2 の中心をMとし，点PをAPが C_2 の直径になるようにとる。C_2 がAを通り C_1 に内接しながら動くとき，次の問いに答えよ。

(1) Mの軌跡を求めよ。

(2) Pの軌跡を求めよ。　　(横浜国大*)

精講　OM+MA は C_1 の半径に等しくて，値は一定ですから，Mの軌跡は楕円になるはずです。そこで，次の基本事項を思い出して，この問題でいかに応用するかを考えることになります。

> 楕円 $\dfrac{x^2}{a^2}+\dfrac{y^2}{b^2}=1$ $(a>b>0)$ 上の点 $\mathrm{P}(x,\ y)$ から2つの焦点 $\mathrm{F}(\sqrt{a^2-b^2},\ 0)$, $\mathrm{F}'(-\sqrt{a^2-b^2},\ 0)$ までの距離の和 PF+PF′ の値は $2a$ である。

解答　(1) C_1 と C_2 の接点をQとするとき，O, M, Qは一直線上にあり，

$$\mathrm{OM+MQ=OQ}=5$$

であるから，MQ=AM=(C_2 の半径) より

$$\mathrm{OM+AM}=5 \quad \cdots\cdots①$$

が成り立つ。①より，Mの軌跡は2点O, Aを焦点とする楕円であるから，この楕円を E とする。

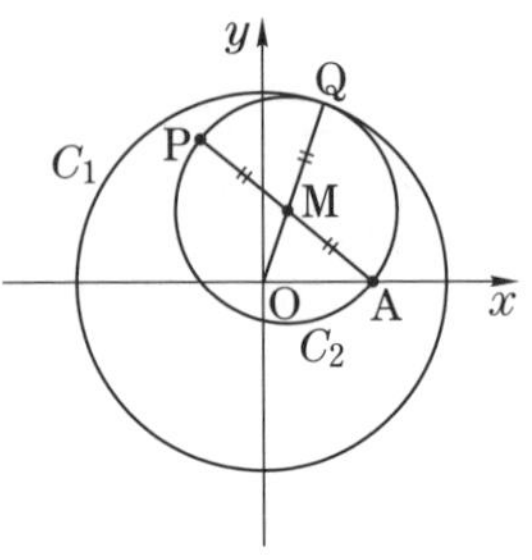

E を x 軸の負の方向に $\dfrac{1}{2}\mathrm{OA}=\dfrac{3}{2}$ だけ平行移動して得られる楕円を

$$\frac{x^2}{a^2}+\frac{y^2}{b^2}=1 \ (a>b>0) \quad \cdots\cdots②$$

とすると，

⬅この楕円の焦点は $\left(-\dfrac{3}{2},\ 0\right)$, $\left(\dfrac{3}{2},\ 0\right)$ であり，①より，(長軸の長さ)=5 である。

$$2a=5,\ \sqrt{a^2-b^2}=\frac{3}{2}$$

$$\therefore \quad a=\frac{5}{2},\ b=2$$

となる。E は，②を x 軸の正の方向に $\frac{3}{2}$ だけ平行移動した楕円であるから，

⬅②は $\frac{x^2}{\left(\frac{5}{2}\right)^2}+\frac{y^2}{2^2}=1$ となる。

$$\frac{\left(\boldsymbol{x}-\frac{3}{2}\right)^2}{\left(\frac{5}{2}\right)^2}+\frac{\boldsymbol{y}^2}{2^2}=1 \quad \cdots\cdots③$$

である。

(2) P$(x,\ y)$ とするとき，AP の中点 M$\left(\frac{x+3}{2},\ \frac{y}{2}\right)$ が③上にあるから，P の軌跡は楕円

$$\frac{\left(\frac{x+3}{2}-\frac{3}{2}\right)^2}{\left(\frac{5}{2}\right)^2}+\frac{\left(\frac{y}{2}\right)^2}{2^2}=1$$

$$\therefore \quad \frac{\boldsymbol{x}^2}{5^2}+\frac{\boldsymbol{y}^2}{4^2}=1$$

である。

参考

(2)でPの軌跡を直接求めることもできる。

B$(-3,\ 0)$ をとると，M，O はそれぞれ AP，AB の中点であるから，

AP＝2AM，BP＝2OM

である。したがって，①より

AP＋BP＝2(AM＋OM)＝10

となるので，P は A，B を焦点とし，長軸の長さが 10 の楕円，すなわち，

$$\frac{x^2}{5^2}+\frac{y^2}{4^2}=1$$

を描くことがわかる。

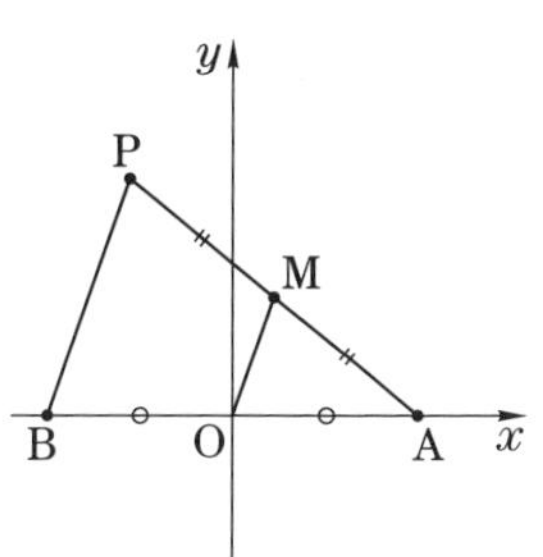

類題 3 → 解答 p.358

座標平面の 2 点 A(1, 2)，B(3, 0) に対して，BP－AP＞2 を満たす点Pの存在する範囲を座標平面上に図示せよ。 (弘前大)

202 2次曲線の接線

(I) pを正の定数とし，点F$(p,\ 0)$を焦点にもち，$x=-p$ を準線とする放物線をCとする。C上の原点O以外の点Pを考え，点PとFを通る直線をl_1，点Pを通り放物線Cの軸に平行な直線をl_2とする。このとき，点PにおけるCの接線lは，l_1とl_2のなす角を2等分することを示せ。　　（北海道大）

(II) 楕円 C_1：$\dfrac{x^2}{\alpha^2}+\dfrac{y^2}{\beta^2}=1$ と双曲線 C_2：$\dfrac{x^2}{a^2}-\dfrac{y^2}{b^2}=1$ を考える。C_1とC_2の焦点が一致しているならば，C_1とC_2の交点でそれぞれの接線は直交することを示せ。　　（北海道大）

精講　2次曲線の接線について復習しておきます。

楕円：$\dfrac{x^2}{a^2}+\dfrac{y^2}{b^2}=1$ ……㋐，双曲線：$\dfrac{x^2}{a^2}-\dfrac{y^2}{b^2}=1$，放物線：$y^2=4px$
上の点P$(x_1,\ y_1)$における接線の方程式は，それぞれ

$$\frac{x_1x}{a^2}+\frac{y_1y}{b^2}=1 \quad ……㋑,\quad \frac{x_1x}{a^2}-\frac{y_1y}{b^2}=1,\quad y_1y=2p(x+x_1)$$

である。

楕円の場合について考えてみましょう。他の場合も同様です。

㋐の両辺をxで微分すると，$\dfrac{2x}{a^2}+\dfrac{2yy'}{b^2}=0$ となるから，

P$(x_1,\ y_1)\neq(\pm a,\ 0)$ においては，$y'=-\dfrac{b^2x_1}{a^2y_1}$ である。したがって，Pにおける接線は

$$y-y_1=-\frac{b^2x_1}{a^2y_1}(x-x_1)$$

$$\therefore\quad \frac{x_1x}{a^2}+\frac{y_1y}{b^2}=\frac{{x_1}^2}{a^2}+\frac{{y_1}^2}{b^2}$$

となる。ここで，Pが㋐上にあるので，$\dfrac{{x_1}^2}{a^2}+\dfrac{{y_1}^2}{b^2}=1$ であるから，Pにおける接線は㋑で表される。

また，P$(x_1,\ y_1)=(\pm a,\ 0)$ のとき，㋑は $x=\pm a$（複号同順）となるので，やはりPにおける接線を表す。

解答　(I)　焦点 $F(p,\ 0)$，準線 $x=-p$ の放物線 C の方程式は $y^2=4px$ である。

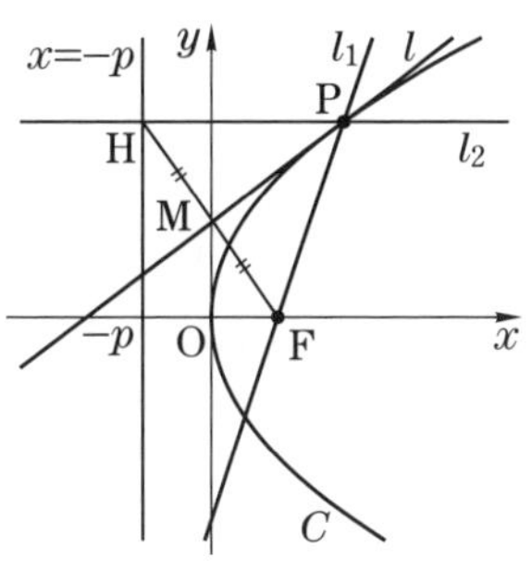

C 上の原点O以外の点 $P(x_0,\ y_0)\ (x_0 \neq 0)$ をとると

$$y_0{}^2=4px_0 \quad \cdots\cdots ①$$

であり，Pにおける接線 l の方程式は

$$y_0y=2p(x+x_0) \quad \cdots\cdots ②$$

である。

l_2 と準線 $x=-p$ との交点を $H(-p,\ y_0)$ とおくと，放物線の性質から

$$PF=PH \quad \cdots\cdots ③$$

⬅ ③以下の別の説明に関しては 参考 参照。

である。また，"FH の中点 $M\left(0,\ \dfrac{y_0}{2}\right)$ は①のもとで②を満たすから，②，つまり，l 上にある"……(＊)

⬅ M の座標を②に代入すると，$y_0 \cdot \dfrac{y_0}{2}=2p(0+x_0)$ であり，分母を払うと①となる。

ここで，△FPM，△HPM において，

③ かつ FM＝HM かつ PM は共通

であるから，2つの三角形は合同であり，

$$\angle FPM=\angle HPM$$

⬅ 二等辺三角形 PFH において，FH が PM と垂直であることから導いてもよい。

が成り立つ。したがって，(＊)より，l は $\angle FPH$，すなわち，l_1 と l_2 のなす角を2等分する。(証明おわり)

(II)　双曲線 $C_2：\dfrac{x^2}{a^2}-\dfrac{y^2}{b^2}=1$

の焦点は $(\pm\sqrt{a^2+b^2},\ 0)$ である。また，

楕円 $C_1：\dfrac{x^2}{\alpha^2}+\dfrac{y^2}{\beta^2}=1$

の焦点が x 軸上にあるのは $\alpha^2>\beta^2$ のときであり，焦点は $(\pm\sqrt{\alpha^2-\beta^2},\ 0)$ である。したがって，C_1 と C_2 の焦点が一致する条件は

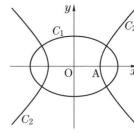

$$\alpha^2-\beta^2=a^2+b^2 \quad \cdots\cdots ④$$

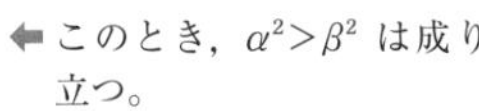

⬅ このとき，$\alpha^2>\beta^2$ は成り立つ。

である。

④のもとで，C_2 上の点 $A(a,\ 0)$ は

$$\frac{a^2}{\alpha^2}+\frac{0}{\beta^2}=\frac{a^2}{a^2+b^2+\beta^2}<1$$

⬅ ④のもとで C_1，C_2 が交わることを確認している。

を満たすので，Aは C_1 の内部にあり，C_1 と C_2 は

交わっている。交点の1つをP$(p,\ q)$とすると，

$$\frac{p^2}{\alpha^2}+\frac{q^2}{\beta^2}=1 \quad \cdots\cdots⑤,\quad \frac{p^2}{a^2}-\frac{q^2}{b^2}=1 \quad \cdots\cdots⑥$$

が成り立ち，Pにおける C_1，C_2 の接線はそれぞれ

$$\frac{px}{\alpha^2}+\frac{qy}{\beta^2}=1 \quad \cdots\cdots⑦,\quad \frac{px}{a^2}-\frac{qy}{b^2}=1 \quad \cdots\cdots⑧$$

である。

接線⑦，⑧の法線ベクトルとして，それぞれ

$$\vec{n_1}=\left(\frac{p}{\alpha^2},\ \frac{q}{\beta^2}\right),\ \vec{n_2}=\left(\frac{p}{a^2},\ -\frac{q}{b^2}\right)$$

← 直線 $l:ax+by+c=0$ の法線ベクトルの1つは$(a,\ b)$であり，lと平行なベクトルの1つは$(-b,\ a)$である。

をとると，

$$\vec{n_1}\cdot\vec{n_2}=\frac{p^2}{\alpha^2a^2}-\frac{q^2}{\beta^2b^2} \quad \cdots\cdots⑨$$

である。ここで，⑤−⑥ より

$$\frac{(a^2-\alpha^2)p^2}{\alpha^2a^2}+\frac{(b^2+\beta^2)q^2}{\beta^2b^2}=0$$

であり，④，すなわち，

$$a^2-\alpha^2=-(b^2+\beta^2)$$

を代入すると

$$-(b^2+\beta^2)\left(\frac{p^2}{\alpha^2a^2}-\frac{q^2}{\beta^2b^2}\right)=0$$

$$\therefore \quad \frac{p^2}{\alpha^2a^2}-\frac{q^2}{\beta^2b^2}=0$$

が成り立つ。したがって，⑨において

$$\vec{n_1}\cdot\vec{n_2}=0$$

← 2直線が直交する ⟺ それらの法線ベクトルが垂直である

となるので，接線⑦，⑧は直交する。(証明おわり)

参考

(I)において，lとx軸との交点をQとすると，Q$(-x_0,\ 0)$であり，

$$\overrightarrow{PQ}=(-2x_0,\ -y_0),\ \overrightarrow{PF}=(p-x_0,\ -y_0),\ \overrightarrow{PH}=(-p-x_0,\ 0)$$

となるので，①のもとでは

$$\overrightarrow{PQ}\cdot\overrightarrow{PF}=-2x_0(p-x_0)+(-y_0)^2=-2px_0+2x_0{}^2+4px_0=2px_0+2x_0{}^2$$

$$\overrightarrow{PQ}\cdot\overrightarrow{PH}=-2x_0(-p-x_0)=2px_0+2x_0{}^2$$

は一致する。したがって，③に注意すると，$\dfrac{\overrightarrow{PQ}\cdot\overrightarrow{PF}}{|\overrightarrow{PQ}||\overrightarrow{PF}|}=\dfrac{\overrightarrow{PQ}\cdot\overrightarrow{PH}}{|\overrightarrow{PQ}||\overrightarrow{PH}|}$ が成り立つので，PQは∠FPHを2等分することがわかる。

203 楕円，双曲線のパラメタ表示

(I) 楕円 $\dfrac{x^2}{a^2}+\dfrac{y^2}{b^2}=1$ の 2 つの焦点を F，F′ とし，楕円上の動点を P とする。線分 PF，PF′ の長さの積 PF・PF′ の値の範囲を求めよ。ただし，$a>b>0$ である。 (一橋大*)

(II) 双曲線 C：$\dfrac{x^2}{16}-\dfrac{y^2}{9}=1$ 上に点 $\mathrm{A}\left(\dfrac{4}{\cos\theta},\ 3\tan\theta\right)$，B(4, 0) をとる。ただし，$0<\theta<\dfrac{\pi}{2}$ とする。A における C の接線と B における C の接線との交点を D とし，C の焦点のうち x 座標が正であるものを F とおく。

(1) A における C の接線と x 軸との交点を E とするとき，E の座標を求めよ。

(2) 直線 DF は ∠AFB を 2 等分することを証明せよ。

精講 (I) 楕円のパラメタ表示を用いると解決します。

> 楕円 $\dfrac{x^2}{a^2}+\dfrac{y^2}{b^2}=1$ ($a>0$, $b>0$) 上の点 P は P($a\cos\theta$, $b\sin\theta$) ($0\leqq\theta<2\pi$) と表される。

(II) この問題からわかるように，双曲線もパラメタ表示されます。

> 双曲線 $\dfrac{x^2}{a^2}-\dfrac{y^2}{b^2}=1$ ($a>0$, $b>0$) 上の点 P は $\mathrm{P}\left(\dfrac{a}{\cos\theta},\ b\tan\theta\right)$ $\left(-\dfrac{\pi}{2}<\theta<\dfrac{\pi}{2},\ \dfrac{\pi}{2}<\theta<\dfrac{3}{2}\pi\right)$ と表される。

(2)では，三角形の内角の 2 等分線は対辺を隣辺の長さの比に内分することに帰着できます。

解答 (I) 楕円 $\dfrac{x^2}{a^2}+\dfrac{y^2}{b^2}=1$ ……① ($a>b>0$ ……②) の焦点 F，F′ を

$$\mathrm{F}(c,\ 0),\ \mathrm{F}'(-c,\ 0)\ (\text{ここで，} c=\sqrt{a^2-b^2}\ \cdots\cdots③)$$

とする。また，①上の点 P は

$$\mathrm{P}(a\cos\theta,\ b\sin\theta)\ (0\leqq\theta<2\pi\ \cdots\cdots④)$$

と表されるので，

$$\mathrm{PF}^2=(c-a\cos\theta)^2+(-b\sin\theta)^2$$
$$=c^2-2ac\cos\theta+a^2\cos^2\theta+b^2\sin^2\theta$$
$$=(a^2-b^2)-2ac\cos\theta+a^2\cos^2\theta+b^2(1-\cos^2\theta)$$
$$=a^2-2ac\cos\theta+(a^2-b^2)\cos^2\theta$$
$$=a^2-2ac\cos\theta+c^2\cos^2\theta$$
$$=(a-c\cos\theta)^2$$

となる。②，③より，$a>c>0$ であるから

$$\mathrm{PF}=a-c\cos\theta$$

である。同様の計算より

$$\mathrm{PF}'=a+c\cos\theta$$

⬅ $\mathrm{PF}'^2=(c+a\cos\theta)^2+(-b\sin\theta)^2$

であるから，

$$\mathrm{PF}\cdot\mathrm{PF}'=(a-c\cos\theta)(a+c\cos\theta)$$
$$=a^2-c^2\cos^2\theta$$
$$=a^2-(a^2-b^2)\cos^2\theta \quad \cdots\cdots⑤$$

である。ここで，④において

$$0\leqq\cos^2\theta\leqq1$$

であるから，⑤は $\cos^2\theta=0$ で最大となり，
$\cos^2\theta=1$ で最小となるので，PF・PF′ の値の範囲は

$$a^2-(a^2-b^2)\leqq\mathrm{PF}\cdot\mathrm{PF}'\leqq a^2$$

∴ $\boldsymbol{b^2\leqq\mathrm{PF}\cdot\mathrm{PF}'\leqq a^2}$

である。

(II) (1) $C:\dfrac{x^2}{16}-\dfrac{y^2}{9}=1$ 上の点 $\mathrm{A}\left(\dfrac{4}{\cos\theta},\ 3\tan\theta\right)$ $\left(0<\theta<\dfrac{\pi}{2}\right)$ における接線は

$$\frac{1}{16}\cdot\frac{4}{\cos\theta}\cdot x-\frac{1}{9}(3\tan\theta)y=1$$

$$\therefore\quad \frac{x}{4\cos\theta}-\frac{\tan\theta}{3}y=1 \quad \cdots\cdots⑥$$

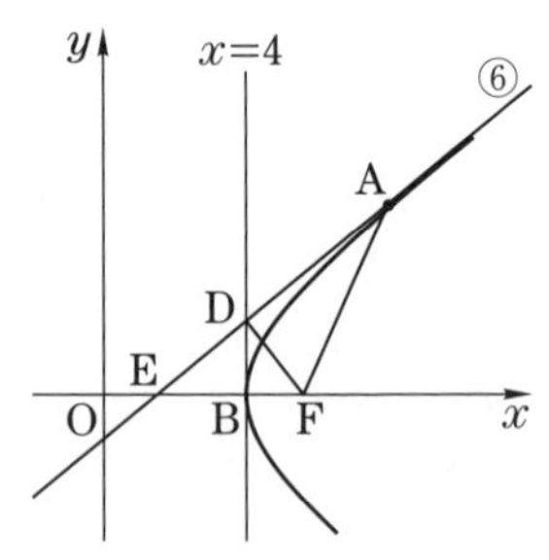

であり，⑥と x 軸との交点Eは，

$$\mathbf{E}(\boldsymbol{4\cos\theta},\ \mathbf{0})$$

である。

(2) B(4, 0) における接線は

$$x=4$$

であるから，⑥より

$$D\left(4,\ \frac{3(1-\cos\theta)}{\sin\theta}\right)$$

← 実は，D の y 座標は求めなくてもよい。

である。

△FEA において，E，D，A の x 座標を x_E，x_D，x_A とおくと

$$\begin{aligned} ED:DA&=|x_D-x_E|:|x_A-x_D| \\ &=|4-4\cos\theta|:\left|\frac{4}{\cos\theta}-4\right| \\ &=4(1-\cos\theta):\frac{4(1-\cos\theta)}{\cos\theta} \\ &=\cos\theta:1 \qquad \cdots\cdots⑦ \end{aligned}$$

← E，D，A は直線⑥上にある。

← $0<\theta<\frac{\pi}{2}$ に注意する。

である。また，F(5, 0) であるから，

← $F(\sqrt{16+9},\ 0)=(5,\ 0)$

$$\begin{aligned} FA^2&=\left(\frac{4}{\cos\theta}-5\right)^2+(3\tan\theta)^2 \\ &=\frac{16}{\cos^2\theta}-\frac{40}{\cos\theta}+25+9\left(\frac{1}{\cos^2\theta}-1\right) \\ &=\frac{25}{\cos^2\theta}-\frac{40}{\cos\theta}+16 \\ &=\left(\frac{5}{\cos\theta}-4\right)^2 \end{aligned}$$

← $1+\tan^2\theta=\frac{1}{\cos^2\theta}$ より。

← $0<\theta<\frac{\pi}{2}$ より $\frac{5}{\cos\theta}-4>0$

より，

$$\begin{aligned} FE:FA&=(5-4\cos\theta):\left(\frac{5}{\cos\theta}-4\right) \\ &=(5-4\cos\theta):\frac{5-4\cos\theta}{\cos\theta} \\ &=\cos\theta:1 \qquad \cdots\cdots⑧ \end{aligned}$$

である。

⑦，⑧より，△FEA において，

$$ED:DA=FE:FA$$

であるから，DF は ∠AFE，すなわち，∠AFB を 2 等分する。

（証明おわり）

204 楕円に外接する長方形

a, b を異なる正の実数とし，xy 平面上の楕円 $\dfrac{x^2}{a^2}+\dfrac{y^2}{b^2}=1$ に 4 点で外接する長方形を考える。

(1) このような長方形の対角線の長さ L は，長方形の取り方によらず一定であることを証明せよ。また，L を a, b を用いて表せ。

(2) このような長方形の面積 S の最大値，最小値を a, b を用いて表せ。

(慶応大*，横浜国大*，筑波大*)

精講 長方形の辺を含む直線，すなわち，楕円の接線は，座標軸と平行な場合を除くと，$y=mx+n$ とおくことができ，n は m, a, b を用いて表せます。また，これらと直交する辺を含む直線も m, a, b で表せます。このあと，(1), (2)いずれにおいても長方形の頂点の座標などを求める必要はありません。その理由は，図を描いてみるとわかるはずです。

解答 (1) 楕円：$\dfrac{x^2}{a^2}+\dfrac{y^2}{b^2}=1$ ……①

に外接する長方形を Q とする。

(i) Q の辺が座標軸と平行なとき，4 頂点は $(a,\ \pm b)$, $(-a,\ \pm b)$ であるから，$L=2\sqrt{a^2+b^2}$ である。

(ii) Q の辺が座標軸と平行でないとき，Q の辺を含み，傾きが正である直線は

$$y=mx+n\ (m>0) \quad \cdots\cdots ②$$

とおける。②が①と接するとき，

$$\frac{x^2}{a^2}+\frac{(mx+n)^2}{b^2}=1$$

$$\therefore\ (a^2m^2+b^2)x^2+2mna^2x+a^2(n^2-b^2)=0$$

⬅①，②から y を消去した x の 2 次方程式である。

が重解をもつから，(判別式)$=0$ より

$$(mna^2)^2-(a^2m^2+b^2)a^2(n^2-b^2)=0$$

$$\therefore\ a^2b^2(n^2-a^2m^2-b^2)=0$$

$$\therefore\ n=\pm\sqrt{a^2m^2+b^2}$$

である。したがって，②は，

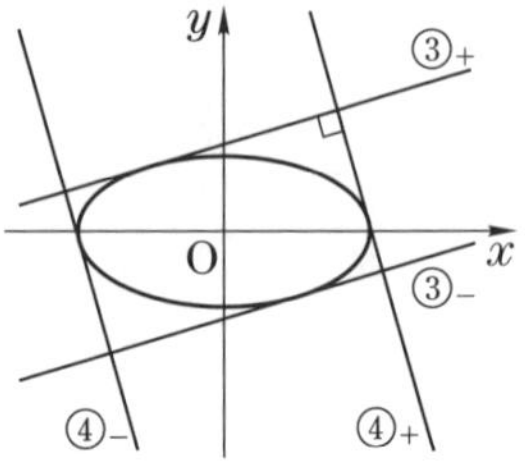

$$y=mx\pm\sqrt{a^2m^2+b^2} \quad \cdots\cdots ③_\pm$$

となる。また，直交する辺を含む直線の傾きは $-\dfrac{1}{m}$ であるから，それらの直線は，$③_\pm$において mを $-\dfrac{1}{m}$ で置き換えたものである。すなわち，

$$y=-\frac{1}{m}x\pm\sqrt{\frac{a^2}{m^2}+b^2} \quad \cdots\cdots ④_\pm$$

である。

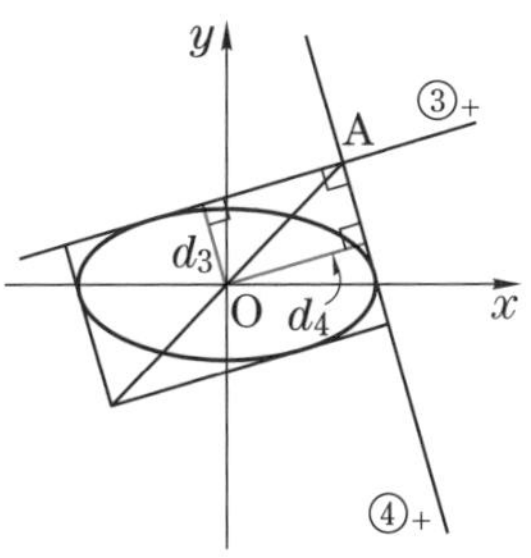

$③_+$と$③_-$，$④_+$と$④_-$はそれぞれ原点対称であるから，長方形Qも原点対称であり，2本の対角線はいずれも原点Oを通る。したがって，たとえば，$③_+$と$④_+$の交点をAとすると，

$$L=2\text{OA}$$

である。さらに，Oから$③_+$，$④_+$までの距離をそれぞれ d_3，d_4 とすると，

$$\text{OA}^2={d_3}^2+{d_4}^2$$

である。ここで，

$$d_3=\frac{\sqrt{a^2m^2+b^2}}{\sqrt{1+m^2}}$$

$$d_4=\frac{\sqrt{\dfrac{a^2}{m^2}+b^2}}{\sqrt{1+\dfrac{1}{m^2}}}=\frac{\sqrt{a^2+b^2m^2}}{\sqrt{1+m^2}}$$

であるから，

$$\text{OA}^2=\frac{(a^2m^2+b^2)+(a^2+b^2m^2)}{1+m^2}=a^2+b^2$$

となる。したがって，

$$L=2\text{OA}=2\sqrt{a^2+b^2}$$

← 参考 1° 参照。

である。

以上より，(i)，(ii)いずれの場合でもLは同じであるから，Lは一定で，$\boldsymbol{L=2\sqrt{a^2+b^2}}$ である。

(2) (i)のとき，Qの隣り合う2辺の長さは $2a$，$2b$ であるから，$S=4ab$ である。

(ii)のとき，Qの隣り合う2辺の長さは $2d_3$，$2d_4$ で

あるから,

$$S=4d_3d_4=4\sqrt{\frac{(a^2m^2+b^2)(a^2+b^2m^2)}{(1+m^2)^2}}$$

……⑤

である。ここで, $m=0$ とおくと $S=4ab$ となり, (i)の S と一致する。したがって, $m\geqq 0$ で⑤の最大値, 最小値を求めるとよい。

← 参考 2° 参照。

$m^2=t$ とおき, ⑤の根号内を $f(t)$ とすると

$$f(t)=\frac{(a^2t+b^2)(a^2+b^2t)}{(1+t)^2}$$

$$=\frac{a^2b^2t^2+(a^4+b^4)t+a^2b^2}{(t+1)^2} \quad \cdots\cdots⑥$$

であり

$$f'(t)=\frac{(2a^2b^2t+a^4+b^4)(t+1)^2-\{a^2b^2t^2+(a^4+b^4)t+a^2b^2\}\cdot 2(t+1)}{(t+1)^4}$$

$$=\frac{-(a^2-b^2)^2(t-1)}{(t+1)^3}$$

である。これより, $m\geqq 0$, すなわち, $t\geqq 0$ における $f(t)$ の増減は右の通りであり, ⑥より

t	0	$\cdots$	1	$\cdots$
$f'(t)$		$+$	0	$-$
$f(t)$	a^2b^2	↗		↘

$$\lim_{t\to\infty} f(t)=a^2b^2$$

であるから, $S=4\sqrt{f(t)}$ の

$$\begin{cases} \text{最大値} & 4\sqrt{f(1)}=\boldsymbol{2(a^2+b^2)} \\ \text{最小値} & 4\sqrt{f(0)}=\boldsymbol{4ab} \end{cases}$$

である。

← 最大となるとき, Q の辺は $y=x$, $y=-x$ と平行で, $d_3=d_4$ より Q は正方形である。

参考

1° (1)で示した通り, 楕円①に外接する長方形 Q の頂点Aは $\mathrm{OA}^2=a^2+b^2$ を満たすが, この関係を別の方法で導くこともできる。

Q の辺が座標軸と平行なとき, A は $(a,\ \pm b)$, $(-a,\ \pm b)$ である。

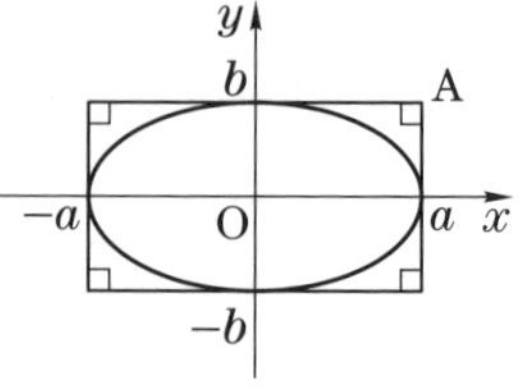

次に, Q の辺が座標軸と平行でないとき, $\mathrm{A}(p,\ q)$ とおくと $p\neq\pm a$ かつ $q\neq\pm b$ である。

Aから①に引いた接線を

$$y=m(x-p)+q \quad \cdots\cdots⑦$$

と表すと，①と⑦から y を消去した2次方程式

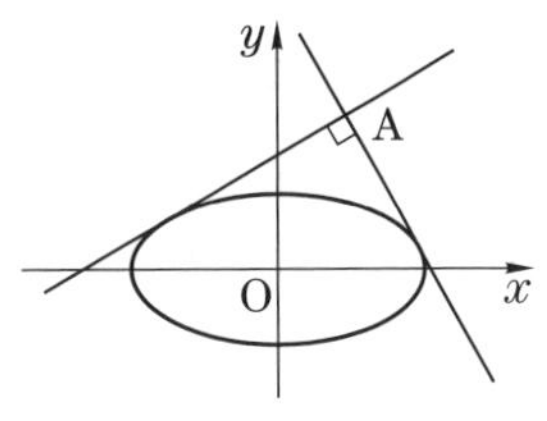

$$\frac{x^2}{a^2}+\frac{\{m(x-p)+q\}^2}{b^2}=1$$

$$\therefore\quad (a^2m^2+b^2)x^2+2a^2m(q-mp)x+a^2\{(q-mp)^2-b^2\}=0$$

が重解をもつことになる。判別式を考えると，

$$a^4m^2(q-mp)^2-(a^2m^2+b^2)\cdot a^2\{(q-mp)^2-b^2\}=0$$

$$\therefore\quad a^2b^2\{(a^2-p^2)m^2+2pqm+b^2-q^2\}=0 \quad \cdots\cdots ⑧$$

であり，A$(p,\ q)$ から①に引いた2本の接線の傾きは m の2次方程式⑧の2解と一致する。したがって，2本の接線が直交するのは，それらの傾きの積が -1，つまり，⑧の2解の積が -1 のときであるから，

⬅ $a^2-p^2\neq 0$，$b^2-q^2\neq 0$ である。

$$\frac{b^2-q^2}{a^2-p^2}=-1 \qquad \therefore\quad p^2+q^2=a^2+b^2 \cdots\cdots ⑨$$

⬅ (2解の積)<0 のとき，2解は異なる実数である。

が成り立つときである。

⬅ この段階では，$p\neq\pm a$

Qの辺が座標軸と平行なときを含めて，⑨が成り立つから，長方形Qの頂点Aの描く図形は

円：$x^2+y^2=a^2+b^2$ ……⑩

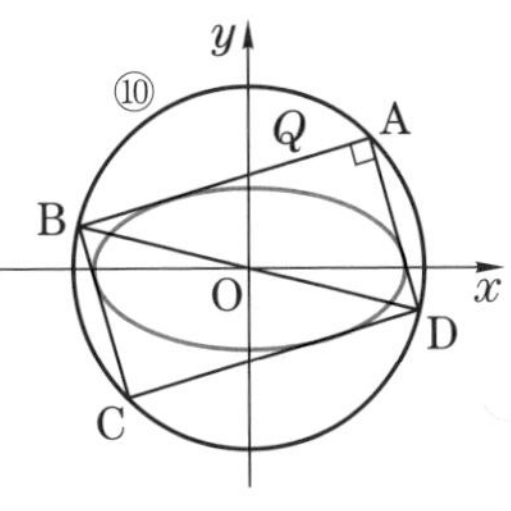

である。これより，Qは円⑩に内接し，右図で，弦BDを見込む角 $\angle\mathrm{BAD}=90°$ であるから，BDは⑩の直径である。これから，$L=\mathrm{BD}=2\sqrt{a^2+b^2}$ がわかる。

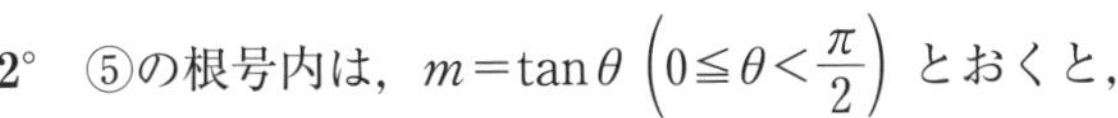

2° ⑤の根号内は，$m=\tan\theta\ \left(0\leqq\theta<\dfrac{\pi}{2}\right)$ とおくと，

$$\frac{(a^2\tan^2\theta+b^2)(a^2+b^2\tan^2\theta)}{(1+\tan^2\theta)^2}=\frac{(a^2\sin^2\theta+b^2\cos^2\theta)(a^2\cos^2\theta+b^2\sin^2\theta)}{(\cos^2\theta+\sin^2\theta)^2}$$

$$=(a^4+b^4)\sin^2\theta\cos^2\theta+a^2b^2(\sin^4\theta+\cos^4\theta)$$

$$=(a^4+b^4)\sin^2\theta\cos^2\theta+a^2b^2\{(\sin^2\theta+\cos^2\theta)^2-2\sin^2\theta\cos^2\theta\}$$

$$=\frac{1}{4}(a^2-b^2)^2\sin^2 2\theta+a^2b^2$$

となる。これより，

$$S=2\sqrt{(a^2-b^2)^2\sin^2 2\theta+4a^2b^2}$$

となるので，S は $\sin^2 2\theta=1$，$\sin^2 2\theta=0$ のとき，それぞれ

最大値 $2(a^2+b^2)$，最小値 $4ab$

をとることがわかる。

205 円を一方向に拡大・縮小した図形としての楕円

楕円 $\dfrac{x^2}{a^2}+\dfrac{y^2}{b^2}=1$ $(a>0,\ b>0)$ に内接する三角形の面積の最大値を求めよ。

精講 三角形の3つの頂点が動きますから，この種の問題における典型的な解法「まず1点または1辺を固定して考えよ」を適用してみようとしても，楕円はその中心に関して回転対称ではないので，一般性のある"1点"または"1辺"をとることはできません。

そこで，楕円は円を一方向に一定の割合で拡大(縮小)した図形であることに着目して，円に内接する三角形の面積と関連させることを考えましょう。

解答 楕円 $\dfrac{x^2}{a^2}+\dfrac{y^2}{b^2}=1$ ……①

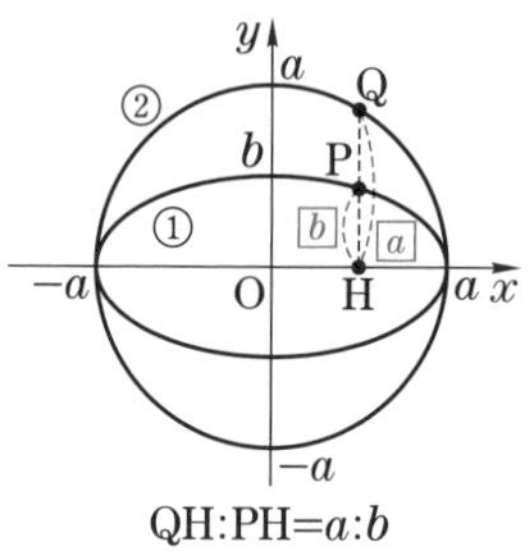

QH:PH=a:b

を右図のように y 軸方向に $\dfrac{a}{b}$ 倍して得られる円は

$$x^2+y^2=a^2 \quad \cdots\cdots②$$

である。楕円①に内接する△ABC の頂点 A，B，C を y 軸方向に $\dfrac{a}{b}$ 倍して得られる点を，それぞれ A′，B′，C′ とすると，△A′B′C′ は円②に内接する。また，△ABC，△A′B′C′ の面積をそれぞれ S，S' とすると

⬅ △ABC を y 軸方向にだけ $\dfrac{a}{b}$ 倍して得られるのが △A′B′C′ である。

$$S'=\frac{a}{b}S \qquad \therefore \quad S=\frac{b}{a}S' \quad \cdots\cdots③$$

が成り立つ。そこで，S' の最大値を求める。

まず，辺 B′C′ を固定して，A′ だけを動かしたとき，S' が最大となるのは，高さが最大となるとき，すなわち，A′ が長い方の弧 B′C′ の中点と一致するときである。……(＊)

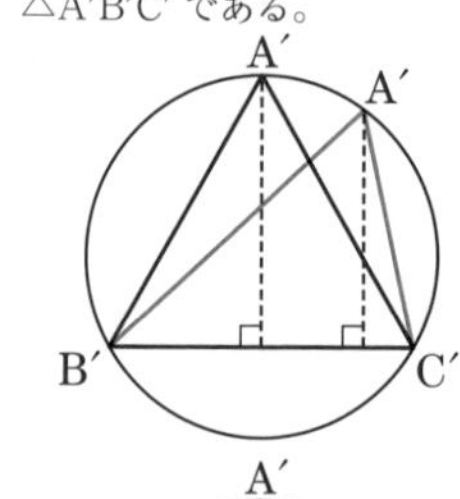

このとき，B′C′ の中点をMとし，A′M$=x$ とおくと

$$a \leqq x < 2a \quad \cdots\cdots④$$

であり，右図より

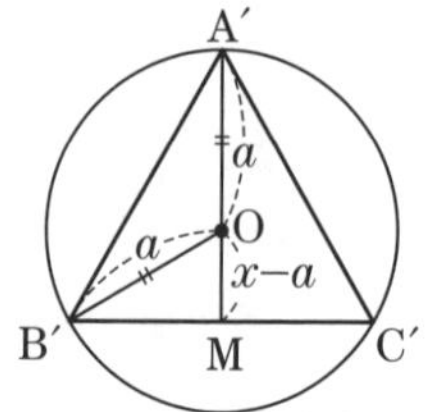

$$\mathrm{B'M}=\sqrt{a^2-(x-a)^2}=\sqrt{2ax-x^2}$$

であるから，

$$S'=\frac{1}{2}\cdot 2\sqrt{2ax-x^2}\cdot x=\sqrt{x^2(2ax-x^2)}$$

となる。ここで，

$$f(x)=x^2(2ax-x^2)=2ax^3-x^4$$

とおくと，

$$f'(x)=4x^2\left(\frac{3}{2}a-x\right)$$

であり，④における増減は右の通りである。

x	a	$\cdots$	$\frac{3}{2}a$	$\cdots$	$(2a)$
$f'(x)$		$+$	0	$-$	
$f(x)$		↗		↘	

これより，$S'=\sqrt{f(x)}$ の最大値は

$$\sqrt{f\left(\frac{3}{2}a\right)}=\frac{3\sqrt{3}}{4}a^2$$

である。

③に戻ると，$S=\triangle\mathrm{ABC}$ の最大値は

$$\frac{b}{a}\cdot\frac{3\sqrt{3}}{4}a^2=\boldsymbol{\frac{3\sqrt{3}}{4}ab}$$

である。

参考

(＊)のあと，角度を変数にとることも考えられる。

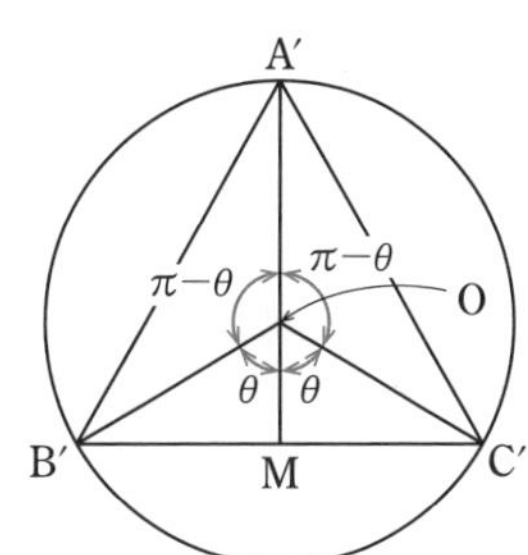

$\angle\mathrm{B'OC'}=2\theta$ $\left(0<\theta\leqq\frac{\pi}{2}\quad\cdots\cdots⑤\right)$ とおくと，

$$S'=\frac{1}{2}a^2\sin 2\theta+2\cdot\frac{1}{2}a^2\sin(\pi-\theta)$$
$$=\frac{1}{2}a^2(\sin 2\theta+2\sin\theta)$$
$$\frac{dS'}{d\theta}=a^2(\cos 2\theta+\cos\theta)$$
$$=a^2(\cos\theta+1)(2\cos\theta-1)$$

となる。あとは，⑤における S' の増減を調べることになる。

類題 4 → 解答 p.358

円 $x^2+y^2=1$ を C_0，楕円 $\frac{x^2}{a^2}+\frac{y^2}{b^2}=1$ $(a>0,\ b>0)$ を C_1 とする。C_1 上のどんな点Pに対しても，Pを頂点にもち C_0 に外接して C_1 に内接する平行四辺形が存在するための必要十分条件を a，b で表せ。（東京大）

206 放物線を見込む角が一定である点の軌跡

xy 平面上の点Pから放物線 $y=x^2$ に2本の接線を引くことができ，それらの接点をA，Bとするとき，$\angle APB=\dfrac{\pi}{4}$ である。このような点Pの軌跡を求めよ。

(静岡大*，山梨大*，筑波大*)

精講 $P(p,\ q)$ とおいて，Pから放物線 $y=x^2$ に引いた接線の傾きに着目するか，あるいは，2接点A，Bの x 座標 α，β を用いてPの座標を表して，α，β の関係を利用することになります。いずれにしても，2つの接線のなす角ではなく，$\angle APB$ が $\dfrac{\pi}{4}$ である点に注意が必要です。

解答 $P(p,\ q)$ を通り，傾き m の直線

$$y=m(x-p)+q \quad \cdots\cdots①$$

⬅ 直線①はベクトル $(1,\ m)$ に平行である。

が放物線 $y=x^2$ ……② と接するのは，

$$x^2=m(x-p)+q$$

$$\therefore\quad x^2-mx+mp-q=0$$

が重解をもつときであり，その条件は

$$m^2-4(mp-q)=0$$

$$\therefore\quad m^2-4pm+4q=0 \quad \cdots\cdots③$$

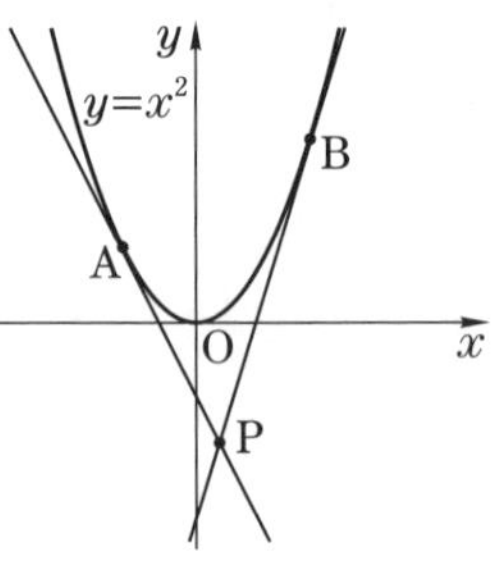

である。Pから②に2本の接線が引ける条件は，③が異なる2つの実数解をもつことであるから，

$$\frac{1}{4}(\text{判別式})=(2p)^2-4q>0$$

$$\therefore\quad q<p^2 \quad \cdots\cdots④$$

である。④のもとで，③の2つの解を m_1，m_2 $(m_1<m_2)$ とし，②と $m=m_1$，m_2 に対応する直線①の接点をそれぞれA，Bとすると，右上図のように $\overrightarrow{PA}$，$\overrightarrow{PB}$ はそれぞれ

$$\vec{a}=(-1,\ -m_1),\ \vec{b}=(1,\ m_2)$$

⬅ 別解 ⑪からわかるように，Pの x 座標は接点A，Bの x 座標の平均であり，$\overrightarrow{PA}$，$\overrightarrow{PB}$ の x 成分は異符号であることに注意する。

と同じ向きである。したがって，$\angle APB=\dfrac{\pi}{4}$ は，

⬅ 注参照。

$\vec{a}$ と $\vec{b}$ のなす角が $\dfrac{\pi}{4}$ であることと同値である。

よって，m_1，m_2 の満たすべき条件は

$$\vec{a}\cdot\vec{b}=|\vec{a}||\vec{b}|\cos\frac{\pi}{4}$$

$$\therefore\quad -(1+m_1m_2)=\frac{1}{\sqrt{2}}\sqrt{1+m_1^2}\sqrt{1+m_2^2}\quad\cdots\cdots⑤$$

であり，さらに⑤は

$$1+m_1m_2\leqq 0\quad\cdots\cdots⑥$$

かつ

$$2(1+m_1m_2)^2=(1+m_1^2)(1+m_2^2)$$

⬅⑤で分母を払って，2 乗する。

$$\therefore\quad m_1^2m_2^2+4m_1m_2-(m_1^2+m_2^2)+1=0\quad\cdots\cdots⑦$$

となる。ここで，③の解と係数の関係より

$$m_1+m_2=4p,\quad m_1m_2=4q$$

であるから，⑥は

$$1+4q\leqq 0\qquad\therefore\quad q\leqq-\frac{1}{4}\quad\cdots\cdots⑧$$

となり，⑦は

$$(4q)^2+4\cdot 4q-\{(4p)^2-2\cdot 4q\}+1=0$$

⬅ $m_1^2+m_2^2=(m_1+m_2)^2-2m_1m_2$

$$\therefore\quad \left(q+\frac{3}{4}\right)^2-p^2=\frac{1}{2}\quad\cdots\cdots⑨$$

となる。

④，⑧，⑨より，P の軌跡は

⬅⑧のとき，④は成り立つことに注意する。

双曲線 $\left(y+\frac{3}{4}\right)^2-x^2=\frac{1}{2}$ の $y\leqq-\frac{1}{4}$ の部分

である。

別解 放物線 $y=x^2$ の 2 本の接線の接点 A，B を

$$\mathrm{A}(\alpha,\ \alpha^2),\ \mathrm{B}(\beta,\ \beta^2)\quad(\alpha<\beta)$$

とおく。

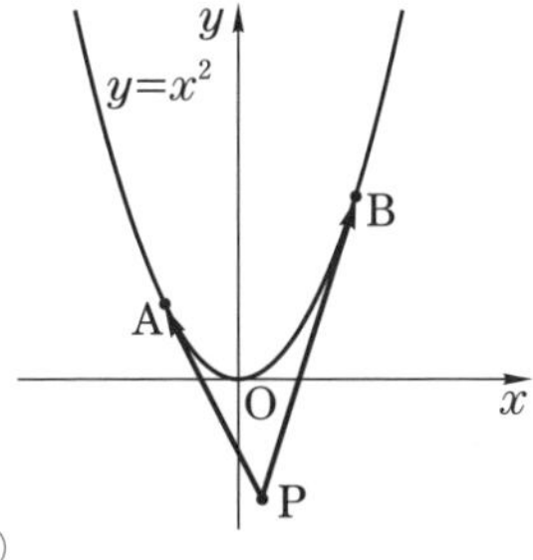

A，B における接線はそれぞれ

$$y=2\alpha x-\alpha^2,\quad y=2\beta x-\beta^2$$

であり，これらの交点を P$(x,\ y)$ とすると

$$x=\frac{\alpha+\beta}{2},\quad y=\alpha\beta\quad\cdots\cdots⑩$$

である。

このとき

$$\overrightarrow{\mathrm{PA}}=\left(\frac{\alpha-\beta}{2},\ \alpha(\alpha-\beta)\right)=(\beta-\alpha)\left(-\frac{1}{2},\ -\alpha\right)$$

$$\overrightarrow{\mathrm{PB}}=\left(\frac{\beta-\alpha}{2},\ \beta(\beta-\alpha)\right)=(\beta-\alpha)\left(\frac{1}{2},\ \beta\right)$$

となり，$\beta-\alpha>0$ であるから，$\overrightarrow{\mathrm{PA}}$，$\overrightarrow{\mathrm{PB}}$ はそれぞれ

$$\vec{u}=\left(-\frac{1}{2},\ -\alpha\right),\ \vec{v}=\left(\frac{1}{2},\ \beta\right)$$

と同じ向きである。したがって，$\angle\mathrm{APB}=\frac{\pi}{4}$ は $\vec{u}$，$\vec{v}$ のなす角が $\frac{\pi}{4}$ であることと同値で，その条件は

$$\vec{u}\cdot\vec{v}=|\vec{u}||\vec{v}|\cos\frac{\pi}{4}$$

$$\therefore\quad -\left(\frac{1}{4}+\alpha\beta\right)=\frac{1}{\sqrt{2}}\sqrt{\frac{1}{4}+\alpha^2}\sqrt{\frac{1}{4}+\beta^2}$$

より，

⬅⑤以下の処理と全く同じである。

$$\frac{1}{4}+\alpha\beta\leqq 0 \qquad \cdots\cdots ⑪$$

かつ

$$2\left(\frac{1}{4}+\alpha\beta\right)^2=\alpha^2\beta^2+\frac{1}{4}(\alpha^2+\beta^2)+\frac{1}{16} \qquad \cdots\cdots ⑫$$

である。⑪，⑫に⑩を代入して

$$\frac{1}{4}+y\leqq 0 \qquad \therefore\quad y\leqq -\frac{1}{4} \qquad \cdots\cdots ⑬$$

⬅実数 x，y が⑬を満たすとき，⑩において，$\alpha\beta=y<0$ であるから，⑩を満たす実数 α，β があることになる。

かつ

$$2\left(\frac{1}{4}+y\right)^2=y^2+\frac{1}{4}\{(2x)^2-2y\}+\frac{1}{16}$$

$$\therefore\quad -x^2+\left(y+\frac{3}{4}\right)^2=\frac{1}{2} \qquad \cdots\cdots ⑭$$

となるので，P の軌跡は，双曲線⑭の⑬を満たす部分である。

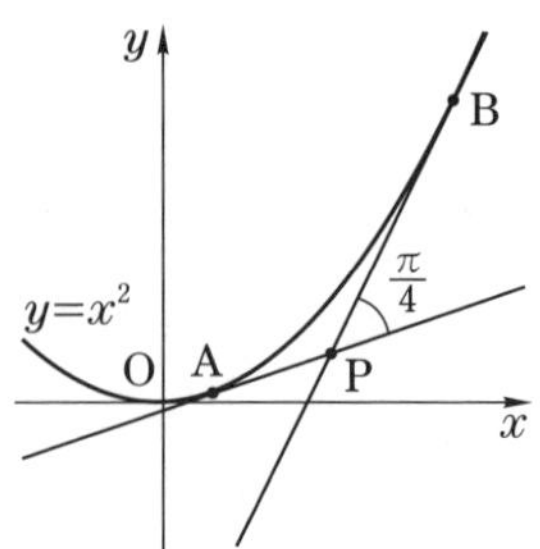

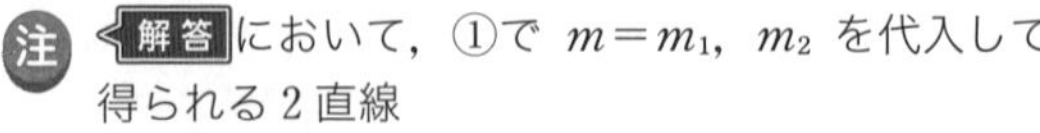
注 解答 において，①で $m=m_1$，m_2 を代入して得られる 2 直線

$$y=m_1(x-p)+q,\ y=m_2(x-p)+q$$

のなす角が $\frac{\pi}{4}$ と誤解すると，$\angle\mathrm{APB}=\frac{3}{4}\pi$ となる点Pまで含んでしまうミスをすることになる。

207 定直線と定円に内接・外接する円の中心の軌跡

直線 $l : x=-2$ に接し，定円 $C : x^2+y^2=1$ に外接する円Sと，直線lに接し，円Cが内接する円Tを考える。

(1) 円Sの中心の軌跡の方程式を求め，概形を描け。また，円Tの中心の軌跡の方程式を求め，概形を描け。

(2) 円C上の点$(\cos\theta,\ \sin\theta)$を，円$S$と円$T$が通っているとする。そのときの，円$S$の中心Pと円$T$の中心Qを求めよ。ただし，$\theta$は $0<\theta<\pi$ とする。

(3) $0<\theta<\pi$ とするとき，(2)の点Pと点Qの間の距離の最小値を求めよ。

精講 (1) 条件より，円Sの中心は原点Oからの距離とある直線からの距離が等しい点であることが導かれますから，軌跡は放物線となります。円Tの中心についても同様です。

解答 (1) Sの中心を$\mathrm{P}(x,\ y)$，Pからlに下ろした垂線の足をH，CとSとの接点をRとするとき，O，R，Pはこの順に一直線上にあるので，

$$\mathrm{PH}=\mathrm{PR}=\mathrm{OP}-\mathrm{OR}$$

となる。したがって，

$$x-(-2)=\sqrt{x^2+y^2}-1 \qquad \therefore\ x+3=\sqrt{x^2+y^2}$$

⬅(Pから直線 $x=-3$ までの距離)$=\mathrm{OP}$ を意味する。

$\therefore\ x+3 \geqq 0$ ……① かつ $(x+3)^2=x^2+y^2$

$\therefore\ \boldsymbol{y^2=6x+9}$ ……②

であるから，Sの中心Pの軌跡は②である。

⬅②のもとで①は満たされる。

Tの中心を$\mathrm{Q}(x,\ y)$，Qからlに下ろした垂線の足をI，CとTの接点をUとするとき，Q，O，Uはこの順に一直線上にあるので，

$$\mathrm{QI}=\mathrm{QU}=\mathrm{OQ}+\mathrm{OU}$$

となる。したがって，

$$x-(-2)=\sqrt{x^2+y^2}+1 \qquad \therefore\ x+1=\sqrt{x^2+y^2}$$

であるから，上と同様に考えて，Tの中心Qの軌跡は

$\boldsymbol{y^2=2x+1}$ ……③

である。放物線②，③の概形は右図の通りである。

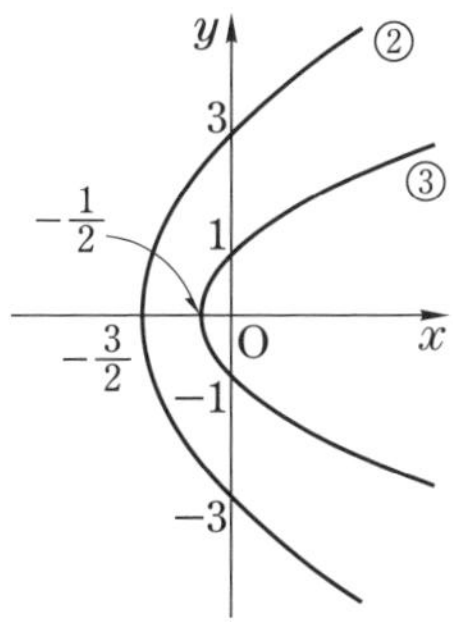

(2) 点 $R(\cos\theta, \sin\theta)$ は S と C，T と C の接点であるから，3 点 P，R，O と 3 点 R，O，Q はそれぞれこの順に一直線上に並んでいる。したがって，

$$\overrightarrow{OP}=r_1\overrightarrow{OR}=(r_1\cos\theta,\ r_1\sin\theta)$$
$$\overrightarrow{OQ}=-r_2\overrightarrow{OR}=(-r_2\cos\theta,\ -r_2\sin\theta)$$

$(r_1>0,\ r_2>0$ ……④$)$ と表される。

P は②を満たすことより，

$$(r_1\sin\theta)^2=6r_1\cos\theta+9$$
$$\therefore\ (1-\cos^2\theta)r_1{}^2-6r_1\cos\theta-9=0$$
$$\therefore\ \{(1-\cos\theta)r_1-3\}\{(1+\cos\theta)r_1+3\}=0$$

であるから，④より，

$$r_1=\frac{3}{1-\cos\theta},\ \mathbf{P}\left(\frac{3\cos\theta}{1-\cos\theta},\ \frac{3\sin\theta}{1-\cos\theta}\right)$$

← $0<\theta<\pi$ より $-1<\cos\theta<1$

← $P(r_1\cos\theta,\ r_1\sin\theta)$ より。

である。同様に，Q は③を満たすことより，

$$(r_2\sin\theta)^2=-2r_2\cos\theta+1$$
$$\therefore\ \{(1-\cos\theta)r_2+1\}\{(1+\cos\theta)r_2-1\}=0$$

← $(1-\cos^2\theta)r_2{}^2+2r_2\cos\theta-1=0$

であるから，④より

$$r_2=\frac{1}{1+\cos\theta},\ \mathbf{Q}\left(-\frac{\cos\theta}{1+\cos\theta},\ -\frac{\sin\theta}{1+\cos\theta}\right)$$

← $Q(-r_2\cos\theta,\ -r_2\sin\theta)$ より。

である。

(3) P，O，Q はこの順に一直線上に並んでいるので，

$$PQ=OP+OQ=r_1+r_2$$
$$=\frac{3}{1-\cos\theta}+\frac{1}{1+\cos\theta} \quad \cdots\cdots⑤$$

← $|\overrightarrow{OR}|=1$ より $|\overrightarrow{OP}|=|r_1\overrightarrow{OR}|=r_1$，$|\overrightarrow{OQ}|=|-r_2\overrightarrow{OR}|=r_2$

である。$\cos\theta=t$ とおくと，$0<\theta<\pi$ より，$-1<t<1$ であり，⑤の右辺を $f(t)$ とおくと，

← $f(t)=\frac{3}{1-t}+\frac{1}{1+t}$

$$f'(t)=\frac{2(t^2+4t+1)}{(1-t^2)^2}$$
$$=\frac{2(t+2+\sqrt{3})(t+2-\sqrt{3})}{(1-t^2)^2}$$

である。よって，増減表より，PQ$=f(t)$ の最小値は

$$f(-2+\sqrt{3})=\mathbf{2+\sqrt{3}}$$

である。

t	(-1)	…	$-2+\sqrt{3}$	…	(1)
$f'(t)$		$-$	0	$+$	
$f(t)$		↘		↗	

208 円錐面の平面による切り口としての２次曲線

点 A(0, 1, 3) を通り，球面 $S : x^2+y^2+(z-1)^2=1$ と接する直線の全体を考える。

(1) 直線と球の接点の全体は円になることを示し，その半径を求めよ。

(2) これらの直線が xy 平面と交わる点Pの全体は，xy 平面上の曲線となる。この曲線を図示せよ。

精講 (1) Aから球面Sに引いた接線の長さは一定です。

(2) これらの直線がAを頂点とする，ある円錐の母線となっているので，母線と円錐の軸のなす角が一定であることを利用します。

解答 (1) 球面 $S : x^2+y^2+(z-1)^2=1$ の中心を B(0, 0, 1) とし，A(0, 1, 3) を通りSと接する直線との接点をTとすると

$$\mathrm{AT}^2=\mathrm{AB}^2-\mathrm{BT}^2=1^2+2^2-1^2=4$$

⬅ ∠ATB=90° より。

$\therefore\ \mathrm{AT}=2$

である。したがって，接点Tの全体は中心がA，半径が2の球面Dと球面Sの交わりの円である。

⬅ 参考 1° に説明がある。

この円をEとし，Eの半径をrとする。平面ATBによる断面において，$\angle\mathrm{BAT}=\theta$ とおくと，

$$\sin\theta=\frac{\mathrm{TB}}{\mathrm{AB}}=\frac{1}{\sqrt{5}},\quad \cos\theta=\frac{\mathrm{AT}}{\mathrm{AB}}=\frac{2}{\sqrt{5}}$$

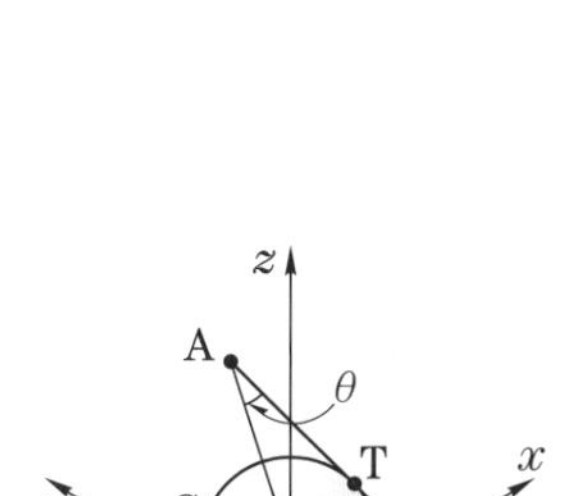

であるから，

$$r=\mathrm{AT}\sin\theta=2\cdot\frac{1}{\sqrt{5}}=\frac{2}{\sqrt{5}}$$

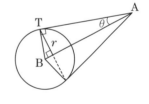

である。

(2) P$(x,\ y,\ 0)$ とするとき，

$\overrightarrow{\mathrm{AB}}=(0,\ -1,\ -2)$，$\overrightarrow{\mathrm{AP}}=(x,\ y-1,\ -3)$

のなす角がθであるから，

$$\overrightarrow{\mathrm{AB}}\cdot\overrightarrow{\mathrm{AP}}=|\overrightarrow{\mathrm{AB}}||\overrightarrow{\mathrm{AP}}|\cos\theta$$

$$\therefore\ -(y-1)+6=\sqrt{5}\sqrt{x^2+(y-1)^2+9}\cdot\frac{2}{\sqrt{5}}$$

$$\therefore\ 7-y=2\sqrt{x^2+(y-1)^2+9}$$

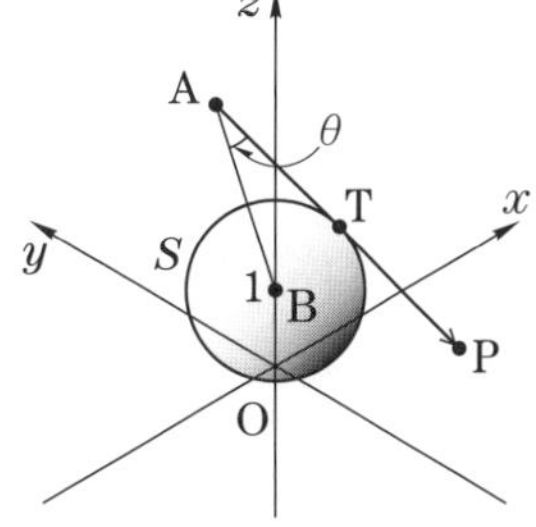

より，$7-y \geqq 0$ ……① かつ

$$(7-y)^2=4\{x^2+(y-1)^2+9\}$$

$$\therefore \quad \frac{x^2}{3}+\frac{(y+1)^2}{4}=1 \quad (z=0) \qquad \cdots\cdots②$$

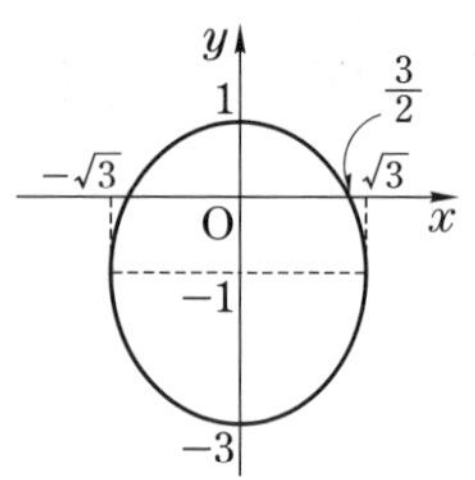

となる。②のもとで，①は満たされているので，P の軌跡は xy 平面上の楕円②(右図) である。

参考

1° (1)では，球面Dと球面Sの交わりが円であることを用いたが，次のような説明も考えられる。

接点Tの取り方によらず，△ABT はすべて，$AB=\sqrt{5}$，$AT=2$，$BT=1$ の合同な直角三角形であるから，T から AB に下ろした垂線の足Hは定点であり，線分 HT の長さは一定である。これより，接点Tの全体はHを通り AB に垂直な平面上にある中心 H，半径 HT の円である。

2° (2)で得られた楕円②は，Aから球面Sに引いた接線全体がつくる円錐面の xy 平面による切り口である。一般に，2 次曲線は円錐面の平面による断面として得られることが知られている。

実際，円錐面の軸と母線のなす角をαとし，円錐面の頂点を通らない平面Hと軸のなす角をθ ($0° \leqq \theta \leqq 90°$) とすると，断面は次のようになる。(ただし，$\theta=0°$ はHが円錐面の軸と平行であるときを表す。)

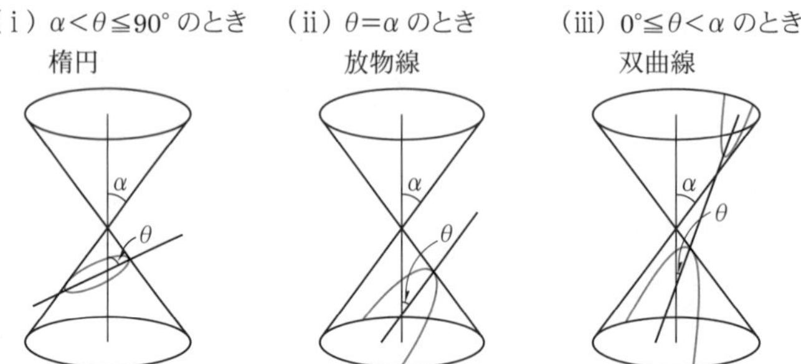

208(2)は(i)の場合に対応する。また，Aの代わりに，たとえば，$A_1(0,\ 2,\ 2)$，$A_2(0,\ 2,\ 1)$ をとると，A_1，A_2 を通り，球面Sと接する直線と xy 平面との交点全体の曲線はそれぞれ，

$$放物線\ y=-\frac{1}{2}x^2+\frac{1}{2}\ (z=0),\ 双曲線\ -x^2+\frac{(y-2)^2}{3}=1\ (z=0)$$

となり，これらは，それぞれ(ii)，(iii)の場合に対応する。

209 2次曲線における極座標表示の応用

平面上で長軸の長さが $2a$, 短軸の長さが $2b$ である楕円を C とする。L_1, L_2 を C の中心で直交する2直線とする。L_1 と C の2つの交点の間の距離を l_1 とし, L_2 と C の2つの交点の間の距離を l_2 とするとき, $\dfrac{1}{{l_1}^2}+\dfrac{1}{{l_2}^2}$ は L_1, L_2 の選び方によらずに一定であることを証明せよ。 (群馬大)

精講 まず, C の中心を原点とする適当な座標軸をとり, C を楕円の標準的な方程式で表します。そこで, L_1 と C, L_2 と C の交点を1つずつとり, それぞれP, Qとするとき, OP, OQが垂直であることを生かせるようなP, Qの座標の表し方は何かと考えます。

解答 楕円 C の中心を原点Oとし, 長軸を x 軸, 短軸を y 軸とする座標軸をとると, $C:\dfrac{x^2}{a^2}+\dfrac{y^2}{b^2}=1$ と表される。そこで, C と L_1 の交点をP, P′とし, C と L_2 の交点をQ, Q′とする。

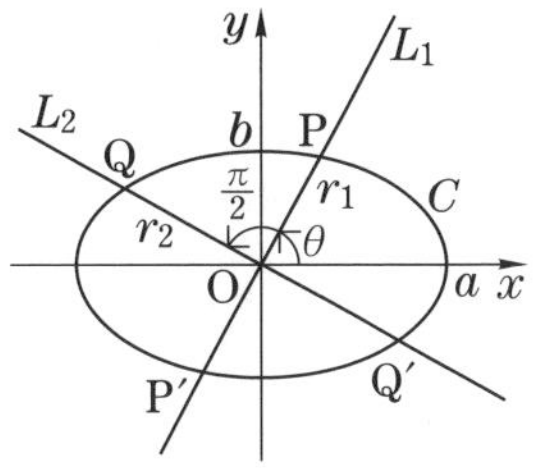

L_1, L_2 は C の中心, つまり, 原点Oで直交するから, x 軸の正の向きから $\overrightarrow{\mathrm{OP}}$, $\overrightarrow{\mathrm{OQ}}$ までの角はそれぞれ θ, $\theta+\dfrac{\pi}{2}$ とおける。また, $\mathrm{OP}=r_1$, $\mathrm{OQ}=r_2$ とおくと, P, Qの座標は

$$\mathrm{P}(r_1\cos\theta,\ r_1\sin\theta)$$

$$\mathrm{Q}\left(r_2\cos\left(\theta+\frac{\pi}{2}\right),\ r_2\sin\left(\theta+\frac{\pi}{2}\right)\right)$$

$$=(-r_2\sin\theta,\ r_2\cos\theta)$$

⬅注参照。

と表される。

このとき, Pが C 上にあるから,

$$\frac{{r_1}^2\cos^2\theta}{a^2}+\frac{{r_1}^2\sin^2\theta}{b^2}=1 \qquad \therefore \quad \frac{1}{{r_1}^2}=\frac{\cos^2\theta}{a^2}+\frac{\sin^2\theta}{b^2}$$

であり, Qについても同様に,

$$\frac{{r_2}^2\sin^2\theta}{a^2}+\frac{{r_2}^2\cos^2\theta}{b^2}=1 \qquad \therefore \quad \frac{1}{{r_2}^2}=\frac{\sin^2\theta}{a^2}+\frac{\cos^2\theta}{b^2}$$

である。

また，Cは原点に関して対称であるから，

$$l_1=\mathrm{PP}'=2\mathrm{OP}=2r_1,\qquad l_2=2r_2$$

⬅ $l_2=\mathrm{QQ}'=2\mathrm{OQ}=2r_2$

である。したがって，

$$\frac{1}{{l_1}^2}+\frac{1}{{l_2}^2}=\frac{1}{4}\left(\frac{1}{{r_1}^2}+\frac{1}{{r_2}^2}\right)$$

$$=\frac{1}{4}\left(\frac{\cos^2\theta+\sin^2\theta}{a^2}+\frac{\sin^2\theta+\cos^2\theta}{b^2}\right)$$

$$=\frac{a^2+b^2}{4a^2b^2}\qquad\cdots\cdots(*)$$

であり，この値は一定である。　　　　（証明おわり）

注　楕円 $C:\dfrac{x^2}{a^2}+\dfrac{y^2}{b^2}=1$ のパラメタ表示

$\mathrm{P}(a\cos\varphi,\ b\sin\varphi)$ において，φ は右図における $\angle x\mathrm{OP_1}$ であって，$\angle x\mathrm{OP}$ ではない。

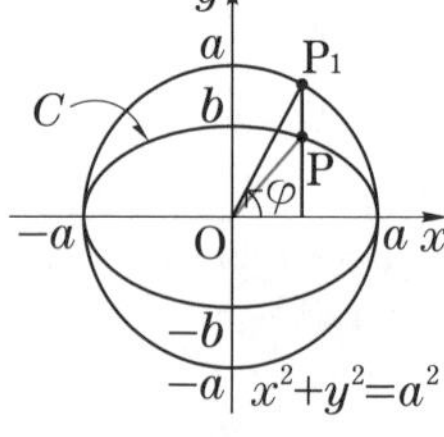

したがって，解答においてP，Qの座標を，

$\mathrm{P}(a\cos\varphi,\ b\sin\varphi)$

$\mathrm{Q}\left(a\cos\left(\varphi+\dfrac{\pi}{2}\right),\ b\sin\left(\varphi+\dfrac{\pi}{2}\right)\right)$

とするのは誤りである。実際，$\angle\mathrm{POQ}=\dfrac{\pi}{2}$ であっても，

$\angle\mathrm{P_1OQ_1}=\dfrac{\pi}{2}$ とは限らないからである。

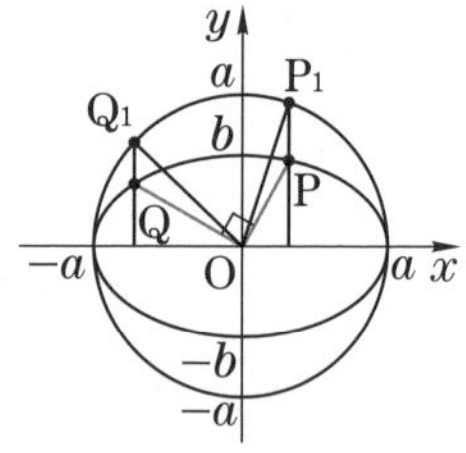

参考

次のような証明も考えられる。

L_1，L_2 が両軸と一致するとき，$(*)$ は明らかに成り立つ。また，直交する2直線 L_1，L_2 が $L_1:y=mx$，$L_2:y=-\dfrac{1}{m}x$ と表されるとき，$\mathrm{P}(s,\ ms)$，$\mathrm{Q}\left(t,\ -\dfrac{1}{m}t\right)$ と表され，P，Q がC上にあることから，

$$\frac{1}{s^2}=\frac{a^2m^2+b^2}{a^2b^2},\quad \frac{1}{t^2}=\frac{a^2+b^2m^2}{a^2b^2m^2}$$

である。これより，

$$\frac{1}{{l_1}^2}+\frac{1}{{l_2}^2}=\frac{1}{(2\mathrm{OP})^2}+\frac{1}{(2\mathrm{OQ})^2}=\frac{1}{4(1+m^2)}\cdot\frac{1}{s^2}+\frac{m^2}{4(1+m^2)}\cdot\frac{1}{t^2}$$

$$=\frac{a^2m^2+b^2+a^2+b^2m^2}{4(1+m^2)a^2b^2}=\frac{a^2+b^2}{4a^2b^2}$$

が成り立つ。

210 2次曲線と離心率

e を正の定数とし，F(1, 0) とする。点Fからの距離と y 軸からの距離の比が $e:1$ であるような点Pの軌跡を C とする。

(1) P(x, y) とするとき，x, y の満たすべき式を求めよ。

(2) $e=1$ のとき，C はどのような図形か。

(3) $0<e<1$ のとき，C はどのような図形か。

(4) $e>1$ のとき，C はどのような図形か。

精講 (1)で得られる式は x と y の2次式で表されますから，C は放物線，楕円，双曲線のいずれかとなります。したがって，(2)以下では(1)の式を C の形状がわかるように変形するとよいでしょう。

解答 (1) P(x, y) から y 軸に下ろした垂線の足は H(0, y) であるから，

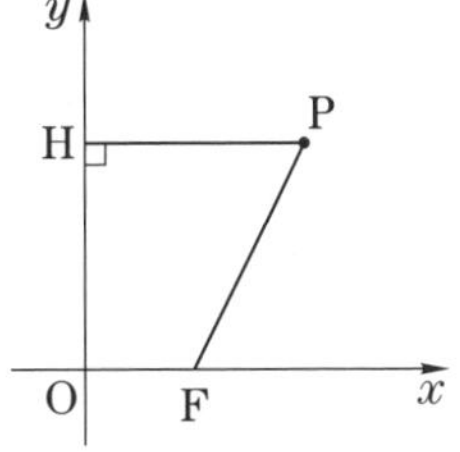

$$\mathrm{PF}:\mathrm{PH}=e:1$$

$$\therefore\ \mathrm{PF}=e\mathrm{PH} \qquad \therefore\ \mathrm{PF}^2=e^2\mathrm{PH}^2$$

より

$$(x-1)^2+y^2=e^2x^2$$

$$\therefore\ \boldsymbol{(1-e^2)x^2-2x+y^2+1=0} \qquad \cdots\cdots①$$

である。

(2) ①で $e=1$ とおくと，

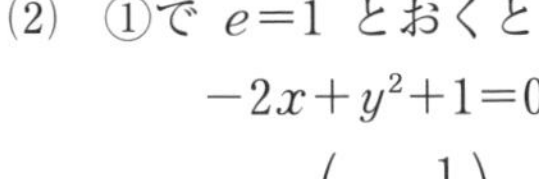

$$-2x+y^2+1=0$$

$$\therefore\ y^2=2\left(x-\frac{1}{2}\right) \qquad \cdots\cdots②$$

となるので，C は放物線である。

⬅ ②の焦点は (1, 0)，準線は直線 $x=0$ であり，頂点は $\left(\frac{1}{2},\ 0\right)$ である。

(3) $0<e<1$ のとき，①は

$$(1-e^2)\left(x-\frac{1}{1-e^2}\right)^2+y^2=\frac{e^2}{1-e^2} \qquad \cdots\cdots③$$

$$\therefore\ \frac{\left(x-\frac{1}{1-e^2}\right)^2}{\left(\frac{e}{1-e^2}\right)^2}+\frac{y^2}{\left(\frac{e}{\sqrt{1-e^2}}\right)^2}=1 \qquad \cdots\cdots④$$

となるので，C は楕円である。

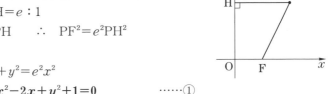

⬅ ④の焦点を (f, 0) とすると，
$$f=\pm\sqrt{\left(\frac{e}{1-e^2}\right)^2-\left(\frac{e}{\sqrt{1-e^2}}\right)^2}+\frac{1}{1-e^2}$$
$$=\frac{1+e^2}{1-e^2},\ 1$$

(4)　$e>1$ のとき，①，つまり③は

$$\frac{\left(x-\frac{1}{1-e^2}\right)^2}{\left(\frac{e}{e^2-1}\right)^2}-\frac{y^2}{\left(\frac{e}{\sqrt{e^2-1}}\right)^2}=1 \quad \cdots\cdots⑤$$

となるので，C は双曲線である。

焦点を $(g,\ 0)$ とすると，

$$g=\pm\sqrt{\left(\frac{e}{e^2-1}\right)^2+\left(\frac{e}{\sqrt{e^2-1}}\right)^2}+\frac{1}{1-e^2}=1,\ -\frac{e^2+1}{e^2-1}$$

参考

一般に，定点Fと，Fを通らない定直線 l に対して，点Fからの距離と直線 l までの距離の比が $e:1$ であるような点Pの軌跡 C は，**210** の結果と同様に

$0<e<1$ のとき 楕円，$e=1$ のとき 放物線，$e>1$ のとき 双曲線

となる。いずれの場合でもFは焦点（の1つ）になっている。また，e の値を2次曲線 C の離心率といい，直線 l を準線という。

ここで，離心率 e と関連した2次曲線の極方程式を考えてみよう。

e は正の数とする。原点Oからの距離 PO と直線 $l:x=-a\ (a>0)$ までの距離 PH の比が，$\mathrm{PO}:\mathrm{PH}=e:1$ である，つまり，$\mathrm{PO}=e\mathrm{PH}$ ……㋐ を満たす点Pの軌跡を C とする。

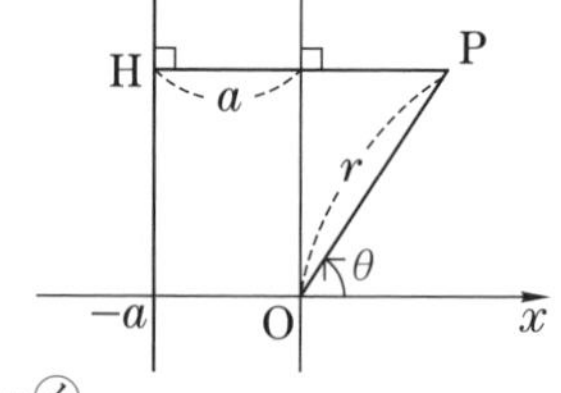

原点Oを極とし，半直線 Ox を始線とする極座標で点Pが $\mathrm{P}(r,\ \theta)$ と表されるとき，Pが直線 l に関してOと同じ側にあれば，

$$\mathrm{OP}=r,\qquad \mathrm{PH}=a+r\cos\theta$$

であるから，㋐は

$$r=e(a+r\cos\theta)\qquad \therefore\quad r=\frac{ae}{1-e\cos\theta}\quad \cdots\cdots㋑$$

となる。一般に，C を表す極方程式は㋑であり，$0<e<1$，$e=1$，$e>1$ のとき，㋑が表す図形はそれぞれ楕円，放物線，双曲線である。

類題 5　→ 解答 p.361

(1)　極方程式 $r=\dfrac{\sqrt{6}}{2+\sqrt{6}\cos\theta}$ の表す曲線を，直交座標 $(x,\ y)$ に関する方程式で表し，その概形を図示せよ。

(2)　原点をOとする。(1)の曲線上の点 $\mathrm{P}(x,\ y)$ から直線 $x=a$ に下ろした垂線を PH とし，$k=\dfrac{\mathrm{OP}}{\mathrm{PH}}$ とおく。点Pが(1)の曲線上を動くとき，k が一定となる a の値を求めよ。また，そのときの k の値を求めよ。

211 両端が座標軸上にある定長線分の通過領域

xy 平面において，長さが1である線分ABが，Aを x 軸上に，Bを y 軸上に置いて，動けるところすべてを動くものとする。

(1) t を $0<t<1$ なる定数とする。線分ABを $(1-t):t$ に内分する点Pの軌跡を求めよ。

(2) 線分AB(両端を含む)が通過する領域を求め，図示せよ。

(日本医大*，お茶の水女大*)

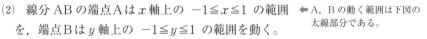

精講 (2) パラメタ t を含む楕円が通過する部分に帰着しますから，この種の問題の処理法："パラメタ t の方程式と見なしたときに解が存在するための $(x,\ y)$ の条件を求める"を利用します。

解答 (1) $A(p,\ 0)$，$B(0,\ q)$ とおくと，

$AB=1$ より $p^2+q^2=1$ ……①

であり，$P(x,\ y)=(tp,\ (1-t)q)$ である。

$0<t<1$ であるから，

$$p=\frac{x}{t},\ q=\frac{y}{1-t}$$

を①に代入して，$P(x,\ y)$ の軌跡は

楕円 $$\boldsymbol{\frac{x^2}{t^2}+\frac{y^2}{(1-t)^2}=1} \quad \cdots\cdots ②$$

である。

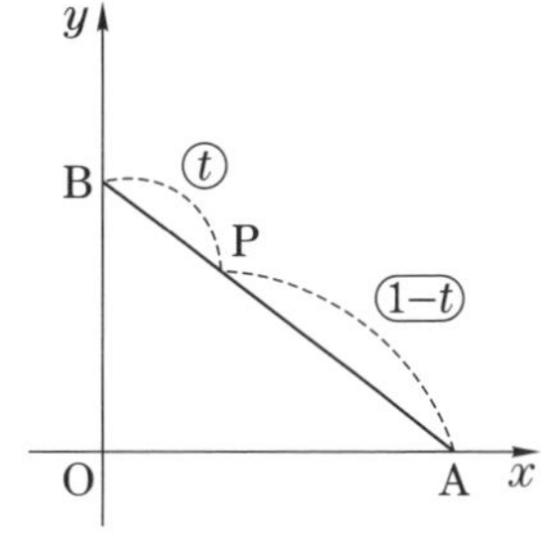

(2) 線分ABの端点Aは x 軸上の $-1\leqq x\leqq 1$ の範囲を，端点Bは y 軸上の $-1\leqq y\leqq 1$ の範囲を動く。

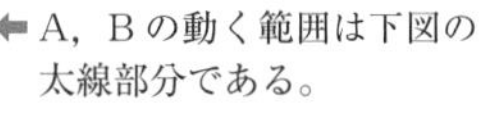
⬅ A，Bの動く範囲は下図の太線部分である。

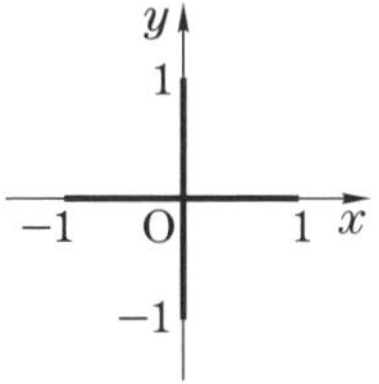

線分AB上のA，B以外の点Pが通過する領域 D を考える。D は t が $0<t<1$ ……③ の範囲で変化するとき，楕円②が通過する領域であるから，

$(x,\ y)\in D$

$\Longleftrightarrow$ ③のある t に対して，楕円②が点 $(x,\ y)$ を通る

$\Longleftrightarrow$ t の方程式

$$f(t)=\frac{x^2}{t^2}+\frac{y^2}{(1-t)^2}-1=0 \quad \cdots\cdots ②'$$

が③の範囲に解をもつ ……(＊)

が成り立つ。

以下，(＊)の条件を調べる。

(i)　$y=0$ のとき

②′より　$t=\pm x$ であるから，(＊)の条件は

$$0<|x|<1$$

である。

⬅(＊)は
$0<x<1$ または $0<-x<1$
$\iff 0<|x|<1$
となる。

(ii)　$x=0$ のとき

②′より　$t=1\pm y$ であるから，(＊)の条件は

$$0<|y|<1$$

である。

⬅(＊)は
$0<1+y<1$ または $0<1-y<1$
$\iff -1<y<0$ または $0<y<1$
$\iff 0<|y|<1$
となる。

(iii)　$x\neq 0$，$y\neq 0$ のとき

$$f'(t)=-\frac{2x^2}{t^3}+\frac{2y^2}{(1-t)^3}=\frac{2x^2}{(1-t)^3}\left\{\left(\frac{y}{x}\right)^2-\left(\frac{1-t}{t}\right)^3\right\}$$

である。ここで，$\dfrac{1-t}{t}=\dfrac{1}{t}-1$ は

$0<t<1$ で $+\infty$ から $+0$ まで減少し，

$\left(\dfrac{y}{x}\right)^2=\left(\dfrac{1-t}{t}\right)^3$ を満たす t は

$t=\dfrac{x^{\frac{2}{3}}}{x^{\frac{2}{3}}+y^{\frac{2}{3}}}$ だけであるから，$f(t)$ の

増減は右の通りである。

⬅$\displaystyle\lim_{t\to+0}\frac{1-t}{t}=+\infty$
$\displaystyle\lim_{t\to1-0}\frac{1-t}{t}=0$

t	(0)	$\cdots$	$\dfrac{x^{\frac{2}{3}}}{x^{\frac{2}{3}}+y^{\frac{2}{3}}}$	$\cdots$	(1)
$f'(t)$		$-$	0	$+$	
$f(t)$		↘		↗	

$$\lim_{t\to+0}f(t)=\lim_{t\to1-0}f(t)=+\infty$$

と合わせると，(＊)のための条件は

$$f\left(\frac{x^{\frac{2}{3}}}{x^{\frac{2}{3}}+y^{\frac{2}{3}}}\right)\leqq 0\qquad\therefore\quad x^{\frac{2}{3}}+y^{\frac{2}{3}}\leqq 1$$

である。

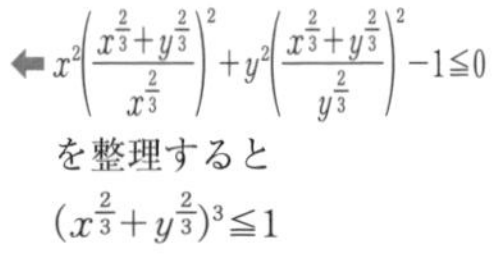

⬅$x^2\left(\dfrac{x^{\frac{2}{3}}+y^{\frac{2}{3}}}{x^{\frac{2}{3}}}\right)^2+y^2\left(\dfrac{x^{\frac{2}{3}}+y^{\frac{2}{3}}}{y^{\frac{2}{3}}}\right)^2-1\leqq 0$
を整理すると
$(x^{\frac{2}{3}}+y^{\frac{2}{3}})^3\leqq 1$

(i)，(ii)，(iii)をまとめると，D は

$$x^{\frac{2}{3}}+y^{\frac{2}{3}}\leqq 1\qquad\cdots\cdots④$$

から，$(0,\ 0)$，$(\pm1,\ 0)$，$(0,\ \pm1)$ を除いた部分である。

したがって，端点 A，B が動く範囲を合わせると，線分 AB が通過する領域は④全体となり，右図の斜線部分（境界を含む）である。

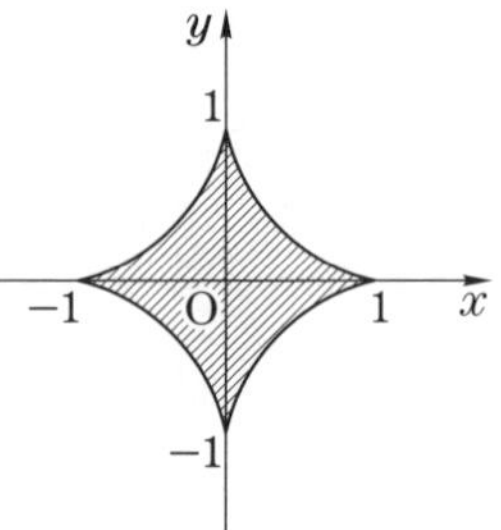

参考

1° (1)の結果を用いずに，(2)を処理することもできる。

線分 AB が通過する範囲は x 軸，y 軸に関して対称であり，座標軸上で通過する部分は簡単にわかるので，第 1 象限における通過範囲 E について調べる。

第 1 象限の点 $\mathrm{Q}(X,\ Y)$ $(X>0,\ Y>0 \quad \cdots ㋐)$ をとる。

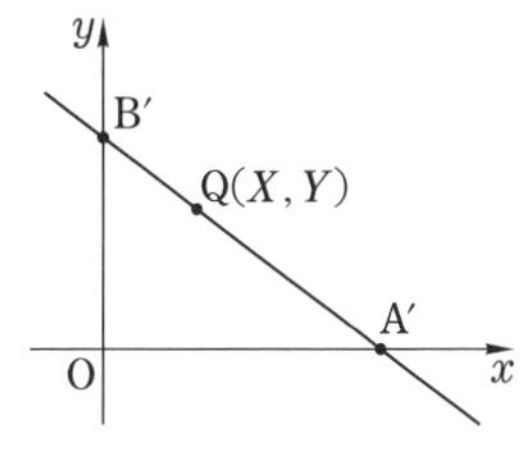

Q を通り，傾き $-m$ $(m>0 \quad \cdots ㋑)$ の直線 $y-Y=-m(x-X)$ と x 軸，y 軸との交点をそれぞれ $\mathrm{A}'\left(X+\dfrac{Y}{m},\ 0\right)$，$\mathrm{B}'(0,\ mX+Y)$ とする。このとき，

$$\mathrm{Q}(X,\ Y)\in E$$

$\Longleftrightarrow$ $\mathrm{A'B'}=1$ となる正の数 m が存在する。……(☆)

が成り立つ。

$$\mathrm{A'B'}^2=\left(X+\frac{Y}{m}\right)^2+(mX+Y)^2=\left(1+\frac{1}{m^2}\right)(mX+Y)^2=g(m)$$

とおくと，

$$g'(m)=-\frac{2}{m^3}(mX+Y)^2+\left(1+\frac{1}{m^2}\right)\cdot 2X(mX+Y)$$

$$=\frac{2}{m^3}(mX+Y)(Xm^3-Y)$$

となる。㋐のもとで，㋑における $g(m)$ の増減は右の通りであるから，

m	(0)	$\cdots$	$\left(\dfrac{Y}{X}\right)^{\frac{1}{3}}$	$\cdots$
$g'(m)$		$-$	0	$+$
$g(m)$		↘	極小	↗

$(g(m)$ の最小値 $M)=g\left(\left(\dfrac{Y}{X}\right)^{\frac{1}{3}}\right)=\left(X^{\frac{2}{3}}+Y^{\frac{2}{3}}\right)^3$

である。また，$\displaystyle\lim_{m\to+0}g(m)=+\infty$，$\displaystyle\lim_{m\to\infty}g(m)=+\infty$ であるから，

$$(☆) \Longleftrightarrow (\mathrm{A'B'}\text{ の最小値 }M^{\frac{1}{2}})\leqq 1 \Longleftrightarrow X^{\frac{2}{3}}+Y^{\frac{2}{3}}\leqq 1 \qquad \cdots\cdots ㋒$$

が成り立つ。つまり，E：$x^{\frac{2}{3}}+y^{\frac{2}{3}}\leqq 1$ $(x>0,\ y>0)$ である。

2° (2)で求めた通過領域④の境界として現れる曲線 $x^{\frac{2}{3}}+y^{\frac{2}{3}}=1$ 上の点は $(\cos^3\theta,\ \sin^3\theta)$ $(0\leqq\theta<2\pi)$ と表される。

一般に，$a>0$ として，$(x,\ y)=(a\cos^3\theta,\ a\sin^3\theta)$ $(0\leqq\theta<2\pi)$ と表される点の描く図形の方程式は $\boldsymbol{x^{\frac{2}{3}}+y^{\frac{2}{3}}=a^{\frac{2}{3}}}$ であり，この曲線を**アステロイド**という。また，x 軸上と y 軸上に端点をもつ長さ a の線分はこの曲線と接することが知られている。

301 共役な複素数と複素数の絶対値

(I) 絶対値が１である複素数 α, β, γ について,

$$S=|\alpha-\beta|^2+|\beta-\gamma|^2+|\gamma-\alpha|^2+\frac{(\alpha+\beta)(\beta+\gamma)(\gamma+\alpha)}{\alpha\beta\gamma}$$

とするとき, S の値を求めよ。 (奈良県立医大*)

(II) 絶対値が１より小さい複素数 α, β に対して不等式 $\left|\dfrac{\alpha-\beta}{1-\overline{\alpha}\beta}\right|<1$ が成り立つことを示せ。

(学習院大)

精講 共役な複素数と絶対値の性質をまとめておきます。

α, β を複素数とするとき

$$\overline{\alpha+\beta}=\overline{\alpha}+\overline{\beta},\ \overline{\alpha-\beta}=\overline{\alpha}-\overline{\beta},\ \overline{\alpha\beta}=\overline{\alpha}\,\overline{\beta},\ \overline{\left(\frac{\alpha}{\beta}\right)}=\frac{\overline{\alpha}}{\overline{\beta}}$$

$$|\alpha|^2=\alpha\overline{\alpha},\ \text{特に}\ |\alpha|=1\ \text{のとき}\quad \overline{\alpha}=\frac{1}{\alpha}$$

$$|\alpha\beta|=|\alpha||\beta|,\ \left|\frac{\alpha}{\beta}\right|=\frac{|\alpha|}{|\beta|}$$

解答 (I) $|\alpha|=|\beta|=|\gamma|=1$ より $|\alpha|^2=|\beta|^2=|\gamma|^2=1$

$\therefore\quad \alpha\overline{\alpha}=\beta\overline{\beta}=\gamma\overline{\gamma}=1$

$\therefore\quad \overline{\alpha}=\dfrac{1}{\alpha},\ \overline{\beta}=\dfrac{1}{\beta},\ \overline{\gamma}=\dfrac{1}{\gamma}$

である。これより,

$$|\alpha-\beta|^2=(\alpha-\beta)(\overline{\alpha}-\overline{\beta})$$

$$=(\alpha-\beta)\left(\frac{1}{\alpha}-\frac{1}{\beta}\right)=2-\left(\frac{\beta}{\alpha}+\frac{\alpha}{\beta}\right)\cdots\cdots①$$

⬅ $|\alpha-\beta|^2=(\alpha-\beta)\overline{(\alpha-\beta)}$
$=(\alpha-\beta)(\overline{\alpha}-\overline{\beta})$

であり, 同様に

$$|\beta-\gamma|^2=2-\left(\frac{\gamma}{\beta}+\frac{\beta}{\gamma}\right)\cdots\cdots②$$

$$|\gamma-\alpha|^2=2-\left(\frac{\alpha}{\gamma}+\frac{\gamma}{\alpha}\right)\cdots\cdots③$$

である。また,

$$\frac{(\alpha+\beta)(\beta+\gamma)(\gamma+\alpha)}{\alpha\beta\gamma}$$

$$=\left(1+\frac{\beta}{\alpha}\right)\left(1+\frac{\gamma}{\beta}\right)\left(1+\frac{\alpha}{\gamma}\right)$$

$$=1+\frac{\beta}{\alpha}+\frac{\gamma}{\beta}+\frac{\alpha}{\gamma}+\frac{\beta}{\alpha}\cdot\frac{\gamma}{\beta}+\frac{\gamma}{\beta}\cdot\frac{\alpha}{\gamma}+\frac{\alpha}{\gamma}\cdot\frac{\beta}{\alpha}+\frac{\beta}{\alpha}\cdot\frac{\gamma}{\beta}\cdot\frac{\alpha}{\gamma}$$

$$=2+\frac{\beta}{\alpha}+\frac{\gamma}{\beta}+\frac{\alpha}{\gamma}+\frac{\gamma}{\alpha}+\frac{\alpha}{\beta}+\frac{\beta}{\gamma} \quad \cdots\cdots④$$

← $\frac{\alpha+\beta}{\alpha}\cdot\frac{\beta+\gamma}{\beta}\cdot\frac{\gamma+\alpha}{\gamma}=\left(1+\frac{\beta}{\alpha}\right)\left(1+\frac{\gamma}{\beta}\right)\left(1+\frac{\alpha}{\gamma}\right)$

である。①,②,③,④を加え合わせると

$S=8$

が得られる。

(II) $$\left|\frac{\alpha-\beta}{1-\overline{\alpha}\beta}\right|<1$$

← $\left|\frac{\alpha-\beta}{1-\overline{\alpha}\beta}\right|=\frac{|\alpha-\beta|}{|1-\overline{\alpha}\beta|}$

は

$$|\alpha-\beta|<|1-\overline{\alpha}\beta| \quad \cdots\cdots⑤$$

← ⑤が成り立つとき,$|1-\overline{\alpha}\beta|\neq 0$ に注意する。

と同値であるから,⑤を

$$|\alpha|<1,\ |\beta|<1 \quad \cdots\cdots⑥$$

のもとで示す。

⑥より

$$1-|\alpha|^2>0,\ 1-|\beta|^2>0$$

であるから,

$$|1-\overline{\alpha}\beta|^2-|\alpha-\beta|^2$$
$$=(1-\overline{\alpha}\beta)\overline{(1-\overline{\alpha}\beta)}-(\alpha-\beta)\overline{(\alpha-\beta)}$$
$$=(1-\overline{\alpha}\beta)(1-\alpha\overline{\beta})-(\alpha-\beta)(\overline{\alpha}-\overline{\beta})$$
$$=1-\overline{\alpha}\beta-\alpha\overline{\beta}+|\alpha|^2|\beta|^2-\{|\alpha|^2-(\alpha\overline{\beta}+\overline{\alpha}\beta)+|\beta|^2\}$$
$$=1+|\alpha|^2|\beta|^2-|\alpha|^2-|\beta|^2$$
$$=(1-|\alpha|^2)(1-|\beta|^2)>0$$

← $\overline{1-\overline{\alpha}\beta}=1-\overline{\overline{\alpha}}\overline{\beta}=1-\alpha\overline{\beta}$

である。したがって,

$$|\alpha-\beta|^2<|1-\overline{\alpha}\beta|^2$$
$$\therefore\ |\alpha-\beta|<|1-\overline{\alpha}\beta|$$

← ⑤が示された。

が成り立つ。 (証明おわり)

302 ド・モアブルの定理

n を自然数, $0<\theta<\pi$, $z=\cos\theta+i\sin\theta$ とする。

(1) $1-z=-2i\sin\dfrac{\theta}{2}\left(\cos\dfrac{\theta}{2}+i\sin\dfrac{\theta}{2}\right)$ を示せ。

(2) 次の各式を証明せよ。

$$1+\cos\theta+\cos 2\theta+\cdots+\cos n\theta=\frac{\sin\dfrac{n+1}{2}\theta\cos\dfrac{n}{2}\theta}{\sin\dfrac{\theta}{2}}$$

$$\sin\theta+\sin 2\theta+\cdots+\sin n\theta=\frac{\sin\dfrac{n+1}{2}\theta\sin\dfrac{n}{2}\theta}{\sin\dfrac{\theta}{2}}$$

精講 (2) 極形式を用いた複素数の積と商における性質とド・モアブルの定理を用います。これらについてまとめておきます。

複素数の積と商

$$(\cos\theta_1+i\sin\theta_1)(\cos\theta_2+i\sin\theta_2)=\cos(\theta_1+\theta_2)+i\sin(\theta_1+\theta_2)$$

$$\frac{\cos\theta_1+i\sin\theta_1}{\cos\theta_2+i\sin\theta_2}=\cos(\theta_1-\theta_2)+i\sin(\theta_1-\theta_2)$$

ド・モアブルの定理　n を整数とするとき

$$(\cos\theta+i\sin\theta)^n=\cos n\theta+i\sin n\theta$$

解答 (1)

$$\begin{aligned}&1-z\\&=1-(\cos\theta+i\sin\theta)\\&=2\sin^2\frac{\theta}{2}-i\cdot 2\sin\frac{\theta}{2}\cos\frac{\theta}{2}\\&=-2i\sin\frac{\theta}{2}\left(\cos\frac{\theta}{2}+i\sin\frac{\theta}{2}\right)\quad\cdots\cdots①\end{aligned}$$

⬅ $1-\cos\theta=2\sin^2\dfrac{\theta}{2}$, $\sin\theta=2\sin\dfrac{\theta}{2}\cos\dfrac{\theta}{2}$

である。　(証明おわり)

(2) $C=1+\cos\theta+\cos 2\theta+\cdots+\cos n\theta$

$S=\sin\theta+\sin 2\theta+\cdots+\sin n\theta$

とおくとき,

$$
\begin{aligned}
&C+iS\\
&=1+\cos\theta+\cos 2\theta+\cdots+\cos n\theta\\
&\quad +i(\sin\theta+\sin 2\theta+\cdots+\sin n\theta)\\
&=1+(\cos\theta+i\sin\theta)+(\cos 2\theta+i\sin 2\theta)\\
&\qquad\qquad +\cdots+(\cos n\theta+i\sin n\theta)\\
&=1+z+z^2+\cdots+z^n \qquad\cdots\cdots ②
\end{aligned}
$$

⬅ ド・モアブルの定理より，$k=1,\ 2,\ \cdots,\ n$ に対して，$\cos k\theta+i\sin k\theta=(\cos\theta+i\sin\theta)^k=z^k$

である。

$0<\theta<\pi$ より

$$z=\cos\theta+i\sin\theta\neq 1$$

であるから，②より

$$C+iS=\frac{1-z^{n+1}}{1-z} \qquad\cdots\cdots ③$$

⬅ 等比数列の和の公式より。

となる。ここで，①と同様に

$$
\begin{aligned}
&1-z^{n+1}\\
&=1-\{\cos(n+1)\theta+i\sin(n+1)\theta\}\\
&=-2i\sin\frac{n+1}{2}\theta\left(\cos\frac{n+1}{2}\theta+i\sin\frac{n+1}{2}\theta\right) \qquad\cdots\cdots ④
\end{aligned}
$$

⬅ ①で θ の代わりに $(n+1)\theta$ とおいた式である。

である。①，④を③に代入すると，

$$
\begin{aligned}
&C+iS\\
&=\frac{-2i\sin\frac{n+1}{2}\theta\left(\cos\frac{n+1}{2}\theta+i\sin\frac{n+1}{2}\theta\right)}{-2i\sin\frac{\theta}{2}\left(\cos\frac{\theta}{2}+i\sin\frac{\theta}{2}\right)}\\
&=\frac{\sin\frac{n+1}{2}\theta}{\sin\frac{\theta}{2}}\left\{\cos\left(\frac{n+1}{2}\theta-\frac{\theta}{2}\right)+i\sin\left(\frac{n+1}{2}\theta-\frac{\theta}{2}\right)\right\}\\
&=\frac{\sin\frac{n+1}{2}\theta}{\sin\frac{\theta}{2}}\left(\cos\frac{n}{2}\theta+i\sin\frac{n}{2}\theta\right) \qquad\cdots\cdots ⑤
\end{aligned}
$$

⬅ $0<\theta<\pi$ より $\sin\frac{\theta}{2}\neq 0$ に注意。

⬅ $\dfrac{\cos\theta_1+i\sin\theta_1}{\cos\theta_2+i\sin\theta_2}=\cos(\theta_1-\theta_2)+i\sin(\theta_1-\theta_2)$ より。

となる。C，S は実数であるから，⑤の両辺の実部，虚部を比較して，

$$C=\frac{\sin\frac{n+1}{2}\theta\cos\frac{n}{2}\theta}{\sin\frac{\theta}{2}},\qquad S=\frac{\sin\frac{n+1}{2}\theta\sin\frac{n}{2}\theta}{\sin\frac{\theta}{2}}$$

である。　　　　　　　　　　　　　（証明おわり）

第3章

参考

(2)は三角関数の和と積の公式を用いて示すこともできる。

$$\sin\frac{\theta}{2}\cos k\theta=\frac{1}{2}\left\{\sin\left(\frac{\theta}{2}+k\theta\right)+\sin\left(\frac{\theta}{2}-k\theta\right)\right\}$$

$$=\frac{1}{2}\left[\sin\left(k\theta+\frac{\theta}{2}\right)-\sin\left\{(k-1)\theta+\frac{\theta}{2}\right\}\right] \quad \cdots\cdots ㋐$$

$$\sin\frac{\theta}{2}\sin k\theta=-\frac{1}{2}\left\{\cos\left(\frac{\theta}{2}+k\theta\right)-\cos\left(\frac{\theta}{2}-k\theta\right)\right\}$$

$$=-\frac{1}{2}\left[\cos\left(k\theta+\frac{\theta}{2}\right)-\cos\left\{(k-1)\theta+\frac{\theta}{2}\right\}\right] \quad \cdots\cdots ㋑$$

である。㋐で $k=0,\ 1,\ 2,\ \cdots,\ n$ とおいた式を加え合わせると，

$$\sin\frac{\theta}{2}\cdot C=\frac{1}{2}\left\{\sin\left(n\theta+\frac{\theta}{2}\right)-\sin\left(-\frac{\theta}{2}\right)\right\}=\frac{1}{2}\left(\sin\frac{2n+1}{2}\theta+\sin\frac{\theta}{2}\right)$$

$$=\sin\frac{n+1}{2}\theta\cos\frac{n}{2}\theta \quad \cdots\cdots ㋒$$

となり，㋑で $k=1,\ 2,\ \cdots,\ n$ とおいた式を加え合わせると，

$$\sin\frac{\theta}{2}\cdot S=-\frac{1}{2}\left\{\cos\left(n\theta+\frac{\theta}{2}\right)-\cos\frac{\theta}{2}\right\}=-\frac{1}{2}\left(\cos\frac{2n+1}{2}\theta-\cos\frac{\theta}{2}\right)$$

$$=\sin\frac{n+1}{2}\theta\sin\frac{n}{2}\theta \quad \cdots\cdots ㋓$$

となる。㋒，㋓それぞれの両辺を $\sin\dfrac{\theta}{2}$ で割ると，C，S の示すべき関係式が得られる。

類題 6 → 解答 p.361

n を 2 以上の整数とする。

(1) 次を示せ。ただし，i は虚数単位とする。

$$\sum_{k=0}^{n-1}\left(\cos\frac{2\pi k}{n}+i\sin\frac{2\pi k}{n}\right)=0$$

(2) 原点を中心とする半径 1 の円周上に，円周を n 等分する点 A_0，A_1，$\cdots$，A_{n-1} をとる。さらに，原点を中心とする半径 $\dfrac{1}{2}$ の円周上に点 P をとり，線分 A_kP の長さを $l_k(P)$ とおく。このとき，$\displaystyle\sum_{k=0}^{n-1} l_k(P)^2$ は P の位置によらずに一定の値になることを示せ。また，その値を求めよ。 (千葉大)

303 高次方程式の複素数解

次の方程式の解 z を求めよ。

(1) $z^4+4=0$

(2) $z^6-\sqrt{2}z^3+1=0$ (横浜市大*，信州大*)

精講 いずれも，$z^n=\alpha$ (n は自然数，α は複素数) ……(＊) の形の方程式に帰着します。(＊)を解くには，z を極形式で $z=r(\cos\theta+i\sin\theta)$ ($r>0$，$0\leqq\theta<2\pi$) とおき，α も極形式で表して，(＊)の両辺の絶対値と偏角を比較して，r，θ を求めることになります。

解答 (1) $z=r(\cos\theta+i\sin\theta)$ ……①

$r>0$ ……② $0\leqq\theta<2\pi$ ……③

とおく。

$$z^4=-4$$

に，①を代入して書き直すと，

$$r^4(\cos 4\theta+i\sin 4\theta)=4(\cos\pi+i\sin\pi)$$

となる。これより

$$\begin{cases} r^4=4 \\ 4\theta=\pi+2k\pi \quad (k \text{ は整数}) \end{cases}$$

である。②より，$r=4^{\frac{1}{4}}=\sqrt{2}$ であり，③より $0\leqq 4\theta<8\pi$ であるから，

$$\theta=\frac{1+2k}{4}\pi \quad (k=0,\ 1,\ 2,\ 3)$$

である。したがって，

$$z=\sqrt{2}\left(\cos\frac{1+2k}{4}\pi+i\sin\frac{1+2k}{4}\pi\right) \quad (k=0,\ 1,\ 2,\ 3)$$

∴ $\boldsymbol{z=1+i,\ -1+i,\ -1-i,\ 1-i}$

である。

⬅ z^4+4
$=(z^2+2)^2-(2z)^2$
$=(z^2-2z+2)\times(z^2+2z+2)$
と因数分解して解くこともできる。

⬅ 両辺の絶対値と偏角を比較する。ここで，偏角は $2\pi\times$(整数) を加えたものも考える必要がある。

⬅ $0\leqq\pi+2k\pi<8\pi$ より，$k=0$，1，2，3 に限る。

(2) $z^6-\sqrt{2}z^3+1=0$ ∴ $(z^3)^2-\sqrt{2}z^3+1=0$

であるから，z^3 について解くと

$$z^3=\frac{\sqrt{2}\pm\sqrt{2}i}{2}$$

となる。ここで，①を代入して書き直すと，

$$r^3(\cos 3\theta + i\sin 3\theta)$$
$$= \cos\frac{\pi}{4} + i\sin\frac{\pi}{4},\ \cos\frac{7}{4}\pi + i\sin\frac{7}{4}\pi$$

← $\dfrac{\sqrt{2}+\sqrt{2}i}{2} = \cos\dfrac{\pi}{4} + i\sin\dfrac{\pi}{4}$
$\dfrac{\sqrt{2}-\sqrt{2}i}{2} = \cos\dfrac{7}{4}\pi + i\sin\dfrac{7}{4}\pi$

となる。これより

$$\begin{cases} r^3 = 1 \\ 3\theta = \dfrac{\pi}{4} + 2k\pi,\ \dfrac{7}{4}\pi + 2k\pi \qquad (k\text{ は整数}) \end{cases}$$

である。②より，$r=1$ であり，③より，
$0 \leqq 3\theta < 6\pi$ であるから，

← $0 \leqq \dfrac{\pi}{4} + 2k\pi < 6\pi$，$0 \leqq \dfrac{7}{4}\pi + 2k\pi < 6\pi$ より，いずれにおいても $k=0$，1，2 に限る。

$$\theta = \frac{1+8k}{12}\pi,\ \frac{7+8k}{12}\pi \quad (k=0,\ 1,\ 2)$$

である。したがって，

$$z = \cos\frac{1+8k}{12}\pi + i\sin\frac{1+8k}{12}\pi,$$
$$\cos\frac{7+8k}{12}\pi + i\sin\frac{7+8k}{12}\pi \quad (k=0,\ 1,\ 2)$$

である。これらの偏角は

$$\frac{\pi}{12},\ \frac{3}{4}\pi,\ \frac{17}{12}\pi,\ \frac{7}{12}\pi,\ \frac{5}{4}\pi,\ \frac{23}{12}\pi$$

← $\dfrac{\pi}{12} = \dfrac{\pi}{3} - \dfrac{\pi}{4}$，$\dfrac{7}{12}\pi = \dfrac{\pi}{3} + \dfrac{\pi}{4}$ として，加法定理を用いる。あとは
$\dfrac{17}{12}\pi = 2\pi - \dfrac{7}{12}\pi$，
$\dfrac{23}{12}\pi = 2\pi - \dfrac{\pi}{12}$
と考える。

であり，

$$\cos\frac{\pi}{12} = \frac{\sqrt{6}+\sqrt{2}}{4},\ \sin\frac{\pi}{12} = \frac{\sqrt{6}-\sqrt{2}}{4}$$

などから

$$\boldsymbol{z = \frac{\sqrt{6}+\sqrt{2}}{4} \pm \frac{\sqrt{6}-\sqrt{2}}{4}i,\ -\frac{\sqrt{2}}{2} \pm \frac{\sqrt{2}}{2}i,}$$
$$\boldsymbol{-\frac{\sqrt{6}-\sqrt{2}}{4} \pm \frac{\sqrt{6}+\sqrt{2}}{4}i}$$

← $\theta = \dfrac{\pi}{12}$，$\dfrac{23}{12}\pi$，$\dfrac{3}{4}\pi$，$\dfrac{5}{4}\pi$ に対応。

← $\theta = \dfrac{7}{12}\pi$，$\dfrac{17}{12}\pi$ に対応。

である。

類題 7 → 解答 p.362

(1) $\alpha = \cos\theta + i\sin\theta$，$n \geqq 1$ とする。このとき

$$\alpha_0 = \cos\frac{\theta}{n} + i\sin\frac{\theta}{n},\ \omega = \cos\frac{2\pi}{n} + i\sin\frac{2\pi}{n}$$

とおけば方程式 $z^n = \alpha$ のすべての解は α_0，$\omega\alpha_0$，$\omega^2\alpha_0$，…，$\omega^{n-1}\alpha_0$ で与えられることを示せ。

(2) 方程式 $z^3 + 3iz^2 - 3z - 28i = 0$ のすべての解を $a+bi$ (a，b は実数) の形で表せ。

（信州大）

304 1の虚数の3乗根の応用

正の整数nに対し，$f(z)=z^{2n}+z^n+1$ とする。

(1) $f(z)$ を z^2+z+1 で割ったときの余りを求めよ。

(2) $f(z)$ を z^2-z+1 で割ったときの余りを求めよ。 (一橋大)

精講 (1) $f(z)$ を z^2+z+1 で割った式を用意して，$z^2+z+1=0$ を満たすzの値を代入して調べます。(2)も同様に考えます。

解答 (1) $f(z)=z^{2n}+z^n+1$ を z^2+z+1 で割ったときの商を $P(z)$，余りを $az+b$ (a，bは実数) とすると，

$$z^{2n}+z^n+1=(z^2+z+1)P(z)+az+b \quad \cdots①$$

である。

← $f(z)$，z^2+z+1 の係数は実数であるから，商 $P(z)$，余り $az+b$ の係数は実数である。

← a，bはnによって決まる数であるから，a_n，b_n と書いてもよい。

$z^2+z+1=0$ の解 $\omega=\dfrac{-1+\sqrt{3}i}{2}$ をとると，

← $\omega=\dfrac{-1-\sqrt{3}i}{2}$ としてもよい。

$$\omega^2+\omega+1=0 \text{ かつ } \omega^3=1 \quad \cdots\cdots②$$

である。よって，①で $z=\omega$ とおくと，

$$\omega^{2n}+\omega^n+1=a\omega+b \quad \cdots\cdots③$$

← $\omega^2+\omega+1=0$ より
$(\omega-1)(\omega^2+\omega+1)=0$
$\therefore\ \omega^3=1$
ωは1の虚数の3乗根の1つである。

となる。③を満たす実数a，bを求めるために

$$s_n=\omega^{2n}+\omega^n+1 \ (n=1,\ 2,\ 3,\ \cdots)$$

の値を調べる。②より

$$s_1=0,\ s_2=0,\ s_3=3$$

であり，

$$s_{n+3}=\omega^{2n}\cdot\omega^6+\omega^n\cdot\omega^3+1$$
$$=\omega^{2n}+\omega^n+1=s_n$$

← $s_1=\omega^2+\omega+1=0$
$s_2=\omega^4+\omega^2+1$
$=\omega+\omega^2+1=0$
$s_3=\omega^6+\omega^3+1$
$=1+1+1=3$

であるから，数列 $\{s_n\}$ ($n=1,\ 2,\ 3,\ \cdots$) は0，0，3の繰り返しである。よって，③は

(i) nが3の倍数でないとき　$0=a\omega+b$

(ii) nが3の倍数のとき　$3=a\omega+b$

となる。したがって，a，bは実数，ωは虚数であることに注意すると，

(i)のとき $(a,\ b)=(0,\ 0)$，(ii)のとき $(a,\ b)=(0,\ 3)$

← ωは虚数であるから，p，q，r，sが実数のとき
$p\omega+q=r\omega+s$
$\Longleftrightarrow p=r$ かつ $q=s$
が成り立つ。

であるから，余りは

$$\begin{cases} \boldsymbol{n}\text{が3の倍数でないとき} & \mathbf{0} \\ \boldsymbol{n}\text{が3の倍数のとき} & \mathbf{3} \end{cases}$$

である。

(2)　$f(z)$ を z^2-z+1 で割ったときの商を $Q(z)$，余りを $cz+d$ (c，d は実数) とすると，

$$z^{2n}+z^n+1=(z^2-z+1)Q(z)+cz+d \quad \cdots④$$

である。

$z^2-z+1=0$ の解 $\dfrac{1-\sqrt{3}\,i}{2}=-\omega$ をとり，④で $z=-\omega$ とおくと，

$$(-\omega)^{2n}+(-\omega)^n+1=c\cdot(-\omega)+d$$

$$\therefore\quad \omega^{2n}+(-1)^n\omega^n+1=-c\omega+d \quad \cdots\cdots⑤$$

となる。⑤を満たす実数 c，d を求めるために，

$$t_n=\omega^{2n}+(-1)^n\omega^n+1 \quad (n=1,\ 2,\ 3,\ \cdots)$$

の値を調べる。

n が偶数のとき，$t_n=s_n$ に注意すると，

$$t_2=s_2=0,\ t_4=s_4=0,\ t_6=s_6=3$$

である。また，

$$t_1=\omega^2-\omega+1=-2\omega$$

← $\omega^2-\omega+1$
$=(\omega^2+\omega+1)-2\omega$

$$t_3=\omega^6-\omega^3+1=1-1+1=1$$

$$t_5=\omega^{10}-\omega^5+1=\omega-\omega^2+1=2\omega+2$$

← $\omega^{10}=(\omega^3)^3\cdot\omega=\omega$
$\omega^5=\omega^3\cdot\omega^2=\omega^2=-\omega-1$

であり，

$$t_{n+6}=\omega^{2n}\cdot\omega^{12}+(-1)^{n+6}\cdot\omega^n\cdot\omega^6+1$$
$$=\omega^{2n}+(-1)^n\omega^n+1=t_n$$

← $\omega^{12}=1$，$\omega^6=1$
$(-1)^{n+6}=(-1)^n(-1)^6$
$=(-1)^n$

であるから，数列 $\{t_n\}$ ($n=1,\ 2,\ 3,\ \cdots$) は

$$-2\omega,\ 0,\ 1,\ 0,\ 2\omega+2,\ 3$$

の繰り返しである。よって，⑤から定まる実数の組 $(c,\ d)$ も6個毎に同じものが現れるので，余りは k を0以上の整数として，

← $t_n=-c\omega+d$ において，たとえば，$n=1$ のとき $-2\omega=-c\omega+d$ より
$c=2$，$d=0$
となるので，余りは $2z$ である。

$\boldsymbol{n=6k+1}$ のとき	$\mathbf{2z}$	$\boldsymbol{n=6k+2}$ のとき	$\mathbf{0}$
$\boldsymbol{n=6k+3}$ のとき	$\mathbf{1}$	$\boldsymbol{n=6k+4}$ のとき	$\mathbf{0}$
$\boldsymbol{n=6k+5}$ のとき	$\mathbf{-2z+2}$	$\boldsymbol{n=6k}$ のとき	$\mathbf{3}$

である。

305 1の5乗根と相反方程式

複素数平面上の5点 A_0, A_1, A_2, A_3, A_4 が，原点を中心とする半径1の円 C の周上に反時計回りにこの順番で並び，正五角形を形成していて，A_0 を表す複素数は1である。

(1) 点 A_k を表す複素数を α_k ($k=0$, 1, 2, 3, 4) とするとき，α_k ($k=1$, 2, 3, 4) を三角関数を用いない形で求めよ。

(2) 円 C の周上を動く点Pと点 A_k を結ぶ線分の長さを PA_k と表すとき，積 $L=PA_0\cdot PA_1\cdot PA_2\cdot PA_3\cdot PA_4$ の最大値を求めよ。

(3) L が最大値をとるとき，点Pは円 C の周上のどのような位置にあるか。

第3章

精講 (1) α_k ($k=0$, 1, 2, 3, 4) の偏角を考えると，$\alpha_k{}^5$ はすべて1であることがわかるはずです。

(2), (3) L については，因数定理と複素数平面上の2点 α, β を結ぶ線分の長さが $|\alpha-\beta|$ であることを応用します。そのあとで，絶対値に関する次の不等式から L の最大値を求めます。

> α, β を複素数とするとき，
> $$||\alpha|-|\beta||\leqq|\alpha+\beta|\leqq|\alpha|+|\beta| \quad \cdots\cdots(*)$$
> が成り立つ。

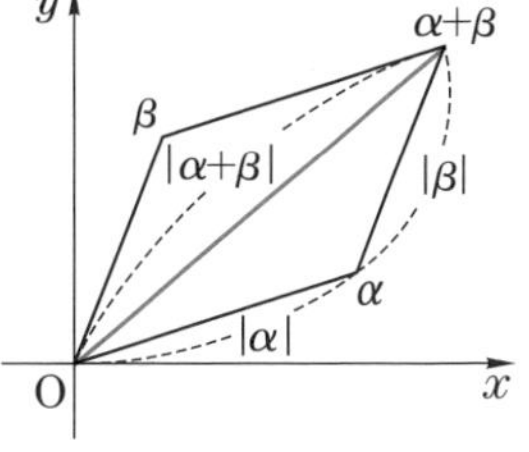

$\alpha\neq0$, $\beta\neq0$ の場合を考えると，O, α, β が一直線上にないときには，三角形の成立条件から，

$$||\alpha|-|\beta||<|\alpha+\beta|<|\alpha|+|\beta|$$

が成り立つ。また，O, α, β が一直線上にあるときには，$(*)$ のいずれかの等号が成り立つ。右側の等号は $\overrightarrow{O\alpha}$ と $\overrightarrow{O\beta}$ が同じ向きで $\beta=t\alpha$ (t は正の実数) のときに，左側の等号は $\overrightarrow{O\alpha}$ と $\overrightarrow{O\beta}$ が逆向きで $\beta=s\alpha$ (s は負の実数) のときに成り立つ。

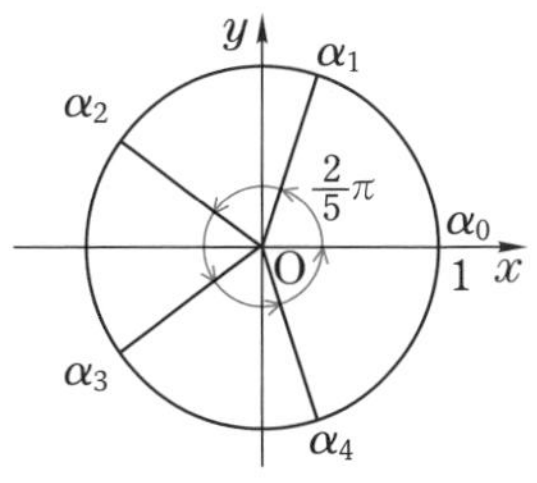

(1) 右図より，

$$\alpha_k=\cos\frac{2k}{5}\pi+i\sin\frac{2k}{5}\pi$$

($k=0$, 1, …, 4)

であるから，

$$\alpha_k{}^5=\cos 2k\pi+i\sin 2k\pi=1$$

← ド・モアブルの定理より
$\left(\cos\frac{2k}{5}\pi+i\sin\frac{2k}{5}\pi\right)^5$
$=\cos\left(5\cdot\frac{2k}{5}\pi\right)+i\sin\left(5\cdot\frac{2k}{5}\pi\right)$
$=\cos 2k\pi+i\sin 2k\pi$

である。したがって，$\alpha_k\,(k=0,\ 1,\ \cdots,\ 4)$ は

$$z^5=1$$

$$\therefore\quad (z-1)(z^4+z^3+z^2+z+1)=0$$

の５つの解と一致する。また，$\alpha_0=1$ であるから，$\alpha_k\,(k=1,\ 2,\ 3,\ 4)$ は

$$z^4+z^3+z^2+z+1=0 \quad \cdots\cdots①$$

の解である。①$\times\dfrac{1}{z^2}$ より

← $z=0$ は①の解ではないので。

$$z^2+z+1+\frac{1}{z}+\frac{1}{z^2}=0$$

← このように，z が解ならば逆数 $\frac{1}{z}$ も解となるような方程式を相反方程式という。

$$\therefore\quad \left(z+\frac{1}{z}\right)^2+\left(z+\frac{1}{z}\right)-1=0$$

$$\therefore\quad z+\frac{1}{z}=\frac{-1\pm\sqrt{5}}{2}$$

となるから，分母を払って整理すると

$$2z^2-(-1\pm\sqrt{5})z+2=0 \quad \cdots\cdots②$$

となる。②のそれぞれから

$$z=\frac{-1+\sqrt{5}\pm\sqrt{10+2\sqrt{5}}\,i}{4}$$

← $2z^2-(-1+\sqrt{5})z+2=0$ の解である。

$$z=\frac{-1-\sqrt{5}\pm\sqrt{10-2\sqrt{5}}\,i}{4}$$

← $2z^2-(-1-\sqrt{5})z+2=0$ の解である。

が得られる。これらの実部，虚部の正負から，

$$\boldsymbol{\alpha_1=\frac{-1+\sqrt{5}+\sqrt{10+2\sqrt{5}}\,i}{4},\quad \alpha_2=\frac{-1-\sqrt{5}+\sqrt{10-2\sqrt{5}}\,i}{4}}$$

$$\boldsymbol{\alpha_3=\frac{-1-\sqrt{5}-\sqrt{10-2\sqrt{5}}\,i}{4},\quad \alpha_4=\frac{-1+\sqrt{5}-\sqrt{10+2\sqrt{5}}\,i}{4}}$$

である。

(2) $\alpha_k\,(k=0,\ 1,\ \cdots,\ 4)$ が

$$z^5=1,\ つまり,\ z^5-1=0$$

の５つの解であるから，因数定理より

$$z^5-1=(z-\alpha_0)(z-\alpha_1)(z-\alpha_2)(z-\alpha_3)(z-\alpha_4)$$

である。

Ｐを表す複素数を z とすると，

$PA_k=|z-\alpha_k|$

であるから，

$$L=PA_0\cdot PA_1\cdot PA_2\cdot PA_3\cdot PA_4$$
$$=|z-\alpha_0||z-\alpha_1||z-\alpha_2||z-\alpha_3||z-\alpha_4|$$
$$=|(z-\alpha_0)(z-\alpha_1)(z-\alpha_2)(z-\alpha_3)(z-\alpha_4)|$$
$$=|z^5-1| \quad \cdots\cdots③$$

⬅ここで，$|z_1||z_2|=|z_1z_2|$ を繰り返し適用する。

⬅参考 参照。

となる。ここで，Pが円 C 上にあることより，$|z|=1$ であるから，

$$L=|z^5-1|\leqq|z^5|+|-1|$$
$$=|z|^5+1=1^5+1=2$$

⬅$|\alpha+\beta|\leqq|\alpha|+|\beta|$ より。

$$\therefore \quad L\leqq 2$$

であり，たとえば，$z=-1$ のとき $L=2$ となるので，L の最大値は **2** である。

(3) L が最大値2をとるのは，

$$|z^5-1|\leqq|z^5|+|-1|=2$$

における≦の等号が成り立つときであるから，

$$z^5=-1 \quad \cdots\cdots④$$

⬅$\overrightarrow{Oz^5}$ と $\overrightarrow{O(-1)}$ が同じ向きで，$|z^5|=|z|^5=1$ より，$z^5=-1$（精講 参照）

のときである。$|z|=1$ より，

$$z=\cos\theta+i\sin\theta \quad (0\leqq\theta<2\pi)$$

とおくと，④は

$$\cos 5\theta+i\sin 5\theta=\cos\pi+i\sin\pi$$

となるので，

$$5\theta=\pi+2k\pi \quad (k=0,\ 1,\ 2,\ 3,\ 4)$$

⬅$0\leqq 5\theta<10\pi$ であるから，$0\leqq\pi+2k\pi<10\pi$ より。

$$\therefore \quad \arg z=\theta=\frac{\pi}{5}+\frac{2k}{5}\pi$$

であるから，**P** は弧 $\boldsymbol{\overset{\frown}{A_0A_1}}$，$\boldsymbol{\overset{\frown}{A_1A_2}}$，$\boldsymbol{\overset{\frown}{A_2A_3}}$，$\boldsymbol{\overset{\frown}{A_3A_4}}$，$\boldsymbol{\overset{\frown}{A_4A_0}}$ のいずれかを **2** 等分する位置にある。

参考

③で，$z=\cos\theta+i\sin\theta$ $(0\leqq\theta<2\pi)$ とおくと

$$L=|(\cos\theta+i\sin\theta)^5-1|=|\cos 5\theta-1+i\sin 5\theta|$$
$$=\sqrt{(\cos 5\theta-1)^2+\sin^2 5\theta}=\sqrt{2(1-\cos 5\theta)}$$

となる。したがって，$\cos 5\theta=-1$ のとき L は最大値2をとることから，(2)，(3)を答えることもできる。

306 1のn乗根と因数定理

nを3以上の自然数とするとき，次を示せ。

ただし，$\alpha=\cos\dfrac{2\pi}{n}+i\sin\dfrac{2\pi}{n}$ とし，iを虚数単位とする。

(1) $\alpha^k+\overline{\alpha}^k=2\cos\dfrac{2k\pi}{n}$

ただし，kは自然数とし，$\overline{\alpha}$はαに共役な複素数とする。

(2) $n=(1-\alpha)(1-\alpha^2)\cdot\cdots\cdot(1-\alpha^{n-1})$

(3) $\dfrac{n}{2^{n-1}}=\sin\dfrac{\pi}{n}\sin\dfrac{2\pi}{n}\cdot\cdots\cdot\sin\dfrac{(n-1)\pi}{n}$ （北海道大）

精講 (2) 1のn乗根が1，α，α^2，…，α^{n-1}ですから，因数定理の応用を考えましょう。

(3) (2)で示した式の両辺の絶対値をとってみましょう。

解答 (1) ド・モアブルの定理より，

$$\alpha^k=\left(\cos\frac{2\pi}{n}+i\sin\frac{2\pi}{n}\right)^k$$

$$=\cos\frac{2k\pi}{n}+i\sin\frac{2k\pi}{n} \quad \cdots\cdots①$$

$$\therefore\ \overline{\alpha}^k=\overline{\alpha^k}=\cos\frac{2k\pi}{n}-i\sin\frac{2k\pi}{n}$$

⬅ $\overline{\alpha}\,\overline{\beta}=\overline{\alpha\beta}$ より，
$\overline{\alpha}^2=\overline{\alpha}\,\overline{\alpha}=\overline{\alpha^2}$
$\overline{\alpha}^3=\overline{\alpha}^2\overline{\alpha}=\overline{\alpha^2}\,\overline{\alpha}=\overline{\alpha^3}$
…
$\overline{\alpha}^k=\overline{\alpha^k}$

であるから，2式の辺々を加えると

$$\alpha^k+\overline{\alpha}^k=2\cos\frac{2k\pi}{n} \quad \cdots\cdots②$$

である。 （証明おわり）

(2) $k=0$，1，2，…，$n-1$ のとき，①より

$$(\alpha^k)^n=\left(\cos\frac{2k\pi}{n}+i\sin\frac{2k\pi}{n}\right)^n$$

$$=\cos 2k\pi+i\sin 2k\pi=1$$

⬅ $k=0$ のとき，$\alpha^k=1$

であるから，

$$1,\ \alpha,\ \alpha^2,\ \cdots,\ \alpha^{n-1} \quad \cdots\cdots③$$

はすべて，

$$z^n-1=0 \quad \cdots\cdots④$$

の解であり，③のn個の複素数の偏角

$$0,\ \frac{2\pi}{n},\ \frac{4\pi}{n},\ \cdots,\ \frac{2(n-1)\pi}{n}\ (<2\pi)$$

はすべて異なるから，③が④の n 個の解である。

したがって，因数定理より

$$z^n-1=(z-1)(z-\alpha)(z-\alpha^2)\cdot\cdots\cdot(z-\alpha^{n-1})$$

であり，両辺を $z-1$ で割ると

$$z^{n-1}+z^{n-2}+\cdots+z+1$$
$$=(z-\alpha)(z-\alpha^2)\cdot\cdots\cdot(z-\alpha^{n-1}) \qquad \cdots\cdots⑤$$

となる。⑤で $z=1$ とおくと

$$n=(1-\alpha)(1-\alpha^2)\cdot\cdots\cdot(1-\alpha^{n-1}) \qquad \cdots\cdots⑥$$

である。（証明おわり）

⬅ これより，1 の n 乗根は $\cos\frac{2k\pi}{n}+i\sin\frac{2k\pi}{n}$ $(k=0,\ 1,\ \cdots,\ n-1)$ であることがわかる。

⬅ $z^n-1=(z-1)(z^{n-1}+z^{n-2}+\cdots+z+1)$

(3) ①より，$|\alpha^k|=1$ であるから，②を用いると

$$|1-\alpha^k|^2=(1-\alpha^k)(1-\overline{\alpha^k})=2-(\alpha^k+\overline{\alpha}^k)$$
$$=2\left(1-\cos\frac{2k\pi}{n}\right)=4\sin^2\frac{k\pi}{n}$$

である。これより，$k=1,\ 2,\ \cdots,\ n-1$ に対して，

$$|1-\alpha^k|=2\sin\frac{k\pi}{n}$$

である。したがって，⑥の両辺の絶対値をとると，

$$n=|1-\alpha||1-\alpha^2|\cdot\cdots\cdot|1-\alpha^{n-1}|$$
$$=2\sin\frac{\pi}{n}\cdot 2\sin\frac{2\pi}{n}\cdot\cdots\cdot 2\sin\frac{(n-1)\pi}{n}$$

となるので

$$\frac{n}{2^{n-1}}=\sin\frac{\pi}{n}\sin\frac{2\pi}{n}\cdot\cdots\cdot\sin\frac{(n-1)}{n}\pi$$

である。（証明おわり）

⬅ α^k の絶対値は 1 である。

⬅ $\alpha^k\overline{\alpha^k}=|\alpha^k|^2=1$, $\overline{\alpha^k}=\overline{\alpha}^k$

⬅ $0<\frac{k\pi}{n}<\pi$ より $\sin\frac{k\pi}{n}>0$

⬅ $|(1-\alpha)(1-\alpha^2)\cdot\cdots\cdot(1-\alpha^{n-1})|$ $=|1-\alpha||1-\alpha^2|\cdot\cdots\cdot|1-\alpha^{n-1}|$

類題 8 → 解答 p.362

複素数 α を $\alpha=\cos\frac{2\pi}{7}+i\sin\frac{2\pi}{7}$ とおく。ただし，i は虚数単位を表す。

(1) $\alpha^6+\alpha^5+\alpha^4+\alpha^3+\alpha^2+\alpha$ の値を求めよ。

(2) $t=\alpha+\overline{\alpha}$ とおくとき，t^3+t^2-2t の値を求めよ。ただし，$\overline{\alpha}$ は α と共役な複素数を表す。

(3) $\frac{3}{5}<\cos\frac{2\pi}{7}<\frac{7}{10}$ を示せ。（九州大）

☆ ## 307 いくつかの条件から定まる複素数の集合

n を自然数とする。0 でない複素数からなる集合 M が次の条件(I), (II), (III)を満たしている。

(I) 集合 M は n 個の要素からなる。

(II) 集合 M の要素 z に対して, $\dfrac{1}{z}$ と $-z$ はともに集合 M の要素である。

(III) 集合 M の要素 z, w に対して, その積 zw は集合 M の要素である。ただし, $z=w$ の場合も含める。

(1) 1および -1 は集合 M の要素であることを示せ。

(2) n は偶数であることを示せ。

(3) $n=4$ のとき, 集合 M は一通りに定まることを示し, その要素をすべて求めよ。

(4) $n=6$ のとき, 集合 M は一通りに定まることを示し, その要素をすべて求めよ。

(名古屋大 2017)

精講 (3), (4)の結果の予想はできるかもしれませんが, 予想した集合に限ることを示すのがこれらの問いの狙いです。簡単ではありませんが,「いろいろと考えてみる」練習をしてみましょう。

解答 (1) M の要素 z をとると, (II)より, $\dfrac{1}{z}$ と $-z$ は M の要素であるから, (III)より, $z\cdot\dfrac{1}{z}=1$, $(-z)\cdot\dfrac{1}{z}=-1$ は M の要素である。(証明おわり)

(2) M の要素 z は 0 でないので, (II)より, $-z$ は z と異なる M の要素である。したがって, M の要素 z と $-z$ を組として, $\{z, -z\}$ とまとめると, M はこれらすべてをよせ集めたもの(和集合)として得られるので, M の要素の個数 n は偶数である。

(証明おわり)

⬅ $z\neq 0$ のとき, $z-(-z)=2z\neq 0$ より。

⬅ M の要素 z, w ($w\neq \pm z$) に対して, $\{z, -z\}\cap\{w, -w\}=\varnothing$ (空集合) が成り立つことに注意する。

(3) (1), (2)で示したことから,

$M=\{1, -1, z, -z\}$ ($z\neq\pm 1$ ……①)

とおける。(II)より，$\dfrac{1}{z}$ はMの要素であるが，①より，$\dfrac{1}{z}$ は1，−1，zとは異なるので，$\dfrac{1}{z}=-z$ である。したがって，$z=\pm i$ であり，

$$M=\{1,\ -1,\ i,\ -i\}$$

である。このMは(I)，(II)，(III)を満たす。

(4) (1)，(2)で示したことから，

$$M=\{1,\ -1,\ z,\ -z,\ w,\ -w\} \quad \cdots\cdots ②$$

$$(z \neq \pm 1,\ w \neq \pm 1,\ z \neq \pm w \quad \cdots\cdots ③)$$

とおける。(III)より，zw はMの要素であるが，③より，$\pm z$，$\pm w$ とは異なるので，

$$zw=\pm 1 \qquad \therefore \quad w=\pm\frac{1}{z}$$

であり，いずれであっても，②より，

$$M=\left\{1,\ -1,\ z,\ -z,\ \frac{1}{z},\ -\frac{1}{z}\right\} \quad \cdots\cdots ④$$

となる。

ここで，(III)より $z^2=z\cdot z$ はMの要素であるが，$z \neq \pm 1$ より z^2 は1，z，−zとは異なる。また，④において，$z \neq -\dfrac{1}{z}$ であるから，$z^2 \neq -1$ である。結果として，z^2 は $\dfrac{1}{z}$，$-\dfrac{1}{z}$ のいずれかであり，いずれであっても，$z^3=\pm 1$ より

$$z^6=1 \quad \cdots\cdots ⑤$$

が成り立つ。⑤より，④に現れるz以外の数も

$$1^6=(-1)^6=(-z)^6=\left(\frac{1}{z}\right)^6=\left(-\frac{1}{z}\right)^6=1$$

を満たすので，④に示されたMの要素はすべて1の6乗根である。したがって，

$$M=\left\{1,\ -1,\ \frac{1+\sqrt{3}i}{2},\ \frac{1-\sqrt{3}i}{2},\ \frac{-1+\sqrt{3}i}{2},\ \frac{-1-\sqrt{3}i}{2}\right\} \quad \cdots\cdots ⑥$$

に限られる。ここで，α，βが1の6乗根とすると，

⬅ $\dfrac{1}{z}=-z$ のとき，$z^2=-1$。

⬅ $\pm\dfrac{1}{i}=\mp i$（複号同順）
$i^2=-1$ などから，(II)，(III)は満たされる。

⬅ Mの要素なので，$z \neq 0$，$w \neq 0$。

⬅ $w \neq \pm 1$ より $zw \neq \pm z$，$z \neq \pm 1$ より $zw \neq \pm w$。

⬅ $w=\pm\dfrac{1}{z}$ は
$w=\dfrac{1}{z}$ または $-\dfrac{1}{z}$
を表す。

⬅ z，$-\dfrac{1}{z}$ はMの異なる要素である。

⬅ $z^2=\pm\dfrac{1}{z}$ のとき，$z^3=\pm 1$
したがって，
$(z^3)^2=(\pm 1)^2$ より $z^6=1$。

⬅ z^6-1
$=(z^3+1)(z^3-1)$
$=(z+1)(z^2-z+1)\times(z-1)(z^2+z+1)$
これより，1の6乗根は
± 1，$\dfrac{1\pm\sqrt{3}i}{2}$，$\dfrac{-1\pm\sqrt{3}i}{2}$
である。

第3章

$\dfrac{1}{\alpha}$, $-\alpha$, $\alpha\beta$ も 1 の 6 乗根であるから，⑥の M は条件(Ⅱ), (Ⅲ)を満たす。

別解 (2) z を M の要素とすると，(Ⅲ)より，z, z^2, z^3, … はすべて M の要素である。もし，$|z| \neq 1$ とすると，$|z|$, $|z^2|$, $|z^3|$, … はすべて異なり，z, z^2, z^3, … がすべて M の異なる要素となるので，(Ⅰ)と矛盾する。したがって，M の要素は

← $z \neq 0$ であるから，$|z| \neq 1$ のとき，$|z|$, $|z^2|=|z|^2$, $|z^3|=|z|^3$, … はすべて異なる。

$$|z|=1 \quad \cdots\cdots ⑦ \qquad \therefore \quad \frac{1}{z}=\bar{z} \quad \cdots\cdots ⑧$$

を満たし，(Ⅱ)と⑧より，$-z$, $\bar{z}$, $-\bar{z}$ も M の要素である。複素数平面で考えると，“M の要素 z は単位円 U 上にあり，原点，実軸，虚軸それぞれに関して z と対称な点 $-z$, $\bar{z}$, $-\bar{z}$ も M の要素である。” ……(＊)

← (Ⅱ)と⑧より，$\bar{z}=\dfrac{1}{z} \in M$ よって，(Ⅱ)より，$-\bar{z} \in M$。

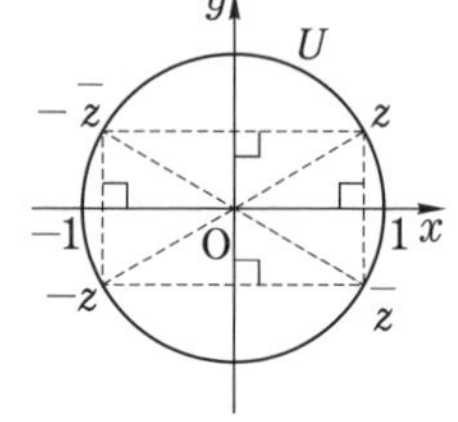

(1)より，1, -1 は M の要素であるが，(＊)より，i, $-i$ はともに M の要素であるか，ともに M の要素でないかのいずれかである。また，実軸上，虚軸上にない M の要素 z があれば，(＊)より，z, $-z$, $\bar{z}$, $-\bar{z}$ の 4 個がまとまって M に属することになる。以上より，n は偶数である。　(証明おわり)

← このとき，± 1, $\pm z$, $\pm \bar{z}$ は M の異なる 6 つの要素となる。

(3) (2)で示したことから，

$$M=\{1,\ -1,\ i,\ -i\}$$

と一通りに定まる。このとき，(Ⅱ), (Ⅲ)は満たされている。

← $\pm\dfrac{1}{i}=\mp i$ (複号同順), $i \cdot i=-1$ などから確かめられる。

(4) (2)より，実軸上，虚軸上にない M の要素 z があり，

$$M=\{1,\ -1,\ z,\ -z,\ \bar{z},\ -\bar{z}\} \quad \cdots\cdots ⑨$$

と表される。

← z, $-z$, $\bar{z}$, $-\bar{z}$ は各象限に 1 個ずつ含まれることになる。

M の第 1 象限にある要素を z とすると，⑦より

$$z=\cos\theta+i\sin\theta, \quad 0<\theta<\frac{\pi}{2} \quad \cdots\cdots ⑩$$

と表される。(Ⅲ)より z^2 は M の要素であり，⑩より

$$0<\arg z^2=2\theta<\pi$$

← ド・モアブルの定理より，$z^2=\cos 2\theta+i\sin 2\theta$

であるから，z^2 は第 2 象限にある M の要素である。

よって，右図より，$z^2=-\bar{z}$，すなわち，

$$\cos 2\theta+i\sin 2\theta=\cos(\pi-\theta)+i\sin(\pi-\theta) \quad \cdots\cdots⑪$$

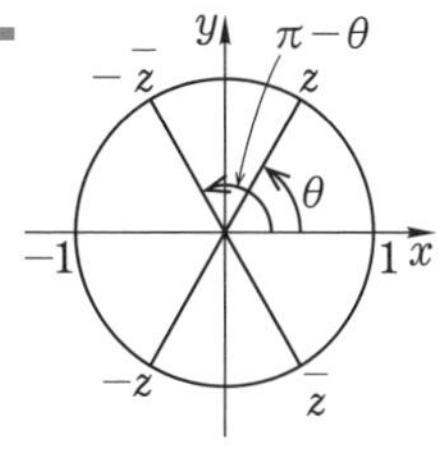

が成り立つ。⑩のもとで，⑪が成り立つのは

$$2\theta=\pi-\theta \qquad \therefore \quad \theta=\frac{\pi}{3} \quad \cdots\cdots⑫$$

のときに限る。⑫のとき，$-\bar{z}$，$-z$，$\bar{z}$ の偏角は順に

$$\pi-\theta=\frac{2}{3}\pi,\ \pi+\theta=\frac{4}{3}\pi,\ 2\pi-\theta=\frac{5}{3}\pi$$

← $-\bar{z}=\cos\frac{2}{3}\pi+i\sin\frac{2}{3}\pi$
$-z=\cos\frac{4}{3}\pi+i\sin\frac{4}{3}\pi$
$\bar{z}=\cos\frac{5}{3}\pi+i\sin\frac{5}{3}\pi$

であり，1，-1 の偏角がそれぞれ 0，π であることから，⑨に戻ると，

$$M=\left\{\cos\frac{k}{3}\pi+i\sin\frac{k}{3}\pi \,\middle|\, k=0,\ 1,\ 2,\ 3,\ 4,\ 5\right\}$$

← 要素を数値で表すと⑥となる。

である。

このとき，M は 1 の 6 乗根全体の集合と一致しているから，(Ⅱ)，(Ⅲ)は成り立っている。

← $\left(\cos\frac{k}{3}\pi+i\sin\frac{k}{3}\pi\right)^6=\cos 2k\pi+i\sin 2k\pi=1$

参考

高校数学ではあまり出会うことのない次のような考え方によって，(1)〜(4)をまとめて処理することもできる。

(Ⅰ)より，$M=\{z_1,\ z_2,\ \cdots,\ z_n\}$ とおける。M の 1 つの要素 α をとると，(Ⅲ)より，αz_1，αz_2，$\cdots$，αz_n は M の要素であり，$\alpha\neq 0$ であるから，これらは互いに異なる。したがって，

$$M=\{z_1,\ z_2,\ \cdots,\ z_n\}=\{\alpha z_1,\ \alpha z_2,\ \cdots,\ \alpha z_n\}$$

が成り立つ。それぞれの集合に含まれる n 個の要素の積を考えると，

$$z_1\cdot z_2\cdot\cdots\cdot z_n=\alpha z_1\cdot\alpha z_2\cdot\cdots\cdot\alpha z_n \qquad \therefore \quad (\alpha^n-1)z_1\cdot z_2\cdot\cdots\cdot z_n=0$$

であり，$z_1\cdot z_2\cdot\cdots\cdot z_n\neq 0$ であるから，$\alpha^n=1$ である。これより，“M のいずれの要素も 1 の n 乗根である。” ……(＊＊)

1 の n 乗根はちょうど n 個であることと合わせると，(Ⅰ)と (＊＊) より，“M は 1 の n 乗根全体の集合である。” ……(☆)　これより，(3)，(4)は解決したことになる。

また，1 は 1 の n 乗根であるから，(☆) より，1 は M の要素である。したがって，(Ⅱ)より -1 も M の要素である。すなわち，-1 は 1 の n 乗根であり，$(-1)^n=1$ であるから，n は偶数である。これで，(1)，(2)も示された。

308 実数係数の n 次方程式の虚数解

実数を係数とする3次方程式 $x^3+px^2+qx+r=0$ は，相異なる虚数解 α, β と実数解 γ をもつとする。

(1) $\beta=\overline{\alpha}$ が成り立つことを証明せよ。ここで，$\overline{\alpha}$ は α と共役な複素数を表す。

(2) α, β, γ が等式 $\alpha\beta+\beta\gamma+\gamma\alpha=3$ を満たし，さらに複素数平面上で α, β, γ を表す3点は1辺の長さが $\sqrt{3}$ の正三角形をなすものとする。このとき，実数の組 $(p,\ q,\ r)$ をすべて求めよ。　　（名古屋大 2000）

精講　(1) 次のよく知られた事実を証明するために，共役な複素数の性質（301 精講 参照）と実数 a に対しては $\overline{a}=a$ であることを利用することになります。

> $f(x)$ を実数係数の n 次式 $(n\geqq2)$ とするとき，n 次方程式
> $f(x)=0$ ……(＊) が虚数解 α をもつならば，$\overline{\alpha}$ も(＊)の解である。

解答　(1) 虚数 α が3次方程式

$$x^3+px^2+qx+r=0 \quad \cdots\cdots①$$

$(p,\ q,\ r$ は実数$)$ の解であるから，

$$\alpha^3+p\alpha^2+q\alpha+r=0$$

である。両辺の共役な複素数をとると

$$\overline{\alpha^3+p\alpha^2+q\alpha+r}=\overline{0}$$

$$\therefore\quad \overline{\alpha}^3+p\overline{\alpha}^2+q\overline{\alpha}+r=0$$

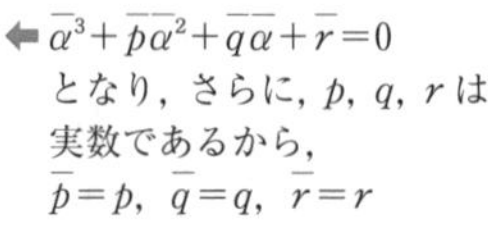

⬅ $\overline{\alpha}^3+\overline{p}\,\overline{\alpha}^2+\overline{q}\,\overline{\alpha}+\overline{r}=0$
となり，さらに，p, q, r は
実数であるから，
$\overline{p}=p$, $\overline{q}=q$, $\overline{r}=r$

となるから，$\overline{\alpha}$ は①の解である。α は虚数であり，$\overline{\alpha}\neq\alpha$ であるから，$\overline{\alpha}$ は①の α 以外の虚数解である。すなわち，$\beta=\overline{\alpha}$ である。　　（証明おわり）

(2) α, β は共役な複素数であるから，3点 α, β, γ が1辺の長さが $\sqrt{3}$ の正三角形をなすとき，α, β の虚部は $\pm\dfrac{\sqrt{3}}{2}$ であり，これらの実部を t とすると，α, β は $t\pm\dfrac{\sqrt{3}}{2}i$ と表される。また，正三角形の高さは $\sqrt{3}\cdot\dfrac{\sqrt{3}}{2}=\dfrac{3}{2}$ であるから，右図より，

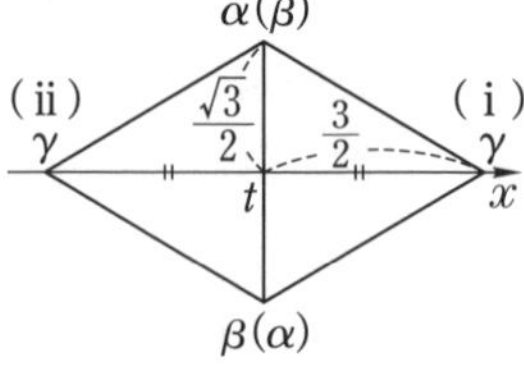

(i)　$\gamma=t+\dfrac{3}{2}$　　　(ii)　$\gamma=t-\dfrac{3}{2}$

のいずれかが成り立つ。ここで，

$$\alpha\beta+\beta\gamma+\gamma\alpha=3$$

$$\therefore\quad \alpha\beta+\gamma(\alpha+\beta)=3$$

において，

$$\alpha\beta=\left(t+\frac{\sqrt{3}}{2}i\right)\left(t-\frac{\sqrt{3}}{2}i\right)=t^2+\frac{3}{4}$$

$$\alpha+\beta=2t$$

⬅ $(\alpha,\ \beta)=\left(t\pm\frac{\sqrt{3}}{2}i,\ t\mp\frac{\sqrt{3}}{2}i\right)$（複号同順）

を代入すると，

$$t^2+\frac{3}{4}+2t\gamma=3 \qquad \cdots\cdots②$$

となる。

(i)のとき，②より

$$t^2+\frac{3}{4}+2t\left(t+\frac{3}{2}\right)=3$$

$$\therefore\quad (2t-1)(2t+3)=0 \qquad \therefore\quad t=\frac{1}{2},\ -\frac{3}{2}$$

であり，3 次方程式①の解と係数の関係より

$$p=-\left(3t+\frac{3}{2}\right),\ q=3,\ r=-\left(t^2+\frac{3}{4}\right)\left(t+\frac{3}{2}\right)$$

⬅ $p=-(\alpha+\beta+\gamma)=-\left(2t+t+\frac{3}{2}\right)$
$q=\alpha\beta+\beta\gamma+\gamma\alpha=3$
$r=-\alpha\beta\gamma=-\left(t^2+\frac{3}{4}\right)\left(t+\frac{3}{2}\right)$

であるから，

$$\boldsymbol{(p,\ q,\ r)=(-3,\ 3,\ -2),\ (3,\ 3,\ 0)} \quad \cdots③$$

である。

(ii)のとき，②より

$$t^2+\frac{3}{4}+2t\left(t-\frac{3}{2}\right)=3$$

$$\therefore\quad (2t+1)(2t-3)=0 \qquad \therefore\quad t=-\frac{1}{2},\ \frac{3}{2}$$

であり，3 次方程式①の解と係数の関係より

$$p=-\left(3t-\frac{3}{2}\right),\ q=3,\ r=-\left(t^2+\frac{3}{4}\right)\left(t-\frac{3}{2}\right)$$

であるから，

$$\boldsymbol{(p,\ q,\ r)=(3,\ 3,\ 2),\ (-3,\ 3,\ 0)} \quad \cdots\cdots④$$

である。

以上より，$(p,\ q,\ r)$ の組は③，④の 4 組である。

第3章

309 複素数平面における平行・垂直の条件

(I) (1) 複素数平面上の 3 点 α, β, γ が同一直線上にあるための必要十分条件は $\dfrac{\gamma-\alpha}{\beta-\alpha}$ が実数であることを示せ。

(2) 3 個の複素数 -1, iz, z^2 が同一直線上にあるための条件を求めよ。

(II) (1) α, β, γ, δ を互いに異なる複素数とし，複素数平面上でこれらに対応する点をそれぞれ A, B, C, D とする。このとき AB と CD が垂直となるための必要十分条件は，$\dfrac{\delta-\gamma}{\beta-\alpha}$ が純虚数となることである。これを示せ。

(2) O を複素数平面上の原点とする。3 点 O, A, B が三角形をなすとき，△OAB の頂点 A, B よりその対辺 OB および OA に下ろしてできる 2 つの垂線の交点を P とする。このとき，OP と AB が垂直であることを，(1) を使って示せ。ただし，△OAB は直角三角形ではないとする。

精講 次の偏角に関する公式を利用して，複素数平面の角について整理しておきます。

$$\arg z_1z_2=\arg z_1+\arg z_2,\ \arg\frac{z_1}{z_2}=\arg z_1-\arg z_2$$

α, β を 0 以外の複素数とするとき，$\overrightarrow{\mathrm{O}\alpha}$ から $\overrightarrow{\mathrm{O}\beta}$ までの角を $\angle\alpha\mathrm{O}\beta$ と表すと，

$$\angle\alpha\mathrm{O}\beta=\arg\beta-\arg\alpha=\arg\frac{\beta}{\alpha}$$

です。

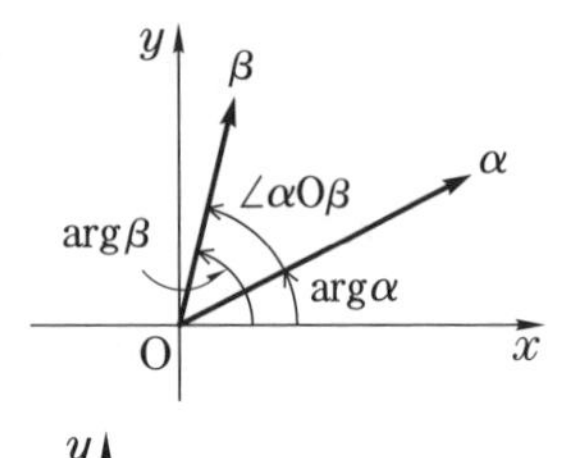

また，α, β, γ を異なる複素数とするとき，$\overrightarrow{\alpha\beta}$ (α から β に向かうベクトルを表す) から $\overrightarrow{\alpha\gamma}$ までの角 $\angle\beta\alpha\gamma$ は $\overrightarrow{\mathrm{O}(\beta-\alpha)}$ から $\overrightarrow{\mathrm{O}(\gamma-\alpha)}$ までの角に等しいので，

$$\angle\beta\alpha\gamma=\arg\frac{\gamma-\alpha}{\beta-\alpha}$$

です。このような角の決め方によると，

$$\angle\gamma\alpha\beta=-\angle\beta\alpha\gamma$$

となることに注意しましょう。

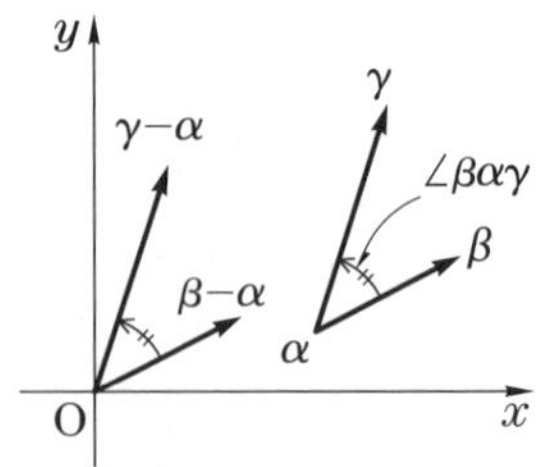

以上のことから，複素数平面において 3 点が同一直線上にある条件，2 つの線分が平行・垂直である条件は次の通りです。

$A(\alpha)$，$B(\beta)$，$C(\gamma)$ を異なる 3 点とするとき

(i) A，B，C が同一直線上にある

$\iff \arg\dfrac{\gamma-\alpha}{\beta-\alpha}=0$ または π

$\iff \dfrac{\gamma-\alpha}{\beta-\alpha}$ が実数である

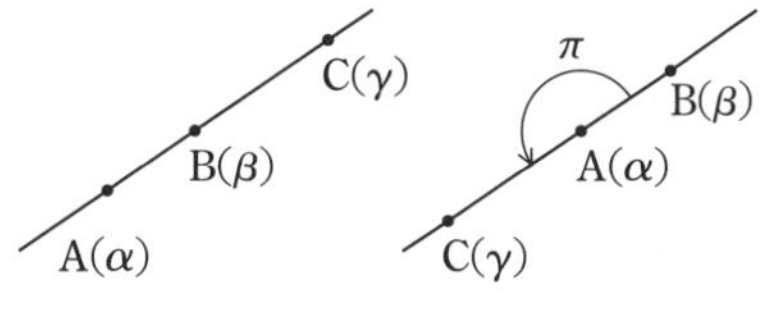

(ii) AB，AC が垂直に交わる

$\iff \arg\dfrac{\gamma-\alpha}{\beta-\alpha}=\dfrac{\pi}{2}$ または $-\dfrac{\pi}{2}$

$\iff \dfrac{\gamma-\alpha}{\beta-\alpha}$ が純虚数である

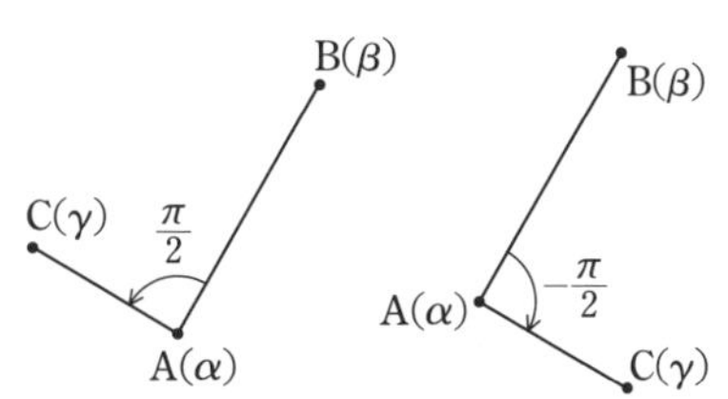

$A(\alpha)$，$B(\beta)$，$C(\gamma)$，$D(\delta)$ を異なる 4 点とするとき

(iii) AB と CD が平行である $\iff \dfrac{\delta-\gamma}{\beta-\alpha}$ が実数である

(iv) AB と CD が垂直である $\iff \dfrac{\delta-\gamma}{\beta-\alpha}$ が純虚数である

(I) (1) 3 点 α，β，γ が異なる場合を考えることにする。

⬅ 3 点のうちの 2 点が一致すれば，3 点は同一直線上にあるので。

3 点 α，β，γ が同一直線上にある

$\iff \angle\beta\alpha\gamma=0$ または π

$\iff \arg\dfrac{\gamma-\alpha}{\beta-\alpha}=0$ または π

$\iff \dfrac{\gamma-\alpha}{\beta-\alpha}$ が実数である　　　　(証明おわり)

(2) -1，iz，z^2 のうちの 2 つが等しいとき

$-1=iz$ または $-1=z^2$ または $iz=z^2$

より

$z=\pm i$，0　　　　……①

である。

以下，$z\neq\pm i$，0 の場合を調べる。

-1，iz，z^2 が同一直線上にある条件は，(1)より

$$\frac{z^2-iz}{-1-iz}=\frac{z(z-i)}{-i(z-i)}=iz$$

が実数であること，つまり，z が純虚数であることである。

⬅ $\frac{z^2-(-1)}{iz-(-1)}=\frac{(z+i)(z-i)}{i(z-i)}$
$=-iz+1$
を考えても同じである。

したがって，①と合わせると求める条件は，z が純虚数または **0** であることである。

⬅"z は i の実数倍である" としてもよい。

(II) (1) $\beta-\alpha$，$\delta-\gamma$ に対応する点を E，F とする。

⬅ 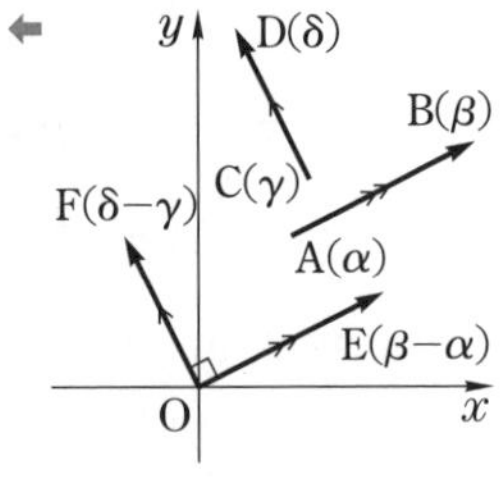

AB と CD が垂直である

$\Longleftrightarrow$ OE と OF が垂直である

$\Longleftrightarrow \arg\frac{\delta-\gamma}{\beta-\alpha}=\frac{\pi}{2}$ または $-\frac{\pi}{2}$

$\Longleftrightarrow \frac{\delta-\gamma}{\beta-\alpha}$ が純虚数である　　　(証明おわり)

(2) A, B, P を表す複素数をそれぞれ α, β, p とおく。△OAB が直角三角形でないから，

$p\neq 0$，α，β

である。

⬅P は △OAB の垂心であり，∠O，∠A，∠B が直角のときには，それぞれ P=O，A，B となる。

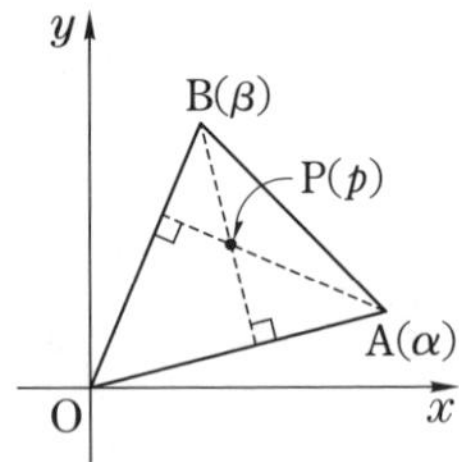

AP⊥OB，BP⊥OA であるから，(1)より

$\frac{p-\alpha}{\beta}$，$\frac{p-\beta}{\alpha}$ は純虚数であり，

$$\frac{p-\alpha}{\beta}+\overline{\left(\frac{p-\alpha}{\beta}\right)}=0,\quad \frac{p-\beta}{\alpha}+\overline{\left(\frac{p-\beta}{\alpha}\right)}=0$$

$$\therefore\ \begin{cases}\overline{\beta}(p-\alpha)+\beta(\overline{p}-\overline{\alpha})=0\\ \overline{\alpha}(p-\beta)+\alpha(\overline{p}-\overline{\beta})=0\end{cases}$$

が成り立つ。これら 2 式の差をとると，

⬅示すべきことは OP⊥AB，すなわち，$\frac{\beta-\alpha}{p}$ が純虚数であること。

$$(\overline{\beta}-\overline{\alpha})p+(\beta-\alpha)\overline{p}=0$$

$$\therefore\ \frac{\overline{\beta}-\overline{\alpha}}{\overline{p}}+\frac{\beta-\alpha}{p}=0$$

$$\therefore\ \frac{\beta-\alpha}{p}+\overline{\left(\frac{\beta-\alpha}{p}\right)}=0$$

となるので，$\frac{\beta-\alpha}{p}$ は純虚数である。したがって，OP⊥AB である。　　　(証明おわり)

310 点の回転移動

図のように，複素数平面上に四角形 ABCD があり，4 点 A, B, C, D を表す複素数をそれぞれ z_1, z_2, z_3, z_4 とする。各辺を 1 辺とする 4 つの正方形 BAPQ, CBRS, DCTU, ADVW を四角形 ABCD の外側に作り，正方形 BAPQ, CBRS, DCTU, ADVW の中心をそれぞれ K, L, M, N とおく。

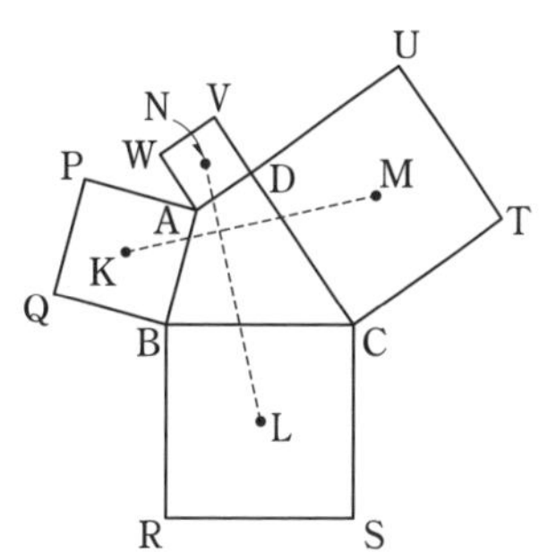

(1) 点Kを表す複素数 w_1 を z_1 と z_2 で表せ。

(2) KM＝LN, KM⊥LN を証明せよ。

(3) 線分 KM と線分 LN の中点が一致するのは四角形 ABCD がどのような図形のときか。（信州大）

精講 複素数平面における点の回転について，基本事項を確認しておきましょう。

1° 原点Oを中心として点 z を角 θ だけ回転した点が w であるとき

$$w=z(\cos\theta+i\sin\theta)$$

2° 点 α を中心として点 z を角 θ だけ回転した点が w であるとき

$$w-\alpha=(z-\alpha)(\cos\theta+i\sin\theta)$$

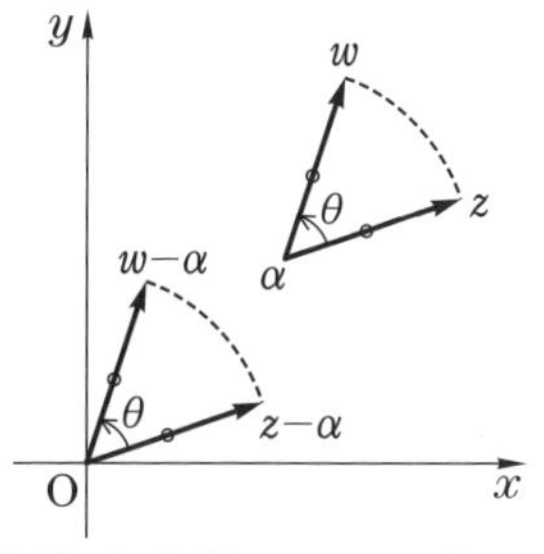

2° では，原点Oを中心として点 $z-\alpha$ を角 θ だけ回転した点が $w-\alpha$ であると考えると，**1°** に帰着します。

解答 (1) B(z_2) を中心に A(z_1) を $\dfrac{\pi}{2}$ だけ回転した点が Q(q) であるから，

⇐ 参考 参照。

$$q-z_2=(z_1-z_2)\left(\cos\frac{\pi}{2}+i\sin\frac{\pi}{2}\right)$$

$$\therefore\quad q=i(z_1-z_2)+z_2$$

であり，K(w_1) は AQ の中点であるから，

$$w_1=\frac{z_1+q}{2}=\frac{\mathbf{1+i}}{\mathbf{2}}\boldsymbol{z_1}+\frac{\mathbf{1-i}}{\mathbf{2}}\boldsymbol{z_2} \qquad \cdots\cdots①$$

である。

(2)　L(w_2), M(w_3), N(w_4) とおくとき，(1)と同様に

$$w_2=\frac{1+i}{2}z_2+\frac{1-i}{2}z_3,\ w_3=\frac{1+i}{2}z_3+\frac{1-i}{2}z_4,$$

$$w_4=\frac{1+i}{2}z_4+\frac{1-i}{2}z_1 \qquad \cdots\cdots②$$

⬅ w_2 は①の右辺で z_1, z_2 の代わりに z_2, z_3 としたものである。w_3, w_4 についても同様に考える。

である。$\overrightarrow{\mathrm{KM}}$, $\overrightarrow{\mathrm{LN}}$ に対応する複素数 α, β をとると

$$\alpha=w_3-w_1$$

$$=-\frac{1+i}{2}z_1-\frac{1-i}{2}z_2+\frac{1+i}{2}z_3+\frac{1-i}{2}z_4$$

⬅ 示すべきことは $\beta=\alpha i$ であると考えて，α, β を表す2式の右辺の関係を調べる。

$$\beta=w_4-w_2$$

$$=\frac{1-i}{2}z_1-\frac{1+i}{2}z_2-\frac{1-i}{2}z_3+\frac{1+i}{2}z_4$$

であるから，

$$\beta=\alpha i \qquad \cdots\cdots③$$

が成り立つ。③は $\overrightarrow{\mathrm{KM}}$ を $\frac{\pi}{2}$ だけ回転したものが

$\overrightarrow{\mathrm{LN}}$ であることを示すから，

KM＝LN，KM⊥LN

である。　　　　　　　　　　　(証明おわり)

(3)　KM と LN の中点が一致するのは

$$\frac{w_1+w_3}{2}=\frac{w_2+w_4}{2} \qquad \therefore\quad w_1+w_3-w_2-w_4=0$$

のときである。①，②を代入して整理すると

$$i(z_1+z_3-z_2-z_4)=0 \qquad \therefore\quad \frac{z_1+z_3}{2}=\frac{z_2+z_4}{2}$$

⬅ 対角線 AC，BD の中点が一致する。

となるので，**四角形 ABCD が平行四辺形のときである。**

参考

(1)において，B(z_2) を中心として A(z_1) を $\frac{\pi}{4}$ だけ回転し，さらに $\frac{1}{\sqrt{2}}$ 倍した点が K(w_1) であると考えて，

$$w_1-z_2=\frac{1}{\sqrt{2}}(z_1-z_2)\left(\cos\frac{\pi}{4}+i\sin\frac{\pi}{4}\right)=\frac{1+i}{2}(z_1-z_2)$$

から，①を導くこともできる。

311 複素数平面上の正三角形

複素数平面上で，複素数 α，β，γ を表す点をそれぞれ A，B，C とする。

(1) A，B，C が正三角形の 3 頂点であるとき，

$\alpha^2+\beta^2+\gamma^2-\alpha\beta-\beta\gamma-\gamma\alpha=0$ ……(∗) が成立することを示せ。

(2) 逆に，この関係式 (∗) が成立するとき，A=B=C となるか，または，A，B，C が正三角形の 3 頂点となることを示せ。 （金沢大）

精講 (1) △ABC が正三角形であることから (∗) を導くためには，正三角形のどのような条件を使えばよいかと考えます。

CA=CB，$\angle \mathrm{ACB}=\dfrac{\pi}{3}$ と考えると **310** 精講 の点の回転を利用できます。

また，△ABC が正三角形であることと，△ABC と △BCA が相似である (このとき，3 つの内角は等しい) ことは同値です。これを用いて示すこともできます。

解答 (1) △ABC が正三角形であるとき，

“C(γ) を中心として，A(α) を $\dfrac{\pi}{3}$ または $-\dfrac{\pi}{3}$ だけ回転した点が B(β) である”

……(☆) から，

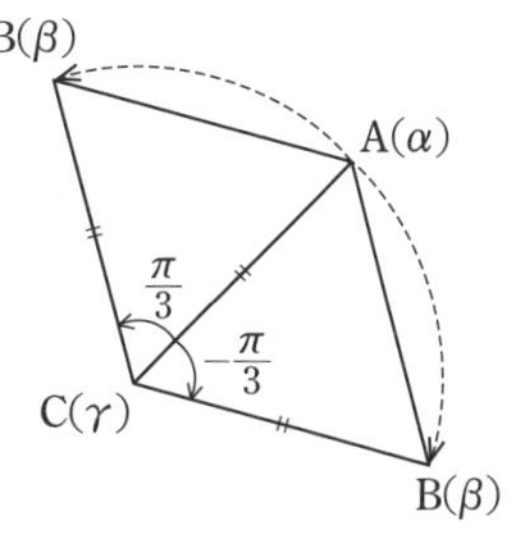

$$\beta-\gamma=(\alpha-\gamma)\left\{\cos\left(\pm\frac{\pi}{3}\right)+i\sin\left(\pm\frac{\pi}{3}\right)\right\}$$

(複号同順) ……①

$$\therefore\quad \beta-\gamma=(\alpha-\gamma)\left(\frac{1}{2}\pm\frac{\sqrt{3}}{2}i\right)$$

$$\therefore\quad 2\beta-\alpha-\gamma=\pm\sqrt{3}\,i(\alpha-\gamma) \qquad \cdots\cdots②$$

である。②の両辺を 2 乗すると

$$(2\beta-\alpha-\gamma)^2=-3(\alpha-\gamma)^2 \qquad \cdots\cdots③$$

であり，これを整理すると

$$\alpha^2+\beta^2+\gamma^2-\alpha\beta-\beta\gamma-\gamma\alpha=0 \qquad \cdots\cdots(*)$$

が成り立つ。 （証明おわり）

(1) **別解** △ABC が正三角形のとき，△ABC と △BCA は相似であるから，

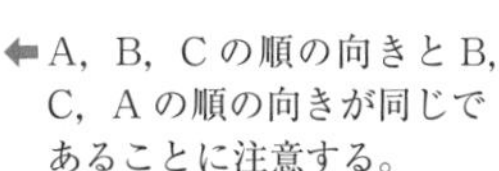
⇐ A，B，C の順の向きと B，C，A の順の向きが同じであることに注意する。

$$\frac{\mathrm{BC}}{\mathrm{AB}}=\frac{\mathrm{CA}}{\mathrm{BC}} \quad \text{かつ} \quad \angle\mathrm{ABC}=\angle\mathrm{BCA} \quad \cdots\cdots④$$

である。ここで，$\angle\alpha\beta\gamma$ と $\angle\beta\gamma\alpha$ の符号が等しいことに注意すると，④は

$$\frac{|\beta-\gamma|}{|\alpha-\beta|}=\frac{|\gamma-\alpha|}{|\beta-\gamma|} \quad \text{かつ} \quad \angle\alpha\beta\gamma=\angle\beta\gamma\alpha$$

$$\therefore \quad \left|\frac{\gamma-\beta}{\alpha-\beta}\right|=\left|\frac{\alpha-\gamma}{\beta-\gamma}\right| \quad \text{かつ} \quad \arg\frac{\gamma-\beta}{\alpha-\beta}=\arg\frac{\alpha-\gamma}{\beta-\gamma} \quad \cdots\cdots⑤$$

と同値である。⑤より，

$$\frac{\gamma-\beta}{\alpha-\beta}=\frac{\alpha-\gamma}{\beta-\gamma} \quad \cdots\cdots⑥$$

であり，⑥の分母を払って整理すると

$$(\gamma-\beta)(\beta-\gamma)=(\alpha-\gamma)(\alpha-\beta)$$

$$\therefore \quad \alpha^2+\beta^2+\gamma^2-\alpha\beta-\beta\gamma-\gamma\alpha=0 \quad \cdots\cdots(*)$$

である。　(証明おわり)

⇐ γ, β, α / β, γ, α（図）

⇐ 複素数 z，w において，
$|z|=|w|$　かつ
$\arg z=\arg w$
$\iff z=w$

(2)　(∗)のもとで，α，β，γ のいずれか2つが等しいとき，たとえば，$\alpha=\beta$ とすると，

$$\alpha^2+\alpha^2+\gamma^2-\alpha\alpha-\alpha\gamma-\gamma\alpha=0$$

$$\therefore \quad (\alpha-\gamma)^2=0 \qquad \therefore \quad \alpha=\gamma$$

となるので，$\alpha=\beta=\gamma$　……⑦　となる。

⇐ $\beta=\gamma$ のときにも，$\gamma=\alpha$ のときにも同様に⑦が成り立つ。

したがって，以下では，⑦以外のとき，つまり，α，β，γ が互いに異なるときを考える。

(∗)が成り立つとき，**解答**(1)において(∗)から逆に③，②，①が順に導かれるので，(☆)が成り立つ。すなわち，△ABC は正三角形である。

⇐ (1)**別解**においても，(∗)から逆に，⑥，⑤，④が順に導かれる。

以上をまとめると，(∗)が成り立つとき，A＝B＝C であるか，△ABC は正三角形である。

(証明おわり)

参考

複素数平面上の正三角形についてまとめておく。

> O(0)，A(α)，B(β)，C(γ) が互いに異なるとき
> △OAB が正三角形である $\iff \alpha^2-\alpha\beta+\beta^2=0$
> △ABC が正三角形である $\iff \alpha^2+\beta^2+\gamma^2-\alpha\beta-\beta\gamma-\gamma\alpha=0$

312 四角形が円に内接する条件

恒等式 $(\beta-\alpha)(\delta-\gamma)+(\delta-\alpha)(\gamma-\beta)=(\gamma-\alpha)(\delta-\beta)$ を用いて，次の問いに答えよ。

(1) 四角形 ABCD において，次の不等式が成り立つことを証明せよ。

$$AB\cdot CD+AD\cdot BC \geqq AC\cdot BD$$

☆(2) (1)において等号が成立するための必要十分条件は，四角形 ABCD が円に内接することであることを証明せよ。

精講 (1) 与えられた恒等式と 305 精講 で学習した絶対値に関する不等式 $|\alpha+\beta|\leqq|\alpha|+|\beta|$ ……(＊) を用いて証明します。

(2) (＊)の等号が成立するための条件は何かを思い出して，四角形が円に内接するための条件と結び合わせると解決できるはずです。

解答 (1) 複素数平面上で A，B，C，D を表す複素数を α，β，γ，δ とする。恒等式

$$(\gamma-\alpha)(\delta-\beta)=(\beta-\alpha)(\delta-\gamma)+(\delta-\alpha)(\gamma-\beta)$$

の両辺の絶対値をとると

$$|(\gamma-\alpha)(\delta-\beta)|$$
$$=|(\beta-\alpha)(\delta-\gamma)+(\delta-\alpha)(\gamma-\beta)|$$
$$\leqq|(\beta-\alpha)(\delta-\gamma)|+|(\delta-\alpha)(\gamma-\beta)| \quad \cdots\cdots①$$

← 一般に，$|z_1+z_2|\leqq|z_1|+|z_2|$

となる。ここで，

$$|(\gamma-\alpha)(\delta-\beta)|=|\gamma-\alpha||\delta-\beta|=AC\cdot BD$$

← $|z_1z_2|=|z_1||z_2|$

などが成り立つので，①より

$$AC\cdot BD\leqq AB\cdot CD+AD\cdot BC \quad \cdots\cdots②$$

である。　(証明おわり)

(2) ②の等号，すなわち，①の等号が成り立つ条件は

← (2)で示される命題をトレミーの定理という。

$$(\delta-\alpha)(\gamma-\beta)=t(\beta-\alpha)(\delta-\gamma) \quad \cdots\cdots③$$

となる正の数 t が存在する ……(◇)　ことである。

← 305 精講 参照。

③は $\dfrac{\delta-\alpha}{\beta-\alpha}\cdot\dfrac{\beta-\gamma}{\delta-\gamma}=-t=$(負の実数) と表されるので，両辺の偏角に着目すると，(◇)は

$$\arg\frac{\delta-\alpha}{\beta-\alpha}+\arg\frac{\beta-\gamma}{\delta-\gamma}=\pi \text{ または } -\pi$$

← $\arg\left(\dfrac{\delta-\alpha}{\beta-\alpha}\cdot\dfrac{\beta-\gamma}{\delta-\gamma}\right)$ $=\pi$ または $-\pi$

$\therefore\quad \angle\beta\alpha\delta+\angle\delta\gamma\beta=\pi$ または $-\pi$ ……④

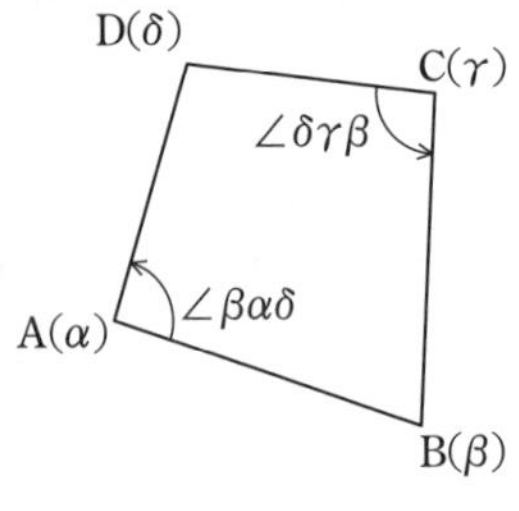

と同値である。ここで，四角形 ABCD において，$\angle\beta\alpha\delta$，$\angle\delta\gamma\beta$ の向き（符号）は一致するから，④は

$\angle\mathrm{BAD}+\angle\mathrm{DCB}=\pi$ ……⑤

（$\angle\mathrm{BAD}$，$\angle\mathrm{DCB}$ は向きのない角）となる。

以上より，②の等号が成り立つための必要十分条件は⑤が成り立つこと，すなわち，四角形 ABCD が円に内接することである。（証明おわり）

参考

“複素数平面上の異なる 4 点 A(α)，B(β)，C(γ)，D(δ) を頂点とする四角形が円に内接する”……(☆) 条件をまとめておこう。

まず，(☆) が成り立つとして，次の(i)，(ii)に分けて調べる。

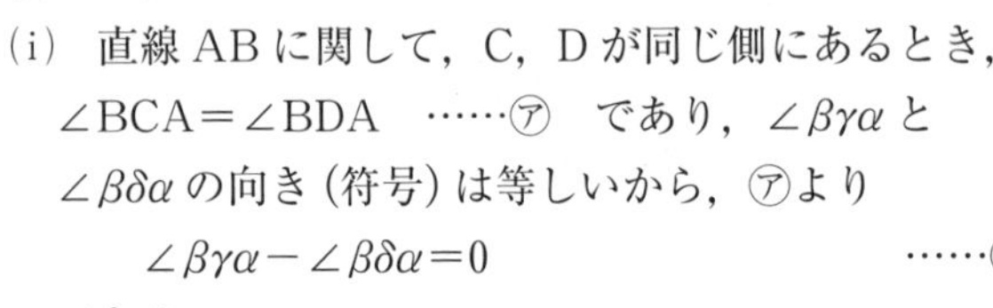

(i) 直線 AB に関して，C，D が同じ側にあるとき，
$\angle\mathrm{BCA}=\angle\mathrm{BDA}$ ……㋐ であり，$\angle\beta\gamma\alpha$ と $\angle\beta\delta\alpha$ の向き（符号）は等しいから，㋐より

$\angle\beta\gamma\alpha-\angle\beta\delta\alpha=0$ ……㋑

である。

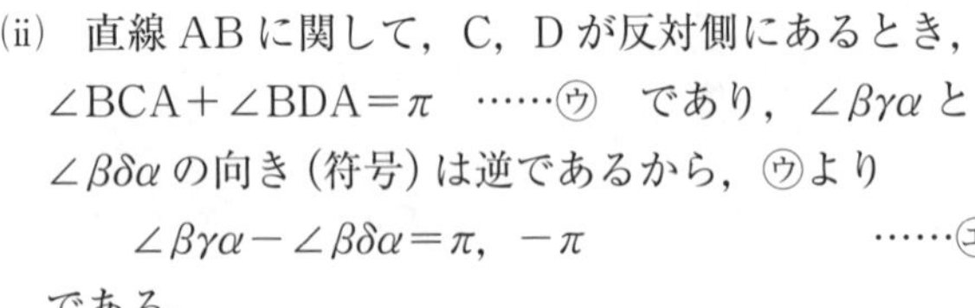

(ii) 直線 AB に関して，C，D が反対側にあるとき，
$\angle\mathrm{BCA}+\angle\mathrm{BDA}=\pi$ ……㋒ であり，$\angle\beta\gamma\alpha$ と $\angle\beta\delta\alpha$ の向き（符号）は逆であるから，㋒より

$\angle\beta\gamma\alpha-\angle\beta\delta\alpha=\pi,\ -\pi$ ……㋓

である。

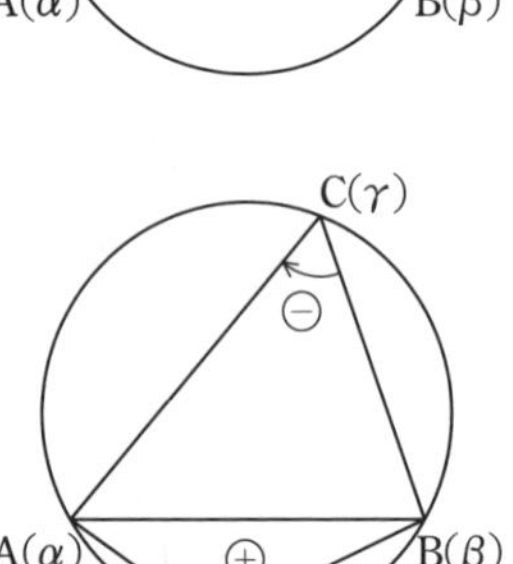

㋑，㋓をまとめると

$$\arg\frac{\alpha-\gamma}{\beta-\gamma}-\arg\frac{\alpha-\delta}{\beta-\delta}=0,\ \pi,\ -\pi$$

$$\therefore\quad \arg\left(\frac{\alpha-\gamma}{\beta-\gamma}\cdot\frac{\beta-\delta}{\alpha-\delta}\right)=0,\ \pi,\ -\pi$$

となるので，“$\dfrac{\alpha-\gamma}{\beta-\gamma}\cdot\dfrac{\beta-\delta}{\alpha-\delta}$ が実数である”……(★)

逆に，四角形ができているとき，(★) のもとでは，㋑または㋓が成り立つので，(☆)が成り立つ。

☆ **313** **直線に下ろした垂線の足**

複素数平面上の原点以外の相異なる 2 点 P(α)，Q(β) を考える。P(α)，Q(β) を通る直線を l，原点から l に引いた垂線と l の交点を R(w) とする。ただし，複素数 γ が表す点 C を C(γ) と書く。このとき，次のことを示せ。

「$w=\alpha\beta$ であるための必要十分条件は，P(α)，Q(β) が中心 A$\left(\frac{1}{2}\right)$，半径 $\frac{1}{2}$ の円周上にあることである。」 （東京大）

第3章

精講 原点 O から直線 PQ に下ろした垂線の足 R をどのように捉えるかによっていくつかの証明が考えられます。

R は直線 PQ 上にあって，OR⊥PQ であると考えると，3 点が同一直線上にある条件，垂直条件 (309 精講 参照) を適用することになります。

また，∠ORP，∠ORQ は直角であることから，R は OP を直径とする円と OQ を直径とする円との交点であるという見方もできます。

他にも，R に関係するある点をとり，直線 PQ を原点とその点を結ぶ線分の垂直二等分線であると考えることもできます。

解答 S($\alpha\beta$) とおく。

$w=\alpha\beta$，つまり，R＝S は

“S は直線 PQ 上にあり，OS⊥PQ である”

$\Longleftrightarrow$ “$\dfrac{\alpha\beta-\alpha}{\beta-\alpha}$ は実数で，$\dfrac{\alpha-\beta}{\alpha\beta}$ は純虚数である” ……(＊)

が成り立つ。

y, P(α), S(αβ), Q(β), l, O, x

$$\frac{\alpha\beta-\alpha}{\beta-\alpha}=\frac{1-\frac{1}{\beta}}{\frac{1}{\alpha}-\frac{1}{\beta}}=\frac{\frac{1}{\beta}-1}{\frac{1}{\beta}-\frac{1}{\alpha}} \quad \cdots\cdots①$$

$$\frac{\alpha-\beta}{\alpha\beta}=\frac{1}{\beta}-\frac{1}{\alpha} \quad \cdots\cdots②$$

と書き換えると，(＊) のとき，②は純虚数であるから，①が実数であることと合わせると，①の分子 $\frac{1}{\beta}-1$ は純虚数または 0 である。さらに，以上のこ

とから,

$$\frac{1}{\alpha}-1=\left(\frac{1}{\beta}-1\right)-\left(\frac{1}{\beta}-\frac{1}{\alpha}\right)$$

も純虚数または0である。逆に,

"$\frac{1}{\alpha}-1$, $\frac{1}{\beta}-1$ はともに純虚数または0である"

……(＊＊) ならば, $\alpha\neq\beta$ より, これら2数の差は0でないので, ②は純虚数で, ①は実数となるから, (＊) が成り立つ。

⬅ $\frac{1}{\beta}-\frac{1}{\alpha}=\left(\frac{1}{\beta}-1\right)-\left(\frac{1}{\alpha}-1\right)$ より。

これより, (＊) と (＊＊) は同値であり, さらに, (＊＊) は

$$\overline{\left(\frac{1}{\alpha}-1\right)}+\frac{1}{\alpha}-1=0 \text{ かつ } \overline{\left(\frac{1}{\beta}-1\right)}+\frac{1}{\beta}-1=0$$

$$\therefore\ 2\alpha\overline{\alpha}-\alpha-\overline{\alpha}=0 \text{ かつ } 2\beta\overline{\beta}-\beta-\overline{\beta}=0$$

$$\therefore\ \left|\alpha-\frac{1}{2}\right|=\frac{1}{2} \text{ かつ } \left|\beta-\frac{1}{2}\right|=\frac{1}{2}$$

⬅ 左式より $\frac{1}{\overline{\alpha}}+\frac{1}{\alpha}-2=0$
分母を払って整理すると
$\alpha+\overline{\alpha}-2\alpha\overline{\alpha}=0$
$\therefore\ \left(\alpha-\frac{1}{2}\right)\left(\overline{\alpha}-\frac{1}{2}\right)=\frac{1}{4}$

と同値であるから, $w=\alpha\beta$ であるための必要十分条件は $\mathrm{P}(\alpha)$, $\mathrm{Q}(\beta)$ が中心 $\mathrm{A}\left(\frac{1}{2}\right)$, 半径 $\frac{1}{2}$ の円周上にあることである。 (証明おわり)

別解

1° $\mathrm{S}(\alpha\beta)$ とおく。

$w=\alpha\beta$, つまり, R=S は

"$\angle\mathrm{OSP}=\frac{\pi}{2}$ または S=P であり, かつ,

$\angle\mathrm{OSQ}=\frac{\pi}{2}$ または S=Q である"

$\Longleftrightarrow$ "S は OP を直径とする円周上にあり, かつ, OQ を直径とする円周上にある" ……(☆)

が成り立つ。

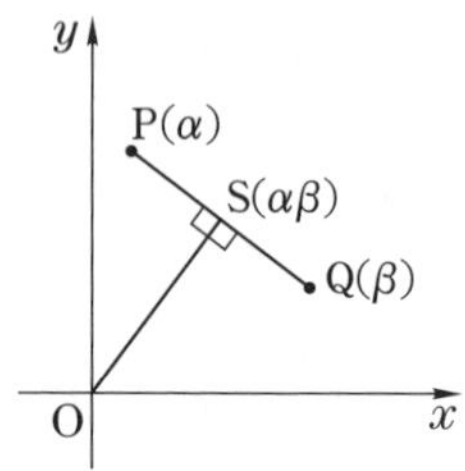

⬅ $\alpha\neq0$, $\beta\neq0$ であるから $\Longleftrightarrow$ が成り立つ。

ここで, OP, OQ を直径とする円はそれぞれ

$$\left|z-\frac{\alpha}{2}\right|=\frac{|\alpha|}{2},\quad \left|z-\frac{\beta}{2}\right|=\frac{|\beta|}{2}$$

であるから, (☆) は

⬅ OP を直径とする円は, 中心 $\frac{\alpha}{2}$, 半径 $\frac{|\alpha|}{2}$ の円である。

$$\left|\alpha\beta-\frac{\alpha}{2}\right|=\frac{|\alpha|}{2} \text{ かつ } \left|\alpha\beta-\frac{\beta}{2}\right|=\frac{|\beta|}{2}$$

⬅左式は $\left|\alpha\left(\beta-\frac{1}{2}\right)\right|=\frac{|\alpha|}{2}$, $|\alpha|\left|\beta-\frac{1}{2}\right|=\frac{|\alpha|}{2}$ となる。

$$\therefore \quad |\alpha|\left|\beta-\frac{1}{2}\right|=\frac{|\alpha|}{2} \text{ かつ } |\beta|\left|\alpha-\frac{1}{2}\right|=\frac{|\beta|}{2}$$

$$\therefore \quad \left|\beta-\frac{1}{2}\right|=\frac{1}{2} \text{ かつ } \left|\alpha-\frac{1}{2}\right|=\frac{1}{2}$$

⬅$\alpha \neq 0$, $\beta \neq 0$ より。

と同値である。したがって，$w=\alpha\beta$ であることは P(α), Q(β) が中心 A$\left(\frac{1}{2}\right)$, 半径 $\frac{1}{2}$ の円周上にあることと同値である。　　(証明おわり)

別解

2° S$(\alpha\beta)$, T$(2\alpha\beta)$ とおく。このとき，

$w=\alpha\beta$, つまり，R=S

$\Longleftrightarrow$ 線分 OT の垂直二等分線が直線 PQ である

$\Longleftrightarrow$ P，Q は線分 OT の垂直二等分線上にある

$\Longleftrightarrow$ OP=TP かつ OQ=TQ

$\Longleftrightarrow |\alpha|=|2\alpha\beta-\alpha|$ かつ $|\beta|=|2\alpha\beta-\beta|$

$\Longleftrightarrow \left|\beta-\frac{1}{2}\right|=\frac{1}{2}$ かつ $\left|\alpha-\frac{1}{2}\right|=\frac{1}{2}$

⬅$\alpha \neq 0$, $\beta \neq 0$ より。

$\Longleftrightarrow$ P(α), Q(β) は中心 A$\left(\frac{1}{2}\right)$, 半径 $\frac{1}{2}$ の円周上にある。　　(証明おわり)

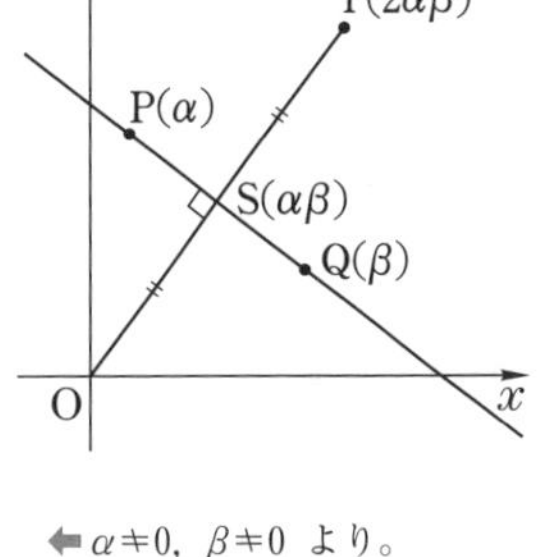

類題 9　→ 解答 p.363

原点をOとする複素数平面上に，Oと異なる点 A(α), および，2点 O, A を通る直線 l がある。次に答えよ。

(1) 直線 l に関して点 P(z) と対称な点を P$'(z')$ とするとき，$z'=\frac{\alpha}{\overline{\alpha}}\overline{z}$ が成り立つことを示せ。

(2) $\alpha=3+i$ とし，$\beta=2+4i$, $\gamma=-8+7i$ を表す点をそれぞれ B, C とおく。

(i) 点Bの直線 l に関して対称な点を B$'(\beta')$ とする。β' を求めよ。

(ii) 線分 OA 上の点 Q(w) について，∠AQB=∠CQO が成り立つときの w を求めよ。　　(九州工大)

314 分数変換による円の像

次の問いに答えよ。

(1) 複素数平面上で方程式 $|z-3i|=2|z|$ が表す図形を求め，図示せよ。

(2) 複素数 z が(1)で求めた図形の上を動くとき，複素数 $w=(-1+i)z$ が表す点の軌跡を求め，図示せよ。

(3) 複素数 z が(1)で求めた図形から $z=i$ を除いた部分を動くとき，複素数 $w=\dfrac{z+i}{z-i}$ で表される点の軌跡を求め，図示せよ。 (千葉大)

精講 (1) この種の問題では，$z=x+yi$ (x, y は実数) とおいて，x, y の式に直して計算すると楽になることが多いです。

(2), (3) それぞれ z を w の式で表して，z の満たす関係式に代入して，w の満たす式を求めるのが標準的な解法です。

解答 (1) $z=x+yi$ (x, y は実数) とおいて，

$$|z-3i|=2|z| \quad \cdots\cdots①$$

← 参考 1° 参照。

に代入すると，

$$|x+(y-3)i|=2|x+yi|$$

であり，両辺を 2 乗すると

$$x^2+(y-3)^2=4(x^2+y^2)$$

$$\therefore \quad x^2+(y+1)^2=4 \qquad \therefore \quad |z+i|=2 \quad \cdots\cdots②$$

となるので，①，すなわち，②が表す図形は中心 $-i$，半径 2 の円 (右図) である。

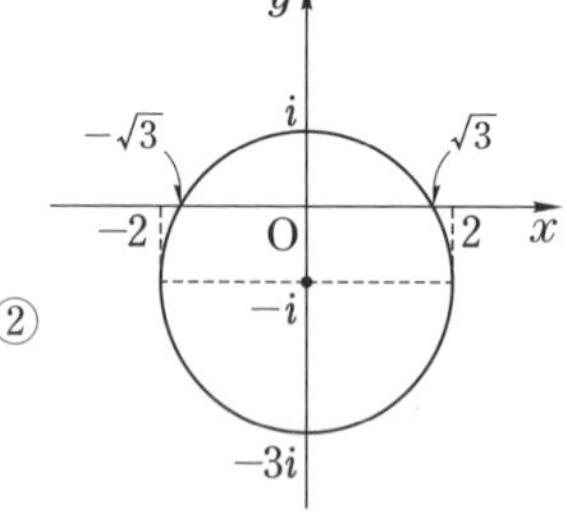

(2) $w=(-1+i)z \quad \cdots\cdots③$ より $z=\dfrac{w}{-1+i} \quad \cdots\cdots③'$

← 参考 2° 参照。

であるから，③′ を②に代入すると

$$\left|\frac{w}{-1+i}+i\right|=2$$

さらに，両辺に $|-1+i|$ をかけると

$$|w+i(-1+i)|=2|-1+i|$$

$$\therefore \quad |w-(1+i)|=2\sqrt{2}$$

となるので，点 w の軌跡は中心 $\boldsymbol{1+i}$，半径 $\boldsymbol{2\sqrt{2}}$ の円 (右図) である。

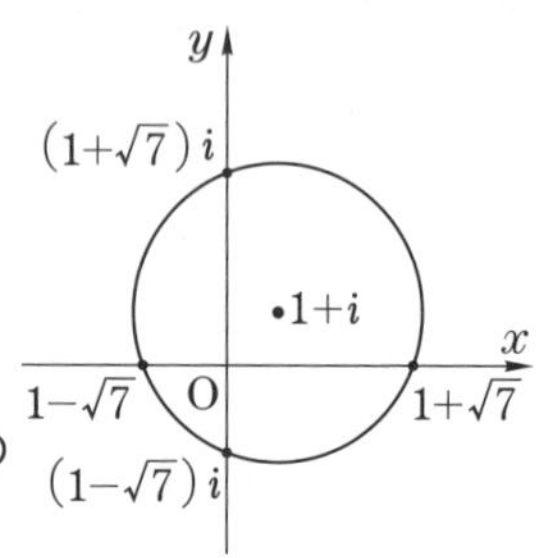

(3)　$z \neq i$ のとき，$w=\dfrac{z+i}{z-i}$　……④　より

⬅ ④で $w=1$ とおくと，$\dfrac{z+i}{z-i}=1$，$z+i=z-i$　$2i=0$（矛盾）となるので，$w \neq 1$ である。

$$w(z-i)=z+i \qquad \therefore \quad z=\frac{iw+i}{w-1} \qquad \cdots\cdots ④'$$

である。④′を②に代入すると，

$$\left|\frac{iw+i}{w-1}+i\right|=2 \qquad \therefore \quad \left|\frac{2iw}{w-1}\right|=2$$

⬅ 両辺に $|w-1|$ をかける。

$\therefore \quad |2iw|=2|w-1|$

$\therefore \quad |w|=|w-1|$　　……⑤

となるので，w は0，1から等距離であるから，w の軌跡はこれら2点を結ぶ線分の垂直二等分線（右図）である。

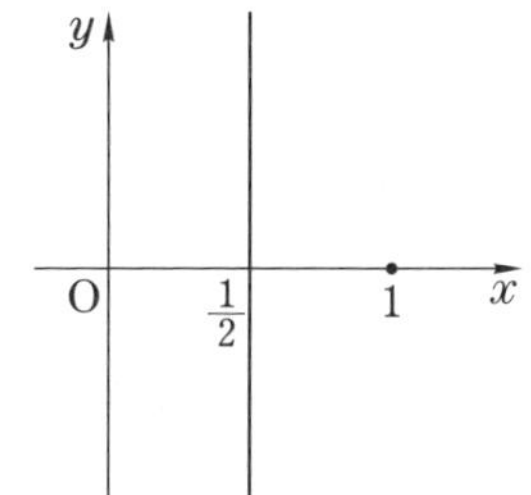

参考

1°　①の両辺を2乗した式を以下のように順に変形すると，

$|z-3i|^2=4|z|^2$，　　$(z-3i)\overline{(z-3i)}=4z\overline{z}$

$(z-3i)(\overline{z}+3i)=4z\overline{z}$，　　$3(z\overline{z}-iz+i\overline{z}-3)=0$

$(z+i)(\overline{z}-i)=4$，　　$(z+i)\overline{(z+i)}=4$

$\therefore \quad |z+i|=2$　……②

が得られる。

2°　③を $w=\sqrt{2}\left(\cos\dfrac{3}{4}\pi+i\sin\dfrac{3}{4}\pi\right)z$ と表すと，

z を原点を中心に $\dfrac{3}{4}\pi$ だけ回転し，さらに $\sqrt{2}$ 倍に拡大した点が w であることがわかる。したがって，z が中心 $-i$，半径2の円上を動くことから，w の軌跡は中心 $-i(-1+i)=1+i$，半径 $2\sqrt{2}$ の円である。

⬅

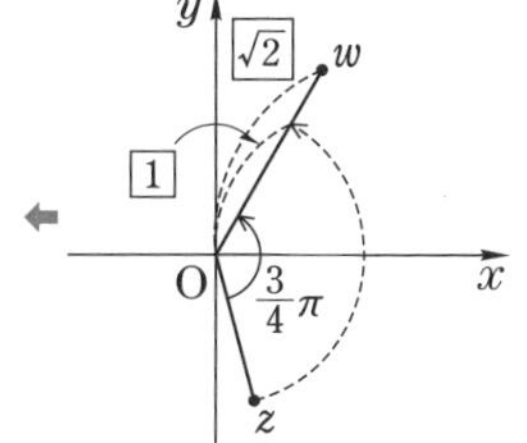

3°　⑤において，$w=u+vi$（u，v は実数）を代入すると

$$|u+vi|=|u-1+vi|$$

$$\therefore \quad u^2+v^2=(u-1)^2+v^2 \qquad \therefore \quad u=\frac{1}{2}$$

となるので，w の軌跡は点 $\dfrac{1}{2}$ を通り虚軸に平行な直線であることがわかる。

研究

複素数平面において，$w=\dfrac{\alpha z+\beta}{\gamma z+\delta}$ ……(＊)（α，β，γ，δ は複素数，$\alpha\delta-\beta\gamma\neq0$）で表される点 z から点 w への変換は大学入試問題の題材としてしばしば取り上げられているので，その性質を少し調べておこう。ここでは，(＊)で表される変換を分数変換ということにする。

基本的な分数変換は

(i) $w=z+a$（$\alpha=\delta=1$，$\beta=a$，$\gamma=0$ のとき）

(ii) $w=cz$（$\alpha=c\neq0$，$\beta=\gamma=0$，$\delta=1$ のとき）

(iii) $w=\dfrac{1}{z}$（$\alpha=\delta=0$，$\beta=\gamma=1$ のとき）

の3つであり，"一般の分数変換(＊)はこれらの変換の合成で表される"……(☆)

実際，$\gamma=0$ のとき，$w=\dfrac{\alpha}{\delta}z+\dfrac{\beta}{\delta}$ であるから，$z_1=\dfrac{\alpha}{\delta}z$，$w=z_1+\dfrac{\beta}{\delta}$ とするとき，$z \xrightarrow[\text{(ii)}]{} z_1 \xrightarrow[\text{(i)}]{} w$ である。

$\gamma\neq0$ のとき，$w=\dfrac{\dfrac{\alpha}{\gamma}(\gamma z+\delta)+\beta-\dfrac{\alpha\delta}{\gamma}}{\gamma z+\delta}=\dfrac{\alpha}{\gamma}+\dfrac{\beta\gamma-\alpha\delta}{\gamma}\cdot\dfrac{1}{\gamma z+\delta}$

であるから，

$$z_1=\gamma z,\ \ z_2=z_1+\delta,\ \ z_3=\frac{1}{z_2},\ \ z_4=\frac{\beta\gamma-\alpha\delta}{\gamma}z_3,\ \ w=z_4+\frac{\alpha}{\gamma}$$

とするとき，$z \xrightarrow[\text{(ii)}]{} z_1 \xrightarrow[\text{(i)}]{} z_2 \xrightarrow[\text{(iii)}]{} z_3 \xrightarrow[\text{(ii)}]{} z_4 \xrightarrow[\text{(i)}]{} w$ である。

このことから一般に，"分数変換(＊)によって円または直線は円または直線にうつされる"……(★)ことを説明できる。(☆)より，(i)，(ii)，(iii)について，(★)を示せば十分である。

変換(i)は a だけの平行移動であり，変換(ii)は $c=r(\cos\theta+i\sin\theta)$ $(r>0)$ と表すと，原点を中心として θ だけ回転して，さらに r 倍に拡大（縮小）する変換であるから，(i)，(ii)に関しては円は円に，直線は直線にうつされる。

次に，直線はある線分PQの垂直二等分線，円は異なる2点P，Qからの距離の比が一定である点の軌跡（アポロニウスの円）と考えると，いずれも $|z-p|=k|z-q|$（$k>0$，$p\neq q$，$pq\neq0$）と表すことができる。変換(iii)のとき，$z=\dfrac{1}{w}$ を代入して，両辺に $\left|\dfrac{w}{p}\right|$ をかけると，$\left|w-\dfrac{1}{p}\right|=k\left|\dfrac{q}{p}\right|\left|w-\dfrac{1}{q}\right|$ となるので，w の描く図形はやはり円または直線である。

☆ 315 変換 $w=\dfrac{1}{z}$ による三角形の像

3つの複素数 $z_1=\dfrac{1}{2}+\dfrac{\sqrt{3}}{2}i$, $z_2=\dfrac{1}{2}-\dfrac{\sqrt{3}}{2}i$, $z_3=-1$ の表す複素数平面上の点をそれぞれ A(z_1), B(z_2), C(z_3) とする。0 でない複素数 z に対し，$w=\dfrac{1}{z}$ によって w を定める。z, w が表す複素数平面上の点をそれぞれ P(z), Q(w) とする。

(1) Pが線分 AB 上を動くとき，Qの描く曲線を複素数平面上に図示せよ。

(2) Pが三角形 ABC の3辺上を動くとき，Qの描く曲線を複素数平面上に図示せよ。

精講 (1) 線分 AB を表す z の関係式を求めて，その式に $z=\dfrac{1}{w}$ を代入すると解決します。

(2) 線分 AC, BC は原点を中心として線分 AB をそれぞれ $\dfrac{2}{3}\pi$, $-\dfrac{2}{3}\pi$ 回転したものです。この関係が $w=\dfrac{1}{z}$ によって定まる w において何を意味するかがわかれば，(1)の結果を利用できるはずです。

また，(1), (2) いずれにおいても，$z=x+yi$, $w=u+vi$ (x, y, u, v は実数) とおいて，x, y の満たす式から u, v の関係式を導くこともできます。

解答 (1) △ABC は中心が原点，半径1の円に内接しているので，線分 AB は

$$(z\text{ の実部})=\frac{z+\overline{z}}{2}=\frac{1}{2}\quad\cdots\cdots①\quad かつ$$

$$|z|\leqq 1\quad\cdots\cdots②$$

と表される。

← 参考 参照。

$$w=\frac{1}{z}\quad\cdots\cdots③\quad より\quad z=\frac{1}{w}$$

を①，②に代入すると

$$\frac{1}{2}\left(\frac{1}{w}+\frac{1}{\overline{w}}\right)=\frac{1}{2}\qquad \therefore\quad w\overline{w}=w+\overline{w}$$

← $(w-1)(\overline{w}-1)=1$ より $|w-1|^2=1$

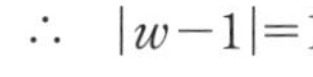

$$\therefore\quad |w-1|=1\quad\cdots\cdots④$$

← ④は中心が1，半径1の円を表す。

かつ

$$\left|\frac{1}{w}\right| \leqq 1 \qquad \therefore \quad |w| \geqq 1 \qquad \cdots\cdots ⑤$$

となるので，Q(w) の描く曲線は④上で⑤を満たす部分 S（右図の実線部分）である。

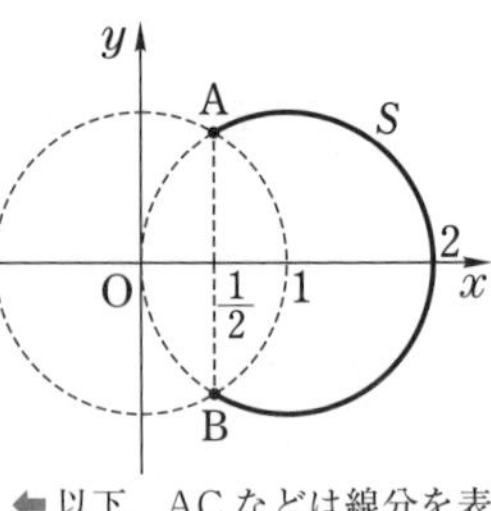

(2) 線分 AC は線分 AB を原点中心に $\frac{2}{3}\pi$ だけ回転したものであるから，AC 上の点 z に対して，

$$z = z'\left(\cos\frac{2}{3}\pi + i\sin\frac{2}{3}\pi\right)$$

⬅以下，AC などは線分を表すものとする。

が成り立つような AB 上の点 z' がある。このとき，

$$w = \frac{1}{z} = \frac{1}{z'}\left\{\cos\left(-\frac{2}{3}\pi\right) + i\sin\left(-\frac{2}{3}\pi\right)\right\}$$

⬅ $\frac{1}{z} = \frac{1}{z'\left(\cos\frac{2}{3}\pi + i\sin\frac{2}{3}\pi\right)} = \frac{1}{z'}\left\{\cos\left(-\frac{2}{3}\pi\right) + i\sin\left(-\frac{2}{3}\pi\right)\right\}$

が成り立つので，AC 上の点 z の③による像は，AB 上の点 z' の像 $\frac{1}{z'}$ を原点中心に $-\frac{2}{3}\pi$ 回転したものである。したがって，線分 AC の像は S を原点中心に $-\frac{2}{3}\pi$ 回転したものである。

同様に考えると，線分 BC の像は S を原点中心に $\frac{2}{3}\pi$ 回転したものであるから，Q の描く曲線は右図の実線部分である。ここで，右図の円弧 AC，BC の中心は S の中心 1 を原点中心に $\pm\frac{2}{3}\pi$ 回転した点 $-\frac{1}{2} \pm \frac{\sqrt{3}}{2}i$ である。

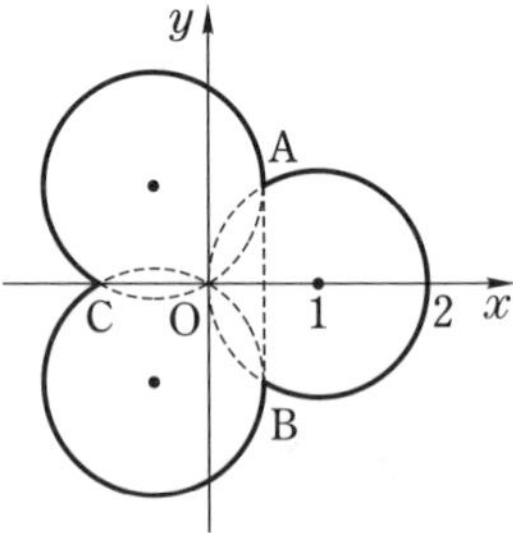

別解

(1) $z = x + yi$，$w = u + vi$ (x，y，u，v は実数) とする。

P(z) が線分 AB 上にあるとき

$$x = \frac{1}{2} \text{ かつ } -\frac{\sqrt{3}}{2} \leqq y \leqq \frac{\sqrt{3}}{2} \qquad \cdots\cdots ⑥$$

である。ここで，$w = \frac{1}{z}$ より $z = \frac{1}{w}$ であり，

$$x + yi = \frac{1}{u + vi} = \frac{u}{u^2 + v^2} - \frac{v}{u^2 + v^2}i$$

⬅ x，y を u，v で表して，⑥から u，v の関係式を導く方針である。

となるので，

$$x=\frac{u}{u^2+v^2},\ y=-\frac{v}{u^2+v^2} \quad \cdots\cdots ⑦$$

である。⑦を⑥に代入すれば

$$\frac{u}{u^2+v^2}=\frac{1}{2} \text{ かつ } -\frac{\sqrt{3}}{2}\leqq -\frac{v}{u^2+v^2}\leqq\frac{\sqrt{3}}{2}$$

⬅左式より $2u=u^2+v^2>0$ 右式に代入すれば $-\frac{\sqrt{3}}{2}\leqq -\frac{v}{2u}\leqq\frac{\sqrt{3}}{2}$

となるが，$u^2+v^2>0$ に注意すると，$u>0$ かつ，

$$(u-1)^2+v^2=1 \quad \text{かつ} \quad -\sqrt{3}\,u\leqq v\leqq\sqrt{3}\,u$$

⬅注 参照。

となる。よって，Qの描く図形は 解答 (1)の通り。

⬅ただし，座標軸を u 軸，v 軸に変える。(2)でも同じ。

(2)　線分 AC，BC はそれぞれ

$$y=\frac{1}{\sqrt{3}}(x+1) \text{ かつ } 0\leqq y\leqq\frac{\sqrt{3}}{2} \quad \cdots\cdots ⑧$$

$$y=-\frac{1}{\sqrt{3}}(x+1) \text{ かつ } -\frac{\sqrt{3}}{2}\leqq y\leqq 0 \cdots\cdots ⑨.$$

と表される。⑦を⑧，⑨に代入して，(1)と同様に整理するとそれぞれ，$u^2+v^2>0$ のもとで

$$\left(u+\frac{1}{2}\right)^2+\left(v+\frac{\sqrt{3}}{2}\right)^2=1 \text{ かつ } v\leqq 0,\ v\leqq -\sqrt{3}\,u$$

$$\left(u+\frac{1}{2}\right)^2+\left(v-\frac{\sqrt{3}}{2}\right)^2=1 \text{ かつ } v\geqq 0,\ v\geqq \sqrt{3}\,u$$

となる。よって，Qの描く図形は 解答 (2)の通り。

⬅⑧の左式からの式 $u^2+v^2=-\sqrt{3}\,v-u$ を右式からの不等式 $0\leqq -v\leqq\frac{\sqrt{3}}{2}(u^2+v^2)$ に代入すると，$v\leqq 0$ かつ $v\leqq -\sqrt{3}\,u$ ⑨についても同様。

注　$-\frac{\sqrt{3}}{2}\leqq -\frac{v}{u^2+v^2}\leqq\frac{\sqrt{3}}{2}$ から，$-(u^2+v^2)\leqq -\frac{2}{\sqrt{3}}v\leqq u^2+v^2$

したがって，$u^2+\left(v+\frac{1}{\sqrt{3}}\right)^2\geqq\frac{1}{3}$ かつ $u^2+\left(v-\frac{1}{\sqrt{3}}\right)^2\geqq\frac{1}{3}$ としてもよい。

参考

(1)で直線 AB を原点と E(1) を結ぶ線分 OE の垂直二等分線と考えると，直線 AB は $|z|=|z-1|$ と表される。直線 AC，BC は直線 AB を原点中心に $\frac{2}{3}\pi$，$-\frac{2}{3}\pi$ 回転した直線であるから，E を原点中心に $\frac{2}{3}\pi$，$-\frac{2}{3}\pi$ 回転した点 $\mathrm{F}\left(\frac{-1+\sqrt{3}\,i}{2}\right)$，$\mathrm{G}\left(-\frac{1+\sqrt{3}\,i}{2}\right)$ をとると，AC，BC はそれぞれ線分 OF，OG の垂直二等分線として，$|z|=\left|z-\frac{-1+\sqrt{3}\,i}{2}\right|$，$|z|=\left|z+\frac{1+\sqrt{3}\,i}{2}\right|$ と表される。これらを利用して，AB，AC，BC の像を求めることもできる。

第3章

316 複素数平面におけるいろいろな対応関係

αを複素数とする。複素数zの方程式

$$z^2-\alpha z+2i=0 \quad \cdots\cdots(*)$$

について，次の問いに答えよ。ただし，iは虚数単位である。

(1) 方程式$(*)$が実数解をもつようにαが動くとき，点αが複素数平面上に描く図形を図示せよ。

(2) 方程式$(*)$が絶対値1の複素数を解にもつようにαが動くとする。原点を中心にαを$\dfrac{\pi}{4}$回転させた点を表す複素数をβとするとき，点βが複素数平面上に描く図形を図示せよ。 (東北大)

精講 (1)では実数解をrとおいて，αの実部，虚部をrで表すと解決します。(2)では絶対値1の解を$\cos\theta+i\sin\theta$とするとき，αを，続いてβをθを用いて表して，(1)と同様に処理することになります。

解答 (1) $(*)$の実数解をrとおくと，

$$r^2-\alpha r+2i=0$$

⬅ $z=0$ は$(*)$の解でないので，$r\neq0$。

であり，$r\neq0$ であるから，$\alpha=r+\dfrac{2}{r}i$ となる。

$\alpha=x+yi$ (x, yは実数) とおくと，

$$x=r,\ y=\frac{2}{r} \text{ より，} \quad xy=2 \quad \cdots\cdots①$$

である。$x=r$ は0以外のすべての実数値をとるから，$\alpha=x+yi$ が描く図形は双曲線①全体(右図の実線部分)である。

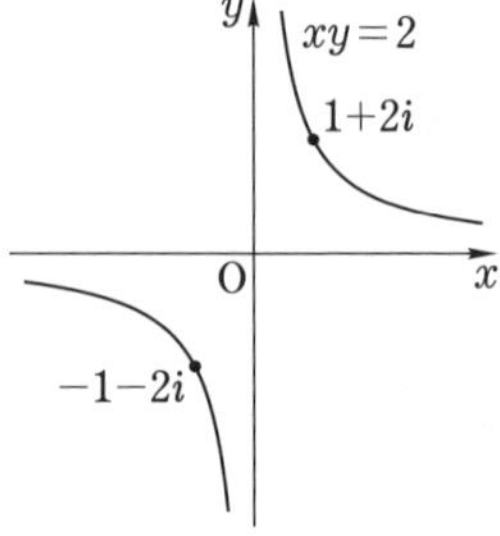

(2) $(*)$の絶対値1の解を

$$z=\cos\theta+i\sin\theta \ (0\leqq\theta<2\pi \quad \cdots\cdots②)$$

とおくと，$(*)$より

⬅ $z\neq0$ であるから，$(*)$より，$\alpha=\dfrac{z^2+2i}{z}=z+\dfrac{2i}{z}$

$$\alpha=z+\frac{2i}{z}$$

$$=\cos\theta+i\sin\theta+\frac{2i}{\cos\theta+i\sin\theta}$$

$$=2\sin\theta+\cos\theta+i(\sin\theta+2\cos\theta)$$

⬅ $\dfrac{2i}{\cos\theta+i\sin\theta}=2i(\cos\theta-i\sin\theta)=2\sin\theta+2i\cos\theta$

である。

原点を中心に α を $\frac{\pi}{4}$ 回転した点が β であるから,

$$\beta=\alpha\left(\cos\frac{\pi}{4}+i\sin\frac{\pi}{4}\right)=\frac{1+i}{\sqrt{2}}\alpha$$

← $\frac{1+i}{\sqrt{2}}\{2\sin\theta+\cos\theta+i(\sin\theta+2\cos\theta)\}$

$$=\frac{1}{\sqrt{2}}(\sin\theta-\cos\theta)+\frac{3}{\sqrt{2}}(\sin\theta+\cos\theta)i$$

である。$\beta=x+yi$ (x, y は実数) とおくと,

$$\left.\begin{aligned} x&=\frac{1}{\sqrt{2}}(\sin\theta-\cos\theta)=\cos\left(\frac{3}{4}\pi-\theta\right)\\ y&=\frac{3}{\sqrt{2}}(\sin\theta+\cos\theta)=3\sin\left(\frac{3}{4}\pi-\theta\right)\end{aligned}\right\}\cdots③$$

← 楕円のパラメタ表示 $x=a\cos\theta$, $y=b\sin\theta$ を思い出そう。

である。②より, $-\frac{5}{4}\pi<\frac{3}{4}\pi-\theta\leqq\frac{3}{4}\pi$ であるから,

$\beta=x+yi$ が描く図形は,

楕円　$x^2+\frac{y^2}{9}=1$ ……④

全体 (右図の実線部分) である。

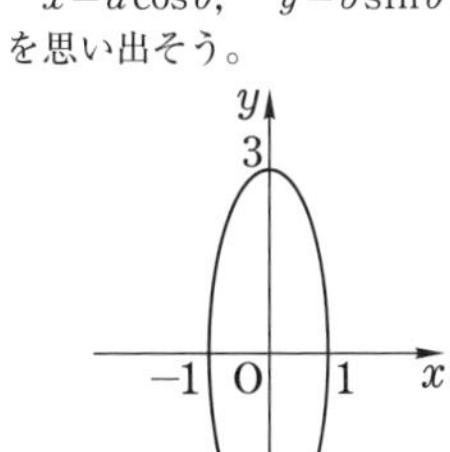

参考

③の2式の左半分の関係から, $\sin\theta=\frac{\sqrt{2}}{2}\left(x+\frac{y}{3}\right)$, $\cos\theta=\frac{\sqrt{2}}{2}\left(\frac{y}{3}-x\right)$ が導かれる。ここで, θ は②の範囲で変化するので, x, y の満たすべき条件は $\sin^2\theta+\cos^2\theta=1$ に対応する $\left\{\frac{\sqrt{2}}{2}\left(x+\frac{y}{3}\right)\right\}^2+\left\{\frac{\sqrt{2}}{2}\left(\frac{y}{3}-x\right)\right\}^2=1$, つまり, $x^2+\frac{y^2}{9}=1$ ……④ だけであるとして, (2)を答えることもできる。

類題 10　→ 解答 p.364

0でない複素数 z に対して, $w=u+iv$ を $w=\frac{1}{2}\left(z+\frac{1}{z}\right)$ とするとき, 次の問いに答えよ。ただし, u, v は実数, i は虚数単位である。

(1) 複素数平面上で, z が単位円 $|z|=1$ 上を動くとき, w はどのような曲線を描くか。u, v が満たす曲線の方程式を求め, その曲線を図示せよ。

(2) 複素数平面上で, z が実軸からの偏角 $\alpha\left(0<\alpha<\frac{\pi}{2}\right)$ の半直線上を動くとき, w はどのような曲線を描くか。u, v が満たす曲線の方程式を求め, その曲線を図示せよ。

(神戸大)

401 無限等比級数

(1) 半径1の円に内接する6個の半径の等しい円を図1のように描く。さらに図2のように6個の小さな半径の等しい円を描く。この操作を無限に繰り返したとき，6個ずつ次々に描かれる円の面積の総和 S_2 と，それらの円の円周の長さの総和 C_2 を求めよ。

(2) (1)で6個の円を次々に描いていった。一般に，自然数 $n \geqq 2$ に対して $3n$ 個の円を用いて同様の操作を行うとき，描かれる円の面積の総和 S_n と，それらの円の円周の長さの総和 C_n を求めよ。

(3) 数列 S_2，S_3，S_4，… の極限値を求めよ。

(東京工大)

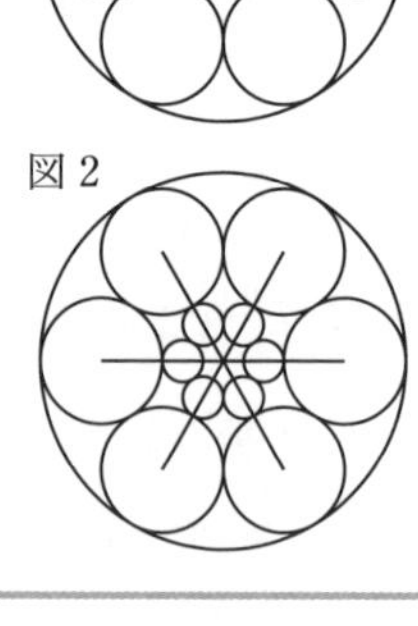

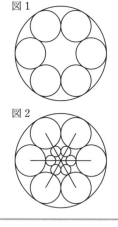

精講 (1) 図1の6個の円の中から隣り合う2つの円を取り出すと，それらが外接し，さらに，いずれも大きな円に内接する条件から，その半径が決まります。図2の小円の半径については，それらが内接する円の半径に着目すると，図1の6個の円の半径との比がわかります。(2)でも同じように考えます。求める総和はすべて無限等比級数の和として得られますから，次を確認しておきましょう。

> 無限等比級数 $\displaystyle\sum_{n=1}^{\infty} ar^{n-1}$ ……(＊) の収束・発散
>
> $a \neq 0$ のとき $|r|<1$ ならば収束し，その和は $\dfrac{a}{1-r}$ である。
>
> $|r| \geqq 1$ ならば発散する。
>
> $a=0$ のとき 収束し，その和は0である。

(3)では，次の三角関数の基本的な極限に帰着させるだけです。

$$\lim_{\theta \to 0}\frac{\sin\theta}{\theta}=1, \quad a \text{ が定数のとき } \lim_{\theta \to 0}\frac{\sin a\theta}{\theta}=a$$

解答　(1)　半径1の円の中心をO，隣り合う2つの小円の中心をA，B，接点をCとし，D，Eを右図のように定める。小円の半径をaとおくと，$\angle\mathrm{AOC}=\frac{1}{2}\cdot\frac{2\pi}{6}=\frac{\pi}{6}$であり，

$$\mathrm{OA}\sin\frac{\pi}{6}=\mathrm{AC}$$

$$\therefore\quad (1-a)\cdot\frac{1}{2}=a \qquad \therefore\quad a=\frac{1}{3}$$

である。次の小円は中心O，半径 $\mathrm{OE}=1-2a=\frac{1}{3}$ の円に内接するから，その半径は $\frac{1}{3}a=\left(\frac{1}{3}\right)^2$ である。同様に考えると，k回目の小円の半径，面積，円周の長さはそれぞれ

$$\left(\frac{1}{3}\right)^k,\ \pi\left\{\left(\frac{1}{3}\right)^k\right\}^2=\left(\frac{1}{9}\right)^k\pi,\ 2\pi\left(\frac{1}{3}\right)^k$$

である。したがって，

$$S_2=\sum_{k=1}^{\infty}6\cdot\left(\frac{1}{9}\right)^k\pi=6\pi\cdot\frac{1}{9}\cdot\frac{1}{1-\frac{1}{9}}=\boldsymbol{\frac{3}{4}\pi}$$

$$C_2=\sum_{k=1}^{\infty}6\cdot2\pi\left(\frac{1}{3}\right)^k=12\pi\cdot\frac{1}{3}\cdot\frac{1}{1-\frac{1}{3}}=\boldsymbol{6\pi}$$

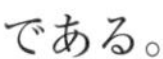
である。

⬅1回目，2回目の小円の半径の比は，それらが内接する円の半径の比 $\mathrm{OD}:\mathrm{OE}=1:\frac{1}{3}$ に等しい。

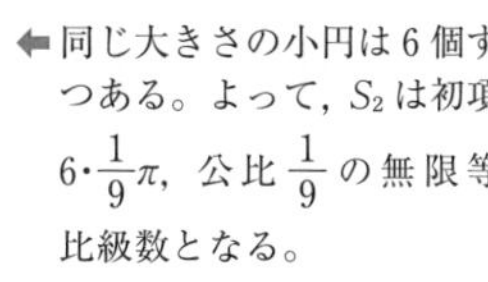
⬅同じ大きさの小円は6個ずつある。よって，S_2は初項$6\cdot\frac{1}{9}\pi$，公比$\frac{1}{9}$の無限等比級数となる。

(2)　(1)と同様に隣り合う2つの小円を取り出し，その半径をrとおき，$\angle\mathrm{A'OC'}=\theta$ とおくと

$$\theta=\frac{1}{2}\angle\mathrm{A'OB'}=\frac{1}{2}\cdot\frac{2\pi}{3n}=\frac{\pi}{3n} \qquad \cdots\cdots①$$

であり，

$$\mathrm{OA'}\sin\theta=\mathrm{A'C'}$$

$$\therefore\quad (1-r)\sin\theta=r \qquad \therefore\quad r=\frac{\sin\theta}{1+\sin\theta} \quad \cdots\cdots②$$

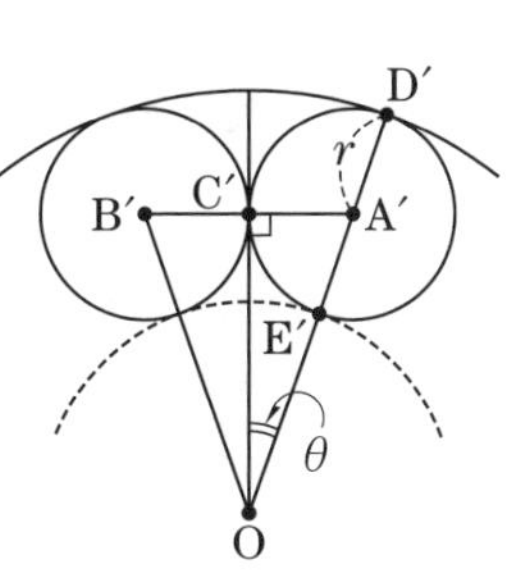

である。次の小円は半径 $\mathrm{OE'}=1-2r$ の円に内接することになるから，その半径は$(1-2r)r$である。同様に考えると，k回目の小円の半径は$(1-2r)^{k-1}r$であり，面積は

⬅1回目，2回目の小円の半径の比は，それらが内接する円の半径の比 $\mathrm{OD'}:\mathrm{OE'}=1:1-2r$ に等しい。

$$\pi\{(1-2r)^{k-1}r\}^2=\pi r^2\{(1-2r)^2\}^{k-1}$$

円周の長さは

$$2\pi(1-2r)^{k-1}r=2\pi r(1-2r)^{k-1}$$

である。②より，$0<1-2r<1$ であるから，S_n は初項 $3n\pi r^2$，公比 $(1-2r)^2$ の，C_n は初項 $6n\pi r$，公比 $1-2r$ の無限等比級数であり

⬅ $1-2r=\dfrac{1-\sin\theta}{1+\sin\theta}$

⬅ 同じ大きさの小円は $3n$ 個ずつある。

$$S_n=3n\pi r^2\cdot\frac{1}{1-(1-2r)^2}=\frac{3n\pi r}{4(1-r)}$$

$$=\boldsymbol{\frac{3}{4}n\pi\sin\frac{\pi}{3n}} \quad\cdots\cdots③$$

⬅ ②の左の式から，$\dfrac{r}{1-r}=\sin\theta=\sin\dfrac{\pi}{3n}$

$$C_n=6n\pi r\cdot\frac{1}{1-(1-2r)}=\boldsymbol{3n\pi}$$

である。

(3)　①より $n=\dfrac{\pi}{3\theta}$ であるから，③は

$$S_n=\frac{3}{4}\cdot\frac{\pi}{3\theta}\cdot\pi\sin\theta=\frac{\pi^2}{4}\cdot\frac{\sin\theta}{\theta}$$

となる。$n\to\infty$ のとき $\theta\to 0$ であり，

$$\lim_{n\to\infty}S_n=\lim_{\theta\to 0}\frac{\pi^2}{4}\cdot\frac{\sin\theta}{\theta}=\boldsymbol{\frac{\pi^2}{4}}$$

である。

⬅ 三角関数の基本的な極限 $\displaystyle\lim_{\theta\to 0}\frac{\sin\theta}{\theta}=1$

類題 11　→解答 p.366

1 辺の長さが a の正三角形 D_0 から出発して，多角形 D_1，D_2，…，D_n，… を次のように定める。

(i)　AB を D_{n-1} の 1 辺とする。辺 AB を 3 等分し，その分点を A に近い方から P，Q とする。

(ii)　PQ を 1 辺とする正三角形 PQR を D_{n-1} の外側に作る。

(iii)　辺 AB を折れ線 APRQB でおき換える。

D_{n-1} のすべての辺に対して(i)～(iii)の操作を行って得られる多角形を D_n とする。

(1)　D_n の周の長さ L_n を a と n で表せ。

(2)　D_n の面積 S_n を a と n で表せ。

(3)　$\displaystyle\lim_{n\to\infty}S_n$ を求めよ。　(北海道大)

402 $\lim_{n\to\infty} nr^n=0$ ($|r|<1$) と $\lim_{n\to\infty}\sum_{k=1}^{n} kr^k$

数列 $\{a_m\}$ (ただし $a_m=m$ とする) に対し $b_n=\sum_{m=1}^{n} a_m$ とおく。

(1) $0<r<1$ とするとき，$\lim_{n\to\infty} nr^n=0$ および $\lim_{n\to\infty} n^2r^n=0$ となることを証明せよ。

(2) $S_m=a_1r+a_2r^2+\cdots+a_mr^m$，$T_n=b_1r+b_2r^2+\cdots+b_nr^n$ とおくとき，$\lim_{m\to\infty} S_m$ および $\lim_{n\to\infty} T_n$ を求めよ。 (東京工大)

精講 (1) $0<r<1$ のとき，$r=\dfrac{1}{1+h}$ $(h>0)$ と表すことができます。

そこで，$n^2r^n=\dfrac{n^2}{(1+h)^n}$ において，二項定理を用いて

$$(1+h)^n \geqq (\text{正の定数})\times\{n^3+(n\text{ の 2 次以下の式})\}$$

のような不等式を導くことができれば，$\lim_{n\to\infty} n^2r^n=0$ を示せます。

解答 (1) $0<r<1$ のとき，

$$r=\frac{1}{1+h}\ (h>0) \quad \cdots\cdots①$$

と表せる。二項定理より，$n\geqq 3$ のとき

$$\begin{aligned}(1+h)^n&=\sum_{k=0}^{n} {}_n\mathrm{C}_k h^k\\ &\geqq 1+{}_n\mathrm{C}_1h+{}_n\mathrm{C}_2h^2+{}_n\mathrm{C}_3h^3\\ &>{}_n\mathrm{C}_3h^3=\frac{1}{6}n(n-1)(n-2)h^3>0\end{aligned}$$

であるから，辺々の逆数をとると

$$\frac{1}{(1+h)^n}<\frac{6}{n(n-1)(n-2)h^3} \quad \cdots\cdots②$$

となる。①，②より

$$\begin{aligned}0<n^2r^n&=\frac{n^2}{(1+h)^n}\\ &<\frac{6n^2}{n(n-1)(n-2)h^3}=\frac{1}{n}\cdot\frac{6}{\left(1-\frac{1}{n}\right)\left(1-\frac{2}{n}\right)h^3}\end{aligned}$$

$\cdots\cdots③$

⇐ $r^n=\dfrac{1}{(1+h)^n}$ を評価する (すなわち，値の範囲を不等式で抑え込む) ための準備である。

⇐ $\lim_{n\to\infty} nr^n=0$ だけを示すには，
$(1+h)^n>{}_n\mathrm{C}_2h^2$
$=\dfrac{1}{2}n(n-1)h^2$
を用いると十分である。

第4章

であり，

$n\to\infty$ のとき，(③の右辺) $\to 0$

であるから，はさみ打ちの原理より

$$\lim_{n\to\infty} n^2r^n=0 \quad \cdots\cdots ④$$

である。また，

$$\lim_{n\to\infty} nr^n=\lim_{n\to\infty}\frac{1}{n}\cdot n^2r^n=0\cdot 0=0 \quad \cdots\cdots ⑤$$

である。　(証明おわり)

← はさみ打ちの原理：
数列 $\{a_n\}$，$\{b_n\}$，$\{c_n\}$ において，$a_n\leqq b_n\leqq c_n$
$(n=1,\ 2,\ 3,\ \cdots)$
であり，
$\lim_{n\to\infty} a_n=\lim_{n\to\infty} c_n=\alpha$
であるならば，
$\lim_{n\to\infty} b_n=\alpha$
が成り立つ。

(2)　$a_m=m$ より，

$$b_n=\sum_{m=1}^{n} a_m=1+2+\cdots+n=\frac{1}{2}n(n+1)$$

である。

(i)　$r\geqq 1$ のとき，

$$S_m=r+2r^2+\cdots+mr^m$$
$$\geqq 1+2+\cdots+m=\frac{1}{2}m(m+1)$$
$$T_n=b_1r+b_2r^2+\cdots+b_nr^n$$
$$\geqq b_1+b_2+\cdots+b_n$$
$$\geqq b_n=\frac{1}{2}n(n+1)$$

← $b_1+b_2+\cdots+b_n$
$=\sum_{m=1}^{n}\frac{1}{2}m(m+1)$
$=\frac{1}{6}n(n+1)(n+2)$
を用いてもよい。

であるから，

$$\lim_{m\to\infty} S_m=\infty,\quad \lim_{n\to\infty} T_n=\infty$$

である。

ここで，$r\neq 1$ のとき，S_m，T_n を求める。

← S_m については，参考参照。

$$S_m=r+2r^2+\cdots\qquad +mr^m \quad \cdots\cdots ⑥$$
$$rS_m=\qquad r^2+2r^3+\cdots+(m-1)r^m+mr^{m+1} \quad \cdots\cdots ⑦$$

であるから，⑥−⑦ より

$$(1-r)S_m=r+r^2+\cdots+r^m-mr^{m+1}$$
$$\therefore\quad S_m=\frac{r(1-r^m)}{(1-r)^2}-\frac{mr^{m+1}}{1-r} \quad \cdots\cdots ⑧$$

← $r+r^2+\cdots+r^m$
$=\frac{r(1-r^m)}{1-r}$ $(r\neq 1)$ を用いた。

である。また，

$$b_1=1,\qquad b_m-b_{m-1}=m\ (m\geqq 2)$$

であることに注意すると，

← $b_m=1+2+\cdots+(m-1)+m$
$=b_{m-1}+m$ より。

$$T_n = b_1 r + b_2 r^2 + \cdots + b_n r^n \qquad \cdots\cdots⑨$$

$$rT_n = \qquad b_1 r^2 + \cdots + b_{n-1} r^n + b_n r^{n+1} \qquad \cdots\cdots⑩$$

であるから，⑨−⑩ より

$$(1-r)T_n = r + 2r^2 + \cdots + nr^n - b_n r^{n+1}$$

$$= S_n - \frac{1}{2}n(n+1)r^{n+1}$$

$$\therefore \quad T_n = \frac{r(1-r^n)}{(1-r)^3} - \frac{nr^{n+1}}{(1-r)^2} - \frac{n(n+1)r^{n+1}}{2(1-r)} \qquad \cdots\cdots⑪$$

⬅⑧より $S_n = \frac{r(1-r^n)}{(1-r)^2} - \frac{nr^{n+1}}{1-r}$

である。

以下，(ii)$-1<r<1$，(iii)$r=-1$，(iv)$r<-1$ の場合に分けて調べる。

(ii) $-1<r<1$ のとき，$|r|<1$ であるから，④，⑤より

$$\lim_{m\to\infty}|mr^{m+1}| = \lim_{m\to\infty} m|r|^m \cdot |r| = 0\cdot|r| = 0$$

$$\lim_{n\to\infty}|n(n+1)r^{n+1}|$$

$$= \lim_{n\to\infty}(n^2|r|^n + n|r|^n)|r| = 0\cdot|r| = 0$$

⬅同様に $\lim_{n\to\infty}|nr^{n+1}| = 0$

である。したがって，⑧，⑪より

$$\boldsymbol{\lim_{m\to\infty} S_m = \frac{r}{(1-r)^2},\quad \lim_{n\to\infty} T_n = \frac{r}{(1-r)^3}}$$

である。

(iii) $r=-1$ のとき，⑧，⑪より

$$S_m = \frac{(2m+1)(-1)^m - 1}{4}$$

$$T_n = \frac{(2n^2+4n+1)(-1)^n - 1}{8}$$

であるから，S_m，T_n は振動するので，

$\boldsymbol{\lim_{m\to\infty} S_m}$，$\boldsymbol{\lim_{n\to\infty} T_n}$ **は存在しない。**

⬅$m\to\infty$ のとき，$|S_m|\to\infty$ であるが，S_m の符号は交互に変わる。$n\to\infty$ のとき，T_n についても同様である。

(iv) $r<-1$ のとき，⑧，⑪より

$$S_m = \frac{mr^{m+1}}{(1-r)^2}\left\{\frac{1}{m}\left(\frac{1}{r^m}-1\right)-(1-r)\right\} \qquad \cdots\cdots⑫$$

⬅$m\to\infty$ のとき，$|mr^{m+1}|\to\infty$ であるが，mr^{m+1} の符号は交互に変わる。

$$T_n=\frac{n(n+1)r^{n+1}}{(1-r)^3}\left\{\frac{1}{n(n+1)}\left(\frac{1}{r^n}-1\right)\right.$$
$$\left.-\frac{1-r}{n+1}-\frac{(1-r)^2}{2}\right\}\quad\cdots\cdots ⑬$$

⬅ $n\to\infty$ のとき，$n(n+1)r^{n+1}$ についても同様である。

であり，$m\to\infty$ のとき，

⑫の｛　｝内 $\longrightarrow r-1\ (\neq 0)$

また，$n\to\infty$ のとき，

⑬の｛　｝内 $\longrightarrow -\dfrac{(1-r)^2}{2}\ (\neq 0)$

であるから，S_m，T_n は振動するので，

$\displaystyle\lim_{m\to\infty} S_m$，$\displaystyle\lim_{n\to\infty} T_n$ は存在しない。

参考

S_m を整理した形で表すと，⑧などから

$$S_m=\sum_{k=1}^{m}kr^k=\begin{cases}\dfrac{r\{1-(m+1)r^m+mr^{m+1}\}}{(1-r)^2} & (r\neq 1\ のとき)\\[2ex] \dfrac{1}{2}m(m+1) & (r=1\ のとき)\end{cases}$$

である。

ここで，$r\neq 1$ のとき，$S_m=\displaystyle\sum_{k=1}^{m}kr^k$ の別の求め方を示しておこう。

$$r+r^2+\cdots+r^m=\frac{r-r^{m+1}}{1-r}$$

であるから，両辺を r の関数とみて微分すると

$$1+2r+\cdots+mr^{m-1}=\frac{\{1-(m+1)r^m\}(1-r)+r-r^{m+1}}{(1-r)^2}$$
$$=\frac{1-(m+1)r^m+mr^{m+1}}{(1-r)^2}$$

となる。したがって，

$$\sum_{k=1}^{m}kr^k=r+2r^2+\cdots+mr^m$$
$$=r(1+2r+\cdots+mr^{m-1})$$
$$=\frac{r\{1-(m+1)r^m+mr^{m+1}\}}{(1-r)^2}$$

である。

403 漸化式で定まる数列の評価と極限

数列 $\{a_n\}$ を $a_1=1,\ a_{n+1}=\sqrt{\dfrac{3a_n+4}{2a_n+3}}$ $(n=1,\ 2,\ 3,\ \cdots)$ で定める。

(1) $n\geqq 2$ のとき，$a_n>1$ となることを示せ。

(2) $\alpha^2=\dfrac{3\alpha+4}{2\alpha+3}$ を満たす正の実数 α を求めよ。

(3) すべての自然数 n に対して $a_n<\alpha$ となることを示せ。

(4) $0<r<1$ を満たすある実数 r に対して，不等式 $\dfrac{\alpha-a_{n+1}}{\alpha-a_n}\leqq r$ $(n=1,\ 2,\ 3,\ \cdots)$ が成り立つことを示せ。さらに，極限 $\lim_{n\to\infty}a_n$ を求めよ。

（東北大）

第4章

精講 (3) 数学的帰納法によって示すことになります。そのためには，$\alpha-a_{n+1}$ と $\alpha-a_n$ の関係を調べることが必要ですが，(2)に着目して，$\alpha^2-{a_{n+1}}^2$ を考えた方が少し楽になります。(3)の計算に現れる式から，(4)の不等式が示されるはずで，そのあとの処理はよく知られたものです。

解答 (1) $a_1=1,\ a_{n+1}=\sqrt{\dfrac{3a_n+4}{2a_n+3}}$ ……①

より，$n=1,\ 2,\ \cdots$ に対して，$a_n>0$ であるから，

$$a_{n+1}=\sqrt{1+\frac{a_n+1}{2a_n+3}}>1$$

⇐ $\dfrac{3a_n+4}{2a_n+3}=\dfrac{(2a_n+3)+(a_n+1)}{2a_n+3}=1+\dfrac{a_n+1}{2a_n+3}$

である。したがって，$n\geqq 2$ のとき

$$a_n>1$$

である。（証明おわり）

(2) $\alpha^2=\dfrac{3\alpha+4}{2\alpha+3}$ ……②

⇐ $\lim_{n\to\infty}a_n$ が存在するとすれば，その極限値は②を満たす α の1つである。

は，分母を払って整理すると，

$$2\alpha^3+3\alpha^2-3\alpha-4=0$$

$$\therefore\ (\alpha+1)(2\alpha^2+\alpha-4)=0$$

となる。α は正の実数であるから，

$$\boldsymbol{\alpha=\frac{-1+\sqrt{33}}{4}}$$

である。

(3)　$n=1,\ 2,\ \cdots$ に対して，

$$a_n<\alpha \qquad \cdots\cdots③$$

を数学的帰納法で示す。

(Ⅰ)　$a_1=1<\dfrac{-1+\sqrt{33}}{4}=\alpha$ である。

⬅ $\sqrt{33}>\sqrt{25}=5$ より $\alpha=\dfrac{-1+\sqrt{33}}{4}>\dfrac{-1+5}{4}=1$

(Ⅱ)　$n=k$ (k は正の整数) のとき，③が成り立つ，つまり，$a_k<\alpha$ ……④　とする。

①で $n=k$ とおいた式と②から，

$$\alpha^2-{a_{k+1}}^2=\frac{3\alpha+4}{2\alpha+3}-\frac{3a_k+4}{2a_k+3}$$

$$=\frac{(3\alpha+4)(2a_k+3)-(2\alpha+3)(3a_k+4)}{(2\alpha+3)(2a_k+3)}$$

$$=\frac{\alpha-a_k}{(2\alpha+3)(2a_k+3)} \qquad \cdots\cdots⑤$$

⬅ $\alpha-a_{k+1}$ $=\sqrt{\dfrac{3\alpha+4}{2\alpha+3}}-\sqrt{\dfrac{3a_k+4}{2a_k+3}}$ $=\dfrac{\dfrac{3\alpha+4}{2\alpha+3}-\dfrac{3a_k+4}{2a_k+3}}{\sqrt{\dfrac{3\alpha+4}{2\alpha+3}}+\sqrt{\dfrac{3a_k+4}{2a_k+3}}}$ を整理してもよい。

である。したがって，$a_k\geqq 1$ と④より，

$$\alpha^2-{a_{k+1}}^2>0$$

$$\therefore\quad (\alpha-a_{k+1})(\alpha+a_{k+1})>0$$

$$\therefore\quad \alpha-a_{k+1}>0$$

⬅ $\alpha+a_{k+1}>0$ より。

であるから，$n=k+1$ のときにも③は成り立つ。

(Ⅰ)，(Ⅱ)より，$n=1,\ 2,\ \cdots$ に対して，③が成り立つ。　(証明おわり)

(4)　⑤で，$k=n$ とおいた式の両辺を $(\alpha-a_n)(\alpha+a_{n+1})$ で割ると

$$\frac{\alpha-a_{n+1}}{\alpha-a_n}=\frac{1}{(2\alpha+3)(2a_n+3)(\alpha+a_{n+1})}$$

となる。$\alpha\geqq 1$，$a_n\geqq 1$，$a_{n+1}\geqq 1$ であるから，

$$\frac{\alpha-a_{n+1}}{\alpha-a_n}\leqq\frac{1}{5\cdot 5\cdot 2}=\frac{1}{50}$$

⬅ $2\alpha+3\geqq 5$，$2a_n+3\geqq 0$，$\alpha+a_{n+1}\geqq 2$

が成り立つ。これより，たとえば $r=\dfrac{1}{50}$ とすると

$$\frac{\alpha-a_{n+1}}{\alpha-a_n}\leqq r \qquad \cdots\cdots⑥$$

が成り立つ。　(証明おわり)

③と⑥より

$$0<\alpha-a_{n+1}\leqq r(\alpha-a_n)$$

⬅ 右半分は⑥の分母を払ったものである。

であるから，

$$0<\alpha-a_n\leqq r^{n-1}(\alpha-a_1)=r^{n-1}(\alpha-1)\cdots\cdots⑦$$

である。

← $\alpha-a_n\leqq r(\alpha-a_{n-1})$
$\leqq r\cdot r(\alpha-a_{n-2})$
$=r^2(\alpha-a_{n-2})$
$\leqq\cdots\leqq r^{n-1}(\alpha-a_1)$

$0<r<1$ より，$\lim_{n\to\infty}r^{n-1}=0$ であるから，⑦において，はさみ打ちの原理より，

← $0\leqq\lim_{n\to\infty}(\alpha-a_n)$
$\leqq\lim_{n\to\infty}r^{n-1}(\alpha-1)=0$

$$\lim_{n\to\infty}(\alpha-a_n)=0 \quad \therefore \quad \lim_{n\to\infty}a_n=\alpha=\frac{-1+\sqrt{33}}{4}$$

である。

参考

(4)の極限だけならば，(2)の α を用いて次のように求めることもできる。

$f(x)=\sqrt{\dfrac{3x+4}{2x+3}}$ とおくと，$f'(x)=\dfrac{1}{2}\cdot\dfrac{1}{\sqrt{(3x+4)(2x+3)^3}}$ であるから，

"$x>0$ において，$0<f'(x)<\dfrac{1}{2}\cdot\dfrac{1}{\sqrt{4\cdot3^3}}=\dfrac{1}{12\sqrt{3}}$ である" ……(＊)

$a_{n+1}=f(a_n)$，$\alpha=f(\alpha)$ であり，$a_n>0$ $(n=1,\ 2,\ \cdots)$，$\alpha>0$ であるから，平均値の定理を用いると

$$a_{n+1}-\alpha=f(a_n)-f(\alpha)=f'(c)(a_n-\alpha)\ (c\ は\ a_n\ と\ \alpha\ の間の数)$$

が成り立ち，(＊)より

$$|a_{n+1}-\alpha|=|f'(c)(a_n-\alpha)|=|f'(c)||a_n-\alpha|\leqq\frac{1}{12\sqrt{3}}|a_n-\alpha|$$

が導かれる。これより，解答(4)後半と同様に

$$\lim_{n\to\infty}|a_n-\alpha|=0 \qquad \therefore \quad \lim_{n\to\infty}a_n=\alpha$$

が成り立つ。

類題 12 → 解答 p.366

r を $r>1$ である実数とし，数列 $\{a_n\}$ を次で定める。

$$a_1=1, \qquad a_{n+1}=\frac{a_n+r^2}{a_n+1}$$

(1) n が奇数のとき $a_n<r$，n が偶数のとき $a_n>r$ であることを示せ。

(2) 任意の自然数 n について，$a_{n+2}-r$ を a_n と r を用いて表せ。

(3) 任意の自然数 n について，次の不等式を示せ。

$$\frac{a_{2n+2}-r}{a_{2n}-r}<\left(\frac{r-1}{r+1}\right)^2$$

(4) $\lim_{n\to\infty}a_{2n}$ および $\lim_{n\to\infty}a_{2n+1}$ を求めよ。

☆ 404 数列の極限のグラフによる考察

α を $0<\alpha<1$ を満たす実数とし，$f(x)=\sin\dfrac{\pi x}{2}$ とする。数列 $\{a_n\}$ が

$$a_1=\alpha,\ a_{n+1}=f(a_n)\ (n=1,\ 2,\ \cdots)$$

で定義されるとき，次の問いに答えよ。

(1) すべての自然数 n に対して，$0<a_n<1$ かつ $a_{n+1}>a_n$ が成り立つことを示せ。

(2) $b_n=\dfrac{1-a_{n+1}}{1-a_n}$ とおくとき，すべての自然数 n に対して，$b_{n+1}<b_n$ が成り立つことを示せ。

(3) $\lim\limits_{n\to\infty}a_n$ および(2)で定めた $\{b_n\}$ に対して $\lim\limits_{n\to\infty}b_n$ を求めよ。（北海道大）

精講 数列 $\{a_n\}$ において，a_1，a_2，a_3，$\cdots$ の関係は，曲線 $y=f(x)=\sin\dfrac{\pi x}{2}$ と直線 $y=x$ を用いて，右図のように視覚的に捉えられます。この図から，$0<a_n<a_{n+1}<1$ が成り立つのは明らかですが，(1)で「図より明らか。」とするのは高校数学では許されません。そこで，$0<x<1$ において，曲線 $y=f(x)$ は単調増加で，上に凸であることに着目して考えてみましょう。(2)では，b_n がある直線の傾きであることに気付けば，$b_{n+1}<b_n$ を図形的に解釈できます。

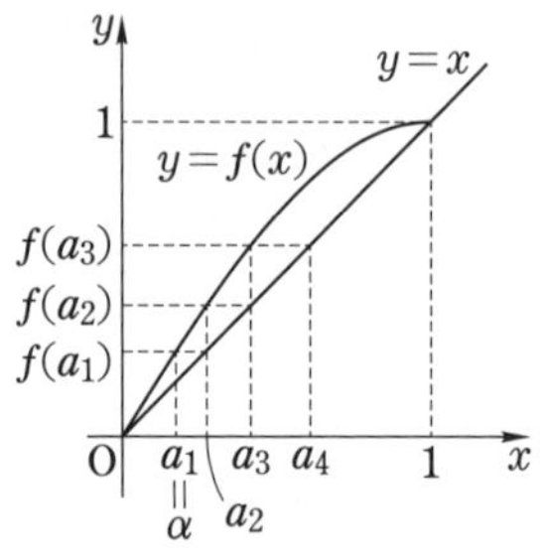

解答 (1) $f(x)=\sin\dfrac{\pi x}{2}$ において，

$$f'(x)=\frac{\pi}{2}\cos\frac{\pi x}{2},\quad f''(x)=-\frac{\pi^2}{4}\sin\frac{\pi x}{2}$$

である。$0<x<1$ ……① において，$f'(x)>0$ より，$f(x)$ は単調増加であり，$f(0)=0$，$f(1)=1$ である。また，①において，$f''(x)<0$ より，曲線 $C：y=f(x)$ は上に凸であるから，C 上の2点 O(0, 0)，A(1, 1) を結ぶ線分：$y=x$ ($0\leqq x\leqq 1$) は C の下方にある。(右図参照) よって，①において，

$$0<x<f(x)<1 \qquad \cdots\cdots②$$

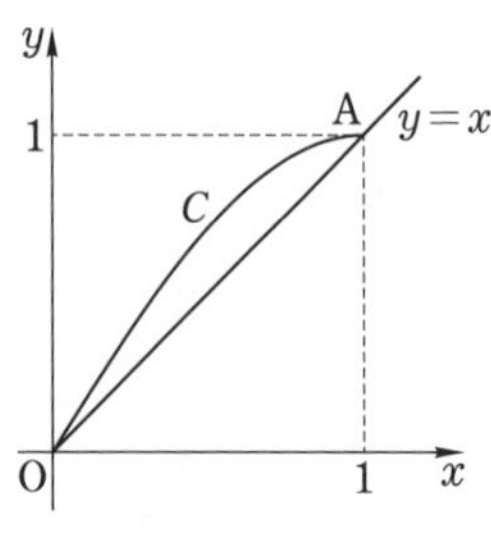

である。

自然数 n に対して，

$$0<a_n<1 \quad \cdots\cdots③, \quad a_n<a_{n+1} \quad \cdots\cdots④$$

が成り立つことを順に数学的帰納法で示す。

⬅③，④をまとめて，$0<a_n<a_{n+1}<1$ を数学的帰納法で示してもよい。

[③の証明]

(I) $0<a_1=\alpha<1$ より，$n=1$ のときは成り立つ。

(II) 自然数 k に対して，$0<a_k<1$ とするとき，

$f(x)$ が①で単調増加であるから，

$$f(0)<f(a_k)<f(1) \quad より \quad 0<a_{k+1}<1$$

⬅$f(a_k)=a_{k+1}$

が成り立つ。

(I)，(II)より，自然数 n に対して，③が成り立つ。

(証明おわり)

[④の証明]

(I) $0<\alpha<1$ と②より，

$$\alpha<f(\alpha), \text{ つまり, } a_1<a_2$$

⬅$a_1=\alpha$，$a_2=f(a_1)=f(\alpha)$

であるから，$n=1$ のときには成り立つ。

(II) 自然数 k に対して，$a_k<a_{k+1}$ とすると，

③より $0<a_k<a_{k+1}<1$ であり，①において

$f(x)$ は単調増加であるから，

$$f(a_k)<f(a_{k+1}) \quad つまり \quad a_{k+1}<a_{k+2}$$

⬅$n=k+1$ のときの④の成立が示された。

が成り立つ。

(I)，(II)より，自然数 n に対して，④が成り立つ。

(証明おわり)

(2) C 上の点 A_n ($n=1$，2，…) を

$$\mathrm{A}_n(a_n,\ f(a_n))=(a_n,\ a_{n+1})$$

と定める。このとき，

$$b_n=\frac{1-a_{n+1}}{1-a_n}=(\text{直線 } \mathrm{AA}_n \text{ の傾き}) \quad \cdots\cdots⑤$$

である。①において，C は上に凸であることと，③，④より，点 A_{n+1} は直線 AA_n の上方にあるので，右図より

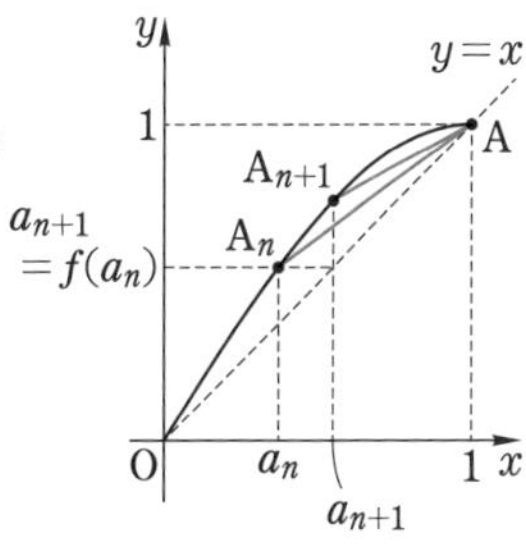

$$(\mathrm{AA}_{n+1} \text{ の傾き})<(\mathrm{AA}_n \text{ の傾き})$$

すなわち $\qquad b_{n+1}<b_n \qquad \cdots\cdots⑥$

が成り立つ。 (証明おわり)

(3)　⑤より

$$b_1\cdot b_2\cdot\cdots\cdot b_{n-1}$$

$$=\frac{1-a_2}{1-a_1}\cdot\frac{1-a_3}{1-a_2}\cdot\cdots\cdot\frac{1-a_n}{1-a_{n-1}}=\frac{1-a_n}{1-\alpha}$$

⬅ $1-a_1=1-\alpha$

$$\therefore\quad 1-a_n=b_1\cdot b_2\cdot\cdots\cdot b_{n-1}(1-\alpha)\qquad\cdots\cdots⑦$$

である。③，⑤，⑥より

⬅③，⑤より，$b_n>0$

$$0<b_{n-1}<\cdots<b_2<b_1$$

であるから，

$$0<b_1\cdot b_2\cdot\cdots\cdot b_{n-1}<b_1\cdot b_1\cdot\cdots\cdot b_1=b_1{}^{n-1}$$

である。よって，⑦より

$$0<1-a_n<b_1{}^{n-1}(1-\alpha)$$

である。ここで，$0<b_1=\dfrac{1-a_2}{1-a_1}<1$ であるから，

⬅③，④より
$0<a_1<a_2<1$,
$\therefore\quad 1-a_1>1-a_2>0$

はさみ打ちの原理より

$$0\leqq\lim_{n\to\infty}(1-a_n)\leqq\lim_{n\to\infty}b_1{}^{n-1}(1-\alpha)=0$$

したがって，

$$\lim_{n\to\infty}(1-a_n)=0\quad\therefore\quad \boldsymbol{\lim_{n\to\infty}a_n=1}\qquad\cdots\cdots⑧$$

である。次に，

$$b_n=\frac{1-a_{n+1}}{1-a_n}=\frac{f(1)-f(a_n)}{1-a_n}$$

⬅平均値の定理から，
$f(1)-f(a_n)$
$=f'(c_n)(1-a_n)$
$a_n<c_n<1$ となる c_n をとると，$b_n=f'(c_n)$ であることを利用してもよい。

であるから，⑧より

$$\boldsymbol{\lim_{n\to\infty}b_n}=f'(1)=\frac{\pi}{2}\cos\frac{\pi}{2}\boldsymbol{=0}$$

である。

参考

(2)では，次のように示すこともできる。

$b_n=\dfrac{1-a_{n+1}}{1-a_n}=\dfrac{1-f(a_n)}{1-a_n}$ であり，$g(x)=\dfrac{1-f(x)}{1-x}$ とおくと，$b_n=g(a_n)$ である。$g'(x)=\dfrac{-f'(x)(1-x)+1-f(x)}{(1-x)^2}$ の分子を $h(x)$ とおくと，①において，$h'(x)=-f''(x)(1-x)=\dfrac{\pi^2}{4}\left(\sin\dfrac{\pi x}{2}\right)(1-x)>0$ であるから，$h(1)=0$ と合わせると，$h(x)<0$，よって，$g'(x)<0$ である。これより，$g(x)$ は単調減少であるから，④より，$g(a_n)>g(a_{n+1})$，つまり，$b_n>b_{n+1}$ が成り立つ。

405 数列の収束・発散と初項の値との関係

a を実数とし，数列 $\{x_n\}$ を次の漸化式によって定める。

$$x_1=a,\ x_{n+1}=x_n+x_n{}^2\ (n=1,\ 2,\ 3,\ \cdots)$$

(1) $a>0$ のとき，数列 $\{x_n\}$ が発散することを示せ。

(2) $-1<a<0$ のとき，すべての正の整数 n に対して $-1<x_n<0$ が成り立つことを示せ。

☆(3) $-1<a<0$ のとき，数列 $\{x_n\}$ の極限を調べよ。 (東北大)

精講 404 と同様に，放物線 $y=x+x^2$ と直線 $y=x$ の関係を図示しておくと，$x_n\ (n=1,\ 2,\ \cdots)$ の値の変化を見ることができ，(1)では $\lim_{n\to\infty} x_n=\infty$，(3)では $\lim_{n\to\infty} x_n=0$ ……(☆) と予想できるはずです。しかし，(☆) を数学的にキチンと示すには何か工夫が必要です。

第4章

解答 (1)

$$x_{n+1}=x_n+x_n{}^2 \quad \cdots\cdots①$$

$$\therefore\ x_{n+1}-x_n=x_n{}^2\geqq 0 \quad \cdots\cdots①'$$

より，“数列 $\{x_n\}$ は増加列である。”……(＊)

⇐「非減少列」としてもよい。

また，①′ より，数列 $\{x_n\}$ の階差数列が $\{x_n{}^2\}$ であるから，$n\geqq 2$ のとき，

$$x_n=x_1+\sum_{k=1}^{n-1} x_k{}^2=a+\sum_{k=1}^{n-1} x_k{}^2 \quad \cdots\cdots②$$

である。

⇐①′ より，$\sum_{k=1}^{n-1}(x_{k+1}-x_k)=\sum_{k=1}^{n-1} x_k{}^2$ として得られる。

$a>0$ のとき，(＊) より

$$0<a=x_1\leqq x_2\leqq\cdots\leqq x_n\leqq\cdots$$

$$\therefore\ 0<a^2=x_1{}^2\leqq x_2{}^2\leqq\cdots\leqq x_n{}^2\leqq\cdots$$

であるから，②より，$n\geqq 2$ のとき，

⇐$a_1=a>0$ のとき，①より $x_n>0\ (n=1,\ 2,\ \cdots)$ であるから，≦は<でも成り立つ。

$$x_n\geqq a+\sum_{k=1}^{n-1} a^2=a+(n-1)a^2$$

である。したがって，

$$\lim_{n\to\infty} x_n=\infty$$

⇐$a^2>0$ より，$\lim_{n\to\infty}\{a+(n-1)a^2\}=\infty$。

となるので，数列 $\{x_n\}$ は発散する。(証明おわり)

⇖参考 1° に別の説明がある。

(2) $-1<a<0$ ……③ のとき，

$$-1<x_1=a<0$$

であり，$-1<x_k<0$（k は正の整数）とすると，

$$\begin{cases} x_{k+1}=x_k(1+x_k)<0 \\ x_{k+1}=\left(x_k+\dfrac{1}{2}\right)^2-\dfrac{1}{4}\geqq-\dfrac{1}{4}>-1 \end{cases}$$

⬅ $x_k<0$，$1+x_k>0$ より。

であるから，$-1<x_{k+1}<0$ となる。

したがって，帰納的に，$n=1$，2，$\cdots$ に対して

$$-1<x_n<0 \quad \cdots\cdots④$$

⬅「数学的帰納法によって」としてもよい。

が成り立つ。（証明おわり）

(3) ③のもとで，(＊)と④より

$$-1<a=x_1<x_2<\cdots<x_n<\cdots<0$$

⬅ ①′ において，$x_n\neq0$，つまり，$x_n{}^2>0$（$n=1$，2，$\cdots$）であることに注意する。

であるから，

$$1>a^2=x_1{}^2>x_2{}^2>\cdots>x_n{}^2>\cdots>0 \quad \cdots\cdots⑤$$

が成り立つ。

⬅ 以下では，$\lim\limits_{n\to\infty}x_n=0$ を示そうとしている。

②で n の代わりに $n+1$ とおくと，$n\geqq2$ のとき，

$$\begin{aligned} x_{n+1}&=a+x_1{}^2+x_2{}^2+\cdots+x_n{}^2 \\ &>a+x_n{}^2+x_n{}^2+\cdots+x_n{}^2=a+nx_n{}^2 \end{aligned}$$

⬅ ⑤を用いた。

となる。ここで，④より，$x_{n+1}<0$ であるから，

$$a+nx_n{}^2<0 \quad \therefore \quad x_n{}^2<-\frac{a}{n}$$

⬅ $a+nx_n{}^2<x_{n+1}<0$ より。

であり，はさみ打ちの原理より

$$0\leqq\lim_{n\to\infty}x_n{}^2\leqq\lim_{n\to\infty}\left(-\frac{a}{n}\right)=0$$

$$\therefore \quad \boldsymbol{\lim_{n\to\infty}x_n=0} \quad \cdots\cdots⑥$$

⬅ $\lim\limits_{n\to\infty}x_n{}^2=0$ のとき，$\lim\limits_{n\to\infty}x_n=0$ である。

である。

参考

1° (1)では，(＊)より，$x_n\geqq x_1=a$ であるから，$x_{n+1}=(1+x_n)x_n\geqq(1+a)x_n$ である。これから，$x_n\geqq(1+a)^{n-1}x_1=a(1+a)^{n-1}$ を示してもよい。

2° (3)では，$k=1$，2，$\cdots$，$n-1$（$n\geqq2$）に対して，④より，

$$\frac{1}{x_{k+1}}=\frac{1}{x_k(1+x_k)}=\frac{1}{x_k}-\frac{1}{1+x_k} \quad \therefore \quad \frac{1}{x_{k+1}}-\frac{1}{x_k}=-\frac{1}{1+x_k}<-1$$

が成り立つ。$k=1$，2，$\cdots$，$n-1$ とおいて，辺々を加え合わせて，

$$\frac{1}{x_n}<\frac{1}{x_n}-\frac{1}{x_1}<-(n-1) \quad \text{から} \quad \frac{-1}{n-1}<x_n<0$$

を導いて，⑥を示すこともできる。

406 数列の上と下からの評価による極限

実数 x に対して，$l \leqq x < l+1$ を満たす整数 l を $[x]$ と表す。数列 $\{a_n\}$ を $a_n=\dfrac{n}{[\sqrt{n}\,]}$ $(n=1,\ 2,\ 3,\ \cdots)$ で定め，$S_n=\sum_{k=1}^{n} a_k$ とおく。

(1) S_3，S_8 を求めよ。

(2) S_{m^2-1} $(m=2,\ 3,\ 4,\ \cdots)$ を m の式で表せ。

(3) 数列 $\left\{\dfrac{S_n}{n^{\frac{3}{2}}}\right\}$ が収束することを示し，その極限値を求めよ。

（横浜国大）

精講　(1)のヒントから，(2)では分母が一定である項をまとめて扱うとよいことがわかるはずです。すなわち，正の整数 l に対して，a_k の分母が l であるような k の範囲は

$$[\sqrt{k}\,]=l \text{ より } l \leqq \sqrt{k} < l+1,\text{ つまり，} l^2 \leqq k < (l+1)^2$$

ですから，まず $a_{l^2}+a_{l^2+1}+\cdots+a_{(l+1)^2-1}$ を求めます。

(3)では，正の整数 n に対して，$m^2 \leqq n < (m+1)^2$ となる正の整数 m がただ1つ存在することに注意すると，(2)の結果を利用することができます。

解答　(1)　$1 \leqq k \leqq 3$ のとき $[\sqrt{k}\,]=1$ であるから，

$$S_3=\sum_{k=1}^{3} a_k=\sum_{k=1}^{3}\frac{k}{[\sqrt{k}\,]}=1+2+3=\mathbf{6}$$

である。また，$4 \leqq k \leqq 8$ のとき，$[\sqrt{k}\,]=2$ であるから，

$$S_8=\sum_{k=1}^{8} a_k=S_3+\sum_{k=4}^{8}\frac{k}{[\sqrt{k}\,]}$$

$$=6+\frac{4+5+6+7+8}{2}=\mathbf{21}$$

である。

⬅ $a_1=\dfrac{1}{[\sqrt{1}\,]}=\dfrac{1}{1}$，$a_2=\dfrac{2}{[\sqrt{2}\,]}=\dfrac{2}{1}$，$a_3=\dfrac{3}{[\sqrt{3}\,]}=\dfrac{3}{1}$

⬅ $a_4=\dfrac{4}{[\sqrt{4}\,]}=\dfrac{4}{2}$，$a_5=\dfrac{5}{[\sqrt{5}\,]}=\dfrac{5}{2}$，などから。

(2)　正の整数 l に対して，

$$[\sqrt{k}\,]=l \iff l^2 \leqq k \leqq (l+1)^2-1 \quad \cdots\cdots ①$$

であり，①のとき，$a_k=\dfrac{k}{[\sqrt{k}\,]}=\dfrac{k}{l}$ であるから，

⬅ $[\sqrt{k}\,]=l \iff l \leqq \sqrt{k} < l+1$
$\iff l^2 \leqq k < (l+1)^2$
$\iff l^2 \leqq k \leqq (l+1)^2-1$

第4章

$$\sum_{k=l^2}^{(l+1)^2-1} a_k = \sum_{k=l^2}^{(l+1)^2-1} \frac{k}{l} = \frac{1}{l}\sum_{k=l^2}^{(l+1)^2-1} k$$

$$= \frac{1}{l}\cdot\frac{1}{2}(2l+1)\{l^2+(l^2+2l)\}$$

$$= (2l+1)(l+1) \quad \cdots\cdots ②$$

⬅ $\sum_{k=l^2}^{(l+1)^2-1} k$ は初項 l^2, 末項 $(l+1)^2-1=l^2+2l$, 項数 $(l+1)^2-1-(l^2-1)=2l+1$ の等差数列の和である。

である。②を T_l とおくとき,

$$S_{m^2-1} = \sum_{k=1}^{m^2-1} a_k = \sum_{l=1}^{m-1} T_l$$

$$= \sum_{l=1}^{m-1}(2l+1)(l+1) = \sum_{l=1}^{m-1}(2l^2+3l+1)$$

$$= \boldsymbol{\frac{1}{6}(m-1)(4m^2+7m+6)} \quad \cdots\cdots ③$$

⬅ $k=1,\ 2,\ 3,\ \cdots,\ m^2-1$ に対する和を $k=1^2\sim2^2-1$, $k=2^2\sim3^2-1$, $\cdots$, $k=(m-1)^2\sim m^2-1$ に対する和 $T_1,\ T_2,\ \cdots,\ T_{m-1}$ に分けた。

となる。

(3) 正の整数 n に対して,

$$m^2 \leqq n \leqq (m+1)^2-1 < (m+1)^2 \quad \cdots\cdots ④$$

を満たす正の整数 m をとると

$$S_{m^2-1} < S_{m^2} \leqq S_n \leqq S_{(m+1)^2-1} \quad \cdots\cdots ⑤$$

である。④より

⬅ 区間 $x\geqq1$ は $1^2\leqq x<2^2$, $2^2\leqq x<3^2$, $\cdots$, $m^2\leqq x<(m+1)^2$, $\cdots$ に分割されるので, ④を満たす正の整数 m がただ1つ存在する。

$$\frac{1}{(m+1)^3} < \frac{1}{n^{\frac{3}{2}}} \leqq \frac{1}{m^3}$$

⬅ ④より, $m^3\leqq n^{\frac{3}{2}}<(m+1)^3$ 辺々の逆数をとる。

であるから, ⑤と結び合わせると,

⬅ $m\geqq2$, $n\geqq4$ と考えてよい。

$$\frac{S_{m^2-1}}{(m+1)^3} < \frac{S_n}{n^{\frac{3}{2}}} \leqq \frac{S_{(m+1)^2-1}}{m^3} \quad \cdots\cdots ⑥$$

⬅ $S_{m^2-1}<S_n$, $\frac{1}{(m+1)^3}<\frac{1}{n^{\frac{3}{2}}}$ の辺々をかけ合わせると, $\frac{S_{m^2-1}}{(m+1)^3}<\frac{S_n}{n^{\frac{3}{2}}}$ となり, 他も同様である。

である。④において, $n\to\infty$ のとき, $m\to\infty$ であり,

$$\lim_{m\to\infty}\frac{S_{m^2-1}}{(m+1)^3} = \lim_{m\to\infty}\frac{\left(1-\frac{1}{m}\right)\left(4+\frac{7}{m}+\frac{6}{m^2}\right)}{6\left(1+\frac{1}{m}\right)^3} = \frac{2}{3}$$

$$\lim_{m\to\infty}\frac{S_{(m+1)^2-1}}{m^3} = \lim_{m\to\infty}\frac{1}{6}\left(4+\frac{15}{m}+\frac{17}{m^2}\right) = \frac{2}{3}$$

⬅ ③より,
$S_{(m+1)^2-1}$
$=\frac{1}{6}m\{4(m+1)^2+7(m+1)+6\}$
$=\frac{1}{6}m(4m^2+15m+17)$

である。したがって, ⑥において, はさみ打ちの原理から,

$$\boldsymbol{\lim_{n\to\infty}\frac{S_n}{n^{\frac{3}{2}}} = \frac{2}{3}}$$

である。

407 座標平面上の点列の極限

$0<a<1$ とする。座標平面上で原点 A_0 から出発して x 軸の正の方向に a だけ進んだ点を A_1 とする。次に，A_1 で進行方向を反時計回りに $120°$ 回転し a^2 だけ進んだ点を A_2 とする。以後同様に A_{n-1} で反時計回りに $120°$ 回転して a^n だけ進んだ点を A_n とする。このとき，点列 A_0，A_1，A_2，… の極限の座標を求めよ。 (東京工大)

精講 A_n の座標を求めるときには，ベクトルを利用して，
$\overrightarrow{OA_n}=\overrightarrow{A_0A_1}+\overrightarrow{A_1A_2}+\overrightarrow{A_2A_3}+\cdots+\overrightarrow{A_{n-1}A_n}$ と考えます。次に，右辺に現れるベクトルは3個ごとに同じ向きになっていることに着目します。

また，ベクトルの代わりに複素数を利用することもできます。その場合には，等比数列の和の公式を適用できますので，説明を少し簡潔に済ますことができます。

解答 $\overrightarrow{OA_n}=\overrightarrow{A_0A_1}+\overrightarrow{A_1A_2}+\cdots+\overrightarrow{A_{n-1}A_n}$

であるから，

⬅ $A_0=O$ (原点) より。

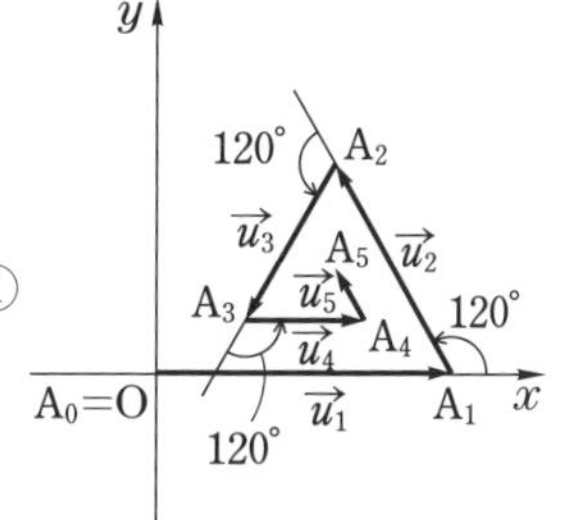

$$\vec{u_k}=\overrightarrow{A_{k-1}A_k}\ (k=1,\ 2,\ 3,\ \cdots)$$

とおくと，

$$\overrightarrow{OA_n}=\vec{u_1}+\vec{u_2}+\cdots+\vec{u_n}=\sum_{k=1}^{n}\vec{u_k}\quad\cdots\cdots①$$

である。ここで，$\vec{u_k}$ について調べる。

$$|\vec{u_k}|=|\overrightarrow{A_{k-1}A_k}|=a^k$$

であり，x 軸の正の向きから $\vec{u_k}\ (k=1,\ 2,\ \cdots)$ までの角は $0°$，$120°$，$240°$ の繰り返しであり，3個目毎に同じ向きのベクトルが現れる。したがって，

$$\vec{u_{k+3}}=a^3\vec{u_k}\quad\cdots\cdots②$$

が成り立つ。

⬅ $k=1,\ 4,\ \cdots$ とおくと
$\vec{u_4}=a^3\vec{u_1}$,
$\vec{u_7}=a^3\vec{u_4}=(a^3)^2\vec{u_1}$,
…
となる。

②より，$l=1,\ 2,\ \cdots$ に対して

$$\begin{cases}\vec{u_{3l-2}}=\vec{u_{3(l-1)+1}}=(a^3)^{l-1}\vec{u_1}\\ \vec{u_{3l-1}}=\vec{u_{3(l-1)+2}}=(a^3)^{l-1}\vec{u_2}\\ \vec{u_{3l}}=\vec{u_{3(l-1)+3}}=(a^3)^{l-1}\vec{u_3}\end{cases}$$

が成り立つので，$m=1,\ 2,\ \cdots$ に対して，①より

第4章

$$\overrightarrow{\mathrm{OA}_{3m}}=\sum_{k=1}^{3m}\overrightarrow{u_k}=\sum_{l=1}^{m}(\overrightarrow{u_{3l-2}}+\overrightarrow{u_{3l-1}}+\overrightarrow{u_{3l}})$$
$$=\sum_{l=1}^{m}\{(a^3)^{l-1}(\overrightarrow{u_1}+\overrightarrow{u_2}+\overrightarrow{u_3})\}$$
$$=\left\{\sum_{l=1}^{m}(a^3)^{l-1}\right\}(\overrightarrow{u_1}+\overrightarrow{u_2}+\overrightarrow{u_3})$$
$$=\frac{1-a^{3m}}{1-a^3}(\overrightarrow{u_1}+\overrightarrow{u_2}+\overrightarrow{u_3}) \quad \cdots\cdots③$$

⬅ $\sum_{k=1}^{3m}\overrightarrow{u_k}$ において，順に 3 個ずつまとめて，$(\overrightarrow{u_1}+\overrightarrow{u_2}+\overrightarrow{u_3})+(\overrightarrow{u_4}+\overrightarrow{u_5}+\overrightarrow{u_6})+\cdots+(\overrightarrow{u_{3m-2}}+\overrightarrow{u_{3m-1}}+\overrightarrow{u_{3m}})$ と考えた。

となる。ここで，

$$\overrightarrow{u_1}=\overrightarrow{\mathrm{A}_0\mathrm{A}_1}=(a,\ 0)$$
$$\overrightarrow{u_2}=\overrightarrow{\mathrm{A}_1\mathrm{A}_2}=(a^2\cos 120^\circ,\ a^2\sin 120^\circ)=\left(-\frac{a^2}{2},\ \frac{\sqrt{3}}{2}a^2\right)$$
$$\overrightarrow{u_3}=\overrightarrow{\mathrm{A}_2\mathrm{A}_3}=(a^3\cos 240^\circ,\ a^3\sin 240^\circ)=\left(-\frac{a^3}{2},\ -\frac{\sqrt{3}}{2}a^3\right)$$

であるから，③に戻ると，

$$\overrightarrow{\mathrm{OA}_{3m}}=\frac{1-a^{3m}}{1-a^3}\left(\frac{a(1-a)(a+2)}{2},\ \frac{\sqrt{3}\,a^2(1-a)}{2}\right) \quad \cdots\cdots④$$

である。また，

$$\overrightarrow{\mathrm{OA}_{3m+1}}=\overrightarrow{\mathrm{OA}_{3m}}+\overrightarrow{\mathrm{A}_{3m}\mathrm{A}_{3m+1}}$$
$$=\overrightarrow{\mathrm{OA}_{3m}}+a^{3m}\overrightarrow{u_1} \quad \cdots\cdots⑤$$

⬅ $\overrightarrow{\mathrm{A}_{3m}\mathrm{A}_{3m+1}}=\overrightarrow{u_{3m+1}}=\overrightarrow{u_{3(m+1)-2}}=a^{3m}\overrightarrow{u_1}$

$$\overrightarrow{\mathrm{OA}_{3m+2}}=\overrightarrow{\mathrm{OA}_{3m+1}}+\overrightarrow{\mathrm{A}_{3m+1}\mathrm{A}_{3m+2}}$$
$$=\overrightarrow{\mathrm{OA}_{3m}}+a^{3m}\overrightarrow{u_1}+a^{3m}\overrightarrow{u_2} \quad \cdots\cdots⑥$$

⬅ $\overrightarrow{\mathrm{A}_{3m+1}\mathrm{A}_{3m+2}}=\overrightarrow{u_{3m+2}}=\overrightarrow{u_{3(m+1)-1}}=a^{3m}\overrightarrow{u_2}$

である。

$0<a<1$ より

⬅ $\lim_{m\to\infty}a^{3m}=0$

$$\lim_{m\to\infty}a^{3m}\overrightarrow{u_1}=\lim_{m\to\infty}a^{3m}\overrightarrow{u_2}=\vec{0}=(0,\ 0)$$

であるから，④，⑤，⑥より

$$\lim_{m\to\infty}\overrightarrow{\mathrm{OA}_{3m}}=\lim_{m\to\infty}\overrightarrow{\mathrm{OA}_{3m+1}}=\lim_{m\to\infty}\overrightarrow{\mathrm{OA}_{3m+2}}$$
$$=\frac{1}{1-a^3}\left(\frac{a(1-a)(a+2)}{2},\ \frac{\sqrt{3}\,a^2(1-a)}{2}\right)$$
$$=\left(\boldsymbol{\frac{a(a+2)}{2(a^2+a+1)}},\ \boldsymbol{\frac{\sqrt{3}\,a^2}{2(a^2+a+1)}}\right) \quad \cdots\cdots⑦$$

⬅ $1-a^3=(1-a)(a^2+a+1)$

である。これより，点列 A_0，A_1，A_2，… の極限は⑦を座標にもつ点である。

⬅ A_n は A_{3m}，A_{3m+1}，A_{3m+2} $(m=0,\ 1,\ \cdots)$ のいずれかであり，$m\to\infty$ のとき，A_{3m}，A_{3m+1}，A_{3m+2} は同じ点に収束するので。

別解 複素数平面で考えて，$k=1,\ 2,\ \cdots$ に対して，$\overrightarrow{\mathrm{A}_{k-1}\mathrm{A}_k}$ に対応する複素数を z_k とする。

$|\overrightarrow{\mathrm{A}_{k-1}\mathrm{A}_k}|=a^k$ であり，実軸の正の向きから $\overrightarrow{\mathrm{A}_{k-1}\mathrm{A}_k}$ までの角を弧度法で表すと $\frac{2}{3}\pi(k-1)=\frac{2(k-1)\pi}{3}$

⬅ 度数法の 120° は弧度法では $\frac{2}{3}\pi$。

であるから，

$$z_k=a^k\left\{\cos\frac{2(k-1)\pi}{3}+i\sin\frac{2(k-1)\pi}{3}\right\}$$

である。さらに，

$$\alpha=a\left(\cos\frac{2}{3}\pi+i\sin\frac{2}{3}\pi\right) \quad \cdots\cdots ⑧$$

⬅ $\alpha=-\frac{a}{2}+\frac{\sqrt{3}}{2}ai$

とおくと，ド・モアブルの定理より，

$$\alpha^{k-1}=a^{k-1}\left\{\cos\frac{2(k-1)\pi}{3}+i\sin\frac{2(k-1)\pi}{3}\right\}$$

であるから，

$$z_k=a\alpha^{k-1}$$

となる。

⬅ 複素数列 $\{z_k\}$ $(k=1,\ 2,\ \cdots)$ は初項 a，公比 $\alpha(\neq 1)$ の等比数列である。

$\overrightarrow{\mathrm{OA}_n}=\sum_{k=1}^{n}\overrightarrow{\mathrm{A}_{k-1}\mathrm{A}_k}$ に対応する複素数を w_n とおくと，

$$w_n=\sum_{k=1}^{n}z_k=\sum_{k=1}^{n}a\alpha^{k-1}=\frac{a(1-\alpha^n)}{1-\alpha}$$

⬅ 等比数列の和の公式は複素数の場合にも成り立つ。

となる。

⑧より $|\alpha|=a<1$ であるから，

$$\lim_{n\to\infty}w_n=\lim_{n\to\infty}\frac{a(1-\alpha^n)}{1-\alpha}=\frac{a}{1-\alpha}$$

$$=\frac{a}{1+\frac{a}{2}-\frac{\sqrt{3}}{2}ai}=\frac{a\left(1+\frac{a}{2}+\frac{\sqrt{3}}{2}ai\right)}{\left(1+\frac{a}{2}\right)^2+\left(\frac{\sqrt{3}}{2}a\right)^2}$$

$$=\frac{a(2+a)+\sqrt{3}\,a^2i}{2(1+a+a^2)} \quad \cdots\cdots ⑨$$

⬅ $|\alpha|<1$ より $\lim_{n\to\infty}|\alpha^n|=\lim_{n\to\infty}|\alpha|^n=0$ であるから，$\lim_{n\to\infty}\alpha^n=0$，すなわち，$\lim_{n\to\infty}\mathrm{Re}\,\alpha^n=\lim_{n\to\infty}\mathrm{Im}\,\alpha^n=0$（複素数 z に対して，$\mathrm{Re}\,z$，$\mathrm{Im}\,z$ はそれぞれ z の実部，虚部を表す。）

である。これより，点列 $\{\mathrm{A}_n\}$ の極限の座標，つまり，$\overrightarrow{\mathrm{OA}_n}$ の極限は

$$\left(\frac{a(2+a)}{2(1+a+a^2)},\ \frac{\sqrt{3}\,a^2}{2(1+a+a^2)}\right)$$

⬅ x 座標，y 座標はそれぞれ⑨の実部，虚部が対応する。

である。

第4章

408 確率の極限と $\lim_{n\to\infty}\left(1+\dfrac{1}{n}\right)^n=e$

n を自然数とする。つぼの中に，1 の数字を書いた玉が 1 個，2 の数字を書いた玉が 1 個，3 の数字を書いた玉が 1 個，…，n の数字を書いた玉が 1 個，合計 n 個の玉が入っている。つぼから無作為に玉を 1 個とり出し，書かれた数字を見て，もとに戻す試行を n 回行う。

(1) 試行を n 回行ったとき，k の数字が書かれた玉をちょうど k 回とり出す確率を p_k とする。p_k を k の式で表せ。ただし，$k=1$，2，3，…，n とする。

(2) (1)で求めた p_1，p_2，p_3，…，p_n について，

$$q_n=2p_1+2^2p_2+2^3p_3+\cdots+2^np_n$$

とおく。この q_n について，極限 $\lim_{n\to\infty}q_n$ の値を求めよ。（神戸大）

精講 (2) 二項定理を用いると，q_n を簡単な形で表せますが，そのあとで $\lim_{n\to\infty}\left(1+\dfrac{1}{n}\right)^n$ の値などが必要となります。そこで，自然対数の底 e について復習しておきましょう。

高校数学においては，極限値 $\lim_{h\to 0}(1+h)^{\frac{1}{h}}$ の存在を認めて，その極限値を e で表します。つまり，

$$\lim_{h\to 0}(1+h)^{\frac{1}{h}}=e \quad \cdots\cdots(*)$$

です。

$(*)$ において，$h=\dfrac{1}{x}$（x は実数），$h=\dfrac{1}{n}$（n は整数）とすると，$h\to+0$ は $x\to\infty$，$n\to\infty$ に対応しますから，

$$\lim_{x\to\infty}\left(1+\frac{1}{x}\right)^x=e,\quad \lim_{n\to\infty}\left(1+\frac{1}{n}\right)^n=e$$

です。また，$h\to-0$ は $x\to-\infty$，$n\to-\infty$ に対応しますから，

$$\lim_{x\to-\infty}\left(1+\frac{1}{x}\right)^x=e,\quad \lim_{n\to-\infty}\left(1+\frac{1}{n}\right)^n=e$$

も成り立ちます。

さらに，数列 $\left\{\left(1+\dfrac{a}{n}\right)^n\right\}$（$a$ は定数，$a\neq 0$）の極限は，$\lim_{n\to\infty}\left(1+\dfrac{a}{n}\right)^n$ において，$\dfrac{a}{n}=h$ とすると，$n\to\infty$ のとき，$h\to 0$ ですから，$(*)$ より

$$\lim_{n\to\infty}\left(1+\frac{a}{n}\right)^n=\lim_{h\to 0}(1+h)^{\frac{a}{h}}=\lim_{h\to 0}\{(1+h)^{\frac{1}{h}}\}^a=e^a \quad \cdots\cdots(**)$$

であることがわかります。

解答 (1) 1回の試行でkの数字が書かれた玉をとり出す確率は $\frac{1}{n}$ であるから，n回の試行でその玉をちょうどk回とり出す確率 p_k は

$$\boldsymbol{p_k={}_n\mathrm{C}_k\left(\frac{1}{n}\right)^k\left(1-\frac{1}{n}\right)^{n-k}}$$

← 反復試行の確率である。

である。

(2) (1)より

$$\begin{aligned}q_n&=\sum_{k=1}^{n}2^kp_k=\sum_{k=1}^{n}{}_n\mathrm{C}_k\left(\frac{2}{n}\right)^k\left(1-\frac{1}{n}\right)^{n-k}\\&=\sum_{k=0}^{n}{}_n\mathrm{C}_k\left(\frac{2}{n}\right)^k\left(1-\frac{1}{n}\right)^{n-k}-\left(1-\frac{1}{n}\right)^n\\&=\left(\frac{2}{n}+1-\frac{1}{n}\right)^n-\left(1-\frac{1}{n}\right)^n\\&=\left(1+\frac{1}{n}\right)^n-\left(1-\frac{1}{n}\right)^n\end{aligned}$$

← 二項定理 $(a+b)^n=\sum_{k=0}^{n}{}_n\mathrm{C}_ka^kb^{n-k}$ において，$a=\frac{2}{n}$，$b=1-\frac{1}{n}$ と考える。

となるので，

$$\lim_{n\to\infty}q_n=\lim_{n\to\infty}\left\{\left(1+\frac{1}{n}\right)^n-\left(1-\frac{1}{n}\right)^n\right\}$$

である。ここで，

$$\lim_{n\to\infty}\left(1+\frac{1}{n}\right)^n=e,\quad \lim_{n\to\infty}\left(1-\frac{1}{n}\right)^n=e^{-1}=\frac{1}{e}$$

← 右式については **精講** の $(**)$，あるいは，**注** 参照。

であるから，

$$\boldsymbol{\lim_{n\to\infty}q_n=e-\frac{1}{e}}$$

である。

$$\lim_{n\to\infty}\left(1-\frac{1}{n}\right)^n=\lim_{n\to\infty}\left(\frac{n-1}{n}\right)^n=\lim_{n\to\infty}\frac{1}{\left(\frac{n}{n-1}\right)^n}$$

$$=\lim_{n\to\infty}\frac{1}{\left(1+\frac{1}{n-1}\right)^{n-1}\left(1+\frac{1}{n-1}\right)}=\frac{1}{e\cdot 1}=\frac{1}{e}$$

第4章

409 3項間漸化式で定まる確率と無限等比級数

さいころを投げるという試行を繰り返し行う。ただし，2回連続して5以上の目が出た場合は，それ以降の試行は行わないものとする。

n 回目の試行が行われ，かつ n 回目に出た目が4以下になる確率を p_n とする。また，n 回目の試行が行われ，かつ n 回目に出た目が5以上になる確率を q_n とする。

(1) p_{n+2} を p_{n+1}，p_n を用いて表せ。それを利用して，p_n を求めよ。

(2) q_{n+2} を p_{n+1}，p_n を用いて表せ。

(3) $\sum_{n=1}^{\infty} q_n$ を求めよ。　　(慶応大*)

精講　(1) $(n+2)$ 回目の目が4以下となる場合を，$(n+1)$ 回目の目が4以下か，5以上かに分けて考えます。その結果，$p_{n+2}=ap_{n+1}+bp_n$ (a，b は定数) の形の式が導かれ，これから p_n を求めることになります。そこで，この種の3項間漸化式の処理法を復習しておきましょう。

数列 $\{a_n\}$ は漸化式 $a_{n+2}=pa_{n+1}+qa_n$ ……㋐ (p，q は n によらない定数) を満たしているとします。

このとき，$\alpha+\beta=p$，$\alpha\beta=-q$ となる2数 α，β，すなわち，2次方程式

$$x^2-px-q=0 \quad \cdots\cdots ㋑$$

の2つの解 α，β を選ぶと，㋐は

$$a_{n+2}=(\alpha+\beta)a_{n+1}-\alpha\beta a_n \quad \therefore \begin{cases} a_{n+2}-\alpha a_{n+1}=\beta(a_{n+1}-\alpha a_n) \cdots\cdots ㋒ \\ a_{n+2}-\beta a_{n+1}=\alpha(a_{n+1}-\beta a_n) \cdots\cdots ㋓ \end{cases}$$

と変形できます。

(I) $\alpha \neq \beta$ のとき

㋒，㋓より，数列 $\{a_{n+1}-\alpha a_n\}$，$\{a_{n+1}-\beta a_n\}$ はそれぞれ公比 β，α の等比数列ですから，

$$a_{n+1}-\alpha a_n=A\beta^{n-1} \quad \cdots\cdots ㋔ \qquad a_{n+1}-\beta a_n=B\alpha^{n-1} \quad \cdots\cdots ㋕$$

(A，B は a_1，a_2 によって定まる数) となります。したがって，

$$\{㋕-㋔\}\times\frac{1}{\alpha-\beta} \quad より \quad a_n=\frac{B\alpha^{n-1}-A\beta^{n-1}}{\alpha-\beta}$$

が得られます。(1)では，このような計算をすることになります。

(II) $\alpha=\beta$ のとき，すなわち，㋑が重解をもつとき，㋒，㋓は同じ式

$$a_{n+1}-\alpha a_n=\alpha(a_{n+1}-\alpha a_n) \quad \cdots\cdots ㋖$$

となります。㋖より，数列 $\{a_{n+1}-\alpha a_n\}$ は公比 α の等比数列ですから，

$$a_{n+1}-\alpha a_n=C\alpha^{n-1} \quad \cdots\cdots ㋗$$

(C は a_1，a_2 によって定まる数) となります。このあと，

$$㋗\times\frac{1}{\alpha^{n+1}}：\quad \frac{a_{n+1}}{\alpha^{n+1}}-\frac{a_n}{\alpha^n}=\frac{C}{\alpha^2}$$

と変形して，数列 $\left\{\dfrac{a_n}{\alpha^n}\right\}$ が公差 $\dfrac{C}{\alpha^2}$ の等差数列であることを利用すると，$\{a_n\}$ が求まります。たとえば，

$$a_1=1,\ a_2=9,\ a_{n+2}=6a_{n+1}-9a_n\ (n=1,\ 2,\ \cdots)$$

を満たす数列 $\{a_n\}$ について調べてみます。$\alpha=3$ に対応しますから，$a_{n+2}-3a_{n+1}=3(a_{n+1}-3a_n)$ より，$a_{n+1}-3a_n=2\cdot 3^n$ となります。この式を $\dfrac{a_{n+1}}{3^{n+1}}-\dfrac{a_n}{3^n}=\dfrac{2}{3}$ と書き直せば，$\dfrac{a_n}{3^n}=\dfrac{a_1}{3}+\dfrac{2}{3}(n-1)=\dfrac{2n-1}{3}$ から，$a_n=(2n-1)\cdot 3^{n-1}$ が導かれます。

解答 (1) n 回目の試行が行われるとき，n 回目に出た目を a_n とし，$a_n\leqq 4$ である事象を E_n と表す。

⬅ E_n が起こる確率が p_n である。

E_{n+2} が起こるのは

(i) E_{n+1} が起こり，かつ $a_{n+2}\leqq 4$

(ii) E_n が起こり，かつ $a_{n+1}\geqq 5$ かつ $a_{n+2}\leqq 4$

のいずれかの場合である。したがって，

⬅ (i)では $a_{n+1}\leqq 4$，(ii)では $a_{n+1}\geqq 5$ である。(ii)の場合には，$a_n\leqq 4$ でなければ，$(n+2)$ 回目の試行が行われないので，E_n が起こっている。

$$p_{n+2}=p_{n+1}\cdot\frac{4}{6}+p_n\cdot\frac{2}{6}\cdot\frac{4}{6}$$

$$\therefore\quad \boldsymbol{p_{n+2}=\frac{2}{3}p_{n+1}+\frac{2}{9}p_n} \quad \cdots\cdots ①$$

が成り立つ。①を変形するために

$$\alpha+\beta=\frac{2}{3},\ \alpha\beta=-\frac{2}{9}\ (\alpha<\beta)$$

⬅ **精講** (I)参照。

を満たす 2 数 α，β を求めると，

$$\alpha=\frac{1-\sqrt{3}}{3},\ \beta=\frac{1+\sqrt{3}}{3}$$

⬅ $x^2-\frac{2}{3}x-\frac{2}{9}=0$ の 2 解である。

である。これらを用いて，①は，

第4章

$$p_{n+2}=(\alpha+\beta)p_{n+1}-\alpha\beta p_n$$

と表されるので，

$$\begin{cases} p_{n+2}-\alpha p_{n+1}=\beta(p_{n+1}-\alpha p_n) & \cdots\cdots② \\ p_{n+2}-\beta p_{n+1}=\alpha(p_{n+1}-\beta p_n) & \cdots\cdots③ \end{cases}$$

と変形できる。②より，$\{p_{n+1}-\alpha p_n\}$ は公比 β の等比数列であり，③より，$\{p_{n+1}-\beta p_n\}$ は公比 α の等比数列である。したがって，

$$\begin{cases} p_{n+1}-\alpha p_n=\beta^{n-1}(p_2-\alpha p_1) & \cdots\cdots④ \\ p_{n+1}-\beta p_n=\alpha^{n-1}(p_2-\beta p_1) & \cdots\cdots⑤ \end{cases}$$

であり，さらに ④－⑤ より

$$(\beta-\alpha)p_n=\beta^{n-1}(p_2-\alpha p_1)-\alpha^{n-1}(p_2-\beta p_1) \quad \cdots\cdots⑥$$

である。ここで $p_1=\frac{2}{3}$，$p_2=\frac{2}{3}$ ……⑦ であるから，

⬅2回目の試行は必ず行われるので，p_2 は2回目の目が4以下である確率である。

$$p_2-\alpha p_1=\frac{2}{3}(1-\alpha)=\frac{4+2\sqrt{3}}{9}=\beta^2$$

$$p_2-\beta p_1=\frac{2}{3}(1-\beta)=\frac{4-2\sqrt{3}}{9}=\alpha^2$$

⬅注参照。

となるので，⑥より

$$(\beta-\alpha)p_n=\beta^{n+1}-\alpha^{n+1} \quad \cdots\cdots⑧$$

$$\therefore \quad \boldsymbol{p_n=\frac{\sqrt{3}}{2}\left\{\left(\frac{1+\sqrt{3}}{3}\right)^{n+1}-\left(\frac{1-\sqrt{3}}{3}\right)^{n+1}\right\}}$$

⬅$\beta-\alpha=\frac{2\sqrt{3}}{3}=\frac{2}{\sqrt{3}}$

である。

(2) n 回目の試行が行われ，$a_n \geqq 5$ である事象を F_n と表す。

F_{n+2} が起こるのは

(iii) E_{n+1} が起こり，かつ，$a_{n+2}\geqq 5$

(iv) E_n が起こり，かつ，$a_{n+1}\geqq 5$，$a_{n+2}\geqq 5$

のいずれかの場合である。したがって，

⬅$(n+1)$ 回目の目 a_{n+1} が，(iii) 4以下，(iv) 5以上の場合に分けて考える。(iv)の場合，$(n+2)$ 回目の試行が行われるためには，$a_n\leqq 4$ でなければならない。

$$q_{n+2}=p_{n+1}\cdot\frac{2}{6}+p_n\cdot\frac{2}{6}\cdot\frac{2}{6}$$

$$\therefore \quad \boldsymbol{q_{n+2}=\frac{1}{3}p_{n+1}+\frac{1}{9}p_n} \quad \cdots\cdots⑨$$

である。

(3)　①，⑨より，$q_{n+2}=\frac{1}{2}p_{n+2}$ $(n\geqq 1)$ である。また，

$q_1=q_2=\frac{1}{3}$ であるから，⑦と合わせると，

$$q_n=\frac{1}{2}p_n \ (n=1,\ 2,\ \cdots)$$

が成り立つ。したがって，

$$\sum_{n=1}^{\infty}q_n=\frac{1}{2}\sum_{n=1}^{\infty}p_n=\frac{\sqrt{3}}{4}\sum_{n=1}^{\infty}(\beta^{n+1}-\alpha^{n+1})$$

である。ここで，$|\beta|<1$，$|\alpha|<1$ であるから，

$$\sum_{n=1}^{\infty}q_n=\frac{\sqrt{3}}{4}\left(\frac{\beta^2}{1-\beta}-\frac{\alpha^2}{1-\alpha}\right)$$
$$=\frac{\sqrt{3}}{4}\left\{\frac{2(7+4\sqrt{3})}{3}-\frac{2(7-4\sqrt{3})}{3}\right\}=\mathbf{4}$$

である。

⬅2回目の試行は必ず行われるので，q_2 は2回目の目が5以上である確率である。

⬅⑧より $p_n=\frac{\sqrt{3}}{2}(\beta^{n+1}-\alpha^{n+1})$

第4章

注　$p_0=1$ とすると，①は $n\geqq 0$ で成り立つ。したがって，②，③も $n\geqq 0$ で成り立つので，④，⑤の代わりに

$$p_{n+1}-\alpha p_n=\beta^n(p_1-\alpha p_0),\ \ p_{n+1}-\beta p_n=\alpha^n(p_1-\beta p_0)$$

が得られる。ここで，$p_1=\frac{2}{3}$，$p_0=1$，$\alpha+\beta=\frac{2}{3}$ より，

$$p_{n+1}-\alpha p_n=\beta^n\left(\frac{2}{3}-\alpha\right)=\beta^n\cdot\beta=\beta^{n+1}$$

$$p_{n+1}-\beta p_n=\alpha^n\left(\frac{2}{3}-\beta\right)=\alpha^n\cdot\alpha=\alpha^{n+1}$$

が得られるので，これらの差から，⑧を導くこともできる。

類題 13　→解答 p.367

2つの数列 $\{a_n\}$ と $\{b_n\}$ が，$a_1=1$，$b_1=1$ および

$$\begin{cases} a_{n+1}=2a_n+6b_n & (n=1,\ 2,\ 3,\ \cdots) \\ b_{n+1}=2a_n+3b_n & (n=1,\ 2,\ 3,\ \cdots) \end{cases}$$

で定められているとき，次の各問に答えよ。

(1)　$a_{n+2}-\alpha a_{n+1}=\beta(a_{n+1}-\alpha a_n)$ $(n=1,\ 2,\ 3,\ \cdots)$ を満たす定数 α，β の組を2組求めよ。

(2)　a_n を n を用いて表せ。

(3)　極限値 $\lim_{n\to\infty}\frac{a_n}{b_n}$ を求めよ。

☆ 410 $\lim_{n\to\infty} n^{\frac{1}{n}}$ と $\lim_{x\to+0} x^x$

a を正の実数，n を自然数とするとき，$x^n=a$ となる正の数 x がただ1つ定まる。これを $a^{\frac{1}{n}}$ と書く。さらに，任意の実数 p に対して a^p が定義できて，$a>b>0$，$p>0$ ならば，$a^p>b^p$ が成立する。また，$a^{-p}=\left(\frac{1}{a}\right)^p=\frac{1}{a^p}$ である。これらのことを知って，次の問いに答えよ。

(1) $a>1$ のとき，$a^{\frac{1}{n}}=1+h_n$，$h_n>0$ とおける。このとき，$h_n<\frac{a}{n}$ を示せ。

(2) $\lim_{n\to\infty} n^{\frac{1}{n}}=1$ を証明せよ。

(3) $\lim_{x\to+0} x^x=1$ であることを証明せよ。ただし，必要なら，$0<x<1$ のとき $\frac{1}{n+1}<x\leqq\frac{1}{n}$ となる自然数 n が存在することを用いてよい。(注：$x\to+0$ は x が 0 に正の方向から近づくことを示す)

(九州大)

精講 (1)，(2)では二項定理を利用します。(3)では，問題文で与えられたことから，$\left(\frac{1}{n+1}\right)^x<x^x\leqq\left(\frac{1}{n}\right)^x$ が成り立つことを利用します。

解答 (1) $a>1$，$a^{\frac{1}{n}}=1+h_n$，$h_n>0$ のとき，二項定理から

$$a=(a^{\frac{1}{n}})^n=(1+h_n)^n=\sum_{k=0}^{n} {}_n\mathrm{C}_k h_n{}^k$$
$$\geqq {}_n\mathrm{C}_0+{}_n\mathrm{C}_1 h_n=1+nh_n>nh_n$$

となるので，$h_n<\frac{a}{n}$ である。　(証明おわり)

⬅ $a>1$，$\frac{1}{n}>0$ であるから，問題文より，$a^{\frac{1}{n}}>1^{\frac{1}{n}}=1$ が成り立つ。

⬅ $\sum_{k=0}^{n} {}_n\mathrm{C}_k h_n{}^k$ において，$k=0$，$1\,(\leqq n)$ に対応する項だけを取り出した。

(2) $n\geqq2$ のとき，$n^{\frac{1}{n}}=1+e_n$，$e_n>0$ とおくと，

$$n=(n^{\frac{1}{n}})^n=(1+e_n)^n=\sum_{k=0}^{n} {}_n\mathrm{C}_k e_n{}^k$$
$$\geqq {}_n\mathrm{C}_0+{}_n\mathrm{C}_1 e_n+{}_n\mathrm{C}_2 e_n{}^2$$
$$=1+ne_n+\frac{1}{2}n(n-1)e_n{}^2>\frac{1}{2}n(n-1)e_n{}^2$$

$$\therefore\ n>\frac{1}{2}n(n-1)e_n{}^2 \qquad \therefore\ e_n{}^2<\frac{2}{n-1}$$

⬅ $n\geqq2$ のとき，$n^{\frac{1}{n}}>1^{\frac{1}{n}}=1$ であるから，このような正の数 e_n がある。

⬅ **402** (1)でも同様の評価をした。

である。したがって，

$$0<e_n<\sqrt{\frac{2}{n-1}} \text{ より } \lim_{n\to\infty} e_n=0$$

← $\lim_{n\to\infty}\sqrt{\frac{2}{n-1}}=0$ とはさみ打ちの原理から。

であるから，

$$\lim_{n\to\infty} n^{\frac{1}{n}}=\lim_{n\to\infty}(1+e_n)=1 \quad \cdots\cdots①$$

である。　　　　　　　　　　　　　　(証明おわり)

(3)　$0<x<1$ のとき

← 問題文に示されていることによる。

$$\frac{1}{n+1}<x\leqq\frac{1}{n} \quad \cdots\cdots②$$

← 以下，n は x によって定まる②を満たす自然数を表す。

となる自然数 n が存在する。このとき，②の辺々にそれぞれ $n+1$，n をかけると，

$$1<(n+1)x\leqq\frac{n+1}{n} \text{ かつ } \frac{n}{n+1}<nx\leqq1$$

であり，$x\to+0$ のとき $n\to\infty$ であるから，はさみ打ちの原理より

← ②より $\frac{1}{x}-1<n\leqq\frac{1}{x}$

$$\lim_{x\to+0}(n+1)x=\lim_{x\to+0}nx=1 \quad \cdots\cdots③$$

← $\lim_{n\to\infty}\frac{n+1}{n}=\lim_{n\to\infty}\left(1+\frac{1}{n}\right)=1$
$\lim_{n\to\infty}\frac{n}{n+1}=\lim_{n\to\infty}\frac{1}{1+\frac{1}{n}}=1$

である。

②と $x>0$ より

$$\left(\frac{1}{n+1}\right)^x<x^x\leqq\left(\frac{1}{n}\right)^x \quad \cdots\cdots④$$

← 「$a>b>0$，$p>0$ ならば，$a^p>b^p$」を用いた。

である。ここで，①と③より

$$\lim_{x\to+0}\left(\frac{1}{n}\right)^x=\lim_{x\to+0}\left(\frac{1}{n^{\frac{1}{n}}}\right)^{nx}=\left(\frac{1}{1}\right)^1=1$$

$$\lim_{x\to+0}\left(\frac{1}{n+1}\right)^x=\lim_{x\to+0}\left\{\frac{1}{(n+1)^{\frac{1}{n+1}}}\right\}^{(n+1)x}$$

$$=\left(\frac{1}{1}\right)^1=1$$

← ①より $\lim_{n\to\infty}(n+1)^{\frac{1}{n+1}}=1$ である。

であるから，④において，はさみ打ちの原理より

$$\lim_{x\to+0}x^x=1$$

である。　　　　　　　　　　　　　　(証明おわり)

類題 14　→ 解答 p.368

a が正の実数のとき $\lim_{n\to\infty}(1+a^n)^{\frac{1}{n}}$ を求めよ。　　　　(京都大)

第4章

411 はさみ打ちの原理を用いる関数の極限

実数 x に対し，x 以上の最小の整数を $f(x)$ とする。a，b を正の実数とするとき，極限 $\displaystyle\lim_{x\to\infty}x^c\left\{\frac{1}{f(ax-7)}-\frac{1}{f(bx+3)}\right\}$ が収束するような実数 c の最大値と，そのときの極限値を求めよ。 （東京工大）

精講 $f(x)$ の決め方（定義）から，$f(x)-1<x\leqq f(x)$ です。これを用いると，$\displaystyle\lim_{x\to\infty}\frac{x}{f(ax-7)}$，$\displaystyle\lim_{x\to\infty}\frac{x}{f(bx+3)}$ がわかります。その結果から，$a\neq b$ の場合は解決しますが，$a=b$ のときには，整数 m に対して $f(x)$ が $f(x+m)=f(x)+m$ を満たすことを利用します。

解答 $F(x)=\dfrac{1}{f(ax-7)}-\dfrac{1}{f(bx+3)}$

とおく。以下，$x\to\infty$ の場合を考えるから，

$$x>0,\quad ax-7>0,\quad bx+3>0$$

とする。

⬅ a，b は正の実数である。

$f(x)$ は x 以上の最小の整数であるから，

$$f(x)-1<x\leqq f(x)$$

$$\therefore\quad x\leqq f(x)<x+1$$

である。これより

$f(x)-1$　x　$f(x)$　x

（○，●は隣り合う整数）

$$ax-7\leqq f(ax-7)<ax-6 \quad\cdots\cdots①$$

$$bx+3\leqq f(bx+3)<bx+4$$

である。①の辺々を x で割ると，

$$a-\frac{7}{x}\leqq\frac{f(ax-7)}{x}<a-\frac{6}{x}$$

となるので，はさみ打ちの原理より

⬅ $\displaystyle\lim_{x\to\infty}\left(a-\frac{7}{x}\right)=\lim_{x\to\infty}\left(a-\frac{6}{x}\right)=a$

$$\lim_{x\to\infty}\frac{f(ax-7)}{x}=a\qquad\therefore\quad\lim_{x\to\infty}\frac{x}{f(ax-7)}=\frac{1}{a} \quad\cdots\cdots②$$

である。同様に

$$\lim_{x\to\infty}\frac{x}{f(bx+3)}=\frac{1}{b} \quad\cdots\cdots③$$

である。②，③より

$$\lim_{x\to\infty} xF(x)=\lim_{x\to\infty}\left\{\frac{x}{f(ax-7)}-\frac{x}{f(bx+3)}\right\}$$

$$=\frac{1}{a}-\frac{1}{b}=\frac{b-a}{ab} \qquad \cdots\cdots④$$

である。

以下，(i) $a \neq b$，(ii) $a=b$ の場合に分けて調べる。

← $\lim_{x\to\infty} xF(x)$ が
(i) 0 でないとき
(ii) 0 であるとき
に対応する。

(i) $\boldsymbol{a \neq b}$ のとき，④の右辺は 0 でないので，

$$\lim_{x\to\infty} x^c F(x)=\lim_{x\to\infty} x^{c-1}\cdot xF(x)$$

が収束する条件は

$$c-1 \leqq 0 \qquad \therefore\ c \leqq 1$$

である。したがって，c の最大値は **1**，そのときの

極限値は $\boldsymbol{\dfrac{b-a}{ab}}$ である。

(ii) $\boldsymbol{a=b}$ のとき，整数mに対して，

← ④からは
$\lim_{x\to\infty} xF(x)=0$
しかわからないので，工夫が必要である。

$$f(x+m)=f(x)+m$$

が成り立つから，

$$f(ax-7)=f(ax)-7$$

$$f(bx+3)=f(ax+3)=f(ax)+3$$

である。これより，

$$F(x)=\frac{f(bx+3)-f(ax-7)}{f(ax-7)f(bx+3)}$$

$$=\frac{10}{f(ax-7)f(ax+3)}$$

← $f(bx+3)-f(ax-7)$
$=f(ax)+3-\{f(ax)-7\}$
$=10$

となる。したがって，②，③より

$$\lim_{x\to\infty} x^2F(x)=\lim_{x\to\infty} 10\cdot\frac{x}{f(ax-7)}\cdot\frac{x}{f(ax+3)}$$

$$=10\cdot\frac{1}{a}\cdot\frac{1}{a}=\frac{10}{a^2}\neq 0$$

であるから，

$$\lim_{x\to\infty} x^c F(x)=\lim_{x\to\infty} x^{c-2}\cdot x^2F(x)$$

が収束する条件は

$$c-2 \leqq 0 \qquad \therefore\ c \leqq 2$$

である。したがって，c の最大値は **2**，そのときの

極限値は $\boldsymbol{\dfrac{10}{a^2}}$ である。

501 微分可能性と微分係数

(I) a を実数とする。すべての実数 x で定義された関数 $f(x)=|x|(e^{2x}+a)$ は $x=0$ で微分可能であるとする。

(1) a および $f'(0)$ の値を求めよ。

(2) 導関数 $f'(x)$ は $x=0$ で連続であることを示せ。

(3) 右側極限 $\displaystyle\lim_{x\to+0}\frac{f'(x)}{x}$ を求めよ。さらに，$f'(x)$ は $x=0$ で微分可能でないことを示せ。 (京都工織大)

(II) $f(x)$ はすべての実数 x において微分可能な関数で，関係式 $f(2x)=(e^x+1)f(x)$ を満たしているとする。

(1) $f(0)=0$ を示せ。

(2) $x\neq 0$ に対して $\displaystyle\frac{f(x)}{e^x-1}=\frac{f\left(\frac{x}{2}\right)}{e^{\frac{x}{2}}-1}$ が成り立つことを示せ。

(3) 微分係数の定義を用いて $\displaystyle f'(0)=\lim_{h\to 0}\frac{f(h)}{e^h-1}$ を示せ。

(4) $f(x)=(e^x-1)f'(0)$ が成り立つことを示せ。 (早稲田大)

精講 最初に，用語の意味を確認しておきましょう。

$f(x)$ が $x=a$ で連続である。
$\Longleftrightarrow \displaystyle\lim_{x\to a}f(x)$ が存在して，その極限値が $f(a)$ と一致する。

$f(x)$ が $x=a$ で微分可能である。
$\Longleftrightarrow \displaystyle\lim_{h\to 0}\frac{f(a+h)-f(a)}{h}\left(=\lim_{x\to a}\frac{f(x)-f(a)}{x-a}\right)$ ……$(*)$ が存在する。

$f(x)$ が微分可能であるとき，極限値 $(*)$ を $\boldsymbol{f'(a)}$ と表し，$f(x)$ の $x=a$ における微分係数という。

高校数学において，関数 $f(x)$ の連続性，微分可能性を問う問題の多くでは右側極限値と左側極限値が一致するか否かを調べることになります。

解答 (I) (1) $f(x)=\begin{cases} x(e^{2x}+a) & (x \geqq 0 \text{ のとき}) \\ -x(e^{2x}+a) & (x<0 \text{ のとき}) \end{cases}$

であるから,

$$\lim_{h\to+0}\frac{f(h)-f(0)}{h}=\lim_{h\to+0}\frac{h(e^{2h}+a)}{h}$$

$$=\lim_{h\to+0}(e^{2h}+a)=1+a \quad \cdots\cdots①$$

⬅ $h\to+0$ は "$h>0$ かつ $h\to0$" を表す。

$$\lim_{h\to-0}\frac{f(h)-f(0)}{h}=\lim_{h\to-0}\frac{-h(e^{2h}+a)}{h}$$

$$=\lim_{h\to-0}\{-(e^{2h}+a)\}=-(1+a) \quad \cdots\cdots②$$

⬅ $h\to-0$ は "$h<0$ かつ $h\to0$" を表す。

である。$f(x)$ が $x=0$ で微分可能であるから,

$$1+a=-(1+a) \qquad \therefore\ \boldsymbol{a=-1}$$

であり，このとき，①，②より

$$\boldsymbol{f'(0)=0} \quad \cdots\cdots③$$

である。

(2) $x>0$ のとき

$$f'(x)=\{x(e^{2x}-1)\}'=(2x+1)e^{2x}-1$$

⬅ (1)の結果から, $f(x)=|x|(e^{2x}-1)$

$x<0$ のとき

$$f'(x)=\{-x(e^{2x}-1)\}'=-(2x+1)e^{2x}+1$$

である。したがって,

$$\lim_{x\to+0}f'(x)=\lim_{x\to+0}\{(2x+1)e^{2x}-1\}=0$$

⬅ $\lim_{x\to+0}(2x+1)e^{2x}=1$

$$\lim_{x\to-0}f'(x)=\lim_{x\to-0}\{-(2x+1)e^{2x}+1\}=0$$

⬅ $\lim_{x\to-0}(2x+1)e^{2x}=1$

より，$\lim_{x\to0}f'(x)=0$ であり，③と合わせると,

$f'(x)$ は $x=0$ で連続である。 (証明おわり)

(3) $$\lim_{x\to+0}\frac{f'(x)}{x}=\lim_{x\to+0}\frac{(2x+1)e^{2x}-1}{x}$$

⬅ $x>0$ のとき $f'(x)=(2x+1)e^{2x}-1$

$$=\lim_{x\to+0}\left(2e^{2x}+\frac{e^{2x}-1}{x}\right)$$

$$=2+2=\boldsymbol{4} \quad \cdots\cdots④$$

⬅ $\lim_{x\to+0}\frac{e^{2x}-1}{x}=\left[\frac{d}{dx}e^{2x}\right]_{x=0}=[2e^{2x}]_{x=0}=2$
ただし，一般に, $[g(x)]_{x=a}=g(a)$ とする。

$$\lim_{x\to-0}\frac{f'(x)}{x}=\lim_{x\to-0}\frac{-(2x+1)e^{2x}+1}{x}$$

⬅ $x<0$ のとき $f'(x)=-(2x+1)e^{2x}+1$

$$=\lim_{x\to-0}\left(-2e^{2x}-\frac{e^{2x}-1}{x}\right)$$

$$=-2-2=-4 \quad \cdots\cdots⑤$$

であり，④，⑤が一致しないので，$f'(x)$ は $x=0$ で微分可能でない。　　　　（証明おわり）

← $f'(0)=0$ より $\dfrac{f'(x)-f'(0)}{x}=\dfrac{f'(x)}{x}$ に注意する。

(Ⅱ) (1) $f(2x)=(e^x+1)f(x)$ ……⑥ において，$x=0$ とすると

$$f(0)=2f(0) \quad \therefore \quad f(0)=0 \quad \cdots\cdots⑦$$

である。　　　　（証明おわり）

(2) ⑥で x の代わりに $\dfrac{x}{2}$ とおくと

$$f(x)=(e^{\frac{x}{2}}+1)f\left(\frac{x}{2}\right)$$

である。$x\neq 0$ のとき，この両辺を

$e^x-1=(e^{\frac{x}{2}}+1)(e^{\frac{x}{2}}-1)$ $(\neq 0)$ で割ると，

← $x\neq 0$ のとき $e^x\neq 1$，$e^{\frac{x}{2}}\neq 1$

$$\frac{f(x)}{e^x-1}=\frac{f\left(\frac{x}{2}\right)}{e^{\frac{x}{2}}-1} \quad \cdots\cdots⑧$$

である。　　　　（証明おわり）

(3) 微分係数の定義において，⑦より

← 微分係数 $f'(a)$ の定義：$f'(a)=\lim\limits_{h\to 0}\dfrac{f(a+h)-f(a)}{h}$

$$f'(0)=\lim_{h\to 0}\frac{f(h)-f(0)}{h}=\lim_{h\to 0}\frac{f(h)}{h}$$

であるから，

$$\lim_{h\to 0}\frac{f(h)}{e^h-1}=\lim_{h\to 0}\frac{f(h)}{h}\cdot\frac{h}{e^h-1}=f'(0)\cdot 1=f'(0)$$

← $\lim\limits_{h\to 0}\dfrac{e^h-1}{h}=1$ より $\lim\limits_{h\to 0}\dfrac{h}{e^h-1}=1$

である。　　　　（証明おわり）

(4) $x\neq 0$ のとき，⑧より自然数 n に対して，

$$\frac{f(x)}{e^x-1}=\frac{f\left(\frac{x}{2}\right)}{e^{\frac{x}{2}}-1}=\frac{f\left(\frac{x}{2^2}\right)}{e^{\frac{x}{2^2}}-1}=\cdots=\frac{f\left(\frac{x}{2^n}\right)}{e^{\frac{x}{2^n}}-1} \quad \cdots\cdots⑨$$

が成り立つ。ここで，$n\to\infty$ のとき，$\dfrac{x}{2^n}\to 0$ であり，(3)より，(⑨の右辺) $\to f'(0)$ であるから，

$$\frac{f(x)}{e^x-1}=f'(0) \qquad \therefore \quad f(x)=(e^x-1)f'(0)$$

が成り立つ。この式は $x=0$ でも成り立つ。

← ⑦より，$f(0)=0$

（証明おわり）

502 三角関数の第 n 次導関数

$f(x)=\sin x+\cos x$ とする。各自然数 n に対して関数 $g_n(x)$ は x の n 次式で表され,

$$g_n(0)=f(0),\ g_n'(0)=f'(0),\ g_n''(0)=f''(0),\ \cdots,\ g_n^{(n)}(0)=f^{(n)}(0)$$

を満たすものとする。このとき, $|g_{n+1}(1)-g_n(1)|<\dfrac{1}{2013}$ となる最小の自然数 n を求めよ。 (山梨大*)

精講 $g_{n+1}(x)-g_n(x)$ は $(n+1)$ 次式ですが, $g_n(x)$, $g_{n+1}(x)$ が満たす条件から, どのような形で表される式かを調べます。そのあとで, $|f^{(n+1)}(0)|$ の値が必要となりますが, そこでは, 三角関数の導関数において, $(\sin x)^{(4)}=\sin x$, $(\cos x)^{(4)}=\cos x$ が成り立つことを利用します。

解答 $g_n(x)$ は n 次式, $g_{n+1}(x)$ は $(n+1)$ 次式であるから,

$$h(x)=g_{n+1}(x)-g_n(x) \quad \cdots\cdots①$$

は $(n+1)$ 次式である。したがって,

$$h(x)=\sum_{j=0}^{n+1}a_jx^j \quad (a_j \text{ は実数}) \quad \cdots\cdots②$$

と表せる。

$g_n(x)$, $g_{n+1}(x)$ の条件から, $0\leqq k\leqq n$ のとき,

$$h^{(k)}(0)=g_{n+1}{}^{(k)}(0)-g_n{}^{(k)}(0)$$
$$=f^{(k)}(0)-f^{(k)}(0)=0 \quad \cdots\cdots③$$

← $g_{n+1}(1)-g_n(1)=h(1)$ の値を知るために, まず $h(x)$ がどのような形の整式かを調べている。

である。また,

$$h^{(n+1)}(x)=g_{n+1}{}^{(n+1)}(x)$$

← $g_n(x)$ は n 次式であるから, $g_n{}^{(n+1)}(x)=0$ である。

であるから

$$h^{(n+1)}(0)=g_{n+1}{}^{(n+1)}(0)=f^{(n+1)}(0) \quad \cdots\cdots④$$

である。

②より

$$h^{(k)}(x)=\sum_{j=k}^{n+1}{}_j\mathrm{P}_k a_jx^{j-k}$$
$$=k!a_k+{}_{k+1}\mathrm{P}_k a_{k+1}x+\cdots+{}_{n+1}\mathrm{P}_k a_{n+1}x^{n+1-k}$$

← $j\geqq k$ のとき $(x^j)^{(k)}=j(j-1)\cdots(j-k+1)x^{j-k}={}_j\mathrm{P}_kx^{j-k}$

であるから, $k=0,\ 1,\ 2,\ \cdots,\ n+1$ に対して,

$h^{(k)}(0)=k!a_k$ ……⑤

である。

したがって，③，④，⑤より，

$0\leqq k\leqq n$ のとき $a_k=0$，$a_{n+1}=\dfrac{f^{(n+1)}(0)}{(n+1)!}$

← $0\leqq k\leqq n$ のとき $k!a_k=0$ であり，$(n+1)!a_{n+1}=f^{(n+1)}(0)$ である。

であるから，

$$h(x)=\frac{f^{(n+1)}(0)}{(n+1)!}x^{n+1} \quad \cdots\cdots⑥$$

である。

ここで，

$$f(x)=\sin x+\cos x,\quad f'(x)=\cos x-\sin x$$
$$f''(x)=-\sin x-\cos x,\quad f'''(x)=-\cos x+\sin x$$
$$f^{(4)}(x)=\sin x+\cos x=f(x)$$

← $|g_{n+1}(1)-g_n(1)|=|h(1)|=\dfrac{|f^{(n+1)}(0)|}{(n+1)!}$ であるから，以下では $|f^{(n+1)}(0)|$ を求めようとしている。

より，$f^{(k)}(x)$ ($k=0$, 1, 2, …) は $f(x)$，$f'(x)$，$f''(x)$，$f'''(x)$ の繰り返しであり，

$$f(0)=1,\ f'(0)=1,\ f''(0)=-1,\ f'''(0)=-1$$

← 参考 参照。

であるから，$f^{(k)}(0)$ ($k=0$, 1, 2, …) は 1，1，-1，-1 の繰り返しである。よって，①，⑥より

$$|g_{n+1}(1)-g_n(1)|=|h(1)|=\frac{|f^{(n+1)}(0)|}{(n+1)!}=\frac{1}{(n+1)!}$$

← $f^{(k)}(0)=1$ または -1 より $|f^{(k)}(0)|=1$ ($k=0$, 1, 2, …)

である。

したがって，求める n は

$$\frac{1}{(n+1)!}<\frac{1}{2013} \qquad \therefore\quad 2013<(n+1)!$$

となる最小の自然数であり，$6!=720$，$7!=5040$ より，

$$n+1=7 \qquad \therefore\quad \boldsymbol{n=6}$$

である。

参考

$n=1$, 2, … に対して，$(\sin x)^{(n)}=\sin\left(x+\dfrac{n}{2}\pi\right)$，$(\cos x)^{(n)}=\cos\left(x+\dfrac{n}{2}\pi\right)$

が成り立つことから，$f^{(n)}(x)=\left\{\sqrt{2}\sin\left(x+\dfrac{\pi}{4}\right)\right\}^{(n)}=\sqrt{2}\sin\left(x+\dfrac{\pi}{4}+\dfrac{n}{2}\pi\right)$

となることを利用してもよい。

503 逆関数の微分

$x \geqq 0$ で定義される関数 $f(x)=xe^{\frac{x}{2}}$ について，次の問いに答えよ。ただし，e は自然対数の底とする。

(1) $f(x)$ の第 1 次導関数を $f'(x)$，第 2 次導関数を $f''(x)$ とする。$f'(2)$，$f''(2)$ を求めよ。

(2) $f(x)$ の逆関数を $g(x)$，$g(x)$ の第 1 次導関数を $g'(x)$，第 2 次導関数を $g''(x)$ とする。$g'(2e)$，$g''(2e)$ を求めよ。

精講 逆関数の微分について復習しておきましょう。

関数 $f(x)$ の逆関数 $g(x)$ が存在して，$f(x)$，$g(x)$ がともに微分可能であるとします。

このとき，$y=f(x)$ ……㋐ を x について解くと，$x=g(y)$ ……㋑ ですから，㋐を㋑に代入すると $x=g(f(x))$ ……㋒ となります。㋒の両辺を x で微分すると，合成関数の微分法から $1=\dfrac{d}{dx}g(f(x))=g'(f(x))f'(x)$ ……㋓

となります。㋓は，$g'(y)f'(x)=1$，$\dfrac{dx}{dy}\cdot\dfrac{dy}{dx}=1$ と表すこともできます。

解答 (1) $f(x)=xe^{\frac{x}{2}}$ より，

$$f'(x)=1\cdot e^{\frac{x}{2}}+x\cdot\frac{1}{2}e^{\frac{x}{2}}=\left(\frac{x}{2}+1\right)e^{\frac{x}{2}}$$

$$f''(x)=\frac{1}{2}e^{\frac{x}{2}}+\left(\frac{x}{2}+1\right)\cdot\frac{1}{2}e^{\frac{x}{2}}=\left(\frac{x}{4}+1\right)e^{\frac{x}{2}}$$

であるから，

$$\boldsymbol{f'(2)=2e,\ f''(2)=\frac{3}{2}e} \quad \cdots\cdots①$$

である。

(2) $x \geqq 0$ における $f(x)$ の逆関数が $g(x)$ であるから，

$$f(2)=2e \text{ より } g(2e)=2 \quad \cdots\cdots②$$

である。また，

$$x=g(f(x)) \quad \cdots\cdots③$$

であるから，③の両辺を x で微分すると，

⇐ $y=xe^{\frac{x}{2}}$ において，x を y の簡単な式で表すことはできないので，$g(x)$ を具体的に求めるのは無理である。そこで，精講 の㋐，㋑，㋒の関係を利用する。

⇐ 参考 2° 参照。

第5章

$$1=\frac{d}{dx}g(f(x))=g'(f(x))f'(x) \quad \cdots\cdots④$$

⬅合成関数の微分法による。

である。④で，$x=2$ とおくと，

$$1=g'(f(2))f'(2)$$

であり，①，②より

$$1=g'(2e)\cdot 2e$$

$$\therefore\quad \boldsymbol{g'(2e)=\frac{1}{2e}} \quad \cdots\cdots⑤$$

である。

④の両辺をさらに x で微分すると，

$$\begin{aligned}0&=\frac{d}{dx}\{g'(f(x))f'(x)\}\\&=\frac{d}{dx}g'(f(x))\cdot f'(x)+g'(f(x))\frac{d}{dx}f'(x)\\&=g''(f(x))\{f'(x)\}^2+g'(f(x))f''(x) \quad \cdots\cdots⑥\end{aligned}$$

⬅⑥，④より

$$g''(f(x))=-\frac{g'(f(x))f''(x)}{\{f'(x)\}^2}=-\frac{f''(x)}{\{f'(x)\}^3}$$

と考えてもよい。

である。⑥で，$x=2$ とおくと，

$$0=g''(f(2))\{f'(2)\}^2+g'(f(2))f''(2)$$

であり，①，②，⑤より

$$0=g''(2e)\cdot(2e)^2+\frac{1}{2e}\cdot\frac{3}{2}e$$

$$\therefore\quad \boldsymbol{g''(2e)=-\frac{3}{16e^2}}$$

である。

参考

1°　$x\geqq 0$ において，$f'(x)=\left(\frac{x}{2}+1\right)e^{\frac{x}{2}}>0$ であり，$f(x)$ は増加関数であるから，$f(x)$ の逆関数は存在する。また，$f(0)=0$，$\lim_{x\to+\infty}f(x)=\infty$ であるから，$f(x)$ の値域は 0 以上の実数全体である。したがって，$f(x)$ の逆関数 $g(x)$ の定義域は 0 以上の実数全体である。

2°　③の代わりに，$f(g(x))=x$ として，両辺を微分すると，$f'(g(x))g'(x)=1$ となり，さらに微分すると，$f''(g(x))\{g'(x)\}^2+f'(g(x))g''(x)=0$ となる。これらの式で $x=2e$ とおいて，$g'(2e)$，$g''(2e)$ を求めてもよい。

504 曲線 $y=f(x)$ のグラフの概形

$f(x)=\dfrac{x^3-x^2}{x^2-2}$ とする。

(1) $f(x)$ の増減を調べ，極値を求めよ。

(2) 曲線 $y=f(x)$ の漸近線を求めよ。

(3) 曲線 $y=f(x)$ の概形を描け。 (信州大*)

精講 (2) 一般に，曲線 $y=f(x)$ において，$x\to c\ (c\pm 0)$ のとき，$f(x)\to\pm\infty$ ならば，直線 $x=c$ は漸近線です。また，$x\to\infty$ のとき，極限 $a=\lim\limits_{x\to\infty}\dfrac{f(x)}{x}$，$b=\lim\limits_{x\to\infty}\{f(x)-ax\}$ が存在するならば，直線 $y=ax+b$ は $x\to\infty$ における漸近線です。$x\to-\infty$ のときも同様です。

解答 (1) $f(x)=\dfrac{x^3-x^2}{x^2-2}$ が定義されるのは，

$$(\text{分母})=x^2-2\neq 0 \text{ より } x\neq\pm\sqrt{2}$$

においてである。このもとで，

$$f'(x)=\frac{(3x^2-2x)(x^2-2)-(x^3-x^2)\cdot 2x}{(x^2-2)^2}$$

← 分子を整理すると $x(x^3-6x+4)$

$$=\frac{x(x-2)(x^2+2x-2)}{(x^2-2)^2}$$

$$=\frac{x(x-2)(x+1+\sqrt{3})(x+1-\sqrt{3})}{(x^2-2)^2}$$

であるから，増減は次の通りである。

x	…	$-1-\sqrt{3}$	…	$-\sqrt{2}$	…	0	…	$-1+\sqrt{3}$	…	$\sqrt{2}$	…	2	…
$f'(x)$	+	0	−	／	−	0	+	0	−	／	−	0	+
$f(x)$	↗	極大	↘	／	↘	極小	↗	極大	↘	／	↘	極小	↗

また，**極大値　$f(-1\pm\sqrt{3})=\dfrac{-5\pm 3\sqrt{3}}{2}$ (複号同順)**

← 注 参照。

極小値　$f(0)=0$，$f(2)=2$

である。

(2) $\lim\limits_{x\to\pm\sqrt{2}}|f(x)|=\lim\limits_{x\to\pm\sqrt{2}}\left|\dfrac{x^2(x-1)}{x^2-2}\right|=\infty$

より，$\boldsymbol{x=\pm\sqrt{2}}$ はともに漸近線である。

次に，$x\to\pm\infty$ における漸近線を調べる。

$$\lim_{x\to\pm\infty}\frac{f(x)}{x}=\lim_{x\to\pm\infty}\frac{x^3-x^2}{x(x^2-2)}=\lim_{x\to\pm\infty}\frac{1-\frac{1}{x}}{1-\frac{2}{x^2}}=1$$

⬅ 精講 参照。

$$\lim_{x\to\pm\infty}\{f(x)-x\}=\lim_{x\to\pm\infty}\frac{-x^2+2x}{x^2-2}=\lim_{x\to\pm\infty}\frac{-1+\frac{2}{x}}{1-\frac{2}{x^2}}=-1$$

⬅ $f(x)=\frac{(x^2-2)(x-1)+2x-2}{x^2-2}$ $=x-1+\frac{2x-2}{x^2-2}$ から，$\lim_{x\to\pm\infty}\{f(x)-(x-1)\}=0$ を示してもよい。

より，$x\to\pm\infty$ では $\boldsymbol{y=x-1}$ が漸近線である。

(3)　(1), (2)の結果と

$$\lim_{x\to\sqrt{2}\pm0}f(x)=\lim_{x\to\sqrt{2}\pm0}\frac{x^2(x-1)}{x^2-2}=\pm\infty$$

（複号同順）

$$\lim_{x\to-\sqrt{2}\pm0}f(x)=\lim_{x\to-\sqrt{2}\pm0}\frac{x^2(x-1)}{x^2-2}=\pm\infty$$

（複号同順）

より，曲線 $y=f(x)$ の概形は右図の通りである。

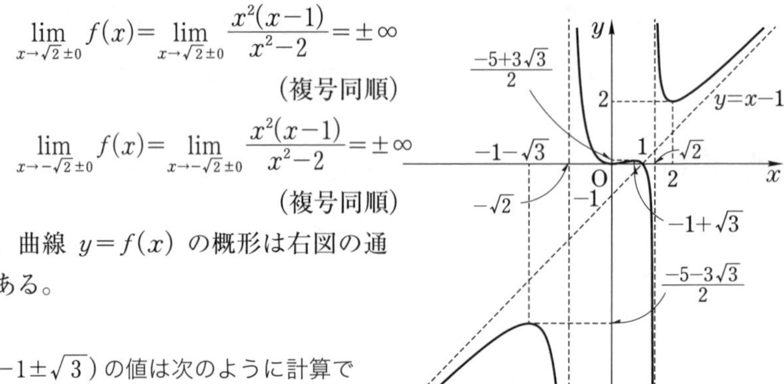

注　$f(-1\pm\sqrt{3})$ の値は次のように計算できる。$x=-1\pm\sqrt{3}$ のとき，
$x^2+2x-2=0$ であるから，

$$f(x)=\frac{x^3-x^2}{x^2-2}=\frac{(x^2+2x-2)(x-3)+8x-6}{(x^2+2x-2)-2x}=\frac{8x-6}{-2x}=-4+\frac{3}{x}$$

となるので，$f(-1\pm\sqrt{3})=-4+\frac{3}{-1\pm\sqrt{3}}=\frac{-5\pm3\sqrt{3}}{2}$　（複号同順）である。

類題 15　→解答 p.369

$f(x)=\dfrac{x^3+10x}{2(x^2+1)}$ とするとき，以下の問いに答えよ。

(1)　$f(x)$ の増減を調べ，極値を求めよ。

(2)　$y=f(x)$ の凹凸を調べよ。また，変曲点を求めよ。

(3)　$y=f(x)$ の漸近線を求めよ。

(4)　$y=f(x)$ のグラフの概形を描け。　（北見工大*）

505 曲線に引ける接線の本数

x 軸上の点 $\mathrm{A}(a,\ 0)$ から，関数 $y=f(x)=\dfrac{x+3}{\sqrt{x+1}}$ のグラフに異なる 2 本の接線が引けるとき，定数 a の範囲を求めよ。　　（群馬大）

精講　曲線 $y=f(x)$ 上の点 $(t,\ f(t))$ における接線が $\mathrm{A}(a,\ 0)$ を通るときの t と a の関係式を導いて，その関係式を満たす実数 t がちょうど 2 個あるための a の範囲を求めます。そこでは，“パラメタの分離”が役に立ちます。

解答　$y=f(x)=\dfrac{x+3}{\sqrt{x+1}}$ ……① において，

$$f'(x)=\frac{\sqrt{x+1}-(x+3)\cdot\dfrac{1}{2\sqrt{x+1}}}{(\sqrt{x+1})^2}$$

$$=\frac{x-1}{2(x+1)\sqrt{x+1}}$$

であるから，①上の点 $(t,\ f(t))$ $(t>-1)$ における接線の方程式は

⇐曲線①の存在範囲は $x>-1$ の部分である。

$$y-\frac{t+3}{\sqrt{t+1}}=\frac{t-1}{2(t+1)\sqrt{t+1}}(x-t) \quad \cdots\cdots②$$

である。

接線②が $\mathrm{A}(a,\ 0)$ を通る条件は

$$-\frac{t+3}{\sqrt{t+1}}=\frac{t-1}{2(t+1)\sqrt{t+1}}(a-t)$$

⇐分母を払うと，$-2(t+3)(t+1)=(t-1)(a-t)$

$$\therefore\quad t^2+9t+6+a(t-1)=0 \quad \cdots\cdots③$$

である。これより，$\mathrm{A}(a,\ 0)$ から曲線 $y=f(x)$ に 2 本の接線が引けるための条件は“③が $t>-1$ の範囲に 2 つの異なる実数解をもつ”……(＊) ことである。

⇐参考 2° 参照。

$t=1$ は③を満たさないので，③を

$$a=-\frac{t^2+9t+6}{t-1}$$

と書き直し，$g(t)=-\dfrac{t^2+9t+6}{t-1}$ とおく。

⇐いわゆる“パラメタの分離”を行った。別の処理法については，参考 1° 参照。

第5章

$$g'(t)=-\frac{(2t+9)(t-1)-(t^2+9t+6)}{(t-1)^2}$$

$$=\frac{(5-t)(t+3)}{(t-1)^2}$$

t	(-1)	$\cdots$	1	$\cdots$	5	$\cdots$
$g'(t)$		$+$	／	$+$	0	$-$
$g(t)$	(-1)	↗	／	↗	-19	↘

$$\lim_{t\to 1\pm 0} g(t)=\lim_{t\to 1\pm 0}\frac{-(t^2+9t+6)}{t-1}=\mp\infty \quad \text{（複号同順）}$$

$$\lim_{t\to +\infty} g(t)=\lim_{t\to +\infty}\frac{-\left(t+9+\dfrac{6}{t}\right)}{1-\dfrac{1}{t}}=-\infty$$

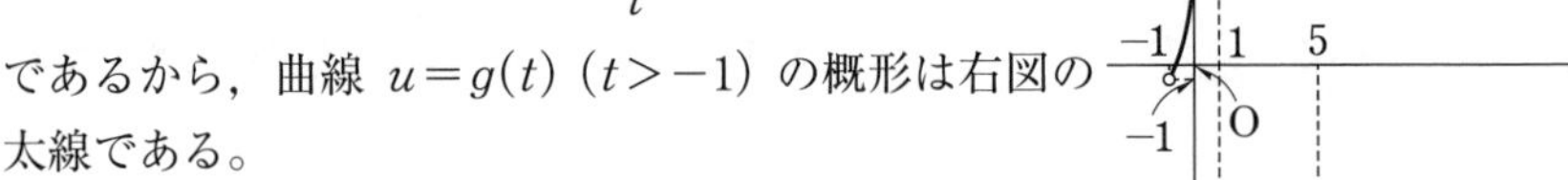

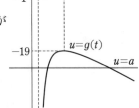

であるから，曲線 $u=g(t)$ $(t>-1)$ の概形は右図の太線である。

$(*)$ が成り立つのは，曲線 $u=g(t)$ と直線 $u=a$ が2つの共有点をもつときであるから，求める範囲は

$\boldsymbol{a<-19}$

である。

参考

1° ③を

$$t^2+(a+9)t+6-a=0$$

と書き直して，

$$h(t)=t^2+(a+9)t+6-a=\left(t+\frac{a+9}{2}\right)^2-\frac{(a+9)^2}{4}+6-a$$

とおいて，$u=h(t)$ のグラフから $(*)$ を満たす a の範囲を考えることもできる。そのときには

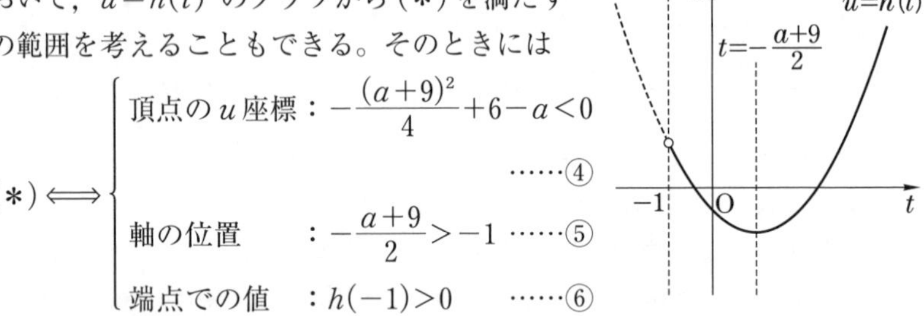

$$(*)\iff\begin{cases}\text{頂点の } u \text{ 座標}:-\dfrac{(a+9)^2}{4}+6-a<0 & \cdots\cdots④\\ \text{軸の位置}\quad:-\dfrac{a+9}{2}>-1 & \cdots\cdots⑤\\ \text{端点での値}\quad:h(-1)>0 & \cdots\cdots⑥\end{cases}$$

である。④より $a<-19$ または $a>-3$，⑤より $a<-7$，⑥より $a<-1$ であるから，これらの共通部分 $a<-19$ が求める a の範囲である。

2° 解答 において，厳密な意味では，“①上の異なる点 $(t,\ f(t))$ における接線は異なる”……(☆) ことを示す必要がある。しかし，入試では，特に問われていない限り，(☆) を認めて答えても問題はないと考えられる。

506 放物線に法線を３本引ける点の存在範囲

xy 平面上に曲線 $C: y=x^2$ がある。C上にない点AとC上の点Pに対し，PにおけるCの接線と２点A，Pを通る直線が垂直であるとき，線分 APをAからCに下ろした垂線という。次の問いに答えよ。

(1) Cに異なる３本の垂線を下ろすことができる点Aの範囲を図示せよ。

(2) Aが(1)の範囲にあるとする。少なくとも２本の垂線の長さが等しくなるAの範囲を図示せよ。 (横浜国大)

精講 (1) 直線 APは，曲線 $C: y=x^2$ の法線です。点$(t,\ t^2)$におけるCの法線の方程式を導いて，点$\mathrm{A}(X,\ Y)$を通るような異なる実数tが3個あるためのX，Yの条件を求めることになります。そこでは，次のことを思い出しましょう。

> $F(x)$をxの３次式とするとき，
> ３次方程式 $F(x)=0$ が相異なる３実数解をもつ
> $\Longleftrightarrow$ ３次関数 $F(x)$ が異符号の極値をもつ

(2) (1)を離れて，$y=x^2$ 上の異なる２点$(\alpha,\ \alpha^2)$，$(\beta,\ \beta^2)$における法線の交点からこれら２点までの距離が等しくなるための条件を調べることになります。直接調べる方法（解答）と２点における接線の交点を持ち出して考える方法（参考）があります。

解答 (1) $C: y=x^2$ 上の点$\mathrm{P}(t,\ t^2)$におけるCの法線の方程式は

$$-2t(y-t^2)=x-t \quad \cdots\cdots①$$

である。

← $y=f(x)$ 上の点$(t,\ f(t))$における法線の方程式は $-f'(t)\{y-f(t)\}=x-t$ である。

$\mathrm{A}(X,\ Y)$からCに異なる３本の垂線を下ろすことができるのは，①がAを通るようなtが，つまり，

$$-2t(Y-t^2)=X-t$$

$$\therefore\quad 2t^3-(2Y-1)t-X=0 \quad \cdots\cdots②$$

を満たす実数tが3個あるときである。そこで，

← 注 参照。

$$f(t)=2t^3-(2Y-1)t-X$$

とおき，3次方程式 $f(t)=0$ ……②′ が異なる3実数解をもつための条件："$f(t)$ が異符号の極値をもつ"……(☆) を調べる。

← 精講 参照。

$$f'(t)=6t^2-(2Y-1)$$

より，$f(t)$ は

$$2Y-1>0 \qquad \therefore \quad Y>\frac{1}{2} \qquad \cdots\cdots ③$$

のもとで，$t=\pm\sqrt{\dfrac{2Y-1}{6}}$ において極値をもつ。

さらに，極値が異符号であるための条件は

$$f\left(\sqrt{\frac{2Y-1}{6}}\right)f\left(-\sqrt{\frac{2Y-1}{6}}\right)<0$$

$$\therefore \quad -\frac{2}{27}(2Y-1)^3+X^2<0$$

$$\therefore \quad Y>\frac{3}{2\sqrt[3]{2}}\sqrt[3]{X^2}+\frac{1}{2} \qquad \cdots\cdots ④$$

← $f\left(\pm\sqrt{\dfrac{2Y-1}{6}}\right)$
$=\mp\dfrac{\sqrt{6}}{9}(2Y-1)^{\frac{3}{2}}-X$
（複号同順）

← $(2Y-1)^3>\dfrac{27}{2}X^2$
$\therefore \quad 2Y-1>\dfrac{3}{\sqrt[3]{2}}\sqrt[3]{X^2}$

である。結局，

(☆) $\Longleftrightarrow$ "③かつ④"

であるから，点Aの存在範囲は

$$y>\frac{3}{2\sqrt[3]{2}}\sqrt[3]{x^2}+\frac{1}{2}$$

であり，右図の斜線部分（境界を除く）となる。

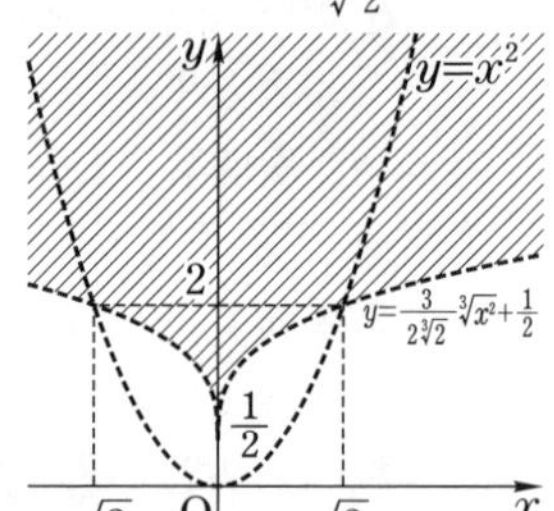

(2)　Aからの2本の垂線が C 上の2点 $\mathrm{P}(\alpha,\ \alpha^2)$，$\mathrm{Q}(\beta,\ \beta^2)$ $(\alpha \neq \beta)$ における法線：

$$-2\alpha(y-\alpha^2)=x-\alpha \qquad \cdots\cdots ⑤$$

$$-2\beta(y-\beta^2)=x-\beta \qquad \cdots\cdots ⑥$$

であるとき，Aは⑤，⑥の交点であるから

$$\mathrm{A}\left(-2\alpha\beta(\alpha+\beta),\ \frac{1}{2}+\alpha^2+\alpha\beta+\beta^2\right) \quad \cdots\cdots ⑦$$

となる。

ここで，AP＝AQ であるための条件は，Aが

$$(x-\alpha)^2+(y-\alpha^2)^2=(x-\beta)^2+(y-\beta^2)^2$$

$$\therefore \quad 2x-(\alpha+\beta)+2(\alpha+\beta)y-(\alpha+\beta)(\alpha^2+\beta^2)=0$$

で表される線分PQの垂直二等分線上にあることである。そこで，Aの座標⑦を代入すると

← 整理すると，
$-(\alpha-\beta)\{2x-(\alpha+\beta)$
$+2(\alpha+\beta)y$
$-(\alpha+\beta)(\alpha^2+\beta^2)\}=0$
となり，$\alpha \neq \beta$ より。

$$(\alpha+\beta)\left\{-4\alpha\beta-1+2\left(\frac{1}{2}+\alpha^2+\alpha\beta+\beta^2\right)-(\alpha^2+\beta^2)\right\}=0$$

$$\therefore\quad (\alpha+\beta)(\alpha-\beta)^2=0$$

となるので，$\alpha \neq \beta$ より

$$\alpha+\beta=0 \qquad \cdots\cdots⑧$$

⬅ ⑧が AP＝AQ の条件である。

である。

⑦に戻ると，$\mathrm{A}\left(0,\ \frac{1}{2}+\alpha^2\right)$ であり，⑧と $\alpha \neq \beta$ より $\alpha \neq 0$ であるから，(1)の結果と合わせると，A の存在範囲は

$$x=0 \text{ かつ } y>\frac{1}{2}$$

であり，右図の太線部分である。

注 $y=x^2$ 上の異なる点における法線どうしが一致しないことは，点 $\mathrm{P}(t,\ t^2)$ における法線の傾き $-\frac{1}{2t}$ (ただし，O(0, 0) では法線は $x=0$) が，t ごとに異なることから明らかである。

参考

(2)で，A から下ろした 2 本の垂線を AP，AQ とするとき，$\mathrm{P}(\alpha,\ \alpha^2)$，$\mathrm{Q}(\beta,\ \beta^2)$ $(\alpha \neq \beta)$ における接線：

$$y=2\alpha x-\alpha^2 \quad \cdots\cdots⑨ \qquad y=2\beta x-\beta^2 \quad \cdots\cdots⑩$$

の交点を $\mathrm{B}\left(\frac{\alpha+\beta}{2},\ \alpha\beta\right)$ とする。このとき，△APB，△AQB はいずれも直角三角形であり，AB は共通であるから，AP，AQ の長さが等しければ，三平方の定理より，PB＝QB ……⑪ である。逆に，⑪が成り立てば，AP＝AQ である。

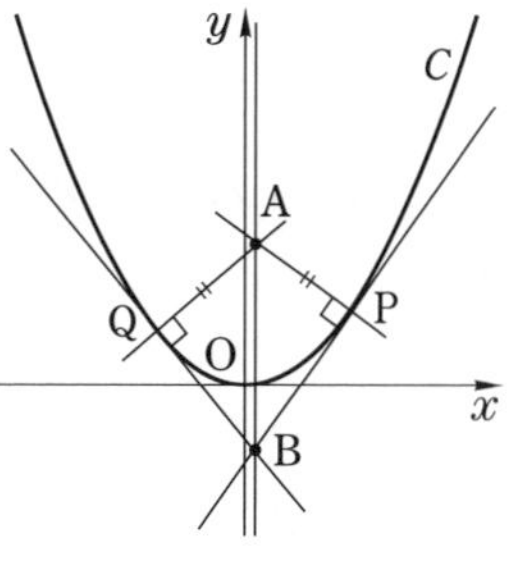

P，B は直線⑨上に，Q，B は直線⑩上にあるから，

$$\mathrm{PB}=\sqrt{1+(2\alpha)^2}\left|\alpha-\frac{\alpha+\beta}{2}\right|=\frac{1}{2}\sqrt{1+4\alpha^2}|\alpha-\beta|,$$

$$\mathrm{QB}=\frac{1}{2}\sqrt{1+4\beta^2}|\alpha-\beta|$$

である。よって，$\alpha \neq \beta$ のもとで⑪が成り立つ条件は，$\sqrt{1+4\alpha^2}=\sqrt{1+4\beta^2}$，すなわち，$\alpha+\beta=0$ である。以下は 解答 と同じである。

507 整数値をとる変数に関する不等式

n を正の整数，a を実数とする。すべての整数mに対して

$$m^2-(a-1)m+\frac{n^2}{2n+1}a>0$$

が成り立つようなaの範囲をnを用いて表せ。（東京大）

精講 mは整数値しかとらないので，判別式だけでは解決しません。そこで，パラメタaを分離した形の不等式に変形して考えます。

解答 “すべての整数mに対して，

$$m^2-(a-1)m+\frac{n^2}{2n+1}a>0 \quad \cdots\cdots ①$$

が成り立つ”……(☆)　ためのaの条件を調べる。

$r=\dfrac{n^2}{2n+1}$ (>0) とおくと，①は

$$m^2+m>(m-r)a \quad \cdots\cdots ②$$

となる。$m=0$ のとき，②が成り立つためには，

$$0>-ra \quad \therefore \quad a>0 \quad \cdots\cdots ③$$

でなければならない。

③のもとで，$m\leqq -1$ のときは，

$$m^2+m=m(m+1)\geqq 0 \text{ かつ } (m-r)a<0$$

であるから，②は成り立つ。$1\leqq m\leqq r$ のときは，

$$m^2+m>0 \text{ かつ } (m-r)a\leqq 0$$

であるから，②は成り立つ。

以下，$m>r$ のとき，②，すなわち，

$$\frac{m^2+m}{m-r}>a \quad \cdots\cdots ④$$

が成り立つ条件を調べる。そこで，実数xに対して，

$f(x)=\dfrac{x^2+x}{x-r}$ とおくと，

$$f'(x)=\frac{(2x+1)(x-r)-(x^2+x)}{(x-r)^2}$$

$$=\frac{\{(2n+1)x+n\}(x-n)}{(2n+1)(x-r)^2}$$

⬅ (☆)は，“すべての整数mに対して，②が成り立つ”と同値である。

⬅ (☆)のための必要条件である。

⬅ $r>0$ である。

⬅ mは整数である。

⬅ ここまでで，mがr以下の整数である場合を調べた。

⬅ いわゆる，“パラメタ（ここではa）の分離”を行った。

⬅ (分子)$=x^2-2rx-r$

$=\dfrac{(2n+1)x^2-2n^2x-n^2}{2n+1}$

$=\dfrac{\{(2n+1)x+n\}(x-n)}{2n+1}$

となる。ここで，

$$n-r=\frac{n(n+1)}{2n+1}>0 \text{ より } \quad n>r$$

x	(r)	$\cdots$	n	$\cdots$
$f'(x)$	／	$-$	0	$+$
$f(x)$	／	↘		↗

であるから，$x>r$ における $f(x)$ の増減は右表の通りである。したがって，$m>r$ を満たすすべての整数 m に対して，④が成り立つための条件は

$$f(n)>a \qquad \text{つまり} \quad a<2n+1 \qquad \cdots\cdots⑤$$

であある。

⬅ $f(n)=\dfrac{n^2+n}{n-r}=\dfrac{n(n+1)}{n-\dfrac{n^2}{2n+1}}=2n+1$

以上より，(☆) が成り立つような a の範囲は，③かつ⑤，すなわち，

$$\mathbf{0<a<2n+1}$$

である。

参考

“パラメタの分離”を②までとして処理することもできる。

②で m を実数 x で置き換えると

$$x^2+x>a(x-r)$$

となり，(☆) は“$y=x^2+x$ ……⑥ 上の整数 x に対応する点は直線 $y=a(x-r)$ ……⑦ より上方にある”……(＊) ことと同値である。

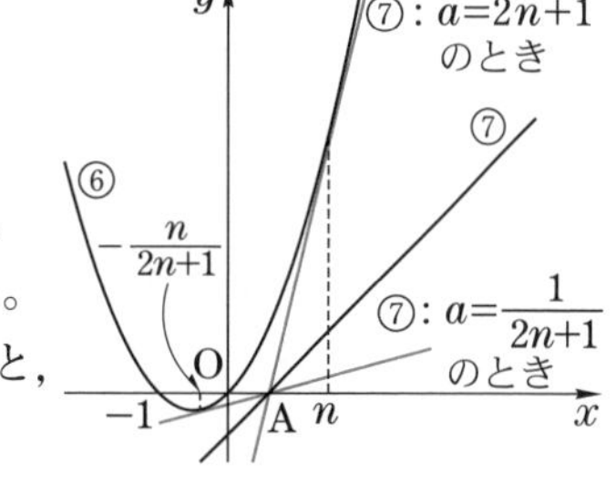

⑦は定点 A$(r,\ 0)$ を通り傾き a の直線である。そこで，⑦が⑥と接するような a の値を求めると，

$$x^2-(a-1)x+ar=0 \qquad \cdots\cdots⑧$$

が重解をもつ条件より

$$(a-1)^2-4ar=0 \qquad \therefore \quad a=2n+1,\ \frac{1}{2n+1}$$

⬅ $r=\dfrac{n^2}{2n+1}$ を代入して，整理すると $\{(2n+1)a-1\}\cdot\{a-(2n+1)\}=0$

であり，それぞれに対応する接点の x 座標，つまり，⑧の重解は $x=n,\ -\dfrac{n}{2n+1}$ である。

⬅解と係数の関係から (⑧の重解)$=\dfrac{1}{2}(a-1)$

$-1<-\dfrac{n}{2n+1}<0$ であり，⑥上の点 $(0,\ 0)$，$(-1,\ 0)$ が⑦より上方にある条件は $a>0$ である。よって，右上図より，

$$(☆) \iff (＊) \iff 0<a<2n+1$$

である。

⬅⑥上の点 $(n,\ n^2+n)$ が⑦より上方にある条件は $a<2n+1$

508 パラメタを含む曲線の通過範囲(1)

正の実数 a に対して，座標平面上で次の放物線を考える。

$$C : y=ax^2+\frac{1-4a^2}{4a}$$

a が正の実数全体を動くとき，C の通過する領域を図示せよ。　　（東京大）

精講　$y=ax^2+\dfrac{1-4a^2}{4a}$ を a の方程式とみなして，正の解をもつための x，y の条件を求める，または，右辺を a の関数とみなして，$a>0$ における y の値域を調べるという 2 つの方針が考えられます。

解答　C の通過する領域を D とするとき，

$(x,\ y)\in D$

$\Longleftrightarrow$　ある正の実数 a に対して，$y=ax^2+\dfrac{1-4a^2}{4a}$ ……①　が成り立つ。　……(☆)

← 実数 x，y に関する条件として同値である。

ここで，①の分母を払って整理した式

$4(x^2-1)a^2-4ya+1=0$　……②

の左辺を a の関数とみなして，$f(a)$ とおくとき，

← $f(a)=4(x^2-1)a^2-4ya+1$

(☆) $\Longleftrightarrow$ a の方程式②，つまり，$f(a)=0$ が少なくとも 1 つの正の解をもつ。　……(＊)

以下，(＊)のための x，y の条件を調べる。

(i)　$x^2=1$ のとき，②は $4ya=1$ となるので，(＊)の条件は，$y>0$ である。

(ii)　$x^2-1<0$ のとき，$f(0)=1$，$\displaystyle\lim_{a\to\infty}f(a)=-\infty$ であるから，(＊)は成り立つ。

← $f(a)=a^2\left\{4(x^2-1)-\dfrac{4y}{a}+\dfrac{1}{a^2}\right\}$ より。

(iii)　$x^2-1>0$ のとき，ab 平面における下に凸な放物線 $b=f(a)$ を考えると，(＊)の条件は

← $f(0)=1>0$ に注意する。

$$\begin{cases}\text{軸の位置}：a=\dfrac{y}{2(x^2-1)}>0\\[2mm]\text{頂点の } b \text{ 座標}：-\dfrac{y^2}{x^2-1}+1\leqq 0\end{cases}$$

← $f(a)=4(x^2-1)\left\{a-\dfrac{y}{2(x^2-1)}\right\}^2-\dfrac{y^2}{x^2-1}+1$

より，$y>0$ かつ $x^2-y^2\leqq 1$ である。

(i), (ii), (iii)より，C の通過する領域は

$$D:\begin{cases}\text{“}x=\pm 1 \text{ かつ } y>0\text{” または}\\ \text{“}-1<x<1\text{” または “}(x<-1 \text{ また}\\ \text{は } x>1) \text{ かつ } y>0 \text{ かつ } x^2-y^2\leqq 1\text{”}\end{cases}$$

であり，図の網目部分である。境界については，双曲線 $x^2-y^2=1$ の $y>0$ の部分だけを含む。

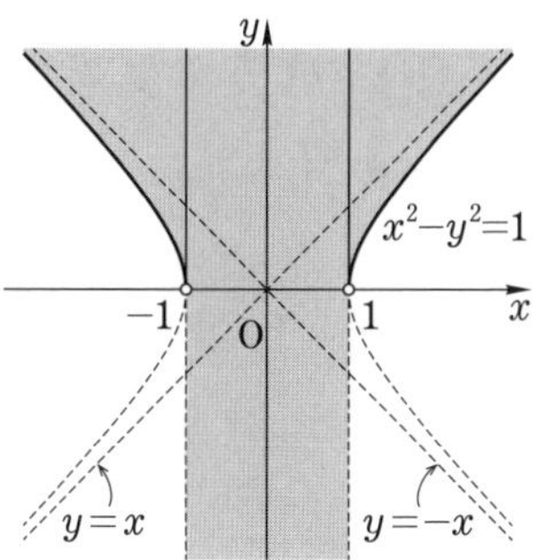

別解　$C : y=ax^2+\dfrac{1-4a^2}{4a}$

において，右辺を $a>0$ ……③ における a の関数とみなして

$$g(a)=ax^2+\frac{1-4a^2}{4a}=(x^2-1)a+\frac{1}{4a} \quad \cdots④$$

とおき，x を固定したとき，③における $y=g(a)$ のとりうる値の範囲 (値域) を調べる。

← 求める領域を D とするとき，x 座標が一定の直線上で，D に含まれる部分の y 座標の範囲を調べる方針である。

(i)　$x^2-1=0$ のとき，$g(a)=\dfrac{1}{4a}$ であり，$g(a)$ の値域は正の実数全体である。

← 直線 $x=\pm 1$ 上の $y>0$ の部分が D に含まれることを表す。

(ii)　$x^2-1<0$ のとき，④より

$$g'(a)=x^2-1-\frac{1}{4a^2}<0 \quad \cdots\cdots⑤$$

← これより，$g(a)$ は③において単調に減少する。

$$\lim_{a\to +0} g(a)=+\infty, \quad \lim_{a\to \infty} g(a)=-\infty$$

であるから，$g(a)$ の値域は実数全体である。

← $-1<x<1$ にあるすべての点が D に含まれることを表す。

(iii)　$x^2-1>0$ のとき，⑤より

$$g'(a)=\frac{x^2-1}{a^2}\left(a+\frac{1}{2\sqrt{x^2-1}}\right)\left(a-\frac{1}{2\sqrt{x^2-1}}\right)$$

である。$g(a)$ は極小値 $g\left(\dfrac{1}{2\sqrt{x^2-1}}\right)=\sqrt{x^2-1}$ をとり，

$$\lim_{a\to +0} g(a)=+\infty, \quad \lim_{a\to \infty} g(a)=+\infty$$

であるから，$g(a)$ の値域は $g(a)\geqq\sqrt{x^2-1}$ である。

← $x<-1$ または $x>1$ のとき，$y\geqq\sqrt{x^2-1}$，つまり，$y\geqq 0$ かつ $x^2-y^2\leqq 1$ の部分が D に含まれることを表す。

以上より，求める領域は

“$x=\pm 1$ かつ $y>0$” または “$-1<x<1$” または

“($x<-1$ または $x>1$) かつ $y\geqq\sqrt{x^2-1}$”

と表される。図示は**解答**参照。

第5章

509 パラメタを含む曲線の通過範囲(2)

定数 a に対して，次の式で定義される xy 平面の曲線を C_a とする。

C_a : $y=(a-x)\{\log(x-a)-2\}$

(1) $a=0$ のときの曲線 C_a のグラフをかけ。ただし，$\lim_{x\to\infty} xe^{-x}=0$ を用いてもよい。

(2) a を $a\geqq 0$ の範囲で動かすとき，曲線 C_a が通る部分を図示せよ。

精講 (1) C_0 : $y=-x(\log x-2)$ の $x\to+0$ における様子を調べるときに，$\lim_{x\to\infty} xe^{-x}=0$ を用います。

(2) この種の問題でよく用いられる考え方 (**508** 解答 参照)「C_a を a の方程式とみなして，$a\geqq 0$ に解をもつような x, y の条件は？」では簡単に解決しません。そこで，C_a と C_0 の位置関係に着目してみましょう。

解答 (1) C_0 : $y=-x(\log x-2)$ において，

$$y'=1-\log x, \quad y''=-\frac{1}{x}$$

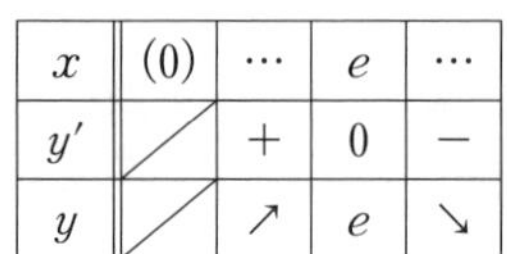

x	(0)	$\cdots$	e	$\cdots$
y'	／	$+$	0	$-$
y	／	↗	e	↘

より，増減は右表の通りであり，グラフは上に凸である。ここで，$\lim_{x\to\infty} xe^{-x}=0$ において，

$e^{-x}=t$，つまり，$x=-\log t$

とおくと，$x\to\infty$ のとき $t\to+0$ であり，

$$\lim_{t\to+0}(-t\log t)=0 \qquad \therefore \quad \lim_{x\to+0} x\log x=0$$

であるから，$\lim_{x\to+0} y=0$ であり，また，$\lim_{x\to+0} y'=\infty$ である。したがって，グラフは右のようになる。

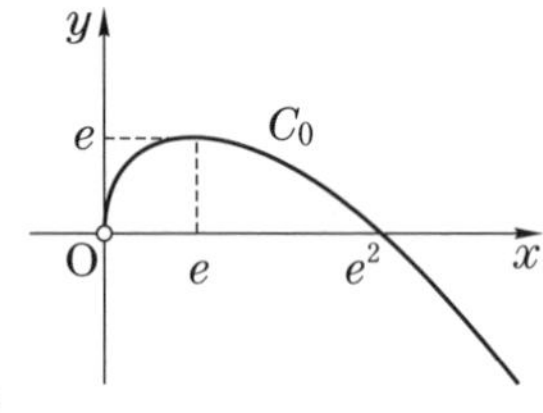

←$x\to+0$ のとき，C_0 は y 軸に接する。

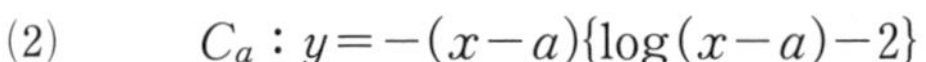

(2) C_a : $y=-(x-a)\{\log(x-a)-2\}$

は，C_0 の式において，x の代わりに $x-a$ とおいたものであるから，C_a は C_0 を x 軸方向に a だけ平行移動したものである。

したがって，(1)の結果から $a\geqq 0$ のもとで，C_a が通過する部分は右の斜線部分であり，境界に関しては，x 軸上の $0\leqq x<e^2$ の部分は含まず，他の部分は含む。

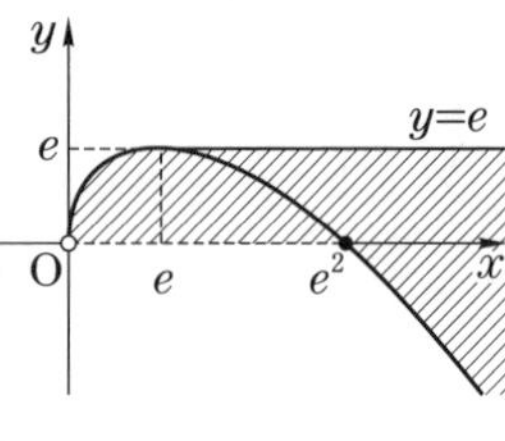

参考

ここで，次のことを確認しておこう。

(i) $\displaystyle\lim_{x\to\infty}\frac{x}{e^x}=0$　　(ii) $\displaystyle\lim_{x\to+0}x\log x=0$

(1)の 解答 からわかるように，(i)，(ii)は同値な関係であるが，それぞれの証明を1つずつ示しておく。

[(i)の証明]　$f(x)=x^2e^{-x}$ とするとき，

$$f'(x)=x(2-x)e^{-x}$$

であるから，$x>0$ においては，右表より

x	0	$\cdots$	2	$\cdots$
$f'(x)$	0	$+$	0	$-$
$f(x)$	0	↗	$\frac{4}{e^2}$	↘

$$0<f(x)=\frac{x^2}{e^x}\leqq\frac{4}{e^2}\qquad\therefore\quad 0<\frac{x}{e^x}\leqq\frac{4}{e^2}\cdot\frac{1}{x}$$

である。ここで，はさみ打ちの原理より，

$$0\leqq\lim_{x\to\infty}\frac{x}{e^x}\leqq\lim_{x\to\infty}\frac{4}{e^2}\cdot\frac{1}{x}=0\qquad\therefore\quad\lim_{x\to\infty}\frac{x}{e^x}=0$$

である。

[(ii)の証明]　$x>0$ において，$g(x)=\sqrt{x}\log x$ とするとき，

$$g'(x)=\frac{1}{2\sqrt{x}}(\log x+2)$$

であるから，特に，$0<x<1$ においては，右表と $\log x<0$ より

x	(0)	$\cdots$	$\frac{1}{e^2}$	$\cdots$
$g'(x)$	／	$-$	0	$+$
$g(x)$	／	↘	$-\frac{2}{e}$	↗

$$-\frac{2}{e}\leqq g(x)=\sqrt{x}\log x<0$$

$$\therefore\quad -\frac{2}{e}\sqrt{x}\leqq x\log x<0$$

である。ここで，はさみ打ちの原理より

$$0=\lim_{x\to+0}\left(-\frac{2}{e}\sqrt{x}\right)\leqq\lim_{x\to+0}x\log x\leqq 0\qquad\therefore\quad\lim_{x\to+0}x\log x=0$$

である。

さらに，$\displaystyle\lim_{x\to\infty}\frac{x^2}{e^x}=0$ なども，(i)を利用して，

$$\lim_{x\to\infty}\frac{x^2}{e^x}=\lim_{x\to\infty}\left(\frac{x}{e^{\frac{x}{2}}}\right)^2=\lim_{t\to\infty}\left(\frac{2t}{e^t}\right)^2=\lim_{t\to\infty}4\left(\frac{t}{e^t}\right)^2=0$$

(途中で $x=2t$ と置き換えた) などと示すことができる。

510 円上の動点から２定点までの距離の和

xy 平面上に，原点を中心とする半径 1 の円 C，点 $\mathrm{A}(a,\ 0)$ $(0<a<1)$，点 $\mathrm{B}(-1,\ 0)$ が与えられている。点Pが円 C 上を動くとき，距離 AP と距離 BP の和の最大値を a を用いて表せ。 （九州大）

精講 $\mathrm{P}(\cos\theta,\ \sin\theta)$ とおいて AP＋BP を $\cos\theta$ だけの式で表すこともできますが，$\mathrm{P}(x,\ y)$ とおいて $x^2+y^2=1$ を用いて，AP＋BP を x だけの式で表した方がそのあとの計算は少し楽なようです。

解答 $\mathrm{P}(x,\ y)$ は円 C 上にあるから，

$$x^2+y^2=1 \quad \cdots\cdots①$$

を満たす。このとき，

$$\begin{aligned}&\mathrm{AP}+\mathrm{BP}\\&=\sqrt{(x-a)^2+y^2}+\sqrt{(x+1)^2+y^2}\\&=\sqrt{1+a^2-2ax}+\sqrt{2+2x} \quad \cdots\cdots②\end{aligned}$$

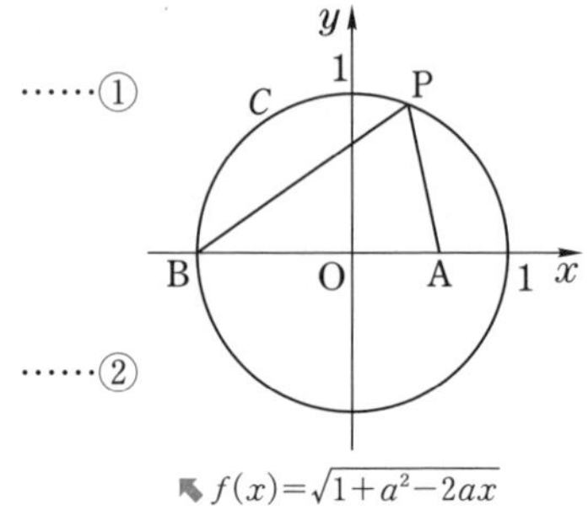

である。②の右辺を $f(x)$ とおくと，

⬉ $f(x)=\sqrt{1+a^2-2ax}+\sqrt{2+2x}$

$$\begin{aligned}f'(x)&=\frac{-a}{\sqrt{1+a^2-2ax}}+\frac{1}{\sqrt{2+2x}}\\&=\frac{\sqrt{1+a^2-2ax}-a\sqrt{2+2x}}{\sqrt{1+a^2-2ax}\sqrt{2+2x}} \quad \cdots\cdots③\end{aligned}$$

である。$f'(x)$ の符号は，③の分子

⬅ 注 参照。

$$\begin{aligned}g(x)&=\sqrt{1+a^2-2ax}-a\sqrt{2+2x}\\&=\frac{(1+a^2-2ax)-a^2(2+2x)}{\sqrt{1+a^2-2ax}+a\sqrt{2+2x}}\\&=\frac{2a(a+1)\left(\frac{1-a}{2a}-x\right)}{\sqrt{1+a^2-2ax}+a\sqrt{2+2x}}\end{aligned}$$

⬅“分子の有理化”である。

の符号と一致する。

⬅ $g(x)$ の符号は $\dfrac{1-a}{2a}-x$ の符号と一致する。

①より，x の変域は

$$-1\leqq x\leqq 1 \quad \cdots\cdots④$$

であり，次の 2 つの場合が考えられる。

(i) $\dfrac{1-a}{2a}\geqq 1$，つまり，$0<a\leqq\dfrac{1}{3}$ のとき

⬅ $0<a<1$ に注意する。

④において，$g(x) \geqq 0$ であるから，

$$f'(x) \geqq 0$$

⬅ $f(x)$ は単調に増加する。

である。したがって，$f(x)$ の最大値は

$$f(1)=\sqrt{(1-a)^2}+\sqrt{4}$$
$$=1-a+2=3-a$$

⬅ E(1，0) とするとき，$f(1)=\mathrm{AE}+\mathrm{BE}$ $=1-a+2=3-a$

である。

(ii) $0<\dfrac{1-a}{2a}<1$，つまり，$\dfrac{1}{3}<a<1$ のとき

$f(x)$ の増減は右表のようになるので，$f(x)$ の最大値は

x	-1	$\cdots$	$\dfrac{1-a}{2a}$	$\cdots$	1
$f'(x)$		$+$	0	$-$	
$f(x)$		↗		↘	

$$f\left(\frac{1-a}{2a}\right)=\sqrt{a(1+a)}+\sqrt{\frac{1+a}{a}}$$
$$=\frac{(\sqrt{1+a})^3}{\sqrt{a}}$$

である。

以上より，AP＋BP の最大値は

$$\boldsymbol{0<a \leqq \frac{1}{3}} \text{ のとき } \boldsymbol{3-a},\ \boldsymbol{\frac{1}{3}<a<1} \text{ のとき } \boldsymbol{\frac{(\sqrt{1+a})^3}{\sqrt{a}}}$$

である。

注 ②において，$f'(x)=0$ となる x を，つまり，$\sqrt{1+a^2-2ax}=a\sqrt{2+2x}$ を満たす $x=\dfrac{1-a}{2a}$ を求めても，その前後での $f'(x)$ の符号はわからない。そこで，**解答** に示したような“分子の有理化”をすることになる。

類題 16 → 解答 p.369

双曲線 $x^2-y^2=1$ の $x>0$ の部分を C_1，$x<0$ の部分を C_2 とする。

(1) 直線 $ax-by=1$ が C_1，C_2 の両方と 1 点ずつで交わるための a，b の条件を求めよ。

(2) a，b は(1)で求めた条件を満たすものとする。点 $\mathrm{A}(a,\ b)$ をとり，直線 $ax-by=1$ と C_1，C_2 の交点をそれぞれ P，Q とする。このとき △APQ の面積 S を a，b を用いて表せ。

(3) 面積 S の最小値を求めよ。また，その最小値をとるための a，b の条件を求めよ。

(名古屋大 2020)

511 頂点が円周上を動く三角形の面積の最大値

2つの円 $C:(x-1)^2+y^2=1$ と $D:(x+2)^2+y^2=7^2$ を考える。また原点をO(0, 0)とする。

(1) 円C上に，y座標が正であるような点Pをとり，x軸の正の部分と線分OPのなす角をθとする。このとき，点Pの座標と線分OPの長さをθを用いて表せ。

(2) (1)でとった点Pを固定したまま，点Qが円D上を動くとき，△OPQの面積が最大になるときのQの座標をθを用いて表せ。

(3) 点Pが円C上を動き，点Qが円D上を動くとき，△OPQの面積の最大値を求めよ。

ただし，(2)，(3)においては，3点O，P，Qが同一直線上にあるときは，△OPQの面積は0であるとする。　(名古屋大 2016)

精講　(2)では，OPを底辺と考えると，面積が最大となるのは高さが最大となるときです。高さが最大となるのはどんなときかは，円Dと直線OPの関係を眺めてみるとわかるはずです。

(1) A(2, 0)とすると，OAは円Cの直径であるから，△OAPは直角三角形である。よって，

$$\mathrm{OP}=\mathrm{OA}\cos\theta=\boldsymbol{2\cos\theta} \quad \cdots\cdots①$$

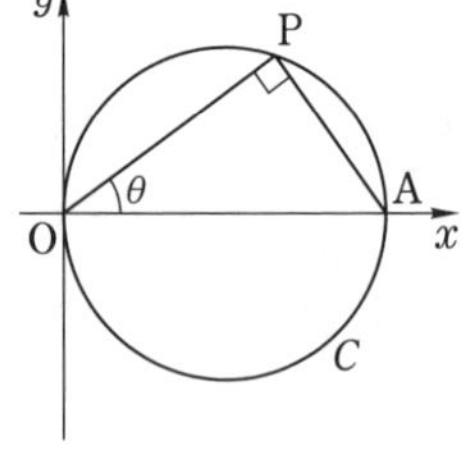

であり，点Pの座標は

$$(\mathrm{OP}\cos\theta,\ \mathrm{OP}\sin\theta)$$
$$=\boldsymbol{(2\cos^2\theta,\ 2\sin\theta\cos\theta)} \quad \cdots\cdots②$$

である。

(2) △OPQにおいて，OPを底辺と考えるとOPの長さは一定であるから，△OPQの面積が最大となるのは，高さ，すなわち，“Qから直線OPまでの距離が最大となる”……(＊)　ときである。

円Dの中心をB(−2, 0)とすると，(＊)となるのは，QにおけるDの接線がOPと平行である，つまり，$\overrightarrow{\mathrm{BQ}}$が$\overrightarrow{\mathrm{OP}}$と垂直である(右図)ときである。

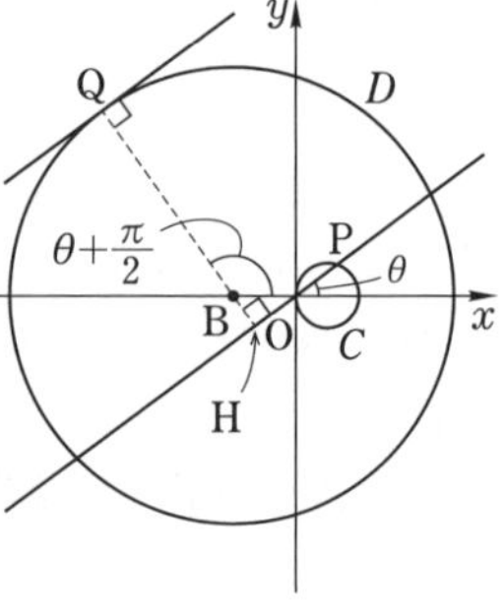

このとき，

$(x$ 軸の正の向きから $\overrightarrow{\mathrm{BQ}}$ までの角$)=\theta+\dfrac{\pi}{2}$

であるから，

$$\overrightarrow{\mathrm{OQ}}=\overrightarrow{\mathrm{OB}}+\overrightarrow{\mathrm{BQ}}$$
$$=(-2,\ 0)+\left(7\cos\left(\theta+\frac{\pi}{2}\right),\ 7\sin\left(\theta+\frac{\pi}{2}\right)\right)$$
$$=(\boldsymbol{-2-7\sin\theta,\ 7\cos\theta}) \quad \cdots\cdots③$$

であり，③が求める点Qの座標である。

(3) 円 C，D はいずれも x 軸に関して対称であるから，点Pは $y\geqq 0$ の範囲を動くとしてよい。そこで，①，②の θ の変域を $0\leqq\theta\leqq\dfrac{\pi}{2}$ ……④ とする。

⬅ P(2, 0) のときは $\theta=0$，P(0, 0) のときは $\theta=\dfrac{\pi}{2}$ と考える。

④のとき，②のPに対して定まる △OPQ の面積の最大値を $S(\theta)$ とする。(2)で求めた点Qに対して，直線 QB と OP との交点をHとすると，

$$\mathrm{BH}=\mathrm{OB}\sin\theta=2\sin\theta$$

⬅ △OBH は直角三角形で，∠BOH＝∠AOP＝θ。

であるから，

$$S(\theta)=\frac{1}{2}\cdot\mathrm{OP}\cdot\mathrm{QH}=\frac{1}{2}\cdot\mathrm{OP}\cdot(\mathrm{QB}+\mathrm{BH})$$
$$=\cos\theta(7+2\sin\theta)$$

⬅ ①より，$\mathrm{OP}=2\cos\theta$。

⬅ $S\left(\dfrac{\pi}{2}\right)=0$ となるので，P＝O のときにも成り立つ。

である。これより

$$S'(\theta)=-7\sin\theta+2(-\sin^2\theta+\cos^2\theta)$$
$$=(\sin\theta+2)(1-4\sin\theta)$$

⬅ 整理すると $-4\sin^2\theta-7\sin\theta+2$

である。$\sin\alpha=\dfrac{1}{4}$ $\left(0<\alpha<\dfrac{\pi}{2}\right)$ とすると，増減表は右のようになる。よって，△OPQ の面積の最大値は

θ	0	…	α	…	$\frac{\pi}{2}$
$S'(\theta)$		+	0	−	
$S(\theta)$		↗		↘	

$$S(\alpha)=\cos\alpha(7+2\sin\alpha)=\boldsymbol{\frac{15\sqrt{15}}{8}}$$

⬅ $\cos\alpha=\sqrt{1-\sin^2\alpha}=\dfrac{\sqrt{15}}{4}$

である。

参考

(3)において，$S(\theta)$ をP，Qの座標②，③を用いて，

$$S(\theta)=\frac{1}{2}|2\cos^2\theta\cdot 7\cos\theta-2\sin\theta\cos\theta(-2-7\sin\theta)|$$
$$=|\cos\theta(7\cos^2\theta+2\sin\theta+7\sin^2\theta)|=\cos\theta(7+2\sin\theta)$$

と求めることもできる。

第5章

512 角度を変数とする最大値問題

次の連立不等式で定まる座標平面上の領域Dを考える。

$$x^2+(y-1)^2 \leqq 1,\quad x \geqq \frac{\sqrt{2}}{3}$$

直線lは原点を通り，Dとの共通部分が線分となるものとする。その線分の長さLの最大値を求めよ。また，Lが最大値をとるとき，x軸とlのなす角$\theta\left(0<\theta<\frac{\pi}{2}\right)$の余弦$\cos\theta$を求めよ。　（東京大）

精講　与えられた変数θを用いてLを表して，その増減を調べるだけですが，計算を見やすくするためには三角関数($\sin\theta$，$\cos\theta$，$\tan\theta$のいずれか)をうまく選ぶ必要があります。

解答　領域 D：$x^2+(y-1)^2 \leqq 1$，$x \geqq \dfrac{\sqrt{2}}{3}$

は右図の青色部分である。

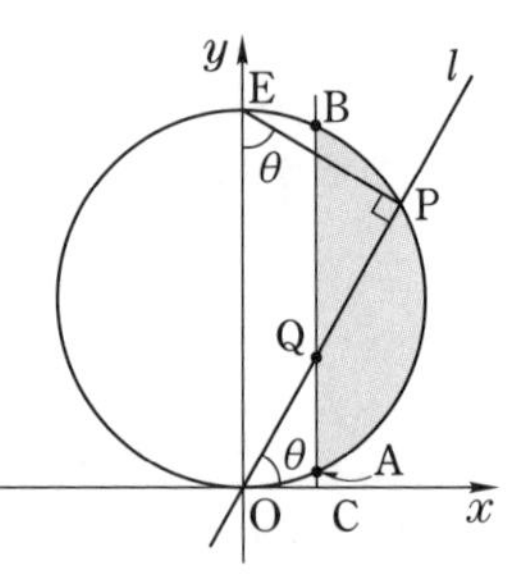

$$x^2+(y-1)^2=1 \quad \cdots\cdots ① \quad と \quad x=\frac{\sqrt{2}}{3} \quad \cdots\cdots ②$$

の交点を，$A\left(\frac{\sqrt{2}}{3},\ 1-\frac{\sqrt{7}}{3}\right)$，$B\left(\frac{\sqrt{2}}{3},\ 1+\frac{\sqrt{7}}{3}\right)$

とし，$O(0,\ 0)$，$C\left(\frac{\sqrt{2}}{3},\ 0\right)$，$E(0,\ 2)$とする。

$\angle AOC=\alpha$，$\angle BOC=\beta$ $\left(0<\alpha<\beta<\frac{\pi}{2}\right)$ とおくと，

θの変域は，$\alpha<\theta<\beta$　$\cdots\cdots ③$ である。

⬅ Qは線分AB(A，Bを除く)上にある。

$\angle OPE$が直角であるから，右上図において，

⬅ OEは円①の直径である。

$$L=PQ=OP-OQ=OE\sin\theta-\frac{OC}{\cos\theta}$$

⬅ 参考 1° 参照。

$$=2\sin\theta-\frac{\sqrt{2}}{3\cos\theta} \quad \cdots\cdots ④$$

である。④の右辺を$f(\theta)$とおくと，

⬅ $f(\theta)=2\sin\theta-\dfrac{\sqrt{2}}{3\cos\theta}$

$$f'(\theta)=2\cos\theta-\frac{\sqrt{2}\sin\theta}{3\cos^2\theta}$$

⬅ 参考 2° 参照。

$$=\frac{\sqrt{2}}{3}\cos\theta\left(3\sqrt{2}-\frac{\sin\theta}{\cos\theta}\cdot\frac{1}{\cos^2\theta}\right)$$

$$=\frac{\sqrt{2}}{3}\cos\theta\{3\sqrt{2}-\tan\theta(\tan^2\theta+1)\}$$

$$=\frac{\sqrt{2}}{3}\cos\theta(\sqrt{2}-\tan\theta)(3+\sqrt{2}\tan\theta+\tan^2\theta)$$

である。これより，

$$\tan\theta_0=\sqrt{2}\ \left(0<\theta_0<\frac{\pi}{2}\right) \quad \cdots\cdots⑤$$

となる θ_0 をとると，直線 $y=(\tan\theta_0)x$，すなわち，$y=\sqrt{2}x$ と②との交点 $Q_0\left(\frac{\sqrt{2}}{3},\ \frac{2}{3}\right)$ は線分 AB 上にあるから，$\theta=\theta_0$ は③を満たし，増減表から $L=f(\theta)$ は $\theta=\theta_0$ で最大となる。⑤より

⬅A，Q_0，B の y 座標の関係：$\frac{3-\sqrt{7}}{3}<\frac{2}{3}<\frac{3+\sqrt{7}}{3}$ より。

θ	(α)	$\cdots$	θ_0	$\cdots$	(β)
$f'(\theta)$		$+$	0	$-$	
$f(\theta)$		↗		↘	

($\angle AOC=\alpha$，$\angle BOC=\beta$)

$$\sin\theta_0=\frac{\sqrt{2}}{\sqrt{3}},\ \cos\theta_0=\frac{1}{\sqrt{3}}$$

であるから，L の最大値は

$$f(\theta_0)=2\sin\theta_0-\frac{\sqrt{2}}{3\cos\theta_0}=\frac{\sqrt{2}}{\sqrt{3}}=\boldsymbol{\frac{\sqrt{6}}{3}}$$

であり，そのとき $\cos\theta=\cos\theta_0=\boldsymbol{\frac{1}{\sqrt{3}}}$ である。

参考

1° $l：y=(\tan\theta)x$ ……⑥ と円①との原点O以外の交点として，P の x 座標を求めると，$x=\frac{2\tan\theta}{\tan^2\theta+1}=2\sin\theta\cos\theta$ となる。これより，

$OP=\frac{x}{\cos\theta}=2\sin\theta$ としてもよい。

2° 計算は少し多くなるが，$f'(\theta)$ の符号変化を $\cos\theta$ に着目して調べることもできる。

$$f'(\theta)=\frac{6\cos^3\theta-\sqrt{2}\sin\theta}{3\cos^2\theta}=\frac{36\cos^6\theta-2\sin^2\theta}{3\cos^2\theta(6\cos^3\theta+\sqrt{2}\sin\theta)}$$

$$=\frac{2\{18(\cos^2\theta)^3-(1-\cos^2\theta)\}}{3\cos^2\theta(6\cos^3\theta+\sqrt{2}\sin\theta)}=\frac{2(3\cos^2\theta-1)(6\cos^4\theta+2\cos^2\theta+1)}{3\cos^2\theta(6\cos^3\theta+\sqrt{2}\sin\theta)}$$

である。この場合にも，$3\cos^2\theta-1=0$ を満たす鋭角 θ が θ の変域③に属する，すなわち，l と D の共通部分が線分となるような θ であることを確かめる必要がある。

第5章

☆ **513** **3つの円の和集合の面積の最大値**

平面上を半径1の3個の円板が下記の条件(a)と(b)を満たしながら動くとき，これら3個の円板の和集合の面積Sの最大値を求めよ。

(a)　3個の円板の中心はいずれも定点Pを中心とする半径1の円周上にある。

(b)　3個の円板すべてが共有する点はPのみである。　（東京工大）

精講　まず，Pと3つの円の中心を結ぶ線分どうしのつくる角のとり得る範囲を調べます。そこでは，2つの円板を固定して，残りの円板の中心の動ける範囲を考えてみましょう。

解答　Pを中心とする半径1の円をEとし，3個の円板D_1，D_2，D_3の中心をO_1，O_2，O_3とする。$\overrightarrow{PO_1}$から$\overrightarrow{PO_2}$，$\overrightarrow{PO_3}$，$\overrightarrow{PO_1}$と同じ向きに順に測った角を $\angle O_1PO_2=\alpha$，$\angle O_2PO_3=\beta$，$\angle O_3PO_1=\gamma$ とおくと，

$$\alpha+\beta+\gamma=2\pi \quad \cdots\cdots①$$

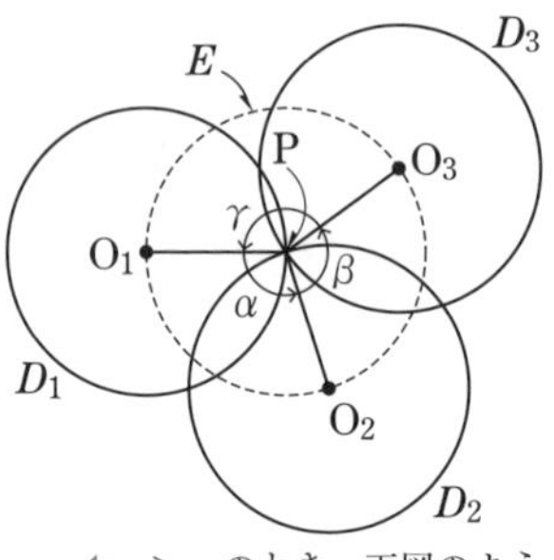

である。このとき，α，β，γの満たすべき条件を調べると，まず，

$$0\leqq\alpha\leqq\pi \text{ かつ } 0\leqq\beta\leqq\pi \text{ かつ } 0\leqq\gamma\leqq\pi \quad \cdots②$$

でなければならない。

⬅ $\alpha>\pi$ のとき，下図のようになり(b)に反する。

次に，②のもとでαを固定したとき，β，γの満たすべき条件を調べる。円Eの直径O_1R_1，O_2R_2をとり，R_1，R_2を中心とする半径1の円をK_1，K_2とすると，K_1とD_1，K_2とD_2はそれぞれ外接している。図からわかるように，D_3の中心O_3が円Eの弧R_1O_2，R_2O_1にあると，D_3は$D_1\cap D_2$（斜線部分）のP以外の部分を含むことになる。逆に，O_3が円Eの短い方の弧R_1R_2（端点を含む）上にある，すなわち，

$$(\text{弧 } O_1O_2O_3),\ (\text{弧 } O_2O_1O_3)\geqq(\text{半円周})$$

$$\therefore\ \alpha+\beta\geqq\pi \text{ かつ } \alpha+\gamma\geqq\pi$$

であるときには，条件(b)が満たされる。

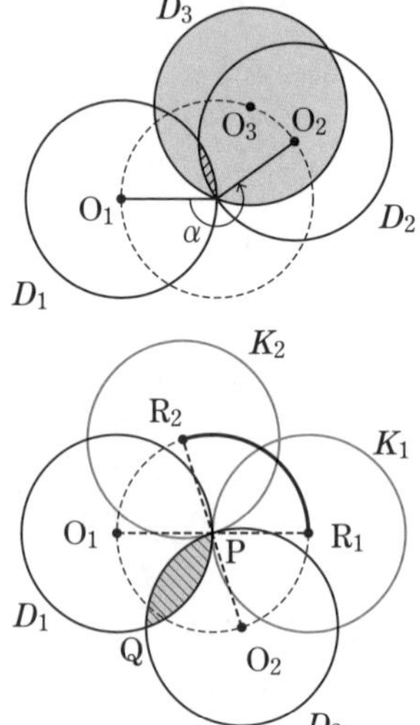

同様に，β，γ を固定した場合も考え合わせると，

$$\alpha+\beta \geqq \pi \text{ かつ } \beta+\gamma \geqq \pi \text{ かつ } \gamma+\alpha \geqq \pi \quad \cdots③$$

であれば，条件(b)が満たされる。

←この部分をキチンと示しておかないと正しい解答といえない。

①のもとで，②，③は同値であるから，以下，①かつ②のもとで考え，$D_1 \cap D_2$，$D_2 \cap D_3$，$D_3 \cap D_1$ それぞれの面積 S_{12}，S_{23}，S_{31} から，S を求める。

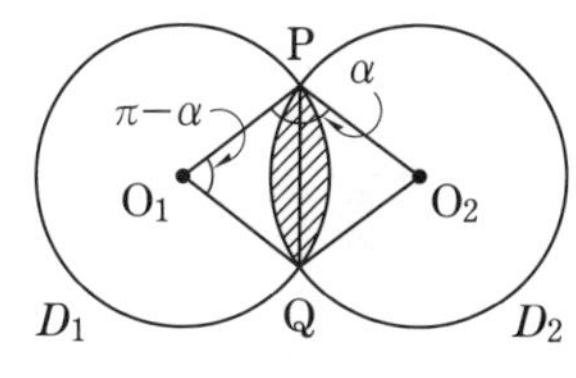

$$S_{12}=2(\text{扇形 } \mathrm{O_1}\overset{\frown}{\mathrm{PQ}}-\triangle \mathrm{O_1PQ})$$

$$=2\left\{\frac{1}{2}\cdot(\pi-\alpha)\cdot 1^2-\frac{1}{2}\cdot 1^2\cdot\sin(\pi-\alpha)\right\}$$

$$=\pi-\alpha-\sin\alpha$$

$$S_{23}=\pi-\beta-\sin\beta,\quad S_{31}=\pi-\gamma-\sin\gamma$$

であるから，

$$S=3\cdot\pi\cdot 1^2-(S_{12}+S_{23}+S_{31})$$

$$=\alpha+\beta+\gamma+\sin\alpha+\sin\beta+\sin\gamma$$

$$=2\pi+\sin\alpha+\sin\beta+\sin\gamma$$

←①より。

である。

ここで，まず γ を固定して考えると，

$$S=2\pi+2\sin\frac{\alpha+\beta}{2}\cos\frac{\alpha-\beta}{2}+\sin\gamma$$

$$=2\pi+2\sin\frac{\gamma}{2}\cos\frac{\alpha-\beta}{2}+\sin\gamma \quad \cdots\cdots④$$

←①より $\frac{\alpha+\beta}{2}=\pi-\frac{\gamma}{2}$

となり，②のもとで $\sin\frac{\gamma}{2}\geqq 0$ であるから，④は $\cos\frac{\alpha-\beta}{2}=1$，つまり，$\alpha=\beta=\pi-\frac{\gamma}{2}$ のとき，最大値

←$0\leqq\gamma\leqq\pi$ より $0\leqq\frac{\gamma}{2}\leqq\frac{\pi}{2}$ であり，$\sin\frac{\gamma}{2}\geqq 0$

$$S=2\pi+2\sin\frac{\gamma}{2}+\sin\gamma$$

をとる。次に，γ を②の範囲で変化させると，

$$\frac{dS}{d\gamma}=\cos\frac{\gamma}{2}+\cos\gamma$$

$$=\left(\cos\frac{\gamma}{2}+1\right)\left(2\cos\frac{\gamma}{2}-1\right)$$

γ	0	$\cdots$	$\frac{2}{3}\pi$	$\cdots$	π
$\frac{dS}{d\gamma}$		$+$	0	$-$	
S		↗		↘	

であるから，右表より S は $\gamma=\frac{2}{3}\pi\ \left(\alpha=\beta=\frac{2}{3}\pi\right)$ のとき，最大値 $\boldsymbol{2\pi+\frac{3\sqrt{3}}{2}}$ をとる。

514 対数微分法の応用

関数 $f(x)=x^x$ $(x>0)$ と正の実数 a について，以下の問いに答えよ。

(1) $\dfrac{1}{4}\leqq x\leqq\dfrac{3}{4}$ における $f(x)f(1-x)$ の最大値および最小値を求めよ。

(2) $\dfrac{1}{4}\leqq x\leqq\dfrac{3}{4}$ における $\dfrac{f(x)f(1-x)f(a)}{f(ax)f(a(1-x))}$ の最小値を求めよ。　　（千葉大）

精講　$f(x)=x^x$ $(x>0)$ の導関数を求めるには，対数微分法を用います。つまり，両辺の対数をとり，$\log f(x)=\log x^x=x\log x$ としたあと，両辺を x で微分すると，

$$\frac{f'(x)}{f(x)}=\log x+1 \quad \text{から} \quad f'(x)=f(x)(\log x+1)=x^x(\log x+1)$$

が導かれます。対数微分法は，たとえば，$y=\sqrt[3]{x(x+1)^2}$ $(x>0)$ の微分などにも適用できます。

$$\log y=\log\sqrt[3]{x(x+1)^2}=\frac{1}{3}\{\log x+2\log(x+1)\}$$

として，両辺を x で微分すると，

$$\frac{y'}{y}=\frac{1}{3}\left(\frac{1}{x}+\frac{2}{x+1}\right)=\frac{3x+1}{3x(x+1)} \quad \text{から} \quad y'=y\cdot\frac{3x+1}{3x(x+1)}=\frac{3x+1}{3\sqrt[3]{x^2(x+1)}}$$

が導かれます。

解答　(1) $\dfrac{1}{4}\leqq x\leqq\dfrac{3}{4}$ ……① において，

$$F(x)=f(x)f(1-x)=x^x(1-x)^{1-x}$$

とおく。両辺の対数をとり，

$$\log F(x)=x\log x+(1-x)\log(1-x)$$

としたあと，両辺を x で微分すると，

$$\frac{F'(x)}{F(x)}=\log x+x\cdot\frac{1}{x}-\log(1-x)+(1-x)\cdot\frac{-1}{1-x}$$
$$=\log x-\log(1-x)$$

となり，これより

$$F'(x)=F(x)\{\log x-\log(1-x)\}$$

となる。

⬅ $\log x^x(1-x)^{1-x}$
$=\log x^x+\log(1-x)^{1-x}$
$=x\log x+(1-x)\log(1-x)$

⬅ ①において，$\log x$ と $\log(1-x)$ の大小は x と $\dfrac{1}{2}$ との大小と一致する。

$F(x)>0$ であるから，①における $F(x)$ の増減は右のようになるので，

x	$\frac{1}{4}$	$\cdots$	$\frac{1}{2}$	$\cdots$	$\frac{3}{4}$
$F'(x)$		$-$	0	$+$	
$F(x)$		↘		↗	

最大値 $F\left(\frac{1}{4}\right)=F\left(\frac{3}{4}\right)=\left(\frac{1}{4}\right)^{\frac{1}{4}}\cdot\left(\frac{3}{4}\right)^{\frac{3}{4}}$

$$=\boldsymbol{\frac{\sqrt[4]{27}}{4}}$$

最小値 $F\left(\frac{1}{2}\right)=\left(\frac{1}{2}\right)^{\frac{1}{2}}\cdot\left(\frac{1}{2}\right)^{\frac{1}{2}}=\boldsymbol{\frac{1}{2}}$

である。

(2) ①において，

$$G(x)=\frac{f(x)f(1-x)f(a)}{f(ax)f(a(1-x))} \quad \cdots\cdots ②$$

とおく。

$$\begin{aligned}&f(ax)f(a(1-x))\\&=(ax)^{ax}\{a(1-x)\}^{a(1-x)}\\&=[(ax)^x\{a(1-x)\}^{1-x}]^a\\&=\{ax^x(1-x)^{1-x}\}^a\\&=a^a\{x^x(1-x)^{1-x}\}^a\end{aligned}$$

← $(ax)^x\{a(1-x)\}^{1-x}$
$=a^xx^xa^{1-x}(1-x)^{1-x}$
$=ax^x(1-x)^{1-x}$

であるから，②に戻ると，

$$\begin{aligned}G(x)&=\frac{x^x(1-x)^{1-x}a^a}{a^a\{x^x(1-x)^{1-x}\}^a}\\&=\{x^x(1-x)^{1-x}\}^{1-a}\\&=\{F(x)\}^{1-a}\end{aligned}$$

である。

(1)より，①における $F(x)$ の値域は

$$\frac{1}{2}\leqq F(x)\leqq\frac{\sqrt[4]{27}}{4}$$

であるから，$G(x)$ の最小値は，

$0<a<1$ のとき $\boldsymbol{\left(\frac{1}{2}\right)^{1-a}}$

$a=1$ のとき **1**

$a>1$ のとき $\boldsymbol{\left(\frac{\sqrt[4]{27}}{4}\right)^{1-a}}$

← $a=1$ のとき，
$G(x)=\{F(x)\}^0=1$

である。

第5章

515 対数関数に関する最小値問題

x, y, z が $x>0$, $y>0$, $z>0$, $x+y+z=1$ を満たしながら動くとき，関数 $x\log x+y\log y+z\log z$ の最小値を求めよ。

精講 x, y, z すべてを変化させると面倒なことになります。まず，このうちの1つを固定して考えてみましょう。

解答 $x>0$, $y>0$, $z>0$, $x+y+z=1$ ……①

のもとで，

$$I=x\log x+y\log y+z\log z$$

の最小値を求めるために，まず，z を固定したときの

$$J=x\log x+y\log y$$

の最小値を調べる。①より

$$0<z<1 \quad \cdots\cdots②$$

であるから，$1-z=a$ とおくと，$0<a<1$ であり，x, y は

⬅ $1-z$ のままでもよいが，J を x で表したときの式③の見やすさを考えて，このような置き換えを行う。

$$x>0,\ y>0,\ x+y=a$$

のもとで変化する。$y=a-x$ であるから，

$$0<x<a$$

であり，

$$J=x\log x+(a-x)\log(a-x) \quad \cdots\cdots③$$

となる。これを $f(x)$ とおくと，

$$f'(x)=\log x-\log(a-x)$$

であり，$f'(x)$ の符号は x と $a-x$ の大小で決まるので，右表より，$J=f(x)$ は

x	(0)	$\cdots$	$\frac{a}{2}$	$\cdots$	(a)
$f'(x)$		$-$	0	$+$	
$f(x)$		↘		↗	

$x=y=\frac{a}{2}=\frac{1-z}{2}$ ……④ のとき，最小値

$$f\left(\frac{a}{2}\right)=a\log\frac{a}{2}=(1-z)\log\frac{1-z}{2}$$

をとる。

したがって，求める最小値は

$$I=(1-z)\log\frac{1-z}{2}+z\log z$$

⬅ $I=J+z\log z$ より。

の②における最小値である。この式を $g(z)$ とおくと，

$$g'(z)=-\log\frac{1-z}{2}+\log z$$

⬅ $z-\frac{1-z}{2}=\frac{3}{2}\left(z-\frac{1}{3}\right)$

であり，$g'(z)$ の符号は $\frac{1-z}{2}$ と z の大小によって決まるので，右表より，I は

z	(0)	$\cdots$	$\frac{1}{3}$	$\cdots$	(1)
$g'(z)$		$-$	0	$+$	
$g(z)$		↘		↗	

$z=\frac{1}{3}$ $\left(④より\ x=y=\frac{1}{3}\right)$ のとき，

最小値 $-\log 3$ をとる。

参考

1° $y=x\log x$ ……㋐ のグラフを調べておこう。

$$y'=\log x+1,\quad y''=\frac{1}{x}>0$$

より，㋐のグラフは下に凸であり，概形は右図のようになる。ここで，

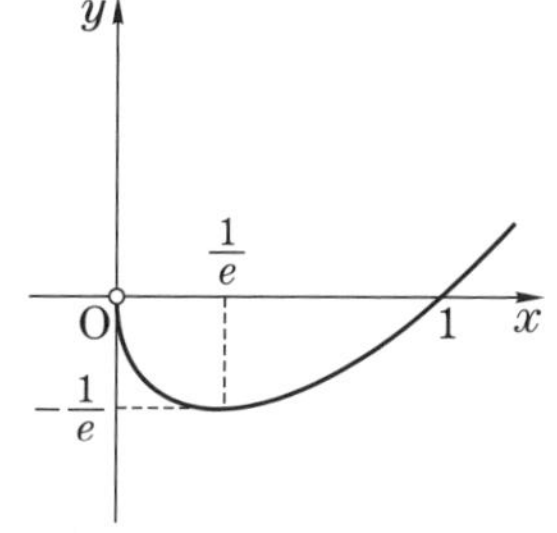

$$\lim_{x\to+0}y=\lim_{x\to+0}x\log x=0$$

$$\lim_{x\to+0}y'=\lim_{x\to+0}(\log x+1)=-\infty$$

(**509** 参考 参照)に注意する。

2° $h(x)=x\log x$ とおく。$y=h(x)$ のグラフCが下に凸であることから，I が最小になるのは $x=y=z$ のときであることを次のように説明できる。

C上の3点 $\mathrm{X}(x,\ h(x))$，$\mathrm{Y}(y,\ h(y))$，$\mathrm{Z}(z,\ h(z))$ を結ぶ三角形 XYZ はCより上方にあるので，その重心 $\mathrm{G}\left(\frac{x+y+z}{3},\ \frac{h(x)+h(y)+h(z)}{3}\right)$ はC上の点 $\mathrm{H}\left(\frac{x+y+z}{3},\ h\left(\frac{x+y+z}{3}\right)\right)$ より上方にある。したがって，

$$\frac{h(x)+h(y)+h(z)}{3}\geqq h\left(\frac{x+y+z}{3}\right)$$

$$\therefore\quad \frac{x\log x+y\log y+z\log z}{3}\geqq\frac{x+y+z}{3}\log\frac{x+y+z}{3}$$

が成り立つ。特に，$x+y+z=1$ のときには，

$$x\log x+y\log y+z\log z\geqq-\log 3$$

となり，等号はGがHと一致する，すなわち，三角形 XYZ が1点になるとき，つまり，$x=y=z=\frac{1}{3}$ のとき成り立つ。

第5章

☆ **516 三角関数の方程式の解に関する極限**

a は $0<a<\pi$ を満たす定数とする。$n=0,\ 1,\ 2,\ \cdots$ に対し，$n\pi<x<(n+1)\pi$ の範囲に $\sin(x+a)=x\sin x$ を満たす x がただ1つ存在するので，この x の値を x_n とする。

(1) 極限値 $\displaystyle\lim_{n\to\infty}(x_n-n\pi)$ を求めよ。

(2) 極限値 $\displaystyle\lim_{n\to\infty}n(x_n-n\pi)$ を求めよ。 (京都大)

精講 まず，x_n の存在をどのように示すとよいかを考えましょう。単純に $x\sin x-\sin(x+a)$ の増減を調べても解決しません。そこで，方程式を扱いやすい形に直して調べることになります。

解答 (1) $n\pi<x<(n+1)\pi$ ……① において，$\sin x\neq 0$ であるから，

$$\sin(x+a)=x\sin x \qquad \cdots\cdots②$$

は

$$x-\frac{\sin(x+a)}{\sin x}=0 \qquad \cdots\cdots②'$$

となる。ここで，

$$f(x)=x-\frac{\sin(x+a)}{\sin x}=x-\cos a-\frac{\sin a\cos x}{\sin x}$$

とおくと，①において，

$$f'(x)=1+\frac{\sin a}{\sin^2 x}>0$$

← $0<a<\pi$ より $\sin a>0$

となるので，$f(x)$ は増加関数である。また，

$$\lim_{x\to n\pi+0}f(x)=-\infty$$

$$f\left(n\pi+\frac{\pi}{2}\right)=n\pi+\frac{\pi}{2}-\cos a>0$$

← $\displaystyle\lim_{x\to n\pi+0}\frac{\cos x}{\sin x}=\lim_{x\to n\pi+0}\frac{1}{\tan x}=\infty$

← $f((n+1)\pi-a)=(n+1)\pi-a>0$ を用いてもよい。注 参照。

であるから，②′，つまり，②は①においてただ1つの解をもち，その解 x_n は

$$n\pi<x_n<n\pi+\frac{\pi}{2} \qquad \cdots\cdots③$$

を満たす。そこで，

$$x_n=n\pi+e_n \qquad \therefore\ x_n-n\pi=e_n$$

とおくと，③より $0<e_n<\dfrac{\pi}{2}$ ……④ であり，② より，

$$\sin(n\pi+e_n+a)=(n\pi+e_n)\sin(n\pi+e_n)$$

⬅ $\sin(x_n+a)=x_n\sin x_n$

$$\therefore\ \sin(e_n+a)=(n\pi+e_n)\sin e_n \quad \cdots\cdots⑤$$

$$\therefore\ \sin e_n=\frac{\sin(e_n+a)}{n\pi+e_n} \quad \cdots\cdots⑤'$$

⬅ $\sin(n\pi+\theta)=(-1)^n\sin\theta$ を両辺で用いた。

である。$|\sin(e_n+a)|\leqq 1$ であるから，⑤′より

$$\lim_{n\to\infty}\sin e_n=0$$

⬅ $|\sin e_n|=\dfrac{|\sin(e_n+a)|}{n\pi+e_n}\leqq\dfrac{1}{n\pi+e_n}$

であり，④を考え合わせると，

$$\lim_{n\to\infty}e_n=0 \qquad \therefore\ \lim_{n\to\infty}(x_n-n\pi)=\mathbf{0}$$

⬅ 参考 参照。

である。

(2) ⑤より

$$n\pi\sin e_n=\sin(e_n+a)-e_n\sin e_n$$

であるから，

$$n(x_n-n\pi)=ne_n=\frac{n\pi\sin e_n}{\pi}\cdot\frac{e_n}{\sin e_n}$$

$$=\frac{\sin(e_n+a)-e_n\sin e_n}{\pi}\cdot\frac{e_n}{\sin e_n}$$

⬅ $\displaystyle\lim_{n\to\infty}e_n=0$ より $\displaystyle\lim_{n\to\infty}\frac{e_n}{\sin e_n}=1$

である。これより

$$\lim_{n\to\infty}n(x_n-n\pi)=\frac{\sin a-0}{\pi}\cdot 1=\boldsymbol{\frac{\sin a}{\pi}}$$

である。

注 (1)において，$f\left(n\pi+\dfrac{\pi}{2}\right)>0$ の代わりに，$\displaystyle\lim_{x\to(n+1)\pi-0}f(x)=\infty$ を用いると，③の部分は $n\pi<x_n<(n+1)\pi$ となり，その結果，④の部分は $0<e_n<\pi$ となるが，これでは $\displaystyle\lim_{n\to\infty}\sin e_n=0$ から，直ちに $\displaystyle\lim_{n\to\infty}e_n=0$ を導くことはできない。

参考

②′の解は曲線 $y=\dfrac{\sin(x+a)}{\sin x}=\cos a+\dfrac{\sin a}{\tan x}$ と直線 $y=x$ の交点の x 座標であると考えると，(1)の結果はグラフからも予想できる。

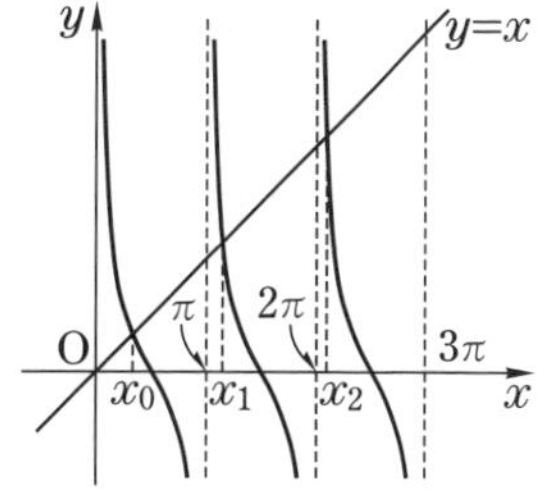

517 指数関数の方程式の解の極限

$a>1$ に対して，方程式 $2xe^{ax}=e^{ax}-e^{-ax}$ を考える。

(1) この方程式は正の解をただ1つもつことを示せ。

(2) その解を $m(a)$ とかくとき，$1<a_1<a_2$ ならば $m(a_1)<m(a_2)$ であることを示せ。

(3) $\lim_{a\to\infty} m(a)$ を求めよ。 (大阪大 1996)

精講 (1) パラメタ a が3か所に現れていますが，これが1か所にまとまるように方程式を変形して考えます。

(2), (3)では，変形した方程式の解をある2つのグラフの交点の x 座標と捉えることができれば，結果が見えてくるはずです。

解答 (1) 方程式

$$2xe^{ax}=e^{ax}-e^{-ax} \quad \cdots\cdots ①$$

の両辺に e^{ax} をかけて，整理すると，

$$(1-2x)e^{2ax}=1 \quad \cdots\cdots ①'$$

となる。ここで，

$$f_a(x)=(1-2x)e^{2ax}$$

とおくと，

$$f_a'(x)=\{-2+2a(1-2x)\}e^{2ax}$$
$$=-4a\left(x-\frac{a-1}{2a}\right)e^{2ax}$$

である。$a>1$ に対して，

x	0	$\cdots$	$\frac{a-1}{2a}$	$\cdots$
$f_a'(x)$		$+$	0	$-$
$f_a(x)$	1	↗		↘

$0<\frac{a-1}{2a}<\frac{1}{2}$ であり，$f_a(0)=1$，$f_a\left(\frac{1}{2}\right)=0$ であるから，増減表より曲線 $y=f_a(x)$ $(x\geqq 0)$ $\cdots\cdots$② の概形は右図の通りである。これより，②と直線 $y=1$ は $x>0$ にただ1つの交点をもつので，①′，つまり，①は $x>0$ にただ1つの解をもつ。

(証明おわり)

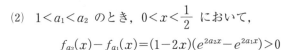

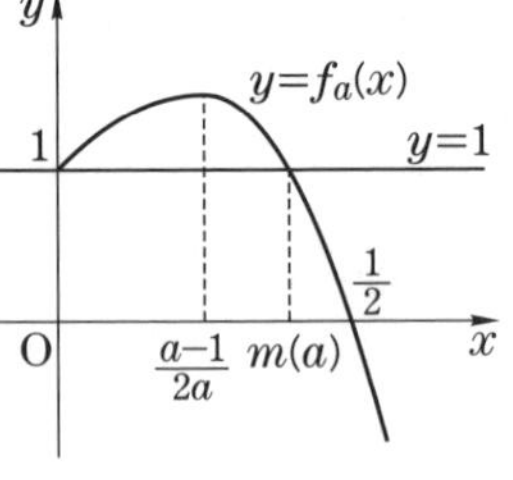

(2) $1<a_1<a_2$ のとき，$0<x<\frac{1}{2}$ において，

$$f_{a_2}(x)-f_{a_1}(x)=(1-2x)(e^{2a_2x}-e^{2a_1x})>0$$

である。

したがって，右図からわかるように

$$(0<)m(a_1)<m(a_2)<\frac{1}{2}$$

が成り立つ。

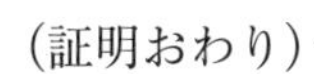

（証明おわり）

(3) (1)で示したグラフから，

$$\frac{a-1}{2a}<m(a)<\frac{1}{2}$$

である。したがって，はさみ打ちの原理より

$$\boldsymbol{\lim_{a\to\infty} m(a)=\frac{1}{2}}$$

である。

⬅ $\displaystyle\lim_{a\to\infty}\frac{a-1}{2a}=\lim_{a\to\infty}\left(\frac{1}{2}-\frac{1}{2a}\right)=\frac{1}{2}$

参考

①′の正の解 x があるとすれば，$1-2x>0$ より $0<x<\frac{1}{2}$ ……③ を満たす。③において，①′は

$$e^{2ax}=\frac{1}{1-2x} \quad より \quad 2ax=-\log(1-2x)$$

となるので，①，つまり①′の正の解は

曲線 $y=-\log(1-2x)$ ……④ と

直線 $y=2ax$ ……⑤

の③における交点の x 座標である。

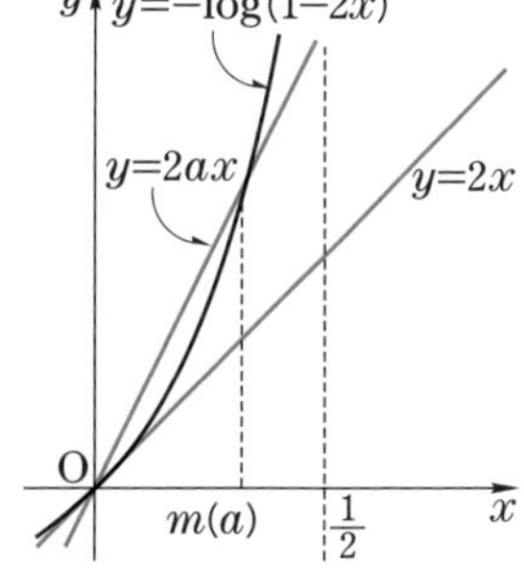

③において，④について調べると，

$$y'=\frac{2}{1-2x}>0,\ y''=\frac{4}{(1-2x)^2}>0$$

より，単調に増加し，下に凸な曲線である。

また，$a>1$ のとき，

（原点における④の接線の傾き 2）<（⑤の傾き $2a$）

であるから，右上図のように，④，⑤は③においてただ1点で交わり，その交点の x 座標 $m(a)$ は a とともに増加する。

さらに，④は $x=\frac{1}{2}$ を漸近線にもつので，$a\to\infty$ のとき，$m(a)\to\frac{1}{2}$ であることもわかる。

518 関数の増減と数値の大小

(1) $0<a<1$ とする。このとき $x>0$ で定義された関数 $f(x)=(1+a^x)^{\frac{1}{x}}$ は単調な関数(増加関数または減少関数)であることを示せ。

(2) 次の4つの数の中から最小の数を選べ。

$$(2005^{17}+2006^{17})^{\frac{1}{17}},\ (2005^{18}+2006^{18})^{\frac{1}{18}}$$

$$(2005^{\frac{1}{17}}+2006^{\frac{1}{17}})^{17},\ (2005^{\frac{1}{18}}+2006^{\frac{1}{18}})^{18}$$

(3) n は1より大きい整数，p_1，p_2，…，p_n はすべて正の数とし，$0<\alpha<\beta$ とする。

このとき，$(p_1{}^{\alpha}+p_2{}^{\alpha}+\cdots+p_n{}^{\alpha})^{\frac{1}{\alpha}}$ と $(p_1{}^{\beta}+p_2{}^{\beta}+\cdots+p_n{}^{\beta})^{\frac{1}{\beta}}$ の大小を判定せよ。 (早稲田大)

精講 指数関数に関する次の性質を利用すると，数学IIの範囲でも解決します。

1° 指数関数 a^x $(a>0,\ a\neq1)$ において

$a>1$ のとき $x_1<x_2$ ならば $a^{x_1}<a^{x_2}$ (単調増加)

$0<a<1$ のとき $x_1<x_2$ ならば $a^{x_1}>a^{x_2}$ (単調減少)

2° $0<a<b$，$x>0$ のとき

$a^x<b^x$，$a^{-x}>b^{-x}$

解答 (1) $0<a<1$ より，$0<x_1<x_2$ のとき

$$1+a^{x_1}>1+a^{x_2}>1 \quad \cdots\cdots①$$

である。また，$\dfrac{1}{x_1}>\dfrac{1}{x_2}>0$ であるから，①より

$$(1+a^{x_1})^{\frac{1}{x_1}}>(1+a^{x_2})^{\frac{1}{x_1}}>(1+a^{x_2})^{\frac{1}{x_2}}$$

である。したがって

$$(1+a^{x_1})^{\frac{1}{x_1}}>(1+a^{x_2})^{\frac{1}{x_2}}$$

$$\therefore\ f(x_1)>f(x_2)$$

であるから，$x>0$ において $f(x)=(1+a^x)^{\frac{1}{x}}$ は単調減少関数である。 (証明おわり)

(2) $a=\dfrac{2005}{2006}$ とおくと，$0<a<1$ である。また，

⇐ 参考 参照。

⇐ $0<a<1$ より，a^x は x に関して単調減少である。

⇐左側の不等式は 精講 2°による。右側の不等式は $(1+a^{x_2})^x$ が x に関して単調増加であるから。

$$(2005^{17}+2006^{17})^{\frac{1}{17}}=2006\left\{\left(\frac{2005}{2006}\right)^{17}+1\right\}^{\frac{1}{17}}$$

$$=2006(a^{17}+1)^{\frac{1}{17}}=2006f(17)$$

← $2005^{17}+2006^{17}=2006^{17}\left\{\left(\frac{2005}{2006}\right)^{17}+1\right\}$

であり，同様に

$$(2005^{18}+2006^{18})^{\frac{1}{18}}=2006f(18)$$

$$(2005^{\frac{1}{17}}+2006^{\frac{1}{17}})^{17}=2006f\left(\frac{1}{17}\right)$$

$$(2005^{\frac{1}{18}}+2006^{\frac{1}{18}})^{18}=2006f\left(\frac{1}{18}\right)$$

← $2005^{\frac{1}{17}}+2006^{\frac{1}{17}}=2006^{\frac{1}{17}}\left\{\left(\frac{2005}{2006}\right)^{\frac{1}{17}}+1\right\}$

である。

$f(x)$ は $x>0$ において単調減少であるから，

$$f\left(\frac{1}{18}\right)>f\left(\frac{1}{17}\right)>f(17)>f(18)$$

←(1)の $f(x)$ において，$a=\frac{2005}{2006}$ として，(1)で示したことを利用する。

である。したがって，4つの数のうち最小の数は

$$\mathbf{(2005^{18}+2006^{18})^{\frac{1}{18}}}$$

である。

(3)　$0<p_1\leqq p_2\leqq\cdots\leqq p_{n-1}\leqq p_n$　……②

と仮定してよい。

←比較する2数がいずれも，p_1，p_2，…，p_n に関して対称であるから。

$x>0$ に対して

$$g(x)=(p_1{}^x+p_2{}^x+\cdots+p_{n-1}{}^x+p_n{}^x)^{\frac{1}{x}}$$

$$=p_n\left\{\left(\frac{p_1}{p_n}\right)^x+\left(\frac{p_2}{p_n}\right)^x+\cdots+\left(\frac{p_{n-1}}{p_n}\right)^x+1\right\}^{\frac{1}{x}}$$

とし，さらに

$$h(x)=\left(\frac{p_1}{p_n}\right)^x+\left(\frac{p_2}{p_n}\right)^x+\cdots+\left(\frac{p_{n-1}}{p_n}\right)^x+1$$

$$=\sum_{k=1}^{n-1}\left(\frac{p_k}{p_n}\right)^x+1$$

とする。

②より，$k=1,\ 2,\ \cdots,\ n-1$ に対して，$0<\frac{p_k}{p_n}\leqq 1$

であるから，$0<\alpha<\beta$　……③　のとき

$$\left(\frac{p_k}{p_n}\right)^\alpha\geqq\left(\frac{p_k}{p_n}\right)^\beta>0$$

が成り立つ。したがって

←精講 1°より。等号成立は $\frac{p_k}{p_n}=1$，つまり $p_k=p_n$ のときに限る。

第5章

$$h(\alpha) \geqq h(\beta) > 1$$

であり，さらに③より，$\dfrac{1}{\alpha} > \dfrac{1}{\beta} > 0$ であるから，

$$\{h(\alpha)\}^{\frac{1}{\alpha}} \geqq \{h(\beta)\}^{\frac{1}{\alpha}} > \{h(\beta)\}^{\frac{1}{\beta}} \quad \cdots\cdots ④$$

である。

⬅左側の不等式は 精講 2° による。右側の不等式は，$h(\beta)>1$ と 精講 1° による。

$$g(x) = p_n\{h(x)\}^{\frac{1}{x}}$$

であるから，④より

$$g(\alpha) > g(\beta)$$

すなわち，

$$(\boldsymbol{p_1}^{\alpha} + \boldsymbol{p_2}^{\alpha} + \cdots + \boldsymbol{p_n}^{\alpha})^{\frac{1}{\alpha}} > (\boldsymbol{p_1}^{\beta} + \boldsymbol{p_2}^{\beta} + \cdots + \boldsymbol{p_n}^{\beta})^{\frac{1}{\beta}}$$

である。

参考

(1)では，$f(x) = (1 + a^x)^{\frac{1}{x}}$ の増減を，対数微分法 (**514** 精講 参照) を用いて $f'(x)$ の符号から調べることもできる。

$\log f(x) = \dfrac{1}{x}\log(1 + a^x)$ の両辺を x で微分すると，

$$\frac{f'(x)}{f(x)} = -\frac{1}{x^2}\log(1 + a^x) + \frac{1}{x}\cdot\frac{(\log a)a^x}{1 + a^x} \quad \cdots\cdots ㋐$$

となる。ここで，$0 < a < 1$ より $\log a < 0$ であり，$x > 0$ のとき，$a^x > 0$，$\log(1 + a^x) > 0$ であるから，㋐の右辺の各項は負であり，$f(x) > 0$ と合わせると，$f'(x) < 0$ となる。これより，$f(x)$ は $x > 0$ において単調減少関数である。

(3)においても，

$$a_k = \frac{p_k}{p_n} \ (k = 1,\ 2,\ \cdots,\ n-1),\ F(x) = (a_1{}^x + a_2{}^x + \cdots + a_{n-1}{}^x + 1)^{\frac{1}{x}}$$

とおいて，$0 < a_k \leqq 1$ のもとで，$x > 0$ のとき，$F'(x) < 0$ を示すこともできる。

類題 17　→解答 p.370

(1)　実数 x が $-1 < x < 1$，$x \neq 0$ を満たすとき，次の不等式を示せ。

$$(1 - x)^{1 - \frac{1}{x}} < (1 + x)^{\frac{1}{x}}$$

(2)　次の不等式を示せ。

$$0.9999^{101} < 0.99 < 0.9999^{100}$$

（東京大）

519 e^x と $\left(1+\dfrac{x}{n}\right)^n$ に関する不等式

n は自然数とする。$x \geqq 0$ のとき，次の不等式を示せ。

(1) $0 \leqq e^x-(1+x) \leqq \dfrac{1}{2}x^2e^x$

(2) $0 \leqq e^x-\left(1+\dfrac{x}{n}\right)^n \leqq \dfrac{1}{2n}x^2e^x$ （筑波大*）

精講 (1)は不等式の基本的な証明法で済みます。(2)ではまず(1)の不等式で x の代わりに $\dfrac{x}{n}$ とおいた式を作ります。そのあと，左半分を示すのは簡単ですが，右半分は難しいかもしれません。色々と考えてみましょう。

解答 (1) $x \geqq 0$ ……① のとき

$$0 \leqq e^x-(1+x) \leqq \frac{1}{2}x^2e^x \quad \cdots\cdots②$$

を示す。まず，②の中辺を $f(x)$ とおくと，

$$f(x)=e^x-(1+x),\quad f'(x)=e^x-1$$

であり，$f(x)$ の増減表から，①において

x	$\cdots$	0	$\cdots$
$f'(x)$	$-$	0	$+$
$f(x)$	↘	0	↗

$$f(x) \geqq 0,\ \text{つまり，}\ e^x-(1+x) \geqq 0 \quad \cdots\cdots③$$

← すべての実数 x に対して，③は成り立つ。

である。よって，②の左半分の不等式が示された。

②の右半分の不等式は

← 参考 1° 参照。

$$1+x-\left(1-\frac{x^2}{2}\right)e^x \geqq 0 \quad \cdots\cdots④$$

← ④の両辺に $e^{-x}(>0)$ をかけると⑤となる。

$$\therefore\quad (1+x)e^{-x}-\left(1-\frac{x^2}{2}\right) \geqq 0 \quad \cdots\cdots⑤$$

と同値であるから，①において，⑤を示すとよい。

$$g(x)=(1+x)e^{-x}-\left(1-\frac{x^2}{2}\right)$$

とおくと，$g(0)=0$ であり，①において

$$g'(x)=x(1-e^{-x}) \geqq 0$$

であるから，①において，$g(x) \geqq 0$ であり，⑤，つまり，④が成り立つ。

以上より，①のとき，②が成り立つ。

（証明おわり）

第5章

(2) ③で，xの代わりに $\frac{x}{n}$ とおいて，移項すると，

$$e^{\frac{x}{n}} \geqq 1+\frac{x}{n} \qquad \cdots\cdots⑥$$

となる。①において，⑥の両辺は正であるから，辺々をn乗して，移項すると，

⬅ $(e^{\frac{x}{n}})^n \geqq \left(1+\frac{x}{n}\right)^n$

$$e^x-\left(1+\frac{x}{n}\right)^n \geqq 0 \qquad \cdots\cdots⑦$$

となるので，左半分の不等式が示された。

右半分の不等式は

$$\left(1-\frac{1}{2n}x^2\right)e^x \leqq \left(1+\frac{x}{n}\right)^n$$

$$\therefore\quad 1-\frac{1}{2n}x^2 \leqq \left(1+\frac{x}{n}\right)^n e^{-x} \qquad \cdots\cdots⑧$$

と同値であるから，①において，⑧を示すとよい。

$$h(x)=\left(1+\frac{x}{n}\right)^n e^{-x}-\left(1-\frac{1}{2n}x^2\right)$$

⬅ ⑧ $\Longleftrightarrow$ $h(x) \geqq 0$

とおくと，

$$h'(x)=\frac{x}{n}\cdot e^{-x}\left\{e^x-\left(1+\frac{x}{n}\right)^{n-1}\right\} \qquad \cdots\cdots⑨$$

⬅ $h'(x)=n\cdot\left(1+\frac{x}{n}\right)^{n-1}\cdot\frac{1}{n}e^{-x}$
$+\left(1+\frac{x}{n}\right)^n\cdot(-e^{-x})+\frac{x}{n}$

である。ここで，⑦より

$$e^x \geqq \left(1+\frac{x}{n}\right)^n \geqq \left(1+\frac{x}{n}\right)^{n-1}$$

⬅ ①において，$1+\frac{x}{n} \geqq 1$ より
$\left(1+\frac{x}{n}\right)^n \geqq \left(1+\frac{x}{n}\right)^{n-1}$

であるから，⑨に戻ると，$h'(x) \geqq 0$ である。

したがって，①において，

$$h(x) \geqq h(0)=0,$$

つまり，⑧が成り立つ。　　　　（証明おわり）

参考

1° (1)で右半分の不等式を直接示すこともできる。

$j(x)=\frac{1}{2}x^2e^x-\{e^x-(1+x)\}=\frac{1}{2}(x^2-2)e^x+(1+x)$ とおくと，

$j'(x)=\frac{1}{2}(x^2+2x-2)e^x+1$，$j''(x)=\frac{1}{2}x(x+4)e^x$ である。$x \geqq 0$　……①

において，$j''(x) \geqq 0$ であり，$j'(0)=0$ より，①において $j'(x) \geqq 0$ である。

したがって，$j(0)=0$ と合わせると，①において，$j(x) \geqq 0$ である。

2° (2)で，$e^x-\left(1+\dfrac{x}{n}\right)^n \leqq \dfrac{1}{2n}x^2e^x$ ……⑩ を次のように示してもよい。

(i) $\dfrac{x^2}{2n} \geqq 1$，つまり $x \geqq \sqrt{2n}$ のとき，$\dfrac{x^2}{2n}e^x \geqq e^x$ より⑩は成り立つ。

(ii) $\dfrac{x^2}{2n} < 1$，つまり $0 \leqq x < \sqrt{2n}$ ……⑪ のとき，(1)の右半分の不等式で

x の代わりに $\dfrac{x}{n}$ とおくと，

$$e^{\frac{x}{n}}-\left(1+\frac{x}{n}\right) \leqq \frac{1}{2}\left(\frac{x}{n}\right)^2 e^{\frac{x}{n}}, \text{ つまり, } \left(1-\frac{x^2}{2n^2}\right)e^{\frac{x}{n}} \leqq 1+\frac{x}{n} \quad \cdots\cdots⑫$$

が成り立つ。ここで，$\dfrac{x^2}{2n^2}=\dfrac{1}{n}\cdot\dfrac{x^2}{2n}<\dfrac{1}{n}\cdot 1 \leqq 1$ であり，⑫の両辺は正であるから，辺々を n 乗すると，

$$\left(1-\frac{x^2}{2n^2}\right)^n e^x \leqq \left(1+\frac{x}{n}\right)^n \quad \cdots\cdots⑬$$

となる。

$k(x)=\left(1-\dfrac{x^2}{2n^2}\right)^n-\left(1-\dfrac{x^2}{2n}\right)$ とおくと，⑪において，

$$k'(x)=\frac{x}{n}\left\{1-\left(1-\frac{x^2}{2n^2}\right)^{n-1}\right\}>0 \text{ かつ } k(0)=0$$

であるから，

$$k(x) \geqq 0, \text{ すなわち, } \left(1-\frac{x^2}{2n^2}\right)^n \geqq 1-\frac{x^2}{2n} \quad \cdots\cdots⑭$$

である。⑬と，⑭の両辺に e^x をかけた式を結ぶと，

$$\left(1+\frac{x}{n}\right)^n \geqq \left(1-\frac{x^2}{2n^2}\right)^n e^x \geqq \left(1-\frac{x^2}{2n}\right)e^x = e^x-\frac{1}{2n}x^2e^x$$

となるので，両端の辺の大小関係から，⑩が導かれる。

類題 18 → 解答 p.371

次の問いに答えよ。

(1) $x>0$ のとき，次の不等式が成立することを示せ。

$$x-\frac{x^2}{2}<\log(1+x)<x-\frac{x^2}{2}+\frac{x^3}{3}$$

(2) 極限値 $\displaystyle\lim_{n\to\infty} n\left\{n\log\left(1+\frac{1}{n}\right)-1\right\}$ を求めよ。

(3) 平均値の定理を用いて，極限値 $\displaystyle\lim_{n\to\infty} n\left\{\left(1+\frac{1}{n}\right)^n-e\right\}$ を求めよ。

520 平均値の定理の応用

実数aに対して $k \leqq a < k+1$ を満たす整数kを$[a]$で表す。nを正の整数として，

$$f(x)=\frac{x^2(2\cdot 3^3\cdot n-x)}{2^5\cdot 3^3\cdot n^2}$$

とおく。$36n+1$ 個の整数

$$[f(0)],\ [f(1)],\ [f(2)],\ \cdots,\ [f(36n)]$$

のうち相異なるものの個数をnを用いて表せ。（東京大）

精講 $f(x)$の増減を調べると，$f(0)<f(1)<f(2)<\cdots<f(36n)$ であることがわかるはずです。次に，$[f(0)]$，$[f(1)]$，$[f(2)]$，…，$[f(36n)]$の隣り合う2整数が異なるといえるのはどんなときかと考えます。そこで，記号$[x]$の性質を思い出してみましょう。

実数xに対して，x以下の最大の整数kを$[x]$で表す（右図参照）。このとき，次のことが成り立つ。

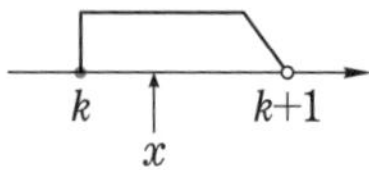

(i) nを整数とするとき $[x+n]=[x]+n$

(ii) $x \geqq y$ のとき $[x] \geqq [y]$

$x-y \geqq 1$ のとき $[x] \geqq [y+1]=[y]+1$ より $[x]-[y] \geqq 1$

解答 $f'(x)=\dfrac{-x(x-2^2\cdot 3^2\cdot n)}{2^5\cdot 3^2\cdot n^2}=\dfrac{-x(x-36n)}{2^5\cdot 3^2\cdot n^2}$

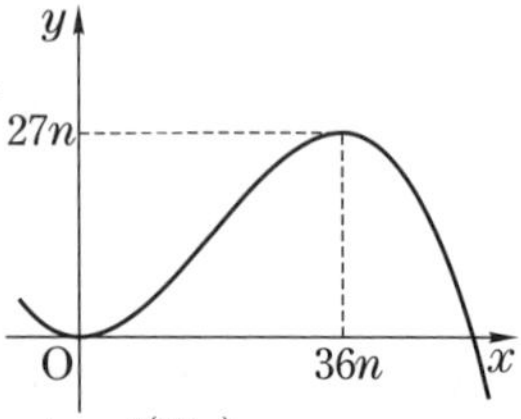

であり，

$0<x<36n$ において $f'(x)>0$ ……①

であるから，

$0=f(0)<f(1)<f(2)<\cdots<f(36n)=27n$ ……②

である。

← $f(36n)=\dfrac{(36n)^2\cdot 18n}{2^5\cdot 3^3\cdot n^2}=\dfrac{2^5\cdot 3^6\cdot n^3}{2^5\cdot 3^3\cdot n^2}=3^3\cdot n=27n$

次に，②の隣り合う2数の差 $f(k+1)-f(k)$ と1との大小を調べる。平均値の定理より，

$f(k+1)-f(k)=f'(c_k)$，$k<c_k<k+1$ ……③

を満たすc_kがある。ここで，

← $f(k+1)-f(k)=f'(c_k)\{(k+1)-k\}=f'(c_k)$

$$f'(x)-1=\frac{-x^2+2^2\cdot 3^2\cdot nx-2^5\cdot 3^2\cdot n^2}{2^5\cdot 3^2\cdot n^2}$$
$$=\frac{-(x-12n)(x-24n)}{2^5\cdot 3^2\cdot n^2}$$

であるから，①と合わせると

$$\begin{cases} 0\leqq x\leqq 12n,\ 24n\leqq x\leqq 36n \text{ のとき} \\ \qquad 0\leqq f'(x)\leqq 1 \\ 12n<x<24n \text{ のとき}\quad f'(x)>1 \end{cases}$$

である。したがって，③より

(i) $0\leqq k\leqq 12n-1$，$24n\leqq k\leqq 36n-1$ のとき

$$0\leqq f(k+1)-f(k)\leqq 1$$

であるから，

$$[f(k+1)]=[f(k)] \text{ または } [f(k)]+1$$

である。これより，

$$[f(0)]=0,\ [f(1)],\ \cdots,\ [f(12n)]=7n$$

← $f(0)=0$，$f(12n)=7n$

の中には 0, 1, …, $7n$ の $(7n+1)$ 個の整数すべてが現れる。同様に，

← $[f(0)]$，$[f(1)]$，…，$[f(12n)]$ の隣り合う2数は等しいか，差が1である。

$$[f(24n)]=20n,\ [f(24n+1)],\ \cdots,$$
$$[f(36n)]=27n$$

← $f(24n)=20n$，$f(36n)=27n$

の中には，$20n$，$20n+1$，…，$27n$ の $(7n+1)$ 個の整数すべてが現れる。

(ii) $12n\leqq k\leqq 24n-1$ のとき

$$f(k+1)-f(k)>1$$

であるから，

$$[f(12n)]=7n<[f(12n+1)]<\cdots$$
$$<[f(24n-1)]<[f(24n)]=20n$$

← 精講 参照。

である。これより，

$$[f(12n+1)],\ \cdots,\ [f(24n-1)]$$

は異なる $(12n-1)$ 個の整数であり，これらは(i)に現れる整数とは異なる。

← $(24n-1)-12n=12n-1$

(i)，(ii)より，$[f(0)]$，$[f(1)]$，$[f(2)]$，…，$[f(36n)]$ のうち相異なるものの個数は

$$2(7n+1)+12n-1=\mathbf{26n+1}\text{ (個)}$$

である。

☆ **521 チェビシェフの多項式**

nは自然数とする。

(1) すべての実数θに対し $\cos n\theta=f_n(\cos\theta)$, $\sin n\theta=g_n(\cos\theta)\sin\theta$ を満たし，係数がともにすべて整数であるn次式$f_n(x)$と$n-1$次式$g_n(x)$が存在することを示せ。

(2) $f_n'(x)=ng_n(x)$ であることを示せ。

(3) pを3以上の素数とするとき，$f_p(x)$の$p-1$次以下の係数はすべてpで割り切れることを示せ。 (京都大)

精講 (1) 帰納法で示すことになりますが，第2段階(II)において，$f_{n+1}(x)$が$n+1$次になる，つまり，x^{n+1}の係数が0とはならないことを示すには工夫が必要です。$g_{n+1}(x)$についても同じです。

解答 (1) $n=1,\ 2,\ \cdots$ に対して，命題(P_n)

「$\cos n\theta=f_n(\cos\theta)$ ……①

$\sin n\theta=g_n(\cos\theta)\sin\theta$ ……②

を満たし，係数がすべて整数であるn次式$f_n(x)$と$n-1$次式$g_n(x)$が存在する」を数学的帰納法で示す代わりに，より強い命題(Q_n)「(P_n)の$f_n(x)$, $g_n(x)$において，それぞれの最高次の項の係数が正であるものが存在する」を示すことにする。

⬅ $f_n(x)$, $g_n(x)$ $(n=1,\ 2,\ \cdots)$はチェビシェフの多項式と呼ばれる。

(I) $n=1$ のとき，$f_1(x)=x$, $g_1(x)=1$ とおくと，(Q_1)が成り立つ。

⬅ $\cos\theta=f_1(\cos\theta)$
$\sin\theta=g_1(\cos\theta)\sin\theta$
$=1\cdot\sin\theta$

(II) 正の整数nに対して(Q_n)が成り立つとする。

このとき，

$$\begin{aligned}
&\cos(n+1)\theta=\cos(n\theta+\theta)\\
&=\cos n\theta\cos\theta-\sin n\theta\sin\theta\\
&=f_n(\cos\theta)\cos\theta-g_n(\cos\theta)\sin\theta\sin\theta\\
&=f_n(\cos\theta)\cos\theta+g_n(\cos\theta)(\cos^2\theta-1)
\end{aligned}$$

$$\begin{aligned}
&\sin(n+1)\theta=\sin(n\theta+\theta)\\
&=\sin n\theta\cos\theta+\cos n\theta\sin\theta\\
&=g_n(\cos\theta)\sin\theta\cos\theta+f_n(\cos\theta)\sin\theta
\end{aligned}$$

$=\{g_n(\cos\theta)\cos\theta+f_n(\cos\theta)\}\sin\theta$

であるから,

$$f_{n+1}(x)=f_n(x)x+g_n(x)(x^2-1) \quad \cdots\cdots ③$$

$$g_{n+1}(x)=g_n(x)x+f_n(x) \quad \cdots\cdots ④$$

とおくと,①,②が n を $n+1$ と置き換えた形で成り立つ。また,③,④において,$f_n(x)$ の x^n の係数,$g_n(x)$ の x^{n-1} の係数は正の整数であるから,$f_{n+1}(x)$ の x^{n+1} の係数,$g_{n+1}(x)$ の x^n の係数はいずれも正の整数であり,さらに,$f_{n+1}(x)$, $g_{n+1}(x)$ の係数はすべて整数になるので,(Q_{n+1}) が成り立つ。

⬅ 帰納法の仮定 (Q_n) より,これら2つの係数はいずれも正の整数である。(P_n) だけを仮定した場合には,$f_{n+1}(x)$ の x^{n+1} の係数,$g_{n+1}(x)$ の x^n の係数が0になる可能性を排除できないことに注意してほしい。

以上,(I),(II)より $n=1, 2, \cdots$ に対して,(Q_n) が,したがって,(P_n) が成り立つ。 (証明おわり)

(2) ①の両辺を θ で微分すると,

$$-n\sin n\theta=-f_n'(\cos\theta)\sin\theta$$

となるから,②より

$$f_n'(\cos\theta)\sin\theta=ng_n(\cos\theta)\sin\theta \quad \cdots\cdots ⑤$$

となる。⑤がすべての実数 θ,特に $\sin\theta \neq 0$ を満たすすべての実数 θ について成り立つので,

$$f_n'(x)=ng_n(x) \quad \cdots\cdots ⑥$$

である。 (証明おわり)

⬅ $f_n'(x)$, $ng_n(x)$ は $n-1$ 次式であり,$\sin\theta \neq 0$ のもとで $\cos\theta$ は n 個以上(実際には無限個)の値をとり,それらの値に対して,⑤より $f_n'(\cos\theta)=ng_n(\cos\theta)$ が成り立つので,2つの式は整式として一致する。

(3) ⑥より $f_p'(x)=pg_p(x)$ であるから,$f_p(x)$ の k 次の項を a_kx^k ($1 \leqq k \leqq p-1$ ……⑦)として,両辺の x^{k-1} の係数を比較すると,

$$ka_k=(p \text{ の倍数})$$

⬅ $f_p'(x)$ における $k-1$ 次の項は ka_kx^{k-1} となる。

となる。p は素数であるから,⑦と合わせると,a_k が p の倍数である。

また,p は3以上の素数,したがって,奇数であるから,$f_p(\cos\theta)=\cos p\theta$ で $\theta=\dfrac{\pi}{2}$ とおくと,

$$f_p(0)=0$$

⬅ p が奇数のとき $\cos\dfrac{p}{2}\pi=0$

となるので,$f_p(x)$ の定数項は0である。

以上より,$f_p(x)$ の $p-1$ 次以下の係数はすべて p で割り切れる。 (証明おわり)

522 速度ベクトルと加速度ベクトル

曲線 $y=x^2$ の上を動く点 $\mathrm{P}(x,\ y)$ がある。この動点の速度ベクトルの大きさが一定 C のとき，次の問いに答えよ。ただし，動点 $\mathrm{P}(x,\ y)$ は時刻 t に対して x が増加するように動くとする。

(1) $\mathrm{P}(x,\ y)$ の速度ベクトル $\vec{v}=\left(\dfrac{dx}{dt},\ \dfrac{dy}{dt}\right)$ を x で表せ。

(2) $\mathrm{P}(x,\ y)$ の加速度ベクトル $\vec{\alpha}=\left(\dfrac{d^2x}{dt^2},\ \dfrac{d^2y}{dt^2}\right)$ を x で表せ。

(3) 半径 r の円 $x^2+(y-r)^2=r^2$ 上を，速度ベクトルの大きさが一定 C で動く点Qがあるとき，この加速度ベクトルの大きさを求めよ。

(4) 動点PとQの原点 $(0,\ 0)$ での加速度ベクトルの大きさが等しくなるときの，半径 r を求めよ。 （大分大）

精講 (1), (2)で，$y=x^2$ 上の動点 $\mathrm{P}(x,\ y)$ において，$x,\ y$ は時刻 t の関数，すなわち，$x=x(t)$，$y=y(t)$ であり（わざわざ，$x(t)$，$y(t)$ と書かないとしても），それらの間に $y(t)=\{x(t)\}^2$ の関係が成り立っていると考えることが必要です。(3)の $\mathrm{Q}(x,\ y)$ についても同様です。

解答 (1) $\mathrm{P}(x,\ y)$ は

$$y=x^2 \quad \cdots\cdots ①$$

⬅ $x,\ y$ は時刻 t の関数である。

を満たし，t に対して x が増加するように動くので

$\dfrac{dx}{dt}>0$ ……② である。①の両辺を t で微分して，

$$\frac{dy}{dt}=\frac{d}{dt}x^2=2x\frac{dx}{dt} \quad \cdots\cdots ③$$

より

$$\vec{v}=\left(\frac{dx}{dt},\ \frac{dy}{dt}\right)=\left(\frac{dx}{dt},\ 2x\frac{dx}{dt}\right) \quad \cdots\cdots ④$$

である。$|\vec{v}|=C$ であるから，

$$\left(\frac{dx}{dt}\right)^2+\left(2x\frac{dx}{dt}\right)^2=C^2$$

$$\therefore\quad (1+4x^2)\left(\frac{dx}{dt}\right)^2=C^2 \quad \cdots\cdots ⑤$$

であり，②に注意すると，

$$\frac{dx}{dt}=\frac{C}{\sqrt{1+4x^2}} \quad \cdots\cdots ⑥$$

である。④に戻って，

$$\vec{\boldsymbol{v}}=\left(\frac{\boldsymbol{C}}{\sqrt{1+4\boldsymbol{x}^2}},\ \frac{\boldsymbol{2Cx}}{\sqrt{1+4\boldsymbol{x}^2}}\right)$$

である。

(2) ⑥より

$$\frac{d^2x}{dt^2}=\frac{d}{dt}\left(\frac{dx}{dt}\right)=\frac{d}{dx}\left(\frac{C}{\sqrt{1+4x^2}}\right)\cdot\frac{dx}{dt}$$

⬅ 参考 1° 参照。

$$=C\cdot(-4x)(1+4x^2)^{-\frac{3}{2}}\cdot\frac{C}{\sqrt{1+4x^2}}=\frac{-4C^2x}{(1+4x^2)^2}$$

⬅ $\frac{d}{dx}\left(\frac{1}{\sqrt{1+4x^2}}\right)$
$=\frac{d}{dx}\left\{(1+4x^2)^{-\frac{1}{2}}\right\}$
$=-\frac{1}{2}\cdot(1+4x^2)^{-\frac{3}{2}}\cdot(1+4x^2)'$
$=-4x(1+4x^2)^{-\frac{3}{2}}$

であり，③より，

$$\frac{d^2y}{dt^2}=\frac{d}{dt}\left(\frac{dy}{dt}\right)=\frac{d}{dt}\left(2x\frac{dx}{dt}\right)$$

$$=2\left\{\left(\frac{dx}{dt}\right)^2+x\frac{d^2x}{dt^2}\right\}$$

$$=2\left\{\left(\frac{C}{\sqrt{1+4x^2}}\right)^2+x\cdot\frac{-4C^2x}{(1+4x^2)^2}\right\}=\frac{2C^2}{(1+4x^2)^2}$$

⬅ $\{\ \}$ 内は
$\frac{C^2}{1+4x^2}+\frac{-4C^2x^2}{(1+4x^2)^2}$
$=\frac{C^2(1+4x^2)-4C^2x^2}{(1+4x^2)^2}$
$=\frac{C^2}{(1+4x^2)^2}$

である。したがって，

$$\vec{\boldsymbol{\alpha}}=\left(\frac{\boldsymbol{-4C^2x}}{(\boldsymbol{1+4x^2})^2},\ \frac{\boldsymbol{2C^2}}{(\boldsymbol{1+4x^2})^2}\right) \quad \cdots\cdots ⑦$$

である。

(3) $\mathrm{Q}(x,\ y)$ は円

$$x^2+(y-r)^2=r^2 \quad \cdots\cdots ⑧$$

上を一定の速さで動いているので，Qは円⑧の中心 $\mathrm{A}(0,\ r)$ のまわりを一定の角速度 ω で回転している。

⬅ 参考 2° 参照。

したがって，

$$\overrightarrow{\mathrm{AQ}}=(r\cos\omega t,\ r\sin\omega t)$$

⬅ 厳密にいうと，時刻0のときの $\overrightarrow{\mathrm{AQ}}$ の方向角を θ_0 とすると，ωt ではなくて $\omega t+\theta_0$ となるが，以下の結果には影響しない。

すなわち，

$$x=r\cos\omega t,\ y-r=r\sin\omega t \quad \cdots\cdots ⑨$$

とおける。

⑨より

$$\frac{dx}{dt}=-r\omega\sin\omega t,\ \frac{dy}{dt}=r\omega\cos\omega t \quad \cdots\cdots ⑩$$

であるから，

第5章

$$\left(\frac{dx}{dt}\right)^2+\left(\frac{dy}{dt}\right)^2=C^2$$

⬅ Qの速度ベクトルの大きさ(速さ)が，Cであるから。

に代入すると，

$$(-r\omega\sin\omega t)^2+(r\omega\cos\omega t)^2=C^2$$

$$\therefore\quad r^2\omega^2=C^2 \qquad \therefore\quad \omega^2=\frac{C^2}{r^2} \qquad \cdots\cdots⑪$$

である。また，⑩より

$$\frac{d^2x}{dt^2}=-r\omega^2\cos\omega t,\quad \frac{d^2y}{dt^2}=-r\omega^2\sin\omega t$$

であるから，

$$\left(\frac{d^2x}{dt^2}\right)^2+\left(\frac{d^2y}{dt^2}\right)^2=r^2\omega^4$$

⬅ $(-r\omega^2\cos\omega t)^2+(-r\omega^2\sin\omega t)^2=r^2\omega^4$

であり，⑪を用いると

(Qの加速度ベクトルの大きさ)

$$=\sqrt{\left(\frac{d^2x}{dt^2}\right)^2+\left(\frac{d^2y}{dt^2}\right)^2}=r\omega^2=r\cdot\frac{C^2}{r^2}=\boldsymbol{\frac{C^2}{r}} \quad \cdots\cdots⑫$$

が成り立つ。

(4) 原点(0, 0)におけるPの加速度ベクトルは⑦より，$\vec{\alpha}=(0,\ 2C^2)$ であり，$|\vec{\alpha}|=2C^2$ である。これが⑫と等しくなるとき，

$$2C^2=\frac{C^2}{r} \qquad \therefore\quad \boldsymbol{r=\frac{1}{2}}$$

⬅ $|\vec{v}|=C>0$ より。

である。

参考

1° (2)において，⑤の両辺を t で微分すると，

$$\frac{d}{dt}\left\{(1+4x^2)\left(\frac{dx}{dt}\right)^2\right\}=0$$

$$\therefore\quad 8x\frac{dx}{dt}\cdot\left(\frac{dx}{dt}\right)^2+(1+4x^2)\cdot 2\frac{dx}{dt}\cdot\frac{d}{dt}\left(\frac{dx}{dt}\right)=0$$

$$\therefore\quad 2\frac{dx}{dt}\left\{4x\left(\frac{dx}{dt}\right)^2+(1+4x^2)\frac{d^2x}{dt^2}\right\}=0$$

⬅ $\frac{d}{dt}(1+4x^2)=\frac{d}{dx}(1+4x^2)\cdot\frac{dx}{dt}=8x\frac{dx}{dt}$

となる。このあと，②，⑤より

$$\frac{d^2x}{dt^2}=-\frac{4x}{1+4x^2}\cdot\left(\frac{dx}{dt}\right)^2=-\frac{4C^2x}{(1+4x^2)^2}$$

⬅ ⑤より，$\left(\frac{dx}{dt}\right)^2=\frac{C^2}{1+4x^2}$

を導くことができる。

2°　(3)ではQの角速度を利用しない解答も考えられる。

⑧の両辺を t で微分すると，

$$2\left\{x\frac{dx}{dt}+(y-r)\frac{dy}{dt}\right\}=0 \qquad \cdots\cdots ⑬$$

である。Qの速度ベクトルを $\vec{u}=\left(\frac{dx}{dt},\ \frac{dy}{dt}\right)$ とおくと，⑬は

⬅ $|\vec{u}|=C>0$ より，$\vec{u}\neq\vec{0}$。

$$\overrightarrow{AQ}\cdot\vec{u}=0 \text{ つまり，} \vec{u}\perp\overrightarrow{AQ} \qquad \cdots\cdots ⑭$$

⬅ $\overrightarrow{AQ}=(x,\ y-r)$，$\vec{u}=\left(\frac{dx}{dt},\ \frac{dy}{dt}\right)$

を表す。また，$|\vec{u}|=C$ より

$$\left(\frac{dx}{dt}\right)^2+\left(\frac{dy}{dt}\right)^2=C^2 \qquad \cdots\cdots ⑮$$

であるから，⑮の両辺を t で微分すると，

$$2\left(\frac{dx}{dt}\cdot\frac{d^2x}{dt^2}+\frac{dy}{dt}\cdot\frac{d^2y}{dt^2}\right)=0 \qquad \cdots\cdots ⑯$$

⬅ $\frac{d}{dt}\left(\frac{dx}{dt}\right)^2=2\frac{dx}{dt}\cdot\frac{d}{dt}\left(\frac{dx}{dt}\right)=2\frac{dx}{dt}\cdot\frac{d^2x}{dt^2}$

である。Qの加速度ベクトルを $\vec{\beta}=\left(\frac{d^2x}{dt^2},\ \frac{d^2y}{dt^2}\right)$ とおくと，⑯は

$$\vec{u}\cdot\vec{\beta}=0 \text{ つまり，} \vec{u}\perp\vec{\beta} \qquad \cdots\cdots ⑰$$

⬅ $\vec{\beta}=\left(\frac{d^2x}{dt^2},\ \frac{d^2y}{dt^2}\right)$

を表す。⑭と⑰より，$\overrightarrow{AQ}/\!/\vec{\beta}$ であるから，

$$\vec{\beta}=k\overrightarrow{AQ} \qquad \cdots\cdots ⑱$$

とおける。

⑬の両辺を t で微分した式から，

$$\left(\frac{dx}{dt}\right)^2+x\frac{d^2x}{dt^2}+\left(\frac{dy}{dt}\right)^2+(y-r)\frac{d^2y}{dt^2}=0$$

であり，⑮を代入すると，

$$C^2+x\frac{d^2x}{dt^2}+(y-r)\frac{d^2y}{dt^2}=0$$

$$\therefore \quad C^2+\overrightarrow{AQ}\cdot\vec{\beta}=0$$

である。⑱を代入して整理すると，

$$k=-\frac{C^2}{|\overrightarrow{AQ}|^2}=-\frac{C^2}{r^2}$$

⬅ $k<0$ であるから，⑱より等速円運動をする点Qの加速度ベクトルは円の中心Aに向かうことがわかる。

となるので，Qの加速度ベクトルの大きさは

$$|\vec{\beta}|=|k||\overrightarrow{AQ}|=\frac{C^2}{r^2}\cdot r=\frac{C^2}{r}$$

である。

第5章

523 上に凸な関数・下に凸な関数の性質

実数 a，$b\left(0\leqq a<\dfrac{\pi}{4},\ 0\leqq b<\dfrac{\pi}{4}\right)$ に対し次の不等式が成り立つことを示せ。

$$\sqrt{\tan a\tan b}\leqq\tan\frac{a+b}{2}\leqq\frac{1}{2}(\tan a+\tan b)$$

（京都大）

精講 $f(x)=\tan x$ とおくと，右半分の不等式は $f\left(\dfrac{a+b}{2}\right)\leqq\dfrac{1}{2}(f(a)+f(b))$ となりますが，これは $y=f(x)$ のグラフにおいてどのようなことを意味するでしょうか？　左半分の不等式も，ある関数 $g(x)$ をうまく選ぶと，$\dfrac{1}{2}(g(a)+g(b))\leqq g\left(\dfrac{a+b}{2}\right)$ を示すことに帰着します。

また，三角関数における倍角公式，和と積の公式などを駆使して示すこともできますが，どのような三角関数にまとめるかを見極める必要があります。

解答 $f(x)=\tan x\ \left(0\leqq x<\dfrac{\pi}{4}\right)$

とおくと，

$$f'(x)=\frac{1}{\cos^2 x},\quad f''(x)=\frac{2\sin x}{\cos^3 x}>0$$

であるから，$y=f(x)$ のグラフは下に凸である。

したがって，$\mathrm{A}(a,\ f(a))$，$\mathrm{B}(b,\ f(b))$，$\mathrm{N}\left(\dfrac{a+b}{2},\ f\left(\dfrac{a+b}{2}\right)\right)$ とし，$a\neq b$ のとき線分 AB の中点を $\mathrm{M}\left(\dfrac{a+b}{2},\ \dfrac{1}{2}(f(a)+f(b))\right)$ とすると，N は M より下方にあるから，$a=b$ のときを含めて，

$$f\left(\frac{a+b}{2}\right)\leqq\frac{1}{2}(f(a)+f(b))$$

$$\therefore\quad \tan\frac{a+b}{2}\leqq\frac{1}{2}(\tan a+\tan b)$$

が成り立つ。

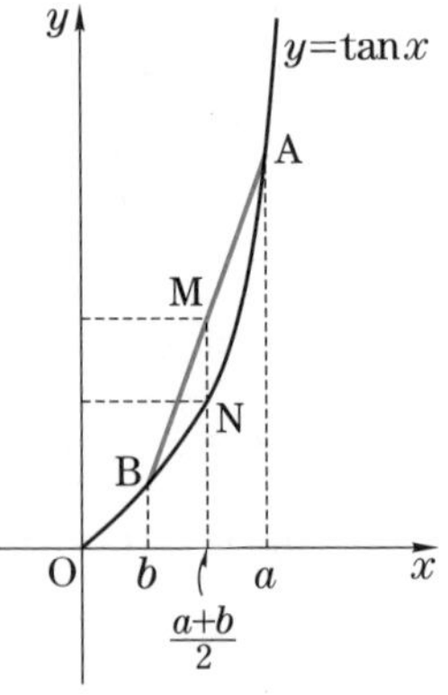

次に，左半分の不等式は，$a=0$ または $b=0$ のときに成り立つことは明らかであるから，

⬅ $\tan a\tan b=0$，$\tan\dfrac{a+b}{2}\geqq 0$ より。

$$0<a<\frac{\pi}{4},\ 0<b<\frac{\pi}{4}$$

において示すと十分である。そこで，

$$g(x)=\log(\tan x)\ \left(0<x<\frac{\pi}{4}\right)$$

とおくと，

$$g'(x)=\frac{(\tan x)'}{\tan x}=\frac{1}{\sin x\cos x}=\frac{2}{\sin 2x}$$

$$g''(x)=\frac{-4\cos 2x}{\sin^2 2x}<0$$

であるから，$y=g(x)$ のグラフは上に凸である。

したがって，$y=f(x)$ の場合とは逆に，

$$\frac{1}{2}(g(a)+g(b))\leqq g\left(\frac{a+b}{2}\right)$$

$$\therefore\quad \log\sqrt{\tan a\tan b}\leqq\log\left(\tan\frac{a+b}{2}\right)$$

$$\therefore\quad \sqrt{\tan a\tan b}\leqq\tan\frac{a+b}{2}$$

が成り立つ。　　　　　　　　　　　　　(証明おわり)

⬅左半分の不等式の両辺の対数をとると

$\log\sqrt{\tan a\tan b}$
$\leqq\log\left(\tan\frac{a+b}{2}\right)$

つまり

$\frac{1}{2}\{\log(\tan a)+\log(\tan b)\}$
$\leqq\log\left(\tan\frac{a+b}{2}\right)$

⬅$a\neq b$ のとき，$A'(a,\ g(a))$，$B'(b,\ g(b))$ を結ぶ線分 $A'B'$ は $y=g(x)$ のグラフより下方にあるので，線分 $A'B'$ の中点 $M'\left(\frac{a+b}{2},\ \frac{1}{2}(g(a)+g(b))\right)$ は $N'\left(\frac{a+b}{2},\ g\left(\frac{a+b}{2}\right)\right)$ の下方にある。

別解

三角関数の公式を用いると，

$$\tan a\tan b=\frac{\sin a\sin b}{\cos a\cos b}$$

$$=\frac{-\cos(a+b)+\cos(a-b)}{\cos(a+b)+\cos(a-b)}\quad\cdots\cdots①$$

⬅和と積の公式を用いた。

$$\tan^2\frac{a+b}{2}=\frac{\sin^2\frac{a+b}{2}}{\cos^2\frac{a+b}{2}}=\frac{1-\cos(a+b)}{1+\cos(a+b)}\quad\cdots\cdots②$$

⬅$\cos^2\alpha=\frac{1}{2}(1+\cos 2\alpha)$
$\sin^2\alpha=\frac{1}{2}(1-\cos 2\alpha)$

$$\left\{\frac{1}{2}(\tan a+\tan b)\right\}^2=\left(\frac{\sin a\cos b+\cos a\sin b}{2\cos a\cos b}\right)^2$$

$$=\frac{\sin^2(a+b)}{(2\cos a\cos b)^2}=\frac{1-\cos^2(a+b)}{\{\cos(a+b)+\cos(a-b)\}^2}$$

$$\cdots\cdots③$$

である。ここで，

$$\cos(a+b)=u,\ \cos(a-b)=v$$

第5章

とおくと，$0 \leqq a < \dfrac{\pi}{4}$，$0 \leqq b < \dfrac{\pi}{4}$ ……④ より

$$0 \leqq a+b < \frac{\pi}{2},\quad -\frac{\pi}{4} < a-b < \frac{\pi}{4}$$

$$\therefore\quad 0 < u \leqq 1,\quad \frac{1}{\sqrt{2}} < v \leqq 1$$

である。したがって，

$$\tan^2\frac{a+b}{2} - \tan a \tan b$$

$$= \frac{1-u}{1+u} - \frac{-u+v}{u+v} = \frac{2u(1-v)}{(1+u)(u+v)} \geqq 0 \quad \cdots\cdots ⑤$$ ⬅①，②より。

であり，さらに，

$$\left\{\frac{1}{2}(\tan a + \tan b)\right\}^2 - \tan^2\frac{a+b}{2}$$

$$= \frac{1-u^2}{(u+v)^2} - \frac{1-u}{1+u}$$ ⬅②，③より。

$$= \frac{(1-u)(1-v)(1+2u+v)}{(u+v)^2(1+u)} \geqq 0 \quad \cdots\cdots ⑥$$ ⬅$\dfrac{1-u}{(u+v)^2(1+u)} \times \{(1+u)^2-(u+v)^2\}$ を整理する。

である。④のとき，

$$\tan a \geqq 0,\quad \tan b \geqq 0,\quad \tan\frac{a+b}{2} \geqq 0$$

であるから，⑤，⑥より，

$$\sqrt{\tan a \tan b} \leqq \tan\frac{a+b}{2} \leqq \frac{1}{2}(\tan a + \tan b)$$

である。　　　　　　　　　　　　　（証明おわり）

参考

ここで，関数の凸性（上に凸，下に凸）に関してまとめて復習しておこう。

区間 I において，“$y=f(x)$ ……㋐ が下に凸である”とは，“曲線㋐上の 2 点 $\mathrm{A}(a,\ f(a))$，$\mathrm{B}(b,\ f(b))$ $(a<b)$ を結ぶ線分 AB が㋐より上方にある”ことである。逆に，“上に凸である”とは，“線分 AB が㋐より下方にある”ことである。

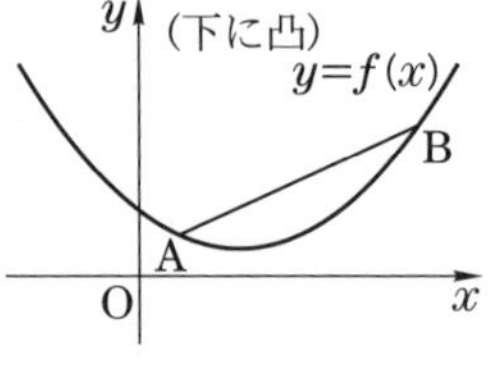

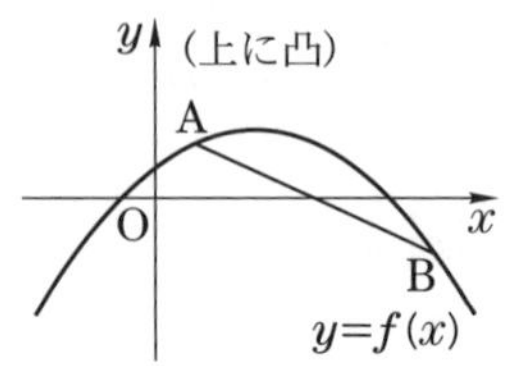

関数 $f(x)$ の凸性については，$f''(x)$ の符号が関連していて，次のことが成り立つ。

ある区間 I において，

(I)　$f''(x)>0$ のとき，曲線 $y=f(x)$ は下に凸である。

(II)　$f''(x)>0$ のとき，曲線 $y=f(x)$ 上の点 $\mathrm{A}(a,\ f(a))$ における接線 l は，$y=f(x)$ より下方にある。

(I)の証明：区間 I の2点 $\mathrm{A}(a,\ f(a))$, $\mathrm{B}(b,\ f(b))$ $(a<b)$ をとる。直線 AB は $y=\dfrac{f(b)-f(a)}{b-a}(x-a)+f(a)$ であり，

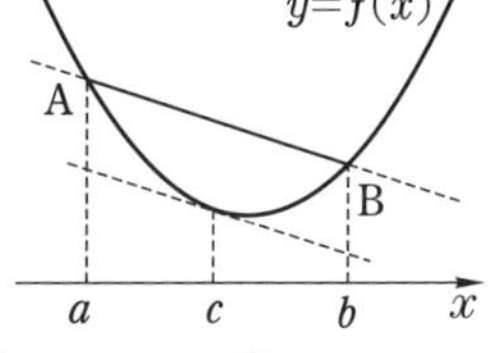

$$F(x)=\frac{f(b)-f(a)}{b-a}(x-a)+f(a)-f(x)$$

とおくと，$F(a)=F(b)=0$ ……㋑ であり，

$$F'(x)=\frac{f(b)-f(a)}{b-a}-f'(x),\quad F''(x)=-f''(x)<0 \quad ……㋒$$

である。㋒から $F'(x)$ は減少関数であり，㋑と平均値の定理から

$$F'(c)=0,\quad a<c<b$$

となる c がただ1つある。したがって，$F(x)$ の増減表から，$a<x<b$ において，$F(x)>0$，すなわち，線分 AB は $y=f(x)$ より上方にある。

x	a	$\cdots$	c	$\cdots$	b
$F'(x)$		$+$	0	$-$	
$F(x)$	0	↗		↘	0

(II)の証明：$\mathrm{A}(a,\ f(a))$ における接線 l は $y=f'(a)(x-a)+f(a)$ であり，

$$G(x)=f(x)-\{f'(a)(x-a)+f(a)\}$$

とおくと，

$$G'(x)=f'(x)-f'(a),\ G''(x)=f''(x)>0 \quad ……㋓$$

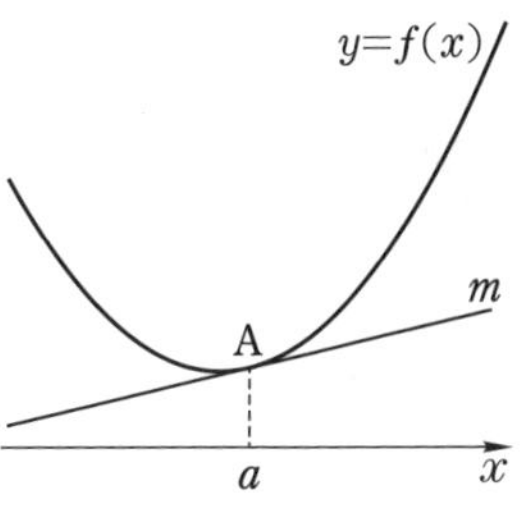

である。㋓より，$G'(x)$ は増加関数であり，$G'(x)$ の符号は $x=a$ で負$(-)$から正$(+)$に変わるので，$G(x)$ は $x=a$ で最小値0をとる。したがって，点Aを除くと接線 l は $y=f(x)$ より下方にある。

同様に，次も成り立つ。

ある区間 I において，

(I)′　$f''(x)<0$ のとき，曲線 $y=f(x)$ は上に凸である。

(II)′　$f''(x)<0$ のとき，曲線 $y=f(x)$ 上の点 $\mathrm{A}(a,\ f(a))$ における接線 l は，$y=f(x)$ より上方にある。

第5章

☆ **524** $\log x$ の凸性に関連した不等式

$\log x$ を自然対数，n を自然数として，次の各不等式を証明せよ。ただし，等号成立条件には言及しなくてよい。

(1) $0<a<b$，$a\leqq x\leqq b$ のとき，$\log x\geqq\log a+\dfrac{x-a}{b-a}(\log b-\log a)$

(2) a_1，$a_2>0$ とし，p_1，$p_2\geqq 0$，$p_1+p_2=1$ のとき，
$\log(p_1a_1+p_2a_2)\geqq p_1\log a_1+p_2\log a_2$

(3) a_1，a_2，$\cdots$，$a_n>0$ とし，p_1，p_2，$\cdots$，$p_n\geqq 0$，$p_1+p_2+\cdots+p_n=1$ のとき，
$\log\left(\sum_{i=1}^{n}p_ia_i\right)\geqq\sum_{i=1}^{n}p_i\log a_i$

(4) a_1，a_2，$\cdots$，$a_n>0$ のとき，$\dfrac{a_1+a_2+\cdots+a_n}{n}\geqq\sqrt[n]{a_1a_2\cdot\cdots\cdot a_n}$

（滋賀医大）

精講 (1)，(2) 直線 $y=\log a+\dfrac{x-a}{b-a}(\log b-\log a)$，すなわち，
$y=\dfrac{\log b-\log a}{b-a}(x-a)+\log a$ がどのような直線を表すかがわかれば，**523** 参考 (I)′ を適用することになるはずです。

(2)では，**523** 参考 (II)′ を利用する証明もあります。その証明法は(3)においても有効です。

解答 (1) $a\leqq x\leqq b$ ……① において，

$$F(x)=\log x-\left\{\log a+\frac{x-a}{b-a}(\log b-\log a)\right\}$$

とおくと，

$$F(a)=F(b)=0 \quad \cdots\cdots②$$

であり，

$$F'(x)=\frac{1}{x}-\frac{\log b-\log a}{b-a},\quad F''(x)=-\frac{1}{x^2}<0 \quad \cdots\cdots③$$

である。②と平均値の定理から

$$F'(c)=0 \qquad \therefore\ \frac{\log b-\log a}{b-a}=\frac{1}{c},\quad a<c<b$$

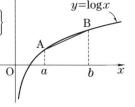

$A(a,\ \log a)$，$B(b,\ \log b)$ のとき，直線 AB：
$y=\dfrac{x-a}{b-a}(\log b-\log a)+\log a$

を満たす c が存在する。③より，$F'(x)$ は減少関数であるから，そのような c はただ1つであり，

$$F'(x)=\frac{1}{x}-\frac{1}{c}$$

となるので，$F(x)$ の増減は右のようになる。したがって，①において，$F(x)\geqq 0$，すなわち，

x	a	$\cdots$	c	$\cdots$	b
$F'(x)$		$+$	0	$-$	
$F(x)$	0	↗		↘	0

$$\log x \geqq \log a+\frac{x-a}{b-a}(\log b-\log a) \quad \cdots\cdots④$$

⬅ $y=\log x$ が上に凸であることが示された。

が成り立つ。　　　　　　　　　　(証明おわり)

(2)　$\log(p_1a_1+p_2a_2) \geqq p_1\log a_1+p_2\log a_2 \quad \cdots\cdots⑤$

を示す。

$a_1=a_2$ のとき，⑤の両辺とも $\log a_1\,(=\log a_2)$ となるので成り立つ。

$a_1 \neq a_2$ のとき，$0<a_1<a_2$ とすれば，④で

$$a=a_1,\ b=a_2,\ x=a_1p_1+a_2p_2$$

とおくことができ，そのとき，

$x-a=(p_1-1)a_1+p_2a_2=p_2(a_2-a_1)$ であるから，

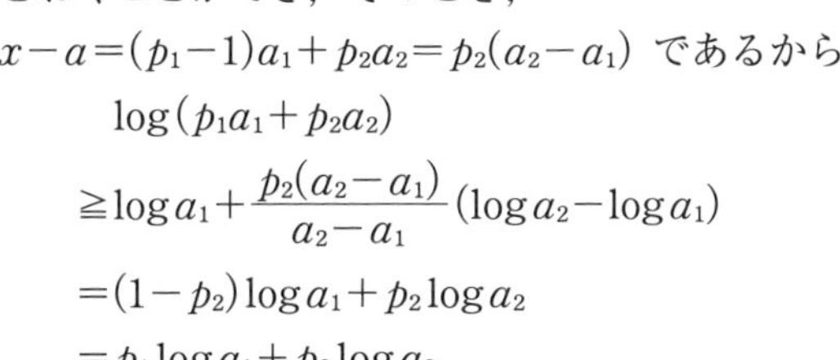

$$\begin{aligned}&\log(p_1a_1+p_2a_2)\\ &\geqq \log a_1+\frac{p_2(a_2-a_1)}{a_2-a_1}(\log a_2-\log a_1)\\ &=(1-p_2)\log a_1+p_2\log a_2\\ &=p_1\log a_1+p_2\log a_2\end{aligned}$$

上図において，
$x=p_1a_1+p_2a_2$
$y_P=\log(p_1a_1+p_2a_2)$
$y_Q=p_1\log a_1+p_2\log a_2$
(y_P，y_Q は P，Q の y 座標)
である。

となる。以上で，⑤が示された。　　　(証明おわり)

(2)　<**別解**　$a>0$ のとき，

$$G(x)=\frac{1}{a}(x-a)+\log a-\log x$$
$$=\frac{x}{a}-1+\log a-\log x$$

⬅ $y=\log x$ 上の点 $(a,\ \log a)$ における接線が，
$y=\frac{1}{a}(x-a)+\log a$
$=\frac{x}{a}-1+\log a$

とおくと，

$$G'(x)=\frac{1}{a}-\frac{1}{x},\quad G''(x)=\frac{1}{x^2}>0$$

より，$G(x)$ の増減は右のようになる。したがって，$x>0$ において，

x	(0)	$\cdots$	a	$\cdots$
$G'(x)$	／	$-$	0	$+$
$G(x)$	／	↘	0	↗

$$G(x)\geqq 0 \quad \cdots\cdots⑥$$

が成り立つ。

第5章

以下，$a=p_1a_1+p_2a_2$ ……⑦ とする。⑥より

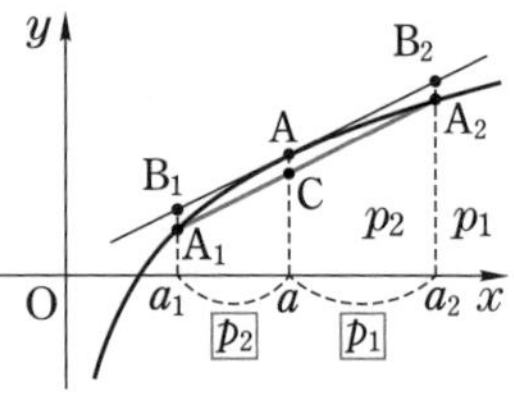

$$G(a_1)\geqq 0 \qquad \therefore \quad \frac{a_1}{a}-1+\log a \geqq \log a_1$$

……⑧

$$G(a_2)\geqq 0 \qquad \therefore \quad \frac{a_2}{a}-1+\log a \geqq \log a_2$$

……⑨

⑧，⑨は点 $\mathrm{B}_k\left(a_k,\ \frac{a_k}{a}-1+\log a_k\right)$ $(k=1,\ 2)$ は点 A_k の上方にあることを表す。

である。

$$p_1,\ p_2\geqq 0,\ p_1+p_2=1 \quad \cdots\cdots ⑩$$

に注意すると，⑧$\times p_1+$⑨$\times p_2$ より

⬅ $p_1G(a_1)+p_2G(a_2)\geqq 0$ に対応する。

$$\frac{p_1a_1+p_2a_2}{a}-(p_1+p_2)+(p_1+p_2)\log a$$

$$\geqq p_1\log a_1+p_2\log a_2$$

⬅ ⑦，⑩より，
$\frac{p_1a_1+p_2a_2}{a}-(p_1+p_2)=0$
$(p_1+p_2)\log a$
$=\log(p_1a_1+p_2a_2)$

であり，これを整理すると，

$$\log(p_1a_1+p_2a_2)\geqq p_1\log a_1+p_2\log a_2$$

⬅ 左辺，右辺はそれぞれ上図における A，C の y 座標を表す。

となる。 （証明おわり）

(3) 以下，$a=\sum_{i=1}^{n}p_ia_i$ ……⑪ とする。

⬅ (2) 別解 と同じ方針で示す。
数学的帰納法による証明も考えられる。参考 参照。

$i=1,\ 2,\ \cdots,\ n$ に対して，⑥より

$$G(a_i)\geqq 0 \qquad \therefore \quad \frac{a_i}{a}-1+\log a \geqq \log a_i$$

……⑫

であるから，⑫$\times p_i\ (i=1,\ 2,\ \cdots,\ n)$ を作り，辺々を加えると，

$$\sum_{i=1}^{n}\left(\frac{p_ia_i}{a}-p_i+p_i\log a\right)\geqq \sum_{i=1}^{n}p_i\log a_i$$

⬅ $\sum_{i=1}^{n}p_iG(a_i)\geqq 0$ に対応する。

となる。ここで，⑪と p_i に関する条件より

$$\sum_{i=1}^{n}\frac{p_ia_i}{a}=\frac{1}{a}\sum_{i=1}^{n}p_ia_i=1,\quad \sum_{i=1}^{n}p_i=1$$

であるから，

$$1-1+\log a\geqq \sum_{i=1}^{n}p_i\log a_i$$

$$\therefore \quad \log\left(\sum_{i=1}^{n}p_ia_i\right)\geqq \sum_{i=1}^{n}p_i\log a_i \quad \cdots\cdots ⑬$$

である。 （証明おわり）

(4)　$p_i=\dfrac{1}{n}$ $(i=1,\ 2,\ \cdots,\ n)$ とすると，$\sum_{i=1}^{n}p_i=1$ であるから，不等式⑬を適用すると，

$$\log\left(\sum_{i=1}^{n}\frac{1}{n}a_i\right)\geqq\sum_{i=1}^{n}\frac{1}{n}\log a_i$$

$$\therefore\quad \log\left(\frac{1}{n}\sum_{i=1}^{n}a_i\right)\geqq\log(a_1a_2\cdot\cdots\cdot a_n)^{\frac{1}{n}}$$

⬅ $\sum_{i=1}^{n}\frac{1}{n}\log a_i=\frac{1}{n}\sum_{i=1}^{n}\log a_i$
$=\frac{1}{n}\log(a_1a_2\cdot\cdots\cdot a_n)$
$=\log(a_1a_2\cdot\cdots\cdot a_n)^{\frac{1}{n}}$

となる。これより

$$\frac{1}{n}\sum_{i=1}^{n}a_i\geqq(a_1a_2\cdot\cdots\cdot a_n)^{\frac{1}{n}}$$

$$\therefore\quad \frac{a_1+a_2+\cdots+a_n}{n}\geqq\sqrt[n]{a_1a_2\cdot\cdots\cdot a_n}$$

が成り立つ。　　　　　　　　　　　　（証明おわり）

⬅ この不等式を相加平均・相乗平均の不等式という。等号が成立するのは $a_1=a_2=\cdots=a_n$ のときに限る。

参考

(3)の不等式を数学的帰納法で示すこともできる。

(Ⅰ) $n=2$ のときは(2)で示してあるので，(Ⅱ) $n=2,\ 3,\ \cdots,\ k$ のときの成立を仮定して，$n=k+1$ のときの成立の大筋を示すことにする。

$$a_i>0,\ \ p_i\geqq0\ \ (i=1,\ 2,\ \cdots,\ k,\ k+1),\ \ \sum_{i=1}^{k+1}p_i=1 \qquad\cdots\cdots⑭$$

のとき，$p_i>0$ $(i=1,\ 2,\ \cdots,\ k)$ として示すと十分であるから，$p=\sum_{i=1}^{k}p_i$，$a=\dfrac{1}{p}\sum_{i=1}^{k}p_ia_i$ とおくと，$p+p_{k+1}=1$，$\sum_{i=1}^{k+1}p_ia_i=\sum_{i=1}^{k}p_ia_i+p_{k+1}a_{k+1}=pa+p_{k+1}a_{k+1}$ である。したがって，$n=2$ のときの不等式から

$$\log\left(\sum_{i=1}^{k+1}p_ia_i\right)=\log(pa+p_{k+1}a_{k+1})\geqq p\log a+p_{k+1}\log a_{k+1} \qquad\cdots\cdots⑮$$

である。さらに，$\sum_{i=1}^{k}\dfrac{p_i}{p}=\dfrac{1}{p}\sum_{i=1}^{k}p_i=\dfrac{1}{p}\cdot p=1$ であるから，$n=k$ のときの不等式から

$$\log a=\log\left(\frac{1}{p}\sum_{i=1}^{k}p_ia_i\right)=\log\left(\sum_{i=1}^{k}\frac{p_i}{p}a_i\right)\geqq\sum_{i=1}^{k}\frac{p_i}{p}\log a_i=\frac{1}{p}\sum_{i=1}^{k}p_i\log a_i \qquad\cdots\cdots⑯$$

である。⑮と⑯を結ぶと，⑭のもとで

$$\log\left(\sum_{i=1}^{k+1}p_ia_i\right)\geqq p\cdot\frac{1}{p}\sum_{i=1}^{k}p_i\log a_i+p_{k+1}\log a_{k+1}=\sum_{i=1}^{k+1}p_i\log a_i$$

となるので，$n=k+1$ のときの不等式が示されたことになる。

第5章

525 関数方程式から導かれる関数の性質

すべての実数で定義され何回でも微分できる関数 $f(x)$ が $f(0)=0$, $f'(0)=1$ を満たし，さらに任意の実数 a, b に対して $1+f(a)f(b)\neq 0$ であって

$$f(a+b)=\frac{f(a)+f(b)}{1+f(a)f(b)}$$

を満たしている。

(1) 任意の実数 a に対して，$-1<f(a)<1$ であることを証明せよ。

(2) $y=f(x)$ のグラフは $x>0$ で上に凸であることを証明せよ。　　（京都大）

精講　(1) $f(x)$ は連続で，$f(0)=0$ ですから，任意の実数 a に対して，$f(a)\neq 1$, $f(a)\neq -1$ を示すとよいことになります。

(2) 微分係数 $f'(0)$ の定義，導関数の定義を利用して，$f'(a)$ を計算するか，または，与えられた関係式を a（または b）について微分することによって，まずは $f'(a)$ を求めることになります。

解答　(1) $f(a+b)=\dfrac{f(a)+f(b)}{1+f(a)f(b)}$　……①

を用いて，$f(x)=1$ または $f(x)=-1$ を満たす実数 x はないことを背理法によって示す。

←(1), (2)の 別解 については 参考 1° 参照。

$f(c)=1$ となる実数 c があるとする。

①で $b=c$ とおくと，

$$f(a+c)=\frac{f(a)+f(c)}{1+f(a)f(c)}=\frac{f(a)+1}{1+f(a)}=1$$

となる。ここで，$a=-c$ とおくと $f(0)=1$ となり，$f(0)=0$ と矛盾するから，$f(c)=1$ となる実数 c はない。

同様に，$f(d)=-1$ となる実数 d があるとすると，

$$f(a+d)=\frac{f(a)+f(d)}{1+f(a)f(d)}=\frac{f(a)-1}{1-f(a)}=-1$$

となり，$a=-d$ とおくと $f(0)=-1$ となり，矛盾するので，$f(d)=-1$ となる実数 d はない。

よって，連続関数 $f(x)$ において，任意の実数 a

←微分可能な関数は連続である。

に対して，$f(a)\neq\pm1$ であり，$f(0)=0$ であるから，

$$-1<f(a)<1 \quad \cdots\cdots②$$

← 注 参照。

である。（証明おわり）

(2) $f(0)=0$，$f'(0)=1$ より，

$$f'(0)=\lim_{h\to0}\frac{f(h)-f(0)}{h}=1$$

← 微分係数の定義 $f'(a)=\lim_{h\to0}\frac{f(a+h)-f(a)}{h}$ において，$a=0$ と考える。501 精講 参照。

$$\therefore \quad \lim_{h\to0}\frac{f(h)}{h}=1 \quad \cdots\cdots③$$

である。次に，①で $b=h$ とおいた式から

$$f(a+h)-f(a)=\frac{f(a)+f(h)}{1+f(a)f(h)}-f(a)$$
$$=\frac{[1-\{f(a)\}^2]f(h)}{1+f(a)f(h)}$$

であるから，③より

$$f'(a)=\lim_{h\to0}\frac{f(a+h)-f(a)}{h}$$
$$=\lim_{h\to0}\frac{1-\{f(a)\}^2}{1+f(a)f(h)}\cdot\frac{f(h)}{h}$$
$$=1-\{f(a)\}^2 \quad \cdots\cdots④$$

← $\lim_{h\to0}f(a)f(h)=f(a)f(0)=0$ より。

である。

②，④より，すべての実数 a に対して，

$$f'(a)>0 \quad \cdots\cdots⑤$$

である。⑤より，$f(a)$ は増加関数であり，$f(0)=0$ と合わせると

$$a>0 \text{ において } f(a)>0 \quad \cdots\cdots⑥$$

である。ここで，④の両辺を a で微分すると，

$$f''(a)=-2f'(a)f(a)$$

となるから，⑤，⑥より，$a>0$ において

$$f''(a)<0$$

である。したがって，$y=f(x)$ のグラフは $x>0$ において上に凸である。（証明おわり）

← 523 参考 参照。

注 $f(0)=0$ であり，すべての実数 a に対して $f(a)\neq\pm1$ であるから，たとえば $f(p)>1$ となる実数 p があるとすると，連続関数 $f(x)$ が $f(0)=0$ と $f(p)$ の中間の値1をとれないことになり，中間値の定理と矛盾する。$f(q)<-1$ となる実数 q があるとしても同様に矛盾する。

第5章

参考

1°　$y=f(x)$ が奇関数であることを利用した以下のような証明も考えられる。

別解

(1)　$f(a+b)=\dfrac{f(a)+f(b)}{1+f(a)f(b)}$　……①

において，$b=-a$ とおくと，

$$f(0)=\frac{f(a)+f(-a)}{1+f(a)f(-a)}$$

となるが，$f(0)=0$ であるから，

$$f(a)+f(-a)=0$$

$\therefore$　$f(-a)=-f(a)$　……⑦　⬅これより，$f(x)$ は奇関数である。

が成り立つ。

①において，任意の実数 a，b に対して，

$$1+f(a)f(b)\neq 0$$

であるから，特に $b=-a$ とおいて，⑦を用いると，

$$1+f(a)f(-a)\neq 0$$

$\therefore$　$1-\{f(a)\}^2\neq 0$　　$\therefore$　$f(a)\neq\pm 1$

である。よって，$f(x)$ が連続関数で，$f(0)=0$ であることを考え合わせると，任意の実数 a に対して，

$$-1<f(a)<1$$

である。　　　　(証明おわり)

(2)　①の両辺を a の関数とみなして，a で微分すると，⬅ b は定数と考える。

$$f'(a+b)$$
$$=\frac{f'(a)\{1+f(a)f(b)\}-\{f(a)+f(b)\}f'(a)f(b)}{\{1+f(a)f(b)\}^2}$$
$$=\frac{[1-\{f(b)\}^2]f'(a)}{\{1+f(a)f(b)\}^2}$$

となる。この式で，$b=-a$ とおくと，⑦と $f'(0)=1$ より

⬅ $f'(0)=\dfrac{[1-\{f(-a)\}^2]f'(a)}{\{1+f(a)f(-a)\}^2}$

$$1=\frac{[1-\{f(a)\}^2]f'(a)}{[1-\{f(a)\}^2]^2}$$

$\therefore$　$f'(a)=1-\{f(a)\}^2$　……④

となる。

(以下は **解答** ④式以下と同じである)

2°　④より，$y=f(x)$ は微分方程式

$$y'=1-y^2 \quad \cdots\cdots ⑧$$

⬅ ①と $f(0)=0$，$f'(0)=1$ からこの式が得られた。

を満たすことがわかる。さらに，⑧から y を決定することもできるので，以下に示しておく。

⑧より

$$\frac{1}{1-y^2}\cdot y'=1 \qquad \therefore \quad \left(\frac{1}{1+y}+\frac{1}{1-y}\right)\frac{dy}{dx}=2$$

である。両辺を x で積分すると，

$$\int\left(\frac{1}{1+y}+\frac{1}{1-y}\right)dy=\int 2dx$$

⬅ 置換積分の公式
$\int g(y)\frac{dy}{dx}dx$
$=\int g(y)dy$

$$\therefore \quad \log\left|\frac{1+y}{1-y}\right|=2x+C'$$

$$\therefore \quad \frac{1+y}{1-y}=Ce^{2x} \quad (C=\pm e^{C'})$$

⬅ $\frac{1+y}{1-y}=\pm e^{2x+C'}$
$=\pm e^{C'}\cdot e^{2x}$

となる。ここで，$f(0)=0$，すなわち，$x=0$ のとき，$y=0$ であるから $C=1$ である。よって，

$$\frac{1+y}{1-y}=e^{2x} \qquad \therefore \quad y=\frac{e^{2x}-1}{e^{2x}+1}$$

⬅ ⑧と $f(0)=0$ からこの式が導かれた。

である。これより，

$$f(x)=\frac{e^{2x}-1}{e^{2x}+1}=\frac{e^x-e^{-x}}{e^x+e^{-x}}$$

⬅ $f(-x)=-f(x)$ を満たすから，$f(x)$ は奇関数である。

であるから，

$$f'(x)=\frac{(e^x+e^{-x})^2-(e^x-e^{-x})^2}{(e^x+e^{-x})^2}=\frac{4}{(e^x+e^{-x})^2}$$

$$f''(x)=\frac{-8(e^x-e^{-x})}{(e^x+e^{-x})^3}$$

となる。これより，任意の x に対して，

$$f'(x)>0$$

であるから，$f(x)$ は増加関数である。また，

$x>0$ では　$f''(x)<0$，$x<0$ では　$f''(x)>0$

であるから，$y=f(x)$ のグラフは $x>0$ では上に凸で，$x<0$ では下に凸である。さらに，

$$\lim_{x\to-\infty} f(x)=-1,\ \lim_{x\to\infty} f(x)=1$$

であるから，$y=f(x)$ のグラフは右図の通りである。

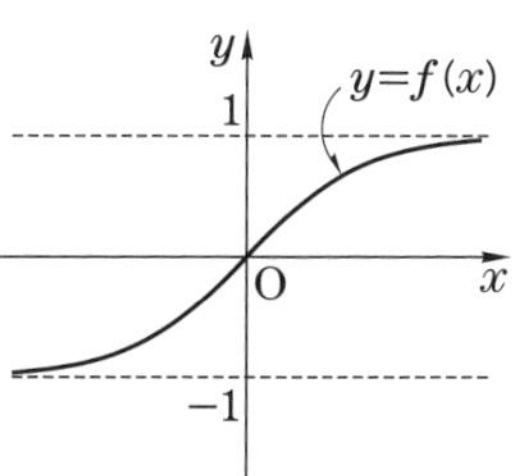

601 不定積分の計算

(I) 次の不定積分を求めよ。

(1) $I=\int e^{2x+e^x}dx$ (広島市大)

(2) $J=\int \log(1+\sqrt{x})dx$ (信州大)

(3) $K=\int \frac{1}{\sin^4 x}dx$ (東京電機大*)

(II) (1) $\tan\frac{x}{2}=t$ とするとき，$\sin x$，$\cos x$ を t で表せ。

(2) 不定積分 $L=\int \frac{5}{3\sin x+4\cos x}dx$ を求めよ。 (埼玉大*)

精講 不定積分の計算には「慣れ」が必要です。典型的な計算法は覚えておきましょう。

(I) (1)では $e^x=t$，(2)では $1+\sqrt{x}=t$ と置換するのは定石です。(3)では $\left(\frac{1}{\tan x}\right)'=-\frac{1}{\sin^2 x}$ を知っていれば解決するはずです。

(II) 高校数学ではあまり現れませんが，有名な置換積分の１つです。その計算に慣れておきましょう。

解答 (I) (1) $e^x=t$ とおくと，

$$\frac{dx}{dt}\cdot e^x=1 \text{ より } e^x dx=dt$$

← $\frac{dx}{dt}=\frac{1}{e^x}=\frac{1}{t}$ としてもよい。

であるから，

$$I=\int e^{2x+e^x}dx=\int e^x e^{e^x}\cdot e^x dx$$

$$=\int te^t dt=te^t-\int e^t dt$$

$$=(t-1)e^t+C=\boldsymbol{(e^x-1)e^{e^x}+C}$$

← 以下，不定積分において現れる C，C' は積分定数を表す。

である。

(2) $1+\sqrt{x}=t$ とおくと，

$$x=(t-1)^2 \text{ より } dx=2(t-1)dt$$

← $\frac{dx}{dt}=2(t-1)$

であるから，

$$J=\int \log(1+\sqrt{x})\,dx=\int(\log t)\cdot 2(t-1)\,dt$$

$$=\int(t^2-2t)'\log t\,dt$$

⬅部分積分の準備。

$$=(t^2-2t)\log t-\int(t^2-2t)\cdot\frac{1}{t}dt$$

$$=(t^2-2t)\log t-\frac{1}{2}t^2+2t+C'$$

$$=\boldsymbol{(x-1)\log(1+\sqrt{x})-\frac{1}{2}x+\sqrt{x}+C}$$

⬅$t^2-2t=(t-1)^2-1=x-1$
$-\frac{1}{2}t^2+2t=-\frac{1}{2}x+\sqrt{x}+\frac{3}{2}$,
積分定数 C', C の関係は
$C=C'+\frac{3}{2}$ である。

である。

(3) $\left(\frac{1}{\tan x}\right)'=\left(\frac{\cos x}{\sin x}\right)'=-\frac{1}{\sin^2 x}$

より

$$K=\int\frac{1}{\sin^4 x}dx=\int\frac{1}{\sin^2 x}\cdot\frac{1}{\sin^2 x}dx$$

$$=-\int\left(\frac{1}{\tan^2 x}+1\right)\left(\frac{1}{\tan x}\right)'dx$$

⬅$\cos^2 x+\sin^2 x=1$ の両辺を $\sin^2 x$ で割ると
$\frac{1}{\tan^2 x}+1=\frac{1}{\sin^2 x}$

である。ここで，$u=\frac{1}{\tan x}$ とおくと，

$$K=-\int(u^2+1)\,du=-\frac{1}{3}u^3-u+C$$

$$=\boldsymbol{-\frac{1}{3\tan^3 x}-\frac{1}{\tan x}+C}$$

⬅$\frac{du}{dx}=\left(\frac{1}{\tan x}\right)'$ より
$\left(\frac{1}{\tan x}\right)'dx=du$

である。

(II) (1) $\tan\frac{x}{2}=t$ ……① のとき，

$$\sin x=2\sin\frac{x}{2}\cos\frac{x}{2}=2\tan\frac{x}{2}\cos^2\frac{x}{2}$$

$$=2\tan\frac{x}{2}\cdot\frac{1}{1+\tan^2\frac{x}{2}}=\boldsymbol{\frac{2t}{1+t^2}}$$

⬅$1+\tan^2\theta=\frac{1}{\cos^2\theta}$ より。

$$\cos x=2\cos^2\frac{x}{2}-1=\frac{2}{1+\tan^2\frac{x}{2}}-1$$

$$=\frac{2}{1+t^2}-1=\boldsymbol{\frac{1-t^2}{1+t^2}}$$

である。

(2) ①の両辺を t で微分して，

$$\frac{1}{\cos^2\frac{x}{2}}\cdot\frac{1}{2}\cdot\frac{dx}{dt}=1$$

⬅ $\frac{d}{dt}\left(\tan\frac{x}{2}\right)=1$

$$\therefore\quad \frac{dx}{dt}=2\cos^2\frac{x}{2}=\frac{2}{1+t^2} \quad\cdots\cdots②$$

であるから，

$$L=\int\frac{5}{3\sin x+4\cos x}dx$$

⬅ $\tan\frac{x}{2}=t$ と置換する。

$$=\int\frac{5}{3\cdot\frac{2t}{1+t^2}+4\cdot\frac{1-t^2}{1+t^2}}\cdot\frac{2}{1+t^2}dt$$

⬅ ②より $dx=\frac{2}{1+t^2}dt$

$$=\int\frac{5}{(1+2t)(2-t)}dt$$

⬅ $\frac{5}{(1+2t)(2-t)}=\frac{a}{1+2t}+\frac{b}{2-t}$ (a，b は定数) とすると，$5=a(2-t)+b(1+2t)$ より $a=2$，$b=1$

$$=\int\left(\frac{2}{1+2t}+\frac{1}{2-t}\right)dt$$

$$=\log|1+2t|-\log|2-t|+C$$

$$=\boldsymbol{\log\left|\frac{1+2\tan\frac{x}{2}}{2-\tan\frac{x}{2}}\right|+C}$$

⬅ $\int\frac{1}{ax+b}dx=\frac{1}{a}\log|ax+b|+C$ (a，b は定数，$a\neq0$)

である。

参考

(I) (3)において，$x=\frac{\pi}{2}-t$ と置換することも考えられる。このとき，

$\sin x=\sin\left(\frac{\pi}{2}-t\right)=\cos t$，$dx=-dt$ より，

$$J=\int\frac{1}{\sin^4 x}dx=\int\frac{1}{\cos^4 t}(-1)\,dt=-\int\frac{1}{\cos^2 t}\cdot\frac{1}{\cos^2 t}dt$$

$$=-\int(1+\tan^2 t)(\tan t)'\,dt=-\tan t-\frac{1}{3}\tan^3 t+C$$

$$=-\tan\left(\frac{\pi}{2}-x\right)-\frac{1}{3}\tan^3\left(\frac{\pi}{2}-x\right)+C$$

$$=-\frac{1}{\tan x}-\frac{1}{3\tan^3 x}+C$$

となる。

602 定積分の計算(1)

次の定積分の値を求めよ。

(1) $I=\int_1^{\sqrt{3}}\frac{1}{x^2}\log\sqrt{1+x^2}\,dx$ (京都大)

(2) $J=\int_0^1\{x(1-x)\}^{\frac{3}{2}}dx$ (弘前大)

(3) $K=\int_0^{\pi}e^x\sin x\,dx$ および $L=\int_0^{\pi}e^x\cos x\,dx$

(4) $M=\int_0^{\pi}xe^x\sin x\,dx$ および $N=\int_0^{\pi}xe^x\cos x\,dx$

精講 (1) まず部分積分を行います。 (2) $\sqrt{a^2-x^2}$ $(a>0)$ を含む定積分では $x=a\sin\theta$ の置換が有効です。これはその応用版です。(3)は部分積分を用いる典型的なものです。(4)はさらに一歩進んだレベルの部分積分となります。(3)の計算に現れる $e^x\sin x$, $e^x\cos x$ の原始関数を利用することを考えましょう。

解答 (1)

$$I=\int_1^{\sqrt{3}}\frac{1}{x^2}\log\sqrt{1+x^2}\,dx$$

⬅ 別計算については, 参考 1° 参照。

$$=\int_1^{\sqrt{3}}\frac{1}{2}\left(-\frac{1}{x}\right)'\log(1+x^2)\,dx$$

⬅ $\log\sqrt{1+x^2}=\log(1+x^2)^{\frac{1}{2}}=\frac{1}{2}\log(1+x^2)$

$$=\left[-\frac{1}{2x}\log(1+x^2)\right]_1^{\sqrt{3}}+\int_1^{\sqrt{3}}\frac{1}{2x}\cdot\frac{2x}{1+x^2}dx$$

⬅ $\{\log(1+x^2)\}'=\frac{(1+x^2)'}{1+x^2}=\frac{2x}{1+x^2}$

$$=-\frac{1}{2\sqrt{3}}\log 4+\frac{1}{2}\log 2+\int_1^{\sqrt{3}}\frac{1}{1+x^2}dx$$

である。最後の積分において, $x=\tan\theta$ と置換すると,

⬅ $dx=\frac{1}{\cos^2\theta}d\theta$,

x	$1\longrightarrow\sqrt{3}$
θ	$\frac{\pi}{4}\longrightarrow\frac{\pi}{3}$

より。

$$\int_1^{\sqrt{3}}\frac{1}{1+x^2}dx=\int_{\frac{\pi}{4}}^{\frac{\pi}{3}}\frac{1}{1+\tan^2\theta}\cdot\frac{1}{\cos^2\theta}d\theta$$

$$=\int_{\frac{\pi}{4}}^{\frac{\pi}{3}}d\theta=\frac{\pi}{12}$$

であるから,

$$I=\left(\frac{1}{2}-\frac{1}{\sqrt{3}}\right)\log 2+\frac{\pi}{12}$$

である。

(2) $J=\int_0^1\{x(1-x)\}^{\frac{3}{2}}dx=\int_0^1\left\{\frac{1}{4}-\left(x-\frac{1}{2}\right)^2\right\}^{\frac{3}{2}}dx$

である。ここで，$x-\frac{1}{2}=\frac{1}{2}\sin\theta$ と置換すると，

$dx=\frac{1}{2}\cos\theta d\theta$，

x	$0 \longrightarrow 1$
θ	$-\frac{\pi}{2} \longrightarrow \frac{\pi}{2}$

⬅ $0\leqq x\leqq 1$ のとき
$-\frac{1}{2}\leqq x-\frac{1}{2}\leqq\frac{1}{2}$ より
$-1\leqq\sin\theta\leqq 1$

であるから，

$$J=\int_{-\frac{\pi}{2}}^{\frac{\pi}{2}}\left\{\frac{1}{4}(1-\sin^2\theta)\right\}^{\frac{3}{2}}\cdot\frac{1}{2}\cos\theta d\theta$$

$$=\int_{-\frac{\pi}{2}}^{\frac{\pi}{2}}\frac{1}{16}\cos^4\theta d\theta=\frac{1}{8}\int_0^{\frac{\pi}{2}}\left(\frac{1+\cos 2\theta}{2}\right)^2d\theta$$

$$=\frac{1}{32}\int_0^{\frac{\pi}{2}}\left(1+2\cos 2\theta+\frac{1+\cos 4\theta}{2}\right)d\theta$$

$$=\frac{1}{32}\left[\frac{3}{2}\theta+\sin 2\theta+\frac{1}{8}\sin 4\theta\right]_0^{\frac{\pi}{2}}$$

$$=\frac{3}{128}\pi$$

⬅ $-\frac{\pi}{2}\leqq\theta\leqq\frac{\pi}{2}$ のとき，
$\cos\theta\geqq 0$ より
$(1-\sin^2\theta)^{\frac{1}{2}}=(\cos^2\theta)^{\frac{1}{2}}=\cos\theta$

⬅ $\cos^4\theta$ は偶関数であるから
$\int_{-\frac{\pi}{2}}^{\frac{\pi}{2}}\cos^4\theta d\theta=2\int_0^{\frac{\pi}{2}}\cos^4\theta d\theta$

である。

(3) まず，

$$S(x)=\int e^x\sin x\,dx,\quad C(x)=\int e^x\cos x\,dx$$

を求める。

$$S(x)=e^x\sin x-\int e^x\cos x\,dx$$
$$=e^x\sin x-C(x)$$
$$C(x)=e^x\cos x+\int e^x\sin x\,dx$$
$$=e^x\cos x+S(x)$$

⬅ $S(x)=\int(e^x)'\sin x\,dx$
として，部分積分を行う。
参考 2° 参照。

より

$$S(x)+C(x)=e^x\sin x \quad \cdots\cdots①$$
$$-S(x)+C(x)=e^x\cos x \quad \cdots\cdots②$$

である。$\frac{1}{2}\{①-②\}$，$\frac{1}{2}\{①+②\}$ より

$$S(x)=\frac{1}{2}e^x(\sin x-\cos x) \qquad \cdots\cdots③$$

$$C(x)=\frac{1}{2}e^x(\sin x+\cos x) \qquad \cdots\cdots④$$

⬅積分定数 C は以下の計算に関係しないので，$C=0$ とする。

である。よって，

$$K=\int_0^{\pi} e^x\sin x\,dx=\Big[S(x)\Big]_0^{\pi}=\boldsymbol{\frac{e^{\pi}+1}{2}} \qquad \cdots\cdots⑤$$

⬅$S(\pi)=\frac{1}{2}e^{\pi}$，$S(0)=-\frac{1}{2}$

$$L=\int_0^{\pi} e^x\cos x\,dx=\Big[C(x)\Big]_0^{\pi}=\boldsymbol{-\frac{e^{\pi}+1}{2}} \qquad \cdots\cdots⑥$$

⬅$C(\pi)=-\frac{1}{2}e^{\pi}$，$C(0)=\frac{1}{2}$

である。

(4) $M=\int_0^{\pi} xe^x\sin x\,dx=\int_0^{\pi} x\{S(x)\}'\,dx$ ⬅参考 3° 参照。

$$=\Big[xS(x)\Big]_0^{\pi}-\int_0^{\pi} S(x)\,dx$$

$$=\pi S(\pi)-\int_0^{\pi}\frac{1}{2}e^x(\sin x-\cos x)\,dx$$

⬅③より。

$$=\frac{1}{2}\pi e^{\pi}-\frac{1}{2}(K-L)$$

$$=\boldsymbol{\frac{(\pi-1)e^{\pi}-1}{2}}$$

⬅⑤，⑥より $K-L=e^{\pi}+1$

$N=\int_0^{\pi} xe^x\cos x\,dx=\int_0^{\pi} x\{C(x)\}'\,dx$

$$=\Big[xC(x)\Big]_0^{\pi}-\int_0^{\pi} C(x)\,dx$$

$$=\pi C(\pi)-\int_0^{\pi}\frac{1}{2}e^x(\sin x+\cos x)\,dx$$

⬅④より。

$$=-\frac{1}{2}\pi e^{\pi}-\frac{1}{2}(K+L)$$

⬅⑤，⑥より $K+L=0$

$$=\boldsymbol{-\frac{\pi e^{\pi}}{2}}$$

である。

参考

1° (1)において，最初から，$x=\tan\theta$ と置換すると，

$$I=\int_{\frac{\pi}{4}}^{\frac{\pi}{3}}\frac{1}{\tan^2\theta}\log\sqrt{1+\tan^2\theta}\cdot\frac{1}{\cos^2\theta}\,d\theta=\int_{\frac{\pi}{4}}^{\frac{\pi}{3}}\left\{-\frac{1}{\sin^2\theta}\log(\cos\theta)\right\}d\theta$$

第6章

$$=\int_{\frac{\pi}{4}}^{\frac{\pi}{3}}\left(\frac{1}{\tan\theta}\right)'\log(\cos\theta)\,d\theta=\left[\frac{1}{\tan\theta}\log(\cos\theta)\right]_{\frac{\pi}{4}}^{\frac{\pi}{3}}-\int_{\frac{\pi}{4}}^{\frac{\pi}{3}}\frac{1}{\tan\theta}\cdot\frac{-\sin\theta}{\cos\theta}\,d\theta$$

$$=\frac{1}{\sqrt{3}}\log\frac{1}{2}-\log\frac{1}{\sqrt{2}}+\Big[\theta\Big]_{\frac{\pi}{4}}^{\frac{\pi}{3}}=\left(\frac{1}{2}-\frac{1}{\sqrt{3}}\right)\log 2+\frac{\pi}{12}$$

となる。

2° (3)において，部分積分を2回繰り返すことによって，$S(x)$，$C(x)$ それぞれを別々に求めることもできる。

$$S(x)=\int e^x\sin x\,dx=e^x\sin x-\int e^x\cos x\,dx$$

$$=e^x\sin x-\left\{e^x\cos x+\int e^x\sin x\,dx\right\}$$

$$=e^x(\sin x-\cos x)-S(x)$$

$$C(x)=\int e^x\cos x\,dx=e^x\cos x-\int e^x(-\sin x)\,dx$$

$$=e^x\cos x+\left\{e^x\sin x-\int e^x\cos x\,dx\right\}$$

$$=e^x(\sin x+\cos x)-C(x)$$

となるので，それぞれの式から，

$$S(x)=\frac{1}{2}e^x(\sin x-\cos x),\quad C(x)=\frac{1}{2}e^x(\sin x+\cos x)$$

が得られる。

3° (3)で $S(x)$，$C(x)$ を用いないとき，(4)は次のように処理することもできる。

$$M=\int_0^{\pi}(e^x)'x\sin x\,dx$$

$$=\Big[e^x x\sin x\Big]_0^{\pi}-\int_0^{\pi}e^x(\sin x+x\cos x)\,dx$$

$$=-K-N=-\frac{e^{\pi}+1}{2}-N$$

$$N=\int_0^{\pi}(e^x)'x\cos x\,dx$$

$$=\Big[e^x x\cos x\Big]_0^{\pi}-\int_0^{\pi}e^x(\cos x-x\sin x)\,dx$$

$$=-\pi e^{\pi}-L+M=-\pi e^{\pi}+\frac{e^{\pi}+1}{2}+M$$

より

$$M+N=-\frac{e^{\pi}+1}{2},\quad -M+N=-\pi e^{\pi}+\frac{e^{\pi}+1}{2}$$

となるので，これら2式から M，N を得る。

603 定積分の計算(2)

(1) 次の式が成り立つように，定数 A，B，C，D を定めよ。

$$\frac{8}{x^4+4}=\frac{Ax+B}{x^2+2x+2}+\frac{Cx+D}{x^2-2x+2}$$

(2) $\tan\frac{\pi}{8}$，$\tan\frac{3}{8}\pi$ の値を求めよ。

(3) 次の定積分の値を求めよ。

$$\int_{-\sqrt{2}}^{\sqrt{2}}\frac{8}{x^4+4}dx$$

（信州大）

精講 (3) $\frac{1}{x^2+a^2}$ $(a>0)$ を含む定積分では $x=a\tan\theta$ の置換が有効です。ここではその応用を考えます。

解答 (1) $x^4+4=(x^2+2)^2-(2x)^2$

$$=(x^2+2x+2)(x^2-2x+2)$$

であるから，

$$\frac{8}{x^4+4}=\frac{Ax+B}{x^2+2x+2}+\frac{Cx+D}{x^2-2x+2}$$

の両辺に x^4+4 をかけると，

$$8=(Ax+B)(x^2-2x+2)+(Cx+D)(x^2+2x+2) \quad \cdots\cdots①$$

となる。①で，$x=-1+i$ とおくと，

$$8=\{A(-1+i)+B\}4(1-i)$$
$$=4\{B+(2A-B)i\}$$

となり，$x=1+i$ とおくと，

$$8=\{C(1+i)+D\}4(1+i)$$
$$=4\{D+(2C+D)i\}$$

となる。A，B，C，D は実数であるから，

$$2=B,\ 0=2A-B,\ 2=D,\ 0=2C+D$$

$\therefore$ $\boldsymbol{A=1,\ B=2,\ C=-1,\ D=2}$

である。

(2) $\frac{\pi}{8}$，$\frac{3}{8}\pi$ は鋭角であり，

⬅ $x=-1+i$ は $x^2+2x+2=0$ の解であり，$x=1+i$ は $x^2-2x+2=0$ の解である。参考 1° 参照。

⬅ このとき，①は x の4つの値 $x=-1\pm i$, $1\pm i$ に対して成り立ち，①の右辺は x の3次以下の式であるから，すべての x に対し①が成り立つことになる。

第6章

$$\tan^2\frac{\pi}{8}=\frac{1-\cos\frac{\pi}{4}}{1+\cos\frac{\pi}{4}}=\frac{1-\frac{1}{\sqrt{2}}}{1+\frac{1}{\sqrt{2}}}=(\sqrt{2}-1)^2$$

⬅ $\tan^2\theta=\frac{\sin^2\theta}{\cos^2\theta}=\frac{1-\cos 2\theta}{1+\cos 2\theta}$

$$\tan^2\frac{3}{8}\pi=\frac{1-\cos\frac{3}{4}\pi}{1+\cos\frac{3}{4}\pi}=\frac{1+\frac{1}{\sqrt{2}}}{1-\frac{1}{\sqrt{2}}}=(\sqrt{2}+1)^2$$

であることから，

$$\tan\frac{\pi}{8}=\sqrt{2}-1,\ \tan\frac{3}{8}\pi=\sqrt{2}+1 \quad \cdots\cdots②$$

⬅ θ が鋭角のとき，$\tan\theta>0$

である。

(3) (1)の結果から，

$$\frac{8}{x^4+4}=\frac{x+2}{x^2+2x+2}+\frac{-x+2}{x^2-2x+2}$$
$$=\frac{x+2}{(x+1)^2+1}-\frac{x-2}{(x-1)^2+1}$$

であるから，求める積分を I とすると，

$$I=\int_{-\sqrt{2}}^{\sqrt{2}}\frac{8}{x^4+4}dx=2\int_0^{\sqrt{2}}\frac{8}{x^4+4}dx$$

⬅ $\frac{8}{x^4+4}$ は偶関数である。

$$=2\int_0^{\sqrt{2}}\frac{x+2}{(x+1)^2+1}dx-2\int_0^{\sqrt{2}}\frac{x-2}{(x-1)^2+1}dx \quad \cdots\cdots③$$

である。

$$J=\int_0^{\sqrt{2}}\frac{x+2}{(x+1)^2+1}dx,\ K=\int_0^{\sqrt{2}}\frac{x-2}{(x-1)^2+1}dx$$

⬅ 参考 2° 参照。

とおく。

J で，$x+1=\tan\theta$ とおくと，

$$dx=\frac{1}{\cos^2\theta}d\theta,$$

x	$0 \longrightarrow \sqrt{2}$
θ	$\frac{\pi}{4} \longrightarrow \frac{3}{8}\pi$

⬅ $0\leqq x\leqq\sqrt{2}$ のとき $1\leqq x+1\leqq\sqrt{2}+1$ となるから，②より $\frac{\pi}{4}\leqq\theta\leqq\frac{3}{8}\pi$

であるから，

$$J=\int_{\frac{\pi}{4}}^{\frac{3}{8}\pi}\frac{\tan\theta+1}{\tan^2\theta+1}\cdot\frac{1}{\cos^2\theta}d\theta$$

⬅ $\frac{\tan\theta+1}{\tan^2\theta+1}\cdot\frac{1}{\cos^2\theta}=\tan\theta+1$

$$=\int_{\frac{\pi}{4}}^{\frac{3}{8}\pi}\left\{-\frac{(\cos\theta)'}{\cos\theta}+1\right\}d\theta$$

$$=\Big[-\log(\cos\theta)+\theta\Big]_{\frac{\pi}{4}}^{\frac{3}{8}\pi}$$

⬅ $\cos\frac{3}{8}\pi=\sqrt{\frac{1+\cos\frac{3}{4}\pi}{2}}=\frac{\sqrt{2-\sqrt{2}}}{2}$

$$=-\log\frac{\sqrt{2-\sqrt{2}}}{2}+\log\frac{1}{\sqrt{2}}+\frac{3}{8}\pi-\frac{\pi}{4}$$

$$=\log\frac{\sqrt{2}}{\sqrt{2-\sqrt{2}}}+\frac{\pi}{8}$$

である。また，K で，$x-1=\tan\theta$ とおくと，

$$dx=\frac{1}{\cos^2\theta}d\theta,$$

x	$0 \longrightarrow \sqrt{2}$
θ	$-\frac{\pi}{4} \longrightarrow \frac{\pi}{8}$

であるから，上と同様に

⬅ $0\leqq x\leqq\sqrt{2}$ のとき $-1\leqq x-1\leqq\sqrt{2}-1$ となるから，②より $-\frac{\pi}{4}\leqq\theta\leqq\frac{\pi}{8}$

$$K=\int_{-\frac{\pi}{4}}^{\frac{\pi}{8}}\frac{\tan\theta-1}{\tan^2\theta+1}\cdot\frac{1}{\cos^2\theta}d\theta$$

$$=\Big[-\log(\cos\theta)-\theta\Big]_{-\frac{\pi}{4}}^{\frac{\pi}{8}}$$

$$=-\log\frac{\sqrt{2+\sqrt{2}}}{\sqrt{2}}-\frac{3}{8}\pi$$

⬅ $\cos\frac{\pi}{8}=\sqrt{\frac{1+\cos\frac{\pi}{4}}{2}}=\frac{\sqrt{2+\sqrt{2}}}{2}$

である。③に戻ると，

$$I=2(J-K)$$

$$=2\left(\log\frac{\sqrt{2}}{\sqrt{2-\sqrt{2}}}+\frac{\pi}{8}+\log\frac{\sqrt{2+\sqrt{2}}}{\sqrt{2}}+\frac{3}{8}\pi\right)$$

$$=\mathbf{2\log(\sqrt{2}+1)+\pi}$$

である。

⬅ $\log\frac{\sqrt{2}}{\sqrt{2-\sqrt{2}}}+\log\frac{\sqrt{2+\sqrt{2}}}{\sqrt{2}}=\log\sqrt{\frac{\sqrt{2}+1}{\sqrt{2}-1}}=\log\sqrt{(\sqrt{2}+1)^2}=\log(\sqrt{2}+1)$

参考

1° (1)①において，右辺を展開すると，

$$8=(A+C)x^3+(-2A+B+2C+D)x^2+2(A-B+C+D)x+2(B+D)$$

となるので，両辺の係数を比較して，

$$A+C=0,\ -2A+B+2C+D=0,\ 2(A-B+C+D)=0,\ 2(B+D)=8$$

から，A，B，C，D を求めることもできる。

2° (3)において，J，K を次のように計算してもよい。たとえば，

$$J=\int_0^{\sqrt{2}}\frac{x+1+1}{(x+1)^2+1}dx=\int_0^{\sqrt{2}}\frac{x+1}{x^2+2x+2}dx+\int_0^{\sqrt{2}}\frac{1}{(x+1)^2+1}dx$$

$$=\left[\frac{1}{2}\log(x^2+2x+2)\right]_0^{\sqrt{2}}+\int_{\frac{\pi}{4}}^{\frac{3}{8}\pi}d\theta=\frac{1}{2}\log(2+\sqrt{2})+\frac{\pi}{8}$$

となる。K についても同様である。

第6章

604 定積分の計算(3)

(1) $-\pi \leqq x \leqq \pi$ のとき，$\sqrt{3}\cos x-\sin x>0$ を満たす x の範囲を求めよ。

(2) $\displaystyle\int_{-\frac{\pi}{3}}^{\frac{\pi}{6}}\left|\frac{4\sin x}{\sqrt{3}\cos x-\sin x}\right|dx$ を求めよ。

精講 (2)では，まず(1)の結果を利用して，積分区間を絶対値の中の値が0以上，0以下の区間に分割します。そのあとで，分母が簡単な式となるような置換を行います。

解答 (1) $\sqrt{3}\cos x-\sin x=2\sin\left(x+\frac{2}{3}\pi\right)$ ……①

であるから，

$$\sin\left(x+\frac{2}{3}\pi\right)>0$$

となる範囲を

$$-\pi \leqq x \leqq \pi \qquad \therefore \quad -\frac{\pi}{3} \leqq x+\frac{2}{3}\pi \leqq \frac{5}{3}\pi$$

において求めると，

$$0<x+\frac{2}{3}\pi<\pi$$

$$\therefore \quad \boldsymbol{-\frac{2}{3}\pi<x<\frac{\pi}{3}}$$

である。

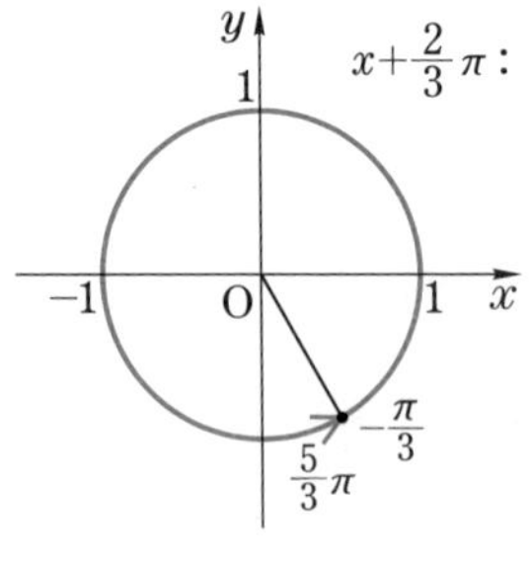

(2)

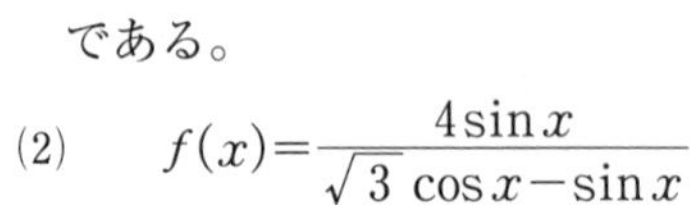

$$f(x)=\frac{4\sin x}{\sqrt{3}\cos x-\sin x}$$

とおくと，(1)より積分区間 $-\frac{\pi}{3} \leqq x \leqq \frac{\pi}{6}$ において，

分母は正であるから，求める定積分は

$$I=\int_{-\frac{\pi}{3}}^{\frac{\pi}{6}}|f(x)|dx$$

$$=-\int_{-\frac{\pi}{3}}^{0}f(x)dx+\int_{0}^{\frac{\pi}{6}}f(x)dx \quad \cdots\cdots②$$

となる。ここで，

⬅ 分子については，
$-\frac{\pi}{3} \leqq x \leqq 0$ のとき
$\sin x \leqq 0$
$0 \leqq x \leqq \frac{\pi}{6}$ のとき
$\sin x \geqq 0$

$$F(x)=\int f(x)\,dx=\int \frac{2\sin x}{\sin\left(x+\frac{2}{3}\pi\right)}\,dx$$

⬅①より，
$f(x)=\dfrac{4\sin x}{\sqrt{3}\cos x-\sin x}$
$=\dfrac{4\sin x}{2\sin\left(x+\frac{2}{3}\pi\right)}$
$=\dfrac{2\sin x}{\sin\left(x+\frac{2}{3}\pi\right)}$

とおき，右辺の積分において，$x+\dfrac{2}{3}\pi=t$ と置換すると，$dx=dt$ より

$$\begin{aligned}F(x)&=\int \frac{2\sin\left(t-\frac{2}{3}\pi\right)}{\sin t}\,dt\\&=\int \frac{-\sin t-\sqrt{3}\cos t}{\sin t}\,dt\\&=\int\left\{-1-\sqrt{3}\cdot\frac{(\sin t)'}{\sin t}\right\}dt\\&=-t-\sqrt{3}\log|\sin t|+C'\\&=-x-\sqrt{3}\log\left|\sin\left(x+\frac{2}{3}\pi\right)\right|+C\end{aligned}$$

⬅積分定数 C'，C の関係は $C=-\dfrac{2}{3}\pi+C'$ である。

である。

したがって，②より

$$\begin{aligned}I&=-\Big[F(x)\Big]_{-\frac{\pi}{3}}^{0}+\Big[F(x)\Big]_{0}^{\frac{\pi}{6}}\\&=F\left(-\frac{\pi}{3}\right)+F\left(\frac{\pi}{6}\right)-2F(0)\\&=\frac{\pi}{3}-\sqrt{3}\log\frac{\sqrt{3}}{2}-\frac{\pi}{6}-\sqrt{3}\log\frac{1}{2}\\&\quad+2\sqrt{3}\log\frac{\sqrt{3}}{2}\\&=\boldsymbol{\frac{\pi}{6}+\frac{\sqrt{3}}{2}\log 3}\end{aligned}$$

⬅以下，積分定数 $C=0$ として計算する。

⬅対数部分をまとめると，
$\sqrt{3}\left(\log\dfrac{\sqrt{3}}{2}-\log\dfrac{1}{2}\right)$
$=\sqrt{3}\log\sqrt{3}=\dfrac{\sqrt{3}}{2}\log 3$

である。

類題 19 → 解答 p.373

$f(\theta)=\dfrac{\sin\frac{\theta}{2}}{1+\sin\frac{\theta}{2}}$ のとき，定積分 $\displaystyle\int_{\frac{\pi}{3}}^{\frac{\pi}{2}} f(\theta)\,d\theta$ を求めよ。

第6章

605 $\int_0^\pi \sin kx \sin lx\,dx$ (k, l は自然数) に関する問題

a_k ($k=1$, 2, …, n) を実数とし，関数 $f(x)$ を

$$f(x)=\sum_{k=1}^{n} a_k \sin kx \quad (0 \leqq x \leqq \pi)$$

で定義する。

(1) 自然数 k, l に対して，$\int_0^\pi \sin kx \sin lx\,dx=\begin{cases} \dfrac{\pi}{2} & (k=l) \\ 0 & (k \neq l) \end{cases}$

が成り立つことを示せ。

(2) 等式 $\int_0^\pi \{f(x)\}^2 dx=\dfrac{\pi}{2}\sum_{k=1}^{n} a_k{}^2$ が成り立つことを示せ。

(3) $n=3$ とする。定積分 $\int_0^\pi \left\{f(x)-\dfrac{\pi}{2}\right\}^2 dx$ の値が最小となるように，a_1, a_2, a_3 の値を定めよ。

精講 (1) 2倍角の公式，和と積の公式を用いるだけです。
(3) 定積分の値は a_1, a_2, a_3 の2次式で表されます。

解答 (1) 自然数 k, l に対して

$$I_{k,l}=\int_0^\pi \sin kx \sin lx\,dx$$

とおく。$k=l$ のとき

$$I_{k,l}=I_{k,k}=\int_0^\pi \sin^2 kx\,dx$$

$$=\int_0^\pi \frac{1}{2}(1-\cos 2kx)\,dx$$

⬅ 2倍角の公式より。

$$=\frac{1}{2}\left[x-\frac{1}{2k}\sin 2kx\right]_0^\pi=\frac{\pi}{2}$$

$k \neq l$ のとき

$$I_{k,l}=-\frac{1}{2}\int_0^\pi \{\cos(k+l)x-\cos(k-l)x\}\,dx$$

⬅ $\sin\alpha\sin\beta=-\dfrac{1}{2}\{\cos(\alpha+\beta)-\cos(\alpha-\beta)\}$

$$=-\frac{1}{2}\left[\frac{1}{k+l}\sin(k+l)x-\frac{1}{k-l}\sin(k-l)x\right]_0^\pi=0$$

である。　　　　(証明おわり)

(2) $\{f(x)\}^2=\left(\sum_{k=1}^{n}a_k\sin kx\right)^2$

$$=\sum_{k=1}^{n}{a_k}^2\sin^2 kx+2\sum_{k<l}a_ka_l\sin kx\sin lx$$

(ここで，$\sum_{k<l}$ は $1\leqq k<l\leqq n$ を満たす整数の組 $(k,\ l)$ すべてについての和を表す。) であるから，(1) の結果を用いると，

$$\int_0^{\pi}\{f(x)\}^2dx=\sum_{k=1}^{n}{a_k}^2I_{k,k}+2\sum_{k<l}a_ka_lI_{k,l}$$

$$=\frac{\pi}{2}\sum_{k=1}^{n}{a_k}^2$$

となる。　(証明おわり)

← $\left(\sum_{k=1}^{n}A_k\right)^2$
$=(A_1+A_2+\cdots+A_n)^2$
$={A_1}^2+{A_2}^2+\cdots+{A_n}^2+2(A_1A_2+A_1A_3+\cdots+A_{n-1}A_n)$
で，$A_k=a_k\sin kx$ とおいた式である。

(3) $I=\int_0^{\pi}\left\{f(x)-\frac{\pi}{2}\right\}^2dx$ とおくと，

$$I=\int_0^{\pi}\{f(x)\}^2dx-\pi\int_0^{\pi}f(x)dx+\frac{\pi^3}{4}$$

である。ここで，$n=3$ のとき，

$$\int_0^{\pi}f(x)dx$$

$$=\int_0^{\pi}(a_1\sin x+a_2\sin 2x+a_3\sin 3x)dx$$

$$=\left[-a_1\cos x-\frac{a_2}{2}\cos 2x-\frac{a_3}{3}\cos 3x\right]_0^{\pi}$$

$$=2a_1+\frac{2}{3}a_3$$

であるから，(2)の等式と合わせると

$$I=\frac{\pi}{2}({a_1}^2+{a_2}^2+{a_3}^2)-\pi\left(2a_1+\frac{2}{3}a_3\right)+\frac{\pi^3}{4}$$

$$=\frac{\pi}{2}\left({a_1}^2-4a_1+{a_2}^2+{a_3}^2-\frac{4}{3}a_3\right)+\frac{\pi^3}{4}$$

$$=\frac{\pi}{2}\left\{(a_1-2)^2+{a_2}^2+\left(a_3-\frac{2}{3}\right)^2\right\}-\frac{20}{9}\pi+\frac{\pi^3}{4}$$

← a_1，a_2，a_3 それぞれに関して 2 次式であるから，それぞれについて平方完成する。

となるから，I が最小になるのは

$$\boldsymbol{a_1=2,\ a_2=0,\ a_3=\frac{2}{3}}$$

のときである。

第6章

606 積分区間と関数が関連する定積分

(I) 区間 $\left[0,\ \dfrac{\pi}{2}\right]$ で連続な関数 $f(x)$ に対し，等式

$\displaystyle\int_0^{\frac{\pi}{2}} f(x)\,dx=\int_0^{\frac{\pi}{2}} f\left(\frac{\pi}{2}-x\right)dx$ が成り立つことを証明せよ。さらに，それを利用して定積分 $\displaystyle\int_0^{\frac{\pi}{2}} \frac{\sin 3x}{\sin x+\cos x}\,dx$ の値を求めよ。

(II) 定積分 $\displaystyle\int_{-1}^{1} \frac{x^2}{1+e^x}\,dx$ の値を求めよ。　(学習院大)

精講　(I) 前半は $\dfrac{\pi}{2}-x=t$ と置換するだけです。後半では，証明した式を上手に利用して，$\sin x$ と $\cos x$ の対称式の積分に持ち込みましょう。

(II) (I)と同様に積分区間が変わらない (上端・下端は逆になりますが) ような置換を考えましょう。

解答　(I) 等式の右辺の積分で，$\dfrac{\pi}{2}-x=t$ と置換すると，

$dx=-dt$,

x	$0 \longrightarrow \dfrac{\pi}{2}$
t	$\dfrac{\pi}{2} \longrightarrow 0$

であるから，

$$\int_0^{\frac{\pi}{2}} f\left(\frac{\pi}{2}-x\right)dx=\int_{\frac{\pi}{2}}^{0} f(t)(-1)\,dt$$

$$=\int_0^{\frac{\pi}{2}} f(t)\,dt=\int_0^{\frac{\pi}{2}} f(x)\,dx \quad \cdots\cdots①$$

が成り立つ。　(証明おわり)

ここで，

$$f(x)=\frac{\sin 3x}{\sin x+\cos x}$$

とおくと，

$$f\left(\frac{\pi}{2}-x\right)=\frac{\sin\left(\frac{3}{2}\pi-3x\right)}{\sin\left(\frac{\pi}{2}-x\right)+\cos\left(\frac{\pi}{2}-x\right)}$$

$$=\frac{-\cos 3x}{\cos x+\sin x}$$

である。したがって，

$$I=\int_0^{\frac{\pi}{2}}\frac{\sin 3x}{\sin x+\cos x}dx=\int_0^{\frac{\pi}{2}}f(x)\,dx$$

とおくと，①より

$$2I=\int_0^{\frac{\pi}{2}}f(x)\,dx+\int_0^{\frac{\pi}{2}}f\left(\frac{\pi}{2}-x\right)dx$$

$$=\int_0^{\frac{\pi}{2}}\frac{\sin 3x-\cos 3x}{\sin x+\cos x}dx$$

$$=\int_0^{\frac{\pi}{2}}\frac{3(\sin x+\cos x)-4(\sin^3 x+\cos^3 x)}{\sin x+\cos x}dx$$ ⬅3倍角の公式より。

$$=\int_0^{\frac{\pi}{2}}\{3-4(\sin^2 x-\sin x\cos x+\cos^2 x)\}dx$$ ⬅ $\sin^3 x+\cos^3 x$ $=(\sin x+\cos x)\times$ $(\sin^2 x-\sin x\cos x+\cos^2 x)$

$$=\int_0^{\frac{\pi}{2}}(2\sin 2x-1)\,dx$$

$$=\Big[-\cos 2x-x\Big]_0^{\frac{\pi}{2}}=2-\frac{\pi}{2}$$

$$\therefore\quad I=\mathbf{1-\frac{\pi}{4}}$$

である。

(II) $J=\displaystyle\int_{-1}^{1}\frac{x^2}{1+e^x}dx$ ……②

において，$x=-t$ と置換すると， ⬅ $dx=-dt$,

x	$-1\longrightarrow 1$
t	$1\longrightarrow -1$

$$J=\int_1^{-1}\frac{t^2}{1+e^{-t}}(-1)\,dt=\int_{-1}^{1}\frac{t^2}{1+e^{-t}}dt$$

$$=\int_{-1}^{1}\frac{t^2e^t}{1+e^t}dt=\int_{-1}^{1}\frac{x^2e^x}{1+e^x}dx$$ ……③

となる。②+③ より

$$2J=\int_{-1}^{1}\left(\frac{x^2}{1+e^x}+\frac{x^2e^x}{1+e^x}\right)dx$$ ⬅ $\frac{x^2}{1+e^x}+\frac{x^2e^x}{1+e^x}=\frac{x^2(1+e^x)}{1+e^x}=x^2$

$$=\int_{-1}^{1}x^2dx=\frac{2}{3}$$

であるから，

$$\int_{-1}^{1}\frac{x^2}{1+e^x}dx=J=\mathbf{\frac{1}{3}}$$

である。

第6章

607 $\sqrt{x^2+1}$ を含む定積分

定積分 $I=\int_0^1\sqrt{x^2+1}\,dx$, $J=\int_0^1\frac{1}{\sqrt{x^2+1}}dx$ の値を，置換積分

$x=\frac{1}{2}(e^t-e^{-t})$ によって求めよ。

精講 この置換積分における t の変域を調べるだけで解決します。

解答 $x=\frac{1}{2}(e^t-e^{-t})$ のとき，

$$(e^t)^2-2xe^t-1=0$$

← $2x=e^t-\frac{1}{e^t}$ 両辺に e^t をかけて整理する。

であり，$e^t>0$ であるから，

$$e^t=x+\sqrt{x^2+1} \qquad \therefore \quad t=\log(x+\sqrt{x^2+1})$$

← $0\leqq x\leqq 1$ において，$x+\sqrt{x^2+1}$ は増加するので，$\log(x+\sqrt{x^2+1})$ も増加する。

である。したがって，

$$dx=\frac{1}{2}(e^t+e^{-t})dt,$$

x	$0 \longrightarrow 1$
t	$0 \longrightarrow \log(1+\sqrt{2})$

であり，

$$x^2+1=\frac{1}{4}(e^t-e^{-t})^2+1=\left\{\frac{1}{2}(e^t+e^{-t})\right\}^2$$

$$\therefore \quad \sqrt{x^2+1}=\frac{1}{2}(e^t+e^{-t})$$

← $\frac{1}{4}(e^t-e^{-t})^2+1$ $=\frac{1}{4}(e^{2t}+2+e^{-2t})$ $=\frac{1}{4}(e^t+e^{-t})^2$

であるから，$\alpha=\log(1+\sqrt{2})$ ……① とおくと，

$$I=\int_0^1\sqrt{x^2+1}\,dx=\int_0^\alpha\frac{1}{2}(e^t+e^{-t})\cdot\frac{1}{2}(e^t+e^{-t})dt$$

← $\frac{1}{4}\int_0^\alpha(e^{2t}+2+e^{-2t})dt$

$$=\frac{1}{4}\left[\frac{1}{2}e^{2t}-\frac{1}{2}e^{-2t}+2t\right]_0^\alpha$$

$$=\frac{1}{8}(e^{2\alpha}-e^{-2\alpha})+\frac{1}{2}\alpha$$

となる。①より，$e^\alpha=1+\sqrt{2}$ であるから，

$$I=\frac{1}{8}\{(1+\sqrt{2})^2-(\sqrt{2}-1)^2\}+\frac{1}{2}\log(1+\sqrt{2})$$

← $e^{-\alpha}=\frac{1}{e^\alpha}$ $=\frac{1}{1+\sqrt{2}}=\sqrt{2}-1$

$$=\boldsymbol{\frac{1}{2}\{\sqrt{2}+\log(1+\sqrt{2})\}}$$

である。次に，

$$J=\int_0^1\frac{1}{\sqrt{x^2+1}}dx$$

$$=\int_0^\alpha\frac{1}{\frac{1}{2}(e^t+e^{-t})}\cdot\frac{1}{2}(e^t+e^{-t})dt$$

$$=\Big[t\Big]_0^\alpha=\alpha=\mathbf{log(1+\sqrt{2})}$$

である。

参考

I，J に対する，$x=\frac{1}{2}(e^t-e^{-t})$ 以外の置換積分の例を示しておく。

$\sqrt{x^2+a^2}$（a は正の定数）を含む定積分では，$x=a\tan\theta$ の置換が有効であることが多い。そこで，I，J において $x=\tan\theta$ と置換すると，

$$I=\int_0^{\frac{\pi}{4}}\frac{1}{\cos\theta}\cdot\frac{1}{\cos^2\theta}d\theta=\int_0^{\frac{\pi}{4}}\frac{\cos\theta}{\cos^4\theta}d\theta=\int_0^{\frac{\pi}{4}}\frac{(\sin\theta)'}{(1-\sin^2\theta)^2}d\theta$$

$$J=\int_0^{\frac{\pi}{4}}\cos\theta\cdot\frac{1}{\cos^2\theta}d\theta=\int_0^{\frac{\pi}{4}}\frac{\cos\theta}{\cos^2\theta}d\theta=\int_0^{\frac{\pi}{4}}\frac{(\sin\theta)'}{1-\sin^2\theta}d\theta$$

となるので，このあと，$u=\sin\theta$ と置換するとよい。

他にも，$\sqrt{x^2+a^2}$ を含む定積分においては，$u=\sqrt{x^2+a^2}+x$ の置換も知られている。そこで，I，J において，$u=\sqrt{x^2+1}+x$ と置換すると，

$(u-x)^2=x^2+1$ より $x=\frac{1}{2}\left(u-\frac{1}{u}\right)$，$\sqrt{x^2+1}=u-x=\frac{1}{2}\left(u+\frac{1}{u}\right)$ となる。

さらに，$dx=\frac{1}{2}\left(1+\frac{1}{u^2}\right)du$，

x	$0 \longrightarrow 1$
u	$1 \longrightarrow \sqrt{2}+1$

であるから，

$$I=\int_1^{\sqrt{2}+1}\frac{1}{2}\left(u+\frac{1}{u}\right)\cdot\frac{1}{2}\left(1+\frac{1}{u^2}\right)du=\frac{1}{4}\int_1^{\sqrt{2}+1}\left(u+\frac{2}{u}+\frac{1}{u^3}\right)du$$

$$=\frac{1}{4}\left[\frac{1}{2}u^2+2\log u-\frac{1}{2u^2}\right]_1^{\sqrt{2}+1}=\frac{1}{2}\{\sqrt{2}+\log(1+\sqrt{2})\}$$

$$J=\int_1^{\sqrt{2}+1}\frac{\frac{1}{2}\left(1+\frac{1}{u^2}\right)}{\frac{1}{2}\left(u+\frac{1}{u}\right)}du=\int_1^{\sqrt{2}+1}\frac{1}{u}du$$

$$=\Big[\log u\Big]_1^{\sqrt{2}+1}=\log(\sqrt{2}+1)$$

となる。

608 漸化式を利用した定積分の値

定積分 $I_n=\int_0^{\frac{\pi}{4}}\frac{dx}{(\cos x)^n}$ $(n=0,\ \pm1,\ \pm2,\ \cdots)$ について次の問いに答えよ。

(1) I_0, I_{-1}, I_2 を求めよ。

(2) I_1 を求めよ。

(3) 整数 n に対して，$nI_n-(n+1)I_{n+2}+(\sqrt{2})^n=0$ が成り立つことを示せ。

(4) 定積分 $\int_0^1\sqrt{x^2+1}\,dx$ および $\int_0^1\frac{dx}{(x^2+1)^3}$ を求めよ。

精講　(3) I_{n+2} において，部分積分を行うことになります。

(4) $x=\tan\theta$ の置換によって，I_n のいずれかに帰着します。

解答　(1) $I_0=\int_0^{\frac{\pi}{4}}dx=\boldsymbol{\frac{\pi}{4}}$

$$I_{-1}=\int_0^{\frac{\pi}{4}}\cos x\,dx=\Big[\sin x\Big]_0^{\frac{\pi}{4}}=\boldsymbol{\frac{\sqrt{2}}{2}}$$

$$I_2=\int_0^{\frac{\pi}{4}}\frac{1}{\cos^2 x}\,dx=\Big[\tan x\Big]_0^{\frac{\pi}{4}}=\boldsymbol{1}$$

である。

(2) $$I_1=\int_0^{\frac{\pi}{4}}\frac{dx}{\cos x}=\int_0^{\frac{\pi}{4}}\frac{\cos x}{\cos^2 x}dx=\int_0^{\frac{\pi}{4}}\frac{\cos x}{1-\sin^2 x}dx$$

であるから，$t=\sin x$ と置換すると，

←$1=\cos x\cdot\frac{dx}{dt}$ より $\cos x\,dx=dt$

x	$0\longrightarrow\frac{\pi}{4}$
t	$0\longrightarrow\frac{1}{\sqrt{2}}$

$$I_1=\int_0^{\frac{1}{\sqrt{2}}}\frac{1}{1-t^2}dt=\int_0^{\frac{1}{\sqrt{2}}}\frac{1}{2}\left(\frac{1}{1+t}+\frac{1}{1-t}\right)dt$$

$$=\left[\frac{1}{2}\log\left|\frac{1+t}{1-t}\right|\right]_0^{\frac{1}{\sqrt{2}}}=\frac{1}{2}\log\frac{1+\frac{1}{\sqrt{2}}}{1-\frac{1}{\sqrt{2}}}$$

$$=\boldsymbol{\log(\sqrt{2}+1)}$$

である。

(3) $$I_{n+2}=\int_0^{\frac{\pi}{4}}\frac{dx}{(\cos x)^{n+2}}=\int_0^{\frac{\pi}{4}}\frac{1}{(\cos x)^n}\cdot(\tan x)'dx$$

←$\left\{\frac{1}{(\cos x)^n}\right\}'=\frac{n\sin x}{(\cos x)^{n+1}}$

$$=\left[\frac{\tan x}{(\cos x)^n}\right]_0^{\frac{\pi}{4}}-\int_0^{\frac{\pi}{4}}\frac{n\sin x}{(\cos x)^{n+1}}\cdot\tan x\,dx$$

$$=(\sqrt{2})^n-n\int_0^{\frac{\pi}{4}}\frac{1-\cos^2 x}{(\cos x)^{n+2}}dx$$

⬅ $\sin^2 x=1-\cos^2 x$

$$=(\sqrt{2})^n-n(I_{n+2}-I_n)$$

より，

$$nI_n-(n+1)I_{n+2}+(\sqrt{2})^n=0 \quad \cdots\cdots①$$

である。　（証明おわり）

(4)　$$J=\int_0^1\sqrt{x^2+1}\,dx$$

⬅ 607 参考 参照。

において，$x=\tan\theta$ と置換すると，

⬅ $\dfrac{dx}{d\theta}=\dfrac{1}{\cos^2\theta}$ より $dx=\dfrac{1}{\cos^2\theta}d\theta$

x	$0 \longrightarrow 1$
θ	$0 \longrightarrow \frac{\pi}{4}$

$$J=\int_0^{\frac{\pi}{4}}\sqrt{\tan^2\theta+1}\cdot\frac{1}{\cos^2\theta}d\theta$$

$$=\int_0^{\frac{\pi}{4}}\frac{1}{\cos^3\theta}d\theta=I_3$$

である。①で $n=1$ とおくと，

$$I_1-2I_3+\sqrt{2}=0$$

となるから，

$$J=I_3=\frac{1}{2}I_1+\frac{\sqrt{2}}{2}=\mathbf{\frac{1}{2}\log(\sqrt{2}+1)+\frac{\sqrt{2}}{2}}$$

⬅ (2)より，$I_1=\log(\sqrt{2}+1)$

である。次に

$$K=\int_0^1\frac{1}{(x^2+1)^3}dx$$

において，上と同じ置換を行うと，

$$K=\int_0^{\frac{\pi}{4}}\frac{1}{(\tan^2\theta+1)^3}\cdot\frac{1}{\cos^2\theta}d\theta$$

⬅ $\tan^2\theta+1=\dfrac{1}{\cos^2\theta}$ より $\dfrac{1}{\tan^2\theta+1}=\cos^2\theta$

$$=\int_0^{\frac{\pi}{4}}\cos^4\theta\,d\theta=I_{-4}$$

である。①で $n=-2$ とおくと，

$$-2I_{-2}+I_0+\frac{1}{2}=0 \qquad \therefore \quad I_{-2}=\frac{\pi}{8}+\frac{1}{4}$$

⬅ $I_{-2}=\dfrac{1}{2}\cdot I_0+\dfrac{1}{4}=\dfrac{1}{2}\cdot\dfrac{\pi}{4}+\dfrac{1}{4}$

であり，さらに①で $n=-4$ とおくと，

$$-4I_{-4}+3I_{-2}+\frac{1}{4}=0$$

となるから，

$$K=I_{-4}=\frac{3}{4}I_{-2}+\frac{1}{16}=\mathbf{\frac{3}{32}\pi+\frac{1}{4}}$$

である。

第6章

609 パラメタを含む関数の絶対値の定積分

実数aに対し，積分

$$f(a)=\int_0^{\frac{\pi}{4}}|\sin x-a\cos x|dx$$

を考える。$f(a)$の最小値を求めよ。 (東京工大)

精講 $f(a)$が最小となるとき，$\sin x-a\cos x$の符号は積分区間の途中で変化するはずです。そこで，$\sin x-a\cos x=0$ となるxの値をパラメタ(媒介変数)にすると計算がわかりやすくなります。

$$g(x)=\sin x-a\cos x=\cos x(\tan x-a)$$

$$G(x)=\int g(x)dx=-\cos x-a\sin x$$

← 積分定数Cは省略する。

を用意し，$0\leqq x\leqq\frac{\pi}{4}$ ……① における$g(x)$の符号の変化を考えて，場合分けする。

← $f(a)=\int_0^{\frac{\pi}{4}}|g(x)|dx$
①において，
$\cos x>0$，$0\leqq\tan x\leqq 1$

(i) $a\leqq 0$ のとき

← ①において，$g(x)\geqq 0$

$$f(a)=\int_0^{\frac{\pi}{4}}g(x)dx=\Big[G(x)\Big]_0^{\frac{\pi}{4}}=-\frac{a}{\sqrt{2}}+1-\frac{1}{\sqrt{2}}$$

(ii) $a\geqq 1$ のとき

← ①において，$g(x)\leqq 0$

$$f(a)=-\int_0^{\frac{\pi}{4}}g(x)dx=\frac{a}{\sqrt{2}}-1+\frac{1}{\sqrt{2}}$$

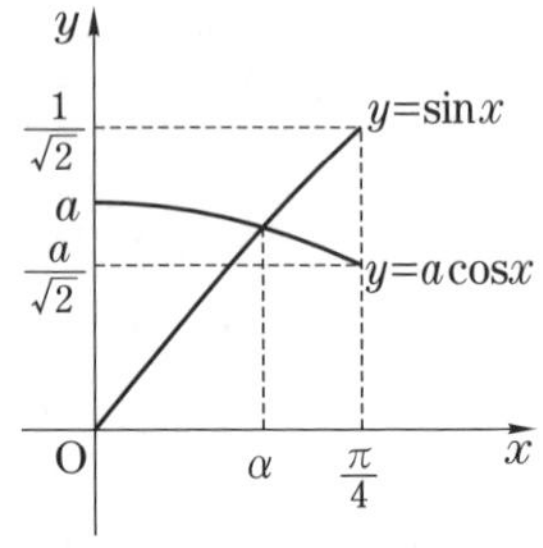

(i)では$f(a)$は減少し，(ii)では$f(a)$は増加するから，$f(a)$は $0\leqq a\leqq 1$ において最小値をとる。

(iii) $0\leqq a\leqq 1$ のとき

$\sin\alpha-a\cos\alpha=0$，つまり，$\tan\alpha=a$ ……②

$\left(0\leqq\alpha\leqq\frac{\pi}{4}\right.$ ……③$\left.\right)$ となるαがあり，右図より

$$f(a)=-\int_0^{\alpha}g(x)dx+\int_{\alpha}^{\frac{\pi}{4}}g(x)dx=-\Big[G(x)\Big]_0^{\alpha}+\Big[G(x)\Big]_{\alpha}^{\frac{\pi}{4}}$$

$$=2(\cos\alpha+a\sin\alpha)-1-\frac{\sqrt{2}}{2}-\frac{\sqrt{2}}{2}a$$

……④

← aだけの式に直す計算も考えられる。
参考 参照。

$$=2(\cos\alpha+\tan\alpha\sin\alpha)-\frac{\sqrt{2}}{2}\tan\alpha-\frac{2+\sqrt{2}}{2}$$

$$=\frac{2}{\cos\alpha}-\frac{\sqrt{2}}{2}\tan\alpha-\frac{2+\sqrt{2}}{2}$$

となる。得られた式を $h(\alpha)$ とおく。

⬅ $\cos\alpha+\tan\alpha\sin\alpha$
$=\frac{\cos^2\alpha+\sin^2\alpha}{\cos\alpha}$
$=\frac{1}{\cos\alpha}$

a が 0 から 1 まで変わるとき，②，③で定まる α は 0 から $\frac{\pi}{4}$ まで変わるから，③における $h(\alpha)$ の最小値を求めるとよい。

$$h'(\alpha)=\frac{2\sin\alpha}{\cos^2\alpha}-\frac{\sqrt{2}}{2\cos^2\alpha}=\frac{4\sin\alpha-\sqrt{2}}{2\cos^2\alpha}$$

より，$\sin c=\frac{\sqrt{2}}{4}\left(0<c<\frac{\pi}{4}\right)$ を満たす c をとると，$h(\alpha)$ の増減は右のようになるから，求める最小値は

α	0	$\cdots$	c	$\cdots$	$\frac{\pi}{4}$
$h'(\alpha)$		$-$	0	$+$	
$h(\alpha)$		↘		↗	

$$h(c)=\frac{2}{\cos c}-\frac{\sqrt{2}}{2}\tan c-\frac{2+\sqrt{2}}{2}$$

$$=\boldsymbol{\frac{\sqrt{14}-2-\sqrt{2}}{2}}$$

⬅ $\cos c=\frac{\sqrt{14}}{4}$，$\tan c=\frac{1}{\sqrt{7}}$ である。

である。

参考

(iii) $0\leqq a\leqq 1$ のとき，④を導いたあと，②，③より

$\cos\alpha=\frac{1}{\sqrt{1+a^2}}$，$\sin\alpha=\frac{a}{\sqrt{1+a^2}}$ であるから，

$$f(a)=2\left(\frac{1}{\sqrt{1+a^2}}+\frac{a^2}{\sqrt{1+a^2}}\right)-1-\frac{\sqrt{2}}{2}-\frac{\sqrt{2}}{2}a$$

$$=2\sqrt{1+a^2}-\frac{\sqrt{2}}{2}a-\frac{2+\sqrt{2}}{2}$$

となる。これより

a	0	$\cdots$	$\frac{1}{\sqrt{7}}$	$\cdots$	1
$f'(a)$		$-$	0	$+$	
$f(a)$		↘		↗	

$$f'(a)=\frac{2a}{\sqrt{1+a^2}}-\frac{\sqrt{2}}{2}$$

$$=\frac{4a-\sqrt{2(a^2+1)}}{2\sqrt{1+a^2}}=\frac{7a^2-1}{\sqrt{1+a^2}\{4a+\sqrt{2(a^2+1)}\}}$$

となるので，増減表から，$f(a)$ の最小値は $f\left(\frac{1}{\sqrt{7}}\right)=\frac{\sqrt{14}-2-\sqrt{2}}{2}$ である。

610 定積分の極限 $\lim_{n\to\infty}\int_0^1 f(x)|\sin n\pi x|dx$

自然数 n に対して

$$I_n=\int_0^1 x^2|\sin n\pi x|dx$$

とおく。極限値 $\lim_{n\to\infty}I_n$ を求めよ。　　　　（東京工大）

精講　$n\pi x=t$ と置換したあとの積分区間 $0\leqq t\leqq n\pi$ を $\sin t$ の符号が一定であるような区間 $(k-1)\pi\leqq t\leqq k\pi$ $(k=1,\ 2,\ \cdots,\ n)$ に分割して計算することになります。

解答　I_n において，$n\pi x=t$ と置換すると，

$$I_n=\int_0^{n\pi}\left(\frac{t}{n\pi}\right)^2|\sin t|\frac{1}{n\pi}dt$$
$$=\frac{1}{(n\pi)^3}\int_0^{n\pi}t^2|\sin t|dt$$
$$=\frac{1}{(n\pi)^3}\sum_{k=1}^{n}\int_{(k-1)\pi}^{k\pi}t^2|\sin t|dt \quad \cdots\cdots①$$

← $\frac{dx}{dt}=\frac{1}{n\pi}$，$dx=\frac{1}{n\pi}dt$

x	$0 \longrightarrow 1$
t	$0 \longrightarrow n\pi$

となる。ここで，

$$J_k=\int_{(k-1)\pi}^{k\pi}t^2|\sin t|dt$$

とおき，$t=s+(k-1)\pi$ と置換すると，

← このような置換積分をしない計算については，参考 参照。

$$J_k=\int_0^{\pi}\{s+(k-1)\pi\}^2|\sin\{s+(k-1)\pi\}|ds$$
$$=\int_0^{\pi}\{s+(k-1)\pi\}^2\sin s\,ds$$
$$=\Big[-\{s+(k-1)\pi\}^2\cos s\Big]_0^{\pi}+\int_0^{\pi}2\{s+(k-1)\pi\}\cos s\,ds$$
$$=(k\pi)^2+\{(k-1)\pi\}^2+\Big[2\{s+(k-1)\pi\}\sin s\Big]_0^{\pi}-\int_0^{\pi}2\sin s\,ds$$
$$=(2k^2-2k+1)\pi^2-4$$

← $0\leqq s\leqq\pi$ において，$|\sin\{s+(k-1)\pi\}|=|(-1)^{k-1}\sin s|=|\sin s|=\sin s$

となる。

①に戻ると，

$$I_n=\frac{1}{(n\pi)^3}\sum_{k=1}^{n}J_k=\frac{1}{(n\pi)^3}\sum_{k=1}^{n}\{(2k^2-2k+1)\pi^2-4\}$$
$$=\frac{1}{n^3\pi}\left\{2\cdot\frac{1}{6}n(n+1)(2n+1)-2\cdot\frac{1}{2}n(n+1)+n\right\}-\frac{4}{n^2\pi^3}$$
$$=\frac{1}{\pi}\left\{\frac{1}{3}\left(1+\frac{1}{n}\right)\left(2+\frac{1}{n}\right)-\frac{1}{n}\cdot\left(1+\frac{1}{n}\right)+\frac{1}{n^2}\right\}-\frac{4}{n^2\pi^3}$$

となるので，

$$\lim_{n\to\infty}I_n=\frac{1}{\pi}\cdot\frac{1}{3}\cdot1\cdot2=\boldsymbol{\frac{2}{3\pi}}$$

である。

参考

$(k-1)\pi\leqq t\leqq k\pi$ において，$t^2\sin t$ の符号は変わらないので，

$$J_k=\int_{(k-1)\pi}^{k\pi}t^2|\sin t|dt=\left|\int_{(k-1)\pi}^{k\pi}t^2\sin t\,dt\right|$$

であり，さらに，

$$\int t^2\sin t\,dt=-t^2\cos t+2t\sin t+2\cos t+C$$

であるから，

$$J_k=\left|\Big[-t^2\cos t+2t\sin t+2\cos t\Big]_{(k-1)\pi}^{k\pi}\right|$$

である。ここで，

$$\sin k\pi=\sin(k-1)\pi=0,\ \cos k\pi=(-1)^k,\ \cos(k-1)\pi=(-1)^{k-1}$$

に注意すると，

$$J_k=|-(k\pi)^2(-1)^k+2(-1)^k+\{(k-1)\pi\}^2(-1)^{k-1}-2(-1)^{k-1}|$$
$$=|(-1)^{k-1}\{k^2\pi^2+(k-1)^2\pi^2-4\}|$$
$$=(2k^2-2k+1)\pi^2-4$$

が導かれる。

類題 20 → 解答 p.373

(1) $0\leqq x\leqq\pi$ のとき，$\sin x=\sin 2x$ の解を求めよ。

(2) $\displaystyle\int_0^{2\pi}|\sin x-\sin 2x|dx$ を求めよ。

(3) n を正の整数とするとき，定積分$\displaystyle\int_0^{2\pi}|\sin nx-\sin 2nx|dx$ を求めよ。

(4) c を正の数とするとき，$\displaystyle\lim_{n\to\infty}\int_0^{c}|\sin nx-\sin 2nx|dx$ を求めよ。

611 定積分で定まる数列の漸化式と論証

自然数nに対して，関数 $f_n(x)=x^ne^{1-x}$ と，その定積分 $a_n=\int_0^1 f_n(x)dx$ を考える。ただし，eは自然対数の底である。次の問いに答えよ。

(1) 区間 $0\leqq x\leqq 1$ 上で $0\leqq f_n(x)\leqq 1$ であることを示し，さらに $0<a_n<1$ が成り立つことを示せ。

(2) a_1を求めよ。$n>1$ に対してa_nとa_{n-1}の間の漸化式を求めよ。

(3) 自然数nに対して，等式 $\dfrac{a_n}{n!}=e-\left(1+\dfrac{1}{1!}+\dfrac{1}{2!}+\cdots\cdots+\dfrac{1}{n!}\right)$ が成り立つことを証明せよ。

(4) いかなる自然数nに対しても，$n!e$は整数とならないことを示せ。

(大阪大 1997)

精講 (1) 関数の大小関係から定積分の大小関係が導かれます。
(2) 部分積分だけで済みます。 (3) 等式の左辺に着目して，(2)の漸化式を適切に変形して足し合わせることを考えます。

解答 (1) $0\leqq x\leqq 1$ のとき

$$f_n'(x)=x^{n-1}(n-x)e^{1-x}\geqq 0$$

であるから，$f_n(x)$は増加する。したがって，

$$f_n(0)\leqq f_n(x)\leqq f_n(1)$$

$$\therefore\quad 0\leqq f_n(x)\leqq 1$$

である。また，$0<x<1$ のとき

$$0<f_n(x)<1$$

であるから，

$$0<\int_0^1 f_n(x)dx<\int_0^1 1\,dx=1$$

$$\therefore\quad 0<a_n<1$$

が成り立つ。 (証明おわり)

⬅$0<x<1$ のときには，$f_n'(x)>0$ である。

⬅$a\leqq x\leqq b$ において，$f(x)\leqq g(x)$ のとき，$\int_a^b f(x)dx\leqq\int_a^b g(x)dx$ が成り立つ。等号成立は$a\leqq x\leqq b$ において，つねに$f(x)=g(x)$ のときに限る。(ただし，$a<b$ とする)

(2) $a_1=\int_0^1 xe^{1-x}dx=\Big[-xe^{1-x}\Big]_0^1+\int_0^1 e^{1-x}dx$

$$=-1+\Big[-e^{1-x}\Big]_0^1=\boldsymbol{e-2}$$

である。また，$n>1$ のとき，

⬉$a_1=\int_0^1 x(-e^{1-x})'dx$

$$a_n=\int_0^1 x^n e^{1-x}dx$$
$$=\Big[-x^n e^{1-x}\Big]_0^1+n\int_0^1 x^{n-1}e^{1-x}dx$$
$$=-1+na_{n-1}$$

← $a_n=\int_0^1 x^n(-e^{1-x})'dx$

$\therefore\quad \boldsymbol{a_n=na_{n-1}-1}$ ……①

である。

(3) ①の両辺を $n!$ で割ると,

$$\frac{a_n}{n!}=\frac{a_{n-1}}{(n-1)!}-\frac{1}{n!}$$

← $\dfrac{na_{n-1}}{n!}=\dfrac{na_{n-1}}{n\cdot(n-1)!}=\dfrac{a_{n-1}}{(n-1)!}$

$\therefore\quad \dfrac{a_n}{n!}-\dfrac{a_{n-1}}{(n-1)!}=-\dfrac{1}{n!}$ ……②

となる。ここで,

$$a_0=\int_0^1 e^{1-x}dx=\Big[-e^{1-x}\Big]_0^1=e-1$$

← $a_n=\int_0^1 x^n e^{1-x}dx$ を $n=0$ に対しても考え, $a_0=\int_0^1 e^{1-x}dx$ とした。

とすると, ①, ②は $n=1$ でも成り立つから,

$$\sum_{k=1}^{n}\left\{\frac{a_k}{k!}-\frac{a_{k-1}}{(k-1)!}\right\}=-\sum_{k=1}^{n}\frac{1}{k!}$$

$\therefore\quad \dfrac{a_n}{n!}-a_0=-\displaystyle\sum_{k=1}^{n}\frac{1}{k!}$

← $0!=1$ より $\dfrac{a_0}{0!}=a_0$

$\therefore\quad \dfrac{a_n}{n!}=e-1-\displaystyle\sum_{k=1}^{n}\frac{1}{k!}$

← $a_0=e-1$

$$=e-\left(1+\frac{1}{1!}+\frac{1}{2!}+\cdots+\frac{1}{n!}\right)$$ ……③

である。 (証明おわり)

(4) ③の両辺に $n!$ をかけて, 整理すると,

$$n!e=n!+\frac{n!}{1!}+\frac{n!}{2!}+\cdots+\frac{n!}{n!}+a_n$$

となる。ここで, $n!$, $\dfrac{n!}{k!}$ $(k=1,\ 2,\ \cdots,\ n)$ はすべて整数であり, $0<a_n<1$ であるから, $n!e$ は整数ではない。 (証明おわり)

← $\dfrac{n!}{k!}=n(n-1)\cdot\cdots\cdot(k+1)$ $(k=1,\ 2,\ \cdots,\ n-1)$

参考

(4)で示したことから, e は無理数であることがわかる。実際, e を有理数と仮定して, $e=\dfrac{p}{q}$ (p, q は正の整数) とすると, $q!e=p\cdot(q-1)!$ が整数となり, (4)で示したことと矛盾するからである。

第6章

612 定積分で定まる数列の評価

e を自然対数の底とし，数列 $\{a_n\}$ を次式で定義する。

$$a_n=\int_1^e(\log x)^n\,dx \quad (n=1,\ 2,\ \cdots)$$

(1) $n\geqq 3$ のとき，次の漸化式を示せ。

$$a_n=(n-1)(a_{n-2}-a_{n-1})$$

(2) $n\geqq 1$ に対し $a_n>a_{n+1}>0$ となることを示せ。

(3) $n\geqq 2$ のとき，以下の不等式が成立することを示せ。

$$a_{2n}<\frac{3\cdot 5\cdot\cdots\cdot(2n-1)}{4\cdot 6\cdot\cdots\cdot(2n)}(e-2)$$

（東京工大）

精講 (1) まずは，部分積分によって a_n と a_{n-1} の関係を求めて，その結果を利用することになります。

(2) 関数の大小関係は定積分の大小関係に反映されることを思い出しましょう。

解答 (1) $n\geqq 2$ のとき，

$$a_n=\int_1^e(\log x)^n dx=\int_1^e x'(\log x)^n dx$$

$$=\Big[x(\log x)^n\Big]_1^e-\int_1^e n(\log x)^{n-1}dx$$

$$=e-na_{n-1}$$

⬅ $\{(\log x)^n\}'=n(\log x)^{n-1}\cdot\dfrac{1}{x}$

$$\therefore\quad a_n=e-na_{n-1} \quad\cdots\cdots①$$

が成り立つ。$n\geqq 3$ のとき，①の n の代わりに，$n-1$ とおけるから，

$$a_{n-1}=e-(n-1)a_{n-2} \quad\cdots\cdots②$$

が成り立つ。①−② を整理すると，

⬅ ①−② より $a_n-a_{n-1}=-na_{n-1}+(n-1)a_{n-2}$

$$a_n=(n-1)(a_{n-2}-a_{n-1}) \quad\cdots\cdots③$$

である。（証明おわり）

(2) $1<x<e$ において，$0<\log x<1$ であるから，$n\geqq 1$ のとき

$$(\log x)^n>(\log x)^{n+1}>0$$

である。したがって，

$$\int_1^e(\log x)^n dx>\int_1^e(\log x)^{n+1}dx>0$$

$\therefore \quad a_n > a_{n+1} > 0$ ……④

である。 (証明おわり)

(3) ③, ④を用いると, $n \geqq 3$ のとき

$$(n-1)a_{n-2} = a_n + (n-1)a_{n-1}$$
$$> a_n + (n-1)a_n = na_n$$

⬅不等式を示すために, a_{2n} と $a_{2(n-1)}$ の関係を導く準備をしている。

⬅$a_{n-1} > a_n$ より。

$$\therefore \quad a_n < \frac{n-1}{n}a_{n-2}$$

である。n の代わりに $2n\ (n \geqq 2)$ とおくと,

$$a_{2n} < \frac{2n-1}{2n}a_{2(n-1)} \quad \cdots\cdots⑤$$

が成り立つ。この不等式を繰り返し用いると,

$$a_{2n} < \frac{2n-1}{2n}a_{2(n-1)} < \frac{2n-1}{2n}\cdot\frac{2n-3}{2(n-1)}a_{2(n-2)}$$
$$< \cdots\cdots$$
$$< \frac{2n-1}{2n}\cdot\frac{2n-3}{2(n-1)}\cdot\cdots\cdot\frac{5}{6}\cdot\frac{3}{4}a_2 \quad \cdots\cdots⑥$$

⬅⑤で n の代わりに $n-1$, …, 3, 2 とおいた不等式を順に考える。

となる。ここで,

$$a_1 = \int_1^e \log x\,dx = \Big[x(\log x - 1)\Big]_1^e = 1$$

⬅ $\int \log x\,dx$
$= \int x' \log x\,dx$
$= x\log x - \int x\cdot\frac{1}{x}dx$
$= x(\log x - 1) + C$

であり, ①で $n=2$ とおくと,

$$a_2 = e - 2a_1 = e - 2$$

であるから, ⑥に戻ると,

$$a_{2n} < \frac{2n-1}{2n}\cdot\frac{2n-3}{2(n-1)}\cdot\cdots\cdot\frac{5}{6}\cdot\frac{3}{4}(e-2)$$
$$= \frac{3\cdot5\cdot\cdots\cdot(2n-1)}{4\cdot6\cdot\cdots\cdot(2n)}(e-2)$$

である。 (証明おわり)

類題 21 →解答 p.374

数列 $\{a_n\}$ を $a_n = \int_0^{\frac{\pi}{2}} \cos^n x\,dx$ $(n=0,\ 1,\ 2,\ \cdots)$ で定義する。

(1) a_{n+2} を a_n を用いて表せ。

(2) 一般項 a_n を求めよ。

(3) 不等式 $a_{n+1} \leqq a_n$ $(n=0,\ 1,\ 2,\ \cdots)$ が成り立つことを示せ。

(4) 極限値 $\displaystyle\lim_{n\to\infty}\frac{1}{n}\left\{\frac{2\cdot4\cdot\cdots\cdot(2n-2)\cdot(2n)}{1\cdot3\cdot\cdots\cdot(2n-3)\cdot(2n-1)}\right\}^2$ を求めよ。

☆ 613 数列の和の積分による評価

n を自然数とする。

(1) 次の極限を求めよ。

$$\lim_{n\to\infty}\frac{1}{\log n}\left(1+\frac{1}{2}+\frac{1}{3}+\cdots+\frac{1}{n}\right)$$

(2) 関数 $y=x(x-1)(x-2)\cdot\cdots\cdot(x-n)$ の極値を与える x の最小値を x_n とする。このとき

$$\frac{1}{x_n}=\frac{1}{1-x_n}+\frac{1}{2-x_n}+\cdots+\frac{1}{n-x_n}$$

および $0<x_n\leqq\frac{1}{2}$ を示せ。

(3) (2)の x_n に対して，極限 $\lim_{n\to\infty}x_n\log n$ を求めよ。　　(東京工大)

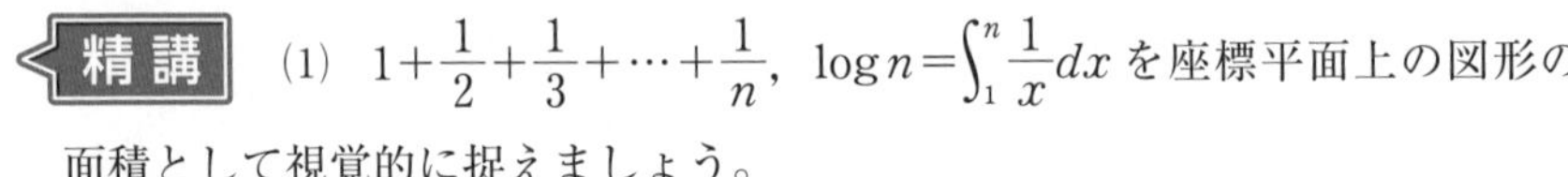

精講 (1) $1+\frac{1}{2}+\frac{1}{3}+\cdots+\frac{1}{n}$, $\log n=\int_1^n\frac{1}{x}dx$ を座標平面上の図形の面積として視覚的に捉えましょう。

(2) 積の微分公式を繰り返し用いると考えると y' が求まり，$\frac{y'}{y}$ は簡単な式になるはずです。また，y' は x の n 次式です。これら2つを考え合わせて結論を導きます。

解答 (1) 右図において，

$$(\text{水色部分の面積})=\int_1^n\frac{1}{x}dx$$

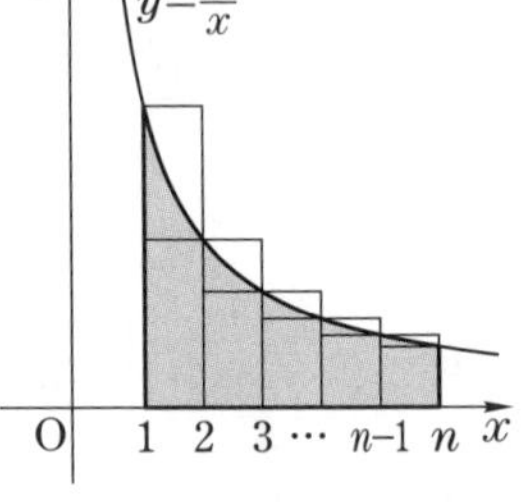

であり，柱状の長方形の面積との大小関係から

$$\frac{1}{2}+\frac{1}{3}+\cdots+\frac{1}{n}$$
$$<\int_1^n\frac{1}{x}dx<1+\frac{1}{2}+\cdots+\frac{1}{n-1}$$

である。これより，

$$S_n=1+\frac{1}{2}+\frac{1}{3}+\cdots+\frac{1}{n}$$

とおくと，

$$S_n-1<\log n<S_n-\frac{1}{n}$$

⬅ $\int_1^n\frac{1}{x}dx=\log n$

$$\therefore\quad 1+\frac{1}{n\log n}<\frac{S_n}{\log n}<1+\frac{1}{\log n}$$

⬅ $\log n+\frac{1}{n}<S_n<\log n+1$

である。

$$\lim_{n\to\infty}\left(1+\frac{1}{n\log n}\right)=1,\quad \lim_{n\to\infty}\left(1+\frac{1}{\log n}\right)=1$$

であるから，はさみ打ちの原理より

$$\lim_{n\to\infty}\frac{1}{\log n}\left(1+\frac{1}{2}+\frac{1}{3}+\cdots+\frac{1}{n}\right)$$

$$=\lim_{n\to\infty}\frac{S_n}{\log n}=\mathbf{1} \qquad \cdots\cdots①$$

である。

(2) $$f(x)=x(x-1)(x-2)\cdot\cdots\cdot(x-n)$$

⬅ $f(x)$ は $(n+1)$ 次式である。

とおくと，

$$f(0)=f(1)=f(2)=\cdots=f(n)=0$$

であるから，平均値の定理より，$f'(x)=0$ を満たす x が n 個の開区間

$$0<x<1,\ 1<x<2,\ \cdots,\ n-1<x<n$$

にそれぞれ少なくとも1つずつある。$f'(x)$ は n 次式であるから，このような x は各区間に1個ずつしかなくて，これらの値が n 次方程式 $f'(x)=0$ の解のすべてであり，これら n 個の解はいずれも重解ではない。したがって，これらの解の前後において $f'(x)$ の符号は変化し，$f(x)$ は極値をもつ。

⬅ 一般に，x の n 次方程式の解の個数は重解の重複度も含めて考えるとちょうど n 個である。

結果として，$f(x)$ の極値を与える x は，これら n 個の解であり，x_n はこれらの解の最小のものであるから，$0<x_n<1$ ……② である。

⬅ $f'(x)=0$ の最小の解は $0<x<1$ にある。

積の微分公式より

$$\begin{aligned}f'(x)=&(x-1)(x-2)\cdot\cdots\cdot(x-n)\\&+x(x-2)\cdot\cdots\cdot(x-n)\\&+\cdots+x(x-1)\cdot\cdots\cdot\{x-(n-1)\}\end{aligned}$$

⬅ $f'(x)$
$=\{x(x-1)\cdot\cdots\cdot(x-n+1)\cdot(x-n)\}'$
$=\{x(x-1)\cdot\cdots\cdot(x-n+1)\}'(x-n)$
$+x(x-1)\cdot\cdots\cdot(x-n+1)$
さらに，積の微分公式を繰り返し用いて導く。

であるから，$x\neq 0,\ 1,\ 2,\ \cdots,\ n$ のとき，

$$\frac{f'(x)}{f(x)}=\frac{1}{x}+\frac{1}{x-1}+\frac{1}{x-2}+\cdots+\frac{1}{x-n} \qquad \cdots\cdots③$$

である。

第6章

③で $x=x_n$ とおくと，$f'(x_n)=0$ より，

$$\frac{1}{x_n}=\frac{1}{1-x_n}+\frac{1}{2-x_n}+\cdots+\frac{1}{n-x_n} \quad \cdots\cdots④$$

が成り立つ。

ここで，$\frac{1}{2}<x_n<1$ ……⑤ とすると，

$$\frac{1}{x_n}<2<\frac{1}{1-x_n}\leqq(④\text{の右辺})$$

となり，矛盾である。したがって，②と合わせて

$$0<x_n\leqq\frac{1}{2} \quad \cdots\cdots⑥$$

である。（証明おわり）

⬅②に注意する。

⬅⑤のとき，$0<1-x_n<\frac{1}{2}$ であり，$2<\frac{1}{1-x_n}$ である。さらに，②より，④の右辺の第２項以下は（あれば）正であるから。

(3)　⑥より

$$1<\frac{1}{1-x_n}\leqq 2 \quad \cdots\cdots⑦$$

であり，$k=2,\ 3,\ \cdots,\ n$ のとき

$$\frac{1}{k}<\frac{1}{k-x_n}<\frac{1}{k-1} \quad \cdots\cdots⑧$$

⬅$k-1<k-\frac{1}{2}\leqq k-x_n<k$

である。⑦と，⑧で $k=2,\ 3,\ \cdots,\ n$ とおいたものの辺々を加えると，$n\geqq 2$ のとき

$$1+\sum_{k=2}^{n}\frac{1}{k}<\sum_{k=1}^{n}\frac{1}{k-x_n}<2+\sum_{k=2}^{n}\frac{1}{k-1}$$

$$\therefore\quad S_n<\sum_{k=1}^{n}\frac{1}{k-x_n}<S_n-\frac{1}{n}+2$$

⬅$\sum_{k=2}^{n}\frac{1}{k-1}=\sum_{j=1}^{n-1}\frac{1}{j}=S_n-\frac{1}{n}$

となる。したがって，④より

$$S_n<\frac{1}{x_n}<S_n-\frac{1}{n}+2$$

⬅$\sum_{k=1}^{n}\frac{1}{k-x_n}=\frac{1}{1-x_n}+\frac{1}{2-x_n}+\cdots+\frac{1}{n-x_n}=\frac{1}{x_n}$

である。辺々を $\log n$ で割ると，

$$\frac{S_n}{\log n}<\frac{1}{x_n\log n}<\frac{S_n}{\log n}-\frac{1}{n\log n}+\frac{2}{\log n}$$

となるので，①とはさみ打ちの原理より

$$\lim_{n\to\infty}\frac{1}{x_n\log n}=1$$

⬅$\lim_{n\to\infty}\frac{1}{n\log n}=0$，$\lim_{n\to\infty}\frac{2}{\log n}=0$

であるから，

$$\boldsymbol{\lim_{n\to\infty}x_n\log n=1}$$

である。

☆ ## 614 $f(x)$ の定積分の性質と $f(x)=0$ の解の関係

実数を係数とする多項式 $f(x)$ に対して次の問いに答えよ。

(1) $f(x)$ が $\int_{-1}^{1} f(x)\,dx=0$ を満たせば，$f(x)=0$ となる x が区間 $(-1,\ 1)$ に存在することを示せ。

(2) $f(x)$ が $\int_{-1}^{1} f(x)\,dx=0$, $\int_{-1}^{1} xf(x)\,dx=0$ を満たせば，$f(x)=0$ となる x が区間 $(-1,\ 1)$ に2個以上存在することを示せ。 （横浜市大）

精講 (1) 区間 $(-1,\ 1)$ に $f(x)=0$ となる x がないときの $y=f(x)$ のグラフを思い浮かべると背理法で示せるはずです。

(2) "$f(x)=0$ となる x が1個である"……$(*)$ として矛盾を導くことになります。仮定より，定数 a に対して $\int_{-1}^{1}(x+a)f(x)\,dx=0$ ……$(\Diamond)$ が成り立ちますが，$(*)$ のとき，$f(x)=0$ となる x の値 α に対して，$(\Diamond)$ における a をどのように定めると矛盾が導かれるかを考えます。

また，$F(x)=\int_{-1}^{x} f(t)\,dt$ とおいて，平均値の定理をうまく適用する方法もありますが，このような $F(x)$ を思い付くのは簡単でないかもしれません。

解答 (1) $f(x)=0$ となる x が区間 $I=(-1,\ 1)$ にないとする。このとき，I において，$f(x)$ の符号は変化しないので，"I において $f(x)>0$" または，"I において $f(x)<0$" である。それぞれの場合，

$$\int_{-1}^{1} f(x)\,dx>0, \quad \int_{-1}^{1} f(x)\,dx<0$$

となるので，いずれにしても仮定と矛盾する。

したがって，$f(x)=0$ となる x が区間 I に存在する。 （証明おわり）

⬅背理法を用いるために，「結論の否定」を仮定した。

⬅$f(x)$ は多項式であるから，関数としては連続であり，微分可能である。

⬅$f(x)$ が満たす条件は $\int_{-1}^{1} f(x)\,dx=0$ である。

(2) (1)より，$f(x)=0$ となる x が I に存在するので，"$f(x)=0$ となる x が I に1個しかない"……$(*)$ として矛盾を示す。

$f(x)=0$ となる x を $\alpha\ (-1<\alpha<1)$ とする。

⬅$(*)$ が成り立たないとき，"$f(x)=0$ となる x が2個以上存在する"ことになる。

第6章

(i)　α の前後で $f(x)$ の符号が変化しないとき，

$x \neq \alpha$ において $f(x)$ の符号は一定であり，

$$\int_{-1}^{1} f(x)\,dx \neq 0$$

となるので仮定に反する。

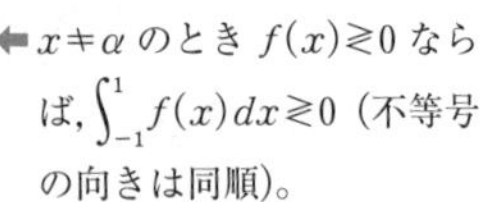
⬅ $x \neq \alpha$ のとき $f(x) \gtrless 0$ ならば，$\int_{-1}^{1} f(x)\,dx \gtrless 0$（不等号の向きは同順）。

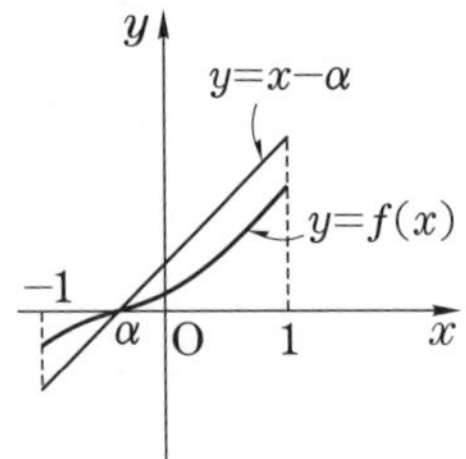

(ii)　α の前後で $f(x)$ の符号が変化するとき，

$$\begin{cases} -1<x<\alpha \text{ において } & f(x)<0 \\ \alpha<x<1 \text{ において } & f(x)>0 \end{cases} \quad \cdots\cdots ①$$

とすると，$-1<x<1$，$x \neq \alpha$ のとき

$$(x-\alpha)f(x)>0$$

であるから，

$$\int_{-1}^{1}(x-\alpha)f(x)\,dx>0 \quad \cdots\cdots ②$$

となる。一方，仮定より

$$\int_{-1}^{1}(x-\alpha)f(x)\,dx$$

$$=\int_{-1}^{1}xf(x)\,dx-\alpha\int_{-1}^{1}f(x)\,dx=0 \quad \cdots\cdots ③$$

となるので矛盾である。

また，①の $f(x)$ の符号が逆の場合には，②の左辺の値が負になるので，やはり③と矛盾する。

⬅ $\begin{cases} -1<x<\alpha \text{ において } f(x)>0 \\ \alpha<x<1 \text{ において } f(x)<0 \end{cases}$ であり，$-1<x<1$，$x \neq \alpha$ のとき $(x-\alpha)f(x)<0$ である。

以上より，(＊) は成り立たない，すなわち，$f(x)=0$ となる x が区間 I に 2 個以上存在する。

（証明おわり）

別解

(1)
$$F(x)=\int_{-1}^{x} f(t)\,dt \quad \cdots\cdots ④$$

とおくと，定積分の性質と仮定より，

$$\begin{cases} F(-1)=\int_{-1}^{-1} f(t)\,dt=0 \\ F(1)=\int_{-1}^{1} f(t)\,dt=0 \end{cases} \quad \cdots\cdots ⑤$$

である。したがって，平均値の定理より

$$\begin{cases} F'(c)=0\text{，すなわち，}f(c)=0 \\ -1<c<1 \end{cases}$$

を満たす c が存在する。　　　　　　　(証明おわり)

(2)　(1)と同様に⑤が成り立つので，仮定と合わせると，

$$\int_{-1}^{1} F(x)\,dx = \int_{-1}^{1} x' F(x)\,dx$$

$$= \Big[xF(x)\Big]_{-1}^{1} - \int_{-1}^{1} xF'(x)\,dx$$

⬅⑤より，$\Big[xF(x)\Big]_{-1}^{1} = F(1)+F(-1) = 0+0=0$

$$= -\int_{-1}^{1} xf(x)\,dx$$

$$= 0 \quad \cdots\cdots ⑥$$

⬅仮定より，$\int_{-1}^{1} xf(x)\,dx = 0$

が成り立つ。

④より，$F(x)$ は実数を係数とする多項式であり，⑥を満たしている。したがって，(1)の $f(x)$ を $F(x)$ に置き換えたと考えると，(1)で示したことから，$F(x)=0$ となる x が $-1<x<1$ に存在する。その値を $d\,(-1<d<1)$ とすると，⑤と合わせて

$$F(-1)=F(d)=F(1)=0$$

である。したがって，平均値の定理より

$$\begin{cases} F'(c_1)=F'(c_2)=0,\ \text{すなわち，} \\ \quad f(c_1)=f(c_2)=0 \\ \quad -1<c_1<d<c_2<1 \end{cases}$$

を満たす c_1，c_2 が存在する。

以上より，$f(x)=0$ となる x が $-1<x<1$ に2個以上存在する。　　　　(証明おわり)

類題 22　→解答 p.375

次の条件(C)を満たす関数 $f(x)$ を考える。

条件(C)　$f(x)$ は区間 $0 \leqq x \leqq 1$ において連続であり，

$$\int_0^1 f(x)\,dx = 1,\ \int_0^1 xf(x)\,dx = 1 \text{ を満たす。}$$

(1)　定積分 $\int_0^1 \{f(x)-(ax+b)\}^2\,dx$ の値を最小にする実数 a，b の値を求めよ。

(2)　条件(C)を満たす関数 $f(x)$ のうちで，定積分 $\int_0^1 \{f(x)\}^2\,dx$ の値を最小にするものとそのときの最小値を求めよ。

615 区分求積法

次の極限値を求めよ。

(1) $L_1=\lim_{n\to\infty}\dfrac{(n+1)^a+(n+2)^a+\cdots+(n+n)^a}{1^a+2^a+\cdots+n^a}$ $(a>0)$

(2) $L_2=\lim_{n\to\infty}\dfrac{1}{n^2}\sqrt[n]{{}_{4n}\mathrm{P}_{2n}}$ (東京理科大)

精講 いずれも，区分求積法を利用することになります。

区分求積法

$f(x)$は区間$[a,\ b]$で連続であるとする。区間$[a,\ b]$をn等分し，その分点を

$$x_0=a,\ x_1,\ x_2,\ \cdots,\ x_{n-1},\ x_n=b$$

とするとき，$\Delta x=\dfrac{b-a}{n}$ とおくと，

$x_k=a+k\Delta x$ $(k=0,\ 1,\ 2,\ \cdots,\ n)$ であり，次が成り立つ。

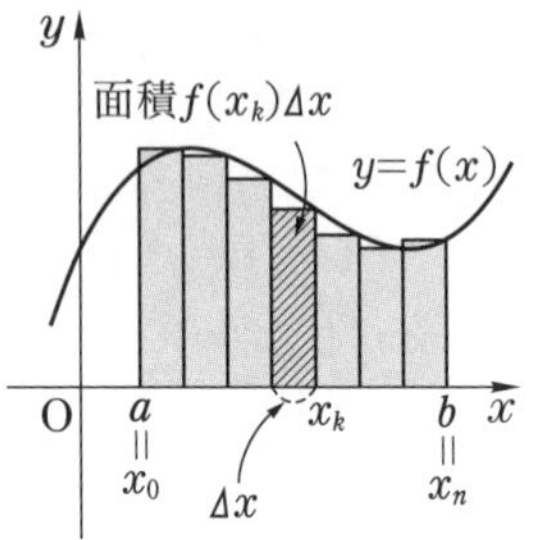

$$\lim_{n\to\infty}\sum_{k=1}^{n}f(x_k)\Delta x=\int_a^b f(x)\,dx$$

特に，区間$[0,\ 1]$のときには，次が成り立つ。

$$\lim_{n\to\infty}\frac{1}{n}\sum_{k=1}^{n}f\left(\frac{k}{n}\right)=\int_0^1 f(x)\,dx,\qquad \lim_{n\to\infty}\frac{1}{n}\sum_{k=0}^{n-1}f\left(\frac{k}{n}\right)=\int_0^1 f(x)\,dx$$

ただし，(2)では，ある区間を$2n$等分したと考えることになります。

解答 (1) 極限を考える式の分子，分母をn^{1+a}で割ると，

$$L_1=\lim_{n\to\infty}\frac{\dfrac{1}{n}\left\{\left(1+\dfrac{1}{n}\right)^a+\left(1+\dfrac{2}{n}\right)^a+\cdots+\left(1+\dfrac{n}{n}\right)^a\right\}}{\dfrac{1}{n}\left\{\left(\dfrac{1}{n}\right)^a+\left(\dfrac{2}{n}\right)^a+\cdots+\left(\dfrac{n}{n}\right)^a\right\}}$$

となる。$a>0$ のとき，区分求積法より，分子，分母はともに収束するので，

⬅ $k=1,\ 2,\ \cdots,\ n$に対して，

$\dfrac{(n+k)^a}{n^{1+a}}=\dfrac{1}{n}\left(\dfrac{n+k}{n}\right)^a=\dfrac{1}{n}\left(1+\dfrac{k}{n}\right)^a,$

$\dfrac{k^a}{n^{1+a}}=\dfrac{1}{n}\left(\dfrac{k}{n}\right)^a$

$$L_1=\frac{\int_0^1(1+x)^a dx}{\int_0^1 x^a dx}=\frac{\frac{1}{a+1}(2^{a+1}-1)}{\frac{1}{a+1}}$$

$$=\mathbf{2^{a+1}-1}$$

である。

⬅ (分子) $=\lim_{n\to\infty}\frac{1}{n}\sum_{k=1}^{n}\left(1+\frac{k}{n}\right)^a$
$=\int_0^1(1+x)^a dx$
$=\left[\frac{1}{a+1}(1+x)^{a+1}\right]_0^1$
$=\frac{2^{a+1}-1}{a+1}$
(分母) も同様。

(2) $$A_n=\frac{1}{n^2}\sqrt[n]{{}_{4n}\mathrm{P}_{2n}}$$

とおくと,

$$A_n=\sqrt[n]{\left(\frac{1}{n^2}\right)^n 4n(4n-1)\cdot\cdots\cdot(2n+1)}$$

$$=\sqrt[n]{\frac{2n+2n}{n}\cdot\frac{2n+(2n-1)}{n}\cdot\cdots\cdot\frac{2n+1}{n}}$$

$$=\left\{\left(2+\frac{2n}{n}\right)\left(2+\frac{2n-1}{n}\right)\cdot\cdots\cdot\left(2+\frac{1}{n}\right)\right\}^{\frac{1}{n}}$$

⬅ $4n(4n-1)(4n-2)\cdot\cdots\cdot(2n+1)$ は $2n+1$ から $4n$ までの $2n$ 個の整数の積である。

であるから,

$$\log A_n=\frac{1}{n}\log\left\{\left(2+\frac{2n}{n}\right)\left(2+\frac{2n-1}{n}\right)\cdot\cdots\cdot\left(2+\frac{1}{n}\right)\right\}$$

$$=\frac{1}{n}\left\{\log\left(2+\frac{2n}{n}\right)+\log\left(2+\frac{2n-1}{n}\right)+\cdots+\log\left(2+\frac{1}{n}\right)\right\}$$

$$=\frac{1}{n}\sum_{k=1}^{2n}\log\left(2+\frac{k}{n}\right)$$

である。これより,

$$\lim_{n\to\infty}\log A_n=\lim_{n\to\infty}\frac{1}{n}\sum_{k=1}^{2n}\log\left(2+\frac{k}{n}\right)$$

$$=\int_0^2\log(2+x)\,dx$$

$$=\Big[(2+x)\log(2+x)\Big]_0^2-\int_0^2(2+x)\cdot\frac{1}{2+x}\,dx$$

$$=4\log 4-2\log 2-2$$

$$=\log\frac{64}{e^2}$$

⬅ **精講** 区分求積法において,$f(x)=\log(2+x)$ とし,区間 $[0,\ 2]$ を $2n$ 等分する点を x_k ($k=0,\ 1,\ \cdots,\ 2n$) とすると,$x_k=\frac{2}{2n}\cdot k=\frac{k}{n}$ であるから,
$\frac{1}{n}\log\left(2+\frac{k}{n}\right)$
$=$(区間幅)$\cdot f(x_k)$
である。

であるから,

$$L_2=\lim_{n\to\infty}A_n=\mathbf{\frac{64}{e^2}}$$

である。

第6章

616 区分求積法とその誤差の評価

(1) $S_n=\frac{1}{n+1}+\frac{1}{n+2}+\cdots+\frac{1}{n+n}$ とおくとき，$\lim_{n\to\infty}S_n$ を求めよ。

(2) $T_n=\frac{n}{(n+1)^2}+\frac{n}{(n+2)^2}+\cdots+\frac{n}{(n+n)^2}$ とおくとき，$\lim_{n\to\infty}T_n$ を求めよ。

☆(3) $\lim_{n\to\infty}n(\log 2-S_n)=\frac{1}{4}$ を示せ。 （芝浦工大）

精講 (1)，(2)は区分求積法の練習問題です。

(3)では，$y=\frac{1}{x+1}$ のグラフが下に凸であることを利用して，区分求積法において区間 $\left[\frac{k-1}{n},\ \frac{k}{n}\right]$ $(k=1,\ 2,\ \cdots,\ n)$ における積分の値との誤差を評価します。

解答 (1) 区分求積法より

$$\lim_{n\to\infty}S_n=\lim_{n\to\infty}\frac{1}{n}\sum_{k=1}^{n}\frac{1}{1+\frac{k}{n}}=\int_0^1\frac{1}{1+x}dx=\Big[\log(1+x)\Big]_0^1=\mathbf{\log 2}$$

である。

(2) $$\lim_{n\to\infty}T_n=\lim_{n\to\infty}\frac{1}{n}\sum_{k=1}^{n}\frac{1}{\left(1+\frac{k}{n}\right)^2}=\int_0^1\frac{1}{(1+x)^2}dx=\left[-\frac{1}{1+x}\right]_0^1=\mathbf{\frac{1}{2}}$$

である。

(3) (1)で示したことから，

$$\log 2-S_n=\int_0^1\frac{1}{1+x}dx-\frac{1}{n}\sum_{k=1}^{n}\frac{1}{1+\frac{k}{n}}$$

$$=\sum_{k=1}^{n}\left\{\int_{\frac{k-1}{n}}^{\frac{k}{n}}\frac{1}{1+x}dx-\frac{1}{n}\cdot\frac{1}{1+\frac{k}{n}}\right\}\quad\cdots\cdots①$$

⬅ $\int_0^1\frac{1}{1+x}dx$ において，積分区間 $0\leqq x\leqq 1$ を n 等分した。

である。ここで，$k=1,\ 2,\ \cdots,\ n$ に対して，

$$\varDelta_k=\int_{\frac{k-1}{n}}^{\frac{k}{n}}\frac{1}{1+x}dx-\frac{1}{n}\cdot\frac{1}{1+\frac{k}{n}}$$

とおくと，$\varDelta_k$ は右図の青色部分の面積である。

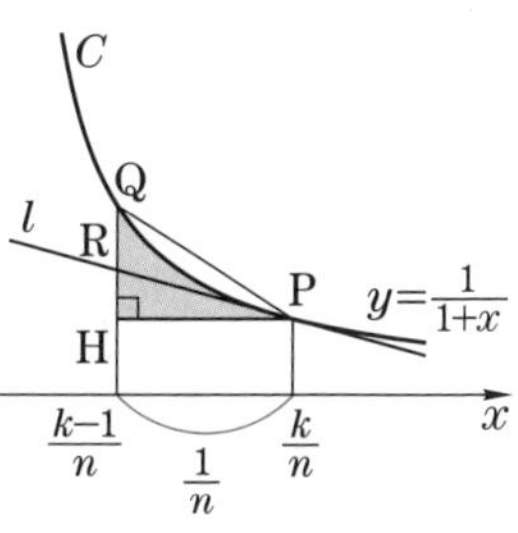

$C: y=f(x)=\dfrac{1}{1+x}$ とおく。$x>0$ において，

$$f'(x)=-\frac{1}{(1+x)^2},\quad f''(x)=\frac{2}{(1+x)^3}>0$$

であるから，曲線 C は下に凸である。したがって，

$$\mathrm{P}\left(\frac{k}{n},\ f\left(\frac{k}{n}\right)\right),\ \mathrm{Q}\left(\frac{k-1}{n},\ f\left(\frac{k-1}{n}\right)\right)$$

とし，P における C の接線 l：

$$y=-\frac{1}{\left(1+\frac{k}{n}\right)^2}\left(x-\frac{k}{n}\right)+\frac{1}{1+\frac{k}{n}} \quad \cdots\cdots②$$

← C が下に凸であるから，線分 PQ は C より上方に，接線 l は C より下方にある。 **523** 参考 参照。

と直線 $x=\dfrac{k-1}{n}$ ……③ との交点を R，P から③に下ろした垂線の足を H とすると，

$$\triangle\mathrm{PRH}<\varDelta_k<\triangle\mathrm{PQH} \quad \cdots\cdots④$$

である。ここで，

$$\triangle\mathrm{PRH}=\frac{1}{2}\cdot\frac{1}{n}\cdot\left\{y_{\mathrm{R}}-f\left(\frac{k}{n}\right)\right\}$$

$$=\frac{1}{2}\cdot\frac{1}{n^2}\cdot\frac{1}{\left(1+\frac{k}{n}\right)^2} \quad \cdots\cdots⑤$$

← R の y 座標 y_{R} は，②の右辺で $x=\dfrac{k-1}{n}$ とおいた値である。

$$\triangle\mathrm{PQH}=\frac{1}{2}\cdot\frac{1}{n}\left\{f\left(\frac{k-1}{n}\right)-f\left(\frac{k}{n}\right)\right\} \quad \cdots\cdots⑥$$

である。①より

$$\log 2-S_n=\sum_{k=1}^{n}\varDelta_k$$

であるから，④，⑤，⑥を用いると，

$$\frac{1}{2}\cdot\frac{1}{n^2}\sum_{k=1}^{n}\frac{1}{\left(1+\frac{k}{n}\right)^2}<\log 2-S_n<\frac{1}{2}\cdot\frac{1}{n}\cdot\sum_{k=1}^{n}\left\{f\left(\frac{k-1}{n}\right)-f\left(\frac{k}{n}\right)\right\}$$

$$\therefore\quad \frac{T_n}{2}=\frac{1}{2}\cdot\frac{1}{n}\sum_{k=1}^{n}\frac{1}{\left(1+\frac{k}{n}\right)^2}<n(\log 2-S_n)<\frac{1}{2}\{f(0)-f(1)\}=\frac{1}{4}$$

である。(2)の結果と，はさみ打ちの原理から，

← $\displaystyle\lim_{n\to\infty}\frac{T_n}{2}=\frac{1}{2}\cdot\frac{1}{2}=\frac{1}{4}$

$$\lim_{n\to\infty}n(\log 2-S_n)=\frac{1}{4}$$

である。　　　　　　　　（証明おわり）

第6章

617 $\sin x$, $\cos x$ の凸性に帰着する定積分の評価

不等式

$$\pi(e-1)<\int_0^{\pi} e^{|\cos 4x|}dx<2(e^{\frac{\pi}{2}}-1)$$

が成り立つことを示せ。 (信州大)

精講 置換積分を行い，三角関数の性質などを利用すると，与えられた積分は $e^{\sin x}$ の積分で表すことができます。そこで，$\sin x$ の凸性に基づく次の関係を思い出すことができれば解決します。

$0<x<\dfrac{\pi}{2}$ のとき $\dfrac{2}{\pi}x<\sin x<x$

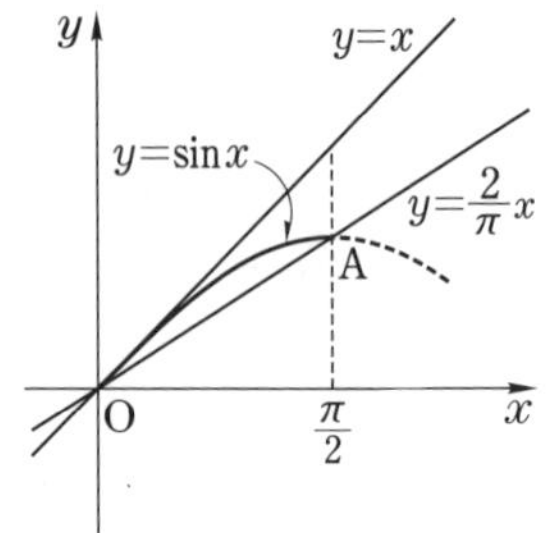

$y=\sin x$ は $0<x<\dfrac{\pi}{2}$ において上に凸であり，原点 O(0, 0) における接線が $y=x$ であり，O と $A\left(\dfrac{\pi}{2},\ 1\right)$ を結ぶ直線が $y=\dfrac{2}{\pi}x$ である。

解答 $I=\int_0^{\pi} e^{|\cos 4x|}dx$

とする。$4x=t$ と置換すると，

$$I=\int_0^{4\pi} e^{|\cos t|}\cdot\frac{1}{4}dt=\frac{1}{4}\int_0^{4\pi} e^{|\cos t|}dt$$

← $dx=\dfrac{1}{4}dt$,

x	$0 \longrightarrow \pi$
t	$0 \longrightarrow 4\pi$

である。

$|\cos t|$ は周期 π の周期関数であるから，

← $|\cos(t+\pi)|=|-\cos t|=|\cos t|$

$$I=\frac{1}{4}\cdot 4\int_0^{\pi} e^{|\cos t|}dt=\int_0^{\pi} e^{|\cos t|}dt$$

である。$|\cos t|$ は $t=\dfrac{\pi}{2}$ に関して対称であるから， ← 注 参照。

$$I=2\int_0^{\frac{\pi}{2}} e^{|\cos t|}dt=2\int_0^{\frac{\pi}{2}} e^{\cos t}dt \quad \cdots\cdots①$$

← 参考 参照。

である。さらに，$t=\dfrac{\pi}{2}-x$ と置換すると，

← $\dfrac{dt}{dx}=-1$,

t	$0 \longrightarrow \dfrac{\pi}{2}$
x	$\dfrac{\pi}{2} \longrightarrow 0$

$$I=2\int_{\frac{\pi}{2}}^{0} e^{\cos\left(\frac{\pi}{2}-x\right)}(-1)\,dx$$

$$=2\int_0^{\frac{\pi}{2}} e^{\sin x}dx \qquad \cdots\cdots ②$$

となる。

ここで，$0<x<\dfrac{\pi}{2}$ において，

$$(\sin x)''=-\sin x<0$$

より，$y=\sin x$ は上に凸であり，右図から

$$\frac{2}{\pi}x<\sin x<x$$

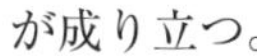
が成り立つ。

したがって，

$$\int_0^{\frac{\pi}{2}} e^{\sin x}dx<\int_0^{\frac{\pi}{2}} e^{x}dx=e^{\frac{\pi}{2}}-1 \qquad \cdots\cdots ③$$

$$\int_0^{\frac{\pi}{2}} e^{\sin x}dx>\int_0^{\frac{\pi}{2}} e^{\frac{2}{\pi}x}dx$$

$$=\left[\frac{\pi}{2}e^{\frac{2}{\pi}x}\right]_0^{\frac{\pi}{2}}=\frac{\pi}{2}(e-1) \qquad \cdots\cdots ④$$

であるから，②，③，④より

$$2\cdot\frac{\pi}{2}(e-1)<I<2(e^{\frac{\pi}{2}}-1)$$

$$\therefore\quad \pi(e-1)<\int_0^{\pi} e^{|\cos 4x|}dx<2(e^{\frac{\pi}{2}}-1)$$

である。　(証明おわり)

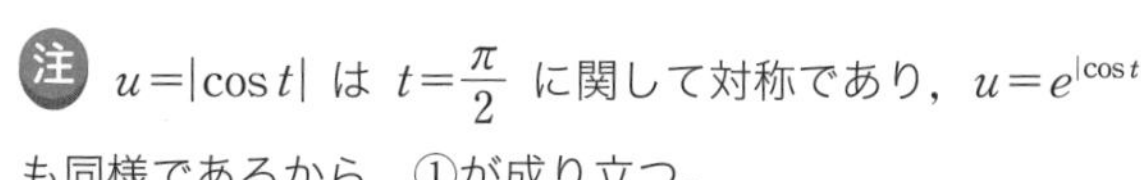
注　$u=|\cos t|$ は $t=\dfrac{\pi}{2}$ に関して対称であり，$u=e^{|\cos t|}$ も同様であるから，①が成り立つ。

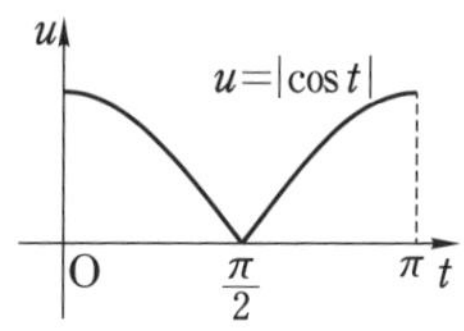

また，計算でも示すことができ，$t=\pi-s$ と置換すると，$\displaystyle\int_{\frac{\pi}{2}}^{\pi} e^{|\cos t|}dt=\int_{\frac{\pi}{2}}^{0} e^{|\cos(\pi-s)|}(-1)\,ds=\int_0^{\frac{\pi}{2}} e^{|\cos s|}ds$ となる。

参考

①において，$0<t<\dfrac{\pi}{2}$ のとき

$$1-\frac{2}{\pi}t<\cos t<\frac{\pi}{2}-t$$

であることを利用して，$\displaystyle\int_0^{\frac{\pi}{2}} e^{\cos t}dt$ を評価してもよい。

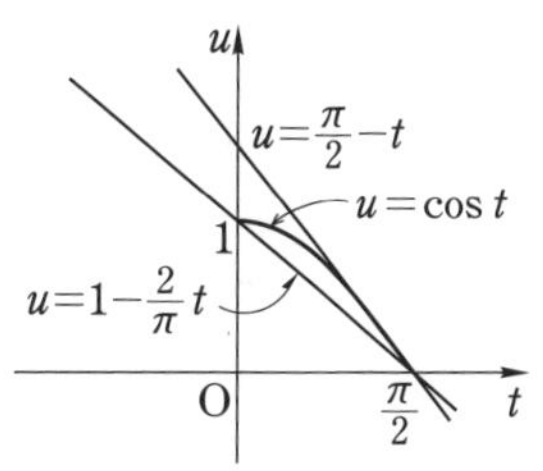

618 凸な関数の定積分と台形の面積の比較(1)

$f(x)=\dfrac{1}{1+x^2}$ とし，曲線 $y=f(x)$ $(x>0)$ の変曲点を $(a,\ f(a))$ とする。

(1) a の値を求めよ。

(2) $I=\displaystyle\int_a^1 f(x)dx$ の値と，4 点 $(a,\ f(a))$, $(a,\ 0)$, $(1,\ 0)$, $(1,\ f(1))$ を頂点とする台形の面積 S を求めよ。

(3) 円周率 π は 3.17 より小さいことを証明せよ。必要ならば，$\sqrt{3}=1.732\cdots\cdots$ を用いてよい。

(4) $b=\tan\dfrac{\pi}{12}$ の値を求めよ。

(5) $J=\displaystyle\int_0^b f(x)dx$ の値と，4 点 $(0,\ f(0))$, $(0,\ 0)$, $(b,\ 0)$, $(b,\ f(b))$ を頂点とする台形の面積 T を求めよ。

(6) 円周率 π は 3.10 より大きいことを証明せよ。必要ならば，$\sqrt{3}=1.732\cdots\cdots$ を用いてよい。 (埼玉大*)

精講 (3) $a<x<1$ における $f(x)$ の凸性から I と S の大小がわかります。 (6) (3)と同様のことから J と T の大小がわかります。

解答 (1) 曲線 $C：y=f(x)$ $(x>0)$ において，

$$f'(x)=\frac{-2x}{(1+x^2)^2}$$

$$f''(x)=\frac{-2(1+x^2)^2+2x\cdot4x(1+x^2)}{(1+x^2)^4}=\frac{2(3x^2-1)}{(1+x^2)^3}$$

であるから，変曲点は $\left(\dfrac{1}{\sqrt{3}},\ \dfrac{3}{4}\right)$ であり，$\boldsymbol{a=\dfrac{1}{\sqrt{3}}}$ である。

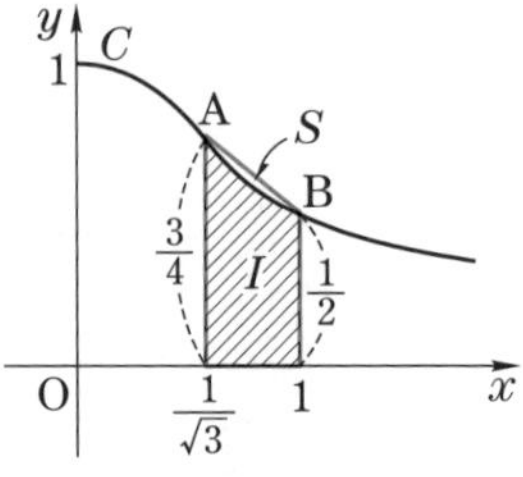

(2) $$I=\int_{\frac{1}{\sqrt{3}}}^1\frac{1}{1+x^2}dx$$

において，$x=\tan\theta$ と置換すると，

$$I=\int_{\frac{\pi}{6}}^{\frac{\pi}{4}}\frac{1}{1+\tan^2\theta}\cdot\frac{1}{\cos^2\theta}d\theta=\int_{\frac{\pi}{6}}^{\frac{\pi}{4}}d\theta=\boldsymbol{\frac{\pi}{12}}$$

である。また，台形の面積 S は

$$S=\frac{1}{2}\left(\frac{3}{4}+\frac{1}{2}\right)\left(1-\frac{1}{\sqrt{3}}\right)=\boldsymbol{\frac{5(3-\sqrt{3})}{24}}$$

である。

(3)　C は $\frac{1}{\sqrt{3}}<x<1$ では下に凸であるから，C 上の 2 点 $\mathrm{A}\left(\frac{1}{\sqrt{3}},\ \frac{3}{4}\right)$，$\mathrm{B}\left(1,\ \frac{1}{2}\right)$ を結ぶ線分 AB は C より上方にある。したがって，

⇐ $x>\frac{1}{\sqrt{3}}$ では $f''(x)>0$ より。

$$I<S \qquad \therefore \quad \frac{\pi}{12}<\frac{5(3-\sqrt{3})}{24}$$

であり，$\sqrt{3}>1.732$ に注意すると

⇐ $\sqrt{3}=1.732\cdots\cdots$ より，$\sqrt{3}>1.732$ $\therefore\ 3-\sqrt{3}<3-1.732$

$$\pi<\frac{5(3-\sqrt{3})}{2}<\frac{5(3-1.732)}{2}=3.17$$

である。　(証明おわり)

(4)
$$\tan\frac{\pi}{6}=\tan\left(2\cdot\frac{\pi}{12}\right)=\frac{2\tan\frac{\pi}{12}}{1-\tan^2\frac{\pi}{12}}$$

⇐ $\tan\frac{\pi}{12}=\tan\left(\frac{\pi}{3}-\frac{\pi}{4}\right)=\frac{\sqrt{3}-1}{1+\sqrt{3}\cdot 1}=2-\sqrt{3}$ としてもよい。

より $\frac{1}{\sqrt{3}}=\frac{2b}{1-b^2}$ 　$\therefore\ b^2+2\sqrt{3}\,b-1=0$

であり，$b=\tan\frac{\pi}{12}>0$ より $\boldsymbol{b=2-\sqrt{3}}$ である。

(5)　J において，I と同様の置換を行うと

$$J=\int_0^{2-\sqrt{3}}f(x)\,dx=\int_0^{\frac{\pi}{12}}\frac{1}{1+\tan^2\theta}\cdot\frac{1}{\cos^2\theta}\,d\theta=\boldsymbol{\frac{\pi}{12}}$$

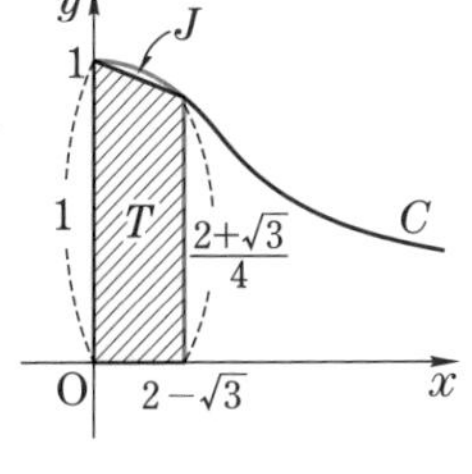

である。また，$f(2-\sqrt{3})=\frac{2+\sqrt{3}}{4}$ より

$$T=\frac{1}{2}\left(1+\frac{2+\sqrt{3}}{4}\right)(2-\sqrt{3})=\boldsymbol{\frac{9-4\sqrt{3}}{8}}$$

である。

(6)　C は $0<x<2-\sqrt{3}$ において，上に凸である。したがって，

⇐ $2-\sqrt{3}<\frac{1}{\sqrt{3}}$ であり，$0<x<\frac{1}{\sqrt{3}}$ では $f''(x)<0$ より。

$$J>T \qquad \therefore \quad \frac{\pi}{12}>\frac{9-4\sqrt{3}}{8}$$

であり，$\sqrt{3}<1.733$ に注意すると，

$$\pi>\frac{27}{2}-6\sqrt{3}>13.5-6\cdot 1.733>3.10$$

⇐ $13.5-6\cdot 1.733=3.102>3.10$

である。　(証明おわり)

619 凸な関数の定積分と台形の面積の比較(2)

(1) $0<x<a$ を満たす実数 x, a に対し，次を示せ。

$$\frac{2x}{a}<\int_{a-x}^{a+x}\frac{1}{t}\,dt<x\left(\frac{1}{a+x}+\frac{1}{a-x}\right)$$

(2) (1)を利用して，$0.68<\log 2<0.71$ を示せ。ただし，$\log 2$ は 2 の自然対数を表す。 (東京大)

精講 (1) 曲線 $C: y=\frac{1}{x}$ $(x>0)$ は下に凸ですから，C 上の点における接線，および C 上の 2 点を結ぶ線分と C との上下関係 (523 参考 参照) に着目します。また，辺々の差を x の関数とみなして増減を調べる手もあります。そのときには，次のことを思い出しましょう。

> $f(x)$ は連続で，$\alpha(x)$, $\beta(x)$ は微分可能であるとき
> $$\frac{d}{dx}\int_{\alpha(x)}^{\beta(x)}f(t)\,dt=f(\beta(x))\beta'(x)-f(\alpha(x))\alpha'(x) \quad \cdots\cdots(*)$$

$f(x)$ の原始関数を $F(x)$ とするとき，

$$\int_{\alpha(x)}^{\beta(x)}f(t)\,dt=\Big[F(t)\Big]_{\alpha(x)}^{\beta(x)}=F(\beta(x))-F(\alpha(x))$$

ですから，両辺を x で微分すると $(*)$ が得られます。

(2) $\log 2=\int_1^2\frac{1}{t}\,dt$ に気がついて，$a+x=2$, $a-x=1$ より，$a=\frac{3}{2}$, $x=\frac{1}{2}$ として，(1)の不等式を適用しても，残念ながら，示すべき不等式は得られません。よりよい評価を得るためには，積分区間についてもう一工夫が必要です。

解答 (1) $t>0$ において，曲線 $y=\frac{1}{t}$ $\cdots$①

は，$y''=\frac{2}{t^3}>0$ を満たすので，下に凸である。

したがって，右図より，

(斜線部分の面積)<(台形 T_1 の面積)

$$\therefore \int_{a-x}^{a+x}\frac{1}{t}\,dt<x\left(\frac{1}{a+x}+\frac{1}{a-x}\right) \quad \cdots\cdots②$$

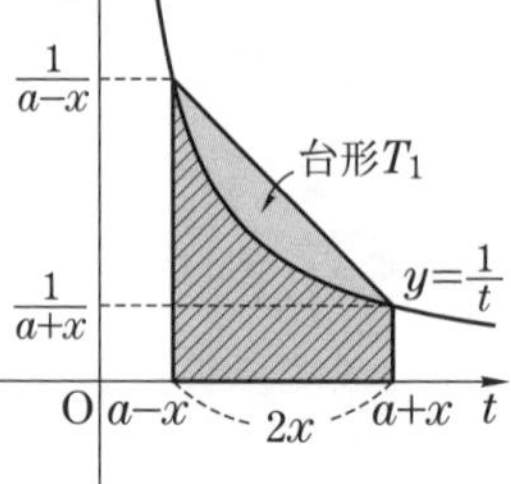

である。また，区間 $[a-x,\ a+x]$ の中点 a に対応する曲線①上の点 $\mathrm{A}\left(a,\ \dfrac{1}{a}\right)$ における接線は①より下方にあるから，$\mathrm{B}(a,\ 0)$ とするとき，

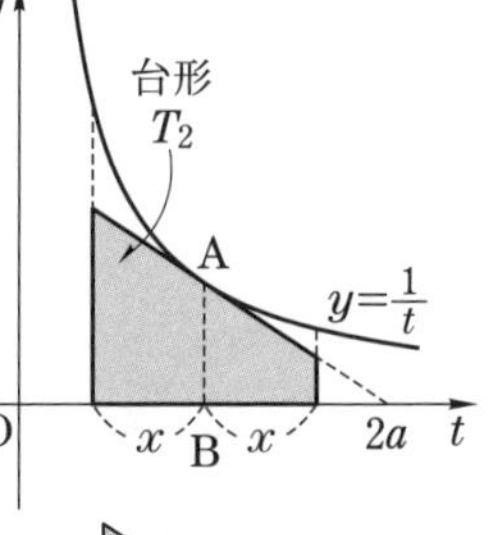

$$\int_{a-x}^{a+x}\frac{1}{t}dt>(\text{台形 } T_2 \text{ の面積})$$

$$=2x\times\mathrm{AB}=\frac{2x}{a} \qquad \cdots\cdots③$$

である。②，③をまとめると，

$$\frac{2x}{a}<\int_{a-x}^{a+x}\frac{1}{t}\,dt<x\left(\frac{1}{a+x}+\frac{1}{a-x}\right) \qquad \cdots\cdots④$$

である。　　　　　　　　　　　　（証明おわり）

(台形T_2)=(長方形)

(2)　$$\int_1^2\frac{1}{t}\,dt=\Big[\log t\Big]_1^2=\log 2$$

である。左辺の積分区間を $\left[1,\ \dfrac{3}{2}\right]$，$\left[\dfrac{3}{2},\ 2\right]$ に分割して，(1)の不等式を適用する。

← 注 1° 参照。

$a-x=1$，$a+x=\dfrac{3}{2}$ のとき，$a=\dfrac{5}{4}$，$x=\dfrac{1}{4}$ となるので，④より

$$\frac{2}{5}<\int_1^{\frac{3}{2}}\frac{1}{t}\,dt<\frac{5}{12} \qquad \cdots\cdots⑤$$

← $\dfrac{2x}{a}=2\cdot\dfrac{1}{4}\cdot\dfrac{4}{5}=\dfrac{2}{5}$
$x\left(\dfrac{1}{a+x}+\dfrac{1}{a-x}\right)=\dfrac{1}{4}\left(\dfrac{2}{3}+1\right)=\dfrac{5}{12}$

である。次に，$a-x=\dfrac{3}{2}$，$a+x=2$ のとき，$a=\dfrac{7}{4}$，$x=\dfrac{1}{4}$ となるので，④より

$$\frac{2}{7}<\int_{\frac{3}{2}}^{2}\frac{1}{t}\,dt<\frac{7}{24} \qquad \cdots\cdots⑥$$

← $\dfrac{2x}{a}=2\cdot\dfrac{1}{4}\cdot\dfrac{4}{7}=\dfrac{2}{7}$
$x\left(\dfrac{1}{a+x}+\dfrac{1}{a-x}\right)=\dfrac{1}{4}\left(\dfrac{1}{2}+\dfrac{2}{3}\right)=\dfrac{7}{24}$

である。⑤，⑥の辺々を加えると，

$$\frac{2}{5}+\frac{2}{7}<\int_1^2\frac{1}{t}\,dt<\frac{5}{12}+\frac{7}{24}$$

$$\therefore\quad \frac{24}{35}<\log 2<\frac{17}{24} \qquad \cdots\cdots⑦$$

である。ここで，

$$\frac{24}{35}=0.685\cdots\cdots>0.68,\ \frac{17}{24}=0.708\cdots\cdots<0.71$$

第6章

であるから，⑦より

$$0.68<\log 2<0.71$$

である。　　　　　　　　　　　　　　　(証明おわり)

別解

(1)　$0 \leqq x<a$　において，

$$f(x)=x\left(\frac{1}{a+x}+\frac{1}{a-x}\right)-\int_{a-x}^{a+x}\frac{1}{t}\,dt$$

$$g(x)=\int_{a-x}^{a+x}\frac{1}{t}\,dt-\frac{2x}{a}$$

を考える。

$$f'(x)=\left(\frac{1}{a+x}+\frac{1}{a-x}\right)+x\left\{-\frac{1}{(a+x)^2}+\frac{1}{(a-x)^2}\right\}$$

$$-\left(\frac{1}{a+x}+\frac{1}{a-x}\right)$$

$$=\frac{4ax^2}{(a+x)^2(a-x)^2}>0$$

← 精講 より
$\dfrac{d}{dx}\displaystyle\int_{a-x}^{a+x}\frac{1}{t}\,dt$
$=\dfrac{(a+x)'}{a+x}-\dfrac{(a-x)'}{a-x}$
$=\dfrac{1}{a+x}+\dfrac{1}{a-x}$

より，$f(x)$ は増加関数であり，

$$f(0)=0-\int_a^a\frac{1}{t}\,dt=0$$

であるから，$0<x<a$　……⑧　において，

$$f(x)>0 \qquad \cdots\cdots ⑨$$

← ⑨ $\iff$ $x\left(\dfrac{1}{a+x}+\dfrac{1}{a-x}\right)>\displaystyle\int_{a-x}^{a+x}\frac{1}{t}\,dt$

である。また，

$$g'(x)=\frac{1}{a+x}+\frac{1}{a-x}-\frac{2}{a}$$

$$=\frac{2x^2}{a(a+x)(a-x)}>0$$

より，$g(x)$ は増加関数であり，$g(0)=0$ であるから，

⑧において，

$$g(x)>0 \qquad \cdots\cdots ⑩$$

← ⑩ $\iff \displaystyle\int_{a-x}^{a+x}\frac{1}{t}\,dt>\frac{2x}{a}$

である。

⑨，⑩より，⑧において，

$$\frac{2x}{a}<\int_{a-x}^{a+x}\frac{1}{t}\,dt<x\left(\frac{1}{a+x}+\frac{1}{a-x}\right) \qquad \cdots\cdots ⑪$$

が成り立つ。　　　　　　　　　　　　　(証明おわり)

(2) $\displaystyle\int_1^{\sqrt{2}}\frac{1}{t}dt=\Big[\log t\Big]_1^{\sqrt{2}}=\frac{1}{2}\log 2$ 　　⬅ 注 2° 参照。

である。$a-x=1,\ a+x=\sqrt{2}$ とすると，

$$a=\frac{\sqrt{2}+1}{2},\ x=\frac{\sqrt{2}-1}{2}$$

であるから，⑪を適用すると，

$$2\cdot\frac{\sqrt{2}-1}{2}\cdot\frac{2}{\sqrt{2}+1}<\int_1^{\sqrt{2}}\frac{1}{t}dt<\frac{\sqrt{2}-1}{2}\left(\frac{1}{\sqrt{2}}+1\right)$$

$$\therefore\quad 2(3-2\sqrt{2})<\frac{1}{2}\log 2<\frac{\sqrt{2}}{4}$$

$$\therefore\quad 12-8\sqrt{2}<\log 2<\frac{\sqrt{2}}{2}\qquad\cdots\cdots⑫$$

となる。ここで，$1.414<\sqrt{2}<1.415$ であり，

$$\frac{\sqrt{2}}{2}<\frac{1.415}{2}=0.7075<0.71$$

$$12-8\sqrt{2}>12-8\cdot 1.415=0.68$$

であるから，⑫より

$$0.68<\log 2<0.71$$

である。　　　　　　　　　　（証明おわり）

⬅ $(1.414)^2=1.999396$
$(1.415)^2=2.002225$
ただし，以下の証明では，$1.414<\sqrt{2}$ は用いていない。

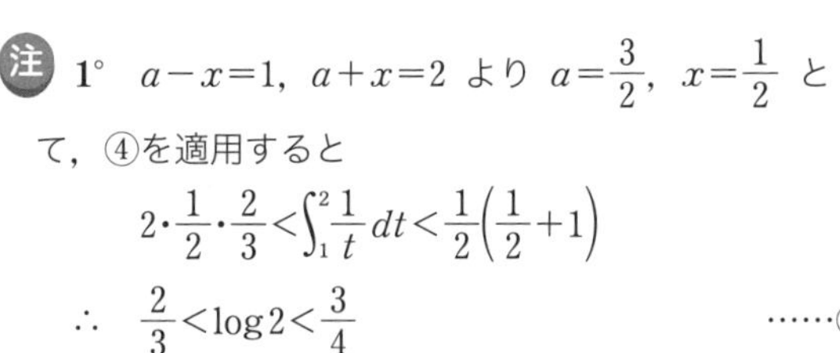

注 **1°** $a-x=1,\ a+x=2$ より $a=\dfrac{3}{2},\ x=\dfrac{1}{2}$ として，④を適用すると

$$2\cdot\frac{1}{2}\cdot\frac{2}{3}<\int_1^2\frac{1}{t}dt<\frac{1}{2}\left(\frac{1}{2}+1\right)$$

$$\therefore\quad \frac{2}{3}<\log 2<\frac{3}{4}\qquad\cdots\cdots⑬$$

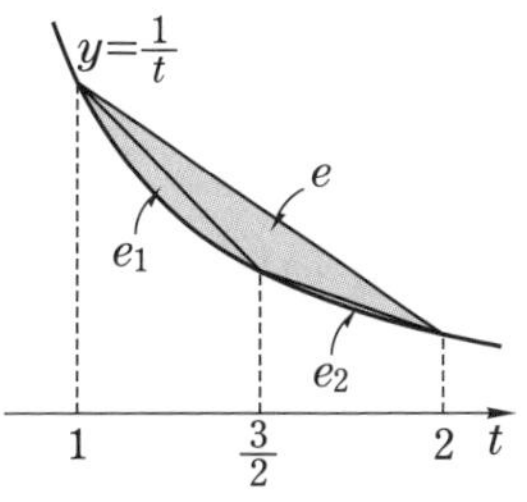

となるが，$\dfrac{2}{3}=0.666\cdots\cdots$，$\dfrac{3}{4}=0.75$ であるから望ましい評価が得られない。そこで，図形的にみて，積分区間を分割した方が，④における辺々の差が小さくなることに気がつけば，解答が得られる。

$e=$(⑬の右2辺の差)
$e_1=$(⑤の右2辺の差)
$e_2=$(⑥の右2辺の差)
$e_1+e_2<e$

2° 別解 (2)も，**1°** と同様に積分区間を狭くすることによって，⑪の辺々の差を小さくしようという発想である。ただし，区間の分割ではなく，

$\displaystyle\int_1^{2^p}\frac{1}{t}dt=\log 2^p=p\log 2$ より，$a-x=1,\ a+x=2^p$ とするとき，⑪の左辺，右辺が簡単に計算できて，かつ区間の幅が $[1,\ 2]$ より狭くなるような指数 p として，

$p=\dfrac{1}{2}$ を選んだだけである。

620 x の関数 $\int_0^x \frac{1}{t^2+1}dt$ の性質

実数 x に対して，$f(x)=\int_0^x \frac{1}{t^2+1}dt$ とおく。

(1) $|x|<1$, $|y|<1$ のとき，$f\left(\frac{x+y}{1-xy}\right)=f(x)+f(y)$ が成り立つことを示せ。

(2) $x>0$ のとき，$f(x)+f\left(\frac{1}{x}\right)$ の値を求めよ。

(3) 極限 $\lim_{x\to\infty} f(x)$ を求めよ。

(4) (3)の極限値を c とするとき，極限 $\lim_{x\to\infty} x\{c-f(x)\}$ を求めよ。

（鳥取大*，名古屋工大*，神戸大*）

精講 (1) y を定数とみなして，両辺の差を x の関数とみなしたとき，つねに0であることを示すとよいのです。そのとき，次の事実が役に立ちます。

$F(x)$ を微分可能な関数，C を定数とするとき，
　すべての x に対して $F(x)=C$ である
$\Longleftrightarrow$ すべての x に対して $F'(x)=0$ であり，かつ，ある実数 a に対して
　$F(a)=C$ である

(2) (1)と同様に考えることができます。

(3) (2)の結果を利用できます。

また，$x=\tan\theta$ とおくと，$f(x)$ は θ の式で表されます。その関係式と $\tan\theta$ の性質を組み合わせて，(1)～(4)を処理する方法もあります。

解答 (1) $|x|<1$, $|y|<1$ ……① のとき，y を固定して，x の関数

$$F(x)=f\left(\frac{x+y}{1-xy}\right)-\{f(x)+f(y)\}$$

を考える。

⬅ ①のとき，$|xy|=|x||y|<1$ より $1-xy\neq0$ に注意する。

$$f'(x)=\frac{d}{dx}\int_0^x \frac{1}{t^2+1}dt=\frac{1}{x^2+1} \quad \cdots\cdots②$$

であるから，

⬅ $g(x)$ が連続な関数のとき，定数 a に対して，$\frac{d}{dx}\int_a^x g(t)dt=g(x)$

$$F'(x)=f'\left(\frac{x+y}{1-xy}\right)\left(\frac{x+y}{1-xy}\right)'-f'(x)$$

$$=\frac{1}{\left(\frac{x+y}{1-xy}\right)^2+1}\cdot\frac{1-xy-(x+y)(-y)}{(1-xy)^2}-\frac{1}{x^2+1}$$

$$=\frac{1+y^2}{(x+y)^2+(1-xy)^2}-\frac{1}{x^2+1}$$

$$=\frac{y^2+1}{(x^2+1)(y^2+1)}-\frac{1}{x^2+1}$$

$$=0 \qquad \cdots\cdots③$$

である。また，$f(0)=0$ であるから，

⬅ $f(0)=\int_0^0 \frac{1}{t^2+1}dt=0$

$$F(0)=f(y)-\{f(0)+f(y)\}=0 \qquad \cdots\cdots④$$

である。

③，④より，①を満たす x，y に対して

⬅ 精講 参照。

$$F(x)=0 \qquad \therefore\ f\left(\frac{x+y}{1-xy}\right)=f(x)+f(y)$$

⬅ (2)では，この式で $y=\frac{1}{x}$ とおくことはできないことに注意する。

が成り立つ。（証明おわり）

(2) $x>0$ のとき

$$G(x)=f(x)+f\left(\frac{1}{x}\right)$$

とおくと，②より

$$G'(x)=f'(x)+f'\left(\frac{1}{x}\right)\left(\frac{1}{x}\right)'$$

$$=\frac{1}{x^2+1}+\frac{1}{\left(\frac{1}{x}\right)^2+1}\cdot\left(-\frac{1}{x^2}\right)=0 \quad \cdots⑤$$

である。また，

$$G(1)=2f(1)=2\int_0^1\frac{1}{t^2+1}dt$$

$$=2\int_0^{\frac{\pi}{4}}\frac{1}{\tan^2\theta+1}\cdot\frac{1}{\cos^2\theta}d\theta$$

⬅ $t=\tan\theta$ と置換した。

$$=2\Big[\theta\Big]_0^{\frac{\pi}{4}}=\frac{\pi}{2} \qquad \cdots\cdots⑥$$

であるから，⑤，⑥より，$x>0$ のとき

⬅ 精講 参照。

$$G(x)=\frac{\pi}{2} \qquad \therefore\ \boldsymbol{f(x)+f\left(\frac{1}{x}\right)=\frac{\pi}{2}} \ \cdots\cdots⑦$$

である。

(3)　$f(x)$ は連続関数で，$f(0)=0$ であるから，⑦より

$$\lim_{x\to\infty} f(x)=\lim_{x\to\infty}\left\{\frac{\pi}{2}-f\left(\frac{1}{x}\right)\right\}$$

$$=\frac{\pi}{2}-f(0)=\boldsymbol{\frac{\pi}{2}}$$

⬅ $x\to\infty$ のとき $\frac{1}{x}\to+0$

である。

(4)　$c=\frac{\pi}{2}$ であるから，⑦より

$$\lim_{x\to\infty} x\{c-f(x)\}=\lim_{x\to\infty} xf\left(\frac{1}{x}\right)$$

$$=\lim_{s\to+0}\frac{1}{s}f(s)=\lim_{s\to+0}\frac{f(s)-f(0)}{s}$$

⬅ $x=\frac{1}{s}$ $\left(s=\frac{1}{x}\right)$ とおいた。

$$=f'(0)=\mathbf{1}$$

⬅②より。

である。

別解

(1)　$|x|<1$，$|y|<1$ のとき

$$x=\tan\theta,\ y=\tan\varphi\quad\left(|\theta|<\frac{\pi}{4},\ |\varphi|<\frac{\pi}{4}\right)$$

を満たす θ，φ をとる。このとき，

$$f(x)=\int_0^x\frac{1}{t^2+1}dt$$

において，$t=\tan u$ と置換すると，

$$f(x)=\int_0^\theta\frac{1}{\tan^2 u+1}\cdot\frac{1}{\cos^2 u}du=\int_0^\theta du=\theta$$

$$f(y)=\int_0^\varphi du=\varphi$$

⬅ $x=\tan\theta$ のとき，$\theta=f(x)$ であるから，$f(x)$ は $\tan x$ の逆関数である。
参考 参照。

である。また，

$$\frac{x+y}{1-xy}=\frac{\tan\theta+\tan\varphi}{1-\tan\theta\tan\varphi}=\tan(\theta+\varphi)$$

⬅ $|\theta|<\frac{\pi}{4}$，$|\varphi|<\frac{\pi}{4}$ より $|\theta+\varphi|<\frac{\pi}{2}$

であるから，同様の置換によって，

$$f\left(\frac{x+y}{1-xy}\right)=\int_0^{\theta+\varphi}du=\theta+\varphi$$

である。以上より

$$f\left(\frac{x+y}{1-xy}\right)=\theta+\varphi=f(x)+f(y)$$

が成り立つ。　　　　　　　　　　(証明おわり)

(2) $x>0$ のとき，

$$x=\tan\theta \quad \left(0<\theta<\frac{\pi}{2}\right) \qquad \cdots\cdots⑧$$

を満たす θ をとると，

$$\frac{1}{x}=\frac{1}{\tan\theta}=\tan\left(\frac{\pi}{2}-\theta\right)$$

であるから，(1)と同様に考えると，

$$f(x)=\theta$$

$$f\left(\frac{1}{x}\right)=\frac{\pi}{2}-\theta=\frac{\pi}{2}-f(x)$$

⬅この場合は $x>0$，$0<\theta<\dfrac{\pi}{2}$

$$\therefore \quad f(x)+f\left(\frac{1}{x}\right)=\frac{\pi}{2} \qquad \cdots\cdots⑦$$

である。

(3) ⑧の対応において，

$$x\to+\infty \text{ のとき } \theta\to\frac{\pi}{2}-0$$

であるから，

$$\lim_{x\to\infty}f(x)=\lim_{\theta\to\frac{\pi}{2}-0}\theta=\frac{\pi}{2}$$

である。

(4) (3)と同様に

$$\lim_{x\to\infty}x\{c-f(x)\}=\lim_{\theta\to\frac{\pi}{2}-0}(\tan\theta)\cdot\left(\frac{\pi}{2}-\theta\right)$$

$$=\lim_{h\to+0}\left\{\tan\left(\frac{\pi}{2}-h\right)\right\}h=\lim_{h\to+0}\frac{h}{\sin h}\cdot\cos h=1$$

⬅$\dfrac{\pi}{2}-\theta=h$ とおくと，$\theta\to\dfrac{\pi}{2}-0$ のとき $h\to+0$

である。

参考

実数 x に対して，$\tan\theta=x$ ……⑨，$-\dfrac{\pi}{2}<\theta<\dfrac{\pi}{2}$ ……⑩ を満たす θ をとり，<別解 (1)と同様に，$f(x)=\displaystyle\int_0^x\frac{1}{t^2+1}dt$ において，$t=\tan u$ と置換すると，$f(x)=\theta$ ……⑪ となる。これは，⑩の範囲で⑨を θ について解くと⑪になることを意味するので，$f(x)\ (-\infty<x<\infty)$ は $\tan x\left(-\dfrac{\pi}{2}<x<\dfrac{\pi}{2}\right)$ の逆関数になっている。

621 逆関数の定積分

$x>0$ を定義域とする関数 $f(x)=\dfrac{12(e^{3x}-3e^x)}{e^{2x}-1}$ について，以下の問いに答えよ。

(1) 関数 $y=f(x)$ $(x>0)$ は，実数全体を定義域とする逆関数を持つことを示せ。すなわち，任意の実数 a に対して，$f(x)=a$ となる $x>0$ がただ1つ存在することを示せ。

(2) 前問(1)で定められた逆関数を $y=g(x)$ $(-\infty<x<\infty)$ とする。このとき，定積分 $\displaystyle\int_8^{27} g(x)\,dx$ を求めよ。　　　　(東京大)

精講　(1) x が $+0\to\infty$ のとき，$f(x)$ は $-\infty\to\infty$ と単調に増加することを示すとよいのです。

(2) $f(x)$ の積分に直すことが必要です。そのためには，部分積分法を利用するか，$y=f(x)$ のグラフを考察して図形的に意味づけをすることになります。

解答　(1) $f(x)=\dfrac{12(e^{3x}-3e^x)}{e^{2x}-1}$ は $x>0$ において，

$$f'(x)=\frac{12\{(3e^{3x}-3e^x)(e^{2x}-1)-(e^{3x}-3e^x)\cdot 2e^{2x}\}}{(e^{2x}-1)^2}$$

$$=\frac{12e^x(e^{4x}+3)}{(e^{2x}-1)^2}>0$$

であり，

$$\lim_{x\to+0}f(x)=\lim_{x\to+0}\frac{12(e^{3x}-3e^x)}{e^{2x}-1}=-\infty$$

$$\lim_{x\to\infty}f(x)=\lim_{x\to\infty}\frac{12(e^x-3e^{-x})}{1-e^{-2x}}=\infty$$

⬅ $x\to+0$ のとき
(分子) $=12(e^{3x}-3e^x)\to-24$
(分母) $=e^{2x}-1\to+0$

であるから，$f(x)$ は $x>0$ において，$-\infty$ から ∞ まで単調に増加する。したがって，任意の実数 a に対して $f(x)=a$，$x>0$ を満たす x がただ1つ存在する。　　　　(証明おわり)

(2) $I=\displaystyle\int_8^{27} g(x)\,dx$ ……① において，$y=g(x)$，すなわち，$x=f(y)$ と置換すると，

$$I=\int_\alpha^\beta yf'(y)\,dy \quad\cdots\cdots②$$

となる。ここで，α，$\beta\,(\alpha>0,\ \beta>0)$ は

$$f(\alpha)=8 \quad \cdots\cdots ③,\quad f(\beta)=27 \quad \cdots\cdots ④$$

を満たす数である。③で $e^{\alpha}=t(>1)$ とおくと，　⬅ $\alpha>0$ より $e^{\alpha}>1$

$$\frac{12(t^3-3t)}{t^2-1}=8 \qquad \therefore \quad (t-2)(3t^2+4t-1)=0$$

⬅ $t>1$ のとき $3t^2+4t-1>0$

$$\therefore \quad t=2,\ つまり，\alpha=\log 2$$

である。同様に，④で $e^{\beta}=t(>1)$ とおくと，

$$\frac{12(t^3-3t)}{t^2-1}=27 \qquad \therefore \quad (t-3)(4t^2+3t-3)=0$$

⬅ $t>1$ のとき $4t^2+3t-3>0$

$$\therefore \quad t=3,\ つまり，\beta=\log 3$$

である。したがって，②より

$$I=\Big[yf(y)\Big]_{\alpha}^{\beta}-\int_{\alpha}^{\beta}f(y)\,dy$$

$$=27\log 3-8\log 2-\int_{\alpha}^{\beta}f(y)\,dy \qquad \cdots\cdots ⑤$$

⬅ ③，④より $\beta f(\beta)-\alpha f(\alpha)=27\log 3-8\log 2$

となる。⑤の積分において，$e^{y}=t$ と置換すると，

⬅ $e^{y}\dfrac{dy}{dt}=1$ より $e^{y}dy=dt$

y	$\alpha \longrightarrow \beta$
t	$2 \longrightarrow 3$

$$\int_{\alpha}^{\beta}f(y)\,dy=\int_{\alpha}^{\beta}\frac{12(e^{2y}-3)}{e^{2y}-1}e^{y}dy$$

$$=\int_{2}^{3}\frac{12(t^2-3)}{t^2-1}dt=12\int_{2}^{3}\left(1-\frac{1}{t-1}+\frac{1}{t+1}\right)dt$$

$$=12\left[t+\log\frac{t+1}{t-1}\right]_{2}^{3}=12+12(\log 2-\log 3)$$

である。⑤に戻って

$$I=27\log 3-8\log 2-\{12+12(\log 2-\log 3)\}$$

$$=\mathbf{39\log 3-20\log 2-12}$$

である。

参考

①において，積分変数 x を単に y と書き換えると，$I=\displaystyle\int_{8}^{27}g(y)\,dy$ となるので，I は右図の斜線部分の面積と考えられる。したがって，

$J=\displaystyle\int_{\alpha}^{\beta}f(x)\,dx$ とおくと，$I+J+8\alpha=27\beta$ より，

$$I=27\beta-8\alpha-J=27\beta-8\alpha-\int_{\alpha}^{\beta}f(x)\,dx$$

となり，⑤と同じ式が得られる。

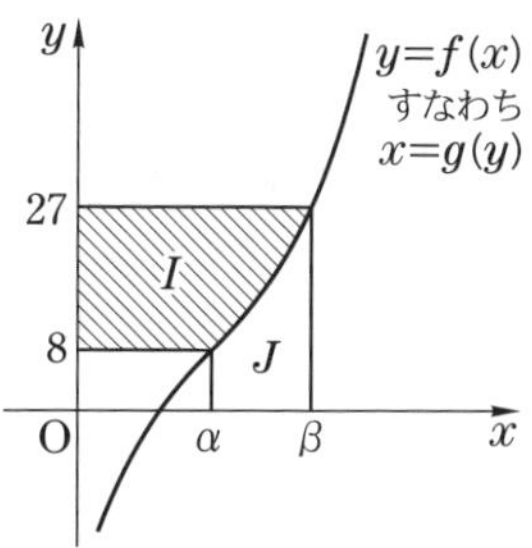

622 定積分で定まる関数（係数決定型）

閉区間 $\left[-\frac{\pi}{2},\ \frac{\pi}{2}\right]$ で定義された関数 $f(x)$ が

$$f(x)+\int_{-\frac{\pi}{2}}^{\frac{\pi}{2}}\sin(x-y)f(y)\,dy=x+1\ \left(-\frac{\pi}{2}\leqq x\leqq\frac{\pi}{2}\right)$$

を満たしている。$f(x)$ を求めよ。

(注意)　$\sin(x-y)f(y)$ は $\sin(x-y)$ と $f(y)$ の積の意味である。　(京都大)

精講　定積分を含む関数方程式を満たす関数 $f(x)$ を求める問題には2つのタイプがあります。1つは本問のように

「定積分の両端が定数であって，関数の形が（本問では，③のように）定まり，あとはそこに現れる係数を決定する」

問題です。実際，本問でも，$\sin(x-y)$ を加法定理で展開し，x を含む部分を積分の外に出すと $f(x)$ の関数形がわかりますから，あとはそこに現れる係数（本問では③の A，B）を定めるだけです。

あと1つは，**623** のように

「定積分の端点に x，または x の関数が含まれていて，微分積分学の基本定理（**623** 精講 参照）を適用して解く」

問題です。

解答　与えられた式から

$$f(x)=-\int_{-\frac{\pi}{2}}^{\frac{\pi}{2}}\sin(x-y)f(y)\,dy+x+1$$

⬅ $\sin(x-y)f(y)$
$=(\sin x)f(y)\cos y$
$-(\cos x)f(y)\sin y$

$$=-\sin x\int_{-\frac{\pi}{2}}^{\frac{\pi}{2}}f(y)\cos y\,dy+\cos x\int_{-\frac{\pi}{2}}^{\frac{\pi}{2}}f(y)\sin y\,dy+x+1$$

である。これより，

$$A=\int_{-\frac{\pi}{2}}^{\frac{\pi}{2}}f(y)\cos y\,dy \quad\cdots\cdots①$$

$$B=\int_{-\frac{\pi}{2}}^{\frac{\pi}{2}}f(y)\sin y\,dy \quad\cdots\cdots②$$

とおくと，

$$f(x)=-A\sin x+B\cos x+x+1 \qquad \cdots\cdots③$$

と表される。

③を①，②に代入すると，

$$A=\int_{-\frac{\pi}{2}}^{\frac{\pi}{2}}(-A\sin y+B\cos y+y+1)\cos y\,dy$$

$$=2\int_0^{\frac{\pi}{2}}(B\cos^2 y+\cos y)\,dy$$

$$=B\int_0^{\frac{\pi}{2}}(1+\cos 2y)\,dy+2\int_0^{\frac{\pi}{2}}\cos y\,dy$$

$$=B\left[y+\frac{1}{2}\sin 2y\right]_0^{\frac{\pi}{2}}+2\Big[\sin y\Big]_0^{\frac{\pi}{2}}$$

$$=\frac{\pi}{2}B+2 \qquad \cdots\cdots④$$

⬅ $(-A\sin y+y)\cos y$ は奇関数であり，$(B\cos y+1)\cos y$ は偶関数であるから。

$$B=\int_{-\frac{\pi}{2}}^{\frac{\pi}{2}}(-A\sin y+B\cos y+y+1)\sin y\,dy$$

$$=2\int_0^{\frac{\pi}{2}}(-A\sin^2 y+y\sin y)\,dy$$

$$=-A\int_0^{\frac{\pi}{2}}(1-\cos 2y)\,dy+2\left\{\Big[-y\cos y\Big]_0^{\frac{\pi}{2}}+\int_0^{\frac{\pi}{2}}\cos y\,dy\right\}$$

$$=-A\left[y-\frac{1}{2}\sin 2y\right]_0^{\frac{\pi}{2}}+2\Big[\sin y\Big]_0^{\frac{\pi}{2}}$$

$$=-\frac{\pi}{2}A+2 \qquad \cdots\cdots⑤$$

⬅ $(B\cos y+1)\sin y$ は奇関数であり，$(-A\sin y+y)\sin y$ は偶関数であるから。

である。

④，⑤から，A，B を求めると，

$$A=\frac{4(\pi+2)}{\pi^2+4},\quad B=-\frac{4(\pi-2)}{\pi^2+4}$$

⬅ 連立方程式 $\begin{cases} A-\dfrac{\pi}{2}B=2 \\ \dfrac{\pi}{2}A+B=2 \end{cases}$ を解く。

であるから，③に戻って，

$$\boldsymbol{f(x)=-\frac{4(\pi+2)}{\pi^2+4}\sin x-\frac{4(\pi-2)}{\pi^2+4}\cos x+x+1}$$

である。

第6章

623 定積分で定まる関数と微分積分学の基本定理

連続な関数 $y=y(x)$ が $y(x)=\sin x-2\int_0^x y(t)\cos(x-t)\,dt$ $(-\infty<x<\infty)$ を満たすとする。

(1) y'' を y, y' を用いて表せ。

(2) $z(x)=e^x y(x)$ とおくとき，z'' を求めよ。

(3) y を求めよ。 (早稲田大)

精講 (1) まず，$\cos(x-t)$ を加法定理で展開し，x を含む部分を積分の外に出します。そのあとで，微分積分学の基本定理

> $f(x)$ が連続な関数のとき $\dfrac{d}{dx}\int_a^x f(t)\,dt=f(x)$ （a は定数）

を用いて，y', y'' を計算し，y と y'' を見比べてみましょう。

(2) z'' を y', y'' で表してみると結果がわかります。

(3) y を決定するためには，$y(0)$, $y'(0)$ の値が必要となりますが，これらの値は与えられた関係式から知ることができます。

解答 (1) $y(x)$

$$=\sin x-2\int_0^x y(t)\cos(x-t)\,dt$$

← $y(t)\cos(x-t)$ $=(\cos x)y(t)\cos t$ $+(\sin x)y(t)\sin t$

$$=\sin x-2\left\{\cos x\int_0^x y(t)\cos t\,dt+\sin x\int_0^x y(t)\sin t\,dt\right\}\quad\cdots\cdots①$$

であるから，

$$f(x)=\int_0^x y(t)\cos t\,dt,\quad g(x)=\int_0^x y(t)\sin t\,dt\quad\cdots\cdots②$$

とおくと，

$$y(x)=\sin x-2\{f(x)\cos x+g(x)\sin x\}\quad\cdots\cdots③$$

となる。②より

$$f'(x)=y(x)\cos x,\quad g'(x)=y(x)\sin x$$

← 精講 参照。

であるから，③より

$$y'(x)=\cos x-2\{f'(x)\cos x-f(x)\sin x + g'(x)\sin x+g(x)\cos x\}$$
$$=\cos x-2\{y(x)-f(x)\sin x+g(x)\cos x\} \quad \cdots\cdots④$$

← $f'(x)\cos x+g'(x)\sin x =y(x)(\cos^2 x+\sin^2 x) =y(x)$

であり，

$$y''(x)=-\sin x-2\{y'(x)-f'(x)\sin x - f(x)\cos x+g'(x)\cos x-g(x)\sin x\}$$
$$=-\sin x-2y'(x) +2\{f(x)\cos x+g(x)\sin x\} \quad \cdots\cdots⑤$$

← $-f'(x)\sin x+g'(x)\cos x =y(x)(-\cos x\sin x +\sin x\cos x) =0$

である。

③＋⑤ より

$$y(x)+y''(x)=-2y'(x)$$
$$\therefore \quad \boldsymbol{y''=-2y'-y} \quad \cdots\cdots⑥$$

← $y''(x)=-2y'(x)-y(x)$

である。

(2) $z(x)=e^x y(x)$ とおくとき

$$z'=e^x(y'+y)$$
$$z''=e^x(y''+2y'+y)$$

← $z''=e^x(y'+y)+e^x(y'+y)'$

である。したがって，⑥より，

$$\boldsymbol{z''=0} \quad \cdots\cdots⑦$$

である。

(3) ⑦より

$z'=C$，$z=Cx+D$ （C，D は積分定数）

← $z=\int z'\,dx=\int C\,dx =Cx+D$

であるから，

$$y(x)=e^{-x}z=(Cx+D)e^{-x} \quad \cdots\cdots⑧$$

となる。

①で $x=0$ とおくと，$y(0)=0$ ……⑨ である。また，②より $f(0)=g(0)=0$ であるから，④より

$$y'(0)=1-2\{y(0)+g(0)\}=1 \quad \cdots\cdots⑩$$

← C，D を決定するためには，$y(0)$，$y'(0)$ がわかるとよい。実は，これらの値は与えられた関係式から導くことができる。

である。⑧，⑨より $D=0$ であるから，

$$y(x)=Cxe^{-x}，\ y'(x)=C(1-x)e^{-x}$$

となる。ここで⑩より $C=1$ であるから，

$$\boldsymbol{y=xe^{-x}}$$

である。

第6章

624 定積分を含む等式を満たす関数と定数

次の等式が $1 \leqq x \leqq 2$ で成り立つような関数 $f(x)$ と 定数 A, B を求めよ。

$$\int_{\frac{1}{x}}^{\frac{2}{x}} |\log y| f(xy)\,dy = 3x(\log x - 1) + A + \frac{B}{x}$$

ただし，$f(x)$ は $1 \leqq x \leqq 2$ に対して定義される連続関数とする。（東京工大）

精講 まず最初に，定積分に現れる $f(xy)$ を x を含まない式で表せるような置換積分を考えます。その結果として得られた定積分において，絶対値の中の符号に対応して積分区間を分割することになります。

解答 左辺の積分で $xy=t$ と置換すると，

$$\int_{\frac{1}{x}}^{\frac{2}{x}} |\log y| f(xy)\,dy = \int_1^2 \left|\log\frac{t}{x}\right| f(t)\cdot\frac{1}{x}\,dt$$

$$= \frac{1}{x}\int_1^2 |\log t - \log x| f(t)\,dt$$

← $y=\dfrac{t}{x}$ より，$\dfrac{dy}{dt}=\dfrac{1}{x}$, $dy=\dfrac{1}{x}dt$

y	$\frac{1}{x} \longrightarrow \frac{2}{x}$
t	$1 \longrightarrow 2$

となる。これより，問題の式の両辺に x をかけると，

$$\int_1^2 |\log t - \log x| f(t)\,dt$$

$$= 3x^2(\log x - 1) + Ax + B \quad \cdots\cdots①$$

が得られる。①の左辺を $G(x)$ とおくと，

$$G(x)$$

$$= \int_1^x (\log x - \log t) f(t)\,dt + \int_x^2 (\log t - \log x) f(t)\,dt$$

$$= \log x \int_1^x f(t)\,dt - \int_1^x (\log t) f(t)\,dt$$

$$+ \int_x^2 (\log t) f(t)\,dt - \log x \int_x^2 f(t)\,dt \quad \cdots\cdots②$$

← $1 \leqq t \leqq x$ のとき，$\log t - \log x \leqq 0$
$x \leqq t \leqq 2$ のとき，$\log t - \log x \geqq 0$

であるから，

$$G'(x)$$

$$= \frac{1}{x}\int_1^x f(t)\,dt + (\log x) f(x) - (\log x) f(x)$$

$$- (\log x) f(x) - \frac{1}{x}\int_x^2 f(t)\,dt + (\log x) f(x)$$

$$= \frac{1}{x}\left\{\int_1^x f(t)\,dt - \int_x^2 f(t)\,dt\right\}$$

← a を定数とするとき，
$$\frac{d}{dx}\int_x^a f(t)\,dt = -\frac{d}{dx}\int_a^x f(t)\,dt = -f(x)$$

である。したがって，①の両辺を x で微分すると，

$$\frac{1}{x}\left\{\int_1^x f(t)\,dt-\int_x^2 f(t)\,dt\right\}=6x\log x-3x+A$$

⬅左辺は $G'(x)$，右辺は $\{3x^2(\log x-1)+Ax+B\}'$ $=6x(\log x-1)+3x+A$

となり，両辺に x をかけると，

$$\int_1^x f(t)\,dt-\int_x^2 f(t)\,dt$$
$$=6x^2\log x-3x^2+Ax \quad \cdots\cdots③$$

となる。③の両辺を x で微分すると，

$$f(x)-\{-f(x)\}=12x\log x+A$$

$$\therefore\quad f(x)=6x\log x+\frac{A}{2} \quad \cdots\cdots④$$

である。

⬅④を②の右辺に代入して，$G(x)$ を求め，①の右辺と比較して，A，B を求めることもできる。その場合，
$\int t\log t\,dt$
$=\frac{1}{2}t^2\left(\log t-\frac{1}{2}\right)+C$
$\int t(\log t)^2dt$
$=\frac{1}{2}t^2\left\{(\log t)^2-\log t+\frac{1}{2}\right\}$
$+C$
を用いることになる。

③で，$x=1$，2 とおいて得られる 2 式

$$-\int_1^2 f(t)dt=-3+A$$

$$\int_1^2 f(t)dt=24\log 2-12+2A$$

から

$$A=\mathbf{5-8\log 2} \quad \cdots\cdots⑤$$

$$\int_1^2 f(t)\,dt=8\log 2-2 \quad \cdots\cdots⑥$$

である。よって，⑤を④に代入して，

$$f(x)=\boldsymbol{6x\log x+\frac{5}{2}-4\log 2}$$

である。

また，①で $x=1$，2 とおいて得られる 2 式

$$\int_1^2(\log t)f(t)\,dt=-3+A+B$$

$$\int_1^2(\log 2-\log t)f(t)\,dt=12(\log 2-1)+2A+B$$

⬅$1\leqq t\leqq 2$ のとき，$0\leqq\log t\leqq\log 2$ である。

の辺々を加えると，

$$\log 2\int_1^2 f(t)\,dt=12\log 2-15+3A+2B$$

⬅ $2B$
$=\log 2\int_1^2 f(t)\,dt-12\log 2+3(5-A)$
$=\log 2(8\log 2-2)+12\log 2$
$=8(\log 2)^2+10\log 2$

となる。⑤，⑥を代入して，B を求めると，

$$B=\mathbf{4(\log 2)^2+5\log 2}$$

である。

第6章

625 曲線上を動く点の速度と位置の関係

xy 平面において，曲線 $y=\dfrac{x^3}{6}+\dfrac{1}{2x}$ 上の点 $\left(1,\ \dfrac{2}{3}\right)$ を出発し，この曲線上を進む点Pがある。出発してから t 秒後のPの速度 $\vec{v}$ の大きさは $\dfrac{t}{2}$ に等しく，$\vec{v}$ の x 成分はつねに正または0であるとする。

(1) 出発してから t 秒後のPの位置を $(x,\ y)$ として，x と t の間の関係式を求めよ。

(2) $\vec{v}$ がベクトル $(8,\ 15)$ と平行になるのは出発してから何秒後か。 (東京大)

精講 出発してから t 秒後のPの位置を $\mathrm{P}(x,\ y)$ とするとき，$x,\ y$ は時間 t の関数です。そこで，計算の途中においては，

$f(x)\dfrac{dx}{dt}=g(t)$ のとき，両辺を t で積分すると $\displaystyle\int f(x)\,dx=\int g(t)\,dt$

が成り立つことを用います。627 精講 参照。

解答 (1) 出発してから t 秒後のPの位置を

$$\mathrm{P}(x,\ y)=\left(x,\ \frac{x^3}{6}+\frac{1}{2x}\right)$$

⬅ $x,\ y$ はいずれも t の関数である。

とおくと，Pの速度 $\vec{v}$ は

$$\vec{v}=\left(\frac{dx}{dt},\ \frac{dy}{dt}\right)=\left(\frac{dx}{dt},\ \frac{1}{2}\left(x^2-\frac{1}{x^2}\right)\frac{dx}{dt}\right)\quad\cdots\cdots①$$

⬅ $\dfrac{dy}{dt}=\dfrac{d}{dt}\left(\dfrac{x^3}{6}+\dfrac{1}{2x}\right)=\dfrac{d}{dx}\left(\dfrac{x^3}{6}+\dfrac{1}{2x}\right)\cdot\dfrac{dx}{dt}$

であり，仮定より $\dfrac{dx}{dt}\geqq 0$ ……② であるから，

$$|\vec{v}|=\sqrt{\left(\frac{dx}{dt}\right)^2+\left(\frac{dy}{dt}\right)^2}$$

$$=\sqrt{\left\{1+\frac{1}{4}\left(x^2-\frac{1}{x^2}\right)^2\right\}\left(\frac{dx}{dt}\right)^2}$$

$$=\frac{1}{2}\left(x^2+\frac{1}{x^2}\right)\frac{dx}{dt}$$

⬅ 根号内をまとめると $\dfrac{1}{4}\left(x^2+\dfrac{1}{x^2}\right)^2\left(\dfrac{dx}{dt}\right)^2$ となるので，②より。

である。したがって，$|\vec{v}|=\dfrac{1}{2}t$ より

$$\left(x^2+\frac{1}{x^2}\right)\frac{dx}{dt}=t \qquad \cdots\cdots③$$

である。③の両辺を t で積分すると，

$$\int\left(x^2+\frac{1}{x^2}\right)\frac{dx}{dt}\cdot dt=\int t\,dt$$

$$\therefore\quad \int\left(x^2+\frac{1}{x^2}\right)dx=\int t\,dt$$

←精講 参照。
置換積分の公式
$\int f(x)\frac{dx}{dt}\cdot dt$
$=\int f(x)\,dx$
による。

$$\therefore\quad \frac{1}{3}x^3-\frac{1}{x}=\frac{1}{2}t^2+C$$

となる。ここで，$t=0$ のとき，

$$(x,\ y)=\left(1,\ \frac{2}{3}\right) \qquad \cdots\cdots④$$

であるから，

$$\frac{1}{3}-1=C \qquad \therefore\quad C=-\frac{2}{3}$$

である。したがって，x と t の関係式は

$$\boldsymbol{\frac{1}{3}x^3-\frac{1}{x}=\frac{1}{2}t^2-\frac{2}{3}} \qquad \cdots\cdots⑤$$

である。

(2) ①より

$$\vec{v}=\frac{dx}{dt}\left(1,\ \frac{1}{2}\left(x^2-\frac{1}{x^2}\right)\right)$$

であるから，$\vec{v}$ がベクトル $(8,\ 15)$ と平行となるとき，

$$1:\frac{1}{2}\left(x^2-\frac{1}{x^2}\right)=8:15$$

$$\therefore\quad 4\left(x^2-\frac{1}{x^2}\right)=15 \qquad \therefore\quad (4x^2+1)(x^2-4)=0$$

である。②，④より，$t\geqq 0$ において，$x\geqq 1$ であるから，$x=2$ である。

←$t=0$ のとき，$x=1$ であって，$\frac{dx}{dt}\geqq 0$ より。

$x=2$ となる時刻 t は，⑤より

$$\frac{8}{3}-\frac{1}{2}=\frac{1}{2}t^2-\frac{2}{3}$$

$$\therefore\quad t^2=\frac{17}{3} \qquad \therefore\quad t=\sqrt{\frac{17}{3}}$$

←$t\geqq 0$ より。

であるから，$\boldsymbol{\sqrt{\frac{17}{3}}}$ 秒後である。

第6章

626 注水問題における微分積分

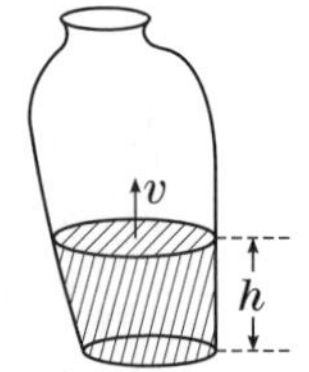

図のような容器を考える。空の状態から始めて，単位時間あたり一定の割合で水を注入し，底から測った水面の高さ h が 10 になるまで続ける。水面の上昇する速さ v は，水面の高さ h の関数として

$$v=\frac{\sqrt{2+h}}{\log(2+h)} \quad (0 \leqq h \leqq 10)$$

で与えられるものとする。水面の上昇が始まってから水面の面積が最大となるまでの時間を求めよ。　(大阪大 1992)

精講　入っている水の量 V，水面の高さ h は時間 t の関数と考えます。注水の仕方から V は t の簡単な式で表されますが，一方，水面の面積 S を h の関数 $S(h)$ と考えると，V は $S(h)$ と h を用いた式でも表されます。これら 2 つの V の式を t で微分してみると何が得られるでしょうか。

解答　時間 t だけ注水したときの水量を V，水面の高さを h とする。

⬅ V，h は時間 t の関数である。

単位時間あたりの注入量を a とすると，

$$V=at \quad \cdots\cdots ①$$

である。また，与えられた条件より

$$\frac{dh}{dt}=v=\frac{\sqrt{2+h}}{\log(2+h)} \quad \cdots\cdots ②$$

⬅ 水面の上昇する速さは $\frac{dh}{dt}$ である。

である。

次に，水面の高さが h のときの水面の面積を $S(h)$ とすると，

$$V=\int_0^h S(z)\,dz \quad \cdots\cdots ③$$

である。①，③を t で微分すると，

$$\frac{dV}{dt}=a$$

$$\frac{dV}{dt}=\frac{d}{dh}\int_0^h S(z)\,dz\cdot\frac{dh}{dt}=S(h)\cdot\frac{\sqrt{2+h}}{\log(2+h)}$$

⬅ h は t の関数であるから，合成関数の微分公式より。

となるので，

$$a=S(h)\cdot\frac{\sqrt{2+h}}{\log(2+h)}$$

← この式は $a=S(h)\cdot\dfrac{dh}{dt}$ であるから，(体積の変化率)＝(水面の面積)・(高さの変化率)と考えると当たり前の式である。

$$\therefore\quad S(h)=\frac{\log(2+h)}{\sqrt{2+h}}a \qquad\cdots\cdots④$$

である。④より

$$S'(h)=\frac{\dfrac{1}{2+h}\sqrt{2+h}-\{\log(2+h)\}\cdot\dfrac{1}{2\sqrt{2+h}}}{2+h}a$$

$$=\frac{2-\log(2+h)}{2(2+h)\sqrt{2+h}}a$$

← $\log(2+h)=2$ となる h は $h=e^2-2$

であるから，右の増減表より，$S(h)$ は

$h=e^2-2$ ……⑤ のとき最大となる。

h	0	$\cdots$	e^2-2	$\cdots$	10
$S'(h)$		$+$	0	$-$	
$S(h)$		↗		↘	

次に，⑤となるまでの時間 T を求める。h は時間 t とともに増加するので，t を h の関数とみなすことができる。そのとき，②より

$$\frac{dt}{dh}=\frac{\log(2+h)}{\sqrt{2+h}} \qquad\cdots\cdots⑥$$

← 逆関数の微分公式より $\dfrac{dt}{dh}=\dfrac{1}{\frac{dh}{dt}}$

である。⑥の両辺を h について $0\leqq h\leqq e^2-2$ で積分すると，

← t を h の関数 $t=t(h)$ と考えると，$t(0)=0,\ t(e^2-2)=T$

$$T=\int_0^{e^2-2}\frac{\log(2+h)}{\sqrt{2+h}}dh \qquad\cdots\cdots⑦$$

となる。$\sqrt{2+h}=x$，つまり $h=x^2-2$ と置換すると，

← 参考 参照。

← $\dfrac{dh}{dx}=2x$ $\therefore\ dh=2x\,dx$

h	$0\longrightarrow e^2-2$
x	$\sqrt{2}\longrightarrow e$

$$T=\int_{\sqrt{2}}^{e}\frac{\log x^2}{x}\cdot 2x\,dx=4\int_{\sqrt{2}}^{e}\log x\,dx$$

$$=4\Big[x(\log x-1)\Big]_{\sqrt{2}}^{e}=\mathbf{2\sqrt{2}\,(2-\log 2)}$$

である。

参考

⑦では，部分積分を用いると，

$$T=\int_0^{e^2-2}(2\sqrt{2+h})'\log(2+h)\,dh$$

$$=\Big[2\sqrt{2+h}\,\log(2+h)\Big]_0^{e^2-2}-\int_0^{e^2-2}\frac{2}{\sqrt{2+h}}dh$$

$$=4e-2\sqrt{2}\log 2-\Big[4\sqrt{2+h}\Big]_0^{e^2-2}=2\sqrt{2}\,(2-\log 2)$$

となる。

627 微分方程式(1)

$H>0$, $R>0$ とする。座標空間内において，原点Oと点 $P(R,\ 0,\ H)$ を結ぶ線分を，z 軸の周りに回転させてできる容器がある。この容器に水を満たし，原点から水面までの高さが h のとき単位時間あたりの排水量が，$\sqrt{h}$ となるように水を排出する。すなわち，時刻 t までに排出された水の総量を $V(t)$ とおくとき，$\dfrac{dV}{dt}=\sqrt{h}$ が成り立つ。このとき，すべての水を排出するのに要する時間を求めよ。 (京都大)

精講 水面の高さ h は時刻 t の関数です。まず，与えられた条件から，h, t, $\dfrac{dh}{dt}$ の関係式 (微分方程式) を導きます。そこから，$\dfrac{dh}{dt}$ を含まない h と t だけの関係を導くことになりますので，その計算法についてまとめておきましょう。

y は x の関数であり，x, y, $\dfrac{dy}{dx}$ が関係式

$$f(y)\frac{dy}{dx}=g(x)\quad\cdots\cdots㋐\qquad\text{または}\qquad\frac{dy}{dx}=g(x)h(y)\quad\cdots\cdots㋑$$

を満たしているとき，㋐，㋑を (**変数分離形**) **微分方程式**という。

㋑の両辺を $h(y)(\neq 0)$ で割って $\dfrac{1}{h(y)}=f(y)$ と考えると，㋐になるので，以下では㋐を満たす y，すなわち，微分方程式㋐の解 y を求める。

㋐の両辺を x で積分すると，置換積分の公式より

$$\int f(y)\frac{dy}{dx}dx=\int g(x)dx$$

$$\therefore\quad \int f(y)dy=\int g(x)dx\quad\cdots\cdots㋒$$

となり，$\dfrac{dy}{dx}$ を含まない x, y の関係式が得られる。

さらに，㋒の両辺の積分において積分定数が現れるが，その定数はある x に対する y の値を与えること (**初期条件**) によって定まる。

本問における初期条件は $t=0$ のとき $h=H$ であることです。

解答　時刻 t における水面の高さを h，水面の半径を r とすると，xz 平面による断面図から，

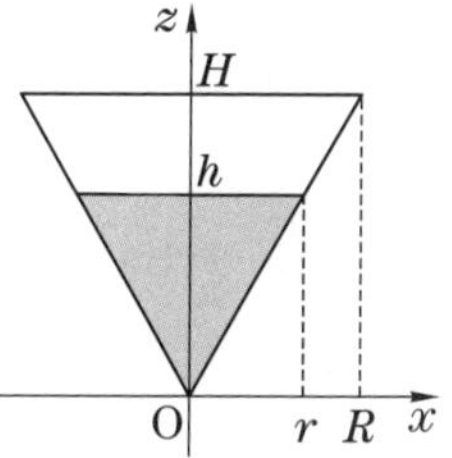

$$r:h=R:H \qquad \therefore \quad r=\frac{R}{H}h$$

である。このとき，排出された水量 $V(t)$ は

$$V(t)=\frac{1}{3}\pi R^2H-\frac{1}{3}\pi r^2h$$

$$=\frac{1}{3}\pi R^2H-\frac{1}{3}\pi\left(\frac{R}{H}\right)^2h^3 \quad \cdots\cdots ①$$

← R，H は定数であり，$V(t)$，h は時刻 t の関数である。

である。

①の両辺を t で微分すると，

$$\frac{dV}{dt}=-\pi\left(\frac{R}{H}\right)^2h^2\frac{dh}{dt}$$

であるから，

$$\sqrt{h}=-\pi\left(\frac{R}{H}\right)^2h^2\frac{dh}{dt}$$

← 仮定より，$\frac{dV}{dt}=\sqrt{h}$

$$\therefore \quad -\pi\left(\frac{R}{H}\right)^2h^{\frac{3}{2}}\frac{dh}{dt}=1 \quad \cdots\cdots ②$$

である。②の両辺を t で積分すると，

$$-\pi\left(\frac{R}{H}\right)^2\int h^{\frac{3}{2}}\frac{dh}{dt}dt=\int dt$$

$$\therefore \quad -\frac{2}{5}\pi\left(\frac{R}{H}\right)^2h^{\frac{5}{2}}=t+C \ (C\text{は積分定数})$$

← $\int h^{\frac{3}{2}}\frac{dh}{dt}\cdot dt=\int h^{\frac{3}{2}}dh$
$=\frac{2}{5}h^{\frac{5}{2}}+C'$

となる。ここで，$t=0$ のとき $h=H$ より

$$C=-\frac{2}{5}\pi\left(\frac{R}{H}\right)^2H^{\frac{5}{2}}$$

であるから，

$$t=\frac{2}{5}\pi\left(\frac{R}{H}\right)^2(H^{\frac{5}{2}}-h^{\frac{5}{2}}) \quad \cdots\cdots ③$$

である。

これより，$h=0$ となるまでの時間は，

← ③で $h=0$ とするだけ。

$$t=\frac{2}{5}\pi\left(\frac{R}{H}\right)^2H^{\frac{5}{2}}=\boldsymbol{\frac{2}{5}\pi R^2\sqrt{H}}$$

である。

第6章

628 微分方程式(2)

(1)　a を実数の定数，$f(x)$ をすべての点で微分可能な関数とする。このとき次の等式を示せ。

$$f'(x)+af(x)=e^{-ax}\{e^{ax}f(x)\}'$$

(2)　(1)の等式を利用して，次の式を満たす関数 $f(x)$ で，$f(0)=0$ となるものを求めよ。

$$f'(x)+2f(x)=\cos x$$

(3)　(2)で求めた関数 $f(x)$ に対して，数列 $\{|f(n\pi)|\}$ $(n=1,\ 2,\ 3,\ \cdots)$ の極限値 $\lim_{n\to\infty}|f(n\pi)|$ を求めよ。　（滋賀医大）

精講　(2)　(1)の等式から，$e^{ax}\{f'(x)+af(x)\}=\{e^{ax}f(x)\}'$ が成り立つことを利用します。ここで，この種の微分方程式の解法についてまとめておきましょう。

> a は実数の定数とする。y は x の関数であり，関係式
>
> $$y'+ay=g(x) \quad \cdots\cdots ㋐$$
>
> を満たしているとき，㋐を（線形）微分方程式という。
>
> ㋐の両辺に e^{ax} をかけると
>
> $$e^{ax}(y'+ay)=e^{ax}g(x) \qquad \therefore \quad (e^{ax}y)'=e^{ax}g(x)$$
>
> となる。両辺を x で積分すると
>
> $$e^{ax}y=\int e^{ax}g(x)\,dx+C$$
>
> $$\therefore \quad y=e^{-ax}\left\{\int e^{ax}g(x)\,dx+C\right\}$$
>
> となり，初期条件から積分定数 C を決めると y が求まる。

解答　(1)

$$e^{-ax}\{e^{ax}f(x)\}'$$
$$=e^{-ax}\{e^{ax}f'(x)+ae^{ax}f(x)\}$$

⬅積の微分公式より。

$$=f'(x)+af(x)$$

である。　（証明おわり）

(2)　(1)で示したことより，

$$f'(x)+2f(x)=\cos x$$

は

$$e^{-2x}\{e^{2x}f(x)\}'=\cos x \quad \cdots\cdots①$$

⬅(1)において，$a=2$ とおいた。

となる。①の両辺に e^{2x} をかけると，

$$\{e^{2x}f(x)\}'=e^{2x}\cos x$$

$$\therefore \quad e^{2x}f(x)=\int e^{2x}\cos x\,dx \quad \cdots\cdots②$$

となる。ここで，

$$I=\int e^{2x}\cos x\,dx$$

⬅602 参考 2° 参照。

$$=\frac{1}{2}e^{2x}\cos x+\int\frac{1}{2}e^{2x}\sin x\,dx$$

$$=\frac{1}{2}e^{2x}\cos x+\frac{1}{4}e^{2x}\sin x-\frac{1}{4}I$$

⬅ $\int\frac{1}{2}e^{2x}\sin x\,dx$
$=\int\left(\frac{1}{4}e^{2x}\right)'\sin x\,dx$
$=\frac{1}{4}e^{2x}\sin x$
$\quad -\int\frac{1}{4}e^{2x}\cos x\,dx$
$=\frac{1}{4}e^{2x}\sin x-\frac{1}{4}I$

であるから，積分定数を C とすれば，

$$I=\frac{1}{5}e^{2x}(2\cos x+\sin x)+C$$

である。よって，②に戻ると，

$$e^{2x}f(x)=\frac{1}{5}e^{2x}(2\cos x+\sin x)+C$$

$$\therefore \quad f(x)=\frac{1}{5}(2\cos x+\sin x)+Ce^{-2x}$$

である。$f(0)=0$ より，$C=-\frac{2}{5}$ であり，

$$\boldsymbol{f(x)=\frac{1}{5}(2\cos x+\sin x-2e^{-2x})}$$

である。

(3) $$f(n\pi)=\frac{2}{5}\{(-1)^n-e^{-2n\pi}\}$$

⬅ $\cos n\pi=(-1)^n$，$\sin n\pi=0$ より。

である。ここで，

$$|(-1)^n|-e^{-2n\pi}\leqq|(-1)^n-e^{-2n\pi}|\leqq|(-1)^n|+e^{-2n\pi}$$

$$\therefore \quad 1-e^{-2n\pi}\leqq|(-1)^n-e^{-2n\pi}|\leqq1+e^{-2n\pi}$$

⬅ $|a|-|b|\leqq|a-b|\leqq|a|+|b|$

であるから，はさみ打ちの原理より

⬅ $\lim_{n\to\infty}e^{-2n\pi}=0$

$$\lim_{n\to\infty}|(-1)^n-e^{-2n\pi}|=1$$

である。したがって，

$$\lim_{n\to\infty}|f(n\pi)|=\lim_{n\to\infty}\frac{2}{5}|(-1)^n-e^{-2n\pi}|=\boldsymbol{\frac{2}{5}}$$

⬅ $\lim_{n\to\infty}e^{-2n\pi}=0$ であるから，
$\lim_{n\to\infty}|(-1)^n-e^{-2n\pi}|$
$=\lim_{n\to\infty}|(-1)^n|=1$
としてもよい。

である。

第6章

701 円周上で接する n 個の放物線と面積

nを3以上の自然数とする。点Oを中心とする半径1の円において，円周をn等分する点P_0, P_1, …, P_{n-1}を時計回りにとる。各 $i=1,\ 2,\ \cdots,\ n$ に対して，直線OP_{i-1}, OP_iとそれぞれ点P_{i-1}, P_iで接するような放物線をC_iとする。ただし，$P_n=P_0$ とする。放物線C_1, C_2, …, C_nによって囲まれる部分の面積をS_nとするとき，$\lim_{n\to\infty}S_n$を求めよ。　(大阪大 2004)

精講　直線OP_0, OP_1と放物線C_1の囲む部分の面積を簡単に計算できるような座標軸を設定しましょう。

解答　Oを原点とし，放物線C_1が下に凸で，軸がy軸となるような座標軸を設定する。

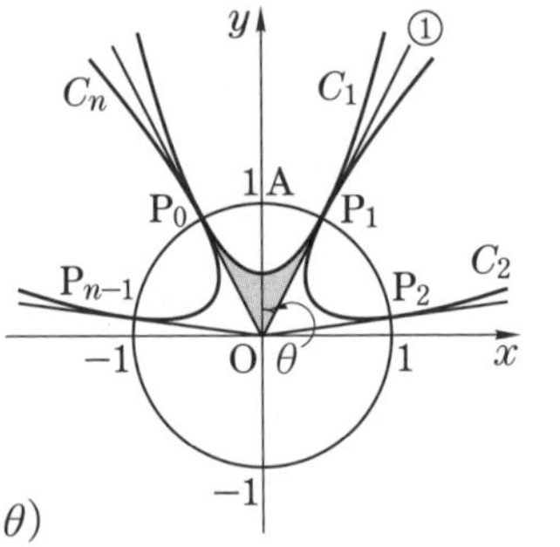

この円とy軸の正の部分との交点をAとし，

$$\angle P_0OA=\angle P_1OA=\frac{1}{2}\cdot\frac{2\pi}{n}=\frac{\pi}{n}=\theta$$

とすると，

$$P_1\left(\cos\left(\frac{\pi}{2}-\theta\right),\ \sin\left(\frac{\pi}{2}-\theta\right)\right)=(\sin\theta,\ \cos\theta)$$

であり，直線OP_1は

$$y=\frac{\cos\theta}{\sin\theta}x \qquad \cdots\cdots①$$

である。また，座標軸の定め方から，

$$C_1 : y=ax^2+b\ (a>0,\ b>0) \qquad \cdots\cdots②$$

とおける。①，②がP_1で接することより，

$$ax^2+b=\frac{\cos\theta}{\sin\theta}x$$

$$\therefore\quad ax^2-\frac{\cos\theta}{\sin\theta}x+b=0 \qquad \cdots\cdots③$$

は $x=\sin\theta$ を重解にもつから，③は

⬅(P_1のx座標)$=\sin\theta$ より。

$$a(x-\sin\theta)^2=0 \qquad \cdots\cdots④$$

に等しい。そこで，③，④の係数を比べると，

$$-\frac{\cos\theta}{\sin\theta}=-2a\sin\theta \text{ かつ } b=a\sin^2\theta$$

⬅④の左辺は $ax^2-2a(\sin\theta)x+a\sin^2\theta$ である。

$$\therefore\quad a=\frac{\cos\theta}{2\sin^2\theta} \text{ かつ } b=\frac{1}{2}\cos\theta \qquad \cdots\cdots⑤$$

である。P_0, P_1 は y 軸に関して対称であるから，⑤のもとで，C_1，つまり，②は OP_0 にも P_0 で接する。

⬅C_1，つまり，②は y 軸に関して対称である。また，OP_0 と OP_1 も y 軸に関して対称である。

線分 OP_0, OP_1 と C_1 によって囲まれた部分の面積を T_n とおくと，y 軸に関する対称性より，

$$\begin{aligned}T_n&=2\int_0^{\sin\theta}\left(ax^2+b-\frac{\cos\theta}{\sin\theta}x\right)dx\\&=2\int_0^{\sin\theta}a(x-\sin\theta)^2dx\\&=2a\left[\frac{1}{3}(x-\sin\theta)^3\right]_0^{\sin\theta}\\&=2\cdot\frac{\cos\theta}{2\sin^2\theta}\cdot\frac{1}{3}\sin^3\theta\\&=\frac{1}{3}\sin\theta\cos\theta\end{aligned}$$

⬅(③の左辺)=(④の左辺)より。

⬅⑤より。

である。線分 OP_{i-1}, OP_i と C_i $(i=2,\ 3,\ \cdots,\ n)$ によって囲まれる部分の面積も T_n に等しいから，

$$S_n=nT_n=\frac{1}{3}n\sin\theta\cos\theta$$

である。$n\to\infty$ のとき，$\theta=\dfrac{\pi}{n}\to 0$ であるから，

$$\begin{aligned}\lim_{n\to\infty}S_n&=\lim_{\theta\to 0}\frac{1}{3}\cdot\frac{\pi}{\theta}\sin\theta\cos\theta\\&=\lim_{\theta\to 0}\frac{\pi}{3}\cdot\frac{\sin\theta}{\theta}\cdot\cos\theta\\&=\frac{\pi}{3}\cdot 1\cdot 1=\boldsymbol{\frac{\pi}{3}}\end{aligned}$$

⬅$n=\dfrac{\pi}{\theta}$

⬅$\displaystyle\lim_{\theta\to 0}\frac{\sin\theta}{\theta}=1$

である。

第7章

類題 23 →解答 p.376

3 次関数 $y=x^3-3x^2+2x$ のグラフを C，直線 $y=ax$ を l とする。

(1) C と l が原点以外の共有点をもつような実数 a の範囲を求めよ。

(2) a が(1)で求めた範囲内にあるとき，C と l によって囲まれる部分の面積を $S(a)$ とする。$S(a)$ が最小となる a の値を求めよ。 （東京工大）

702 図形的な考察による定積分の計算

$0 \leqq t \leqq 2$ の範囲にある t に対し，方程式 $x^4-2x^2-1+t=0$ の実数解のうち最大のものを $g_1(t)$，最小のものを $g_2(t)$ とおく。$\displaystyle\int_0^2\{g_1(t)-g_2(t)\}dt$ を求めよ。

（東京大）

精講 パラメタ t を移項することによって，実数解をある曲線と直線の共有点の x 座標として視覚的に捉えて，その図において，与えられた定積分の図形的意味を読み取れば多項式の積分で済みます。

また，方程式の解を具体的に求めて計算しても難しくありません。

解答 方程式 $x^4-2x^2-1+t=0$ つまり，

$$-x^4+2x^2+1=t$$

の実数解は

$$y=-x^4+2x^2+1 \quad \cdots\cdots① \quad と \quad y=t \quad \cdots\cdots②$$

の共有点の x 座標に等しい。……(＊)

t	$\cdots$	-1	$\cdots$	0	$\cdots$	1	$\cdots$
y'	$+$	0	$-$	0	$+$	0	$-$
y	↗	2	↘	1	↗	2	↘

①の概形は

$$y'=-4x(x-1)(x+1)$$

より，(図 1) のようになる。

$0 \leqq t \leqq 2$ のとき，(＊) より $g_1(t)$，$g_2(t)$ は①，②の共有点のうちの右端 P，左端 Q の x 座標であるから，$g_1(t)-g_2(t)$ は線分 PQ の長さを表す。したがって，

$$I=\int_0^2\{g_1(t)-g_2(t)\}dt$$

とおくと，I は (図 2) の斜線部分の面積に等しい。

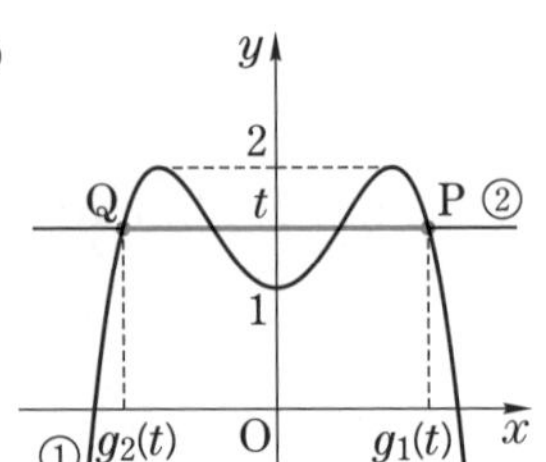

(図1)

①と x 軸の交点 A，B の x 座標は

$$-x^4+2x^2+1=0 \qquad \therefore \quad x^4-2x^2-1=0$$

の実数解であり，$x^2>0$ であるから，

$$x^2=1+\sqrt{2}$$

$$\therefore \quad x=\pm\sqrt{1+\sqrt{2}}$$

である。曲線①は y 軸に関して対称であるから，

$$\frac{1}{2}I=2\cdot1+\int_1^{\sqrt{1+\sqrt{2}}}(-x^4+2x^2+1)dx$$

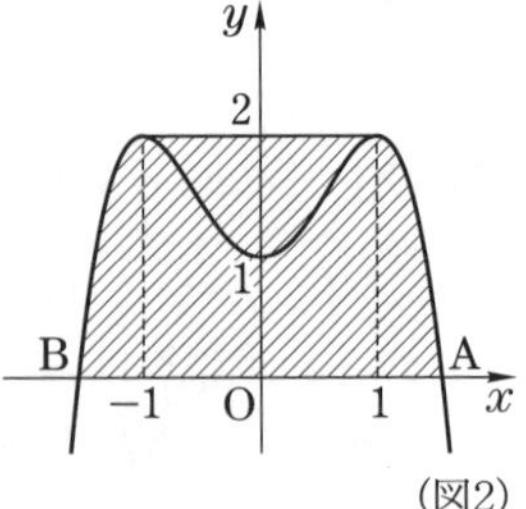

(図2)

$$=2+\left[-\frac{1}{5}x^5+\frac{2}{3}x^3+x\right]_1^{\sqrt{1+\sqrt{2}}}$$

$$=2+\sqrt{1+\sqrt{2}}\left\{-\frac{(1+\sqrt{2})^2}{5}+\frac{2}{3}(1+\sqrt{2})+1\right\}-\frac{22}{15}$$

$$=\frac{8}{15}+\frac{16+4\sqrt{2}}{15}\sqrt{1+\sqrt{2}}$$

より

$$I=\boldsymbol{\frac{8}{15}\{2+(4+\sqrt{2})\sqrt{1+\sqrt{2}}\}}$$

である。

別解

$0\leqq t\leqq 2$ のとき，方程式を x^2 について解くと

$$x^2=1\pm\sqrt{2-t}$$

となる。これより，方程式の実数解は

$0\leqq t<1$ のとき $x=\pm\sqrt{1+\sqrt{2-t}}$

$1\leqq t\leqq 2$ のとき $x=\pm\sqrt{1+\sqrt{2-t}}$，$\pm\sqrt{1-\sqrt{2-t}}$

であり，いずれの場合にも

$$g_1(t)=\sqrt{1+\sqrt{2-t}},\quad g_2(t)=-\sqrt{1+\sqrt{2-t}}$$

である。したがって，

$$I=\int_0^2\{g_1(t)-g_2(t)\}dt$$

$$=2\int_0^2\sqrt{1+\sqrt{2-t}}\,dt$$

である。ここで，

$$1+\sqrt{2-t}=u \qquad \therefore\quad t=-u^2+2u+1$$

と置換すると，

$$I=2\int_{1+\sqrt{2}}^{1}\sqrt{u}\,(-2u+2)du$$

$$=8\left[-\frac{1}{5}u^2\sqrt{u}+\frac{1}{3}u\sqrt{u}\right]_{1+\sqrt{2}}^{1}$$

$$=8\left[\frac{2}{15}+\left\{\frac{(1+\sqrt{2})^2}{5}-\frac{1+\sqrt{2}}{3}\right\}\sqrt{1+\sqrt{2}}\right]$$

$$=\frac{8}{15}\{2+(4+\sqrt{2})\sqrt{1+\sqrt{2}}\}$$

である。

⬅ $0\leqq t<1$ のとき，$1-\sqrt{2-t}<0$ に注意する。

⬅ $1+\sqrt{2-t}\geqq 1-\sqrt{2-t}\geqq 0$

⬅ $dt=(-2u+2)du$

t	$0 \longrightarrow 2$
u	$1+\sqrt{2} \longrightarrow 1$

（$0\leqq t\leqq 2$ において，$u=1+\sqrt{2-t}$ は減少する）

703 互いに接する２つの曲線と面積

$f(x)=\log\dfrac{x^2+1}{2}$ とおく。xy 平面上の円 C と曲線 $D：y=f(x)$ は D のすべての変曲点で接しているとする。ただし，2 つの曲線がある点で接するとはその点で共通の接線をもつことをいう。

(1) C の方程式を求めよ。

(2) C と D の共有点は D の変曲点のみであることを証明せよ。

(3) C と D で囲まれた部分の面積を求めよ。 （京都府立医大*）

精講 (1) C の中心は D の変曲点における法線上にあります。

(2) D は変曲点を除くと C の外部にあるはずです。これをどのように示すとよいかを考えましょう。

解答 (1) $f'(x)=\dfrac{2x}{x^2+1}$

⬅ $f(x)=\log(x^2+1)-\log 2$ より

$f'(x)=\dfrac{(x^2+1)'}{x^2+1}=\dfrac{2x}{x^2+1}$

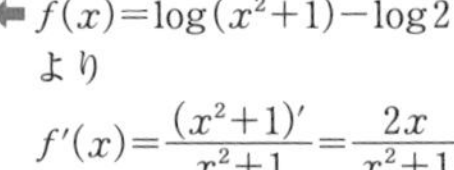

$$f''(x)=\frac{2(x^2+1-x\cdot 2x)}{(x^2+1)^2}=\frac{2(1-x^2)}{(x^2+1)^2}$$

であるから，$D：y=f(x)$ の変曲点は

A$(-1,\ 0)$，B$(1,\ 0)$

である。

⬅ $|x|<1$ のとき
$y''=f''(x)>0$ より下に凸
$|x|>1$ のとき
$y''=f''(x)<0$ より上に凸

円 C は D と 2 点 A，B において接しているので，C の中心Eは A，B それぞれにおける D の法線

$y=x+1$，$y=-x+1$

の交点であるから，E$(0,\ 1)$ である。また，半径は AE$=\sqrt{2}$ であるから，

$\boldsymbol{C：x^2+(y-1)^2=2}$

である。

(2) D 上の A，B 以外の点 P$(t,\ f(t))$ はすべて C の外部にあること，つまり，

EP$>\sqrt{2}$ ……①

が成り立つことを示すとよい。C，D はともに y 軸に関して対称であるから，$t\geqq 0$ のもとで，B を除いて，すなわち，$t=1$ を除いて，①が成り立つことを

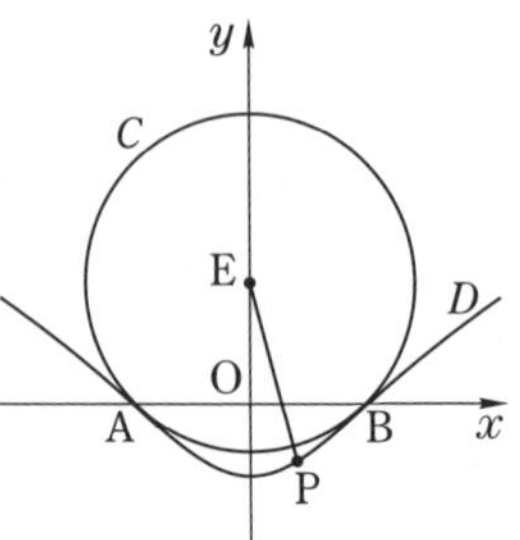

示す。

$$\mathrm{EP}^2=t^2+\{f(t)-1\}^2$$
$$=t^2+\left(\log\frac{t^2+1}{2}-1\right)^2 \quad \cdots\cdots②$$

であり，②の右辺を $g(t)$ とおくと，

$$g'(t)=2t+\frac{4t}{t^2+1}\left(\log\frac{t^2+1}{2}-1\right)$$
$$=\frac{2t}{t^2+1}\left(t^2+1+2\log\frac{t^2+1}{2}-2\right) \cdots\cdots③$$

⬅ 以下，$g(t)$ は $t=1$ において最小値 2 をとると予想して調べる。

となる。$t\geqq 0$ において，③ の (　) 内は単調増加であり，$t=1$ のとき 0 となるので，$g(t)$ の増減は右表の通りである。

t	0	$\cdots$	1	$\cdots$
$g'(t)$		$-$	0	$+$
$g(t)$		↘	2	↗

したがって，$t\geqq 0$ かつ $t\neq 1$ のとき

$g(t)>2$　つまり　$\mathrm{EP}>\sqrt{2}$

が示された。　(証明おわり)

(3)　求める面積を S とおき，C の弓形 $\overset{\frown}{\mathrm{AB}}$ の面積を T とおくと，

$$S=\int_{-1}^{1}\left(-\log\frac{x^2+1}{2}\right)dx-T \quad \cdots\cdots④$$

である。ここで，

$$T=\frac{1}{4}(\sqrt{2})^2\pi-\frac{1}{2}(\sqrt{2})^2=\frac{\pi}{2}-1$$

⬅ $\angle\mathrm{AEB}=\frac{\pi}{2}$ より。

$$\int_{-1}^{1}\left(-\log\frac{x^2+1}{2}\right)dx$$
$$=-2\int_0^1\log\frac{x^2+1}{2}dx$$

⬅ $\log\frac{x^2+1}{2}$ は偶関数であるから。

$$=-2\left\{\left[x\log\frac{x^2+1}{2}\right]_0^1-\int_0^1 x\cdot\frac{2x}{x^2+1}dx\right\}$$

⬅ $\int_0^1 x\cdot\frac{2x}{x^2+1}dx$
$=2\int_0^1\left(1-\frac{1}{x^2+1}\right)dx$

$$=4\int_0^1\left(1-\frac{1}{x^2+1}\right)dx$$
$$=4-\pi$$

⬅ $x=\tan\theta$ の置換により
$\int_0^1\frac{1}{x^2+1}dx=\int_0^{\frac{\pi}{4}}d\theta=\frac{\pi}{4}$

である。④に戻って，

$$S=4-\pi-\left(\frac{\pi}{2}-1\right)=\mathbf{5-\frac{3}{2}\pi}$$

である。

第7章

704 媒介変数表示された曲線と面積(1)

x, y は t を媒介変数として，次のように表示されているものとする。

$$x=\frac{3t-t^2}{t+1},\ y=\frac{3t^2-t^3}{t+1}$$

変数 t が $0\leqq t\leqq 3$ を動くとき，x と y の動く範囲をそれぞれ求めよ。さらに，この $(x,\ y)$ が描くグラフが囲む図形と領域 $y\geqq x$ の共通部分の面積を求めよ。（京都大）

精講 $\dfrac{dx}{dt}$, $\dfrac{dy}{dt}$ から導かれる x, y の増減は単純ですから，まずグラフの概形を描いて，そのグラフと $y=x$ との原点以外の交点について調べます。

解答 $x=x(t)=\dfrac{3t-t^2}{t+1}$, $y=y(t)=\dfrac{3t^2-t^3}{t+1}$

とおき，$P_t(x,\ y)=(x(t),\ y(t))$ とする。

$$x'(t)=\frac{(3-2t)(t+1)-(3t-t^2)}{(t+1)^2}=\frac{-(t-1)(t+3)}{(t+1)^2}\quad\cdots\cdots①$$

であるから，$0\leqq t\leqq 3$ ……② において x が動く範囲は右表より，

t	0	$\cdots$	1	$\cdots$	3
$x'(t)$		$+$	0	$-$	
$x(t)$	0	↗	1	↘	0

$\boldsymbol{0\leqq x\leqq 1}$

である。次に，

$$y'(t)=\frac{(6t-3t^2)(t+1)-(3t^2-t^3)}{(t+1)^2}=\frac{-2t(t^2-3)}{(t+1)^2}$$

であるから，②において y の動く範囲は，右表より，

t	0	$\cdots$	$\sqrt{3}$	$\cdots$	3
$y'(t)$		$+$	0	$-$	
$y(t)$	0	↗	$6\sqrt{3}-9$	↘	0

$\boldsymbol{0\leqq y\leqq 6\sqrt{3}-9}$

である。

$$y(t)-x(t)=tx(t)-x(t)=\frac{(t-1)t(3-t)}{t+1}$$

であるから，P_t が領域 $y\geqq x$ にあるのは

$t=0$, $1\leqq t\leqq 3$

のときである。したがって，②の範囲で，$P_t(x,\ y)$ の描くグラフ C の概形は右図の通りである。

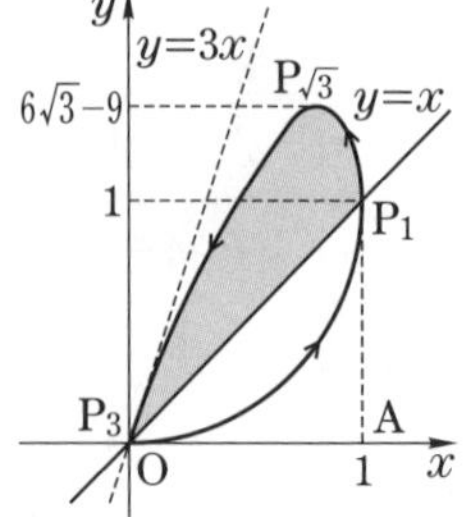

$1\leqq t\leqq 3$ に対応する P_t の y 座標を y_+ と表すと，求

める面積Sは

$$S=\int_0^1 y_+ dx-\frac{1}{2} \quad \cdots\cdots ③$$

⬅ ($\triangle OAP_1$ の面積)$=\frac{1}{2}$
ここで，A(1, 0) である。

である。右辺の積分で，$x=\frac{3t-t^2}{t+1}$ と置換すると，

y_+ においては，$\begin{array}{c|ccc|} x & 0 & \longrightarrow & 1 \\ \hline t & 3 & \longrightarrow & 1 \end{array}$ と対応するから，

$$I=\int_0^1 y_+ dx=\int_3^1 y\cdot\frac{dx}{dt}\cdot dt$$

$$=\int_3^1 \frac{3t^2-t^3}{t+1}\cdot\frac{-(t-1)(t+3)}{(t+1)^2}dt$$

$$=\int_1^3 \frac{-t^2(t-3)(t-1)(t+3)}{(t+1)^3}dt$$

⬅ $\frac{dx}{dt}=x'(t)$ は①で求めてある。

となる。ここで，$t+1=u$ と置換すると，

$$I=\int_2^4 \frac{-(u-1)^2(u-4)(u-2)(u+2)}{u^3}du$$

$$=\int_2^4 \frac{-u^5+6u^4-5u^3-20u^2+36u-16}{u^3}du$$

$$=\int_2^4\left(-u^2+6u-5-\frac{20}{u}+\frac{36}{u^2}-\frac{16}{u^3}\right)du$$

$$=\left[-\frac{1}{3}u^3+3u^2-5u-20\log u-\frac{36}{u}+\frac{8}{u^2}\right]_2^4$$

$$=\frac{89}{6}-20\log 2$$

となるので，③に戻ると，

$$S=I-\frac{1}{2}=\boldsymbol{\frac{43}{3}-20\log 2}$$

である。

参考

グラフCの概形を描くことを求められたときは，P_1 において直線 $x=1$ に接すること，$P_{\sqrt{3}}(6-3\sqrt{3},\ 6\sqrt{3}-9)$ で y は極大となることに加えて，

$$\lim_{t\to 0}\frac{y}{x}=\lim_{t\to 0}\frac{\frac{3t^2-t^3}{t+1}}{\frac{3t-t^2}{t+1}}=\lim_{t\to 0}t=0,\quad \lim_{t\to 3}\frac{y}{x}=\lim_{t\to 3}t=3$$

より，Cは $t=0$ のときには，原点Oでx軸に接し，$t=3$ のときには，Oで直線 $y=3x$ に接することを示しておく必要がある。

第7章

☆ ## 705 媒介変数表示された曲線と面積(2)

座標平面において，媒介変数 t を用いて $\begin{cases} x=\cos 2t \\ y=t\sin t \end{cases}$ $(0\leqq t\leqq 2\pi)$ と表される曲線が囲む領域の面積を求めよ。 （東京大）

精講 $0\leqq t\leqq 2\pi$ における $x=\cos 2t$ の変化は単純であり，さらに $t=0$，π，2π に対応する点 $(x,\ y)$ はすべて $(1,\ 0)$ であることも明らかですが，面積を求めるためには，$0<t<\pi$，$\pi<t<2\pi$ においてこの曲線が交叉することがあるかどうかを知る必要があります。

解答 $0\leqq t\leqq 2\pi$ ……① において，

$$x=x(t)=\cos 2t,\ y=y(t)=t\sin t$$

とし，$P_t(x,\ y)=(x(t),\ y(t))$ の描く曲線を C とする。

①において，$x(t)$ は次のように変化する。

t	0	…	$\frac{\pi}{2}$	…	π	…	$\frac{3}{2}\pi$	…	2π
$x(t)$	1	↘	-1	↗	1	↘	-1	↗	1

また，$y(t)$ については

$0\leqq t\leqq\pi$ のとき $y(t)\geqq 0$

$\pi\leqq t\leqq 2\pi$ のとき $y(t)\leqq 0$

であり，

← $y'(t)=\sin t+t\cos t$ であり，$y(t)$ の増減はすぐにはわからないが，あとの説明のためには，左の事実を捉えておくと十分である。

$$P_0=P_\pi=P_{2\pi}=A(1,\ 0)$$

である。これより，P_t は，

(i) $0\leqq t\leqq\pi$ ……② のとき，$y\geqq 0$ において，Aを出発してAに戻り，

(ii) $\pi\leqq t\leqq 2\pi$ ……③ のとき，$y\leqq 0$ において，Aを出発してAに戻る。

(i)において，特に $0<t<\dfrac{\pi}{2}$ とすると，

← 以下の議論から，$0<t<\pi$，$\pi<t<2\pi$ のいずれにおいても，曲線 C は交叉していないことがわかる。

$$0<t<\frac{\pi}{2}<\pi-t<\pi \text{ かつ } \sin t>0$$

であり，

$$x(\pi-t)=\cos 2(\pi-t)=\cos 2t=x(t)$$

$$y(\pi-t)=(\pi-t)\sin(\pi-t)=(\pi-t)\sin t$$
$$>t\sin t=y(t)$$

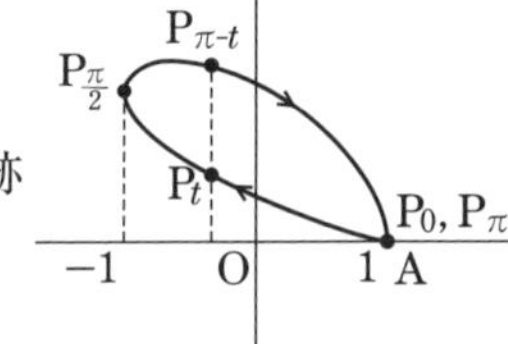

である。これより，P_t と $P_{\pi-t}$ の x 座標は等しくて，$P_{\pi-t}$ は P_t より上方にあるから，②における P_t の軌跡の概形は右図のようになる。

(ii)において，特に $\pi<t<\frac{3}{2}\pi$ とすると，

$$t<\frac{3}{2}\pi<3\pi-t<2\pi \text{ かつ } \sin t<0$$

であり，

$$x(3\pi-t)=\cos 2(3\pi-t)=\cos 2t=x(t)$$
$$y(3\pi-t)=(3\pi-t)\sin(3\pi-t)=(3\pi-t)\sin t$$
$$<t\sin t=y(t)$$

⬅ $t<3\pi-t$，$\sin t<0$ より。

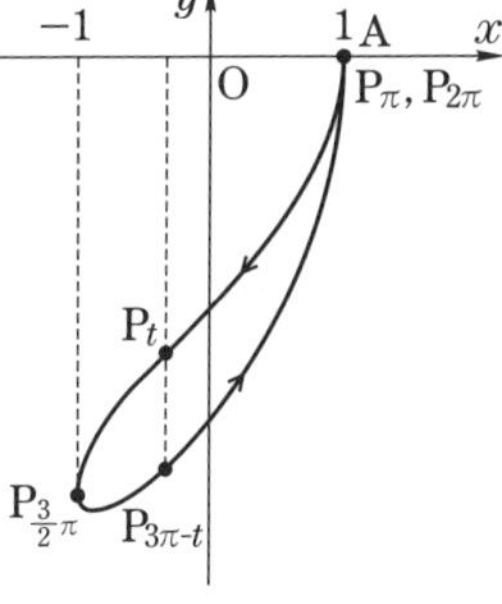

である。これより，P_t と $P_{3\pi-t}$ の x 座標は等しくて，$P_{3\pi-t}$ は P_t より下方にあるから，③における P_t の軌跡の概形は右図のようになる。

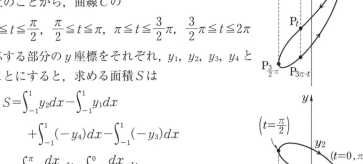

以上のことから，曲線 C の

$$0\leqq t\leqq\frac{\pi}{2},\ \frac{\pi}{2}\leqq t\leqq\pi,\ \pi\leqq t\leqq\frac{3}{2}\pi,\ \frac{3}{2}\pi\leqq t\leqq 2\pi$$

に対応する部分の y 座標をそれぞれ，y_1，y_2，y_3，y_4 と表すことにすると，求める面積 S は

$$S=\int_{-1}^{1}y_2dx-\int_{-1}^{1}y_1dx$$
$$+\int_{-1}^{1}(-y_4)dx-\int_{-1}^{1}(-y_3)dx$$
$$=\int_{\frac{\pi}{2}}^{\pi}y\frac{dx}{dt}dt-\int_{\frac{\pi}{2}}^{0}y\frac{dx}{dt}dt$$
$$-\int_{\frac{3}{2}\pi}^{2\pi}y\frac{dx}{dt}dt+\int_{\frac{3}{2}\pi}^{\pi}y\frac{dx}{dt}dt$$
$$=\int_{\frac{\pi}{2}}^{\pi}y\frac{dx}{dt}dt+\int_{0}^{\frac{\pi}{2}}y\frac{dx}{dt}dt$$
$$-\left(\int_{\frac{3}{2}\pi}^{2\pi}y\frac{dx}{dt}dt+\int_{\pi}^{\frac{3}{2}\pi}y\frac{dx}{dt}dt\right)$$
$$=\int_{0}^{\pi}y\frac{dx}{dt}dt-\int_{\pi}^{2\pi}y\frac{dx}{dt}dt \quad \cdots\cdots④$$

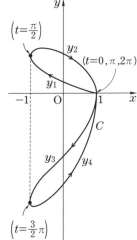

となる。ここで，

$$\int y\frac{dx}{dt}dt=\int y(t)x'(t)\,dt$$

$$=\int t\sin t(-2\sin 2t)\,dt$$

$$=-4\int t\sin^2 t\cos t\,dt=-4\int t\left(\frac{1}{3}\sin^3 t\right)'dt$$

⬅ $\int t\sin t(-2\sin 2t)\,dt$
$=\int t(\cos 3t-\cos t)\,dt$
として，部分積分を用いてもよい。

$$=-4\left\{t\cdot\frac{1}{3}\sin^3 t-\frac{1}{3}\int\sin^3 t\,dt\right\}$$

$$=-\frac{4}{3}\left\{t\sin^3 t+\int(1-\cos^2 t)(\cos t)'\,dt\right\}$$

⬅ $\sin^3 t=(1-\cos^2 t)\sin t$
$=-(1-\cos^2 t)(\cos t)'$

$$=-\frac{4}{3}\left(t\sin^3 t+\cos t-\frac{1}{3}\cos^3 t\right)+C$$

⬅ Cは積分定数

であるから，

$$F(t)=-\frac{4}{3}\left(t\sin^3 t+\cos t-\frac{1}{3}\cos^3 t\right)$$

とおいて，④に戻ると，

$$S=\Big[F(t)\Big]_0^{\pi}-\Big[F(t)\Big]_{\pi}^{2\pi}=2F(\pi)-F(0)-F(2\pi)$$

$$=2\cdot\left(-\frac{4}{3}\right)\cdot\left(-\frac{2}{3}\right)+\frac{4}{3}\cdot\frac{2}{3}+\frac{4}{3}\cdot\frac{2}{3}$$

$$=\mathbf{\frac{32}{9}}$$

である。

類題 24 → 解答 p.377

半径 1 の円盤 C_1 が半径 2 の円盤 C_2 に貼り付けられており，2 つの円盤の中心は一致する。C_2 の周上にある定点をAとする。右の図のように，時刻 $t=0$ において C_1 は O(0, 0) で x 軸に接し，A は座標 (0, −1) の位置にある。2 つの円盤は一体となり，C_1 は x 軸上をすべることなく転がっていく。時刻 t で C_1 の中心が点 $(t,\ 1)$ にあるように転がるとき，$0\leqq t\leqq 2\pi$ においてAが描く曲線を C とする。

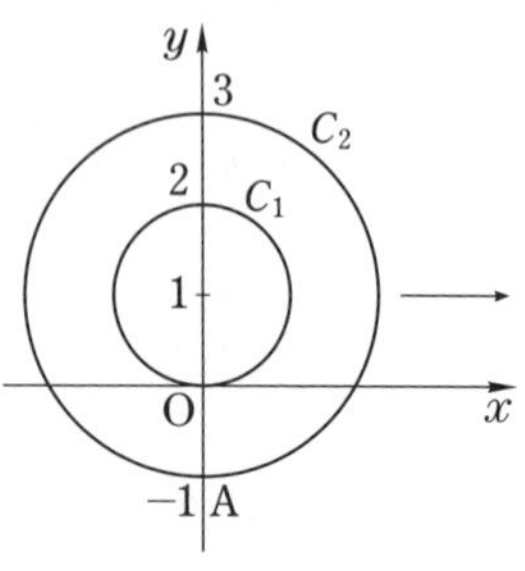

(1) 時刻 t におけるAの座標を $(x(t),\ y(t))$ で表す。$(x(t),\ y(t))$ を求めよ。

(2) $x(t)$ と $y(t)$ の t に関する増減を調べ，$x(t)$ あるいは $y(t)$ が最大値または最小値をとるときのAの座標をすべて求めよ。

(3) C と x 軸で囲まれた図形の面積を求めよ。　(名古屋大 2013)

706 大円に内接する小円上の点の軌跡と面積

半径 10 の円Cがある。半径 3 の円板Dを，円Cに内接させながら，円Cの円周に沿って滑ることなく転がす。円板Dの周上の一点をPとする。点Pが，円Cの円周に接してから再び円Cの円周に接するまでに描く曲線は，円Cを 2 つの部分に分ける。それぞれの面積を求めよ。 （東京大）

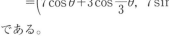

精講 座標平面において，Pの座標をパラメタ表示することが必要です。そのために，円Dの中心をQとして，$\overrightarrow{\mathrm{OP}}=\overrightarrow{\mathrm{OQ}}+\overrightarrow{\mathrm{QP}}$ を利用することになります。

解答 円Cの中心を原点Oとし，円D上の点Pは最初，点A(10, 0)にあるとする。

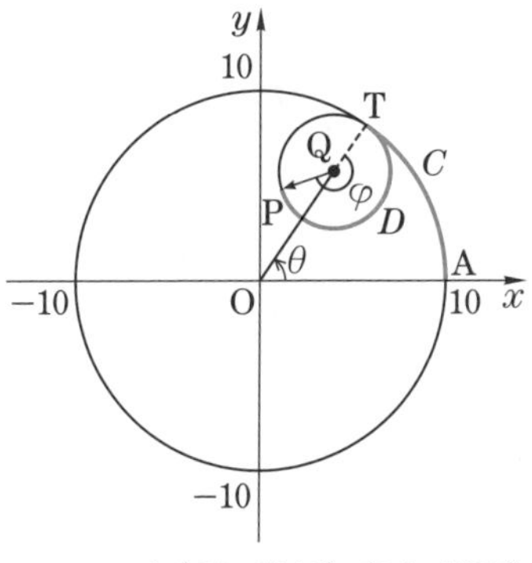

DがCに内接しながら，反時計回りに動くとして，Dの中心をQ，CとDの接点をTとする。x軸の正の向きから$\overrightarrow{\mathrm{OQ}}$までの角を$\theta$とするとき，円$D$の弧 TP (右図の青線) の中心角を$\varphi$とすると，

$$10\theta=3\varphi \qquad \therefore \quad \varphi=\frac{10}{3}\theta$$

⇐ (C上の弧 AT)=(D上の弧 TP)

であるから，x軸の正の向きから$\overrightarrow{\mathrm{QP}}$までの角は $\theta-\varphi=-\frac{7}{3}\theta$ である。したがって，

⇐

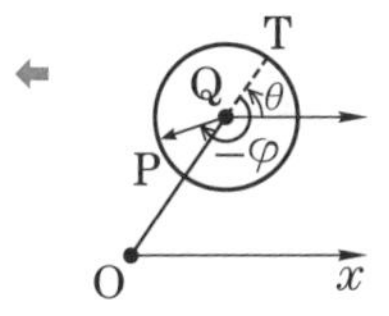

$$\overrightarrow{\mathrm{OP}}=\overrightarrow{\mathrm{OQ}}+\overrightarrow{\mathrm{QP}}$$

$$=(7\cos\theta,\ 7\sin\theta)+\left(3\cos\left(-\frac{7}{3}\theta\right),\ 3\sin\left(-\frac{7}{3}\theta\right)\right)$$

$$=\left(7\cos\theta+3\cos\frac{7}{3}\theta,\ 7\sin\theta-3\sin\frac{7}{3}\theta\right)$$

である。

Pが円C上の点Bに達するとき，$\varphi=2\pi$ であり $\theta=\frac{3}{5}\pi$ であるから，$\mathrm{B}\left(10\cos\frac{3}{5}\pi,\ 10\sin\frac{3}{5}\pi\right)$ であり，AからBまでのPの軌跡は，$0\leqq\theta\leqq\frac{3}{5}\pi$ として，

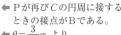

⇐ Pが再びCの円周に接するときの接点がBである。

⇐ $\theta=\frac{3}{10}\varphi$ より。

第7章

$$x=7\cos\theta+3\cos\frac{7}{3}\theta,\ y=7\sin\theta-3\sin\frac{7}{3}\theta$$

と表される。このとき，

$$\frac{dx}{d\theta}=-7\left(\sin\theta+\sin\frac{7}{3}\theta\right)=-14\sin\frac{5}{3}\theta\cos\frac{2}{3}\theta\leqq 0$$

$$\frac{dy}{d\theta}=7\left(\cos\theta-\cos\frac{7}{3}\theta\right)=14\sin\frac{5}{3}\theta\sin\frac{2}{3}\theta\geqq 0$$

⬅ $0\leqq\frac{5}{3}\theta\leqq\pi$, $0\leqq\frac{2}{3}\theta\leqq\frac{2}{5}\pi$

であるから，θ に関して x は減少し，y は増加する。したがって，(Bの x 座標 b)$=10\cos\frac{3}{5}\pi$ とおくと，右図の斜線部分の面積 S_1 は

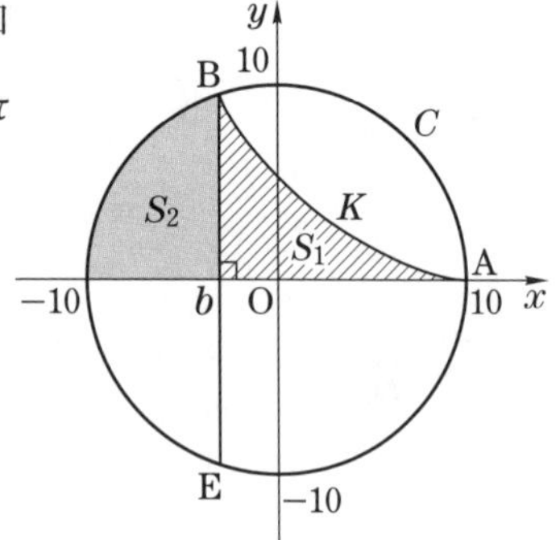

$$S_1=\int_b^{10}y\,dx=\int_{\frac{3}{5}\pi}^{0}y\frac{dx}{d\theta}d\theta$$

$$=\int_0^{\frac{3}{5}\pi}\left(7\sin\theta-3\sin\frac{7}{3}\theta\right)\times 7\left(\sin\theta+\sin\frac{7}{3}\theta\right)d\theta$$

$$=7\int_0^{\frac{3}{5}\pi}\left(7\sin^2\theta+4\sin\theta\sin\frac{7}{3}\theta-3\sin^2\frac{7}{3}\theta\right)d\theta$$

$$=7\int_0^{\frac{3}{5}\pi}\left\{\frac{7}{2}(1-\cos 2\theta)-2\left(\cos\frac{10}{3}\theta-\cos\frac{4}{3}\theta\right)-\frac{3}{2}\left(1-\cos\frac{14}{3}\theta\right)\right\}d\theta$$

$$=7\left[2\theta-\frac{7}{4}\sin 2\theta-\frac{3}{5}\sin\frac{10}{3}\theta+\frac{3}{2}\sin\frac{4}{3}\theta+\frac{9}{28}\sin\frac{14}{3}\theta\right]_0^{\frac{3}{5}\pi}$$

$$=\frac{42}{5}\pi+25\sin\frac{4}{5}\pi$$

⬅ $-\sin\frac{6}{5}\pi=\sin\frac{14}{5}\pi=\sin\frac{4}{5}\pi$

であり，青色部分の面積 S_2 は

$$S_2=\frac{1}{2}\left(\text{弓形}\,\mathrm{B}\text{–}\mathrm{E}\right)=\frac{1}{2}\left(\frac{1}{2}\cdot 10^2\cdot\frac{4}{5}\pi-\frac{1}{2}\cdot 10^2\cdot\sin\frac{4}{5}\pi\right)$$

$$=20\pi-25\sin\frac{4}{5}\pi$$

⬅ $\angle\mathrm{AOB}=\frac{3}{5}\pi$ より，$\angle\mathrm{BOE}=\frac{4}{5}\pi$

である。したがって，

(大きい部分の面積)$=$(半円)$+S_1+S_2=\boldsymbol{\frac{392}{5}\pi}$

(小さい部分の面積)$=10^2\pi-\frac{392}{5}\pi=\boldsymbol{\frac{108}{5}\pi}$

である。

707 極方程式を用いた面積公式 $\frac{1}{2}\int_{\alpha}^{\beta}\{f(\theta)\}^2 d\theta$

(1) 極方程式 $r=f(\theta)$ $(\alpha \leqq \theta \leqq \beta)$ で表される曲線をCとし，極座標$(f(\alpha),\ \alpha)$，$(f(\beta),\ \beta)$で表される点をA，Bとするとき，曲線Cと2つの線分OA，OBによって囲まれる部分の面積Sは

$$S=\frac{1}{2}\int_{\alpha}^{\beta}\{f(\theta)\}^2 d\theta$$

であることを示せ。

(2) xy平面の第1象限内の動点Pは次の条件(C)を満たす。

条件(C) 原点OとPを結ぶ線分OPの垂直二等分線とx軸，y軸によって囲まれる部分の面積が$2\sqrt{3}$である。

このとき，Pの描く曲線によって囲まれる図形の面積Tを求めよ。

精講 (1) この公式を初めて見た人は，**解答**の説明を読んで理解して下さい。

(2)では，(1)を利用するために，Pの軌跡を表す極方程式を求めます。

解答 (1) 曲線C上に点$P_\theta(f(\theta),\ \theta)$ $(\alpha \leqq \theta \leqq \beta)$をとり，$C$と線分OA，$OP_\theta$によって囲まれる部分の面積を$S(\theta)$とする。

← 極座標 $(r,\ \theta)=(f(\theta),\ \theta)$

θの増分$\Delta\theta$に対する$S(\theta)$の増分をΔSとすると，$\Delta\theta$が非常に小さい正の値のとき，ΔSは半径が$OP_\theta=f(\theta)$，中心角が$\Delta\theta$の扇形の面積にほぼ等しい。したがって，

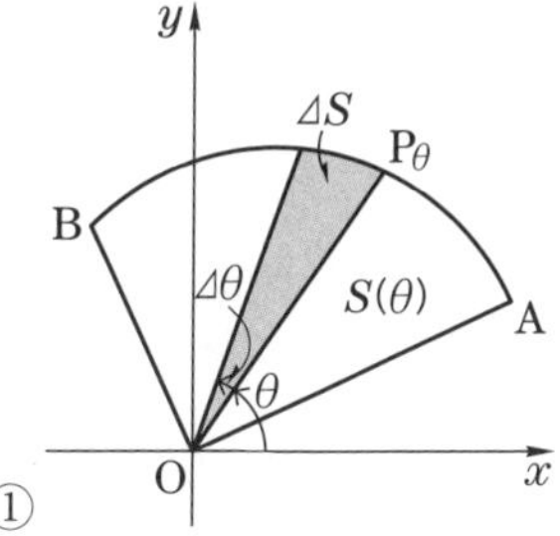

$$\Delta S \fallingdotseq \frac{1}{2}\{f(\theta)\}^2\Delta\theta$$

$$\therefore\quad \frac{\Delta S}{\Delta\theta} \fallingdotseq \frac{1}{2}\{f(\theta)\}^2 \quad \cdots\cdots ①$$

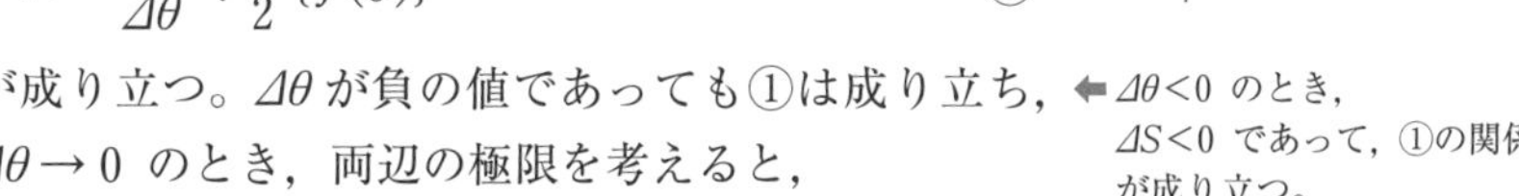

が成り立つ。$\Delta\theta$が負の値であっても①は成り立ち，$\Delta\theta \to 0$ のとき，両辺の極限を考えると，

← $\Delta\theta<0$ のとき，$\Delta S<0$ であって，①の関係が成り立つ。

$$S'(\theta)=\lim_{\Delta\theta\to 0}\frac{\Delta S}{\Delta\theta}=\frac{1}{2}\{f(\theta)\}^2$$

である。これより，$S(\theta)$は$\frac{1}{2}\{f(\theta)\}^2$の原始関数

の1つであるから,

$$\frac{1}{2}\int_\alpha^\beta \{f(\theta)\}^2 d\theta = S(\beta) - S(\alpha)$$

← $S(\beta)-S(\alpha)$
$=\int_\alpha^\beta S'(\theta)d\theta$
$=\int_\alpha^\beta \frac{1}{2}\{f(\theta)\}^2 d\theta$

である。ここで, $S(\theta)$ の定義から

$S(\alpha)=0$ かつ $S(\beta)=S$

であるから,

$$S=\frac{1}{2}\int_\alpha^\beta \{f(\theta)\}^2 d\theta$$

が成り立つ。（証明おわり）

(2) $\mathrm{OP}=r$, $\angle x\mathrm{OP}=\theta \left(r>0,\ 0<\theta<\frac{\pi}{2}\right)$

とおく。OP の中点を M とし, 線分 OP の垂直二等分線 l と x 軸, y 軸との交点を Q, R とすると,

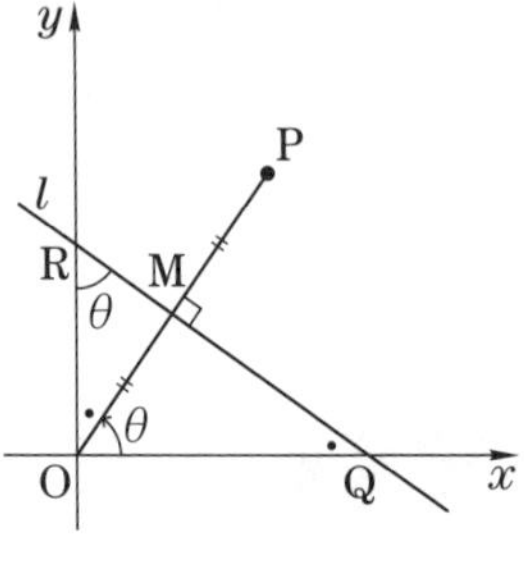

$$\mathrm{OQ}=\frac{\mathrm{OM}}{\cos\theta}=\frac{r}{2\cos\theta},\quad \mathrm{OR}=\frac{\mathrm{OM}}{\sin\theta}=\frac{r}{2\sin\theta}$$

である。条件(C)より, $\triangle\mathrm{OQR}=2\sqrt{3}$ であるから,

$$\frac{1}{2}\cdot\frac{r}{2\cos\theta}\cdot\frac{r}{2\sin\theta}=2\sqrt{3}$$

$$\therefore\quad r^2=16\sqrt{3}\sin\theta\cos\theta=8\sqrt{3}\sin2\theta \quad \cdots\cdots②$$

← 参考 参照。

である。

Pの軌跡は $0<\theta<\frac{\pi}{2}$ において, 極方程式②で表される曲線であり, $\theta\to+0$, $\theta\to\frac{\pi}{2}-0$ のとき, ②より $r\to0$, すなわち, $\mathrm{P}\to\mathrm{O}$ であるから,

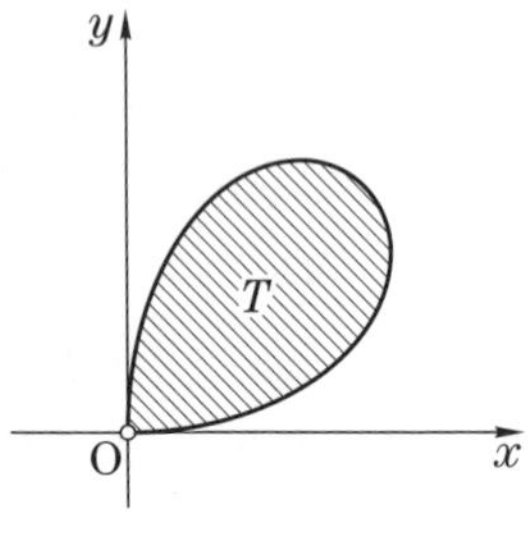

$$T=\frac{1}{2}\int_0^{\frac{\pi}{2}} r^2 d\theta=\frac{1}{2}\int_0^{\frac{\pi}{2}} 8\sqrt{3}\sin2\theta\, d\theta$$

$$=\Big[-2\sqrt{3}\cos2\theta\Big]_0^{\frac{\pi}{2}}=\mathbf{4\sqrt{3}}$$

である。

参考

(2)において, ②を導いたあと, (1)の公式を用いずに面積を求めることもできるが, 以下に示すように計算量は増えることになる。

②より，$r=\sqrt{8\sqrt{3}\sin 2\theta}$ であるから，

$$\mathrm{P}(x,\ y)$$
$$=(\sqrt{8\sqrt{3}\sin 2\theta}\cos\theta,\ \sqrt{8\sqrt{3}\sin 2\theta}\sin\theta)$$

である。このとき，

$$\frac{dx}{d\theta}=\sqrt{8\sqrt{3}}\left(\frac{\cos 2\theta}{\sqrt{\sin 2\theta}}\cos\theta-\sqrt{\sin 2\theta}\sin\theta\right)$$
$$=\frac{\sqrt{8\sqrt{3}}\cos 3\theta}{\sqrt{\sin 2\theta}}$$

⬅(　)内を通分すると，
(分子)
$=\cos 2\theta\cos\theta-\sin 2\theta\sin\theta$
$=\cos(2\theta+\theta)$

$$\frac{dy}{d\theta}=\sqrt{8\sqrt{3}}\left(\frac{\cos 2\theta}{\sqrt{\sin 2\theta}}\sin\theta+\sqrt{\sin 2\theta}\cos\theta\right)$$
$$=\frac{\sqrt{8\sqrt{3}}\sin 3\theta}{\sqrt{\sin 2\theta}}$$

⬅(　)内を通分すると，
(分子)
$=\cos 2\theta\sin\theta+\sin 2\theta\cos\theta$
$=\sin(2\theta+\theta)$

であるから，x，y の増減は右表の通りである。

θ	(0)	$\cdots$	$\frac{\pi}{6}$	$\cdots$	$\left(\frac{\pi}{2}\right)$
$\frac{dx}{d\theta}$		$+$	0	$-$	
x	(0)	↗	3	↘	(0)

θ	(0)	$\cdots$	$\frac{\pi}{3}$	$\cdots$	$\left(\frac{\pi}{2}\right)$
$\frac{dy}{d\theta}$		$+$	0	$-$	
y	(0)	↗	3	↘	(0)

これより，$0<\theta<\frac{\pi}{6}$，$\frac{\pi}{6}<\theta<\frac{\pi}{2}$ に対応するPの y 座標をそれぞれ y_1，y_2 とすると，

$$T=\int_0^3 y_2\,dx-\int_0^3 y_1\,dx$$
$$=\int_{\frac{\pi}{2}}^{\frac{\pi}{6}} y\frac{dx}{d\theta}d\theta-\int_0^{\frac{\pi}{6}} y\frac{dx}{d\theta}d\theta$$
$$=-\int_0^{\frac{\pi}{2}} y\frac{dx}{d\theta}d\theta$$

となる。ここで，

$$y\frac{dx}{d\theta}=\sqrt{8\sqrt{3}\sin 2\theta}\sin\theta\cdot\frac{\sqrt{8\sqrt{3}}\cos 3\theta}{\sqrt{\sin 2\theta}}$$
$$=8\sqrt{3}\sin\theta\cos 3\theta$$
$$=4\sqrt{3}(\sin 4\theta-\sin 2\theta)$$

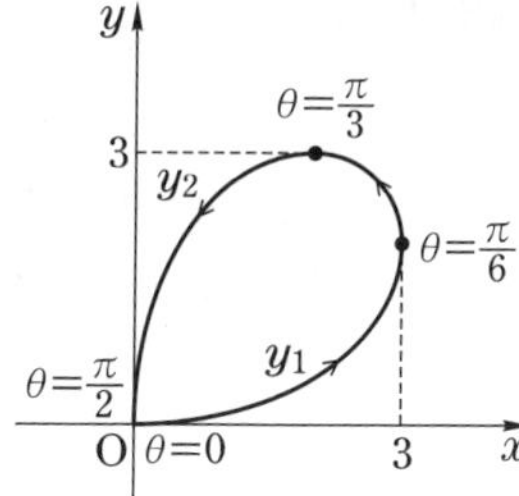

であるから，

$$T=-\int_0^{\frac{\pi}{2}} 4\sqrt{3}(\sin 4\theta-\sin 2\theta)\,d\theta$$
$$=\sqrt{3}\Big[\cos 4\theta-2\cos 2\theta\Big]_0^{\frac{\pi}{2}}=4\sqrt{3}$$

である。

☆ **708** **円柱面上の図形の面積**

xyz 空間において，z 軸までの距離が 2 以下である点の全体を T とする。すなわち，T は z 軸を中心軸とし，半径が 2 である（無限に長い）円柱の側面および内部である。また，原点 $(0,\ 0,\ 0)$ を中心とする半径 1 の球面を S とし，点 $(1,\ 0,\ 0)$ を中心とする半径 1 の球面を S' とする。

(1) 半径 1 の球面 K が，2 条件

(A) K と S は共有点をもたない

(B) K は T に含まれ，T の側面に接する

を満たして動くとき，T の側面の「K が接することができない部分」の面積を求めよ。

(2) 半径 1 の球面 K が，条件

(A)′ K と S' は共有点をもたない

および，(1)の条件(B)を満たして動くとする。

(ア) K の中心の座標を $(t\cos\theta,\ t\sin\theta,\ s)$（ただし，$t \geqq 0,\ -\pi < \theta \leqq \pi$）とおくとき，$t,\ s,\ \theta$ が満たすべき条件を求めよ。

(イ) (ア)において，K が T の側面に接する点の座標を $s,\ \theta$ を用いて表せ。

(ウ) T の側面の「K が接することができない部分」の面積を求めよ。

（日本医大）

精講 (1) 円柱 T，球 S のいずれも z 軸の周りに回転して得られる立体です。この種の図形の計量問題では，回転軸（ここでは z 軸）を含む平面，あるいはそれと垂直な平面による断面図を考えることになります。

(2) (ウ)で面積を求める段階では，T の側面を z 軸に平行な直線で切り開いて新しい座標軸を設定します。その際，横軸となる座標の大きさ（長さ）に注意が必要です。

解答 (1) K が S と接していて，条件(B)を満たしている場合，z 軸と K の中心 P を含む断面は右図のようになる。ここで，

$$\mathrm{EM}=\mathrm{PN}=\sqrt{2^2-1^2}=\sqrt{3}$$

であるから，K が条件(A)を満たして動くとき，K は線分 EE′ 部分（E，E′ を含む）と接することができ

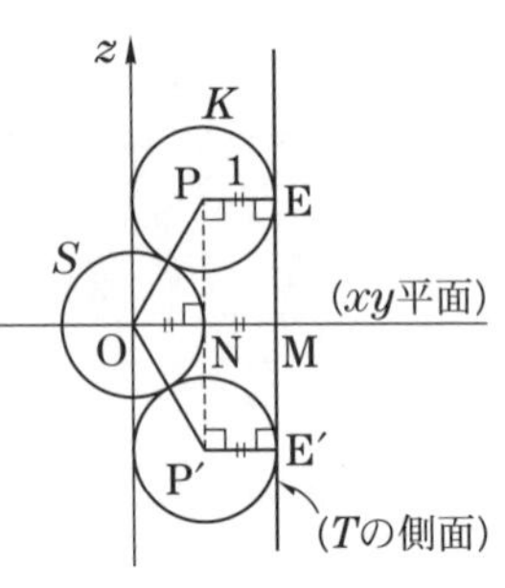

ない。つまり，線分 EE′ を z 軸の周りに 1 回転してできる部分には K は接することができない。その部分の面積は

$$(z\text{ 軸に垂直な }T\text{ の断面の周})\times \text{EE}'$$
$$=4\pi\cdot 2\sqrt{3}=\boldsymbol{8\sqrt{3}\,\pi}$$

である。

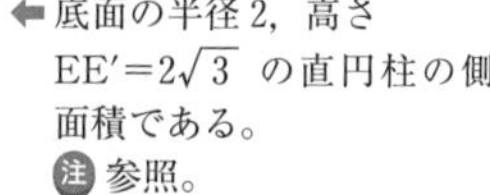
⬅ 底面の半径 2，高さ EE′$=2\sqrt{3}$ の直円柱の側面積である。注 参照。

(2) (ア) K が条件(B)を満たしているとき，K の中心 P を通り，z 軸に垂直な平面 $\alpha : z=s$ による断面を考える。α と z 軸との交点を O′，K と T の側面との接点を F とすると，O′，P，F は一直線上にあり，O′P$=1$，O′F$=2$ であるから，P$(t\cos\theta,\ t\sin\theta,\ s)$ において，

$$\boldsymbol{t}=\text{O}'\text{P}=\mathbf{1}\quad \cdots\cdots①,\quad \theta=\angle x\text{O}'\text{P}$$

であり，P$(\cos\theta,\ \sin\theta,\ s)$ となる。このとき，条件(A)′は

(K と S′ の中心間の距離)>(半径の和)

$$\therefore\quad (\cos\theta-1)^2+\sin^2\theta+s^2>2^2$$

$$\therefore\quad \boldsymbol{s^2>2+2\cos\theta}\quad \cdots\cdots②$$

となる。よって，求める条件は①かつ②である。

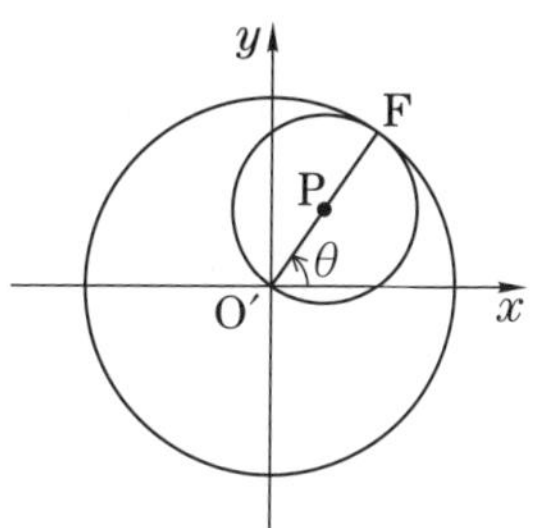

[α による断面図]

(イ) 接点 F の座標は右上図より

$$\mathbf{F}(\boldsymbol{2\cos\theta,\ 2\sin\theta,\ s})\quad \cdots\cdots③$$

である。

(ウ) K が S' に接していて，条件(B)を満たすとき，②の不等号が等号で成り立つから，

$$s^2=2(1+\cos\theta)=\left(2\cos\frac{\theta}{2}\right)^2$$

$$\therefore\quad s=\pm 2\cos\frac{\theta}{2}$$

⬅ $-\pi<\theta\leqq\pi$ より $\cos\dfrac{\theta}{2}\geqq 0$

である。したがって，この場合の K と T の側面との接点は，③より

$$\text{G}_{\pm}\left(2\cos\theta,\ 2\sin\theta,\ \pm 2\cos\frac{\theta}{2}\right)\ (\text{複号同順})$$

と表される。

T の側面で「K が接することができない部分」

をDとする。Tの側面上の直線G_+G_-上の点$(2\cos\theta,\ 2\sin\theta,\ z)$で，$D$に含まれるのは，

$$z^2 \leqq 2+2\cos\theta \qquad \therefore\quad |z| \leqq 2\cos\frac{\theta}{2}$$

⬅接点となり得るのは③において，sが②，つまり，$|s|>2\cos\dfrac{\theta}{2}$を満たすものである。

を満たすもの，つまり，線分G_+G_-（G_+，G_-を含む）上にある点である。

Tの側面とxy平面の交わりの円をCとし，U$(-2,\ 0,\ 0)$，V$(2,\ 0,\ 0)$を通りz軸に平行な直線をそれぞれl，mとする。Tの側面を直線lで切り開いた平面において，Vを原点，mをZ軸とし，Cから得られる直線をX軸とする座標軸をとる。

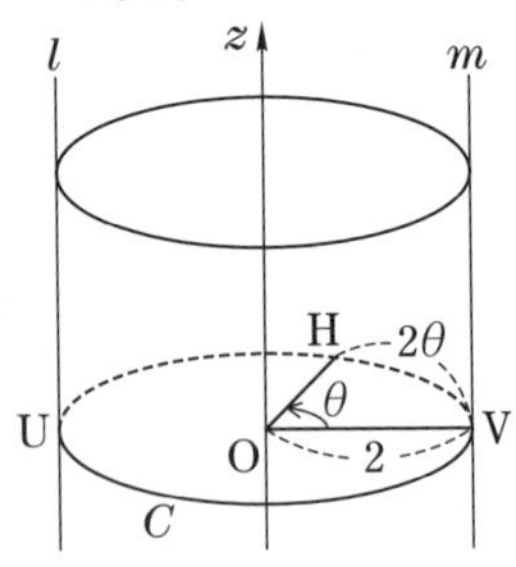

円C上において，半円周 $\mathrm{UV}=\dfrac{1}{2}\cdot 4\pi=2\pi$

であり，G_+G_-の中点をHとするとき，

（円弧 VH の長さ）$=2\theta$

であるから，XZ平面で$G_\pm$は

$$G_\pm(X,\ Z)=\left(2\theta,\ \pm 2\cos\frac{\theta}{2}\right)\ （複号同順）$$

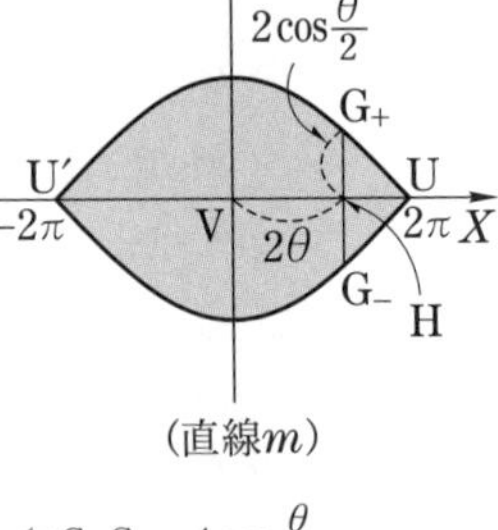

と表される。したがって，D（右図の青色部分）の面積は，Z軸に関する対称性より

$$2\int_0^{2\pi} G_+G_- dX$$

⬅$G_+G_-=4\cos\dfrac{\theta}{2}$

$$=2\int_0^{\pi}\left(4\cos\frac{\theta}{2}\right)\cdot 2d\theta=\left[32\sin\frac{\theta}{2}\right]_0^{\pi}$$

$$=\mathbf{32}$$

である。

⬅$X=2\theta$と置換した。
$dX=2d\theta$

X	$0 \longrightarrow 2\pi$
θ	$0 \longrightarrow \pi$

注 (1)においても，(2)と同様にKが条件(B)を満たすとき，その中心は$P(\cos\theta,\ \sin\theta,\ s)$，$T$の側面との接点は$F(2\cos\theta,\ 2\sin\theta,\ s)$と表される。このとき，条件(A)は，

（KとSの中心間の距離）>（半径の和）

$$\therefore\quad \cos^2\theta+\sin^2\theta+s^2>2^2 \qquad \therefore\quad s^2>3$$

となる。したがって，Tの側面上で「Kが接することができない部分」は，$(2\cos\theta,\ 2\sin\theta,\ z)$において $z^2\leqq 3$，つまり，$-\sqrt{3}\leqq z\leqq\sqrt{3}$ を満たす点全体であることがわかる。

709 座標軸の周りの回転体の体積

a を $0 \leqq a < \dfrac{\pi}{2}$ の範囲にある実数とする。2つの直線 $x=0$, $x=\dfrac{\pi}{2}$ および2つの曲線 $y=\cos(x-a)$, $y=-\cos x$ によって囲まれる図形を G とする。

(1) 図形 G の面積を S とする。S を最大にするような a の値と，そのときの S の値を求めよ。

(2) 図形 G を x 軸の周りに1回転させてできる立体の体積を V とする。V を最大とするような a の値と，そのときの V の値を求めよ。　　(神戸大*)

精講　(2)では，G の $y \leqq 0$ の部分を x 軸に関して折り返した部分と G の $y \geqq 0$ の部分を合わせた図形を描いて，それを x 軸の周りに1回転させると考えます。

解答　(1)　$0 \leqq a < \dfrac{\pi}{2}$　……①　より，

$0 \leqq x \leqq \dfrac{\pi}{2}$　……②　において，

$$-\cos x \leqq 0 \leqq \cos(x-a)$$

であるから，G は(図1)の斜線部分であり，

⬅ $y=\cos(x-a)$ は $y=\cos x$ を x 軸方向に a だけ平行移動した曲線である。

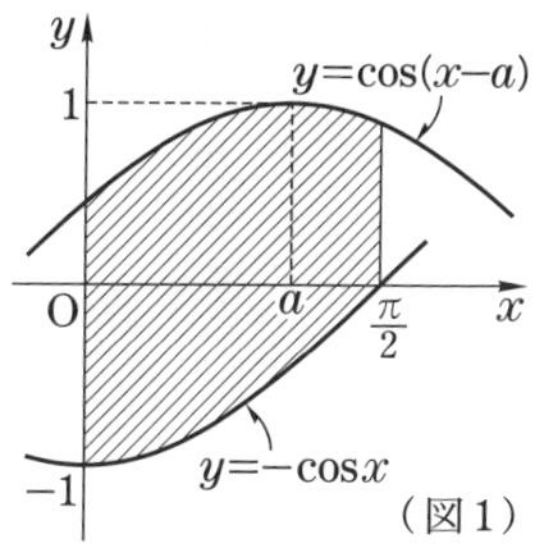

(図1)

$$S=\int_0^{\frac{\pi}{2}}\{\cos(x-a)-(-\cos x)\}dx$$

$$=\Big[\sin(x-a)+\sin x\Big]_0^{\frac{\pi}{2}}$$

$$=\sin\left(\frac{\pi}{2}-a\right)+1-\sin(-a)$$

$$=\sin a+\cos a+1$$

$$=\sqrt{2}\sin\left(a+\frac{\pi}{4}\right)+1$$

である。①より $\dfrac{\pi}{4} \leqq a+\dfrac{\pi}{4} < \dfrac{3}{4}\pi$ であるから，S は

$$a+\frac{\pi}{4}=\frac{\pi}{2} \qquad \therefore \quad \boldsymbol{a=\frac{\pi}{4}}$$

のとき，**最大値 $\boldsymbol{\sqrt{2}+1}$** をとる。

(2)　G の $y\leqq 0$ の部分を x 軸に関して折り返した部分と G の $y\geqq 0$ の部分を合わせた図形，つまり，(図2)の斜線部分を x 軸の周りに1回転させてできる立体の体積が V である。

$a\neq 0$ のとき，$y=\cos x$ と $y=\cos(x-a)$ の②における交点の x 座標は

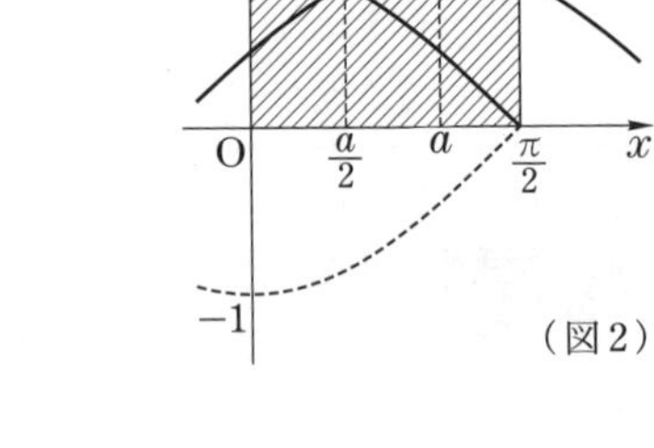

(図2)

$$\cos x=\cos(x-a)$$

$$\therefore\quad \cos x-\cos(x-a)=0$$

$$\therefore\quad -2\sin\left(x-\frac{a}{2}\right)\sin\frac{a}{2}=0$$

かつ $-\dfrac{a}{2}\leqq x-\dfrac{a}{2}\leqq\dfrac{\pi}{2}-\dfrac{a}{2}$ より

$$x-\frac{a}{2}=0\qquad\therefore\quad x=\frac{a}{2}$$

である。したがって，

$$V=\pi\int_0^{\frac{a}{2}}\cos^2 x\,dx+\pi\int_{\frac{a}{2}}^{\frac{\pi}{2}}\cos^2(x-a)\,dx$$

⬅ $a=0$ のときにも成り立つ。

$$=\frac{\pi}{2}\left\{\int_0^{\frac{a}{2}}(1+\cos 2x)\,dx+\int_{\frac{a}{2}}^{\frac{\pi}{2}}\{1+\cos 2(x-a)\}\,dx\right\}$$

$$=\frac{\pi}{2}\left\{\left[x+\frac{1}{2}\sin 2x\right]_0^{\frac{a}{2}}+\left[x+\frac{1}{2}\sin(2x-2a)\right]_{\frac{a}{2}}^{\frac{\pi}{2}}\right\}$$

$$=\frac{\pi}{2}\left\{\left(\frac{a}{2}+\frac{1}{2}\sin a\right)+\frac{\pi}{2}+\frac{1}{2}\sin(\pi-2a)-\frac{a}{2}-\frac{1}{2}\sin(-a)\right\}$$

$$=\frac{\pi}{4}(\sin 2a+2\sin a+\pi)$$

であるから，

$$\frac{dV}{da}=\frac{\pi}{4}(2\cos 2a+2\cos a)$$

$$=\frac{\pi}{2}(2\cos^2 a-1+\cos a)$$

$$=\frac{\pi}{2}(\cos a+1)(2\cos a-1)$$

である。右の増減表より，V は

a	0	$\cdots$	$\dfrac{\pi}{3}$	$\cdots$	$\left(\dfrac{\pi}{2}\right)$
$\dfrac{dV}{da}$		$+$	0	$-$	
V		↗		↘	

$\boldsymbol{a=\dfrac{\pi}{3}}$ **のとき，最大値** $\boldsymbol{\dfrac{\pi(3\sqrt{3}+2\pi)}{8}}$

をとる。

710 直線 $y=x$ の周りの回転体の体積

xy 平面において，放物線 $y=x^2$ と直線 $y=x$ によって囲まれた図形を直線 $y=x$ の周りに回転させてできる回転体の体積を求めよ。

（慶応大，横浜国大*，信州大*）

精講 $y=x^2$ と $y=x$ の2交点 O(0, 0), A(1, 1) を結ぶ線分上に点Pをとり，Pを通り OA と垂直な直線と $y=x^2$ $(0\leqq x\leqq 1)$ の交点をQとするとき，Pを通り OA に垂直な平面による回転体の断面積 $\pi\mathrm{PQ}^2$ を OA 方向に積分するのが正攻法です。

また，全体を原点中心に $-\dfrac{\pi}{4}$ だけ回転すると x 軸の周りの回転体となりますから，回転後の放物線のパラメタ表示を利用する計算も考えられます。

解答 放物線 $y=x^2$ ……① と直線 $y=x$ ……② の2交点を O(0, 0), A(1, 1) とする。線分 OA 上に，$\mathrm{OP}=t$ $(0\leqq t\leqq\sqrt{2})$ となる点 $\mathrm{P}\left(\dfrac{t}{\sqrt{2}},\ \dfrac{t}{\sqrt{2}}\right)$ をとり，Pを通り，②と垂直な直線 $x+y=\sqrt{2}\,t$ ……③ と①の $0\leqq x\leqq 1$ の部分との交点をQとする。①，③より，y を消去すると，

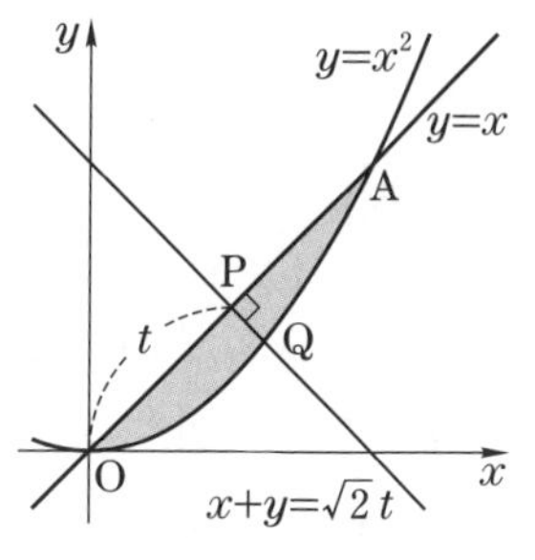

$$x+x^2=\sqrt{2}\,t \qquad \therefore \quad x^2+x-\sqrt{2}\,t=0 \quad \cdots\cdots④$$

が得られ，④の大きい方の解

$$x=\frac{-1+\sqrt{1+4\sqrt{2}\,t}}{2}$$

⬅ グラフから，①，③のQ以外の交点は $x<0$ の部分にある。

がQの x 座標である。これより，

$$\mathrm{PQ}=\sqrt{2}\,|x_\mathrm{Q}-x_\mathrm{P}|=\frac{|\sqrt{1+4\sqrt{2}\,t}-(1+\sqrt{2}\,t)|}{\sqrt{2}}$$

⬅ x_P, x_Q は P, Q の x 座標を表し，P, Q は③上にあるから，$\mathrm{PQ}=\sqrt{2}\,|x_\mathrm{Q}-x_\mathrm{P}|$

であり，Pを通り OA と垂直な平面によるこの回転体の断面積は $\pi\mathrm{PQ}^2$ である。

したがって，求める体積を V とおくと，

$$V=\int_0^{\sqrt{2}}\pi\mathrm{PQ}^2dt$$

⬅ $\mathrm{OA}=\sqrt{2}$ より。

第7章

$$=\frac{\pi}{2}\int_0^{\sqrt{2}}\{\sqrt{1+4\sqrt{2}\,t}-(1+\sqrt{2}\,t)\}^2dt$$

となる。ここで,

$$1+4\sqrt{2}\,t=u,\ \text{つまり}\ t=\frac{u-1}{4\sqrt{2}}$$

と置換すると,

← $\dfrac{dt}{du}=\dfrac{1}{4\sqrt{2}}$ より

$dt=\dfrac{1}{4\sqrt{2}}du$

t	$0 \longrightarrow \sqrt{2}$
u	$1 \longrightarrow 9$

$$V=\frac{\pi}{2}\int_1^9\left\{\sqrt{u}-\left(\frac{u+3}{4}\right)\right\}^2\frac{1}{4\sqrt{2}}du$$

$$=\frac{\pi}{8\sqrt{2}}\int_1^9\left\{u-\frac{(u+3)\sqrt{u}}{2}+\left(\frac{u+3}{4}\right)^2\right\}du$$

$$=\frac{\pi}{8\sqrt{2}}\left[\frac{1}{2}u^2-\frac{1}{5}u^{\frac{5}{2}}-u^{\frac{3}{2}}+\frac{4}{3}\left(\frac{u+3}{4}\right)^3\right]_1^9$$

$$=\frac{\pi}{8\sqrt{2}}\left\{40-\frac{242}{5}-26+\left(36-\frac{4}{3}\right)\right\}$$

$$=\boldsymbol{\frac{\sqrt{2}}{60}\pi}$$

である。

別解

放物線 $y=x^2$ ……① と直線 $y=x$ ……② の交点を O(0, 0), A(1, 1) とし, ①上のOからAまでの部分にある点 Q$(s,\ s^2)$ $(0\leqq s\leqq 1$ ……⑤$)$ をとる。

原点Oを中心に $-\dfrac{\pi}{4}$ 回転したとき, A, Q が移る点を A$'(\sqrt{2},\ 0)$, Q$'(x,\ y)$ とすると, 複素数平面における回転の関係式 (**310** 精講 参照) から

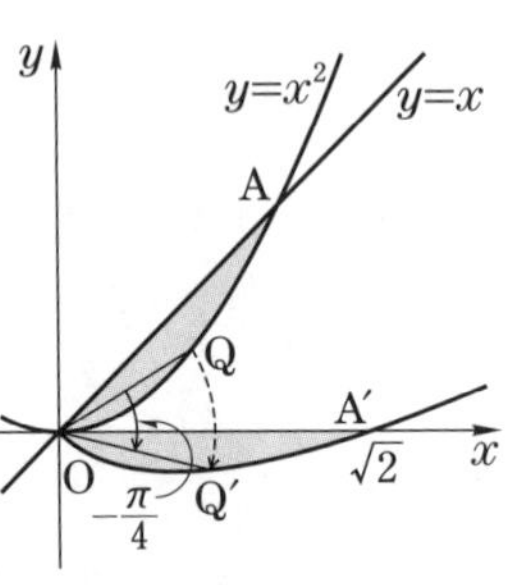

$$x+yi=(s+s^2i)\left\{\cos\left(-\frac{\pi}{4}\right)+i\sin\left(-\frac{\pi}{4}\right)\right\}$$

$$=(s+s^2i)\frac{1-i}{\sqrt{2}}$$

$$=\frac{s+s^2}{\sqrt{2}}+\frac{s^2-s}{\sqrt{2}}i \qquad \cdots\cdots⑥$$

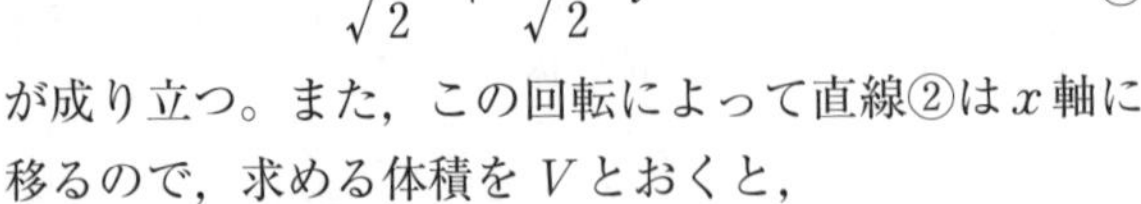

が成り立つ。また, この回転によって直線②は x 軸に移るので, 求める体積を V とおくと,

$$V=\pi\int_0^{\sqrt{2}}y^2dx$$

である。⑥より

$$x=\frac{s+s^2}{\sqrt{2}},\ y=\frac{s^2-s}{\sqrt{2}}$$

← 参考 参照。

と置換して，⑤に注意すると，

$$V=\pi\int_0^1\left(\frac{s^2-s}{\sqrt{2}}\right)^2\frac{1+2s}{\sqrt{2}}ds \quad \cdots\cdots⑦$$

← $dx=\frac{1+2s}{\sqrt{2}}ds$

x	$0 \longrightarrow \sqrt{2}$
s	$0 \longrightarrow 1$

$$=\frac{\pi}{2\sqrt{2}}\int_0^1(2s^5-3s^4+s^2)ds$$

$$=\frac{\pi}{2\sqrt{2}}\left(\frac{1}{3}-\frac{3}{5}+\frac{1}{3}\right)$$

← $(s^2-s)^2(1+2s)$
$=(s^4-2s^3+s^2)(2s+1)$
$=2s^5-3s^4+s^2$

$$=\frac{\sqrt{2}}{60}\pi$$

である。

参考

解答 において，$Q(s,\ s^2)$ とおき，$PQ=h$ とすると，Q は $y\leqq x$ にあるので

$$h=(\text{Q から } y=x \text{ までの距離})=\frac{s-s^2}{\sqrt{2}}$$

である。また，右図より

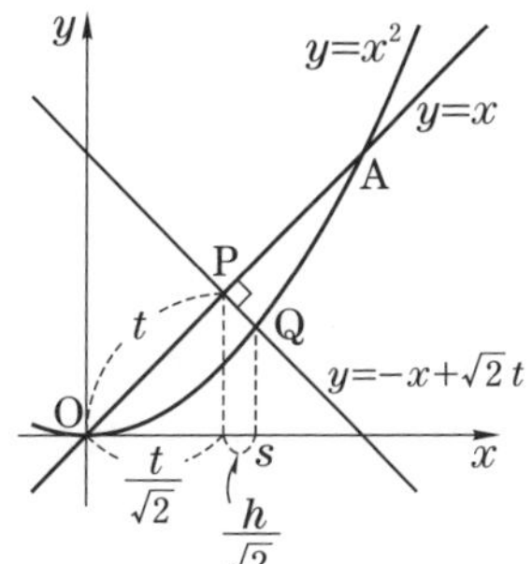

$$\frac{t}{\sqrt{2}}+\frac{h}{\sqrt{2}}=s$$

が成り立っているから，

$$t=\sqrt{2}s-h=\frac{s+s^2}{\sqrt{2}} \quad \cdots\cdots⑧$$

である。したがって，

$$V=\int_0^{\sqrt{2}}\pi PQ^2dt=\pi\int_0^{\sqrt{2}}h^2dt$$

となり，さらに⑧の置換積分を行うと，⑦に帰着することがわかる。

類題 25 → 解答 p.379

a を正の定数とする。xy 座標平面において，曲線 $\sqrt{x}+\sqrt{y}=\sqrt{a}$ と，直線 $x+y=a$ とで囲まれた部分を D とおく。

(1) D の概形をかき，その面積を求めよ。

(2) 直線 $x+y=a$ を軸として，D を1回転してできる図形の体積を求めよ。

(早稲田大)

711 回転体の体積公式 $2\pi\int_a^b xf(x)\,dx$

線分 $l：y=\dfrac{2}{\pi}x\ \left(0\leqq x\leqq\dfrac{\pi}{2}\right)$ と曲線 $C：y=\sin x\ \left(0\leqq x\leqq\dfrac{\pi}{2}\right)$ とで囲まれた図形を，y 軸を中心に1回転してできる立体の体積 V の値を求めよ。

（奈良県立医大*）

精講 y 軸の周りの回転体の体積を求めるときに次の公式が役に立つことがあります。導き方も合わせて覚えておきましょう。

$a\leqq x\leqq b$ $(0<a<b)$ において，$f(x)\geqq 0$ とする。

曲線 $y=f(x)$ と x 軸と2直線 $x=a$，$x=b$ によって囲まれた図形 D を y 軸の周りに1回転してできる立体の体積を V とすると，

$$V=2\pi\int_a^b xf(x)\,dx$$

である。

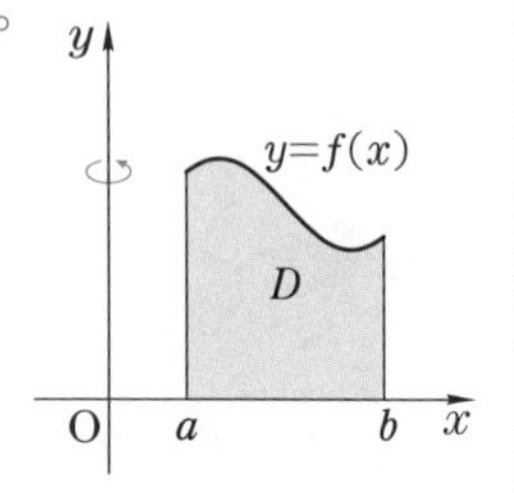

D において $a\leqq x\leqq t$（ただし，$a\leqq t\leqq b$）を満たす部分の y 軸の周りの回転体の体積を $V(t)$ とおく。

t の増分 Δt に対する $V(t)$ の増分を ΔV とすると，Δt が非常に小さい正の値のとき，ΔV は底面の半径がそれぞれ，t，$t+\Delta t$ で，高さが $f(t)$ である2つの直円柱の体積の差にほぼ等しい。したがって，

$$\Delta V\fallingdotseq\pi\{(t+\Delta t)^2-t^2\}f(t)=\pi\{2t\Delta t+(\Delta t)^2\}f(t)$$

より $\dfrac{\Delta V}{\Delta t}\fallingdotseq\pi(2t+\Delta t)f(t)$ が成り立つ。Δt が負の値であってもこの式は成り立ち，$\Delta t\to 0$ のとき，両辺の極限を考えると，

$$V'(t)=\lim_{\Delta t\to 0}\frac{\Delta V}{\Delta t}=2\pi tf(t)$$

すなわち，$V'(x)=2\pi xf(x)$ である。これより，$V(x)$ は $2\pi xf(x)$ の原始関数の1つであるから，$V(a)=0$，$V(b)=V$ に注意すると，

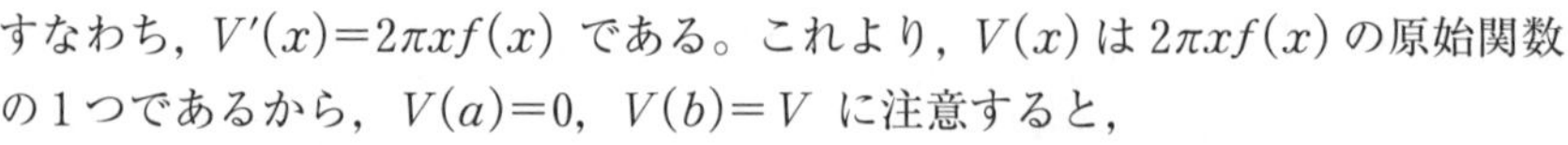

$$\int_a^b 2\pi xf(x)\,dx=V(b)-V(a)\ \text{より}\ V=2\pi\int_a^b xf(x)\,dx$$

が導かれる。

解答　x 軸と直線 $x=\dfrac{\pi}{2}$ と C とで囲まれた部分，x 軸と $x=\dfrac{\pi}{2}$ と $l:y=\dfrac{2}{\pi}x$ とで囲まれた部分をそれぞれ y 軸を中心に1回転してできる立体の体積を V_1，V_2 とすると，

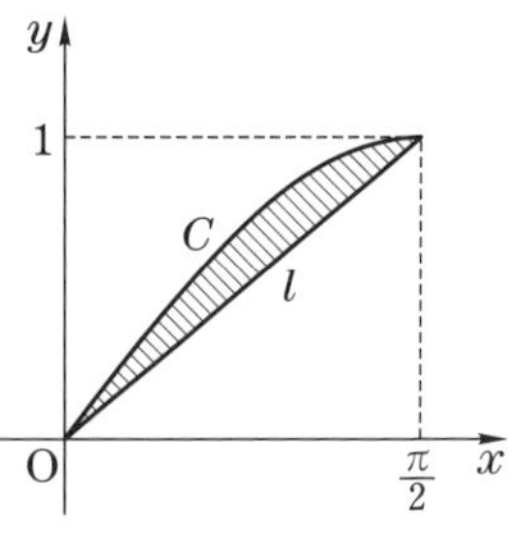

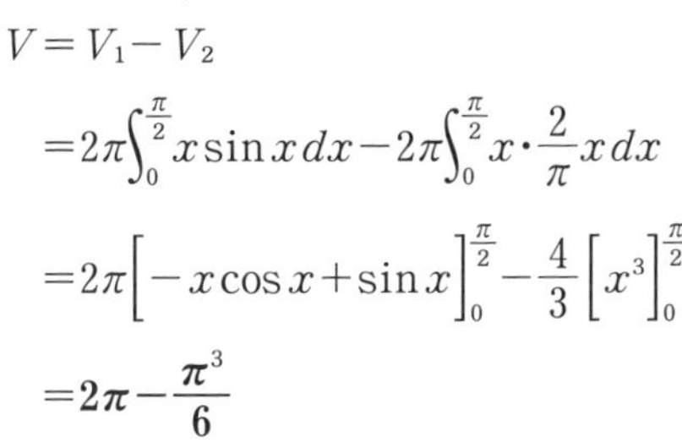

$$V=V_1-V_2$$
$$=2\pi\int_0^{\frac{\pi}{2}}x\sin x\,dx-2\pi\int_0^{\frac{\pi}{2}}x\cdot\frac{2}{\pi}x\,dx$$
$$=2\pi\Big[-x\cos x+\sin x\Big]_0^{\frac{\pi}{2}}-\frac{4}{3}\Big[x^3\Big]_0^{\frac{\pi}{2}}$$
$$=\boldsymbol{2\pi-\frac{\pi^3}{6}}$$

である。

⬅ $\int x\sin x\,dx$
$=x(-\cos x)-\int(-\cos x)\,dx$
$=-x\cos x+\sin x+C$

⬅ V の別計算については，参考 参照。

参考

y 軸と直線 $y=1$ と C とで囲まれた部分を y 軸を中心に1回転してできる立体の体積 $W=\pi\int_0^1 x^2dy$ において，$y=\sin x$ と置換すると，

$$W=\pi\int_0^{\frac{\pi}{2}}x^2\cos x\,dx=\pi\left\{\Big[x^2\sin x\Big]_0^{\frac{\pi}{2}}-\int_0^{\frac{\pi}{2}}2x\sin x\,dx\right\}=\frac{\pi^3}{4}-2\pi$$

となる。また，y 軸と直線 $y=1$ と l とで囲まれた部分の回転体，つまり，底面の半径 $\dfrac{\pi}{2}$，高さ1の直円錐の体積 $U=\dfrac{\pi}{3}\cdot\left(\dfrac{\pi}{2}\right)^2\cdot1=\dfrac{\pi^3}{12}$ であるから，

$V=U-W=2\pi-\dfrac{\pi^3}{6}$ である。

類題 26　→ 解答 p.380

(1)　$f(x)$ は $a\leqq x\leqq b$ で連続な関数とする。このとき，
$\dfrac{1}{b-a}\int_a^b f(x)\,dx=f(c)$，$a\leqq c\leqq b$ となる c が存在することを示せ。

(2)　$y=\sin x$ の $0\leqq x\leqq\dfrac{\pi}{2}$ の部分と $y=1$ および y 軸が囲む図形を，y 軸の周りに回転して得られる立体を考える。この立体を y 軸に垂直な $n-1$ 個の平面によって各部分の体積が等しくなるように n 個に分割するとき，$y=1$ に最も近い平面の y 座標を y_n とする。このとき，$\lim_{n\to\infty}n(1-y_n)$ を求めよ。

(京都大)

712 座標空間内で正三角形が通過する部分の体積

a は与えられた実数で, $0<a\leqq 1$ を満たすものとする。xyz 空間内に1辺の長さ $2a$ の正三角形 △PQR を考える。辺 PQ は xy 平面上にあり, △PQR を含む平面は xy 平面と垂直で, さらに点Rの z 座標は正であるとする。

(1) 辺 PQ が xy 平面の単位円の内部 (周を含む) を自由に動くとき, △PQR (内部を含む) が動いてできる立体の体積 V を求めよ。

(2) a が $0<a\leqq 1$ の範囲を動くとき, 体積 V の最大値を求めよ。 (京都大)

精講 (1) できる立体の側面は正三角形 PQR の頂点 P, Q がともに xy 平面の単位円周上を動くときに線分 PR, QR の描く曲面 (これらは一致する) です。そこで, P, Q がともに単位円周上にあるときの z 軸に垂直な平面 $\alpha : z=t$ による △PQR の切り口の線分がわかれば, できる立体の平面 α による切り口の面積を t で表せます。

解答 (1) P, Q が単位円 $x^2+y^2=1$ $(z=0)$ の周上にあって,

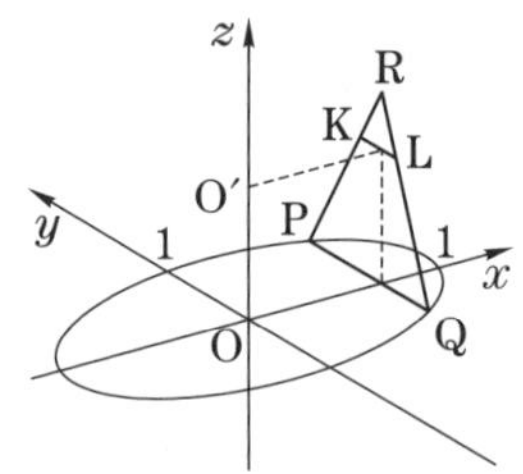

$$\mathrm{P}(\sqrt{1-a^2},\ a,\ 0),\ \mathrm{Q}(\sqrt{1-a^2},\ -a,\ 0)$$

である場合を考える。このとき, 正三角形 PQR の高さは $\sqrt{3}\,a$ であるから,

$$\mathrm{R}(\sqrt{1-a^2},\ 0,\ \sqrt{3}\,a)$$

となる。平面

$$\alpha : z=t\ (0<t<\sqrt{3}\,a)$$

と辺 PR, QR の交点をそれぞれ K, L とすると, K, L はそれぞれの辺を $t:(\sqrt{3}\,a-t)$ に内分するから,

$$\mathrm{K}\left(\sqrt{1-a^2},\ \frac{\sqrt{3}\,a-t}{\sqrt{3}},\ t\right)$$

$$\mathrm{L}\left(\sqrt{1-a^2},\ -\frac{\sqrt{3}\,a-t}{\sqrt{3}},\ t\right)$$

であり, △PQR の α による切り口は線分 KL である。

この状態から, △PQR を x 軸の負の向きに平行移動すると, α による切り口の線分は右上図の長方

形KLL′K′全体を動く。(ただし，K′，L′はα上のxy座標平面においてy軸に関してそれぞれK，Lと対称な点であり，O′(0, 0, t)である。)

さらに，z軸の周りの回転も考えると，αによるこの立体の断面は右図の青色部分であり，その面積$S(t)$は，

$$S(t)=\pi \mathrm{O'K}^2=\pi\left\{1-a^2+\frac{1}{3}(t-\sqrt{3}a)^2\right\}$$

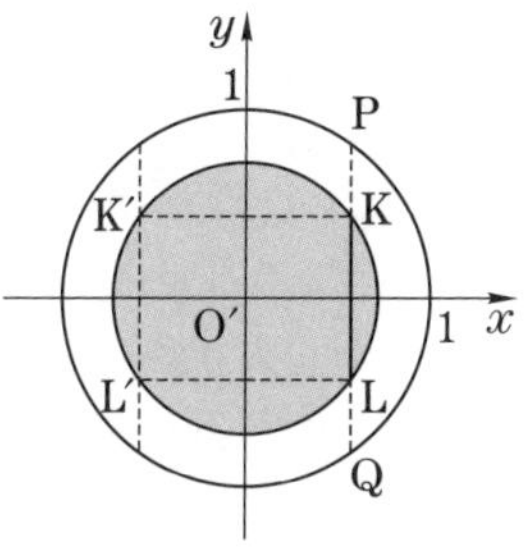

［平面αによる断面図］

である。したがって，

$$V=\int_0^{\sqrt{3}a}S(t)dt$$

$$=\pi\left[(1-a^2)t+\frac{1}{9}(t-\sqrt{3}a)^3\right]_0^{\sqrt{3}a}$$

$$=\boldsymbol{\frac{\sqrt{3}}{3}\pi(3a-2a^3)}$$

である。

(2)　$0<a\leqq 1$ において，

$$\frac{dV}{da}=\sqrt{3}\pi(1-2a^2)$$

より，Vの増減は右表のようになる。よって，

a	(0)	…	$\frac{1}{\sqrt{2}}$	…	1
$\frac{dV}{da}$		+	0	−	
V		↗		↘	

Vは $a=\frac{1}{\sqrt{2}}$ のとき，**最大値** $\boldsymbol{\frac{\sqrt{6}}{3}\pi}$ をとる。

参考

(1)で $0<a<1$ とすると，P，Qが単位円周上にあるとき，直線PR(QR)とz軸はねじれの位置にあり，直線PR(QR)をz軸の周りに1回転してできる曲面Hはxz平面の双曲線：$x^2-\left(\frac{z-\sqrt{3}a}{\sqrt{3}}\right)^2=1-a^2$ を回転して得られる曲面(回転双曲面)であることが知られている。

類題 27　→解答 p.382

xyz空間に3点P(1, 1, 0)，Q(−1, 1, 0)，R(−1, 1, 2)をとる。次の問いに答えよ。

(1)　tを $0<t<2$ を満たす実数とするとき，平面 $z=t$ と，△PQRの交わりに現れる線分の2つの端点の座標を求めよ。

(2)　△PQRをz軸の周りに回転して得られる回転体の体積を求めよ。(神戸大)

713 曲面を回転してできる立体の体積

x, y, z を座標とする空間において，xz 平面内の曲線

$$z=\sqrt{\log(1+x)} \quad (0 \leqq x \leqq 1)$$

を z 軸の周りに 1 回転させるとき，この曲線が通過した部分よりなる図形を S とする。この S をさらに x 軸の周りに 1 回転させるとき，S が通過した部分よりなる立体を V とする。このとき，V の体積を求めよ。　　（京都大）

精講　V は x 軸の周りの回転体ですから，x 軸に垂直な平面 α による断面を調べます。その断面は平面 α による曲面 S の切り口を x 軸の周りに 1 回転してできる円環領域（2 つの同心円に囲まれた領域）になりますから，2 つの同心円の半径を求めると解決します。

解答　xz 平面内の曲線

$$C : z=\sqrt{\log(1+x)} \quad (0 \leqq x \leqq 1)$$

の概形は（図 1）のようになる。

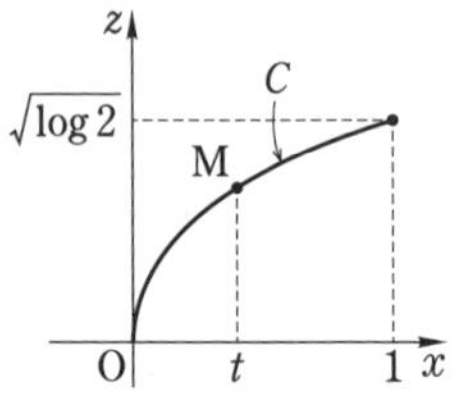

（図 1）

曲線 C を z 軸の周りに 1 回転させるとき，C が通過した部分よりなる図形 S は原点Oと平面 $z=\sqrt{\log 2}$ 上の円

$$D : x^2+y^2=1,\ z=\sqrt{\log 2}$$

を結ぶ（図 2）の曲面である。S は yz 平面に関して対称であるから，V も同様である。よって，以下では，$x \geqq 0$ の部分について調べる。

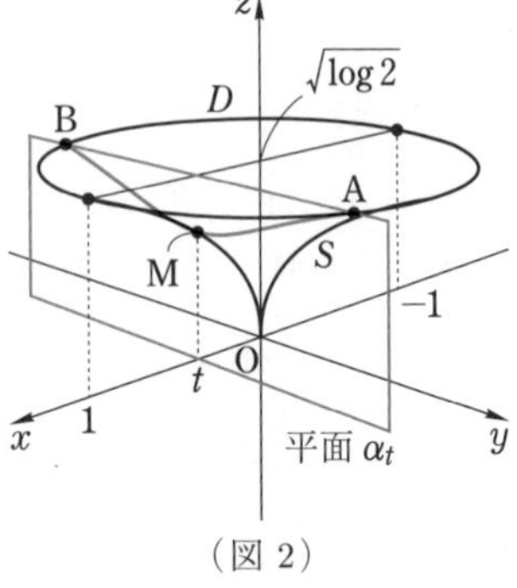

（図 2）

x 軸と垂直な平面 $\alpha_t : x=t$ $(0 \leqq t \leqq 1)$ による S の切り口は（図 2）の曲線 AMB（青線部分）である。ここで，M は曲線 C 上にあって，

$$\mathrm{M}(t,\ 0,\ \sqrt{\log(1+t)})$$

であり，A，B は円 D 上にあって，

$$\mathrm{A}(t,\ \sqrt{1-t^2},\ \sqrt{\log 2}),$$
$$\mathrm{B}(t,\ -\sqrt{1-t^2},\ \sqrt{\log 2})$$

である。

⬅ 平面 α_t による S の切り口において，$|y$ 座標$|$，z 座標がともに最大となる点が A，B である。

平面 α_t による V の断面は（図 2）の曲線 AMB を x 軸の周りに 1 回転させたときにこの曲線が通過する部

分であるから，(図 3) の網目部分である。その面積を $S(t)$ とすると，$\mathrm{O}'(t,\ 0,\ 0)$ として，

$$
\begin{aligned}
&S(t)\\
&=\pi(\mathrm{O'A}^2-\mathrm{O'M}^2)\\
&=\pi\left[(\sqrt{1-t^2})^2+(\sqrt{\log 2})^2-\{\sqrt{\log(1+t)}\}^2\right]\\
&=\pi\{1-t^2+\log 2-\log(1+t)\}
\end{aligned}
$$

である。

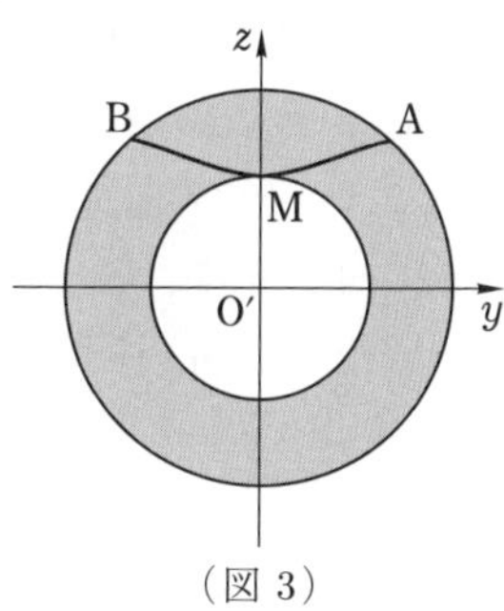

(図 3)

V の体積を T とおく。V が yz 平面に関して対称であることから，

$$
\begin{aligned}
T&=2\int_0^1 S(t)\,dt\\
&=2\pi\int_0^1\{1-t^2+\log 2-\log(1+t)\}\,dt \quad \cdots①
\end{aligned}
$$

である。ここで，

$$
\begin{aligned}
&\int_0^1 \log(1+t)\,dt\\
&=\int_0^1(1+t)'\log(1+t)\,dt\\
&=\Big[(1+t)\log(1+t)\Big]_0^1-\int_0^1(1+t)\cdot\frac{1}{1+t}\,dt\\
&=2\log 2-1
\end{aligned}
$$

⬅ $\displaystyle\int_0^1(1+t)\cdot\frac{1}{1+t}\,dt=\Big[t\Big]_0^1=1$

である。①に戻ると，

$$
\begin{aligned}
T&=2\pi\left\{\left[(1+\log 2)t-\frac{1}{3}t^3\right]_0^1-(2\log 2-1)\right\}\\
&=2\pi\left(1+\log 2-\frac{1}{3}-2\log 2+1\right)\\
&=\boldsymbol{\left(\frac{10}{3}-2\log 2\right)\pi}
\end{aligned}
$$

である。

第7章

類題 28 → 解答 p.382

xyz 空間内の 3 点 $\mathrm{O}(0,\ 0,\ 0)$，$\mathrm{A}(1,\ 0,\ 0)$，$\mathrm{B}(1,\ 1,\ 0)$ を頂点とする三角形 OAB を x 軸のまわりに 1 回転させてできる円すいを V とする。円すい V を y 軸のまわりに 1 回転させてできる立体の体積を求めよ。 (大阪大 2013)

714 正八面体の正射影とその回転体の体積

(1) 正八面体の１つの面を下にして水平な台の上に置く。この八面体を真上から見た図（平面図）を描け。

(2) 正八面体の互いに平行な２つの面をとり，それぞれの面の重心を G_1，G_2 とする。G_1，G_2 を通る直線を軸としてこの八面体を１回転させてできる立体の体積を求めよ。ただし八面体は内部も含むものとし，各辺の長さは１とする。 （東京大）

精講 図形の計量問題において，適切な座標軸を設定すると見通しがよくなることがあります。

解答 (1) 正八面体の大小によらず，得られる平面図の形は一定であるから，１辺の長さ１の正八面体 ABC-DEF について考える。

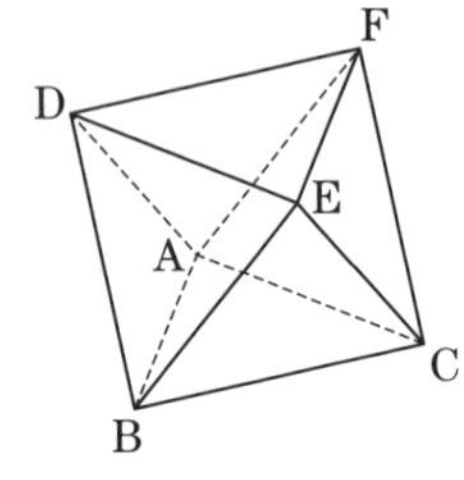

右図において，四角形 ACED は１辺の長さ１の正方形であるから，$CD=AE=\sqrt{2}$ である。

$A\left(0,\ \frac{1}{2},\ 0\right)$，$B\left(0,\ -\frac{1}{2},\ 0\right)$，$C\left(\frac{\sqrt{3}}{2},\ 0,\ 0\right)$ となる座標軸をとり，$D(a,\ b,\ c)\ (c>0)$ とおくと，

←正三角形 ABC において，AB の中点を原点Oとし，$\overrightarrow{OC}$ が x 軸の正の向き，$\overrightarrow{BA}$ が y 軸の正の向きとなるようにする。

$AD=1$ より $a^2+\left(b-\frac{1}{2}\right)^2+c^2=1$ ……①

$BD=1$ より $a^2+\left(b+\frac{1}{2}\right)^2+c^2=1$ ……②

$CD=\sqrt{2}$ より $\left(a-\frac{\sqrt{3}}{2}\right)^2+b^2+c^2=2$ ……③

←①－② より $b=0$
次に，①－③ より
$a=-\frac{\sqrt{3}}{6}$，$c^2=\frac{2}{3}\ (c>0)$

である。これらを解くと，$D\left(-\frac{\sqrt{3}}{6},\ 0,\ \frac{\sqrt{6}}{3}\right)$ である。また，同様の計算から，$E\left(\frac{\sqrt{3}}{3},\ -\frac{1}{2},\ \frac{\sqrt{6}}{3}\right)$，$F\left(\frac{\sqrt{3}}{3},\ \frac{1}{2},\ \frac{\sqrt{6}}{3}\right)$ である。これより，真上から見た図（平面図）は１辺の長さ $\frac{\sqrt{3}}{3}$ の正六角形となる。

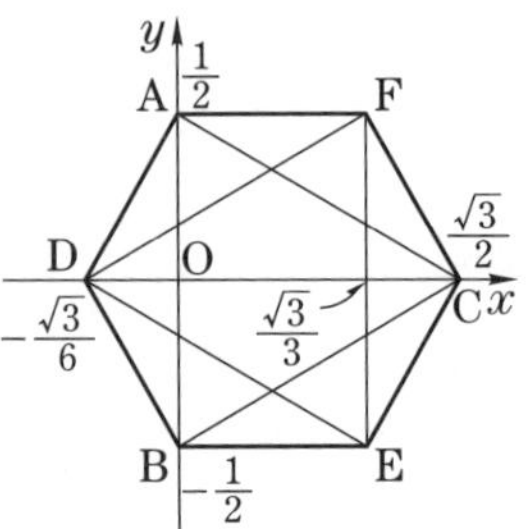

したがって，平面図は正六角形であり，その１

辺の長さは正八面体の 1 辺の長さの $\dfrac{\sqrt{3}}{3}$ 倍である。

(2) △ABC, △DEF の重心はそれぞれ $G_1\left(\dfrac{\sqrt{3}}{6},\ 0,\ 0\right)$, $G_2\left(\dfrac{\sqrt{3}}{6},\ 0,\ \dfrac{\sqrt{6}}{3}\right)$ であるから, $\overrightarrow{G_1G_2}=\left(0,\ 0,\ \dfrac{\sqrt{6}}{3}\right)$ は △ABC, △DEF と垂直であり, 平面図においては正六角形の中心となっている。

⬅ 正八面体の 1 辺の長さが 1 であるから, (1)の正八面体 ABC-DEF で考えている。

G_1G_2 上の点 $H\left(\dfrac{\sqrt{3}}{6},\ 0,\ z\right)\left(0\leqq z\leqq\dfrac{\sqrt{6}}{3}\right)$ を通り, z 軸に垂直な平面 α による回転体の断面積を $S(z)$ とおくとき, 求める体積 V は

$$V=\int_0^{\frac{\sqrt{6}}{3}} S(z)\,dz \qquad \cdots\cdots ④$$

である。

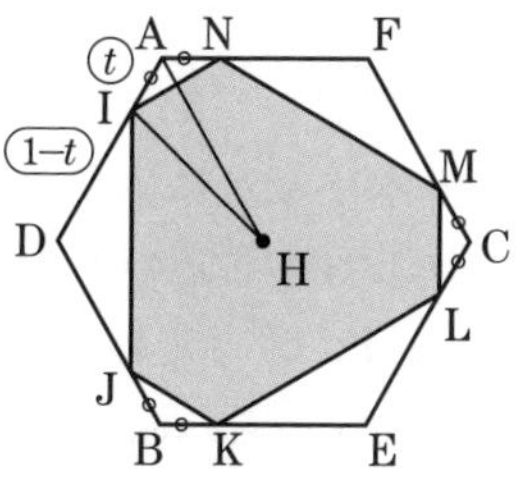

そこで, α と AD, BD, BE, CE, CF, AF との交点を順に I, J, K, L, M, N とし,

$$AI:ID=t:(1-t)\ (0\leqq t\leqq 1)$$

とおくと, J, K, L, M, N もそれぞれ BD, BE, CE, CF, AF を $t:(1-t)$ に内分するので, α による正八面体の断面は右上図の六角形 IJKLMN である。

⬅ z 座標に着目すると, これらの比が一定であることがわかる。

$$\overrightarrow{OI}=(1-t)\overrightarrow{OA}+t\overrightarrow{OD}$$
$$=\left(-\frac{\sqrt{3}}{6}t,\ \frac{1}{2}(1-t),\ \frac{\sqrt{6}}{3}t\right)$$
$$\overrightarrow{OH}=(1-t)\overrightarrow{OG_1}+t\overrightarrow{OG_2}$$
$$=\left(\frac{\sqrt{3}}{6},\ 0,\ \frac{\sqrt{6}}{3}t\right)$$

より

$$HI^2=\left\{\frac{\sqrt{3}}{6}(t+1)\right\}^2+\left\{\frac{1}{2}(1-t)\right\}^2$$
$$=\frac{1}{3}(t^2-t+1) \qquad \cdots\cdots ⑤$$

であり, 同様に HJ^2, …, HN^2 も⑤に等しいので,

$$S(z)=\pi HI^2=\frac{\pi}{3}(t^2-t+1)$$

⬅ α による回転体の断面は, H を中心として六角形 IJKLMN を回転してできる円である。

第7章

である。ここで，Hのz座標に着目すると，$z=\dfrac{\sqrt{6}}{3}t$　⬅$dz=\dfrac{\sqrt{6}}{3}dt$

であるから，④より

z	$0 \longrightarrow \dfrac{\sqrt{6}}{3}$
t	$0 \longrightarrow 1$

$$V=\int_0^1 \frac{\pi}{3}(t^2-t+1)\cdot\frac{\sqrt{6}}{3}dt=\boldsymbol{\frac{5\sqrt{6}}{54}\pi}$$

である。

参考

正八面体は正四面体の各辺の中点を結ぶことによって得られる立体であることを利用して次のように解くこともできる。

別解

(1)　水平な台に置かれた1辺の長さ2の正四面体PQRSの各辺の中点を（図1）のようにA，B，C，D，E，Fと定めると，立体ABC-DEFは1辺の長さ1の正八面体となる。

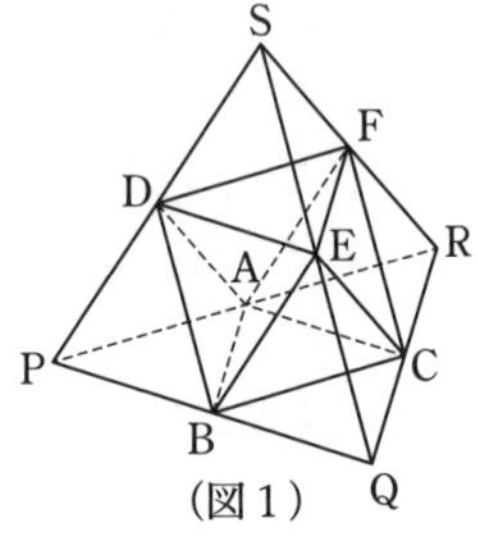

（図1）

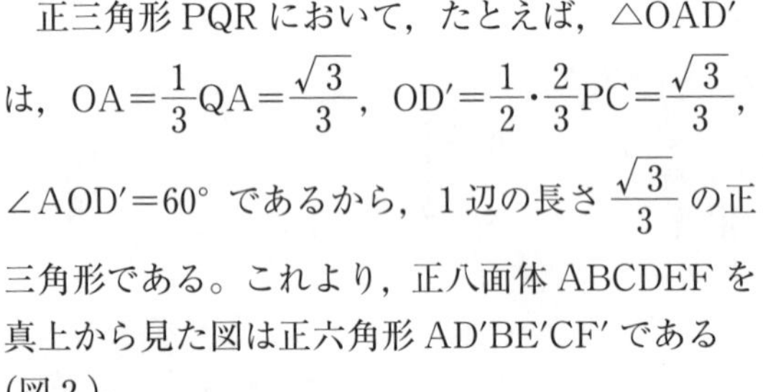

以下，一般に点Xを底面PQRに正射影した点をX′と表すことにすると，S′は正三角形PQRの重心Oと一致し，D′，E′，F′はそれぞれOP，OQ，ORの中点と一致する。

正三角形PQRにおいて，たとえば，△OAD′は，$\mathrm{OA}=\dfrac{1}{3}\mathrm{QA}=\dfrac{\sqrt{3}}{3}$，$\mathrm{OD'}=\dfrac{1}{2}\cdot\dfrac{2}{3}\mathrm{PC}=\dfrac{\sqrt{3}}{3}$，$\angle \mathrm{AOD'}=60°$ であるから，1辺の長さ $\dfrac{\sqrt{3}}{3}$ の正三角形である。これより，正八面体ABCDEFを真上から見た図は正六角形AD′BE′CF′である（図2）。

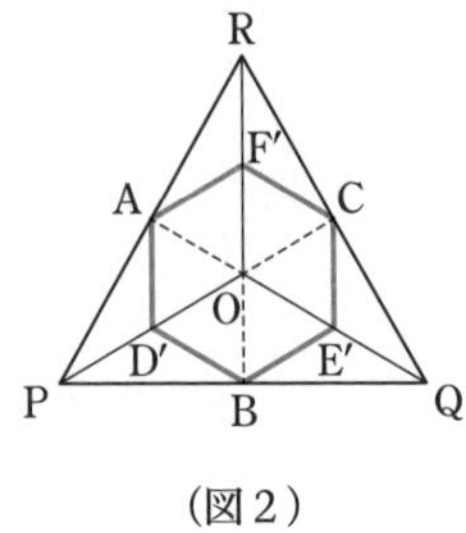

（図2）

(2)　正四面体PQRSの高さは

$$\mathrm{SO}=\sqrt{\mathrm{PS}^2-\mathrm{PO}^2}=\sqrt{2^2-\left(\frac{2\sqrt{3}}{3}\right)^2}=\frac{2\sqrt{6}}{3}$$

であるから，SOと△DEFとの交点をGとすると，

$\mathrm{OG}=\dfrac{1}{2}\mathrm{SO}=\dfrac{\sqrt{6}}{3}$ である。

線分 OG 上に点Hをとり，$\mathrm{OH}=z\left(0\leqq z\leqq\dfrac{\sqrt{6}}{3}\right)$ とする。Hを通り OG と垂直な平面 α と AD, BD, BE, CE, CF, AF との交点を順に I, J, K, L, M, N とおくと，これらの点は各線分を $z:\left(\dfrac{\sqrt{6}}{3}-z\right)$ の比に内分する。したがって，I′ は AD′ を同じ比に内分するので，

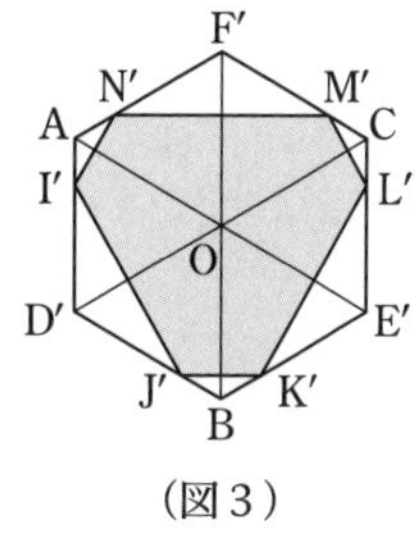

(図3)

$$\mathrm{AI'}=\mathrm{AD'}\cdot\frac{z}{\frac{\sqrt{6}}{3}}=\frac{\sqrt{3}}{3}\cdot\frac{3}{\sqrt{6}}z=\frac{z}{\sqrt{2}}$$

であり，△AOI′ において，

$$\mathrm{OI'}^2=\left(\frac{\sqrt{3}}{3}\right)^2+\left(\frac{z}{\sqrt{2}}\right)^2-2\cdot\frac{\sqrt{3}}{3}\cdot\frac{z}{\sqrt{2}}\cos 60^\circ$$

$$=\frac{1}{2}z^2-\frac{\sqrt{6}}{6}z+\frac{1}{3}$$

⬅ $\mathrm{OI'}^2=\mathrm{OA}^2+\mathrm{AI'}^2-2\cdot\mathrm{OA}\cdot\mathrm{AI'}\cos 60^\circ$

である。また，$\mathrm{OJ'}^2$，…，$\mathrm{ON'}^2$ についても同様である (図3)。

⬅ 同様の計算によって $\mathrm{OJ'}^2=\mathrm{OK'}^2=\mathrm{OL'}^2=\mathrm{OM'}^2=\mathrm{ON'}^2=\frac{1}{2}z^2-\frac{\sqrt{6}}{6}z+\frac{1}{3}$

以上より，回転体の α による断面の面積を $S(z)$ とおくと，

$$S(z)=\pi\mathrm{OI'}^2=\pi\left(\frac{1}{2}z^2-\frac{\sqrt{6}}{6}z+\frac{1}{3}\right)$$

であるから，

$$V=\int_0^{\frac{\sqrt{6}}{3}}S(z)\,dz$$

$$=\pi\int_0^{\frac{\sqrt{6}}{3}}\left(\frac{1}{2}z^2-\frac{\sqrt{6}}{6}z+\frac{1}{3}\right)dz=\pi\left[\frac{1}{6}z^3-\frac{\sqrt{6}}{12}z^2+\frac{1}{3}z\right]_0^{\frac{\sqrt{6}}{3}}$$

$$=\frac{5\sqrt{6}}{54}\pi$$

である。

類題 29 →解答 p.383

座標空間内で，O(0, 0, 0)，A(1, 0, 0)，B(1, 1, 0)，C(0, 1, 0)，D(0, 0, 1)，E(1, 0, 1)，F(1, 1, 1)，G(0, 1, 1) を頂点にもつ立方体を考える。この立方体を対角線 OF を軸にして回転させて得られる回転体の体積を求めよ。 (京都大)

715 円柱の一部の体積と側面積

次の式で与えられる底面の半径が2，高さが1の円柱 C を考える。

$$C=\{(x,\ y,\ z)\,|\,x^2+y^2\leqq 4,\ 0\leqq z\leqq 1\}$$

xy 平面上の直線 $y=1$ を含み，xy 平面と 45° の角をなす平面のうち，点 A$(0,\ 2,\ 1)$ を通るものを H とする。円柱 C を平面 H で2つに分けるとき，点 B$(0,\ 2,\ 0)$ を含む方を D とする。

(1) D の体積 V を求めよ。

(2) D の側面（円柱面の一部）の面積 S を求めよ。（京都大*）

精講 (1) どの座標軸に垂直な断面積を求めたらよいでしょうか？
(2) 円柱面を展開した図を考えることになります。

解答 (1) y 軸に垂直な平面 $\alpha：y=t\ (1\leqq t\leqq 2)$ による D の断面を D_t とし，その面積を $S(t)$ とする。

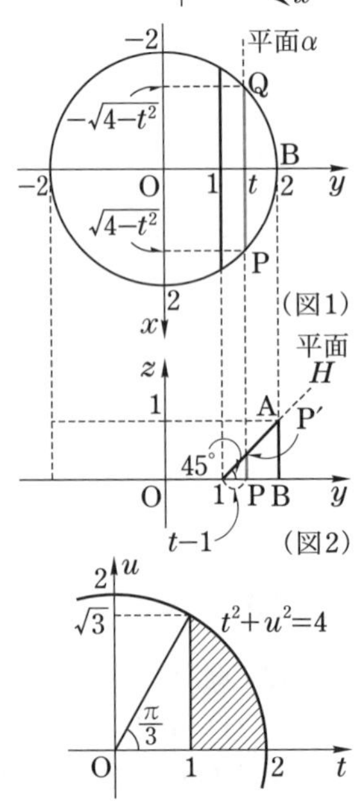

D_t は右図の長方形 PP′Q′Q であり，z 軸方向から見た図（図1），x 軸方向から見た図（図2）から，

$$S(t)=\text{PQ}\cdot\text{PP}'=2\sqrt{4-t^2}\cdot(t-1)$$

である。したがって，

$$V=\int_1^2 S(t)\,dt$$
$$=2\int_1^2\left(t\sqrt{4-t^2}-\sqrt{4-t^2}\right)dt$$

である。ここで，

$$I_1=\int_1^2 t\sqrt{4-t^2}\,dt=\left[-\frac{1}{3}(4-t^2)^{\frac{3}{2}}\right]_1^2=\sqrt{3}$$

$$I_2=\int_1^2\sqrt{4-t^2}\,dt=(\text{右図の斜線部分の面積})$$
$$=\frac{1}{6}\cdot\pi\cdot 2^2-\frac{1}{2}\cdot 1\cdot\sqrt{3}=\frac{2}{3}\pi-\frac{\sqrt{3}}{2}$$

であるから，

$$V=2(I_1-I_2)=\boldsymbol{3\sqrt{3}-\frac{4}{3}\pi}$$

である。

(2) 円柱面を，点 $(0,\ -2,\ 0)$ を通り z 軸に平行な直線で切り開いて，Bを原点とし，$\overrightarrow{\mathrm{BA}}$ の向きを Z 軸の正の向きとする XZ 平面を考える。Dの底面の円弧の長さが $\dfrac{4}{3}\pi$ であり，展開図においてDの側面(図3の網目部分)はZ軸対称であるから，

← 708 (2)参照。

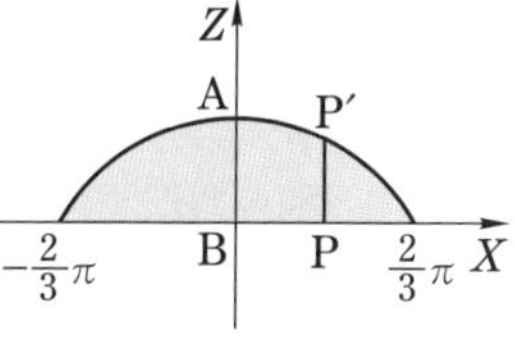

(図3)

$$S=2\int_0^{\frac{2}{3}\pi}\mathrm{PP'}\,dX \qquad \cdots\cdots①$$

である。z 軸方向から見た図(図4)において，

$\angle\mathrm{BOP}=\theta$ とおくと，

$\widehat{\mathrm{BP}}=2\theta$,

$\mathrm{PP'}=t-1=2\cos\theta-1$

であるから，①において，$X=\widehat{\mathrm{BP}}=2\theta$ と置換すると，

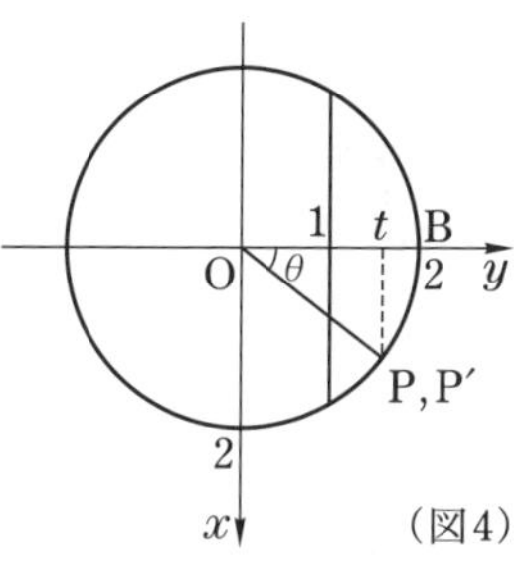

(図4)

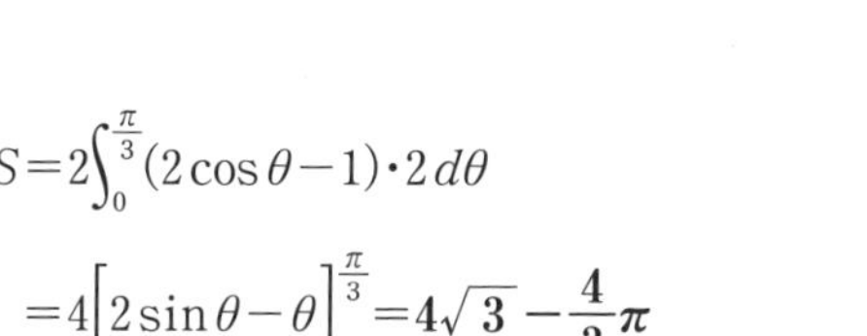

$$S=2\int_0^{\frac{\pi}{3}}(2\cos\theta-1)\cdot 2\,d\theta$$

$$=4\Big[2\sin\theta-\theta\Big]_0^{\frac{\pi}{3}}=\mathbf{4\sqrt{3}-\frac{4}{3}\pi}$$

← $dX=2d\theta$

X	$0 \longrightarrow \frac{2}{3}\pi$
θ	$0 \longrightarrow \frac{\pi}{3}$

である。

参考

(1)においては，x 軸に垂直な平面 $\beta : x=s$ $(-\sqrt{3}\leqq s\leqq\sqrt{3})$ によるDの断面積 $T(s)$ を考えてもよい。

断面は直角二等辺三角形で，直角をはさむ1辺の長さは(図5)の $\mathrm{UV}=\sqrt{4-s^2}-1$ であるから，

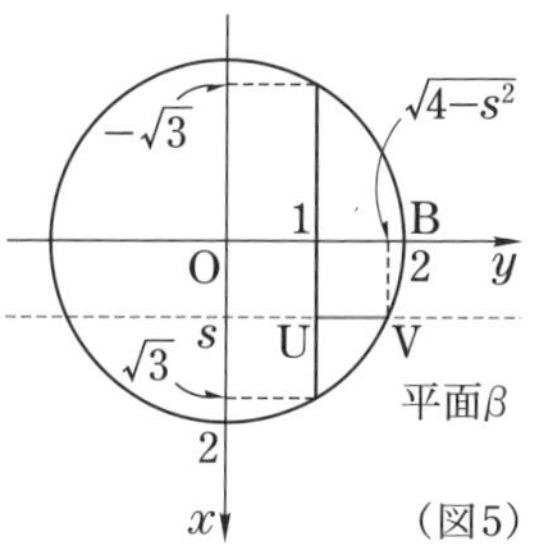

(図5)

$$T(s)=\frac{1}{2}(\sqrt{4-s^2}-1)^2=\frac{1}{2}(5-s^2)-\sqrt{4-s^2}$$

である。したがって，

$$V=\int_{-\sqrt{3}}^{\sqrt{3}}T(s)\,ds=2\int_0^{\sqrt{3}}\left\{\frac{1}{2}(5-s^2)-\sqrt{4-s^2}\right\}ds$$

$$=4\sqrt{3}-2\left(\frac{1}{6}\cdot 4\pi+\frac{1}{2}\cdot\sqrt{3}\cdot 1\right)=3\sqrt{3}-\frac{4}{3}\pi$$

← $\int_0^{\sqrt{3}}\sqrt{4-s^2}\,ds$ は I_2 の場合と同様に考える。

である。

716 直円錐を平面で二分したときの体積

中心O，半径aの円を底面とし，高さがaの直円錐がある。点Oを通り，底面と45°の角度で交わる平面をPとする。

(1) この円錐をPで切るとき，その切り口の面積を求めよ。

(2) Pはこの円錐を2つの部分に分けるが，そのうちの小さい方の体積を求めよ。 (早稲田大)

精講 (1) まず空間座標を設定し，直円錐面を表す方程式を求めます。次に，平面P上に平面座標を設定して，切り口の曲線が放物線になることを示すと解決します。

(2) 底面が(1)の切り口で，頂点が直円錐の頂点である錐体に着目します。

解答 (1) この直円錐面をC，その頂点をAとするとき，Oを原点とし，A$(0,\ 0,\ a)$であり，底面とPとの交線がx軸である座標軸をとる。

⬅このとき，平面 $P: z=y$ とする。

直円錐面Cにおいて，母線と軸AOのなす角が45°であるから，点T$(x,\ y,\ z)$ $(0\leqq z\leqq a$ ……①) がC上にある条件は

⬅Cの底面の円の半径，高さがともにaであるから。

$$\overrightarrow{\mathrm{AO}}\cdot\overrightarrow{\mathrm{AT}}=|\overrightarrow{\mathrm{AO}}||\overrightarrow{\mathrm{AT}}|\cos 45°$$

⬅$\overrightarrow{\mathrm{AO}}=(0,\ 0,\ -a)$
$\overrightarrow{\mathrm{AT}}=(x,\ y,\ z-a)$

$$\therefore\quad -a(z-a)=a\sqrt{x^2+y^2+(z-a)^2}\cdot\frac{1}{\sqrt{2}}$$

$$\therefore\quad \sqrt{2}(a-z)=\sqrt{x^2+y^2+(z-a)^2} \quad\cdots\cdots②$$

である。②の両辺を2乗して整理すると，

$$x^2+y^2=(a-z)^2 \quad\cdots\cdots③$$

⬅直円錐面Cの方程式は①かつ③である。

となり，①のもとで②と③は同値である。

Cと $P: z=y$ との交わりの曲線をKとし，K上の点B$\left(0,\ \dfrac{a}{2},\ \dfrac{a}{2}\right)$をとる。次に，$P$上にOを原点とし，$x$軸を$X$軸，OBを$Y$軸とする座標系$(X,\ Y)$を考える。

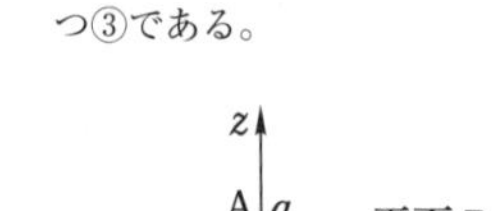

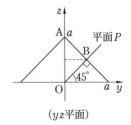

(yz平面)

K上の点Q$(X,\ Y)$をとると，xyz座標では Q$(X,\ Y\cos 45°,\ Y\sin 45°)=\left(X,\ \dfrac{Y}{\sqrt{2}},\ \dfrac{Y}{\sqrt{2}}\right)$ であ

り，QはC上にあるので，③より

$$X^2+\left(\frac{Y}{\sqrt{2}}\right)^2=\left(a-\frac{Y}{\sqrt{2}}\right)^2$$

$$\therefore\quad Y=\frac{1}{\sqrt{2}\,a}(a^2-X^2) \quad \cdots\cdots④$$

となる。これより，KはP上の④で表される放物線であるから，切り口の面積Sは，

$$S=\int_{-a}^{a}\frac{1}{\sqrt{2}\,a}(a^2-X^2)\,dX=\boldsymbol{\frac{2\sqrt{2}}{3}a^2}$$

である。

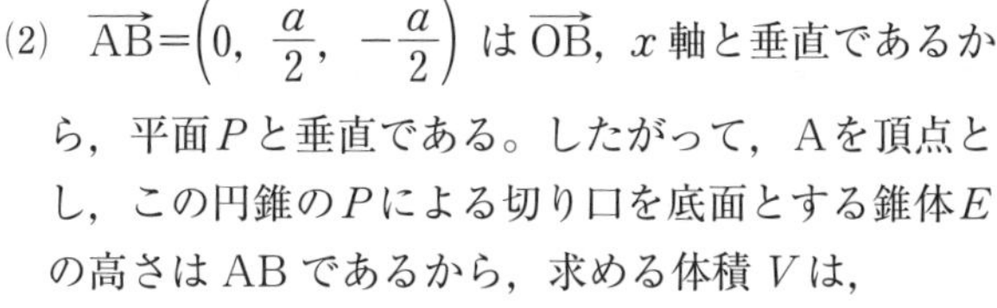

(2) $\overrightarrow{\mathrm{AB}}=\left(0,\ \frac{a}{2},\ -\frac{a}{2}\right)$ は$\overrightarrow{\mathrm{OB}}$，$x$軸と垂直であるから，平面$P$と垂直である。したがって，Aを頂点とし，この円錐のPによる切り口を底面とする錐体Eの高さはABであるから，求める体積Vは，

⬅ $\overrightarrow{\mathrm{OB}}=\left(0,\ \frac{a}{2},\ \frac{a}{2}\right)$ とx軸の方向ベクトル $\vec{x}=(1,\ 0,\ 0)$ はP上の2つの平行でないベクトルであり，$\overrightarrow{\mathrm{AB}}\cdot\overrightarrow{\mathrm{OB}}=0$，$\overrightarrow{\mathrm{AB}}\cdot\vec{x}=0$ である。

$$V=\frac{1}{2}\cdot(\text{直円錐の体積})-(E\text{の体積})$$

$$=\frac{1}{2}\cdot\frac{1}{3}\cdot\pi a^2\cdot a-\frac{1}{3}\cdot\frac{2\sqrt{2}}{3}a^2\cdot\frac{\sqrt{2}}{2}a$$

⬅ $(E\text{の体積})=\frac{1}{3}\cdot S\cdot\mathrm{AB}$ より。

$$=\boldsymbol{\left(\frac{\pi}{6}-\frac{2}{9}\right)a^3}$$

である。

研究

(1)における切り口の曲線Kは直円錐面Cと平面 $P:z=y$ ……⑤ との交わりであるから，K上の点$\mathrm{Q}(x,\ y,\ z)$は，⑤を③に代入して得られる式

$$x^2+y^2=(a-y)^2 \quad \therefore\quad y=\frac{1}{2a}(a^2-x^2) \quad \cdots\cdots⑥$$

を満たす。したがって，Kのxy平面への正射影はxy平面上の⑥で表される放物線の $y\geqq 0$ の部分である。また，Pとxy平面のなす角は45°であるから，

$$S=\frac{1}{\cos 45^\circ}\cdot(\text{放物線⑥と}x\text{軸によって囲まれる部分の面積})$$

$$=\sqrt{2}\cdot\frac{1}{2a}\cdot\frac{1}{6}(2a)^3=\frac{2\sqrt{2}}{3}a^2$$

と計算することもできる。

717 円錐に関係する線分の通過範囲の体積

座標空間において，xy 平面上の原点を中心とする半径1の円を考える。この円を底面とし，点 $(0,\ 0,\ 2)$ を頂点とする円錐（内部を含む）を S とする。また，点 $\mathrm{A}(1,\ 0,\ 2)$ を考える。

(1) 点Pが S の底面を動くとき，線分 AP が通過する部分を T とする。平面 $z=1$ による S の切り口および，平面 $z=1$ による T の切り口を同一平面上に図示せよ。

(2) 点Pが S を動くとき，線分 AP が通過する部分の体積を求めよ。（東京大）

精講 (2) 線分 AP が通過する部分の平面 $\alpha_t : z=t\ (0 \leqq t \leqq 2)$ による切り口の面積を求めます。線分 AP が α_t と共有点をもつのは P が α_t より下方にあるときですから，P が平面 $\alpha_r : z=r\ (0 \leqq r \leqq t)$ による S の断面上を動くときの線分 AP と α_t の交点全体の形状を考えます。

なお，(1)を忘れて，円錐 S と点Aを描いて，線分 AP が通過する部分はどんな形の立体かな？ と考えてみると，意外な発見があるかもしれません。

解答 (1) S, T はいずれも xy 平面上の半径1の円を底面とする高さ2の円錐であるから，平面 $z=1$ による切り口はいずれも半径 $\dfrac{1}{2}$ の円である。$\mathrm{B}(0,\ 0,\ 2)$ とすると，それぞれの円の中心は BO, AO の中点であり，S, T の切り口は右図となる。

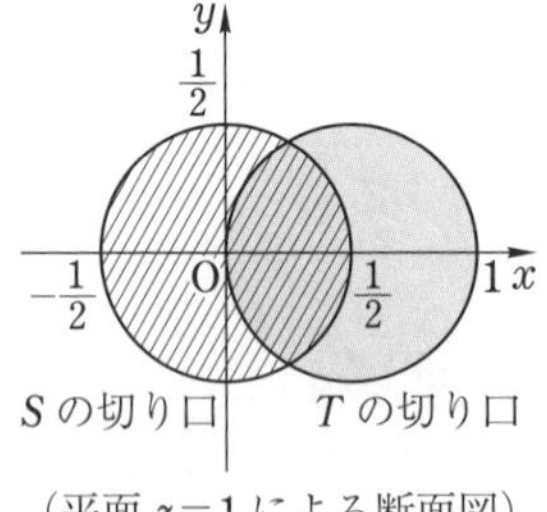

（平面 $z=1$ による断面図）

(2) 線分 AP が通過する部分を D とし，平面 $\alpha_t : z=t\ (0 \leqq t \leqq 2)$ による D の切り口を D_t とする。t を固定して，D_t について調べる。

平面 $\alpha_r : z=r\ (0 \leqq r \leqq t \ \cdots\cdots ①)$ による S の切り口を S_r とし，P が S_r 上を動くときの線分 AP と平面 α_t との交点の全体，すなわち，A を頂点とし，S_r を底面とする円錐の平面 α_t による切り口を T_r とする。（右図参照）

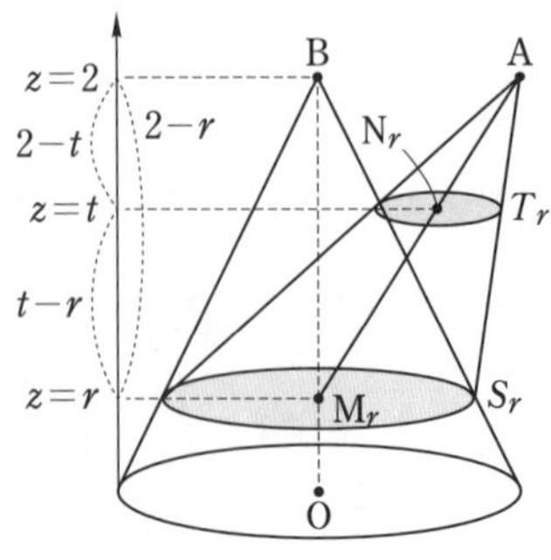

S_r は中心 $\mathrm{M}_r(0,\ 0,\ r)$，半径 $\dfrac{2-r}{2}$ の円板

であり，T_r は AM_r を $2-t : t-r$ に内分する点 N_r を中心とし，半径が $(S_r$ の半径$)\times\dfrac{2-t}{2-r}=\dfrac{2-t}{2}$ の円板である。よって，①のもとで r を変化させると，T_r の中心 N_r は OA，OB それぞれを $t : 2-t$ に内分する点 $\mathrm{N}_0\left(\dfrac{t}{2},\ 0,\ t\right)$，$\mathrm{N}_t(0,\ 0,\ t)$ を端点とする線分 $\mathrm{N}_0\mathrm{N}_t$ 全体を動く。

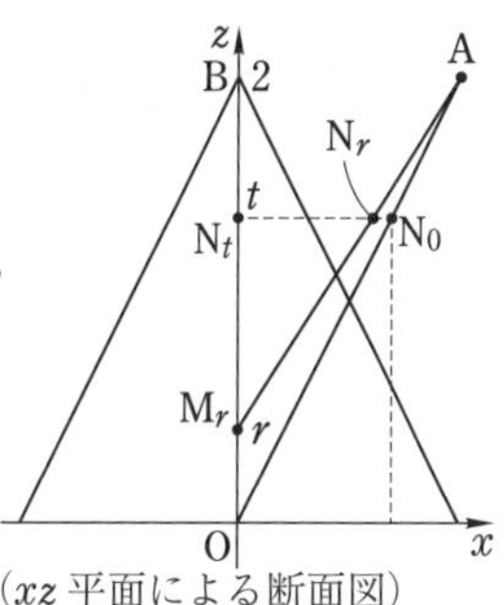

(xz 平面による断面図)

D_t は①を満たす r に対応する円 T_r が通りうる部分であるから，平面 α_t における右図の水色部分である。

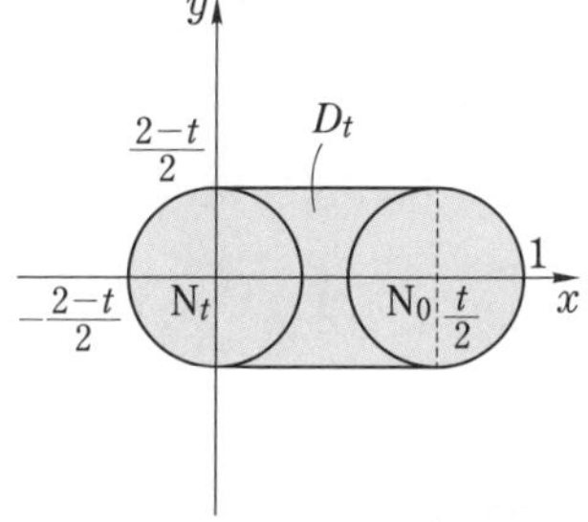

(平面 α_t : $z=t$ による断面図)

D_t の面積を $W(t)$ とすると，

$$W(t)=\left(\frac{2-t}{2}\right)^2\pi+(2-t)\cdot\frac{t}{2}$$

であるから，求める体積は

$$\int_0^2 W(t)\,dt=\left[\frac{1}{12}(t-2)^3\pi-\frac{1}{6}t^3+\frac{1}{2}t^2\right]_0^2$$

$$=\boldsymbol{\frac{2}{3}(\pi+1)}$$

である。

⬅ $W(t)=\dfrac{1}{4}(t-2)^2\pi-\dfrac{1}{2}t^2+t$ より。

(2) 〈別解〉 線分 AP が通過する部分を D とし，E$(0,\ 1,\ 0)$，F$(0,\ -1,\ 0)$ とする。P が S の $x\leqq 0$ の部分 S_- を動くとき，線分 AP と △BEF との交点を Q とすると，線分 PQ は S_- 全体を通過し，線分 QA は四面体 ABEF 全体を通過する。

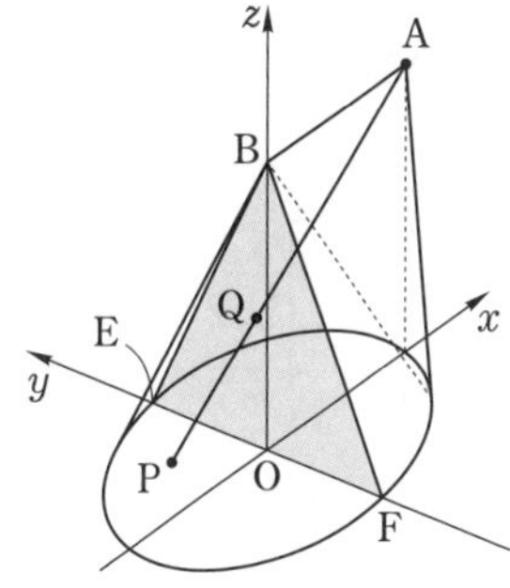

D の残された部分は，P が S の底面 (単位円) の $x\geqq 0$ の部分 U_+ を動くときに線分 AP が通過する部分，つまり，A を頂点とし，U_+ を底面とする錐体 V_+ である。よって，求める体積は

(錐体 S_-)$+$(四面体 ABEF)$+$(錐体 V_+)

$$=2\cdot\left\{\frac{1}{3}\cdot\left(\frac{1}{2}\cdot1^2\cdot\pi\right)\cdot2\right\}+\frac{1}{3}\cdot\left(\frac{1}{2}\cdot2\cdot2\right)\cdot1$$

$$=\frac{2}{3}(\pi+1)$$

である。

⬅ S の側面に接する 2 つの平面 ABE，ABF と xy 平面で囲まれる無限に長い三角柱 K に S は含まれるので，$\mathrm{P}\in S$ のとき，線分 AP は K に含まれる。また，K の $x>0$，$x<0$ の部分は △BEF で分離されているので，$\mathrm{P}\in S_-$ のとき，線分 AP は △BEF と共有点をもつ。

第7章

718 円錐と円柱の共通部分の体積

xyz 空間において，平面 $z=0$ 上の原点を中心とする半径2の円を底面とし，点 $(0,\ 0,\ 1)$ を頂点とする円錐をAとする。

次に，平面 $z=0$ 上の点 $(1,\ 0,\ 0)$ を中心とする半径1の円をH，平面 $z=1$ 上の点 $(1,\ 0,\ 1)$ を中心とする半径1の円をKとする。HとKを2つの底面とする円柱をBとする。

円錐Aと円柱Bの共通部分をCとする。

$0\leqq t\leqq 1$ を満たす実数 t に対し，平面 $z=t$ によるCの切り口の面積を $S(t)$ とおく。

(1) $0\leqq\theta\leqq\dfrac{\pi}{2}$ とする。$t=1-\cos\theta$ のとき，$S(t)$ を θ で表せ。

(2) Cの体積 $\displaystyle\int_0^1 S(t)\,dt$ を求めよ。　　　　（東京大）

精講 (1) 平面 $z=t$ による断面図を描いたとき，θ はどの角に対応するかがわかれば解決します。

(2) (1)のヒントに従って置換積分を実行するだけです。

解答 (1) 平面 $\alpha:z=t$ $(0\leqq t\leqq 1)$ による円錐A，円柱Bの切り口をD，Eとする。

Dは中心 $\mathrm{O'}(0,\ 0,\ t)$，半径 $r=2(1-t)$ の円で，Eは中心 $\mathrm{G}(1,\ 0,\ t)$，半径1の円であり，α によるCの切り口は2つの円D，Eの共通部分である。

⬅円錐Aの $z\geqq t$ の部分の高さは $1-t$ であるから，
$r:2=(1-t):1$
$\therefore\ r=2(1-t)$

右図のように，点L，Mをとり，O′M の中点をNとおく。$t=1-\cos\theta$ $\left(0\leqq\theta\leqq\dfrac{\pi}{2}\right)$ のとき，

$$\mathrm{O'M}=r=2(1-t)=2\cos\theta \quad \cdots\cdots①$$

$$\therefore\ \mathrm{O'N}=\frac{1}{2}\mathrm{O'M}=\cos\theta \quad \cdots\cdots②$$

であり，一方，

$$\mathrm{O'N}=\mathrm{O'G}\cos\angle\mathrm{GO'M}=\cos\angle\mathrm{GO'M} \quad \cdots\cdots③$$

であるから，②，③より

$$\angle\mathrm{GO'M}=\theta \quad \cdots\cdots④$$

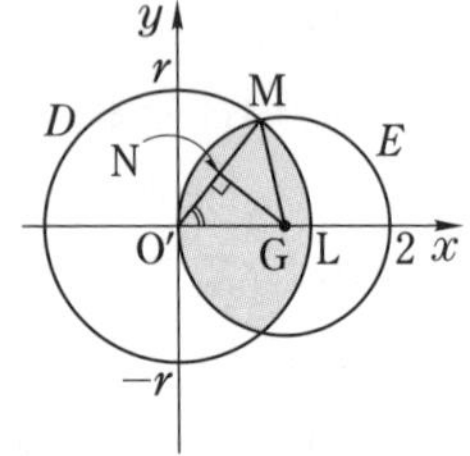

⬅Mは，$D:x^2+y^2=4\cos^2\theta$，$E:(x-1)^2+y^2=1$ の交点であるから，Mのx座標は $x=2\cos^2\theta=\mathrm{O'M}\cos\theta$ である。これから④を導くこともできる。

である。また，$GO'=GM=1$ より

$$\angle O'GM=\pi-2\angle GO'M=\pi-2\theta$$

である。

円D，Eの共通部分はx軸に関して対称であるから，

$$S(t)=2\{扇形\ O'\overset{\frown}{LM}+(扇形\ G\overset{\frown}{MO'}-\triangle GMO')\}$$
$$=2\left\{\frac{1}{2}r^2\theta+\frac{1}{2}\cdot1^2\cdot(\pi-2\theta)-\frac{1}{2}\cdot1^2\cdot\sin(\pi-2\theta)\right\}$$
$$=\boldsymbol{4\theta\cos^2\theta+\pi-2\theta-\sin2\theta}$$

⬅①より。

である。

(2)
$$V=\int_0^1 S(t)\,dt$$

において，$t=1-\cos\theta$ と置換すると，

⬅$dt=\sin\theta d\theta$

t	$0\longrightarrow1$
θ	$0\longrightarrow\frac{\pi}{2}$

$$V=\int_0^{\frac{\pi}{2}}(4\theta\cos^2\theta+\pi-2\theta-\sin2\theta)\sin\theta\,d\theta$$

となる。ここで，

$$I_1=\int_0^{\frac{\pi}{2}}4\theta\cos^2\theta\sin\theta\,d\theta$$
$$=\left[-\frac{4}{3}\theta\cos^3\theta\right]_0^{\frac{\pi}{2}}+\frac{4}{3}\int_0^{\frac{\pi}{2}}\cos^3\theta\,d\theta$$
$$=\frac{4}{3}\left[\sin\theta-\frac{1}{3}\sin^3\theta\right]_0^{\frac{\pi}{2}}=\frac{8}{9}$$

⬅ $\cos^2\theta\sin\theta$
$=\cos^2\theta(-\cos\theta)'$
$=\left(-\frac{1}{3}\cos^3\theta\right)'$

⬅ $\int_0^{\frac{\pi}{2}}\cos^3\theta\,d\theta$
$=\int_0^{\frac{\pi}{2}}(1-\sin^2\theta)(\sin\theta)'d\theta$

$$I_2=\int_0^{\frac{\pi}{2}}(\pi-2\theta)\sin\theta\,d\theta$$
$$=\left[-(\pi-2\theta)\cos\theta\right]_0^{\frac{\pi}{2}}-2\int_0^{\frac{\pi}{2}}\cos\theta\,d\theta$$
$$=\pi-2\left[\sin\theta\right]_0^{\frac{\pi}{2}}=\pi-2$$

$$I_3=\int_0^{\frac{\pi}{2}}\sin2\theta\sin\theta\,d\theta$$
$$=\int_0^{\frac{\pi}{2}}2\sin^2\theta\cos\theta\,d\theta=\left[\frac{2}{3}\sin^3\theta\right]_0^{\frac{\pi}{2}}=\frac{2}{3}$$

⬅ $2\sin^2\theta\cos\theta$
$=2\sin^2\theta(\sin\theta)'$

であるから，

$$V=I_1+I_2-I_3=\frac{8}{9}+(\pi-2)-\frac{2}{3}=\boldsymbol{\pi-\frac{16}{9}}$$

である。

第7章

☆ **719** **四面体の内部で円柱の外部である部分の体積**

xyz 空間に4点 $\mathrm{P}(0,\ 0,\ 2)$, $\mathrm{A}(0,\ 2,\ 0)$, $\mathrm{B}(\sqrt{3},\ -1,\ 0)$, $\mathrm{C}(-\sqrt{3},\ -1,\ 0)$ をとる。四面体PABCの $x^2+y^2\geqq 1$ を満たす部分の体積を求めよ。

（東京工大）

精講 いずれかの座標軸に垂直な断面積を求めて積分することになりますが，その選び方によって計算量が変わってきます。z 軸に垂直な断面では円と三角形が関係し，x 軸に垂直な断面では三角形が関係することになります。

解答 円柱面 $D:x^2+y^2=1$

直線 $\mathrm{AP}:z=-y+2,\ x=0$

とする。線分APとDは点$(0,\ 1,\ 1)$で交わり，線分BP，CPとDの交点も平面 $z=1$ 上にある。これより，四面体PABCの $z>1$ の部分はDの内部に含まれるので，$0\leqq z\leqq 1$ の部分について調べる。

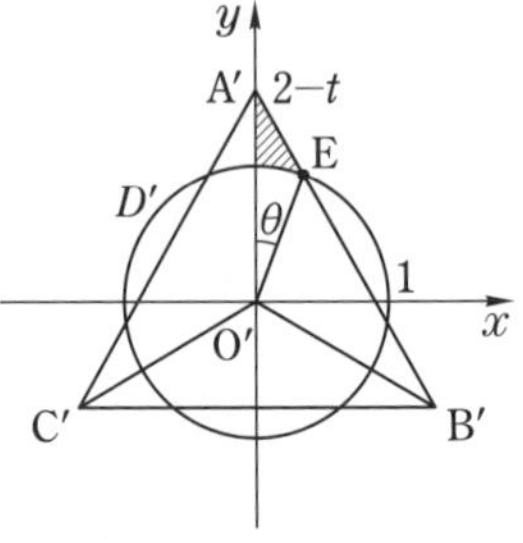

（平面αによる切り口）

平面 $\alpha:z=t$ $(0\leqq t\leqq 1)$ と z 軸，AP，BP，CPとの交点をそれぞれ $\mathrm{O}'(0,\ 0,\ t)$, $\mathrm{A}'(0,\ 2-t,\ t)$, B', C' とし，α と D の交わりの円を D' とおく。

α上で右図のように点Eをとり，$\angle\mathrm{A}'\mathrm{O}'\mathrm{E}=\theta$ とおくと，$\mathrm{E}(\sin\theta,\ \cos\theta,\ t)$ である。Eが直線A′B′

$$y=-\sqrt{3}x+2-t\ \ (z=t)$$

上にあることから，t と θ の関係は

⇐ A′B′は AB：$y=-\sqrt{3}x+2$ $(z=0)$ と平行で，傾き $-\sqrt{3}$ である。

$$\cos\theta=-\sqrt{3}\sin\theta+2-t$$

$$\therefore\quad t=2-\sqrt{3}\sin\theta-\cos\theta \qquad \cdots\cdots①$$

である。また，①より

$$t=2-2\sin\left(\theta+\frac{\pi}{6}\right)\qquad \therefore\quad \sin\left(\theta+\frac{\pi}{6}\right)=\frac{2-t}{2}$$

であるから，$t=0,\ 1$ にはそれぞれ $\theta=\dfrac{\pi}{3},\ 0$ が対応する。したがって，θ の変域は

⇐ 上図より，tが増加（$2-t$が減少）すると，θが減少することに注意する。

$$0\leqq\theta\leqq\frac{\pi}{3} \qquad \cdots\cdots②$$

である。

△A′B′C′ 内で D' の外部にある部分の面積を $S(t)$ とおくと，

$$S(t)=6\cdot(\text{斜線部分の面積})$$
$$=6\left\{\frac{1}{2}(2-t)\cdot\sin\theta-\frac{1}{2}\cdot1^2\cdot\theta\right\}$$
$$=3\{(\sqrt{3}\sin\theta+\cos\theta)\sin\theta-\theta\}$$

である。

⬅ △O′A′E $=\frac{1}{2}\cdot$O′A′$\cdot$(E の x 座標)

⬅ ①より $2-t=\sqrt{3}\sin\theta+\cos\theta$

求める体積を V とおくと，

$$V=\int_0^1 S(t)\,dt$$

である。①の置換を行うと，②より

$$\frac{dt}{d\theta}=-\sqrt{3}\cos\theta+\sin\theta,$$

t	$0\longrightarrow 1$
θ	$\frac{\pi}{3}\longrightarrow 0$

であるから，

$$V=\int_{\frac{\pi}{3}}^{0}3\{(\sqrt{3}\sin\theta+\cos\theta)\sin\theta-\theta\}$$
$$\times(-\sqrt{3}\cos\theta+\sin\theta)\,d\theta$$
$$=3\int_0^{\frac{\pi}{3}}(\sqrt{3}\sin\theta+\cos\theta)(\sqrt{3}\cos\theta-\sin\theta)\sin\theta\,d\theta$$
$$-3\int_0^{\frac{\pi}{3}}\theta(\sqrt{3}\cos\theta-\sin\theta)\,d\theta$$
$$=3I_1-3I_2 \quad\cdots\cdots③$$

である。

⬅ I_1，I_2 はそれぞれ上の式における第 1 項，第 2 項の定積分を表す。

$$I_1=\int_0^{\frac{\pi}{3}}(\sqrt{3}\sin\theta+\cos\theta)(\sqrt{3}\cos\theta-\sin\theta)\sin\theta\,d\theta$$
$$=\int_0^{\frac{\pi}{3}}\{\sqrt{3}(\cos^2\theta-\sin^2\theta)+2\sin\theta\cos\theta\}\sin\theta\,d\theta$$
$$=\int_0^{\frac{\pi}{3}}\{\sqrt{3}(1-2\cos^2\theta)(\cos\theta)'$$
$$+2\sin^2\theta(\sin\theta)'\}\,d\theta$$
$$=\left[\sqrt{3}\left(\cos\theta-\frac{2}{3}\cos^3\theta\right)+\frac{2}{3}\sin^3\theta\right]_0^{\frac{\pi}{3}}$$
$$=\frac{5\sqrt{3}}{12}+\frac{\sqrt{3}}{4}-\frac{\sqrt{3}}{3}=\frac{\sqrt{3}}{3}$$

⬅ $\int_0^{\frac{\pi}{3}}\sqrt{3}(\cos^2\theta-\sin^2\theta)\sin\theta\,d\theta$
$=\int_0^{\frac{\pi}{3}}\sqrt{3}(2\cos^2\theta-1)\times(-\cos\theta)'\,d\theta$

$\int_0^{\frac{\pi}{3}}2\sin\theta\cos\theta\sin\theta\,d\theta$
$=\int_0^{\frac{\pi}{3}}2\sin^2\theta(\sin\theta)'\,d\theta$

第7章

$$I_2=\int_0^{\frac{\pi}{3}}\theta(\sqrt{3}\cos\theta-\sin\theta)\,d\theta$$

$$=\int_0^{\frac{\pi}{3}}\theta(\sqrt{3}\sin\theta+\cos\theta)'\,d\theta$$

$$=\Big[\theta(\sqrt{3}\sin\theta+\cos\theta)\Big]_0^{\frac{\pi}{3}}-\int_0^{\frac{\pi}{3}}(\sqrt{3}\sin\theta+\cos\theta)\,d\theta$$

$$=\frac{2}{3}\pi-\Big[-\sqrt{3}\cos\theta+\sin\theta\Big]_0^{\frac{\pi}{3}}$$

$$=\frac{2}{3}\pi-\sqrt{3}$$

であるから，③に戻ると，

$$V=3\cdot\frac{\sqrt{3}}{3}-3\left(\frac{2}{3}\pi-\sqrt{3}\right)$$

$$=\mathbf{4\sqrt{3}-2\pi}$$

である。

参考

x 軸，y 軸に垂直な平面による断面を考えても処理できる。ここでは，x 軸の場合の計算を示しておく。

別解

円柱面 $D：x^2+y^2=1$

直線 AB：$y=-\sqrt{3}x+2\quad(z=0)$

直線 AP：$z=-y+2\quad(x=0)$

である。z 軸方向から見たとき，斜線で示される立体Kについて調べる。

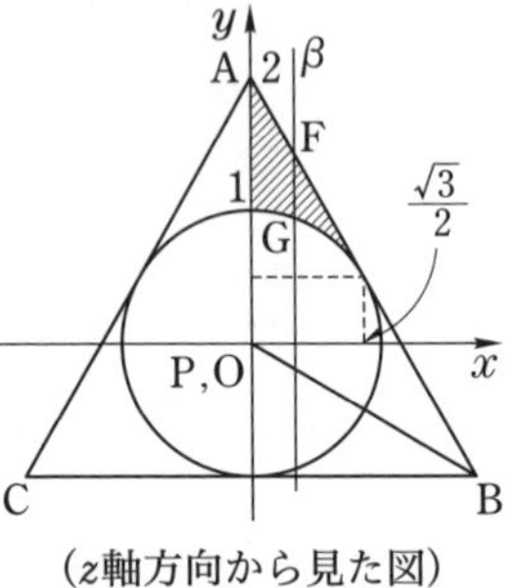

(z軸方向から見た図)

平面 $\beta：x=s\left(0\leqq s\leqq\dfrac{\sqrt{3}}{2}\right)$ と AB との交点を $\mathrm{F}(s,\ 2-\sqrt{3}s,\ 0)$ とすると，β と平面 PAB との交わりの直線 l は

$$z=-y+2-\sqrt{3}s$$

である。また，円 $x^2+y^2=1\ (z=0)$ と β との交点で $y\geqq 0$ にあるものを $\mathrm{G}(s,\ \sqrt{1-s^2},\ 0)$ とする。

⬅ l は AP と平行であるから，yz 平面と平行な平面 β 上の直線として傾き -1 であり，F を通る。

このとき，β による K の切断面は右図の斜線部分であり，その面積を $T(s)$ とおくと，

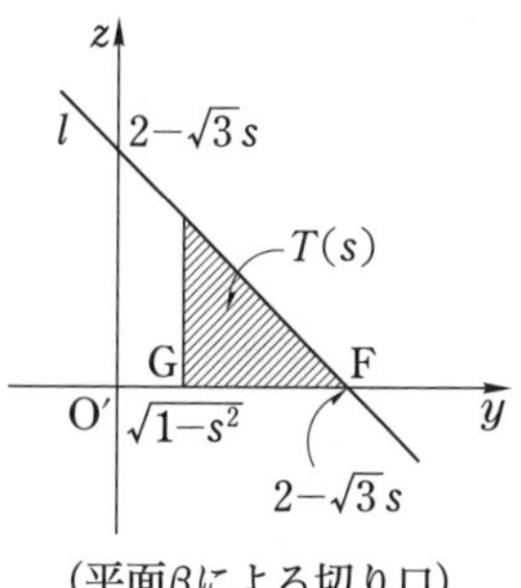

(平面βによる切り口)

$$T(s)=\frac{1}{2}\mathrm{GF}^2$$
$$=\frac{1}{2}(2-\sqrt{3}\,s-\sqrt{1-s^2})^2$$

である。

求める体積 V は K の体積の 6 倍であるから，

$$V=6\int_0^{\frac{\sqrt{3}}{2}}T(s)\,ds$$
$$=3\int_0^{\frac{\sqrt{3}}{2}}(2-\sqrt{3}\,s-\sqrt{1-s^2})^2ds \qquad \cdots\cdots④$$

である。ここで，

$$(2-\sqrt{3}\,s-\sqrt{1-s^2})^2$$
$$=(2-\sqrt{3}\,s)^2-2(2-\sqrt{3}\,s)\sqrt{1-s^2}+1-s^2$$
$$=2s^2-4\sqrt{3}\,s+5+2\sqrt{3}\,s\sqrt{1-s^2}-4\sqrt{1-s^2}$$

であるから，④に戻ると，

$$\frac{V}{3}=\int_0^{\frac{\sqrt{3}}{2}}(2s^2-4\sqrt{3}\,s+5+2\sqrt{3}\,s\sqrt{1-s^2})\,ds$$
$$-4\int_0^{\frac{\sqrt{3}}{2}}\sqrt{1-s^2}\,ds$$
$$=\left[\frac{2}{3}s^3-2\sqrt{3}\,s^2+5s-\frac{2\sqrt{3}}{3}(1-s^2)^{\frac{3}{2}}\right]_0^{\frac{\sqrt{3}}{2}}$$
$$-4\left(\frac{\pi}{6}+\frac{\sqrt{3}}{8}\right)$$
$$=\frac{11\sqrt{3}}{6}-\left(\frac{2}{3}\pi+\frac{\sqrt{3}}{2}\right)$$
$$=\frac{4\sqrt{3}-2\pi}{3}$$

$$\therefore\quad V=4\sqrt{3}-2\pi$$

である。

⬅ $\int_0^{\frac{\sqrt{3}}{2}}\sqrt{1-s^2}\,ds$ は下図の斜線部分の面積である。

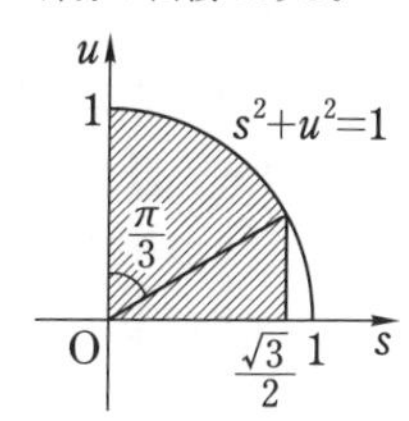

第7章

720 曲線の長さ

(I) (1) $x \geqq 0$ で定義された関数 $f(x)=\log(x+\sqrt{1+x^2})$ について，導関数 $f'(x)$ を求めよ。

(2) 極方程式 $r=\theta$ $(\theta \geqq 0)$ で定義される曲線の，$0 \leqq \theta \leqq \pi$ の部分の長さを求めよ。 （京都大）

(II) 曲線 $C : y=\log(2\sin x)$ $(0<x<\pi)$ の $y \geqq 0$ の部分の長さLを求めよ。

（岡山大*）

精講 曲線の長さの公式を使って，積分の計算練習をするだけです。

1° 曲線 $C : x=f(t)$，$y=g(t)$ $(a \leqq t \leqq b)$ の長さをLとするとき

$$L=\int_a^b \sqrt{\left(\frac{dx}{dt}\right)^2+\left(\frac{dy}{dt}\right)^2}\,dt=\int_a^b \sqrt{\{f'(t)\}^2+\{g'(t)\}^2}\,dt$$

2° 曲線 $C : y=f(x)$ $(a \leqq x \leqq b)$ の長さをLとするとき

$$L=\int_a^b \sqrt{1+\left(\frac{dy}{dx}\right)^2}\,dx=\int_a^b \sqrt{1+\{f'(x)\}^2}\,dx$$

解答 (I) (1) $f'(x)$

$$=\frac{1}{x+\sqrt{1+x^2}}\cdot\left(1+\frac{x}{\sqrt{1+x^2}}\right)$$

$$=\boldsymbol{\frac{1}{\sqrt{1+x^2}}}$$

である。

⬅ $\{\log(x+\sqrt{1+x^2})\}'$
$=\dfrac{(x+\sqrt{1+x^2})'}{x+\sqrt{1+x^2}}$

(2) 極方程式 $r=\theta$ $(0 \leqq \theta \leqq \pi)$ で表される曲線上の点$(x,\ y)$について，

$$\begin{cases} x=r\cos\theta=\theta\cos\theta \\ y=r\sin\theta=\theta\sin\theta \end{cases}$$

が成り立つから，

$$\frac{dx}{d\theta}=\cos\theta-\theta\sin\theta$$

$$\frac{dy}{d\theta}=\sin\theta+\theta\cos\theta$$

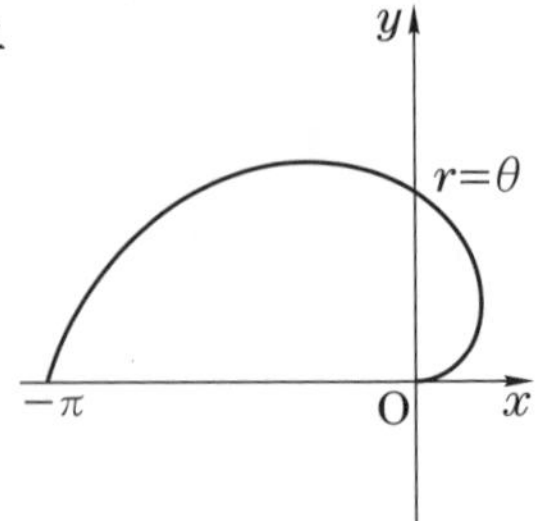

$$\therefore\quad \left(\frac{dx}{d\theta}\right)^2+\left(\frac{dy}{d\theta}\right)^2=1+\theta^2$$

← (左辺)
$=(\cos\theta-\theta\sin\theta)^2+(\sin\theta+\theta\cos\theta)^2$
$=(1+\theta^2)(\cos^2\theta+\sin^2\theta)$
$=1+\theta^2$

である。よって，求める曲線の長さをLとすると，

$$L=\int_0^{\pi}\sqrt{\left(\frac{dx}{d\theta}\right)^2+\left(\frac{dy}{d\theta}\right)^2}\,d\theta=\int_0^{\pi}\sqrt{1+\theta^2}\,d\theta$$

$$=\left[\theta\sqrt{1+\theta^2}\right]_0^{\pi}-\int_0^{\pi}\theta\cdot\frac{\theta}{\sqrt{1+\theta^2}}\,d\theta$$

$$=\pi\sqrt{1+\pi^2}-\int_0^{\pi}\frac{(1+\theta^2)-1}{\sqrt{1+\theta^2}}\,d\theta$$

$$=\pi\sqrt{1+\pi^2}-\int_0^{\pi}\sqrt{1+\theta^2}\,d\theta+\int_0^{\pi}\frac{1}{\sqrt{1+\theta^2}}\,d\theta$$

← 第2項は求める積分Lに等しいので，移項して整理する。

となるので，

$$L=\frac{1}{2}\left(\pi\sqrt{1+\pi^2}+\int_0^{\pi}\frac{1}{\sqrt{1+\theta^2}}\,d\theta\right)$$

$$=\frac{1}{2}\left\{\pi\sqrt{1+\pi^2}+\left[\log\left(\theta+\sqrt{1+\theta^2}\right)\right]_0^{\pi}\right\}$$

← (1)の結果を用いた。

$$=\boldsymbol{\frac{1}{2}\{\pi\sqrt{1+\pi^2}+\log(\pi+\sqrt{1+\pi^2})\}}$$

である。

(II) $C：y=\log(2\sin x)$ $(0<x<\pi)$ の $y\geqq 0$ の範囲は

← Cの概形は以下の通り。

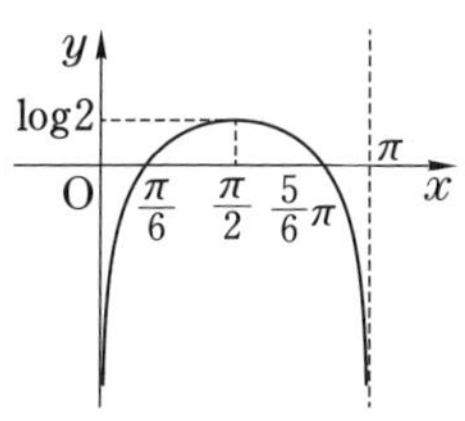

$$2\sin x\geqq 1\qquad \therefore\quad \sin x\geqq\frac{1}{2}$$

より，$\dfrac{\pi}{6}\leqq x\leqq\dfrac{5}{6}\pi$ である。

$$\frac{dy}{dx}=\{\log(2\sin x)\}'=\frac{\cos x}{\sin x}$$

であるから，

$$L=\int_{\frac{\pi}{6}}^{\frac{5}{6}\pi}\sqrt{1+\left(\frac{\cos x}{\sin x}\right)^2}\,dx=\int_{\frac{\pi}{6}}^{\frac{5}{6}\pi}\frac{1}{\sin x}\,dx$$

← $\dfrac{1}{\sin x}=\dfrac{\sin x}{\sin^2 x}=\dfrac{\sin x}{1-\cos^2 x}$

$$=\int_{\frac{\pi}{6}}^{\frac{5}{6}\pi}\frac{\sin x}{1-\cos^2 x}\,dx=\int_{\frac{\sqrt{3}}{2}}^{-\frac{\sqrt{3}}{2}}\frac{-1}{1-t^2}\,dt$$

← $t=\cos x$ と置換すると
$dt=-\sin x\,dx$

x	$\dfrac{\pi}{6}\longrightarrow\dfrac{5}{6}\pi$
t	$\dfrac{\sqrt{3}}{2}\longrightarrow-\dfrac{\sqrt{3}}{2}$

$$=\int_0^{\frac{\sqrt{3}}{2}}\left(\frac{1}{1+t}+\frac{1}{1-t}\right)dt=\left[\log\frac{1+t}{1-t}\right]_0^{\frac{\sqrt{3}}{2}}$$

$$=\boldsymbol{2\log(2+\sqrt{3})}$$

である。

721 曲線に接しながら滑らずに移動する図形

$f(x)=-\dfrac{e^x+e^{-x}}{2}$ とおき，曲線 $C:y=f(x)$ を考える。一辺の長さ a の正三角形PQRは最初，辺QRの中点Mが曲線 C 上の点 $(0,\ f(0))$ に一致し，QRが C に接し，さらにPが $y>f(x)$ の範囲にあるようにおかれている。ついで，△PQRが曲線 C に接しながら滑ることなく右に傾いてゆく。最初の状態から，点Rが初めて曲線 C 上にくるまでの間，点Pの y 座標が一定であるように，a を定めよ。

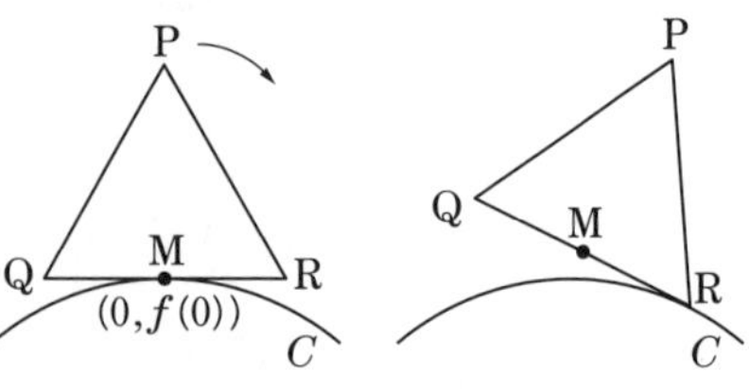

（大阪大 1995）

精講 “C に接しながら滑ることなく右に傾いてゆく”ことから，接点Tの x 座標を用いて，線分MTの長さを表せます。そのあとで，Pの座標を求めるためには，ベクトルの和を利用します。

解答 $A(0,\ f(0))=(0,\ -1)$ とし，QRと C の接点を $T(t,\ f(t))\,(t\geqq 0)$ とすると，△PQRが C に接しながら滑ることなく傾くことから，

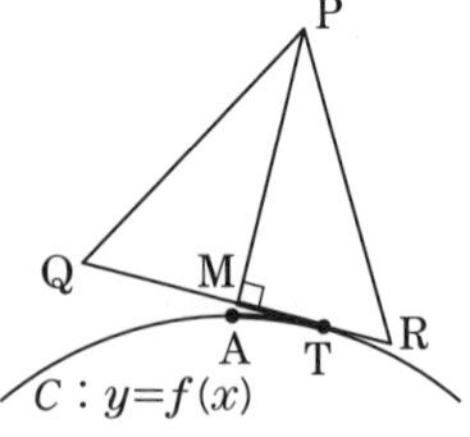

MT=（C 上のAからTまでの長さ）

$$=\int_0^t\sqrt{1+\{f'(x)\}^2}\,dx \qquad \cdots\cdots①$$

である。ここで，

$$f(x)=-\frac{e^x+e^{-x}}{2},\quad f'(x)=-\frac{e^x-e^{-x}}{2}$$

← $x\geqq 0$ のとき，$f(x)<0$，$f'(x)\leqq 0$ に注意する。

より，

$$\sqrt{1+\{f'(x)\}^2}=\frac{e^x+e^{-x}}{2} \qquad \cdots\cdots②$$

← $1+\{f'(x)\}^2=1+\left(\dfrac{e^x-e^{-x}}{2}\right)^2=\left(\dfrac{e^x+e^{-x}}{2}\right)^2$

であるから，①に戻ると，

$$\mathrm{MT}=\int_0^t\frac{e^x+e^{-x}}{2}\,dx=\left[\frac{e^x-e^{-x}}{2}\right]_0^t$$

$$=\frac{e^t-e^{-t}}{2}=-f'(t) \qquad \cdots\cdots③$$

である。

$\overrightarrow{\mathrm{MT}}$ は $\vec{u}=(1,\ f'(t))$ と同じ向きで，$\overrightarrow{\mathrm{MP}}$ は $\vec{u}$ を $\dfrac{\pi}{2}$ だけ回転したベクトル $\vec{v}=(-f'(t),\ 1)$ と同じ向きである。また，②より

$$|\vec{u}|=|\vec{v}|=\sqrt{1+\{f'(t)\}^2}=\frac{e^t+e^{-t}}{2}=-f(t)$$

であるから，$\vec{u}$，$\vec{v}$ と同じ向きの単位ベクトル $\vec{e}$，$\vec{f}$ はそれぞれ

$$\vec{e}=\frac{\vec{u}}{|\vec{u}|}=-\frac{1}{f(t)}\vec{u},\quad \vec{f}=\frac{\vec{v}}{|\vec{v}|}=-\frac{1}{f(t)}\vec{v}$$

である。以上のことから，

$$\overrightarrow{\mathrm{OP}}=\overrightarrow{\mathrm{OT}}+\overrightarrow{\mathrm{TM}}+\overrightarrow{\mathrm{MP}} \quad \cdots\cdots ④$$

において，③を用いると，

$$\overrightarrow{\mathrm{TM}}=-\overrightarrow{\mathrm{MT}}=-\mathrm{MT}\vec{e}$$
$$=-(-f'(t))\left(-\frac{1}{f(t)}\vec{u}\right)=-\frac{f'(t)}{f(t)}\vec{u}$$
$$\overrightarrow{\mathrm{MP}}=\mathrm{MP}\vec{f}=\frac{\sqrt{3}}{2}a\left(-\frac{1}{f(t)}\vec{v}\right)=-\frac{\sqrt{3}a}{2f(t)}\vec{v}$$

である。よって，④に戻ると，

$$\overrightarrow{\mathrm{OP}}=(t,\ f(t))-\frac{f'(t)}{f(t)}(1,\ f'(t))-\frac{\sqrt{3}a}{2f(t)}(-f'(t),\ 1)$$

となるので，P の y 座標 y_{P} は

$$y_{\mathrm{P}}=f(t)-\frac{\{f'(t)\}^2}{f(t)}-\frac{\sqrt{3}a}{2f(t)}$$
$$=\frac{1}{f(t)}\left[\{f(t)\}^2-\{f'(t)\}^2-\frac{\sqrt{3}}{2}a\right]$$
$$=\frac{1}{f(t)}\left\{\left(\frac{e^t+e^{-t}}{2}\right)^2-\left(\frac{e^t-e^{-t}}{2}\right)^2-\frac{\sqrt{3}}{2}a\right\}$$
$$=\frac{1}{f(t)}\left(1-\frac{\sqrt{3}}{2}a\right)$$

となる。

これより，P の y 座標 y_{P} が一定であるような a の値は $\boldsymbol{a=\dfrac{2}{\sqrt{3}}}$ である。

⬅ MT は接線であり，その傾きは $f'(t)$ であって，$\overrightarrow{\mathrm{MT}}$ の x 成分は正である。

⬅ 一般に，ベクトル $(a,\ b)$ を $\dfrac{\pi}{2}$ だけ回転したベクトルは $(-b,\ a)$ である。

⬅ $\vec{e}$，$\vec{f}$ は $\overrightarrow{\mathrm{MT}}$，$\overrightarrow{\mathrm{MP}}$ と同じ向きの単位ベクトルである。

⬅ $\mathrm{MP}=\dfrac{\sqrt{3}}{2}\mathrm{PQ}=\dfrac{\sqrt{3}}{2}a$

⬅ $f(t)$ は変化するので，$1-\dfrac{\sqrt{3}}{2}a=0$ である。

第7章

類題の解答

第1章

1 (1) $|\vec{a}|=|\vec{b}|=|\vec{c}|=|\vec{d}|=1$ ……①

であるから，

$$AB^2=|\overrightarrow{AB}|^2=|\vec{b}-\vec{a}|^2$$
$$=|\vec{b}|^2-2\vec{a}\cdot\vec{b}+|\vec{a}|^2$$
$$=2-2\vec{a}\cdot\vec{b}$$

であり，BC^2, CA^2, …, CD^2 についても同様である。よって，

$$F=2(AB^2+BC^2+CA^2)-3(AD^2+BD^2+CD^2)$$
$$=2(6-2\vec{a}\cdot\vec{b}-2\vec{b}\cdot\vec{c}-2\vec{c}\cdot\vec{a})-3(6-2\vec{a}\cdot\vec{d}-2\vec{b}\cdot\vec{d}-2\vec{c}\cdot\vec{d})$$
$$=-6-4(\vec{a}\cdot\vec{b}+\vec{b}\cdot\vec{c}+\vec{c}\cdot\vec{a})+6(\vec{a}+\vec{b}+\vec{c})\cdot\vec{d}$$

ここで，

$$2(\vec{a}\cdot\vec{b}+\vec{b}\cdot\vec{c}+\vec{c}\cdot\vec{a})$$
$$=|\vec{a}+\vec{b}+\vec{c}|^2-(|\vec{a}|^2+|\vec{b}|^2+|\vec{c}|^2)$$
$$=|\vec{a}+\vec{b}+\vec{c}|^2-3$$

であるから，

$$F=-6-2(|\vec{a}+\vec{b}+\vec{c}|^2-3)+6(\vec{a}+\vec{b}+\vec{c})\cdot\vec{d}$$
$$=-2(\vec{a}+\vec{b}+\vec{c})\cdot(\vec{a}+\vec{b}+\vec{c}-3\vec{d})$$ ……②

と書ける。よって，

$k=-2$ …… 答

(2) ②より

$$F=-2|\vec{a}+\vec{b}+\vec{c}|^2+6(\vec{a}+\vec{b}+\vec{c})\cdot\vec{d}$$ ……②′

A, B, C を固定して，D だけを動かすとき，F が最大となるのは，$\vec{a}+\vec{b}+\vec{c}\neq\vec{0}$ のもとでは②′より，$\vec{d}$ が $\vec{a}+\vec{b}+\vec{c}$ と同じ向きの単位ベクトル，つまり，$\vec{d}=\dfrac{\vec{a}+\vec{b}+\vec{c}}{|\vec{a}+\vec{b}+\vec{c}|}$ のときであり，そのとき

$$F=-2|\vec{a}+\vec{b}+\vec{c}|^2+6|\vec{a}+\vec{b}+\vec{c}|$$ ……③

である。また，$\vec{a}+\vec{b}+\vec{c}=\vec{0}$ の場合，つねに $F=0$ であるから，最大値はやはり③で表される。

次に，A, B, C を動かす。

$$F=-2\left(|\vec{a}+\vec{b}+\vec{c}|-\frac{3}{2}\right)^2+\frac{9}{2}$$

であり，A, B, C が中心Oを通る平面上にあって正三角形をなすときは $|\vec{a}+\vec{b}+\vec{c}|=0$ であり，A=B=C のときは $|\vec{a}+\vec{b}+\vec{c}|=3$ であるから，$|\vec{a}+\vec{b}+\vec{c}|$ の取りうる値の範囲は

$$0\leqq|\vec{a}+\vec{b}+\vec{c}|\leqq|\vec{a}|+|\vec{b}|+|\vec{c}|=3$$

である。したがって，③の F は

$$|\vec{a}+\vec{b}+\vec{c}|=\frac{3}{2}$$ ……④

のとき，最大となり，

(F の最大値 M)$=\dfrac{9}{2}$ …… 答

(3) $F=M$ となるのは，$\vec{a}+\vec{b}+\vec{c}$ が $\vec{d}=(1,\ 0,\ 0)$ と同じ向きで，④が成り立つときであるから，

$$\vec{a}+\vec{b}+\vec{c}=\frac{3}{2}\vec{d}=\left(\frac{3}{2},\ 0,\ 0\right)$$

のときである。これより，

$$\vec{a}+\vec{b}=\frac{3}{2}\vec{d}-\vec{c}$$
$$=\left(\frac{7}{4},\ -\frac{\sqrt{15}}{4},\ 0\right)$$ ……⑤

であるから，

$$|\vec{a}+\vec{b}|^2=\left(\frac{7}{4}\right)^2+\left(-\frac{\sqrt{15}}{4}\right)^2=4$$ ……⑥

である。①，⑥より，

$$\vec{a}\cdot\vec{b}$$
$$=\frac{1}{2}(|\vec{a}+\vec{b}|^2-|\vec{a}|^2-|\vec{b}|^2)=1$$

であるから，$\vec{a}$, $\vec{b}$ は同じ向きの単位ベクトルである。したがって，⑤より

$$A\left(\frac{7}{8},\ -\frac{\sqrt{15}}{8},\ 0\right),$$
$$B\left(\frac{7}{8},\ -\frac{\sqrt{15}}{8},\ 0\right)$$ …… 答

2 (1) 四面体OABCの体積をVとする。

$$V=\frac{1}{3}\triangle\mathrm{OAB}\cdot\mathrm{OC}$$
$$=\frac{1}{3}\cdot\frac{1}{2}\cdot1\cdot1\cdot2=\frac{1}{3} \quad \cdots\cdots①$$

であり，内接球の半径をaとすると，

$$V=\frac{1}{3}a(\triangle\mathrm{OAB}+\triangle\mathrm{OBC}+\triangle\mathrm{OCA}+\triangle\mathrm{ABC}) \quad \cdots\cdots②$$

ここで，

$$\overrightarrow{\mathrm{AB}}=(-1,\ 1,\ 0),$$
$$\overrightarrow{\mathrm{AC}}=(-1,\ 0,\ 2)$$

より，

$$\triangle\mathrm{ABC}$$
$$=\frac{1}{2}\sqrt{|\overrightarrow{\mathrm{AB}}|^2|\overrightarrow{\mathrm{AC}}|^2-(\overrightarrow{\mathrm{AB}}\cdot\overrightarrow{\mathrm{AC}})^2}$$
$$=\frac{1}{2}\sqrt{2\cdot5-1^2}=\frac{3}{2}$$

であるから，②より

$$V=\frac{1}{3}a\left(\frac{1}{2}+1+1+\frac{3}{2}\right)=\frac{4}{3}a \quad \cdots\cdots③$$

①，③より，

$$\frac{1}{3}=\frac{4}{3}a \quad \therefore \quad a=\frac{1}{4}$$

であり，内接球はxy平面，yz平面，zx平面に接しているから，その中心の座標は

$$\left(\frac{1}{4},\ \frac{1}{4},\ \frac{1}{4}\right) \quad \cdots\cdots \text{答}$$

(2) 平面ABCに垂直，つまり，$\overrightarrow{\mathrm{AB}}$，$\overrightarrow{\mathrm{AC}}$に垂直なベクトルの一つは，$\vec{u}=(2,\ 2,\ 1)$であるから，平面ABCの方程式は

$$2(x-1)+2(y-0)+1\cdot(z-0)=0$$
$$\therefore \quad 2x+2y+z=2 \quad \cdots\cdots④$$

である。

考えている球の半径をrとおくと，xy平面，yz平面，zx平面に接することと球の中心のx座標，y座標，z座標がすべて正であることから，球の中心はP$(r,\ r,\ r)$となる。

点Pから，平面ABCに垂線PHを下ろすと，$\overrightarrow{\mathrm{PH}}/\!/\vec{u}$ より，$\overrightarrow{\mathrm{PH}}=k\vec{u}$ と表されるので，

$$\overrightarrow{\mathrm{OH}}=\overrightarrow{\mathrm{OP}}+\overrightarrow{\mathrm{PH}}=\overrightarrow{\mathrm{OP}}+k\vec{u}$$
$$=(r+2k,\ r+2k,\ r+k)$$

となる。Hが平面④上にあることから，

$$2(r+2k)+2(r+2k)+r+k=2$$
$$\therefore \quad k=\frac{2-5r}{9}$$

であり，

$$|\overrightarrow{\mathrm{PH}}|=|k\vec{u}|=|k||\vec{u}|$$
$$=3|k|=\frac{|2-5r|}{3}$$

となる。この球が平面ABCと交わる条件は

$$|\overrightarrow{\mathrm{PH}}|<(\text{半径}) \quad \therefore \quad \frac{|2-5r|}{3}<r$$

であり，2乗して整理すると

$$(4r-1)(r-1)<0$$
$$\therefore \quad \frac{1}{4}<r<1 \quad \cdots\cdots⑤$$

⑤のもとで，交わりの円の面積をSとすると，

$$S=\pi(r^2-\mathrm{PH}^2)$$
$$=\pi\left\{r^2-\left(\frac{2-5r}{3}\right)^2\right\}$$
$$=\frac{\pi}{9}\left\{-16\left(r-\frac{5}{8}\right)^2+\frac{9}{4}\right\}$$

ここで，$r=\frac{5}{8}$ は⑤を満たすので，

Sは $r=\frac{5}{8}$ のとき，最大となり，

最大値 $\frac{\pi}{4}$ $\cdots\cdots$ 答

第2章

3 P$(x,\ y)$ とおくと

$$\text{BP}-\text{AP}>2$$

$$\therefore\quad \text{BP}>\text{AP}+2$$

より

$$\sqrt{(x-3)^2+y^2}$$
$$>\sqrt{(x-1)^2+(y-2)^2}+2$$

両辺は0以上であるから，2乗した式

$$(x-3)^2+y^2>(x-1)^2+(y-2)^2$$
$$+4\sqrt{(x-1)^2+(y-2)^2}+4$$

と同値であり，整理すると

$$y-x>\sqrt{(x-1)^2+(y-2)^2}$$

したがって，

$$y-x>0 \qquad \cdots\cdots①$$

かつ

$$(y-x)^2>(x-1)^2+(y-2)^2$$

$$\therefore\quad (x-2)(y-1)<-\frac{1}{2} \qquad \cdots\cdots②$$

Pの存在範囲は①かつ②を満たす部分であり，②は $xy<-\dfrac{1}{2}$ で表される領域を x 軸方向に2，y 軸方向に1だけ平行移動した部分であることに注意すると，求める範囲は下図の斜線部分（境界を除く）である。

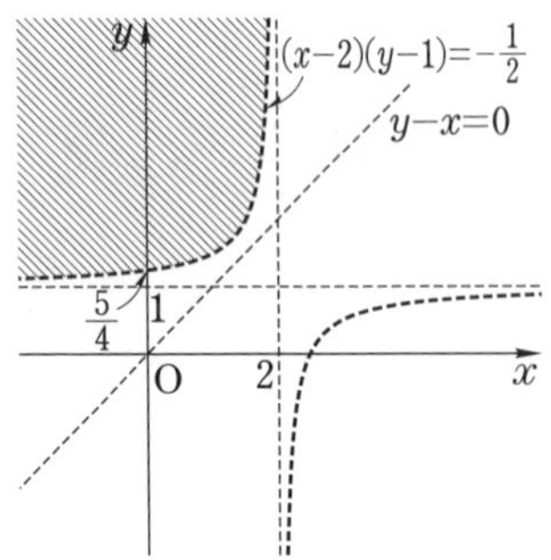

4 xy 平面上の点を y 軸方向に $\dfrac{a}{b}$ 倍した点に移す変換を f と表すことにする。

条件を満たす平行四辺形を H（頂点は順にP，Q，R，S）とし，C_0，C_1，H，P，Q，R，Sの f による像をそれぞれ C_0'，C_1'，H'，P′，Q′，R′，S′とする。このとき，平行な2直線の f による像はやはり平行な2直線であるから，H' は平行四辺形である。また，H' は

$$\text{円}\ C_1':x^2+y^2=a^2 \qquad \cdots\cdots①$$

に内接し，

$$\text{楕円}\ C_0':x^2+\frac{b^2}{a^2}y^2=1 \qquad \cdots\cdots②$$

に外接している。H' が平行四辺形であるから，円 C_1' の弧P′Q′R′，弧P′S′R′の長さは等しい。つまり，いずれも C_1' の円周の半分であり，H' の内角は半円周に対する円周角となるので $90°$ である。したがって，H' は長方形である。

逆に，C_0' に外接して C_1' に内接する長方形の f の逆変換による像は C_0 に外接して C_1 に内接する平行四辺形であることは明らかである。

結局，"円 C_1' 上のどんな点P′に対しても，P′を頂点とし，楕円 C_0' に外接する長方形が存在する" ……(＊)ための必要十分条件を求めるとよい。

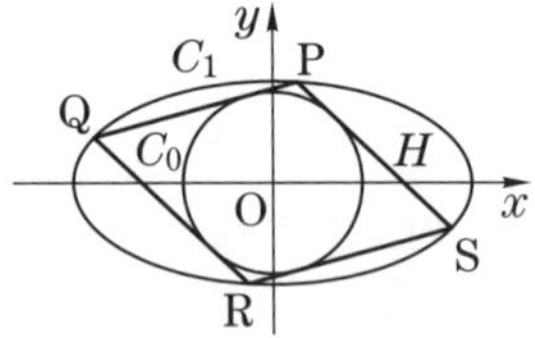

⇩ f による移動

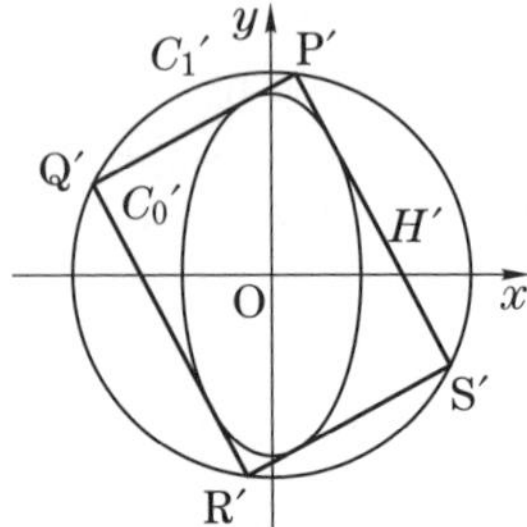

まず，楕円 C_0' が円 C_1' に含まれる，すなわち，円 C_0 が楕円 C_1 に含まれることから

$a>1,\ b>1$ ……③

でなければならない。

このとき，C_1'，つまり，①上の点 $\mathrm{P}'(1,\ \sqrt{a^2-1})$ から C_0'，つまり，②に引いた接線の1つは $x=1$ であるから，(＊)が成り立つためにはP'を通り，x軸に平行な直線 $y=\sqrt{a^2-1}$ が②と接することが必要である。つまり，$(0,\ \sqrt{a^2-1})$ が②上にあることが必要であるから，

$$0+\frac{b^2}{a^2}(a^2-1)=1$$

$$\therefore\quad a^2+b^2=a^2b^2 \quad\cdots\cdots④$$

である。

ここで，$a>0,\ b>0$ のもとで，④が成り立つとき

$$a^2=b^2(a^2-1)>0,$$
$$b^2=a^2(b^2-1)>0$$

より，③は満たされることに注意する。

④のもとで，①上の点 $(\pm1,\ \sqrt{a^2-1})$，$(\pm1,\ -\sqrt{a^2-1})$ それぞれから②に引いた2本の接線は x 軸，y 軸に平行であるから，これらの点を頂点とし，C_0' に外接する長方形がある。

これら4点を除いた①上の点 $\mathrm{P}'(u,\ v)$ をとると，

$$u^2+v^2=a^2 \quad\cdots\cdots⑤$$
$$u \neq \pm1 \quad\cdots\cdots⑥$$

である。

$\mathrm{P}'(u,\ v)$ を通る②の接線を

$$y=m(x-u)+v$$

とおき，②に代入して分母を払うと

$$a^2x^2+b^2(mx-mu+v)^2=a^2$$
$$(a^2+b^2m^2)x^2-2b^2m(mu-v)x+b^2(mu-v)^2-a^2=0$$

となる。接線の傾き m の満たすべき条件はこの x の2次方程式が重解をもつこと，つまり，

$$\frac{1}{4}(\text{判別式})=b^4m^2(mu-v)^2-(a^2+b^2m^2)\{b^2(mu-v)^2-a^2\}=0$$

が成り立つことであり，整理すると

$$a^2\{b^2(mu-v)^2-a^2-b^2m^2\}=0$$
$$\therefore\quad b^2(u^2-1)m^2-2b^2uvm+b^2v^2-a^2=0 \quad\cdots\cdots⑦$$

である。

④，⑤，⑥のもとで，m の2次方程式⑦の2解を m_1，m_2 とおくと

$$m_1m_2=\frac{b^2v^2-a^2}{b^2(u^2-1)}$$
$$=\frac{b^2(a^2-u^2)-a^2}{b^2(u^2-1)} \quad (⑤より)$$
$$=\frac{a^2+b^2-b^2u^2-a^2}{b^2(u^2-1)} \quad (④より)$$
$$=-1$$

⑦の2解の積 m_1m_2 が負であるから，m_1，m_2 は実数である。よって，$\mathrm{P}'(u,\ v)$ から②に2本の接線を引くことができ，それらの傾き m_1，m_2 の積が -1 であるから，2本の接線は直交する。

また，これら2本の接線と①とのP'以外の交点をそれぞれQ'，S'とすると，$\angle\mathrm{Q'P'S'}=90^\circ$ より $\mathrm{Q'S'}$ は①の直径であり，Q'，S' は原点に関して対称である。

原点に関してP'と対称な点R'をとると，直線$\mathrm{R'Q'}$，$\mathrm{R'S'}$はそれぞれ直線$\mathrm{P'S'}$，$\mathrm{P'Q'}$と原点対称であるから，楕円C_0'が原点対称であることと合わせると，これらはR'を通る②の2本の接線であり，$\angle\mathrm{Q'R'S'}=90^\circ$ である。このようにして，P'を頂点とし，C_0'に外接する長方形$\mathrm{P'Q'R'S'}$が得られた。

以上で，④は(＊)のための十分条件であることが示された。

したがって，求める条件は

$$a^2+b^2=a^2b^2 \quad\cdots\cdots 答$$

別解

一般に，円に外接する平行四辺形はひし形である。実際，次ページの図において，接点を結ぶ線分SU，TVは円の直径であり，それらの交点は円の中心Oである。したがって，△OSVと△OUTは合同であり，SV＝UT であるから，

等しい頂角をもつ二等辺三角形である△ASVと△CUTは合同である。よって，

$$AS=AV=CU=CT$$

が成り立つ。同様に

$$BS=BT=DU=DV$$

が成り立つので，4辺の長さは等しい。

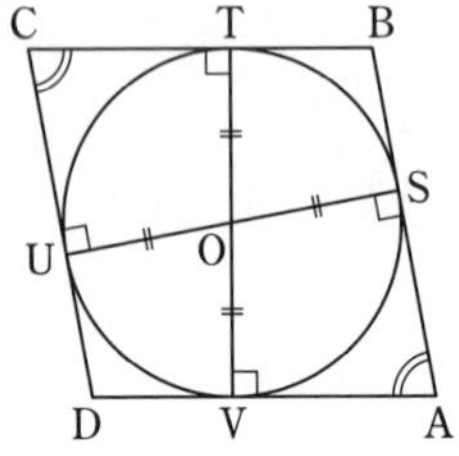

また，△AOSと△COUは合同であり，∠AOS＝∠COU であるから，A，O，Cは同一直線上にある。つまり，OはAC上にある。同様に，OはBD上にあるので，ひし形の対角線AC，BDの交点はOである。

以上のことから，C_1上の点Pを頂点にもちC_1に内接する平行四辺形PQRSがC_0に外接するならば，平行四辺形PQRSはひし形であり，対角線PR，QSは直交し，それらの交点はC_0の中心O(0，0)であるから，

$\angle POQ=\dfrac{\pi}{2}$ ……⑧ である。また，

Oから辺PQまでの距離はC_0の半径1に等しい。

したがって，“C_1上に⑧を満たす2点P，Qをとるとき，OからPQまでの距離はつねに1である”……(☆) ための必要十分条件を求めるとよい。

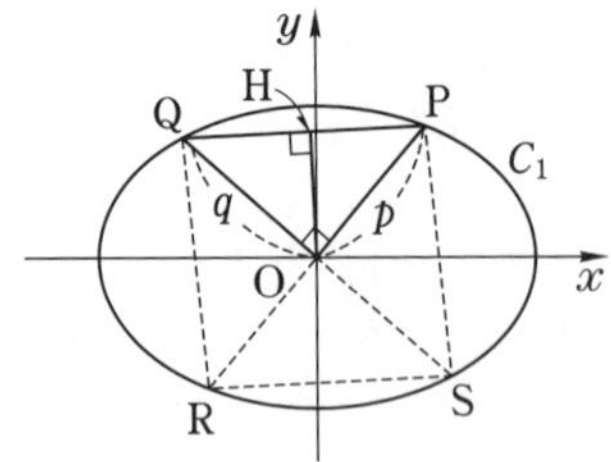

$OP=p$，$OQ=q$ とするとき，

$$P(p\cos\theta,\ p\sin\theta),$$

$$Q\left(q\cos\left(\theta+\frac{\pi}{2}\right),\ q\sin\left(\theta+\frac{\pi}{2}\right)\right)$$

$$=(-q\sin\theta,\ q\cos\theta)$$

とおける。P，QがC_1上にある条件より

$$\frac{p^2\cos^2\theta}{a^2}+\frac{p^2\sin^2\theta}{b^2}=1 \quad \cdots\cdots⑨$$

$$\frac{q^2\sin^2\theta}{a^2}+\frac{q^2\cos^2\theta}{b^2}=1 \quad \cdots\cdots⑩$$

△OPQにおいて，⑧より

$$\triangle OPQ=\frac{1}{2}OP\cdot OQ=\frac{1}{2}pq \quad \cdots⑪$$

また，OからPQに垂線OHを下ろすと，

$$\triangle OPQ=\frac{1}{2}PQ\cdot OH$$

$$=\frac{1}{2}\sqrt{p^2+q^2}\cdot OH \quad \cdots\cdots⑫$$

よって，OH＝1 であるための条件は⑪，⑫より

$$pq=\sqrt{p^2+q^2}$$

$$\therefore\quad p^2q^2=p^2+q^2$$

$$\therefore\quad \frac{1}{p^2}+\frac{1}{q^2}=1 \quad \cdots\cdots⑬$$

である。したがって，(☆)は“⑨，⑩を満たすp，q，θに関して，⑬がつねに成り立つ”……(☆☆) と同値である。

⑨，⑩は

$$\frac{1}{p^2}=\frac{\cos^2\theta}{a^2}+\frac{\sin^2\theta}{b^2} \quad \cdots\cdots⑨'$$

$$\frac{1}{q^2}=\frac{\sin^2\theta}{a^2}+\frac{\cos^2\theta}{b^2} \quad \cdots\cdots⑩'$$

となるので，⑬が成り立つためには，

$$\frac{\cos^2\theta+\sin^2\theta}{a^2}+\frac{\sin^2\theta+\cos^2\theta}{b^2}=1$$

$$\therefore\quad \frac{1}{a^2}+\frac{1}{b^2}=1 \quad \cdots\cdots⑭$$

でなければならない。

逆に，⑭が成り立つとき，⑨，⑩，すなわち，⑨′，⑩′の辺々を加えると⑬が成り立つ。

以上より，求める条件，つまり，(☆☆)のための必要十分条件は⑭である。

5 (1) $r=\dfrac{\sqrt{6}}{2+\sqrt{6}\cos\theta}$ ……①

の分母を払って移項すると

$$2r=\sqrt{6}-\sqrt{6}\,r\cos\theta$$

$x=r\cos\theta$, $y=r\sin\theta$ であるから,

$$2r=\sqrt{6}(1-x)$$

となる。両辺を2乗すると

$$4r^2=6(1-x)^2$$

$$\therefore\ 4(x^2+y^2)=6(x-1)^2 \quad \cdots\cdots②$$

$$\therefore\ \frac{(x-3)^2}{6}-\frac{y^2}{3}=1 \quad \cdots\cdots②'$$ 答

双曲線②′の概形は下図の通りである。

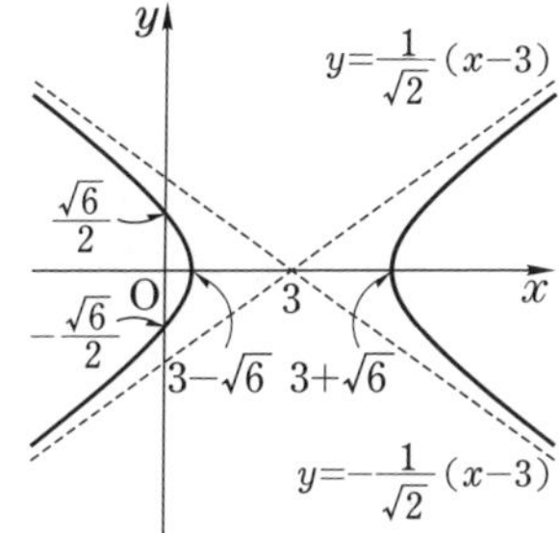

(注) ①において, $2+\sqrt{6}\cos\theta<0$ の範囲の θ に対しては $r<0$ となるが, このとき, $(r,\ \theta)$ は極座標 $(|r|,\ \theta+\pi)$ の点を表すと考える。

(2) $\mathrm{P}(x,\ y)$ は②′, すなわち, ②を満たすとするとき,

$$k=\frac{\mathrm{OP}}{\mathrm{PH}}=\frac{\sqrt{x^2+y^2}}{|x-a|}$$

$$=\frac{\sqrt{\frac{3}{2}}|x-1|}{|x-a|}$$

$$=\sqrt{\frac{3}{2}}\left|1+\frac{a-1}{x-a}\right| \quad \cdots\cdots③$$

③が x の値によらず一定となる a の値は,

$$a=1$$ …… 答

であり, そのとき

$$k=\sqrt{\frac{3}{2}}=\frac{\sqrt{6}}{2}$$ …… 答

第3章

6 (1) $z=\cos\dfrac{2\pi}{n}+i\sin\dfrac{2\pi}{n}$

とおく。$n\geqq 2$ より, $z\neq 1$ ……①

であり, 0以上の整数 k に対して, ド・モアブルの定理より,

$$z^k=\left(\cos\frac{2\pi}{n}+i\sin\frac{2\pi}{n}\right)^k$$

$$=\cos\frac{2\pi k}{n}+i\sin\frac{2\pi k}{n}$$

特に,

$$z^n=\cos 2\pi+i\sin 2\pi=1$$

したがって, ①に注意すると

$$\sum_{k=0}^{n-1}\left(\cos\frac{2\pi k}{n}+i\sin\frac{2\pi k}{n}\right)$$

$$=\sum_{k=0}^{n-1}z^k=\frac{z^n-1}{z-1}$$

$$=\frac{1-1}{z-1}=0$$

(証明おわり)

(2) 複素数平面で考えて, 原点中心に全体を, A_0 が点1となるように回転しても $l_k(\mathrm{P})$ の値は変わらない。

そのとき, $\mathrm{A}_k(k=0,\ 1,\ \cdots,\ n-1)$ を表す複素数は

$$z_k=\cos\frac{2\pi k}{n}+i\sin\frac{2\pi k}{n}$$

と表され, $|z_k|=1$ である。また,

$\mathrm{P}(p)$ とすると, $|p|=\dfrac{1}{2}$ である。

したがって,

$$l_k(\mathrm{P})^2=\mathrm{A}_k\mathrm{P}^2$$

$$=|z_k-p|^2=(z_k-p)(\overline{z_k}-\overline{p})$$

$$=|z_k|^2-p\overline{z_k}-\overline{p}z_k+|p|^2$$

$$=\frac{5}{4}-\overline{p}z_k-p\overline{z_k} \quad \cdots\cdots②$$

ここで, (1)で示したことより

$$\sum_{k=0}^{n-1}z_k=0$$

また,

$$\sum_{k=0}^{n-1}\overline{z_k}=\overline{\left(\sum_{k=0}^{n-1}z_k\right)}=\overline{0}=0$$

であるから, ②より

$$\sum_{k=0}^{n-1} l_k(\mathrm{P})^2$$
$$=\sum_{k=0}^{n-1}\left(\frac{5}{4}-\overline{p}z_k-p\overline{z_k}\right)$$
$$=\frac{5}{4}n-\overline{p}\sum_{k=0}^{n-1}z_k-p\sum_{k=0}^{n-1}\overline{z_k}$$
$$=\frac{5}{4}n \quad \cdots\cdots \text{答}$$

この値はPの位置によらず，一定である。（証明おわり）

7 (1) 方程式 $z^n=\alpha$ ……①

において，

$z=u\alpha_0$ ……②

とおくと

$(u\alpha_0)^n=\alpha$

$\therefore\ u^n\alpha_0{}^n=\alpha$ ……③

ここで，

$$\alpha_0{}^n=\left(\cos\frac{\theta}{n}+i\sin\frac{\theta}{n}\right)^n$$
$$=\cos\theta+i\sin\theta=\alpha\ (\neq 0)$$

であるから，③より

$u^n\alpha=\alpha \quad \therefore\ u^n=1$ ……④

④を満たす u は，

$1=|u^n|=|u|^n \quad \therefore\ |u|=1$

を満たすから，

$u=\cos\varphi+i\sin\varphi$ ……⑤

$0\leqq\varphi<2\pi$ ……⑥

とおける。⑤を④に代入すると，

$\cos n\varphi+i\sin n\varphi=1$ ……⑦

⑥，⑦を満たす φ は

$n\varphi=k\cdot 2\pi$

$\therefore\ \varphi=\dfrac{2k\pi}{n}$ ……⑧

$(k=0,\ 1,\ 2,\ \cdots,\ n-1)$

したがって，④のすべての解は⑤に⑧を代入した

$$\cos\frac{2k\pi}{n}+i\sin\frac{2k\pi}{n}$$
$$=\left(\cos\frac{2\pi}{n}+i\sin\frac{2\pi}{n}\right)^k=\omega^k$$

$(k=0,\ 1,\ 2,\ \cdots,\ n-1)$

であるから，②より①のすべての解は

$\omega^k\alpha_0\ (k=0,\ 1,\ 2,\ \cdots,\ n-1)$

すなわち，

$\alpha_0,\ \omega\alpha_0,\ \omega^2\alpha_0,\ \cdots,\ \omega^{n-1}\alpha_0$

である。（証明おわり）

(2) $z^3+3iz^2-3z-28i=0$

より

$z^3+3iz^2+3i^2z+i^3=27i$

$\therefore\ (z+i)^3=(-3i)^3$

$\therefore\ \left(\dfrac{z+i}{-3i}\right)^3=1$ ……⑨

(1)で，$\alpha=1$ つまり $\theta=0$，$n=3$ と考えると，$\alpha_0=1$ であり，

$z^3=1$

の解は，

$$\omega^k=\left(\cos\frac{2\pi}{3}+i\sin\frac{2\pi}{3}\right)^k$$
$$=\cos\frac{2k\pi}{3}+i\sin\frac{2k\pi}{3}$$

$(k=0,\ 1,\ 2)$

である。したがって，⑨の解は

$\dfrac{z+i}{-3i}=\omega^k$

$\therefore\ z=-i-3i\omega^k \quad (k=0,\ 1,\ 2)$

すなわち，

$z=-4i,\ \dfrac{3\sqrt{3}+i}{2},\ \dfrac{-3\sqrt{3}+i}{2}$

…… 答

8 (1) ド・モアブルの定理より

$$\alpha^7=\left(\cos\frac{2\pi}{7}+i\sin\frac{2\pi}{7}\right)^7$$
$$=\cos 2\pi+i\sin 2\pi=1 \quad \cdots\cdots①$$

よって，

$\alpha^7-1=0$

$\therefore\ (\alpha-1)(\alpha^6+\alpha^5+\alpha^4+\alpha^3+\alpha^2+\alpha+1)=0$

であり，$\alpha\neq 1$ であるから

$\alpha^6+\alpha^5+\alpha^4+\alpha^3+\alpha^2+\alpha+1=0$

$\therefore\ \alpha^6+\alpha^5+\alpha^4+\alpha^3+\alpha^2+\alpha=-1$

…… 答

(2) ①より，

$|\alpha^7|=1 \quad \therefore \quad |\alpha|^7=1$

$|\alpha|>0$ より，$|\alpha|=1$ であるから，

$\alpha\overline{\alpha}=1, \quad \therefore \quad \overline{\alpha}=\dfrac{1}{\alpha}$

①と合わせると

$\overline{\alpha}=\dfrac{1}{\alpha}=\alpha^6,\ (\overline{\alpha})^2=\dfrac{1}{\alpha^2}=\alpha^5,$

$(\overline{\alpha})^3=\dfrac{1}{\alpha^3}=\alpha^4$

よって，

$t=\alpha+\overline{\alpha}=\alpha^6+\alpha$

$t^2=(\alpha+\overline{\alpha})^2$
$=\alpha^2+2\alpha\overline{\alpha}+(\overline{\alpha})^2$
$=\alpha^5+\alpha^2+2$

$t^3=(\alpha+\overline{\alpha})^3$
$=\alpha^3+3\alpha\overline{\alpha}(\alpha+\overline{\alpha})+(\overline{\alpha})^3$
$=\alpha^3+3(\alpha+\alpha^6)+\alpha^4$
$=3\alpha^6+\alpha^4+\alpha^3+3\alpha$

であるから，

t^3+t^2-2t
$=(3\alpha^6+\alpha^4+\alpha^3+3\alpha)$
$\quad+(\alpha^5+\alpha^2+2)-2(\alpha^6+\alpha)$
$=(\alpha^6+\alpha^5+\alpha^4+\alpha^3+\alpha^2+\alpha)+2$
$=-1+2=1$ ……② 答

(3) $\overline{\alpha}=\cos\dfrac{2}{7}\pi-i\sin\dfrac{2}{7}\pi$ より

$t=\alpha+\overline{\alpha}=2\cos\dfrac{2}{7}\pi$ ……③

であり，$0<\dfrac{2}{7}\pi<\dfrac{\pi}{3}$ より

$t=2\cos\dfrac{2}{7}\pi>2\cos\dfrac{\pi}{3}=1$

したがって，②と合わせると，t は x の3次方程式

$x^3+x^2-2x-1=0$ ……④

の1より大きい解である。 ……(＊)

④の左辺を $f(x)$ とおくと，

$f'(x)=3x^2+2x-2$
$=3\left(x+\dfrac{1+\sqrt{7}}{3}\right)\times\left(x-\dfrac{-1+\sqrt{7}}{3}\right)$

よって，$x>1$ において，$f'(x)>0$ であるから，$f(x)$ は単調に増加し，

$f\left(\dfrac{6}{5}\right)=-\dfrac{29}{125}<0,$
$f\left(\dfrac{7}{5}\right)=\dfrac{113}{125}>0$ ……⑤

である。

以上より，④の1より大きい解はただ1つであり，(＊)と合わせると，その解が t であり，⑤より

$\dfrac{6}{5}<t<\dfrac{7}{5}$

である。よって，③を代入すると，

$\dfrac{3}{5}<\cos\dfrac{2}{7}\pi<\dfrac{7}{10}$

である。 （証明おわり）

9 (1) $\alpha=r(\cos\theta+i\sin\theta)\ (r>0)$ とおくとき

$\dfrac{\overline{\alpha}}{|\alpha|}=\dfrac{r(\cos\theta-i\sin\theta)}{r}$
$=\cos(-\theta)+i\sin(-\theta)$

これより，P(z)，P$'(z')$ を原点を中心に $-\theta$ だけ回転した点をそれぞれR，R$'$ とすると，R，R$'$ を表す複素数は

$z\cdot\dfrac{\overline{\alpha}}{|\alpha|},\ z'\cdot\dfrac{\overline{\alpha}}{|\alpha|}$ ……①

である。また，この回転によって，直線 l は実軸に移る。

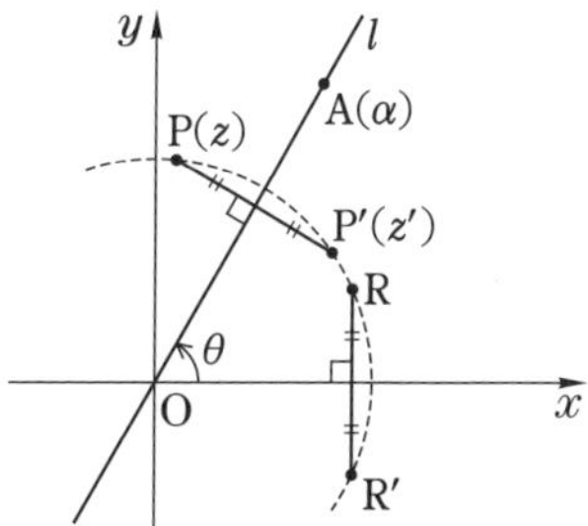

したがって，P，P$'$ が l に関して対称であることは，R，R$'$ が実軸に関して対称であることと同値であるから，

①より

$$z'\cdot\frac{\overline{\alpha}}{|\alpha|}=\overline{z\cdot\frac{\overline{\alpha}}{|\alpha|}}$$

$$\therefore\quad z'\cdot\frac{\overline{\alpha}}{|\alpha|}=\overline{z}\cdot\frac{\overline{(\overline{\alpha})}}{|\alpha|}$$

$$\therefore\quad z'=\frac{\alpha}{\overline{\alpha}}\overline{z}$$

が成り立つ。　　　　　　　（証明おわり）

別解　$P(z)$, $P'(z')$ が l, つまり, OA に関して対称であるとき, 3 点 $O(0)$, $A(\alpha)$, PP' の中点 $\frac{z+z'}{2}$ は同一直線上にあるから,

$$\frac{\frac{1}{2}(z+z')-0}{\alpha-0}=\frac{1}{2}\cdot\frac{z+z'}{\alpha}$$

は実数である。したがって

$$\overline{\left(\frac{z+z'}{\alpha}\right)}=\frac{z+z'}{\alpha}$$

$$\therefore\quad \frac{\overline{z}+\overline{z'}}{\overline{\alpha}}=\frac{z+z'}{\alpha}\qquad\cdots\cdots②$$

また, OA と PP' は垂直であるから,

$$\frac{z'-z}{\alpha-0}=\frac{z'-z}{\alpha}$$

は純虚数である。したがって,

$$\overline{\left(\frac{z'-z}{\alpha}\right)}=-\frac{z'-z}{\alpha}$$

$$\therefore\quad \frac{\overline{z'}-\overline{z}}{\overline{\alpha}}=-\frac{z'-z}{\alpha}\qquad\cdots\cdots③$$

②−③より

$$\frac{2\overline{z}}{\overline{\alpha}}=\frac{2z'}{\alpha}$$

$$\therefore\quad z'=\frac{\alpha}{\overline{\alpha}}\overline{z}$$

（証明おわり）

(2) (i) (1)より

$$\beta'=\frac{\alpha}{\overline{\alpha}}\overline{\beta}$$

$$=\frac{3+i}{3-i}(2-4i)$$

$$=\frac{(4+3i)(2-4i)}{5}$$

$$=4-2i\qquad\cdots\cdots 答$$

(ii) 線分 OA 上の点 $Q(w)$ に対して,

$$\angle AQB=\angle CQO$$

が成り立つとき,

$$\angle AQB=\angle AQB'$$

と合わせると,

$$\angle AQB'=\angle CQO$$

が成り立つ。

そこで, B′, Q, C が同一直線上に並ぶ場合を調べる。(下図参照)。

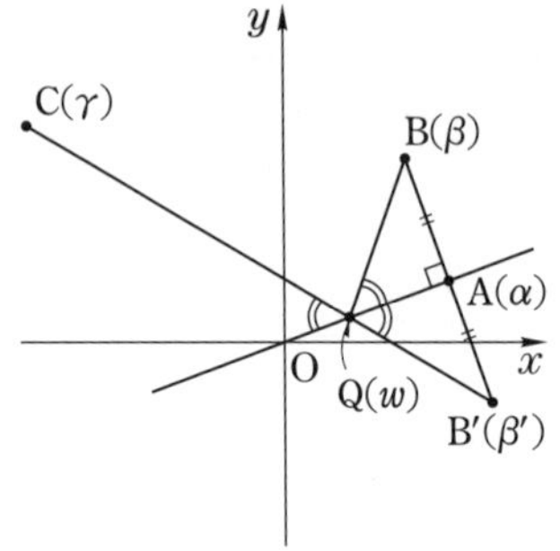

Q が直線 B′C 上にあるとき, 実数 t を用いて

$$w=(1-t)\beta'+t\gamma$$
$$=(1-t)(4-2i)+t(-8+7i)$$
$$=(4-12t)+(9t-2)i\qquad\cdots\cdots④$$

と表される。また, Q が直線 OA 上にあるとき, 実数 s を用いて

$$w=s\alpha=3s+si\qquad\cdots\cdots⑤$$

と表される。④, ⑤より

$$4-12t=3s,\quad 9t-2=s$$

$$\therefore\quad t=\frac{10}{39},\quad s=\frac{4}{13}$$

これらは, $0<t<1$, $0<s<1$ を満たすので, Q は線分 B′C 上, 線分 OA 上にあり, 上に示した図が成り立つ。したがって,

$$w=\frac{12}{13}+\frac{4}{13}i\qquad\cdots\cdots 答$$

10 (1) $|z|=1$　より

$$z=\cos\theta+i\sin\theta$$

$$(0\leqq\theta<2\pi\quad\cdots\cdots①)$$

とおくと，

$$\frac{1}{z}=\frac{1}{\cos\theta+i\sin\theta}$$
$$=\cos\theta-i\sin\theta$$

であり，

$$w=\frac{1}{2}\left(z+\frac{1}{z}\right)=\cos\theta$$

となるので，

$$u=\cos\theta,\ v=0$$

①のもとでは

$-1\leqq u\leqq 1,\ v=0$ ……答

であるから，求める曲線は下図の線分(太線部分)である。

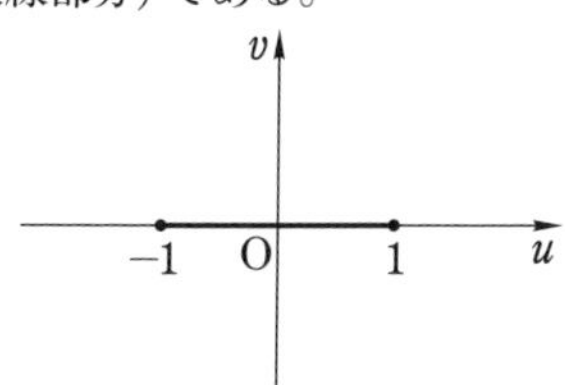

(2)　$z=t(\cos\alpha+i\sin\alpha)$

$(t>0$ ……②)

とおくと，

$$\frac{1}{z}=\frac{1}{t(\cos\alpha+i\sin\alpha)}$$
$$=\frac{1}{t}(\cos\alpha-i\sin\alpha)$$

であり，

$$w=\frac{1}{2}\left(z+\frac{1}{z}\right)$$
$$=\frac{1}{2}\left(t+\frac{1}{t}\right)\cos\alpha$$
$$+\frac{i}{2}\left(t-\frac{1}{t}\right)\sin\alpha$$

となるので，

$$\begin{cases} u=\frac{1}{2}\left(t+\frac{1}{t}\right)\cos\alpha \\ v=\frac{1}{2}\left(t-\frac{1}{t}\right)\sin\alpha \end{cases}$$

であり

$$\begin{cases} \frac{u}{\cos\alpha}=\frac{1}{2}\left(t+\frac{1}{t}\right) \\ \frac{v}{\sin\alpha}=\frac{1}{2}\left(t-\frac{1}{t}\right) \end{cases}$$ ……③

③の2式の和，差をとると

$$\begin{cases} \frac{u}{\cos\alpha}+\frac{v}{\sin\alpha}=t \\ \frac{u}{\cos\alpha}-\frac{v}{\sin\alpha}=\frac{1}{t} \end{cases}$$ ……④

③と④は同値であるから，②，④を満たす t が存在するような u，v の条件を求めるとよい。

④の2式の辺々をかけ合わせると，

$$\frac{u^2}{\cos^2\alpha}-\frac{v^2}{\sin^2\alpha}=1$$ ……⑤

また，②より，④において

$$\begin{cases} \frac{u}{\cos\alpha}+\frac{v}{\sin\alpha}>0 \\ \frac{u}{\cos\alpha}-\frac{v}{\sin\alpha}>0 \end{cases}$$ ……⑥

ここで，$0<\alpha<\frac{\pi}{2}$ であるから，⑥は

$v>-(\tan\alpha)u$ かつ $v<(\tan\alpha)u$ ……⑦

となる。

よって，求める曲線は双曲線⑤の⑦を満たす部分(太線部分)であり，その方程式は

⑤ かつ $u\geqq\cos\alpha$ ……答

と表される。

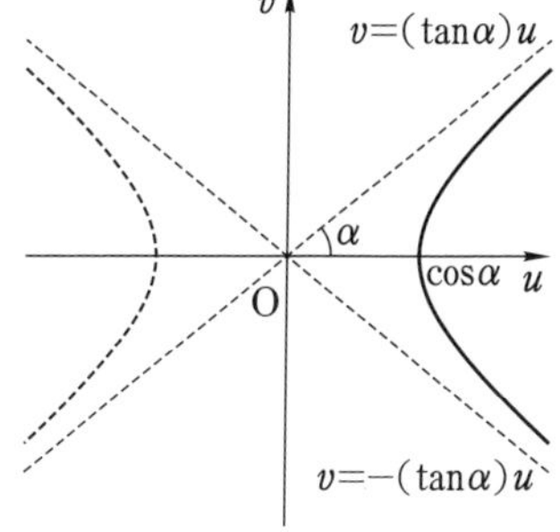

第4章

11 (1) 多角形 D_n の辺の数を a_n，1辺の長さを b_n とおくと

$$a_0=3,\ b_0=a \quad \cdots\cdots①$$

(i)，(ii)，(iii)より

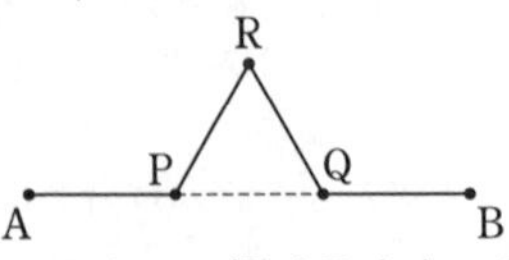

D_{n-1} の1つの辺ABから，D_n の4つの辺ができるので，

$$a_n=4a_{n-1} \quad \cdots\cdots②$$

また，$\mathrm{AP}=\dfrac{1}{3}\mathrm{AB}$ であるから，

$$b_n=\frac{1}{3}b_{n-1} \quad \cdots\cdots③$$

①，②，③より

$$a_n=4^n\cdot a_0=3\cdot 4^n$$

$$b_n=\left(\frac{1}{3}\right)^n b_0=\left(\frac{1}{3}\right)^n a$$

したがって，

$$L_n=a_nb_n=3\cdot 4^n\cdot\left(\frac{1}{3}\right)^n a$$

$$=3\left(\frac{4}{3}\right)^n a \quad \cdots\cdots \text{答}$$

(2) D_n は D_{n-1} の各辺において正三角形PQRを加えたものであるから

$$S_n-S_{n-1}$$

$$=\triangle\mathrm{PQR}\cdot a_{n-1}=\frac{\sqrt{3}}{4}\cdot\mathrm{PQ}^2\cdot a_{n-1}$$

$$=\frac{\sqrt{3}}{4}\cdot {b_n}^2\cdot a_{n-1}$$

$$=\frac{\sqrt{3}}{4}\cdot\left(\frac{1}{3}\right)^{2n}a^2\cdot 3\cdot 4^{n-1}$$

$$=\frac{\sqrt{3}}{12}\cdot\left(\frac{4}{9}\right)^{n-1}a^2$$

したがって，

$$\sum_{k=1}^{n}(S_k-S_{k-1})$$

$$=\sum_{k=1}^{n}\frac{\sqrt{3}}{12}\cdot\left(\frac{4}{9}\right)^{k-1}a^2$$

$$\therefore\quad S_n-S_0=\frac{\sqrt{3}}{12}\cdot\frac{1-\left(\frac{4}{9}\right)^n}{1-\frac{4}{9}}\cdot a^2$$

$$=\frac{3\sqrt{3}}{20}\left\{1-\left(\frac{4}{9}\right)^n\right\}a^2$$

ここで，

$$S_0=\frac{\sqrt{3}}{4}a^2$$

であるから，

$$S_n=\frac{\sqrt{3}}{4}a^2+\frac{3\sqrt{3}}{20}\left\{1-\left(\frac{4}{9}\right)^n\right\}a^2$$

$$=\frac{\sqrt{3}}{20}\left\{8-3\left(\frac{4}{9}\right)^n\right\}a^2 \quad \cdots\cdots \text{答}$$

(3) $\displaystyle\lim_{n\to\infty}S_n$

$$=\lim_{n\to\infty}\frac{\sqrt{3}}{20}\left\{8-3\left(\frac{4}{9}\right)^n\right\}a^2$$

$$=\frac{2\sqrt{3}}{5}a^2 \quad \cdots\cdots \text{答}$$

12 (1)，(2) $a_{n+1}=\dfrac{a_n+r^2}{a_n+1} \quad \cdots\cdots①$

$$a_1=1 \quad \cdots\cdots②$$

$r>1$ ……③と①，②より

$$a_n>0 \quad \cdots\cdots④$$

①より

$$a_{n+2}=\frac{a_{n+1}+r^2}{a_{n+1}+1}$$

$$=\frac{\dfrac{a_n+r^2}{a_n+1}+r^2}{\dfrac{a_n+r^2}{a_n+1}+1}$$

$$=\frac{(1+r^2)a_n+2r^2}{2a_n+r^2+1}$$

であるから

$$a_{n+2}-r$$

$$=\frac{(r^2+1)a_n+2r^2-r(2a_n+r^2+1)}{2a_n+r^2+1}$$

$$=\frac{(r-1)^2(a_n-r)}{2a_n+r^2+1} \quad \cdots\cdots⑤ \quad \text{(2)の答}$$

③，④に注意すると，⑤から

“$a_{n+2}-r$ と a_n-r は同符号である”

……(＊)

ことがわかる。また，

$$a_1=1<r$$

$$a_2-r=\frac{1+r^2}{2}-r$$

$$=\frac{(r-1)^2}{2}>0$$

$\therefore\ a_2>r$

であるから，(＊)と合わせると，

$$\begin{cases} n\text{が奇数のとき} & a_n<r \\ n\text{が偶数のとき} & a_n>r \end{cases}$$

である。　((1)の証明おわり)

(3) ⑤で n の代わりに $2n$ とおくと，

$$a_{2n+2}-r$$

$$=\frac{(r-1)^2}{2a_{2n}+r^2+1}(a_{2n}-r)$$

$$\therefore\ \frac{a_{2n+2}-r}{a_{2n}-r}=\frac{(r-1)^2}{2a_{2n}+r^2+1}$$

③と $a_{2n}>r$ より

$$\frac{a_{2n+2}-r}{a_{2n}-r}=\frac{(r-1)^2}{2a_{2n}+r^2+1}$$

$$<\frac{(r-1)^2}{2r+r^2+1}$$

$$=\left(\frac{r-1}{r+1}\right)^2 \quad \cdots\cdots⑥$$

(証明おわり)

(4) $s=\left(\frac{r-1}{r+1}\right)^2$ とおくと，③より

$$0<s<1$$

であり，⑥と $a_{2n}>r$ より

$$a_{2(n+1)}-r<s(a_{2n}-r)$$

よって，

$$a_{2n}-r<s\{a_{2(n-1)}-r\}$$

$$<s^2\{a_{2(n-2)}-r\}$$

$$\vdots$$

$$<s^{n-1}(a_2-r)$$

$$\therefore\ 0<a_{2n}-r<s^{n-1}(a_2-r)$$

したがって，はさみ打ちの原理より

$$0\leqq\lim_{n\to\infty}(a_{2n}-r)$$

$$\leqq\lim_{n\to\infty}s^{n-1}(a_2-r)=0$$

$$\therefore\ \lim_{n\to\infty}a_{2n}=r \quad \cdots\cdots 答$$

これより，

$$\lim_{n\to\infty}a_{2n+1}=\lim_{n\to\infty}\frac{a_{2n}+r^2}{a_{2n}+1}$$

$$=\frac{r+r^2}{r+1}=r \quad \cdots\cdots 答$$

13 (1) $a_{n+1}=2a_n+6b_n$ ……①

$b_{n+1}=2a_n+3b_n$ ……②

$a_1=1,\ b_1=1$ ……③

①より

$$b_n=\frac{a_{n+1}-2a_n}{6} \quad \cdots\cdots①'$$

②に代入すると，

$$\frac{a_{n+2}-2a_{n+1}}{6}$$

$$=2a_n+3\cdot\frac{a_{n+1}-2a_n}{6}$$

整理して，

$$a_{n+2}-5a_{n+1}-6a_n=0 \quad \cdots\cdots④$$

④が

$$a_{n+2}-\alpha a_{n+1}=\beta(a_{n+1}-\alpha a_n)$$

$$\therefore\ a_{n+2}-(\alpha+\beta)a_{n+1}+\alpha\beta a_n=0$$

と一致するとき

$$\alpha+\beta=5,\ \alpha\beta=-6$$

であるから

$$(\alpha,\ \beta)=(6,\ -1),\ (-1,\ 6)$$

…… 答

(2) (1)の結果，④は

$$\begin{cases} a_{n+2}-6a_{n+1}=-(a_{n+1}-6a_n) \\ a_{n+2}+a_{n+1}=6(a_{n+1}+a_n) \end{cases}$$

と表されるので，数列 $\{a_{n+1}-6a_n\}$，$\{a_{n+1}+a_n\}$ はそれぞれ公比 -1，6 の等比数列である。よって，

$$\begin{cases} a_{n+1}-6a_n=(-1)^{n-1}(a_2-6a_1) \\ a_{n+1}+a_n=6^{n-1}(a_2+a_1) \end{cases}$$

ここで，①，③より

$$a_2=2\cdot1+6\cdot1=8$$

であるから，

$$\begin{cases} a_{n+1}-6a_n=2(-1)^{n-1} & \cdots\cdots⑤ \\ a_{n+1}+a_n=9\cdot6^{n-1} & \cdots\cdots⑥ \end{cases}$$

$\frac{1}{7}\{⑥-⑤\}$ より

$$a_n=\frac{9\cdot 6^{n-1}-2(-1)^{n-1}}{7}$$

……⑦ 答

(3) ①′より

$$\frac{a_n}{b_n}=\frac{6a_n}{a_{n+1}-2a_n}=\frac{6}{\frac{a_{n+1}}{a_n}-2}$$

ここで，⑦より

$$\frac{a_{n+1}}{a_n}=\frac{9\cdot 6^n-2(-1)^n}{9\cdot 6^{n-1}-2(-1)^{n-1}}$$

$$=\frac{9\cdot 6+2\left(-\frac{1}{6}\right)^{n-1}}{9-2\left(-\frac{1}{6}\right)^{n-1}}$$

であるから，

$$\lim_{n\to\infty}\frac{a_{n+1}}{a_n}=\frac{9\cdot 6}{9}=6$$

したがって，

$$\lim_{n\to\infty}\frac{a_n}{b_n}=\lim_{n\to\infty}\frac{6}{\frac{a_{n+1}}{a_n}-2}$$

$$=\frac{6}{6-2}=\frac{3}{2}$$ …… 答

(注) ⑦，①′より

$$b_n=\frac{6^n-(-1)^n}{7}$$

を導いて，

$$\lim_{n\to\infty}\frac{a_n}{b_n}=\frac{3}{2}$$

を示してもよい。

14 $b_n=\log(1+a^n)^{\frac{1}{n}}$ ……①

$$=\frac{1}{n}\log(1+a^n)$$

とおくと，$a>0$ より

$b_n>0$ ……②

(i) $0<a\leqq 1$ のとき $0<a^n\leqq 1$ より

$$0<b_n\leqq\frac{1}{n}\log 2$$

はさみ打ちの原理より

$$\lim_{n\to\infty}b_n=0$$

①より

$$(1+a^n)^{\frac{1}{n}}=e^{b_n}$$

であるから，

$$\lim_{n\to\infty}(1+a^n)^{\frac{1}{n}}=e^0=1$$ …… 答

(ii) $a>1$ のとき

$$b_n=\frac{1}{n}\log\left\{a^n\left(1+\frac{1}{a^n}\right)\right\}$$

$$=\log a+\frac{1}{n}\log\left(1+\frac{1}{a^n}\right)$$

ここで，(i)と同様に

$$0<\frac{1}{n}\log\left(1+\frac{1}{a^n}\right)<\frac{1}{n}\log 2$$

より，

$$\lim_{n\to\infty}b_n=\log a$$

すなわち，①より

$$\lim_{n\to\infty}\log(1+a^n)^{\frac{1}{n}}=\log a$$

$$\therefore\ \lim_{n\to\infty}(1+a^n)^{\frac{1}{n}}=a$$ …… 答

(注) $(1+a^n)^{\frac{1}{n}}$ のままで考えてもよい。

$$L=\lim_{n\to\infty}(1+a^n)^{\frac{1}{n}}$$

とおく。

$0<a<1$ のとき，$\lim_{n\to\infty}a^n=0$ より

$$L=1^0=1$$

$a=1$ のとき

$$L=\lim_{n\to\infty}2^{\frac{1}{n}}=2^0=1$$

$a>1$ のとき

$$(1+a^n)^{\frac{1}{n}}=\left\{a^n\left(1+\frac{1}{a^n}\right)\right\}^{\frac{1}{n}}$$

$$=a\left(1+\frac{1}{a^n}\right)^{\frac{1}{n}}$$

ここで，$\lim_{n\to\infty}\frac{1}{a^n}=0$ より

$$L=a\cdot 1^0=a$$

第5章

15 (1) $f(x)=\dfrac{x^3+10x}{2(x^2+1)}$

$f'(x)$

$=\dfrac{(3x^2+10)(x^2+1)-(x^3+10x)\cdot 2x}{2(x^2+1)^2}$

$=\dfrac{(x^2-2)(x^2-5)}{2(x^2+1)^2}$

よって，$f(x)$ の増減は次の通りである。

x	$\cdots$	$-\sqrt{5}$	$\cdots$	$-\sqrt{2}$	$\cdots$	$\sqrt{2}$	$\cdots$	$\sqrt{5}$	$\cdots$
$f'(x)$	$+$	0	$-$	0	$+$	0	$-$	0	$+$
$f(x)$	↗		↘		↗		↘		↗

これより，

極大値 $f(-\sqrt{5})=-\dfrac{5\sqrt{5}}{4}$

$f(\sqrt{2})=2\sqrt{2}$

極小値 $f(-\sqrt{2})=-2\sqrt{2}$ …… 答

$f(\sqrt{5})=\dfrac{5\sqrt{5}}{4}$

(2) $f''(x)=\dfrac{1}{2(x^2+1)^4}\cdot$

$\{(4x^3-14x)(x^2+1)^2$

$-(x^4-7x^2+10)\cdot 4x\cdot(x^2+1)\}$

$=\dfrac{9x(x^2-3)}{(x^2+1)^3}$

$y=f(x)$ の凹凸は次の通りである。

x	$\cdots$	$-\sqrt{3}$	$\cdots$	0	$\cdots$	$\sqrt{3}$	$\cdots$
$f''(x)$	$-$	0	$+$	0	$-$	0	$+$
$f(x)$	∩		∪		∩		∪

変曲点は

$\left(\pm\sqrt{3},\ \pm\dfrac{13\sqrt{3}}{8}\right)$ (複号同順),

$(0,\ 0)$ …… 答

(3) $\displaystyle\lim_{x\to\pm\infty}\frac{f(x)}{x}=\lim_{x\to\pm\infty}\frac{x^2+10}{2(x^2+1)}$

$\displaystyle=\lim_{x\to\pm\infty}\frac{1+\frac{10}{x^2}}{2\left(1+\frac{1}{x^2}\right)}=\frac{1}{2}$

$\displaystyle\lim_{x\to\pm\infty}\left(f(x)-\frac{1}{2}x\right)$

$\displaystyle=\lim_{x\to\pm\infty}\frac{x(x^2+10)-x(x^2+1)}{2(x^2+1)}$

$\displaystyle=\lim_{x\to\pm\infty}\frac{9x}{2(x^2+1)}=\lim_{x\to\pm\infty}\frac{\frac{9}{x}}{2\left(1+\frac{1}{x^2}\right)}=0$

以上より，$y=f(x)$ の $x\to\pm\infty$ における漸近線は

$y=\dfrac{1}{2}x+0\quad\therefore\quad y=\dfrac{1}{2}x$ …… 答

(4) $f(x)=\dfrac{x(x^2+10)}{2(x^2+1)}$ は奇関数であるから $y=f(x)$ のグラフは原点対称である。

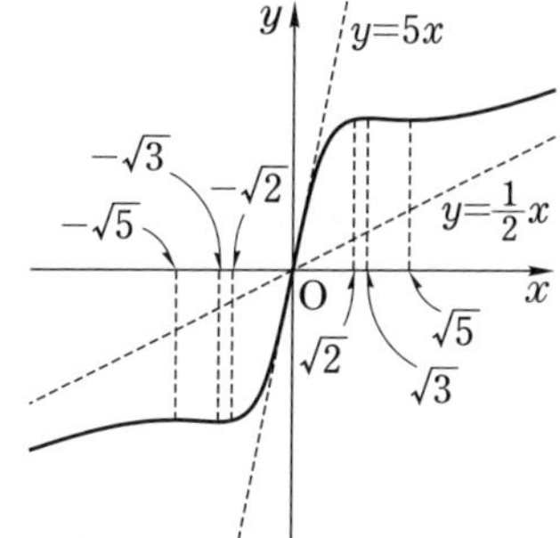

(注) $f'(0)=5$ より，原点Oにおける接線は $y=5x$ である。

16 (1) $x^2-y^2=1$ ……①

$ax-by=1$ ……②

$b=0$ のとき，②は y 軸と平行な直線であるから，“②が C_1, C_2 の両方と1点ずつで交わる”……(＊)ことはない。したがって，$b\neq 0$ ……③ が必要条件である。

③のもとで，

①$\times b^2$：$b^2x^2-(by)^2=b^2$

に，②，つまり，$by=ax-1$ を代入すると，

$b^2x^2-(ax-1)^2=b^2$

$\therefore\ (b^2-a^2)x^2+2ax-(b^2+1)=0$ ……④

(＊)は“x の方程式④が異符号の2

つの解をもつ”ことと同値であり，その条件は

$$b^2-a^2\neq 0 \quad \text{かつ}$$

$$(\text{2 解の積})=-\frac{b^2+1}{b^2-a^2}<0$$

である。したがって，③と合わせて，求める条件は

$$b^2-a^2>0 \qquad \cdots\cdots⑤ \text{答}$$

(2) ⑤のもとで，④の 2 解を α，β とおくと，

$$\alpha+\beta=-\frac{2a}{b^2-a^2},\quad \alpha\beta=-\frac{b^2+1}{b^2-a^2} \qquad \cdots\cdots⑥$$

であり，P，Q は②上にあるから，

$$\mathrm{P}\left(\alpha,\ \frac{a\alpha-1}{b}\right),\ \mathrm{Q}\left(\beta,\ \frac{a\beta-1}{b}\right)$$

と表される。このとき，

$$\mathrm{PQ}^2=(\alpha-\beta)^2+\left(\frac{a\alpha-1}{b}-\frac{a\beta-1}{b}\right)^2$$

$$=\frac{a^2+b^2}{b^2}(\alpha-\beta)^2 \qquad \cdots\cdots⑦$$

であり，⑥より，

$$(\alpha-\beta)^2=(\alpha+\beta)^2-4\alpha\beta$$

$$=\frac{4a^2}{(b^2-a^2)^2}+\frac{4(b^2+1)}{b^2-a^2}$$

$$=\frac{4b^2(b^2-a^2+1)}{(b^2-a^2)^2} \qquad \cdots\cdots⑧$$

⑧を⑦に代入して整理すると，

$$\mathrm{PQ}=\frac{2\sqrt{(a^2+b^2)(b^2-a^2+1)}}{b^2-a^2}$$

また，A$(a,\ b)$ から直線 PQ，つまり，②までの距離を d とすると

$$d=\frac{|a\cdot a-b\cdot b-1|}{\sqrt{a^2+b^2}}$$

$$=\frac{b^2-a^2+1}{\sqrt{a^2+b^2}} \qquad (⑤\text{より})$$

したがって，

$$S=\frac{1}{2}\cdot\mathrm{PQ}\cdot d$$

$$=\frac{(b^2-a^2+1)^{\frac{3}{2}}}{b^2-a^2} \qquad \cdots\cdots⑨ \text{答}$$

(3) $b^2-a^2=t$ とおくと，⑤より

$$t>0 \qquad \cdots\cdots⑩$$

である。⑨より，

$$S^2=\frac{(t+1)^3}{t^2}$$

であり，右辺を $f(t)$ とおくと，

$$f'(t)=\frac{3(t+1)^2\cdot t^2-(t+1)^3\cdot 2t}{t^4}$$

$$=\frac{(t+1)^2t(t-2)}{t^4}$$

よって，$f(t)$ の増減は次の通りである。

t	(0)	…	2	…
$f'(t)$	／	−	0	+
$f(t)$	／	↘	極小	↗

これより，$S=\sqrt{f(t)}$ の最小値は

$$\sqrt{f(2)}=\frac{3\sqrt{3}}{2} \qquad \cdots\cdots \text{答}$$

であり，最小値をとるための a，b の条件は $t=2$，つまり

$$b^2-a^2=2 \qquad \cdots\cdots \text{答}$$

17 (1) $-1<x<1,\ x\neq 0$ ……① において

$$f(x)=(1-x)^{1-\frac{1}{x}},\quad g(x)=(1+x)^{\frac{1}{x}}$$

とおくと，

$$\log g(x)-\log f(x)$$

$$=\frac{1}{x}\log(1+x)-\left(1-\frac{1}{x}\right)\log(1-x)$$

$$=\frac{1}{x}\{\log(1+x)-(x-1)\log(1-x)\}$$

ここで

$$h(x)=\log(1+x)-(x-1)\log(1-x)$$

とおくと，

$$h'(x)=\frac{1}{1+x}-\log(1-x)-(x-1)\cdot\frac{-1}{1-x}$$

$$=\frac{1}{1+x}-\log(1-x)-1$$

$$h''(x)=\frac{-1}{(1+x)^2}+\frac{1}{1-x}$$

$$=\frac{-(1-x)+(1+x)^2}{(1+x)^2(1-x)}$$
$$=\frac{x(x+3)}{(1+x)^2(1-x)}$$

これより，$h'(x)$ の増減は次の通りである。

x	(-1)	$\cdots$	0	$\cdots$	(1)
$h''(x)$		$-$	0	$+$	
$h'(x)$		↘	0	↗	

$-1<x<1$ ……② において，

$h'(x)\geqq 0$

（等号は $x=0$ のとき）

であるから，$h(x)$ は単調増加であり，

$h(0)=0$

と合わせると，②では $h(x)$ と x の符号は一致する。

したがって，①において，

$$\log g(x)-\log f(x)=\frac{1}{x}h(x)>0$$

であるから，

$f(x)<g(x)$

すなわち，

$(1-x)^{1-\frac{1}{x}}<(1+x)^{\frac{1}{x}}$ ……③

が成り立つ。（証明おわり）

(2) ③の両辺に $(1-x)^{\frac{1}{x}}$ (>0) をかけて，

$$(1-x)^{1-\frac{1}{x}+\frac{1}{x}}<\{(1+x)(1-x)\}^{\frac{1}{x}}$$

$\therefore$ $1-x<(1-x^2)^{\frac{1}{x}}$ ……④

④で $x=\frac{1}{100}$ とおくと，

$$1-\frac{1}{100}<\left(1-\frac{1}{10000}\right)^{100}$$

$\therefore$ $0.99<0.9999^{100}$ ……⑤

次に，③の両辺に $(1+x)^{1-\frac{1}{x}}$ をかけて

$$\{(1-x)(1+x)\}^{1-\frac{1}{x}}<(1+x)^{\frac{1}{x}+\left(1-\frac{1}{x}\right)}$$

$\therefore$ $(1-x^2)^{1-\frac{1}{x}}<1+x$ ……⑥

⑥で $x=-\frac{1}{100}$ とおくと，

$$\left(1-\frac{1}{10000}\right)^{1+100}<1-\frac{1}{100}$$

$\therefore$ $0.9999^{101}<0.99$ ……⑦

⑤，⑦より

$0.9999^{101}<0.99<0.9999^{100}$

（証明おわり）

(注) (2)では，

$$0.9999=1-\left(\pm\frac{1}{100}\right)^2$$

であるから，

$$0.99=1-\frac{1}{100},\ 0.99=1+\left(-\frac{1}{100}\right)$$

と表して，③から $1-x^2$ と $1-x$，$1-x^2$ と $1+x$ に関する不等式を導こうと考えるとよい。

18 (1) $x\geqq 0$ において，

$$f(x)=x-\frac{x^2}{2}+\frac{x^3}{3}-\log(1+x)$$
$$g(x)=\log(1+x)-\left(x-\frac{x^2}{2}\right)$$

とおく。$x>0$ のとき，

$$f'(x)=1-x+x^2-\frac{1}{1+x}$$
$$=\frac{x^3}{1+x}>0$$
$$g'(x)=\frac{1}{1+x}-(1-x)$$
$$=\frac{x^2}{1+x}>0$$

よって，$f(x)$，$g(x)$ は $x>0$ において単調増加である。また，

$f(0)=0$，$g(0)=0$

であるから，$x>0$ において，

$f(x)>0$，$g(x)>0$

すなわち，

$$x-\frac{x^2}{2}<\log(1+x)$$
$$<x-\frac{x^2}{2}+\frac{x^3}{3}\quad\cdots\cdots①$$

が成立する。（証明おわり）

(2) ①において，$x=\frac{1}{n}$ とおくと，

$$\frac{1}{n}-\frac{1}{2n^2}<\log\left(1+\frac{1}{n}\right)$$
$$<\frac{1}{n}-\frac{1}{2n^2}+\frac{1}{3n^3}$$
$$\therefore\quad -\frac{1}{2n^2}<\log\left(1+\frac{1}{n}\right)-\frac{1}{n}$$
$$<-\frac{1}{2n^2}+\frac{1}{3n^3}$$

辺々に n^2 をかけて

$$-\frac{1}{2}<n\left\{n\log\left(1+\frac{1}{n}\right)-1\right\}$$
$$<-\frac{1}{2}+\frac{1}{3n}$$

したがって，はさみ打ちの原理より

$$\lim_{n\to\infty}n\left\{n\log\left(1+\frac{1}{n}\right)-1\right\}$$
$$=-\frac{1}{2} \qquad \cdots\cdots②$$ 答

(3) $$a_n=n\left\{n\log\left(1+\frac{1}{n}\right)-1\right\}$$

とおくと，

$$a_n=n\left\{\log\left(1+\frac{1}{n}\right)^n-\log e\right\} \qquad \cdots\cdots③$$

ここで，$(\log x)'=\frac{1}{x}$ であるから，平均値の定理より

$$\log\left(1+\frac{1}{n}\right)^n-\log e$$
$$=\frac{1}{c_n}\left\{\left(1+\frac{1}{n}\right)^n-e\right\} \qquad \cdots\cdots④$$

を満たす c_n が $\left(1+\frac{1}{n}\right)^n$ と e の間に存在する。……(＊)

③，④より

$$a_n=n\cdot\frac{1}{c_n}\cdot\left\{\left(1+\frac{1}{n}\right)^n-e\right\}$$
$$\therefore\quad n\left\{\left(1+\frac{1}{n}\right)^n-e\right\}=a_nc_n \qquad \cdots\cdots⑤$$

ここで，②より

$$\lim_{n\to\infty}a_n=-\frac{1}{2}$$

また，

$$\lim_{n\to\infty}\left(1+\frac{1}{n}\right)^n=e$$

であるから，(＊)より

$$\lim_{n\to\infty}c_n=e$$

である。したがって，⑤より

$$\lim_{n\to\infty}n\left\{\left(1+\frac{1}{n}\right)^n-e\right\}$$
$$=\lim_{n\to\infty}a_nc_n=-\frac{1}{2}\cdot e=-\frac{e}{2} \cdots\cdots$$ 答

別解　$x>0$ のとき，①より

$$e^{x-\frac{x^2}{2}}<1+x<e^{x-\frac{x^2}{2}+\frac{x^3}{3}} \qquad \cdots\cdots⑥$$

⑥で $x=\frac{1}{n}$ とおいて，辺々を n 乗すると

$$\left(e^{\frac{1}{n}-\frac{1}{2n^2}}\right)^n<\left(1+\frac{1}{n}\right)^n<\left(e^{\frac{1}{n}-\frac{1}{2n^2}+\frac{1}{3n^3}}\right)^n$$
$$\therefore\quad e^{1-\frac{1}{2n}}<\left(1+\frac{1}{n}\right)^n<e^{1-\frac{1}{2n}+\frac{1}{3n^2}}$$

したがって，

$$n(e^{1-\frac{1}{2n}}-e)<n\left\{\left(1+\frac{1}{n}\right)^n-e\right\}$$
$$<n(e^{1-\frac{1}{2n}+\frac{1}{3n^2}}-e) \qquad \cdots\cdots⑦$$

ここで，$(e^x)'=e^x$ であるから，平均値の定理より

$$e^{1-\frac{1}{2n}+\frac{1}{3n^2}}-e$$
$$=e^{d_n}\left\{\left(1-\frac{1}{2n}+\frac{1}{3n^2}\right)-1\right\}$$
$$=\left(-\frac{1}{2n}+\frac{1}{3n^2}\right)e^{d_n} \qquad \cdots\cdots⑧$$
$$1-\frac{1}{2n}+\frac{1}{3n^2}<d_n<1 \qquad \cdots\cdots⑨$$

を満たす d_n が存在する。

⑧より

$$n(e^{1-\frac{1}{2n}+\frac{1}{3n^2}}-e)$$
$$=\left(-\frac{1}{2}+\frac{1}{3n}\right)e^{d_n} \qquad \cdots\cdots⑩$$

であり，⑨より

$$\lim_{n\to\infty}d_n=1$$

であるから，⑩より

$$\lim_{n\to\infty}n(e^{1-\frac{1}{2n}+\frac{1}{3n^2}}-e)$$

$$=\lim_{n\to\infty}\left(-\frac{1}{2}+\frac{1}{3n}\right)e^{d_n}$$

$$=-\frac{1}{2}\cdot e^1=-\frac{1}{2}e$$

また，平均値の定理より

$$e^{1-\frac{1}{2n}}-e$$

$$=e^{h_n}\left\{\left(1-\frac{1}{2n}\right)-1\right\}$$

$$=-\frac{1}{2n}e^{h_n}$$

$$1-\frac{1}{2n}<h_n<1$$

を満たす h_n が存在する。これから上と同様に，

$$\lim_{n\to\infty}n(e^{1-\frac{1}{2n}}-e)=-\frac{1}{2}e$$

したがって，⑦において，はさみ打ちの原理より

$$\lim_{n\to\infty}n\left\{\left(1+\frac{1}{n}\right)^n-e\right\}=-\frac{1}{2}e$$

第6章

19 $I=\int_{\frac{\pi}{3}}^{\frac{\pi}{2}}f(\theta)\,d\theta=\int_{\frac{\pi}{3}}^{\frac{\pi}{2}}\dfrac{\sin\frac{\theta}{2}}{1+\sin\frac{\theta}{2}}\,d\theta$

において，$t=\dfrac{\theta}{2}$ と置換すると，

$d\theta=2dt$，

θ	$\frac{\pi}{3}\to\frac{\pi}{2}$
t	$\frac{\pi}{6}\to\frac{\pi}{4}$

より

$$I=\int_{\frac{\pi}{6}}^{\frac{\pi}{4}}\frac{\sin t}{1+\sin t}\cdot 2\,dt$$

$$=2\int_{\frac{\pi}{6}}^{\frac{\pi}{4}}\left(1-\frac{1}{1+\sin t}\right)dt$$

$$=2\Big[t\Big]_{\frac{\pi}{6}}^{\frac{\pi}{4}}-2\int_{\frac{\pi}{6}}^{\frac{\pi}{4}}\frac{1-\sin t}{1-\sin^2 t}\,dt$$

$$=\frac{\pi}{6}-2\int_{\frac{\pi}{6}}^{\frac{\pi}{4}}\left\{\frac{1}{\cos^2 t}+\frac{(\cos t)'}{\cos^2 t}\right\}dt$$

$$=\frac{\pi}{6}-2\left[\tan t-\frac{1}{\cos t}\right]_{\frac{\pi}{6}}^{\frac{\pi}{4}}$$

$$=\frac{\pi}{6}-2\left\{1-\sqrt{2}-\left(\frac{1}{\sqrt{3}}-\frac{2}{\sqrt{3}}\right)\right\}$$

$$=\frac{\pi}{6}+2\sqrt{2}-2-\frac{2\sqrt{3}}{3}$$ ……答

20 (1) $\sin x=\sin 2x$

$\therefore\ 2\sin x\left(\cos x-\dfrac{1}{2}\right)=0$

$\therefore\ \sin x=0$ または $\cos x=\dfrac{1}{2}$

$0\leqq x\leqq\pi$ より

$x=0,\ \dfrac{\pi}{3},\ \pi$ ……答

(2) $I=\int_{\pi}^{2\pi}|\sin x-\sin 2x|\,dx$

において，$x=2\pi-t$ と置換すると，

$$I=\int_{\pi}^{0}|\sin(2\pi-t)-\sin(4\pi-2t)|(-1)\,dt$$

$$=\int_{0}^{\pi}|\sin t-\sin 2t|\,dt$$

$$=\int_0^{\pi}|\sin x-\sin 2x|\,dx$$

したがって，

$$\int_0^{2\pi}|\sin x-\sin 2x|\,dx$$
$$=\int_0^{\pi}|\sin x-\sin 2x|\,dx+\int_{\pi}^{2\pi}|\sin x-\sin 2x|\,dx$$
$$=2\int_0^{\pi}|\sin x-\sin 2x|\,dx$$
$$=2\left\{\int_0^{\frac{\pi}{3}}(\sin 2x-\sin x)\,dx+\int_{\frac{\pi}{3}}^{\pi}(\sin x-\sin 2x)\,dx\right\}$$
$$=2\left\{\left[-\frac{1}{2}\cos 2x+\cos x\right]_0^{\frac{\pi}{3}}+\left[-\cos x+\frac{1}{2}\cos 2x\right]_{\frac{\pi}{3}}^{\pi}\right\}$$
$$=5 \quad\cdots\cdots \text{答}$$

(3) $I_n=\int_0^{2\pi}|\sin nx-\sin 2nx|\,dx$

において，$nx=t$ と置換すると，

$$I_n=\frac{1}{n}\int_0^{2n\pi}|\sin t-\sin 2t|\,dt \quad\cdots\cdots①$$

ここで，$\sin t-\sin 2t$ は周期 2π の周期関数であるから，

$$\int_0^{2n\pi}|\sin t-\sin 2t|\,dt$$
$$=n\int_0^{2\pi}|\sin t-\sin 2t|\,dt$$
$$=5n \quad\cdots\cdots②$$

①に戻ると

$$I_n=\frac{1}{n}\cdot 5n=5 \quad\cdots\cdots \text{答}$$

(4) $J_n=\int_0^{c}|\sin nx-\sin 2nx|\,dx$

において，$nx=t$ と置換すると，

$$J_n=\frac{1}{n}\int_0^{cn}|\sin t-\sin 2t|\,dt \quad\cdots\cdots③$$

ここで，$c>0$ より

$$2m\pi\leqq cn<2(m+1)\pi \quad\cdots\cdots④$$

を満たす 0 以上の整数 m がある。その m に対して，③より

$$\frac{1}{n}\int_0^{2m\pi}|\sin t-\sin 2t|\,dt\leqq J_n<\frac{1}{n}\int_0^{2(m+1)\pi}|\sin t-\sin 2t|\,dt$$

が成り立つ。よって，②を用いると，

$$\frac{1}{n}\cdot(5m)\leqq J_n<\frac{1}{n}\cdot 5(m+1)$$
$$\therefore\quad 5\cdot\frac{m}{n}\leqq J_n<5\left(\frac{m}{n}+\frac{1}{n}\right) \quad\cdots\cdots⑤$$

ここで，④より

$$\frac{c}{2\pi}-\frac{1}{n}<\frac{m}{n}\leqq\frac{c}{2\pi}$$

であるから，はさみうちの原理より

$$\lim_{n\to\infty}\frac{m}{n}=\frac{c}{2\pi}$$

これより

$$\lim_{n\to\infty}\left(\frac{m}{n}+\frac{1}{n}\right)=\frac{c}{2\pi}$$

したがって，⑤において，はさみうちの原理より

$$\lim_{n\to\infty}J_n=5\cdot\frac{c}{2\pi}=\frac{5c}{2\pi} \quad\cdots\cdots \text{答}$$

21 (1) $a_{n+2}=\int_0^{\frac{\pi}{2}}\cos^{n+2}x\,dx$

$$=\int_0^{\frac{\pi}{2}}\cos^{n+1}x(\sin x)'\,dx$$
$$=\left[\cos^{n+1}x\sin x\right]_0^{\frac{\pi}{2}}-\int_0^{\frac{\pi}{2}}(n+1)\cos^n x\cdot(-\sin x)\sin x\,dx$$
$$=(n+1)\cdot\int_0^{\frac{\pi}{2}}\cos^n x(1-\cos^2 x)\,dx$$
$$=(n+1)(a_n-a_{n+2})$$

これより

$$(n+2)a_{n+2}=(n+1)a_n$$
$$\therefore\quad a_{n+2}=\frac{n+1}{n+2}\cdot a_n \quad\cdots\cdots① \text{答}$$

(2) $a_0=\int_0^{\frac{\pi}{2}}dx=\frac{\pi}{2}$ …… 答

$$a_1=\int_0^{\frac{\pi}{2}}\cos x\,dx=\left[\sin x\right]_0^{\frac{\pi}{2}}=1 \quad\cdots \text{答}$$

n が2以上の偶数のとき，①より

$$a_n=\frac{n-1}{n}\cdot a_{n-2}$$
$$=\frac{n-1}{n}\cdot\frac{n-3}{n-2}\cdot a_{n-4}$$
$$=\cdots\cdots$$
$$=\frac{n-1}{n}\cdot\frac{n-3}{n-2}\cdot\cdots\cdot\frac{3}{4}\cdot\frac{1}{2}\cdot a_0$$
$$=\frac{n-1}{n}\cdot\frac{n-3}{n-2}\cdot\cdots\cdot\frac{3}{4}\cdot\frac{1}{2}\cdot\frac{\pi}{2}$$

……答

n が3以上の奇数のとき，同様に

$$a_n=\frac{n-1}{n}\cdot\frac{n-3}{n-2}\cdot\cdots\cdot\frac{4}{5}\cdot\frac{2}{3}\cdot a_1$$
$$=\frac{n-1}{n}\cdot\frac{n-3}{n-2}\cdot\cdots\cdot\frac{4}{5}\cdot\frac{2}{3}\cdot 1$$

……答

(3) $0\leqq x\leqq\frac{\pi}{2}$ のとき

$$0\leqq\cos x\leqq 1$$

より，$n=0,\ 1,\ 2,\ \cdots$ に対して

$$\cos^{n+1}x\leqq\cos^n x$$

である。したがって，

$$\int_0^{\frac{\pi}{2}}\cos^{n+1}x\,dx\leqq\int_0^{\frac{\pi}{2}}\cos^n x\,dx$$

つまり

$$a_{n+1}\leqq a_n \quad\cdots\cdots②$$

が成り立つ。　(証明おわり)

(4) (2)の結果から，$n\geqq 2$ のとき

$$a_{2n}=\frac{2n-1}{2n}\cdot\frac{2n-3}{2n-2}\cdot\cdots\cdot\frac{3}{4}\cdot\frac{1}{2}\cdot\frac{\pi}{2}$$
$$a_{2n-1}=\frac{2n-2}{2n-1}\cdot\frac{2n-4}{2n-3}\cdot\cdots\cdot\frac{4}{5}\cdot\frac{2}{3}\cdot 1$$

であるから，

$$\frac{a_{2n-1}}{a_{2n}}$$
$$=\frac{2n-2}{2n-1}\cdot\frac{2n-4}{2n-3}\cdot\cdots\cdot\frac{4}{5}\cdot\frac{2}{3}\cdot 1$$
$$\times\frac{2n}{2n-1}\cdot\frac{2n-2}{2n-3}\cdot\cdots\cdot\frac{4}{3}\cdot\frac{2}{1}\cdot\frac{2}{\pi}$$
$$=\frac{1}{n}\left\{\frac{(2n)\cdot(2n-2)\cdot\cdots\cdot 4\cdot 2}{(2n-1)\cdot(2n-3)\cdot\cdots\cdot 3\cdot 1}\right\}^2\cdot\frac{1}{\pi}$$

これより

$$\frac{1}{n}\left\{\frac{2\cdot 4\cdot\cdots\cdot(2n-2)\cdot(2n)}{1\cdot 3\cdot\cdots\cdot(2n-3)\cdot(2n-1)}\right\}^2$$
$$=\pi\cdot\frac{a_{2n-1}}{a_{2n}} \quad\cdots\cdots③$$

②より

$$a_{2n}\leqq a_{2n-1}\leqq a_{2n-2}$$

であり，辺々を a_{2n} (>0) で割ると

$$1\leqq\frac{a_{2n-1}}{a_{2n}}\leqq\frac{a_{2n-2}}{a_{2n}} \quad\cdots\cdots④$$

ここで，①より

$$a_{2n}=\frac{2n-1}{2n}a_{2n-2}$$

であるから

$$\lim_{n\to\infty}\frac{a_{2n-2}}{a_{2n}}$$
$$=\lim_{n\to\infty}\frac{2n}{2n-1}$$
$$=\lim_{n\to\infty}\frac{1}{1-\frac{1}{2n}}=1$$

したがって，④においてはさみ打ちの原理より

$$\lim_{n\to\infty}\frac{a_{2n-1}}{a_{2n}}=1$$

③に戻ると，

$$\lim_{n\to\infty}\frac{1}{n}\left\{\frac{2\cdot 4\cdot\cdots\cdot(2n-2)\cdot(2n)}{1\cdot 3\cdot\cdots\cdot(2n-3)\cdot(2n-1)}\right\}^2$$
$$=\lim_{n\to\infty}\pi\cdot\frac{a_{2n-1}}{a_{2n}}=\pi$$

……答

22 (1) $I=\int_0^1\{f(x)-(ax+b)\}^2dx$

$$J=\int_0^1\{f(x)\}^2dx$$

とおく。

条件(C)より

$$I=\int_0^1\{f(x)-(ax+b)\}^2dx$$
$$=\int_0^1\{f(x)\}^2dx-2a\int_0^1 xf(x)dx$$
$$-2b\int_0^1 f(x)dx$$
$$+\int_0^1(a^2x^2+2abx+b^2)dx$$

$=J-2a-2b+\left(\frac{1}{3}a^2+ab+b^2\right)$

$=\frac{1}{3}a^2+(b-2)a+b^2-2b+J$

$=\frac{1}{3}\left\{a+\frac{3}{2}(b-2)\right\}^2$

$\quad-\frac{3}{4}(b-2)^2+b^2-2b+J$

$=\frac{1}{3}\left\{a+\frac{3}{2}(b-2)\right\}^2$

$\quad+\frac{1}{4}(b+2)^2-4+J$ ……(＊)

したがって，I を最小にする実数 a，b は

$$a+\frac{3}{2}(b-2)=0 \text{ かつ } b+2=0$$

より

$a=6$，$b=-2$ …… 答

(2) 条件(C)を満たすすべての $f(x)$ に対して，(＊)で $a=6$，$b=-2$ とおくと，

$$I=J-4$$

すなわち

$$\int_0^1\{f(x)-(6x-2)\}^2dx$$
$$=\int_0^1\{f(x)\}^2dx-4$$

となるので，

$$\int_0^1\{f(x)\}^2dx$$
$$=\int_0^1\{f(x)-(6x-2)\}^2dx+4$$
$$\geqq 4$$

が成り立つ。ここで，不等号における等号は $f(x)=6x-2$ のとき成り立ち，この $f(x)$ は条件(C)を満たす。

したがって，$\int_0^1\{f(x)\}^2dx$ を最小にする $f(x)$ は

$f(x)=6x-2$ …… 答

であり，

最小値は 4 …… 答

第7章

23 (1) $C: y=x^3-3x^2+2x$ ……①

$l: y=ax$ ……②

①，②より，

$$x^3-3x^2+2x=ax$$
$$\therefore\ x(x^2-3x+2-a)=0$$

C，l が原点以外の共有点をもつのは

$x^2-3x+2-a=0$ ……③

が $x=0$ 以外の実数解をもつときであるが，③は $x=0$ を重解にもつことはないので，③が実数解をもつときである。したがって

$$(\text{判別式})=3^2-4(2-a)\geqq 0$$

$\therefore\ a\geqq-\frac{1}{4}$ …… 答

(2) ①において，$y'=3x^2-6x+2$ であり，$x=0$ のとき

$$y'=3\cdot0-6\cdot0+2=2$$

であるから，l が C と O(0, 0) で接するとき，$a=2$ である。

$a\geqq 2$ のとき，C と l の関係を見ると $S(a)$ は単調に増加する。

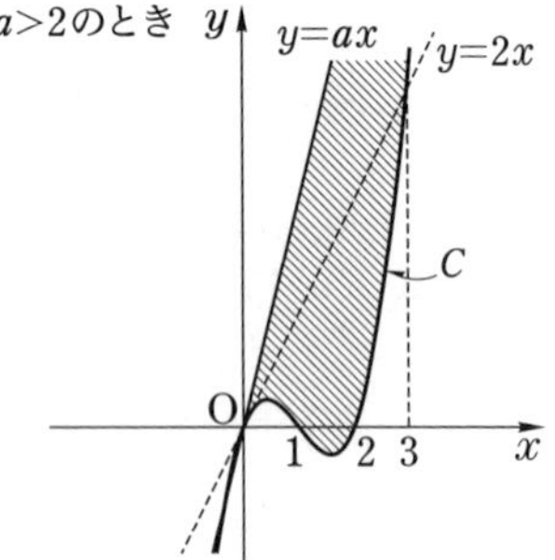

したがって，$S(a)$ は

$-\frac{1}{4}\leqq a\leqq 2$ ……④

において最小値をとるので，以下，④のもとで考える。

④のとき，③の 2 解を α，β $(0\leqq\alpha\leqq\beta)$ とし，

$$f(x)=x^3-3x^2+2x-ax$$

$$F(x)=\int f(x)dx$$
$$=\frac{1}{4}x^4-x^3+\frac{1}{2}(2-a)x^2$$

(積分定数は0とする) とおく。

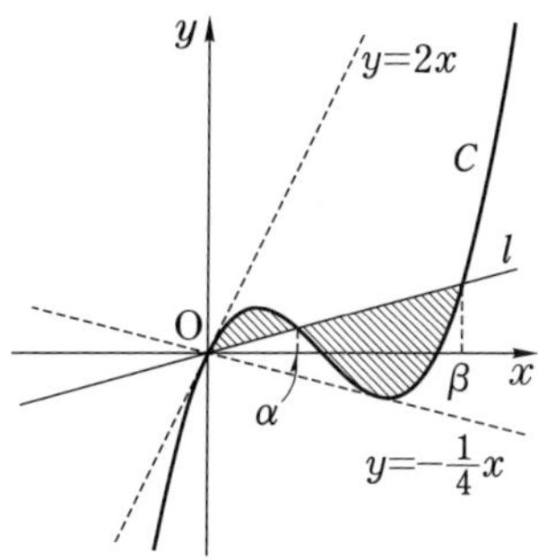

グラフより

$$S(a)=\int_0^{\alpha}f(x)dx$$
$$+\int_{\alpha}^{\beta}\{-f(x)\}dx$$
$$=\Big[F(x)\Big]_0^{\alpha}+\Big[-F(x)\Big]_{\alpha}^{\beta}$$
$$=2F(\alpha)-F(\beta) \quad \cdots\cdots⑤$$

ここで,

$F(x)$

$$=\frac{1}{4}\{x^4-4x^3+2(2-a)x^2\}$$
$$=\frac{1}{4}\Big[(x^2-3x+2-a)\{x^2-x-(a+1)\}$$
$$-(4a+1)x-(a+1)(a-2)\Big]$$

であり, α, β は③の解であるから,

$F(\alpha)$

$$=-\frac{1}{4}\{(4a+1)\alpha+(a+1)(a-2)\}$$

$F(\beta)$

$$=-\frac{1}{4}\{(4a+1)\beta+(a+1)(a-2)\}$$

したがって, ⑤より

$$S(a)=-\frac{1}{4}\{(4a+1)(2\alpha-\beta)$$
$$+(a+1)(a-2)\}$$

③を解くと

$$\alpha=\frac{3-\sqrt{4a+1}}{2},$$
$$\beta=\frac{3+\sqrt{4a+1}}{2}$$

であるから,

$$S(a)=-\frac{1}{4}\left\{(4a+1)\frac{3(1-\sqrt{4a+1})}{2}\right.$$
$$\left.+(a+1)(a-2)\right\}$$
$$=\frac{1}{8}\{3(4a+1)^{\frac{3}{2}}-2a^2-10a+1\}$$
$$S'(a)=\frac{1}{4}\{9\sqrt{4a+1}-(2a+5)\}$$
$$=\frac{81(4a+1)-(2a+5)^2}{4(9\sqrt{4a+1}+2a+5)}$$
$$=\frac{-(a^2-76a-14)}{9\sqrt{4a+1}+2a+5}$$
$$=\frac{-(a-38+27\sqrt{2})(a-38-27\sqrt{2})}{9\sqrt{4a+1}+2a+5}$$

ここで

$$38-27\sqrt{2}=\sqrt{1444}-\sqrt{1458}<0$$
$$38-27\sqrt{2}-\left(-\frac{1}{4}\right)$$
$$=\frac{9}{4}(17-12\sqrt{2})$$
$$=\frac{9}{4}(\sqrt{289}-\sqrt{288})>0$$

より

$$-\frac{1}{4}<38-27\sqrt{2}<0$$

であるから,

a	$-\frac{1}{4}$	$\cdots$	$38-27\sqrt{2}$	$\cdots$	2
$S'(a)$		$-$	0	$+$	
$S(a)$		↘		↗	

よって, $S(a)$ は

$$a=38-27\sqrt{2} \quad \cdots\cdots 答$$

のとき最小となる。

24 (1) 時刻 t における C_1 の中心を $\mathrm{B}(t,\ 1)$, C_1 と x 軸との接点を H, C_2 の半径 BA と C_1 との交点を D とおく。

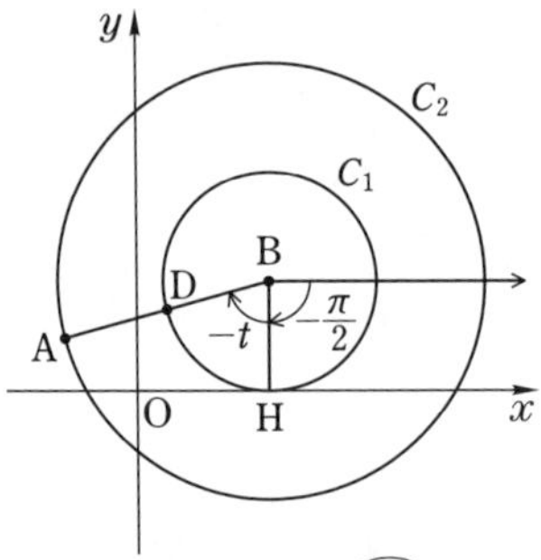

C_1 の半径は 1 で，$\overset{\frown}{\mathrm{DH}}=\mathrm{OH}=t$ より $\overrightarrow{\mathrm{BH}}$ から $\overrightarrow{\mathrm{BD}}$ までの角は $-t$ であるから，x 軸の正の向きから $\overrightarrow{\mathrm{BA}}$ までの角は $-\frac{\pi}{2}-t$ である。よって，

$$\begin{aligned}&\overrightarrow{\mathrm{OA}}\\&=\overrightarrow{\mathrm{OB}}+\overrightarrow{\mathrm{BA}}\\&=(t,\ 1)+\left(2\cos\left(-\frac{\pi}{2}-t\right),\ 2\sin\left(-\frac{\pi}{2}-t\right)\right)\\&=(t-2\sin t,\ 1-2\cos t)\end{aligned}$$

であるから，

$$\begin{aligned}&(x(t),\ y(t))\\&=(t-2\sin t,\ 1-2\cos t)\end{aligned}$$

……① 答

(2) ①より

$$x'(t)=1-2\cos t$$

t	0	…	$\frac{\pi}{3}$	…	$\frac{5}{3}\pi$	…	2π
$x'(t)$		$-$	0	$+$	0	$-$	
$x(t)$	0	↘		↗		↘	2π

これより，$x(t)$ が最大となる点は

$$\left(x\left(\frac{5}{3}\pi\right),\ y\left(\frac{5}{3}\pi\right)\right)=\left(\frac{5}{3}\pi+\sqrt{3},\ 0\right)$$

……② 答

$x(t)$ が最小となる点は

$$\left(x\left(\frac{\pi}{3}\right),\ y\left(\frac{\pi}{3}\right)\right)=\left(\frac{\pi}{3}-\sqrt{3},\ 0\right)$$

……③ 答

$$y'(t)=2\sin t$$

t	0	…	π	…	2π
$y'(t)$	0	$+$	0	$-$	0
$y(t)$	-1	↗	3	↘	-1

これより，$y(t)$ が最大となる点は

$$(x(\pi),\ y(\pi))=(\pi,\ 3)$$

……④ 答

$y(t)$ が最小となる点は

$$(x(0),\ y(0))=(0,\ -1)\ \text{と}$$
$$(x(2\pi),\ y(2\pi))=(2\pi,\ -1)$$

……⑤ 答

求める座標は②，③，④，⑤で示した 5 つである。

(3) (2)で調べたことより，C の概形は下図のようになる。

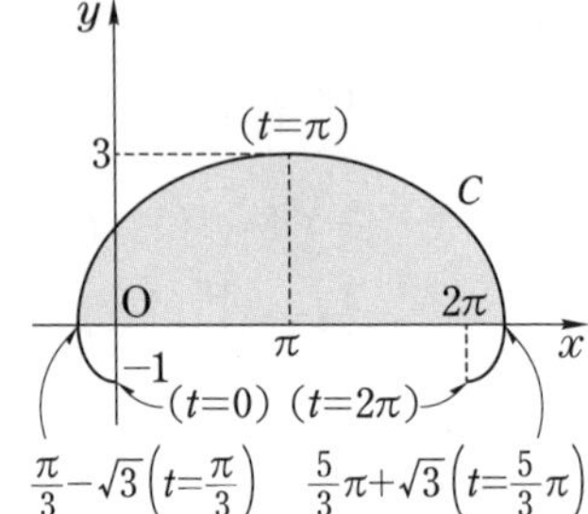

求めるのは青色部分の面積 S であり，$x=x(t)$ と置換すると

$$\begin{aligned}S&=\int_{\frac{\pi}{3}-\sqrt{3}}^{\frac{5}{3}\pi+\sqrt{3}}y\,dx\\&=\int_{\frac{\pi}{3}}^{\frac{5}{3}\pi}y(t)x'(t)\,dt\\&=\int_{\frac{\pi}{3}}^{\frac{5}{3}\pi}(1-2\cos t)^2\,dt\\&=\int_{\frac{\pi}{3}}^{\frac{5}{3}\pi}(1-4\cos t+4\cos^2 t)\,dt\\&=\int_{\frac{\pi}{3}}^{\frac{5}{3}\pi}\left(1-4\cos t+4\cdot\frac{1+\cos 2t}{2}\right)dt\\&=\Big[3t-4\sin t+\sin 2t\Big]_{\frac{\pi}{3}}^{\frac{5}{3}\pi}\\&=4\pi+3\sqrt{3}\end{aligned}$$

…… 答

25 (1) $\sqrt{x}+\sqrt{y}=\sqrt{a}$ ……①

において

$$\sqrt{a}-\sqrt{x}=\sqrt{y}\geqq 0$$

であるから，曲線①は

$$0\leqq x\leqq a \quad \cdots\cdots ②$$

にある。②において，①は

$$y=(\sqrt{a}-\sqrt{x})^2$$

$$\therefore \quad y=x-2\sqrt{ax}+a \quad \cdots\cdots ③$$

となり，$0<x<a$ においては

$$y'=1-\sqrt{\frac{a}{x}}<0$$

$$y''=\frac{1}{2}\sqrt{\frac{a}{x^3}}>0$$

これより，y は x の減少関数であり，曲線①は下に凸である。また，

$$\lim_{x\to+0}y'=-\infty,\quad \lim_{x\to a-0}y'=0$$

であるから，A$(0,\ a)$ で y 軸に接し，B$(a,\ 0)$ で x 軸に接する。

したがって，D の概形は下図の斜線部分（境界を含む）である。

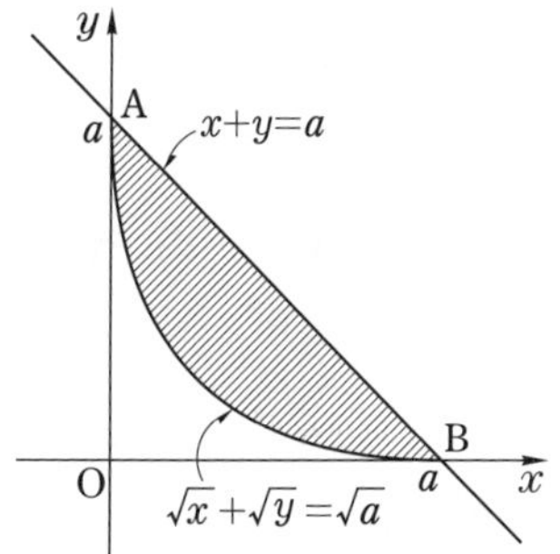

D の面積は，③より

$$\int_0^a\{a-x-(x-2\sqrt{ax}+a)\}dx$$

$$=\int_0^a(2\sqrt{ax}-2x)dx$$

$$=\left[\frac{4}{3}\sqrt{a}\sqrt{x^3}-x^2\right]_0^a$$

$$=\frac{1}{3}a^2 \quad \cdots\cdots \text{答}$$

(2) 線分 AB 上に AP$=t$ $(0\leqq t\leqq\sqrt{2}\,a)$ となる点 $\mathrm{P}\left(\frac{t}{\sqrt{2}},\ a-\frac{t}{\sqrt{2}}\right)$ をとり，P を通り，直線 $x+y=a$ ……④ に垂直な直線

$$y=x+a-\sqrt{2}\,t \quad \cdots\cdots ⑤$$

と①，すなわち，③との交点をQとする。

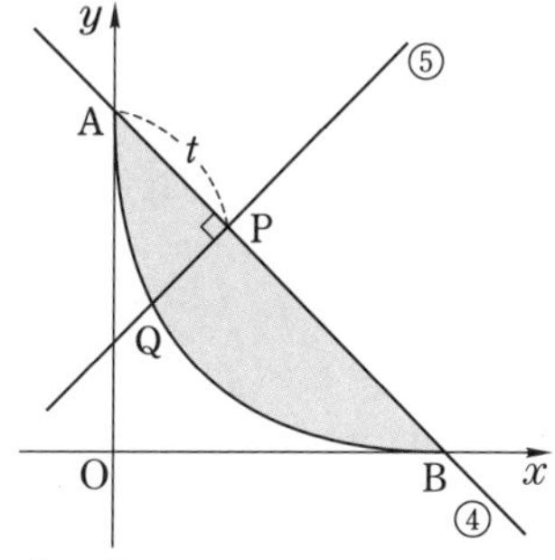

③，⑤より

$$x-2\sqrt{ax}+a=x+a-\sqrt{2}\,t$$

$$\therefore \quad x=\frac{t^2}{2a}$$

したがって，

$$\mathrm{Q}\left(\frac{t^2}{2a},\ \frac{t^2}{2a}+a-\sqrt{2}\,t\right)$$

回転体をPを通り，回転軸④に垂直な平面で切ったときの断面積 $S(t)$ は，

$$S(t)=\pi\mathrm{PQ}^2$$

$$=\pi\{\sqrt{2}\,(x_{\mathrm{P}}-x_{\mathrm{Q}})\}^2$$

$$=2\pi\left(\frac{t^2}{2a}-\frac{t}{\sqrt{2}}\right)^2$$

（x_{P}，x_{Q} は P，Q の x 座標を表す）

したがって，求める体積は

$$\int_0^{\sqrt{2}a}S(t)\,dt$$

$$=\int_0^{\sqrt{2}a}2\pi\left(\frac{t^2}{2a}-\frac{t}{\sqrt{2}}\right)^2dt$$

$$=\pi\int_0^{\sqrt{2}a}2\left(\frac{t^4}{4a^2}-\frac{t^3}{\sqrt{2}\,a}+\frac{t^2}{2}\right)dt$$

$$=\pi\left[\frac{t^5}{10a^2}-\frac{\sqrt{2}\,t^4}{4a}+\frac{t^3}{3}\right]_0^{\sqrt{2}a}$$

$$=\frac{\sqrt{2}}{15}\pi a^3 \quad \cdots\cdots \text{答}$$

別解 ①，すなわち，③と $x+y=a$ ……④ を y 軸方向に $-a$

だけ平行移動するとそれぞれ

$$y=x-2\sqrt{ax} \qquad \cdots\cdots⑥$$

$$x+y=0 \qquad \cdots\cdots⑦$$

となる。

⑥上の点 $\mathrm{R}(t,\ t-2\sqrt{at})$ $(0 \leqq t \leqq a)$ を原点中心に $\dfrac{\pi}{4}$ 回転したときに移る点を $\mathrm{R}'(x,\ y)$ とすると，複素数平面における回転の関係式から，

$$\begin{aligned} &x+yi \\ &=\{t+(t-2\sqrt{at})i\}\left(\cos\frac{\pi}{4}+i\sin\frac{\pi}{4}\right) \\ &=\{t+(t-2\sqrt{at})i\}\cdot\frac{1+i}{\sqrt{2}} \\ &=\sqrt{2at}+(\sqrt{2}\,t-\sqrt{2at})i \quad \cdots\cdots⑧ \end{aligned}$$

となる。また，この回転によって，直線⑦は x 軸に移る。

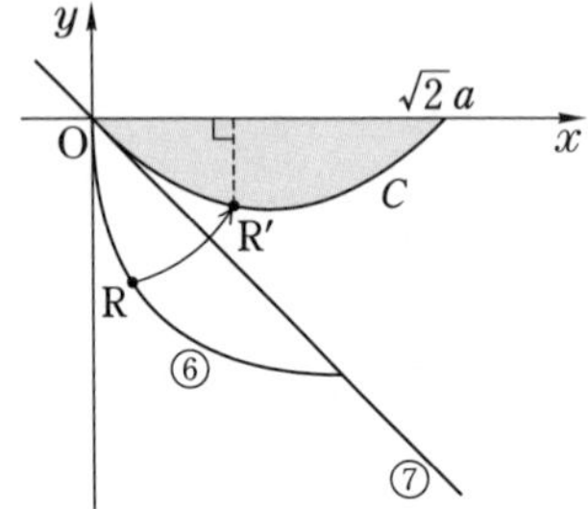

求める体積 V は，R' の描く曲線 C において，

$$V=\pi\int_0^{\sqrt{2}a} y^2\,dx$$

ここで，⑧より

$$x=\sqrt{2at},\quad y=\sqrt{2}\,t-\sqrt{2at}$$

であるから，$x=\sqrt{2at}$ と置換すると，

$$dx=\frac{\sqrt{a}}{\sqrt{2t}}\,dt, \quad \begin{array}{c|ccc} x & 0 & \to & \sqrt{2}\,a \\ \hline t & 0 & \to & a \end{array}$$

したがって，

$$\begin{aligned} V&=\pi\int_0^a(\sqrt{2}\,t-\sqrt{2at})^2\cdot\frac{\sqrt{a}}{\sqrt{2t}}\,dt \\ &=\sqrt{2a}\,\pi\int_0^a\left(t^{\frac{3}{2}}-2\sqrt{a}\,t+a\sqrt{t}\,\right)dt \\ &=\sqrt{2a}\,\pi\left[\frac{2}{5}t^{\frac{5}{2}}-\sqrt{a}\,t^2+\frac{2}{3}at^{\frac{3}{2}}\right]_0^a \\ &=\sqrt{2a}\,\pi\cdot\frac{1}{15}a^{\frac{5}{2}} \\ &=\frac{\sqrt{2}}{15}\pi a^3 \end{aligned}$$

（注）　⑧より

$$\begin{cases} x=\sqrt{2a}\sqrt{t} \\ y=\sqrt{2}\,t-\sqrt{2a}\sqrt{t} \end{cases}$$

であるから，t を消去すると

$$y=\sqrt{2}\cdot\left(\frac{x}{\sqrt{2a}}\right)^2-x$$

$$\therefore\quad y=\frac{x^2}{\sqrt{2}\,a}-x \qquad \cdots\cdots⑨$$

また，$0 \leqq t \leqq a$ より

$$0 \leqq x \leqq \sqrt{2}\,a \qquad \cdots\cdots⑩$$

したがって，C は放物線⑨の⑩を満たす部分である。これを利用して体積 V を求めることもできる。

26 (1)　$a \leqq x \leqq b$ ……①　で連続な関数 $f(x)$ の最大値を M，最小値を m とおくと

$$m \leqq f(x) \leqq M$$

であるから，

$$\int_a^b m\,dx \leqq \int_a^b f(x)\,dx \leqq \int_a^b M\,dx$$

$$\therefore\quad m(b-a) \leqq \int_a^b f(x)\,dx \leqq M(b-a)$$

$$\therefore\quad m \leqq \frac{1}{b-a}\int_a^b f(x)\,dx \leqq M \qquad \cdots\cdots②$$

$f(x)$ は①において m 以上，M 以下のすべての値をとるので，②より，

$$\frac{1}{b-a}\int_a^b f(x)\,dx=f(c),$$

$$a \leqq c \leqq b$$

となる c が存在する。

（証明おわり）

別解　$k=\dfrac{1}{b-a}\displaystyle\int_a^b f(x)\,dx$

とおき，$a \leqq t \leqq b$ において

$$F(t)=\int_a^t f(x)\,dx-k(t-a)$$

と定めると

$$F(a)=0,\ F(b)=0$$

である。したがって，平均値の定理より，

$$F'(c)=0 \quad \cdots\cdots③,\ a<c<b$$

を満たす c が存在する。

$$F'(t)=f(t)-k$$

であるから，③は，

$$f(c)=k=\frac{1}{b-a}\int_a^b f(x)\,dx$$

を示す。（証明おわり）

(2) $y=\sin x\left(0\leqq x\leqq\frac{\pi}{2}\right)$ ……④ と $y=1$ および y 軸が囲む図形を y 軸の周りに回転して得られる立体の体積を V とすると

$$V=\pi\int_0^1 x^2\,dy$$

④の置換をすると

$$V=\pi\int_0^{\frac{\pi}{2}} x^2\cos x\,dx$$

ここで，

$$\int x^2\cos x\,dx$$

$$=x^2\sin x-2\int x\sin x\,dx$$

$$=x^2\sin x+2x\cos x-2\int\cos x\,dx$$

$$=(x^2-2)\sin x+2x\cos x+C$$

（C は積分定数）であるから，

$$V=\pi\Big[(x^2-2)\sin x+2x\cos x\Big]_0^{\frac{\pi}{2}}$$

$$=\pi\left(\frac{\pi^2}{4}-2\right)$$

y_n の決め方から

$$\pi\int_{y_n}^1 x^2\,dy=\frac{1}{n}V$$

であり，④の x，y の関係を

$$x=g(y)$$

と表したと考えると，

$$\pi\int_{y_n}^1\{g(y)\}^2\,dy=\frac{1}{n}V \quad \cdots\cdots⑤$$

が成り立つ。

また，(1)で示したことから，

$$\frac{1}{1-y_n}\int_{y_n}^1\{g(y)\}^2\,dy=\{g(c_n)\}^2 \quad \cdots\cdots⑥$$

かつ　$y_n\leqq c_n\leqq 1$

を満たす c_n が存在する。

⑤，⑥より

$$\pi(1-y_n)\{g(c_n)\}^2=\frac{1}{n}V$$

$$\therefore\quad n(1-y_n)=\frac{V}{\pi\{g(c_n)\}^2}$$

が成り立つ。

$n\to\infty$ のとき，$y_n\to 1$ であるから，右図より

$$g(c_n)\to\frac{\pi}{2}$$

となるので，

$$\lim_{n\to\infty} n(1-y_n)=\lim_{n\to\infty}\frac{V}{\pi\{g(c_n)\}^2}$$

$$=\frac{V}{\pi\left(\frac{\pi}{2}\right)^2}=\frac{4}{\pi^3}\cdot\pi\left(\frac{\pi^2}{4}-2\right)$$

$$=1-\frac{8}{\pi^2}$$ ……答

（注）V を次のように求めてもよい。

$V=\Big($半径 $\frac{\pi}{2}$，高さ 1 の直円柱の体積$\Big)$

$-\Big($④と $x=\frac{\pi}{2}$ および x 軸が囲む図形を y 軸の周りに回転して得られる立体の体積$\Big)$

$$=\pi\cdot\left(\frac{\pi}{2}\right)^2\cdot 1-2\pi\int_0^{\frac{\pi}{2}} x\sin x\,dx$$

$$=\frac{\pi^3}{4}-2\pi\Big[-x\cos x+\sin x\Big]_0^{\frac{\pi}{2}}$$

$$=\frac{\pi^3}{4}-2\pi$$

27 (1) 平面 $\alpha: z=t$ $(0<t<2)$ と辺 PR, QR との交点をそれぞれ K, L とする。

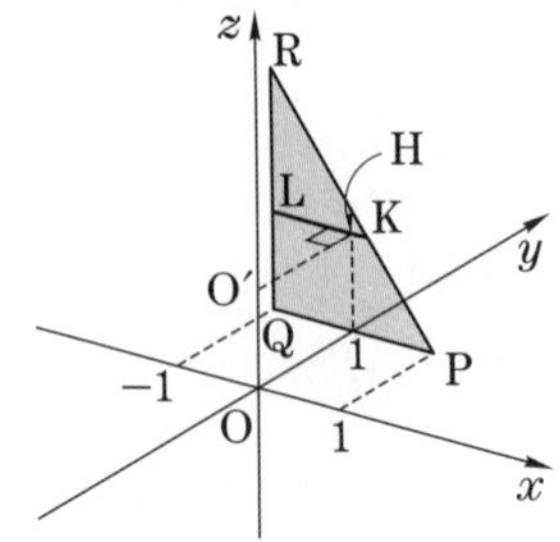

K, L は PR, QR を $t:(2-t)$ に内分する点であるから,

$$\overrightarrow{OK}=\frac{(2-t)\overrightarrow{OP}+t\overrightarrow{OR}}{t+(2-t)}=(1-t,\ 1,\ t)$$

$$\overrightarrow{OL}=\frac{(2-t)\overrightarrow{OQ}+t\overrightarrow{OR}}{t+(2-t)}=(-1,\ 1,\ t)$$

これより, 交わりの線分の端点は

$\mathrm{K}(1-t,\ 1,\ t)$, $\mathrm{L}(-1,\ 1,\ t)$ ……答

(2) 回転体の平面 $\alpha: z=t$ $(0\leqq t\leqq 2)$ による断面積を $S(t)$ とする。

平面 α と z 軸との交点 $\mathrm{O}'(0,\ 0,\ t)$ から平面 PQR に下ろした垂線の足 $\mathrm{H}(0,\ 1,\ t)$ と線分 KL との位置関係で場合分けして $S(t)$ を調べる。

(i) H が線分 KL 上にある, つまり, $0\leqq t\leqq 1$ のとき,

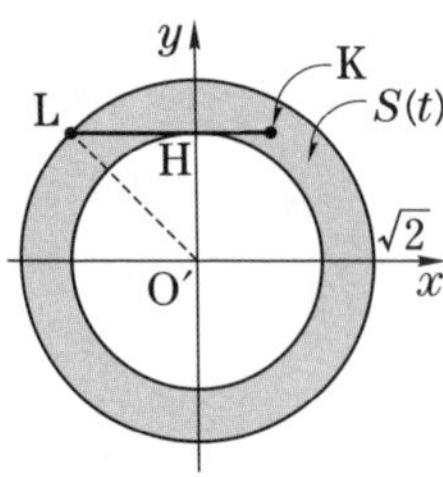

$$S(t)=\pi(\mathrm{O'L}^2-\mathrm{O'H}^2)=\pi(2-1)=\pi$$

(ii) H が線分 KL 上にない, つまり, $1<t\leqq 2$ のとき,

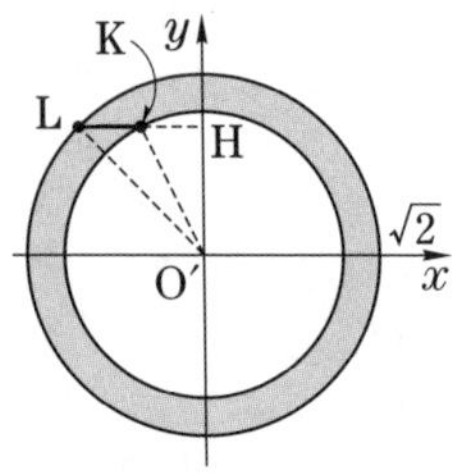

$$S(t)=\pi(\mathrm{O'L}^2-\mathrm{O'K}^2)=\pi\{2-(1-t)^2-1\}=\pi(2t-t^2)$$

したがって, 求める体積 V は

$$V=\int_0^2 S(t)\,dt=\int_0^1 S(t)\,dt+\int_1^2 S(t)\,dt=\pi\int_0^1 dt+\pi\int_1^2(2t-t^2)\,dt=\frac{5}{3}\pi$$ ……答

28 円錐 V の側面上の点 $\mathrm{P}(x,\ y,\ z)$ をとると

$0\leqq x\leqq 1$ ……①

であり, 母線 OP と軸 OA のなす角は $\angle\mathrm{AOB}=\dfrac{\pi}{4}$ に等しいから,

$$\overrightarrow{OP}\cdot\overrightarrow{OA}=|\overrightarrow{OP}||\overrightarrow{OA}|\cos\frac{\pi}{4}$$

$$\therefore\quad x=\frac{1}{\sqrt{2}}\sqrt{x^2+y^2+z^2}$$

両辺を 2 乗して整理すると

$y^2+z^2=x^2$ ……②

以上より, V の側面は曲面②上で①を満たす部分である。

①, ②より

$$y^2\leqq y^2+z^2=x^2\leqq 1$$

$\therefore\quad -1\leqq y\leqq 1$ ……③

よって，V は③を満たす範囲にあるから，V を y 軸の周りに1回転させてできる立体 W も③を満たす部分にある。

y 軸に垂直な平面 $\alpha : y=t$ ……④
$(-1 \leqq t \leqq 1)$ による V の断面は，①，②，④より

$$x^2-z^2=t^2,\ x=1$$

によって囲まれた下図の斜線部分 D である。

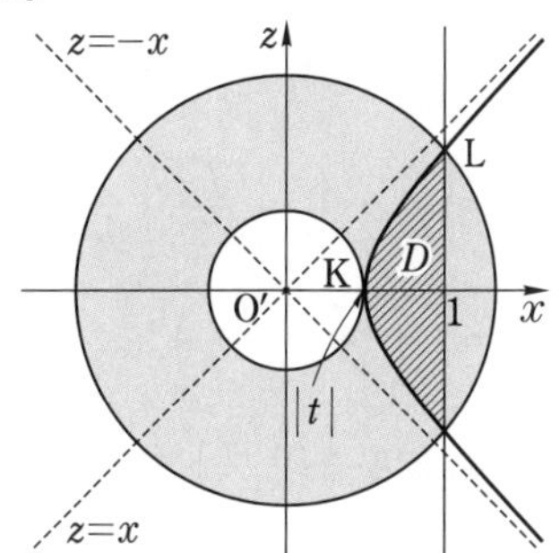

したがって，W の α による断面は D を $\mathrm{O}'(0,\ t,\ 0)$ を中心に1回転して得られる上図の円環領域（青色部分）であり，その断面積 $S(t)$ は，

$$\mathrm{K}(|t|,\ t,\ 0),\ \mathrm{L}(1,\ t,\ \sqrt{1-t^2})$$

をとると

$$\begin{aligned} S(t) &= \pi(\mathrm{O'L}^2-\mathrm{O'K}^2) \\ &= \pi\{1+(\sqrt{1-t^2})^2-|t|^2\} \\ &= 2\pi(1-t^2) \end{aligned}$$

したがって，求める体積は

$$\begin{aligned} &\int_{-1}^{1} S(t)\,dt \\ &= \int_{-1}^{1} 2\pi(1-t^2)\,dt \\ &= 4\pi\int_{0}^{1}(1-t^2)\,dt \\ &= \frac{8}{3}\pi \end{aligned}$$

…… 答

29

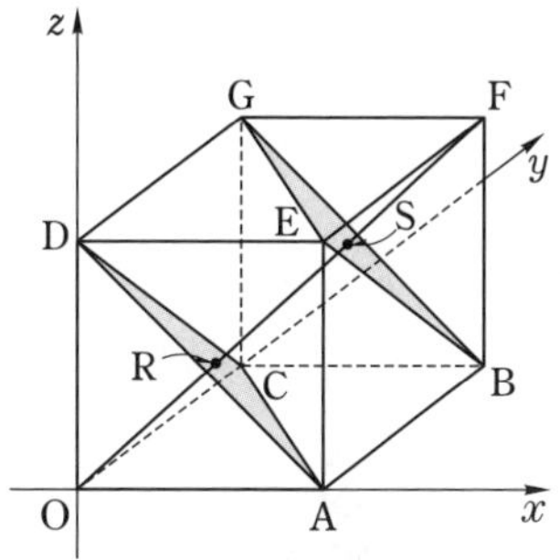

$\overrightarrow{\mathrm{OF}}=(1,\ 1,\ 1)$ は $\overrightarrow{\mathrm{AD}}=(-1,\ 0,\ 1)$，$\overrightarrow{\mathrm{AC}}=(-1,\ 1,\ 0)$ と垂直であるから，

$$\mathrm{OF} \perp \triangle\mathrm{ACD}$$

同様に

$$\mathrm{OF} \perp \triangle\mathrm{BGE}$$

正三角形 ACD，BGE の重心はそれぞれ

$$\mathrm{R}\left(\frac{1}{3},\ \frac{1}{3},\ \frac{1}{3}\right),\ \mathrm{S}\left(\frac{2}{3},\ \frac{2}{3},\ \frac{2}{3}\right)$$

であり，これらは OF 上にある。したがって，四面体 OACD，FBGE を OF の周りに1回転させてできる立体は互いに合同な直円錐であり，それぞれの体積は

$$\begin{aligned} V_0 &= \frac{1}{3}\pi\cdot\mathrm{AR}^2\cdot\mathrm{OR} \\ &= \frac{1}{3}\pi\left\{\left(\frac{2}{3}\right)^2+\left(\frac{1}{3}\right)^2+\left(\frac{1}{3}\right)^2\right\}\cdot\frac{\sqrt{3}}{3} \\ &= \frac{2\sqrt{3}}{27}\pi \end{aligned}$$

次に2つの平面 ACD，BGE の間の部分の回転体の体積 V_1 を求める。

線分 RS 上に $\mathrm{OP}=t$ となる点 P をとると

$$\mathrm{OR} \leqq \mathrm{OP} \leqq \mathrm{OS}$$

より

$$\frac{\sqrt{3}}{3} \leqq t \leqq \frac{2\sqrt{3}}{3} \quad \cdots\cdots ①$$

である。このとき，

$$\mathrm{P}\left(\frac{t}{\sqrt{3}},\ \frac{t}{\sqrt{3}},\ \frac{t}{\sqrt{3}}\right)$$

であり，P を通り OF と垂直な平面の方程式 α は

$$\alpha : x+y+z=\sqrt{3}\,t \qquad \cdots\cdots②$$

である。

α と線分 AB，BC，CG，GD，DE，EA との交点を順に I，J，K，L，M，N とおく。

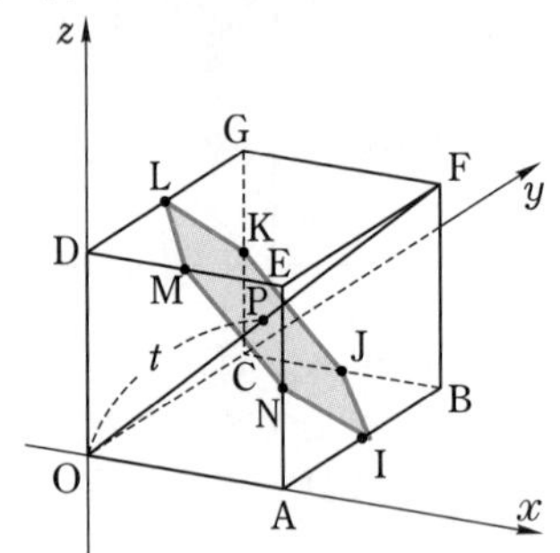

I は AB 上にあるから，I(1，s，0) とおけて，②を満たすので，

$$1+s=\sqrt{3}\,t \qquad \therefore \quad s=\sqrt{3}\,t-1$$

より，

$$\mathrm{I}(1,\ \sqrt{3}\,t-1,\ 0)$$

J は BC 上にあるから，J(u，1，0) とおけて，②を満たすので，同様に

$$u=\sqrt{3}\,t-1$$

より

$$\mathrm{J}(\sqrt{3}\,t-1,\ 1,\ 0)$$

よって，

$$\begin{aligned}\mathrm{PI}^2&=\mathrm{PJ}^2\\&=\left(1-\frac{t}{\sqrt{3}}\right)^2+\left(\sqrt{3}\,t-1-\frac{t}{\sqrt{3}}\right)^2\\&\qquad+\left(\frac{t}{\sqrt{3}}\right)^2\\&=2t^2-2\sqrt{3}\,t+2 \qquad \cdots\cdots③\end{aligned}$$

また，△ACD，△BGE はそれぞれ R，S を重心とする正三角形であるから，OF を軸として 120° ずつ回転することによって，

A → C → D，B → G → E

と移り合い，同様に

I → K → M，J → L → N

と移り合うので，PK^2，PL^2，PM^2，PN^2 も③と一致する。

したがって，回転体の平面 α による断面は中心 P，半径 PI の円であり，その面積 $S(t)$ は

$$\begin{aligned}S(t)&=\pi\mathrm{PI}^2\\&=\pi(2t^2-2\sqrt{3}\,t+2)\\&=2\pi\left\{\left(t-\frac{\sqrt{3}}{2}\right)^2+\frac{1}{4}\right\}\end{aligned}$$

よって，①より

$$\begin{aligned}V_1&=\int_{\frac{\sqrt{3}}{3}}^{\frac{2\sqrt{3}}{3}}S(t)\,dt\\&=\int_{\frac{\sqrt{3}}{3}}^{\frac{2\sqrt{3}}{3}}2\pi\left\{\left(t-\frac{\sqrt{3}}{2}\right)^2+\frac{1}{4}\right\}dt\\&=2\pi\left[\frac{1}{3}\left(t-\frac{\sqrt{3}}{2}\right)^3+\frac{1}{4}t\right]_{\frac{\sqrt{3}}{3}}^{\frac{2\sqrt{3}}{3}}\\&=2\pi\left\{2\cdot\frac{1}{3}\left(\frac{\sqrt{3}}{6}\right)^3+\frac{1}{4}\cdot\frac{\sqrt{3}}{3}\right\}\\&=\frac{5\sqrt{3}}{27}\pi\end{aligned}$$

以上より，求める体積は

$$\begin{aligned}&2V_0+V_1\\&=2\cdot\frac{2\sqrt{3}}{27}\pi+\frac{5\sqrt{3}}{27}\pi=\frac{\sqrt{3}}{3}\pi\end{aligned}$$

…… 答

(注)　α の方程式②を用いないで，I，J などの座標を求めることもできる。たとえば，I(1，s，0) とおくと，

$$\overrightarrow{\mathrm{IP}}=\left(\frac{t}{\sqrt{3}}-1,\ \frac{t}{\sqrt{3}}-s,\ \frac{t}{\sqrt{3}}\right)$$

が $\overrightarrow{\mathrm{OF}}=(1,\ 1,\ 1)$ と垂直であるから

$$\overrightarrow{\mathrm{IP}}\cdot\overrightarrow{\mathrm{OF}}=0$$

より

$$\frac{t}{\sqrt{3}}-1+\frac{t}{\sqrt{3}}-s+\frac{t}{\sqrt{3}}=0$$

$$\therefore \quad s=\sqrt{3}\,t-1$$

となるので，

$$\mathrm{I}(1,\ \sqrt{3}\,t-1,\ 0)$$

が得られる。